변수의 종류와 연구 목적에 따른 통계방법

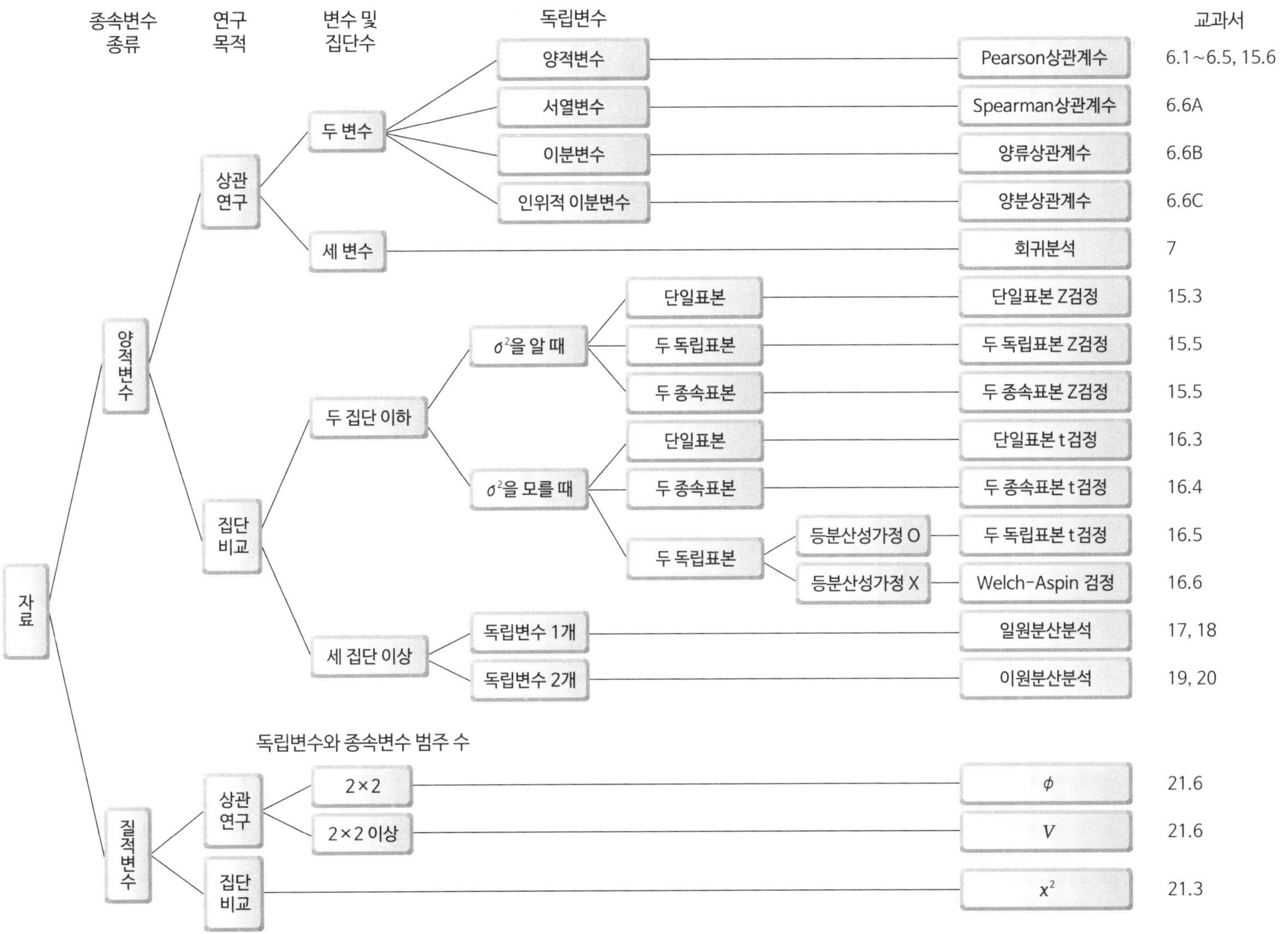

8판

현대기초통계학

이해와 적용

jamovi / 한글 SPSS 25.0을 이용한 자료 분석

| 성태제 저 |

F U N D A M E N T A L   S T A S T I C S

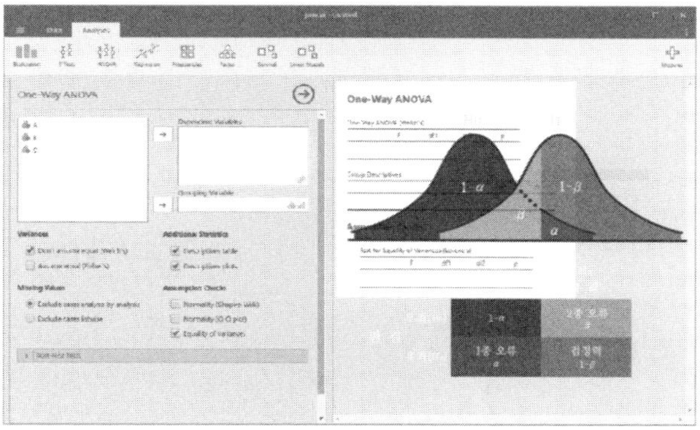

학지사

8판 머리말

책을 개정하는 여러 가지 이유가 있다. 발전하는 이론이나 급변하는 상황 등을 소개하기 위하여 개정하는 것이 중요한 이유일 것이다. 현대기초통계학 책은 통계학의 기초적이고 기본적 이론을 설명하였기에 새로운 이론을 추가할 필요를 별로 느끼지 않는다. 물론, 틀린 부분이 있어 수정하는 경우와 독자들을 보다 쉽게 이해시킬 필요가 있을 때 수정이 필요하다. 이 책을 개정한 이유는 통계분석을 위한 SPSS 프로그램이 개선되었기 때문이다. 명령어를 직접 입력하는 DOS 버전을 사용한 초판에서 Windows 버전으로, 그리고 한글 Windows 버전으로 발전되면서 2014년에 개정한 7판은 한글 SPSS 21.0 버전을 사용하였다. 2018년에는 한글 SPSS 25.0 버전이 출시되었다.

책을 개정하려고 한글 SPSS 25.0 버전으로 책의 예시 자료를 분석하고 한글 SPSS 21.0 버전의 분석 결과와 비교하니 큰 차이가 없어 개정할 필요가 있을까 고민하다 공개 무료 통계분석 프로그램인 jamovi가 있다는 사실을 알았다. jamovi (jamovi project, 2018)는 Jonathon Love, Damian Dropmann, Ravi Selker 세 명의 창립자에 의해 개발된 무료공개 통계분석 프로그램이며 R을 기반으로 하는 GUI (Graphic User Interface) 프로그램이다. jamovi의 큰 특징은 자료 분석이 용이하며, 화면의 왼쪽 창의 데이터를 분석하면 오른쪽 창에 분석 결과를 동시에 바로 볼 수 있어 매우 편리하다는 점이다. 또한 자료 분석을 위하여 사용자가 필요로 하는 R 패키지 모듈만을 적용하므로 SPSS나 SAS와 달리 상대적으로 컴퓨터 사용 용량에 있어 부담되지 않는다. 올해 공개되었기에 advanced statistics를 더 추가하여야겠지만, 현대기초통계학의 자료를 분석하기에 충분하고 편리한 프로그램이기에 jamovi를 사용하여 책의 예시 자료를 분석하는 절차와 결과를 책에 수록하였다. SPSS로 분석한 결과나 jamovi로 분석한 결과를 비교할 수 있으며 그 결과는 동일하다.

경제적 이유로 자료 분석이 용이하지 않았던 독자들은 개정 8판에 소개한 jamovi를 무료로 사용하여 연구보고서를 작성할 수 있다. 물론 SPSS에 익숙한 독자들은 한글 SPSS 25.0 버전으로 자료를 분석할 수 있도록 프로그램 실행과정과 분석 결과도 수정하였다.

개정판을 작업하는데 대학원 박사과정생인 이보람, 안선영, 곽예린의 도움이 없었다면 출간이 늦어졌을 것이기에 그들에게 감사드린다. 이 책에 애정을 가지고 지속적으로 정성을 기울여 주신 학지사 김진환 사장님과 최임배 부사장님, 꼼꼼히 살펴봐 주신 김순호 편집이사님께 감사드린다.

2019년 1월 2일

성 태제

1판 머리말

교육학 중에서 계량적인 것과 관련된 교과목을 강의하면서 발견한 사실이 있다. 수나 수식으로 표현된 내용을 이해하기 위한 노력을 기피한다는 것이다. 놀라운 것은 수와 관련있는 과목을 잘 하지 못했고, 그래서 인문계열을 선택하였으므로 앞으로 그 같은 교과목을 공부하지 않아도 된다는 생각이다. 또한 교육통계 같은 과목에 대한 부정적 자아개념이 고착되어 있는 학생이 적지 않다는 사실이다.

표현의 정확성, 편리성, 경제성 때문에 글문은 수식으로, 수식은 기호로 변화하고 있다. 그렇다면 주저리주저리 늘어 놓은 글보다는 그것을 간결히 표현한 수식이나 기호가 더욱 편할진데, 글로 된 것은 쉽고 수식으로 된 것은 어렵게 여겨지고 있으니 이는 학생들만의 잘못이 아니라는 생각이 들었다.

교육통계 강의를 위하여 여러 교과서를 사용하면서 훌륭한 교재가 많음을 알았으며, 보다 더욱 쉽게 강의하려고 노력하면서 소설같은 통계책을 써볼까 하는 생각을 하였다. 그 생각 뒤로 강의노트는 보다 쉬운 말로 대치되었고, 강의노트에 근거하여 본 교재의 각 장이 서술되었다. 강의계획서는 이 책의 목차가 되었으며, 드디어 1992년 8월 18일, 강의노트 1판이 출현하였다. 어렵게 쓰여진 부분은 쉽게 교정되고, 틀린 부분은 수정되어 1993년 3월 1일, 2판이 나왔으며, 강의 중에 지적된 내용은 수정, 보강되고 연습문제와 SPSS/PC+ 프로그램과 실행 결과가 첨부되어 1994년 2월 21일 3판이 출간되었다. 이 정도면 교과서로 출간하여도 될 것 같아 출판을 의뢰한 결과 수식 표현 등의 어려움이 있어 저자의 강의만을 사용하는 조건으로 1994년 8월 15일 4판을 출간하게 되었다. 이런 과정을 통하여 내용과 목차가 수정, 보완되면서 쪽수도 늘어 책의 모양을 갖출 것 같아 출판을 하게 되었다.

이 책은 사회 · 경험과학도들에게 통계학의 기본 개념을 이해시키려는 데 목적이 있다. 더욱 중요한 목적이라 할 수 있는 것은 통계에 대한 부정적 자아개념을 지닌 학생들에게 흥미를 유도하고 긍정적 자아개념을 갖게 하는 것이다. 그리고 통계학이 수의 놀음이 아니라 논리학이고 나아가서는 철학이라는 인식을 갖게 하고 싶다. 통계적 방법이 다수 사용된 논문에 철학이 결여되어 있다는 주장이 모순이라는 사실을 알 수 있게 하고 싶다.

소설같은 통계책을 쓰고 싶다는 욕심과 Bruner의 Readiness 이론에 의하여 쉽게 표현하려 노력하였으나 아직 편안하지 못한 부분을 발견한다. 초판이 마지막이 아니라 시작이라는 생각 아래 보다 쉽게 고쳐지고 보강되도록 노력할 것이다. 많은 분들의 지적과 조언을 기다린다.

교육통계 강의노트로 사용되어 4판에 걸쳐 교정, 보강되면서 수많은 학생들의 교정과 조언이 있었음을 밝힌다. 특히 Typing 그리고 교정을 도와준 대학원생 김경희, 추정아, 황소림, 송미영, 이영선, 김자미, 최연욱, 장선아 학형의 도움이 없었다면 책의 출간이 늦어졌을 것이다. 아버지와 지난 여름 돌아가신 어머니, 현재가 있기까지 학문적으로 지도하여 주시고 격려하여 주신 은사님들, 그리고 가족에 감사한다. 마지막으로 이 책의 쉽지 않은 제작과정에서 수고를 아끼지 않은 교육과학사에게 심심한 사의를 표한다.

1995년 1월 3일

성 태 제

일러두기

본 교재는 간단한 수리능력과 논리적 기본 사고 능력을 지닌 학생이면 누구나 쉽게 이해하도록 쓰여졌다. 이 책의 저술에 앞서 세운 기본원칙은 다음과 같다.

첫째, 가능한 한문을 쓰지 않고 쉬운 우리말을 사용한다.

둘째, 여러 학문 분야에서 공유하는 용어를 사용한다.

셋째, 공식의 전개과정의 이해에 역점을 두어 기본 개념 이해를 증진시킨다.

넷째, 각 장은 서로 연계되어 설명이 부연되더라도 내용의 연관성을 유지한다.

다섯째, 직접 계산할 수 있게 수리적 예를 들어 설명한다.

여섯째, 한글 IBM SPSS Statistics 25.0 프로그램으로 실제 자료를 분석할 수 있게 한다.

일곱째, 본문의 예와 연습문제의 내용은 교육학에 국한하지 않는다.

이 책은 4부 21장으로 나뉘어져 1부는 과학과 통계와의 관계, 2부는 기술통계, 3부는 추리통계를 위한 기본개념, 4부는 추리통계를 위한 가설검정을 설명하였다. 1부와 2부는 7장으로 구성되어 기술통계의 기초적인 내용을 다루었으며, 6장은 상관계수, 7장은 단순회귀분석의 기초개념으로서 다중회귀분석의 이해를 용이하게 하였다. 제3부는 확률과 이항분포, 정규분포를 설명하였고, 10장은 모집단, 표본, 표집분포를, 11장은 중심극한정리, 12장은 분산과 표준편차의 편파추정치와 불편파추정치 그리고 자유도, 제13장은 가설검정에서 영가설과 대립가설의 설정, 판단오류, 유의수준을 다루었다. 제4부는 Z검정, t검정, F검정인 분산분석을 설명하였다. 18장에서는 일원분산분석의 사후, 사전비교분석을, 19장과 20장에서 이원분산분석의 교차설계와 내재설계 그리고 사후, 사전비교분석을, 21장에서 χ^2검정을 설명하였다.

각 장과 절은 정의와 기본 개념을 사용하고 실제 자료를 이용한 예를 제시하여 계산하는 과정을 설명하였다. 그리고 해당 통계적 방법을 이용하여 자료를 분석하기 위한 SPSS 프로그램 실행과 실행결과 및 그에 대한 해석으로 편집되었다. SPSS 프로그램 실행을 위한 초보적인 설명은 [부록 2]에 있다.

우선 통계학의 기본 개념을 이해하고자 하는 학생은 체계적으로 교재를 읽기 바란다. 만약 이해가 쉽지 않은 부분이 있으면 여러 번 읽어 기본 개념을 이해하도록 하고 공식을 외우려 하지 말라. 공식의 전개부분이 이해가 어려운 부분이 있으면 우선 지나간 후, 수리적 예의 계산 풀이 과정을 이해하고 다시 읽기 바란다. 교재의 내용을 이해하였으면 연습문제 중 흥미있는 연습문제를 풀어보고 해답과 대조하여 어느 부분을 잘못 이해하고 있는지 스스로 학습교정을 하기 바란다.

논문 등의 연구를 위하여 자료분석을 하고자 하는 학도는 각 장, 각 절의 기본 개념을 이해하고 [부록 2]의 내용을 숙지한 후 각 절 뒤에 있는 SPSS 프로그램과 그 실행결과의 해설을 읽기 바란다. 그리고 실제 본인의 자료를 분석하여 보라. 교재에 설명한 이외의 SPSS 프로그램을 알고자 할 때 한글 IBM SPSS Statistics 25.0 Core System User's Guide를 참고하기 바란다.

百聞以不如一見이요, 百見以不如一行이라, 직접 계산하고 프로그램으로 자료를 분석하여 보는 것이 상책이다.

차 례

제2부 기술통계

제3장 ◆ 도수 분포와 그래프 / 43

제4장 ◆ 중심경향값 / 87

제5장 ◆ 분산도 / 101

제6장 ◆ 상 관 / 121

제7장 ◆ 단순회귀분석 / 169

제3부 추리통계를 위한 기본 개념

제15장 ◆ Z분포에 의한 검정 / 287

제16장 ◆ t분포에 의한 검정 / 327

제17장 ◆ F분포에 의한 검정: 일원분산분석 / 369

연습문제 해답 / 517

부록

제1부

통계

제1장

과학과 통계

1 과학: 사회과학과 경험과학

우주에는 무한한 사실과 현상이 존재한다. 그것이 교육적이든 사회적, 문화적, 정치적, 경제적 현상이든 알고 있는 사실은 말할 것도 없이 알지 못하는 사실도 무한히 존재한다. 그러므로 **과학**이란 존재하는 사실이나 현상들을 고도의 압축된 이론으로 설명, 묘사하려는 데 그 목적이 있다. 특히 사회과학은 사회에서 일어나는 현상을 체계적으로 설명하기 위하여 이론을 정립하는 작업으로 정의된다. 사회현상을 압축된 이론으로 설명하기 위해서 관찰, 면접, 사회조사, 실험연구 등을 통해서 얻은 자료에 기초하여 기존의 이론을 지지 혹은 거부하여 새로운 이론을 제시한다. 자료에 근거하여 이론을 제시, 지지 혹은 거부하는 과학을 **경험과학**(empirical science)이라 한다.

Borg와 Gall(1989)은 경험과학적 방법을 크게 세 단계로 구분하여, 첫 번째 단계로 사회현상에 따른 잠정적 가설을 설정하고, 두 번째 단계에서 가설의 경험적 결과를 추론하기 위하여 실제적 상황을 구체화하거나 유사한 상황을 만든다. 이를 위하여 조사방법이나 실험연구법을 사용할 수 있다. 세 번째 단계에서는 모아진 자료를 가지고 첫 번째 단계에서 설정한 잠정적 가설을 지지 혹은 거부한다. 경험과학의 일반적 절차를 그리면 [그림 1-1]과 같다.

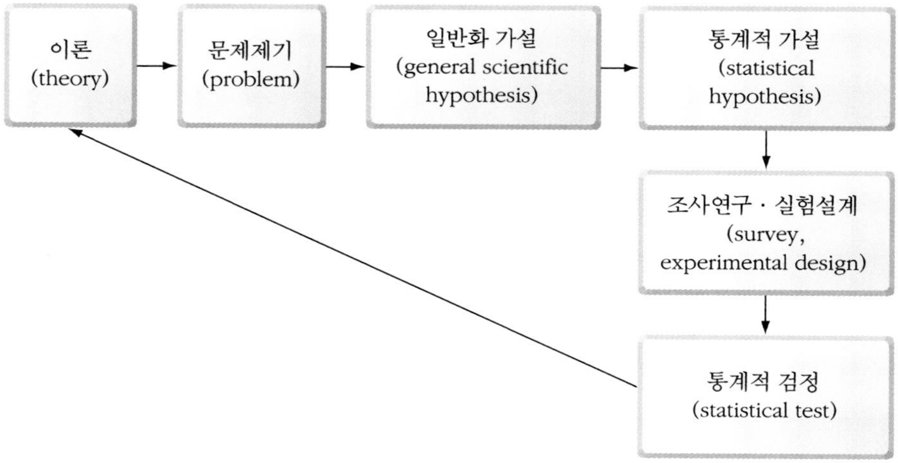

[그림 1-1] 경험과학 연구의 순환적 절차

2 통 계

사회과학은 사회현상을 체계적으로 설명하기 위하여 이론을 정립하는 경험적 방법을 사용한다. 새로운 이론을 도출하거나 기존에 존재하는 이론을 지지,거부 혹은 수정하기 위하여 경험적 연구방법을 사용할 때 자료수집을 거쳐 모은 자료를 검정함으로써 결론에 도달하는 절차를 거치게 된다. [그림 1-1]에서와 같이 어떤 잠정적 가설을 수치로 표현한 통계적 가설과 실험연구나 조사, 관찰 혹은 면접을 통하여 수집한 자료를 검정하는 과정을 위하여 통계학이 필요하다. **통계**(statistics)란 이론을 도출, 지지, 거부, 수정하기 위하여 수집한 자료를 가지고 가설을 검정하는, 즉 확률적으로 판정하는 수리적 논리라 정의할 수 있다.

예를 들어, 신생아의 신체조건 중 성별에 따른 몸무게의 차이가 있는가를 알고자 한다. 이러한 현상의 가상적인 설명을 위하여 연구자는 우선 남녀 신생아의 체중을 측정하려 할 것이다. 남아와 여아의 측정된 몸무게 자료를 가지고 남녀 신생아의 체중이 차이가 있는지 혹은 없는지 하는 잠정적 가설을 증명할 수 있는 것이다. 또 남학생이 여학생보다 혹은 여학생이 남학생보다 어느 영역에서 능력이 우월하다는 막연한 주장보다는 남학생과 여학생으로부터 자료를 수집하여 그 자료로 남학생이 여학생보다 능력이 높다든지 혹은 낮다든지를 서술할 수 있을 것이다. 수입 개방화와 더불어 국민 소비생활이 사치화되고 있다는 막연한 강조보다는 실질적으로 국민이 소비재에 지출하고 있는 비용 중 외국산 소비재의 수입을 위한 비용을 계산하여 수리적인 정보를 제공할 때, 보다 근거있는 과학적 주장이 될 수 있다. 즉, 어떤 자료를 가지고 가상적인 설명에 대한 진위여부를 판명할 때보다 더 주장의 과학성을 기할 수 있다.

3 통계의 역할, 목적

통계는 직감적으로, 얻어진 자료를 요약하고 설명하는 것이라는 생각을 한다. 앞의 성별에 따른 몸무게와 능력, 수입 개방화에 따른 사치성 소비재 사용의 예처럼 자료를 수집하여 현상을 설명하는 것이 통계라 할 수 있다. 통계학은 크게 두 가지 목적을 가지고 있다. 얻어진 자료를 단순히 설명, 묘사하려는 목적과 더 나아가 얻어진 자료의 결과를 일반화(generalization)하려는 것이다.

예를 들어, 남녀 성별에 따른 능력을 비교하고자 할 때, 남녀의 능력을 비교하여 얻은 결과를 그 얻어진 자료에 국한시키는 경우와 그 결과를 어느 특정 국가, 특정 지역에 살고 있는 남녀에게 적용하여 일반화하는 경우이다. 전자를 기술통계 혹은 서술통계라 하고 후자를 추리통계라 한다. **기술통계**(descriptive statistics)란 관찰한 자료를 쉽고 편리하게 서술하려는 통계이다. 즉, 얻은 결과를 그 대상 이외의 다른 대상에 적용하지 않고 해석의 의미를 국한시키는 통계를 말한다. 반면 **추리통계**(inferential statistics)는 수집된 자료로 그 자료가 추출된 모집단의 현상이나 특징을 추정, 예견, 일반화하려는 통계를 말한다. 추리통계를 위해서는 자료수집에 신중을 기하여야 한다.

이와 같이 통계의 목적이 현상을 설명하는 데 그치든, 보다 연장하여 일반화하든, 두 가지 목적 중 어느 목적이 더 중요하다고 말할 수 없다. 연구의 목적상 두 목적 중에 하나 또는 모두를 선택할 수 있다.

4 통계의 필요성

사회나 자연현상에 존재하는 사실을 주장하고 증명하는 방법에는 여러 가지가 있다. 개인의 의견이나 주관적 판단에 의한 외침이나 구호 등을 들 수 있으며, 또 가능한 한 개인의 의견을 배제하고 어떤 객관적 근거에 의하여 증명하는 방법 등이 있다.

예를 들어, 문화실조의 정도에 따라 학업성취에 차이가 있다는 가정적 사실을 증명할 때 두 가지 방법이 있을 수 있다. 첫째는, 연구자가 피부로 느끼는 주관적인 사실, 즉 보고 들은 정보에 의한 자신의 지각정도를 가지고 주장하는 방법이 있을 것이다. 문화실조의 정도를 주관적인 판단에서 지각한 후 문화실조아들의 학업성취도가 낮았다는 연구자의 주관이 개입된 결론을 유도하는 방법이다. 둘째는, 연구자의 주관성을 가능한 한 배제하기 위하여 문화실조의 정도를 어떤 객관적 도구에 의하여 측정하고 학업성취도검사를 실시하여 나온 결과에 입각하여 결론을 유도하는 방법이다. 전자와 후자의 방법을 볼 때 전자는 구호적이고 선언적인 반면에, 후자는 경험적이고 과학적이라 할 수 있다. 이는 후자가 어떤 현상을 증명할 수 있는 객관적 근거를 보다 더 지니고 있기 때문이다. 객관적 자료를 바탕으로 한 이론은 모호하거나 막연한 주장이 될 수 없으며 연구자의 주관적 판단(subjective judgement)을 배제할 수 있기 때문에 타인과의 의사소통을 원활하게 해 준다.

보다 객관적인 방법에 의한 자료를 근거로 하여 이론을 지지, 거부하는 것이 보다 합리적이고 과학적이므로 수집된 자료를 분석, 처리하는 통계는 경험사회과학에서 필수요소이다.

연습문제

1 다음 용어를 설명하라.

a. 사회과학
b. 경험과학
c. 통계
d. 기술통계
e. 추리통계

2 경험과학의 연구 절차를 설명하라.

3 경험과학을 위하여 통계의 필요성을 설명하라.

제2장

통계의 기본 개념과 법칙

자료를 통하여 현상을 분석, 판단하기 위하여 통계가 필요하며, 통계의 역할과 목적, 그리고 필요성을 제1장에서 설명하였다. 통계를 이해하기 위한 기본개념과 용어, 그리고 기본 법칙을 이 장에서 설명한다. 중요한 개념으로 변수, 측정과 척도, 모집단과 표본, 표집, 모수치와 추정치, 기술통계와 추리통계, 연구의 타당성, 그리고 단순무선표집과 무선할당 등을 설명한다.

1 변수

우주에 존재하는 만물은 다양하다. 같은 종류의 물건이라도 엄밀히 말하면 똑같은 것이 있을 수 없다. 신발이 똑같고 젓가락이 똑같고 하는 동요는 있을 수 있으나 기계화에 의한 수만 분의 1의 오차도 허용하지 않는 고도의 기술을 요구하는 제품이라도 똑같은 것은 없다. 하물며 인간은 매우 다양하며, 일란성 쌍생아도 같은 부분보다는 다른 부분이 더 많음을 알 수 있다. 교육에 있어서 개인차의 문제는 중요하게 고려되어야 하며 개인을 이해하는 데 허용되어야 한다.

변수(variable)는 변하는 모든 수를 말한다. 예를 들어, 사람의 키, 체중 등을 변수라 할 수 있으며, 교육학에서는 이를 오래 전부터 변인이라 하였다. 변수는

X, 혹은 Y로 표기한다. 일반적으로 X_i 혹은 Y_i로 표기함은 i번째 X값, i번째 Y값을 뜻한다. 변수의 상반되는 개념으로 상수가 있다. **상수**(constant)는 변하지 않는 고정된 수를 말하며 일반적으로 C로 표기한다.

변수는 인과관계에 의하여 독립변수와 종속변수로, 속성에 따라 질적변수와 양적변수로 구분하며, 양적변수는 연속성에 의하여 연속변수와 비연속변수로 구분한다.

독립변수와 종속변수를 기호로 표기할 때 독립변수는 X_i로, 종속변수는 Y_i로 표기한다. 그러므로 통계적 검정에서 표기되는 종속변수를 Y_i로 표기한다.

독립변수와 종속변수, 매개변수

변수는 인과관계에 의하여 독립변수와 종속변수로 구분된다. **독립변수**(independent variable)는 다른 변수에 영향을 주는 변수를 말하며, **종속변수**(dependent variable)는 영향을 받는 변수, 즉 독립변수에 의하여 변화되는 변수를 말한다. 통제된 실험상황에서 알코올의 섭취량이 반응속도에 미치는 효과를 연구한다면 알코올의 섭취량은 독립변수이고 반응속도는 종속변수가 된다. 실험에 의하여 통제되지 않은 상태인 학력에 따른 수입의 차이 연구에서 독립변수는 학력, 종속변수는 수입이 된다.

연구논문을 보거나 연구를 하다 보면 매개변수라는 단어를 자주 접하게 된다. **매개변수**(extraneous variable, nuinsance variable)란 종속변수에 영향을 주는 독립변수 이외의 변수로서 연구에서 통제되어야 할 변수를 말한다. 예를 들어, 교수법에 따른 어휘력의 차이를 연구할 때 전통적 교수법, 컴퓨터 보조학습법을 사용하였다고 하자. 두 집단에 할당된 아동들에게 각기 다른 교수법을 실시한 후, 어휘력의 차이를 비교하였을 때 교수법의 효과를 분석하기가 곤란한 경우가 있다. 만약 우연히도 전통적 교수법에는 지능이 낮은 아동들이, 그리고 컴퓨터 보조학습에는 지능이 높은 아동들이 할당되었다면 그 결과 어휘력에서 차이가 있었다 하더라도 그것은 교수법에 의한 효과라고 주장하기가 쉽지 않다. 실험 전부터 어휘력에 영향을 주는 지능이 통제되지 않았기 때문이다. 그러므로 이와 같은 실험을 위해서 지능이라는 변수는 마땅히 통제되어야 한다. 왜냐하면 지능은 어휘력에 영향을 주는 변수이기 때문이다. 지능이라는 매개변수를 통제하기 위하여 쉽게는 두 집단에 같은 지능을 가진 아동들을 할당해야 할 것이다. 이러한 매개변수의 통제는 연구자의 사려깊음에 기인하며, 이러한 사려깊음은 연구영역에 대한 많은 문헌연구와 풍부한 연구경험에서 출발된다.

강조하지만 독립변수, 종속변수, 때로는 매개변수가 무엇인지, 그리고 그 변수들이 어떤 속성을 지니는지를 명확히 파악할 때 실험설계, 사회조사 등의 타당한 연구가 실시될 수 있다. 이 변수들을 분명히 이해하지 못하면 올바른 연구방법을 선택할 수 없다.

질적변수와 양적변수

독립변수, 종속변수의 이해와 더불어 두 변수의 속성을 파악해야 한다. 이는 추리통계 부분에서 연구의 목적에 따라 선택하여야 할 통계적 방법이 다르기 때문이다.

변수가 지니고 있는 속성에 따라 질적변수와 양적변수로 구분한다. **질적변수**(qualitative variable)란 분류를 위하여 용어로 정의되는 변수이며, **양적변수**(quantitative variable)란 양의 크기를 나타내기 위하여 수량으로 표시되는 변수를 말한다. 질적변수의 예로 성별, 인종, 학력 등을 들 수 있다. 성별, 인종과 같이 서열이 정해질 수 없는 질적변수를 **비서열 질적변수**(unordered-qualitative variable)라 하고, 학력과 같이 초졸, 중졸, 고졸, 대졸로 서열적으로 구분할 수 있는 변수를 **서열 질적변수**(ordered-qualitative variable)라 한다.

양적변수는 변수의 연속성에 의하여 연속변수와 비연속변수로 나뉜다. **연속변수**(continuous variable)는 주어진 범위 내에서 어떤 값도 가질 수 있는 변수이다. 쉽게 표현하면 소수점으로 표시될 수 있는 변수를 말한다. 체중이라든지 키, 나이 등을 예로 들 수 있다. **비연속변수**(discrete variable)는 특정 수치만을 가질 수 있는 변수를 말한다. 즉, 특정 수로 표현되는 변수로 자동차 수, 휴가 일수 등을 들 수 있으며 생일날 맞는 나이 등도 비연속변수라 할 수 있다.

2 측정과 척도

우주에 존재하는 모든 사물은 다양하다고 하였다. 그 다양한 정도를 나타내기 위하여 사물의 속성을 측정해야 한다. **측정**(measurement)이란 사물을 구분하기 위하여 이름을 부여하거나 사물의 속성을 구체화하기 위하여 수를 부여하는 절차를 말한다. 수를 부여하기 위하여 단위와 수를 부여하는 규칙이 필요하며 이는 척도로 해결된다.

척도(scale)는 사물의 속성을 구체화하기 위한 측정의 단위로, 명명척도, 서열척도, 등간척도, 비율척도, 절대척도 등이 있다.

명명척도

명명척도(nominal scale)란 사물을 구분하기 위하여 이름을 부여하는 척도이다. 예를 들어, 성별, 인종, 색깔 등을 말한다. 명명척도의 특징은 일대일 변환(one to one transformation)으로, 하나의 사물은 하나의 이름을 부여받게 된다. 이러한 특징 때문에 일부 학자들은 이름을 부여하는 것이지 척도라 할 수 없다고 주장하지만, 사물을 구분한다는 차원에서 척도로 포함하자는 주장이 우세하다.

서열척도

서열척도(ordinal scale)란 사물의 등위를 나타내기 위하여 사용되는 척도로 성적 등위 혹은 어떤 능력의 서열을 말한다. 서열척도의 특징은 단조증가 함수(monotonic increase function) 혹은 단조감소 함수(monotonic decrease function)로 척도단위 사이의 등간성이 존재하지 않는 특징을 지니고 있다.

학생들이 얻은 점수를 등위로 변환하였을 때, 그 등위는 서열척도이다. 가장 높은 점수를 1등으로, 가장 낮은 점수를 최하위 등위로 변환하였을 때 등위와 학업 점수와의 관계를 도표로 그리면 [그림 2-1]과 같다.

[그림 2-1]에서 보듯이 등위 변화에 따라 점수가 계속 감소한다. 어느 부분에서도 등위가 변화함에 따라 원점수가 증가하는 것을 볼 수 없다. 이러한 함수를 단조

감소 함수라 한다.

척도 단위 사이에 등간성이 존재하지 않음은 1등과 2등의 점수차가 2등과 3등의 점수차와 항상 똑같지 않다는 것을 의미한다.

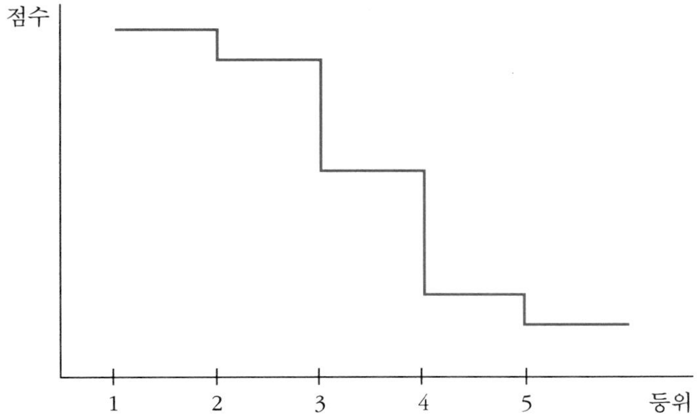

[그림 2-1] 등위점수와 원점수와의 관계

등간척도

등간척도(interval scale)는 다음과 같은 특징을 지니고 있다.

① 똑같은 간격에 똑같은 단위를 부여하므로 등간성을 지니고 있다.
② 임의영점과 임의단위를 지니고 있다.
③ 덧셈법칙은 성립하나 곱셈법칙은 성립하지 않는다.

등간척도의 대표적인 예로 온도를 들 수 있다. 등간성이란 5℃에서 10℃ 사이의 온도 차이가 20℃에서 25℃ 사이의 온도 차이와 같다는 것이다. 열량이 온도를 변화시키므로 5℃에서 10℃로 증가시키는 데 쓰이는 열량과 20℃에서 25℃로 증가시키는 데 필요한 열량이 같음을 의미한다. **임의영점**이란 온도에서와 같이 0℃가 아무것도 없는 것이 아니라 무엇이 있는데도 임의적으로 어떤 수준을 정하여 0이라 합의하였다는 것이다. 즉, 임의영점이란 something을 의미하지 nothing을 의미하지 않는다.

임의단위란 어느 정도의 변화에 얼마의 수치를 부여한다고 협약한 것이다. 온도의 단위인 1°C는 절대단위가 아니라 얼마의 열량이 소모되어 변화되는 온도를 1°C로 협약하였기에 임의단위라 할 수 있다.

등간척도의 다른 예로 학업성취 점수를 들 수 있다. 갑돌이의 수학점수가 80점이었고, 을순이의 점수가 60점이었으며, 병돌이의 점수가 40점이었다고 하자. 갑돌이와 을순이의 점수차 20점은 을순이와 병돌이의 점수차 20점과 동일하다. 25문항으로 구성된 수학시험이라 할 때 갑돌이와 을순이의 맞힌 문항 수의 차이는 5문항이고 병돌이와 을순이의 맞힌 문항 수의 차 역시 5문항이다. 그러므로 수학점수는 등간성을 유지한다. 만약 어떤 학생의 수학점수가 0점이라 하였을 때, 이는 수학능력이 전혀 없음을 의미하지는 않는다. 수학능력이 어느 정도 있으나 0점을 얻었을 뿐이다. 그러므로 0점은 절대영점이 아니라 임의영점이 된다.

등간척도에 있어서 덧셈법칙은 적용되나 곱셈법칙은 적용되지 않는다는 것은, 10°C는 5°C에 5°C를 더한 것이라는 사실은 성립되나 10°C는 5°C의 두 배만큼 더운 것을 의미하지는 않는다는 것이다. 수학점수의 예에서 갑돌이는 80점을 얻었고 병돌이는 40점을 얻었으니 갑돌이는 병돌이의 수학능력의 2배라 말할 수 없다.

비율척도

비율척도(ratio scale)는 다음과 같은 특징을 가지고 있다.

① 똑같은 간격에 똑같은 단위를 부여하므로 등간성을 지니고 있다.
② 절대영점과 임의단위를 지니고 있다.
③ 덧셈법칙, 곱셈법칙이 모두 적용된다.

비율척도의 예로 무게 혹은 길이를 들 수 있다. 길이의 예를 들어 비율척도의 특징을 설명하면 다음과 같다. 2cm에서 3cm까지의 실질적 길이는 4cm에서 5cm까지의 실질적 길이와 같고 0점, 즉 0cm는 아무것도 없는 것을 말한다. 0이란 nothing을 말하므로 절대영점이라 하고, 길이의 단위로서 어떤 특정 길이를 1cm로 협약하였으므로 임의단위를 지니고 있다. 1foot이라는 단위는 길이의 길고 짧음이 체계적으로 비교되지 않던 시절 영국의 Henry Ⅳ세가 자신의 발 길이를 1foot으로 정한 것이다. 만약 Henry Ⅳ세의 발이 더 컸다면 1foot은 30.3cm가 아니라 그 이상이었을 것이다. 그러므로 1cm와 1foot은 임의단위이다.

비율척도에서 0점은 절대영점을 의미하기에 비율척도는 덧셈법칙뿐만 아니라 곱셈법칙도 적용된다. 10cm는 5cm에 5cm를 더한 길이요, 또한 10cm는 5cm의 두 배의 길이라고 말할 수 있기 때문이다.

절대척도

절대척도(absolute scale)란 절대영점과 절대단위를 가지고 있는 척도로 덧셈법칙과 곱셈법칙 모두 적용된다. 절대영점은 아무것도 없음을 말하고 절대단위도 협약에 의한 것이 아니라 절대적인 것이다. 예를 들어, 사람 수의 0은 사람이 없음을 말하고 한 사람, 두 사람 등은 분명히 셀 수 있는 단위를 가지고 있음을 말한다. 절대척도의 예로 자동차 수, 공의 수 등을 들 수 있다.

경험사회과학에서는 이상의 5가지 척도에 의하여 측정된 모든 변수가 연구의 대상이 된다. 특히 서열척도, 등간척도에 의한 변수들이 연구에서 많이 이용되고 있음을 주지하기 바란다.

3 모집단, 표본, 표집

연구를 시행하기 위해서는 연구의 대상이 누구이고 때로는 무엇인지 규명하여야 한다. 연구의 대상은 인간일 수도 있으며 사물일 수도 있다. 이 절에서는 연구의 대상을 구체화하기 위하여 모집단, 표본, 표집을 설명한다.

모집단

모집단(population)이란 연구대상이 되는 전체를 말한다. 예를 들어, 우리나라 중학교 3학년 학생의 직업 흥미에 관한 연구를 한다고 할 때 연구대상이 되는 모집단은 현재 중학교 3학년인 모든 학생이 된다. 그러나 모집단을 대상으로 한 연구는 실질적으로 불가능하다. 모든 학생의 직업 홍미를 측정한다는 자체가 방대한 작업이 될 수 있으며, 모집단을 대상으로 직업 홍미를 측정하다 보면 많은 시간의 소요로 모집단이 변화될 수 있다. 즉, 중학교 3학년 학생이 고등학교 1학년이 될 수 있다는 것이다. 특히 실험연구에서 모집단 전체를 연구의 대상으로 한다는 것은 거의 불가능하다.

표본

실험연구이든 사회조사연구이든 연구의 대상을 모집단으로 하는 것은 현실적으로 불가능하다고 설명하였다. 그렇다면 모집단을 연구할 수 있는 가장 합리적인 방법은 모집단을 대표하는 대상들을 추출하는 것이다. **표본**(sample)이란 모집단을 대표하는 추출된 대상의 군집을 말한다. 중학교 3학년 학생의 직업 홍미 연구에서 무선추출된 1,000명의 중학생이라든지, 다른 방법에 의하여 추출된 1,000명의 중학생 등을 들 수 있다. 1,000명은 표본의 대상 수이며, 이를 표본크기(sample size)라 한다.

표집

표집(sampling)이란 모집단에서 표본을 추출하는 과정을 말한다. 즉, 모집단을 잘 대표하는 표본을 만들기 위하여 표본을 구성하는 대상들을 모집단의 전체 대상들로부터 추출하는 과정을 말한다. 표집을 하는 방법에도 여러 가지가 있는데, 그 예로 단순무선표집, 층화표집, 군집표집 등이 있다. 표집방법의 구체적 지식을 얻고자 하는 학생은 조사방법이나 연구방법론 책을 참고하기 바란다.

4 모수치와 추정치

모수치(parameter)란 모집단이 지니고 있는 속성을 말한다. 일반적으로 모집단의 속성을 알기 위해서 모집단 전체를 연구대상으로 해야 하나 실질적으로는 불가능하다. 그러나 모집단의 속성을 모르더라도 모집단이 지니고 있는 속성은 존재하므로, 이러한 모집단의 속성을 평균은 μ로, 표준편차는 σ로 표기한다.

추정치(estimate)란 알기가 쉽지 않은 모집단의 모수치를 추정하기 위하여 모집단에서 추출된 표본의 속성을 말한다. 이를 통계치(statistic) 혹은 통계량이라고 한다. 추정치의 평균은 $\overline{Y}$, 표준편차는 s로 표기한다.

모집단, 표본, 표집, 모수치, 추정치를 종합하여 그리면 [그림 2-2]와 같다.

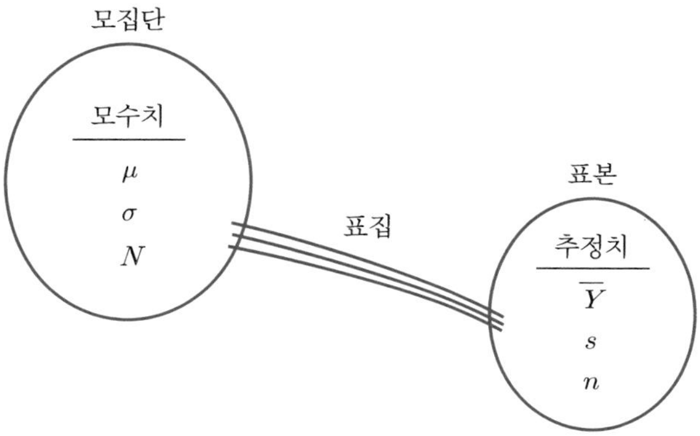

[그림 2-2] 모집단, 표본, 표집, 모수치와 추정치

5 기술통계와 추리통계

통계는 크게 기술통계와 추리통계로 구분된다. **기술통계**(descriptive statistics)란 연구자가 수집한 자료를 간단하고 편리하게 서술하는 통계로 서술통계라고도 한다. 즉, 얻어진 자료를 분석하여 그 자료를 구성하는 대상들의 속성만을 설명하는 통계이다. 그러므로 모집단의 속성을 유추하지 않는 특징을 지니고 있다.

예를 들어, 어떤 학급의 학급검사 점수의 특성을 설명하기 위하여 평균점수가 80점이고 표준편차는 10점이라고 밝혀 주는 것은 기술통계라 할 수 있다. 또한 모집단의 속성을 알기 위하여 모집단을 대표하는 표본으로부터 얻은 자료를 가지고 그 표본의 속성만을 언급하는 통계로, 무선표집된 중학교 3학년 학생들의 국어점수의 평균, 표준편차 등을 기술하는 통계도 기술통계이다. 기술통계란 얻어진 자료의 속성을 설명하여 주는 것에 그치는 통계로 모집단의 속성을 예견해 주지는 않는다.

추리통계(inferential statistics)란 표본에서 얻은 자료를 가지고 모집단의 속성을 추정하는 통계를 말한다. 표본에서 얻은 자료의 속성으로 평균, 표준편차 등을 설명하는 수준에서 그치는 것이 아니라 나아가 알지 못하는 모집단의 속성을 추리하고자 하는 통계이다. 간단히 말하면 표본에서 얻은 통계치를 가지고 모집단의 모수치를 추리하는 통계이다. 예를 들어, 우리나라 중학교 3학년 학생의 수학능력을 알고자 할 때, 전국 중학교 3학년 학생을 대표하는 일정 수의 중학교 3학년 학생으로 구성된 표본을 추출하여 검사를 실시한 후 평균이 70점, 표준편차가 15점이 나왔다면, 전국 중학교 3학년 학생들의 수학시험의 평균점수가 70점인지를 추리하기 위하여 검정하는 통계가 추리통계이다.

6 연구의 타당성

연구의 타당성으로 외현적 타당성과 내재적 타당성이 있다. 외현적 타당성과 내재적 타당성은 추리통계와 관계된다. 외현적 타당성은 연구의 결과를 얼마나 일반화할 수 있느냐 하는 문제이고, 내재적 타당성은 매개변수 혹은 연구의 출발 단계가 적절히 통제되었느냐 하는 문제이다.

외현적 타당성(external validity)은 표본으로 나온 연구결과를 모집단에 얼마나 일반화할 수 있느냐 하는 문제이다. 표본을 추출할 때 그 표본이 모집단을 잘 대표하였다면 일반화는 가능하고, 이때 외현적 타당성이 있다고 한다. 적지 않은 연구들이 외현적 타당성을 보장받지 못하고 있는 이유는 표본이 모집단을 대표하도록 추출되지 않았음에 기인한다.

내재적 타당성(internal validity)이란 연구를 하는 동안 종속변수에 영향을 주는 독립변수 이외의 다른 변수, 즉 매개변수의 통제가 제대로 이루어졌는가와 관련된 문제이다. 제2장 1절에서 매개변수를 설명하면서 매개변수인 지능을 통제하지 않고 교수법의 효과를 분석하였다면 연구결과는 타당성이 없다고 하였다. 매개변수를 통제하기 위하여 실험이 시작되기 전에 동일한 출발단계를 이룬 후 실험을 실시하는 방법이 있으며, 통계적인 방법에 의하여 매개변수의 영향을 제거하는 방법도 있다. 첫 번째 방법으로는 실험설계의 한 방법인 무선구획설계(randomized block design)가 있으며, 두 번째 방법은 통계적 방법으로 공분산분석(ANCOVA: Analysis of Covariance)을 들 수 있다.

외현적 타당성과 내재적 타당성은 별개의 문제로 외현적 타당성이 보장되었다고 해서 내재적 타당성이 존재하는 것은 아니다. 실험을 위하여 실험대상을 적절히 모집단으로부터 추출하여 일반화가 가능하다 해도, 즉 외현적 타당성이 보장되었다고 해도 매개변수의 통제가 적절히 이행되지 않았다면 내재적 타당성은 결여되는 것이다.

반대로 내재적 타당성이 입증되었다고 외현적 타당성이 보장되는 것은 아니다. 그러므로 가장 과학적이고 조직적인 연구는 외현적 타당성과 내재적 타당성이 동시에 보장되어야 한다.

7 단순무선표집과 무선할당

연구가 외현적 타당성을 갖기 위해서는 연구를 위한 표본이 모집단을 적절히 대표할 수 있도록 추출되어야 한다. 즉, 표집이 제대로 이행되어야 하며, 이를 위한 표집방법은 다양하다. 그 대표적인 예로 무선표집이 있다.

단순무선표집(simple random sampling)이란 모집단의 모든 구성원이 표본에 뽑힐 확률이 같고, 하나의 구성원이 추출되는 사건이 다른 구성원이 뽑히는 데 영향을 주지 않는 독립사건인 표집방법을 말한다. 예를 들어, 1만 명인 모집단에서 500명을 무작위 추출하고자 할 때 구성원이 표본에 뽑힐 확률은 모두가 1/10,000로 같고, 한 사람이 표본에 추출된 사건이 다른 구성원이 추출될 확률에 영향을 주지 않을 때 이를 단순무선표집 혹은 단순무작위표집이라 한다.

단순무선표집을 위하여 부록의 [수표 1]과 같은 난수표를 사용하며, 단순무선표집을 위한 절차는 다음과 같다.

단순무선표집 절차

1 모집단을 선정하여 모집단 전체의 수(N)를 파악하고 표본의 크기(n)를 확정
2 모집단 구성원에게 1번부터 N번까지 번호 부여
3 난수표의 어느 지점을 임의로 선정
4 그 지점에서 표집을 위한 무선수 혹은 난수(random number)를 정함
5 난수표에서 선정된 번호가 N보다 작으면 추출
6 표본의 크기(n)가 채워질 때까지 그 다음 무선수를 설정하기 위하여 상하좌우 어느 방향이든 일정하게 이동방향을 선택
7 난수표의 무선수가 N보다 크면 버리고 N보다 작으면 추출
8 무선수가 중복되면 버림
9 표본의 크기(n)가 채워지면 무선표집 완료

난수표에 의하여 임의로 선정된 표본의 크기에 의하여 실제로 무선표집을 직접 해 보기 바란다. 이 무선표집은 의견, 가치, 태도 등을 묻는 조사연구를 위해서뿐 아니라 표준화 검사도구의 제작을 위한 규준(norm) 설정에도 필수적 절차가 된다.

실제로는 경우에 따라서 무선표집이 용이하지 않을 수 있다. 이는 모집단이 역동성과 가상적인 본질을 지니고 있기 때문이다. 실험연구를 위하여 모집단을 대표하는 표본을 추출하여 실험집단과 통제집단을 만든다는 것은 거의 불가능하므로 흔히 쓰이는 방법이 확률화, 다른 말로 무선할당이다. **확률화**(randomization)란 모집단의 일부(chunk)를 도려내어 그 일부의 구성원을 실험집단과 통제집단에 **무선할당**(random assignment)하는 것을 말한다.

확률화의 절차는 다음과 같다.

확률화 절차

1 모집단에서 n명으로 구성된 모집단의 일부를 선정한다.

2 연구를 위한 k개의 집단의 크기를 $(n_1, n_2, \cdots, n_k)$로 선정한다.

3 각기 정해진 집단의 크기에 따라 난수표에 의하여 집단의 구성원을 채운다.

예를 들어, 중학교 3학년 학생들의 교수법에 따른 국어 어휘능력의 차이를 비교할 때 중학교 3학년 학생으로 구성된 모집단의 일부인 어떤 특정 학교 혹은 학급을 선정하고, 그 학교 혹은 학급의 구성원을 난수표에 의하여 교수법에 따른 각 집단에 배치하는 방법을 뜻한다. 확률화에 의하여 각 집단을 구성하였을 때 집단간의 차이가 있다면 이는 확률에 의한 우연의 결과일 수도 있다. 그러므로 확률화에 의하여 연구대상을 각 집단에 할당할 때 세심한 주의가 필요하다.

무선표집과 확률화에 의한 연구결과를 외현적 타당성과 내재적 타당성의 관점에 비추어 보면, 무선표집은 외현적 타당성을 보장받을 수 있는 반면, 확률화는 외현적 타당성을 보장받기가 쉽지 않다. 그러므로 확률화에 의해 시행한 연구결과를 일반화할 때는 주의가 요구된다.

연습문제

1 다음 용어를 설명하고 예를 들어라.

a. 변수와 상수
b. 독립변수와 종속변수
c. 매개변수
d. 양적변수와 질적변수
e. 서열 질적변수
f. 비서열 질적변수
g. 연속적 양적변수
h. 비연속적 양적변수
i. 측정
j. 척도
k. 명명척도
l. 서열척도
m. 등간척도
n. 비율척도
o. 절대척도
p. 모집단
q. 표본
r. 표집
s. 모수치
t. 통계치
u. 기술통계
v. 추리통계
w. 내재적 타당성
x. 외현적 타당성
y. 단순무선표집
z. 확률화(무선할당)

2 다음의 논문 제목을 보고 독립변수와 종속변수를 구분하고, 연구에 따라 어떤 매개변수가 있는지 설명하라.

a. 초등학생의 학습동기가 학업성취에 미치는 영향
b. 상황적 읽기 교수전략이 유아의 읽기 능력에 미치는 영향
c. 여고생들의 성역할 인식과 직업포부 수준과의 관계
d. 지각된 직무특성과 성역할 갈등이 직무만족에 미치는 영향
e. 자유 작문 교수법과 전통적 교수법이 문법 습득에 미치는 영향

3 다음의 변수들을 질적 혹은 양적변수로 구분하고, 질적변수라면 서열변수인지 비서열변수인지, 양적변수라면 연속변수인지 비연속변수인지 구분하라.

a. 성
b. 나이
c. 체중
d. 군대 계급
e. 성적 등위
f. 생일날의 나이
g. 대학수학능력시험 점수
h. 1l당 자동차 주행거리
i. 동전을 던질 때 앞면이 나타나는 횟수

4 3번에 열거된 변수들은 어떤 척도에 의하여 측정될 수 있는지 설명하라.

5 다음 문제를 읽고 물음에 답하라.

> 어떤 초등학교 3학년 학생들에게 새로운 교수법에 의한 학습이 실시되었다. 연말에 해당 교육구에서 새로운 교수법에 대한 학습효과를 평가하기 위하여, 종전의 교수법에 의하여 학습한 다른 학교 3학년 학생들과 새로운 교수법에 의하여 학습한 학생들에게 표준화 검사를 실시하여 비교연구하였다.

a. 모집단을 설명하라.
b. 표본을 설명하라.
c. 기술통계, 추리통계 중 어느 목적을 갖는지 말하라.
d. 내재적 타당성과 외현적 타당성 여부를 설명하라.

6 어느 언론기관에서 무선 추출한 유권자들에게 차기 대통령 후보들에 대한 선호도를 물었다. 40%의 유권자가 A후보를, 30%의 유권자가 B후보를, 30%의 유권자가 C후보를 지지하는 결과를 얻었다.

a. 이 결과는 표본에 의한 결과인지, 모집단에 의한 결과인지 설명하라.
b. 모집단을 설명하라.
c. 표집방법을 설명하라.
d. 표집방법에 따른 외현적 타당성 여부를 설명하라.

7 단순무선표집과 확률화의 차이점을 설명하라.

8 200명의 학생 중에 단순무선표집으로 10명을 난수표에 의하여 추출하고, 추출된 대상의 일련번호(ID)를 열거하라.

제2부

기술통계

| 제3장 | 도수 분포와 그래프

| 제4장 | 중심경향값

| 제5장 | 분산도

| 제6장 | 상 관

| 제7장 | 단순회귀분석

제3장

도수 분포와 그래프

사회에서 일어나는 현상을 전달, 설명하기 위하여 신문이나 TV 등의 대중 전달 매체는 그림이나 그래프를 자주 이용한다. 예를 들어, 인구 증가율이라든지 혹은 정책 결정에 따른 찬반 결과를 그림이나 그래프로 제시한다. 모든 현상과 사실을 보다 쉽게 설명하기 위하여 사회현상을 설명하는 전달매체뿐 아니라 많은 학술지에도 그래프를 흔히 사용한다. 그렇다면 왜 그래프를 자주 이용하며, 그래프는 어떤 규칙에 의하여 그려지며, 어떤 종류의 그래프가 있고, 그래프를 해석하는 데 어떤 주의가 필요한지를 이 장에서 설명한다.

1 그래프의 정의와 기능

그래프는 수집된 자료를 시각적으로 보다 쉽게 이해시키기 위하여 일목요연하게 표시한 그림이라 할 수 있다. 수집된 자료를 나열하였을 때 자료가 지니고 있는 속성을 간단히 파악하기란 용이하지 않다. 이를 위하여 자료가 지니고 있는 속성을 그림의 형태로 표현한 것이 그래프이다. 그러므로 그래프를 그리는 데 있어 변수의 유형에 따른 그래프의 종류가 다르며, 각 그래프 유형에 따라 그리는 방법은 다소 상이하다.

그래프의 정의에 비추어 볼 때 그래프의 기능은 크게 세 가지로 구분할 수 있다. 첫째, 수집된 자료를 구성하는 수들이 어떤 값을 중심으로 모이는 경향과 흩어진 정도를 쉽게 분석할 수 있다. 둘째, 자료 속에 존재하는 집단 간의 차이 여부, 셋째 어떤 변수 간에 연관성이 존재하는지를 쉽게 파악할 수 있다. 기초통계학을 수강한 100명의 학생의 학기말 시험점수를 그래프로 나타냈을 때 100명의 기초통계학 점수가 어떤 특정 점수를 향하여 모이는 경향과 100명의 학생의 점수가 얼마나 흩어져 있는지를 쉽게 알 수 있다. 그래프에 의하지 않고 100명의 학생의 기초통계학 점수 원자료만을 보고 학생들의 기초통계학 점수의 평균과 표준편차를 추측하기란 쉽지 않다. 만약 100명의 통계학 수강생이 50명의 남학생과 50명의 여학생이었다면, 남학생과 여학생의 기초통계학 점수 비교를 그래프로 쉽게 나타낼 수 있다. 어떤 연구자는 기초통계학의 점수와 고등학교 3학년 때 치른 대학수학능력시험 수리탐구 I 점수와의 관계를 알아보고자 한다. 이 경우 100명 학생의 대학수학능력시험 수리탐구 I 점수와 기초통계학 점수를 수집하여 그래프를 그린다면 대학수학능력시험 수리탐구 I 점수와 대학 입학 후 기초통계학 점수의 관계도 물론 쉽게 이해할 수 있다.

2 그래프 도식의 기본 원칙

수집된 방대한 자료를 일목요연하게 제시하기 위해서는 지켜야 할 기본 규칙이 있다. 물론 앞으로 제시할 기본 규칙이 어떤 규율처럼 반드시 지켜져야 한다고 주장할 수는 없다. 왜냐하면 그래프는 있는 자료를 왜곡하지 않고 가장 편안하게, 즉 아름답게 제시함으로써 보는 이로 하여금 그래프를 통하여 알고자 하는 사실을 쉽고 빠르게 파악할 수 있게 하면 그 기능을 다하기 때문이다.

각 그래프 종류에 따른 도식을 위한 세부적인 기본 규칙은 뒤로 미루고 일반적으로 그래프를 그릴 때 적용되는 규칙을 살펴보면 다음과 같다.

첫째, 독립변수는 가로축인 X축에, 그리고 종속변수는 세로축인 Y축에 그린다. 예를 들어, 시간에 따른 온도 변화를 그래프로 그리기 위하여 [그림 3-1]에서와 같이 시간을 X축에, 온도는 Y축에 그린다. 간혹 독립변수와 종속변수의 구분이 불분명할 때, 독립변수로 설정한 변수를 종속변수로, 종속변수로 설정한 변수를 독립변수로 상호변환하여 서술한 후, 변환된 문장의 의미와 논리성 여부로 독립변수와 종속변수를 쉽게 판명할 수 있다. 물론 앞의 제2장에서 설명한 독립변수와 종속변수의 정의를 충분히 이해한 학생은 의문을 제기하지 않을 것이다.

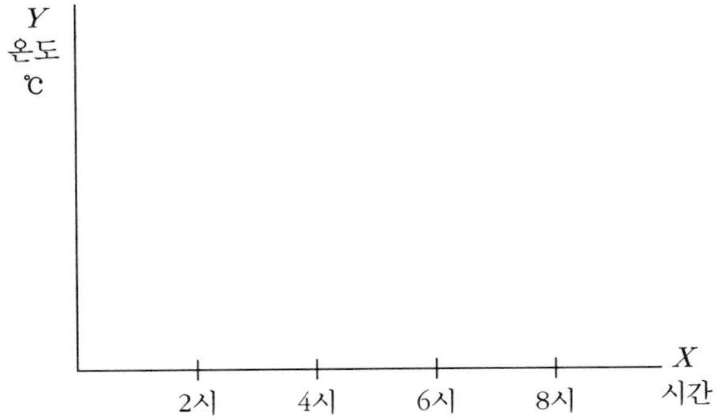

[그림 3-1] 시간에 따른 온도 변화

둘째, 독립변수와 종속변수를 나타내는 X축, Y축의 내용은 무엇인지를 간결하고 명확한 단어로 표현하여야 하며, 각 축의 측정단위를 반드시 기입하여야 한다. [그림 3-1]과 같이 X축은 독립변수인 시간이므로 '시간'이란 단어와 측정단위로 '시'를, Y축은 종속변수인 온도이므로 '온도' 표기와 측정단위인 ℃를 기록하여야 한다. 물론 측정단위를 우리 생활문화권에 익숙한 '섭씨'가 아닌 '화씨', '시'가 아닌 '분'으로 할 수 있으나 자료가 지니고 있는 속성과 알리고자 하는 내용을 충실히 나타낼 수 있는 단위로 표현하여야 한다.

셋째, 자료가 지니고 있는 속성을 효율적으로 표현하기 위하여 X축과 Y축의 길이와 X축, Y축 전체를 적절한 간격으로 구분한다. 일반적으로 그래프를 보다 안정적으로 보이게 하기 위하여 종속변수를 나타내는 Y축의 전체 길이를 독립변수를 나타내는 X축 전체 길이의 2/3 이상 3/4 이하의 길이가 되게 한다. 예를 들어, 우리나라의 8월 어느 하루의 시간에 따른 온도 변화는 〈표 3-1〉과 같다.

〈표 3-1〉 시간에 따른 온도 변화

시 간(시)	온 도(℃)
새벽 2시	15
아침 6시	20
오전 10시	25
오후 2시	30
오후 6시	25
저녁 10시	20

〈표 3-1〉에 있는 시간에 따른 온도의 변화를 그래프로 그리면 [그림 3-2]와 [그림 3-3]과 같이 그릴 수 있다.

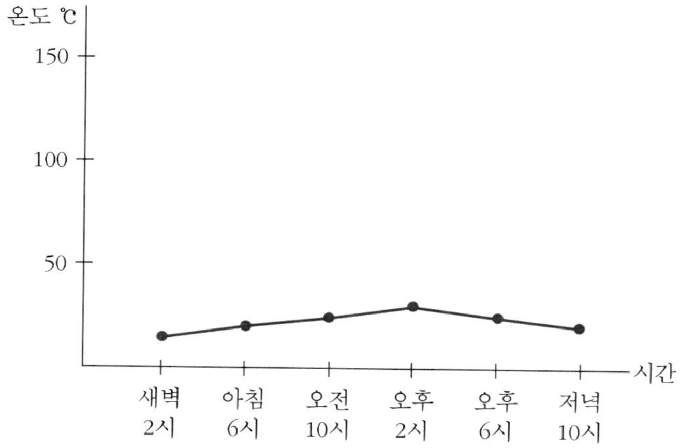

[그림 3-2] 8월 하루의 시간에 따른 온도 변화

종속변수로 설정된 변수는 Y축에 표시하여야 하며 종속변수의 모든 값의 전체 범위가 Y축에 고루 분포되게 표시하여야 한다. 예를 들어 [그림 3-2]에서와 같이 온도 변화를 나타내기 위하여 Y축에 온도의 변화를 너무 좁은 간격으로 표시하는 것은 바람직하지 못하다. 이는 그래프를 효율적으로 그리기 위하여 Y축의 길이를 X축의 2/3 이상 3/4 이하로 설정하였다 하더라도 실질적으로 종속변수가 사용한 Y축의 폭은 매우 좁기 때문이다. [그림 3-2]를 [그림 3-3]과 비교하였을 때 [그림 3-3]이 자료를 보다 일목요연하고 효과적으로 그린 그래프라 할 수 있다.

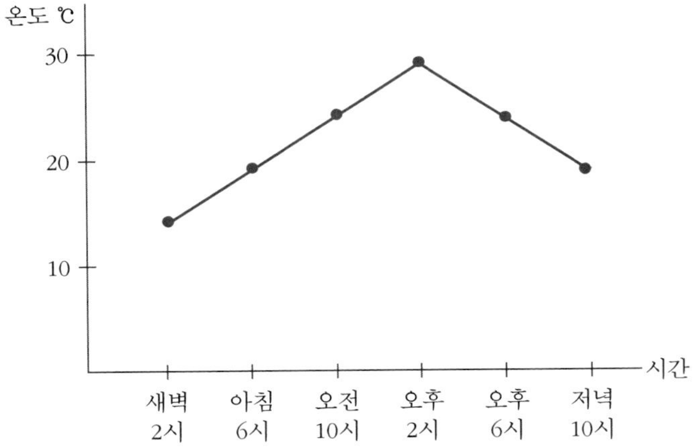

[그림 3-3] 8월 하루의 시간에 따른 온도 변화

넷째, 그래프를 보고 해석을 용이하게 하기 위하여, 자료의 성격에 따라 다를 수 있으나 일반적으로 눈금의 단위를 10으로 한다. 만약 10의 단위가 클 경우는 10을 나눌 수 있는 1배, 2배 혹은 5배수의 단위로 눈금을 부여하는 것이 현명하다. 앞의 시간에 따른 온도 변화의 그래프에서 종속변수인 온도를 나타내는 *Y*축을 0°C, 2°C, 4°C, 6°C, 8°C, 10°C, …, 40°C, 아니면 0°C, 5°C, 10°C, 15°C, 20°C, 25°C, 30°C, 35°C, 40°C 등으로 간격을 부여하며, 시간 단위도 2시, 4시, …, 12시 혹은 0시, 5시, 10시, …로 하는 것이 좋다. 가능한 한 3배수나 7배수 혹은 9배수는 피하는 것이 현명하다. 예를 들면, 온도를 나타내는 *Y*축을 3°C, 6°C, 9°C, 36°C, 39°C로 한다든가, 7°C, 14°C, 21°C, 35°C, 42°C 혹은 9°C, 18°C, 27°C, 36°C 등으로 하면 그래프를 보고 자료를 해석하기가 불편하다. 종속변수나 독립변수를 나타내는 각 축의 눈금을 3, 7, 9의 배수로 절대 사용하지 말아야 하는 것은 아니다. 때로는 그 배수 값들이 어떤 의미와 효율성을 지니고 있을 때는 사용하는 것이 타당하다. 예를 들어, 한 해의 월별에 따른 물가동향을 분석할 때, 월을 나타내는 *X*축의 간격을 3배수인 3월, 6월, 9월, 12월로 설정하는 것은 바람직하다. 왜냐하면 3배수로 표현한 월별은 분기를 나타내는 의미 있는 단위이기 때문이다.

3 그래프의 종류

통계학자들은 자료가 지니고 있는 정보를 효율적으로 제시하기 위하여 변수들의 속성상, 그리고 정보제공의 목적상 다양한 종류의 그래프를 제시하였다. 이는 한 형태의 그래프가 모든 자료를 묘사하기 위하여 사용될 수 없으므로 그래프를 그릴 때는 변수가 어떤 형태의 변수이고, 그래프가 어떤 목적을 위하여 쓰일 것인지를 고려하여야 한다는 것이다. 그래프의 종류로는 막대 그래프(bar graph), 선 그래프(line graph), 히스토그램(histogram), 절선도표(도수분포다각형도표, polygon), 누가백분율도표가 있다.

이상의 다섯 종류의 그래프는 모집단을 대표하는 표본으로부터 수집된 자료이든 아니든, 자료의 속성을 설명하기 위하여 관찰된 변수들의 각 범주에 해당하는 백분율이나 도수를 나타낸다. 그러므로 일반적으로 가로축은 변수나 범주의 이름이나 범위가 표시되며, 세로축은 백분율이나 도수를 나타낸다.

백분율이나 도수를 나타내는 그래프에서 독립변수는 가로축에, 백분율이나 도수는 종속변수로 세로축에 표기한다. 이러한 그래프에서 독립변수와 종속변수를 분명히 구분할 수 없다면 그 그래프는 무의미하다.

변수의 속성이 질적변수, 즉 명명척도에 의해 측정된 변수일 경우는 막대 그래프를 사용하며, 그 질적변수가 순서에 의해 서열적이든 비서열적이든 관계가 없다. 선 그래프는 변수의 속성이 양적변수로 비연속성을 지니고 있을 때 사용하며, 히스토그램과 절선도표는 변수의 속성이 연속적인 양적변수일 때 사용한다. 각 변수의 속성에 따른 그래프의 장단점과 도식 방법은 각 절에서 설명한다. 각기 다른 다섯 종류의 그래프에 있어서 세로축의 길이가 가로축의 2/3 이상 3/4 이하가 되게 그려야 하는 규칙은 모든 그래프에 적용된다. 이는 그래프 해석에 대한 왜곡을 방지하기 위해서이다.

4 막대 그래프

막대 그래프(bar graph)는 변수가 질적변수일 때 사용한다. 질적변수란 사물을 구분하기 위하여 이름을 부여하는 명명척도에 의하여 측정된 변수로 서열변수와 비서열변수로 구분할 수 있다. 비서열 질적변수의 예로는 성별, 인종, 직업, 전공 등을 들 수 있다. 물론 현대사회에서는 직업의 위계가 존재한다고 분석하지만 직업에는 귀천이 없다는 철학적 명제를 근거로 하고 있다. 서열 질적변수의 예로는 군인들의 계급, 혹은 특정 직업에 따른 직급을 들 수 있다.

막대 그래프를 그릴 수 있는 예로 기초통계학을 수강하는 학생들의 전공의 다양성을 알아보기 위한 그래프를 들 수 있다. 200명의 기초통계학을 수강하는 학생들이 어느 대학에 소속되어 있는가를 알아보기 위하여 전공대학을 조사하였더니 전공대학별 분포는 〈표 3-2〉와 같았다.

〈표 3-2〉 기초통계학 수강생의 전공대학 현황

전공대학	긋 기	수강생 수(명)	백분율(%)
인문대학	卌 卌 卌 卌 卌 卌	30	15.0
자연대학	卌 卌 卌 卌 …… 卌 卌	80	40.0
체육대학	卌 卌 卌 卌	20	10.0
사범대학	卌 卌 卌 卌 卌 卌	30	15.0
법정대학	卌 卌	10	5.0
가정대학	卌 卌 卌	15	7.5
기 타	卌 卌	10	5.0
무 응 답	卌	5	2.5
		200	100

기초통계학을 수강하고 있는 200명 학생의 전공대학의 현황을 시각적으로 보여주기 위한 막대 그래프를 그리는 절차를 요약하면 다음과 같다.

막대 그래프 도식 절차

1 자료가 지니고 있는 범주를 열거한다(모든 범주에서 '기타' 혹은 '무응답'이 있을 때 이 범주를 제거하면 자료가 지니고 있는 정보를 왜곡할 수 있으므로 주의를 기울여야 한다).

2 각 범주에 해당하는 도수를 계산한다.

3 각 범주에 해당하는 백분율(%)을 계산한다.

4 가로축과 세로축을 그린다. 세로축의 길이는 가로축의 2/3~3/4이 되게 한다.

5 각 범주에 해당하는 백분율(%)에 상응하는 막대를 그린다.

6 각 막대에 범주의 이름을 기록하고 가로축, 세로축의 단위를 기록하며, 막대 그래프의 제목을 간결 · 명확하게 붙인다.

앞의 여섯 단계에 따라 기초통계학 수강생의 전공대학별 현황 분석을 위하여 그린 막대 그래프는 [그림 3-4]와 같다.

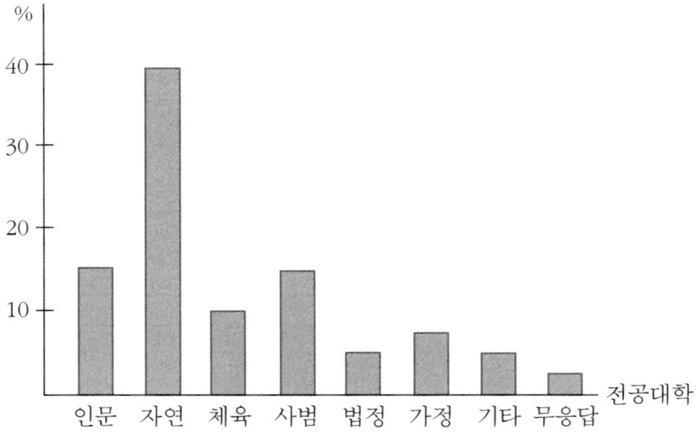

[그림 3-4] 기초통계학 수강생의 전공대학별 현황

막대 그래프를 그릴 때, 경우에 따라 어떤 범주에 포함되지 않는 분류나 무응답 등을 생략하는 경우가 있다. 만약 기초통계학 수강생의 전공대학별 현황을 조사할 때 기타와 무응답을 제거하고 각 전공대학별 현황을 분석하면 다소 다른 그래프가 그려질 것이다. 다른 예로, 사회의 논쟁이 되는 어떤 정책에 대한 찬반의 질문을 하였을 때 많은 사람이 응답하지 않았다면 무응답의 자료를 제거하고 찬성, 반대의 비율만을 고려하여 그린 막대 그래프는 원자료를 정확하게 전달하는 기능을 상실하였다고 할 수 있다. 무응답, 기타 항목에 대한 처리는 신중을 기하여야 한다.

막대 그래프를 보다 보기 좋게 그리기 위해서는 다음의 두 가지 요령이 필요하다. 첫째, 막대의 넓이를 같게 하여야 한다. 둘째, 막대와 막대 사이의 공간을 같게 하여야 한다. 막대의 넓이와 막대와 막대 사이의 공간이 똑같을 필요는 없다. 가로축 길이의 2/3 이상 3/4 이하가 되는 세로축에 모든 범주가 포함되는 조건하에서 이 두 가지 요령이 지켜지면 보기 좋은 막대 그래프를 그릴 수 있을 것이다.

SPSS 실행

먼저 〈표 3-2〉의 자료를 데이터 편집기에 다음 그림과 같이 입력한 후 메뉴에서 [그래프] ⇨ [레거시 대화 상자] ⇨ [막대형 차트(B)]를 선택하면 막대도표 대화상자가 열린다.

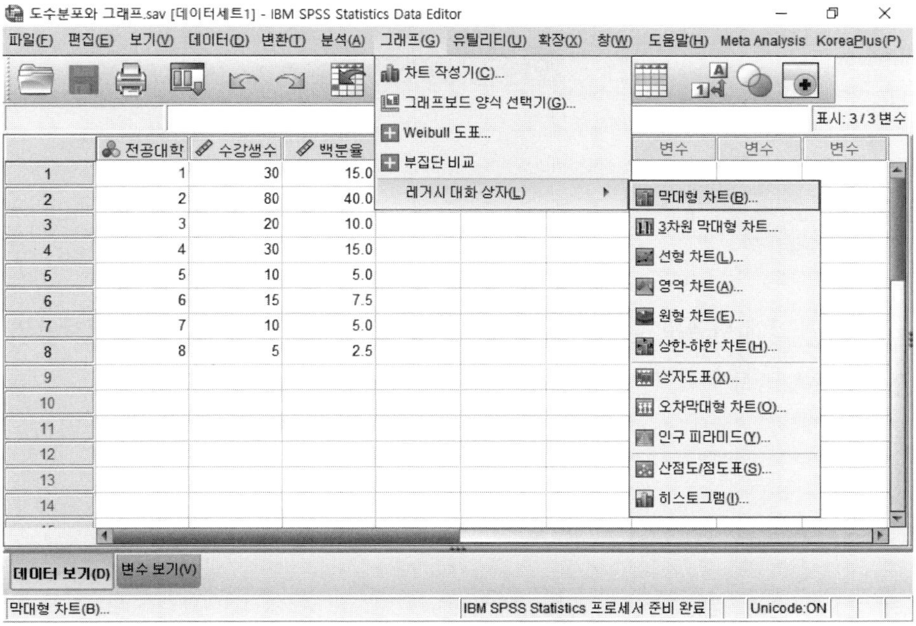

막대도표 대화상자에서 '단순'을 선택하고, 도표에 표시할 데이터 부분에서 '각 케이스의 값'을 선택한 후 [정의]를 누른다. 단순 막대도표 정의 대화상자에서 막대 표시 부분에 '백분율'을, 범주설명 부분의 변수에 '전공대학'을 지정한 후 [확인]을 누른다.

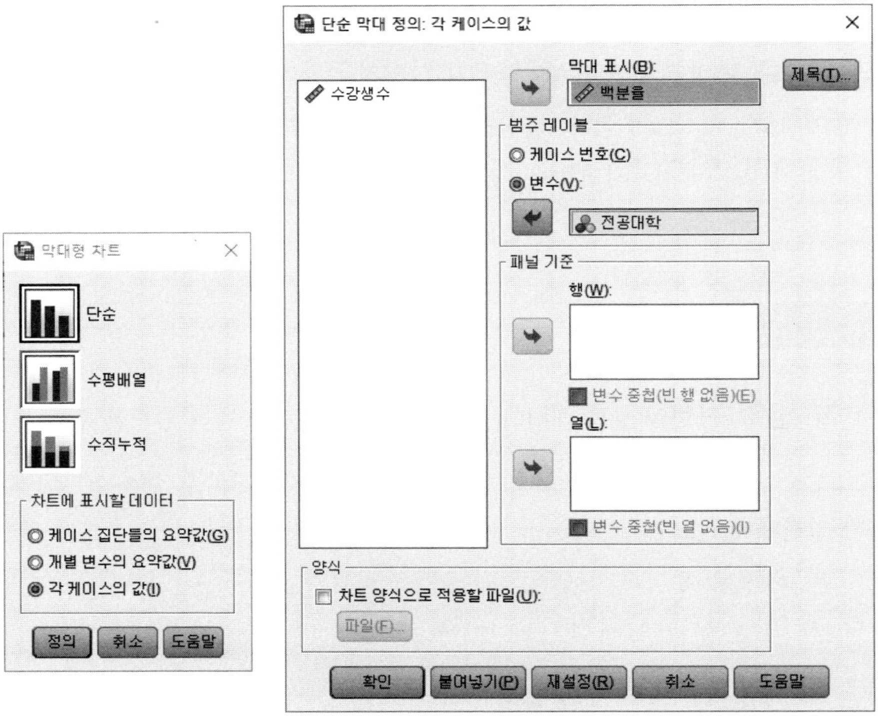

분석 결과

SPSS 뷰어에 다음과 같은 학부전공에 따른 수강생 수의 막대도표가 나타나며, 이는 [그림 3-4]와 같다.

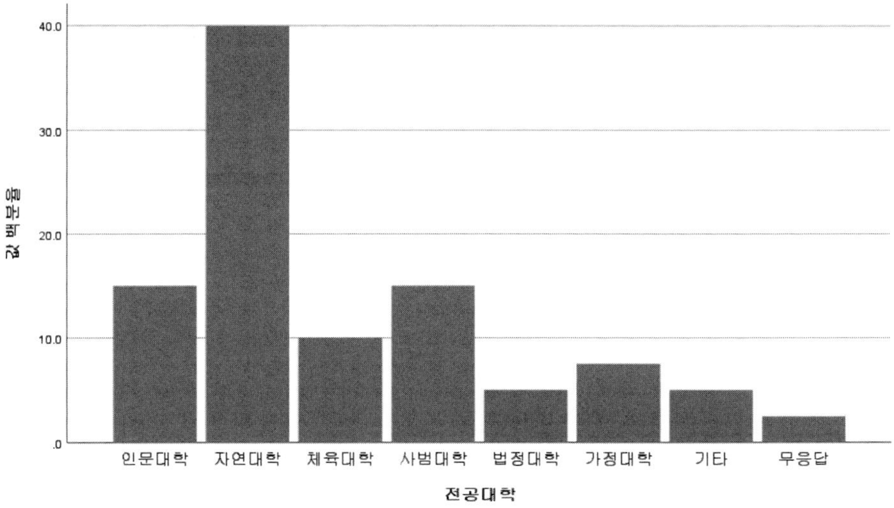

5 선 그래프

선 그래프(line graph)는 변수가 양적변수이며 비연속변수일 때 사용한다. 양적변수란 수량으로 표시되는 변수를 말하며, 비연속변수란 특정 수치만을 가질 수 있는 변수를 말한다. 제2장에서도 설명하였듯이 비연속 양적변수로 사람 수, 휴가일수 등 특정수로 표현되는 수를 들 수 있다. 지능점수, 학업점수 등도 양적 비연속변수로 분류되며, 때로는 양적 연속변수로 고려될 수 있다.

기초통계학을 수강하는 200명 학생에게 학기말 시험을 실시하였더니 수강생들의 점수는 〈표 3-3〉과 같았다.

〈표 3-3〉 기초통계학 수강생 200명의 학기말 점수

74	67	75	49	47	61	70	54	99	46
78	72	55	60	44	56	65	72	82	67
45	74	55	58	86	47	40	68	58	81
64	51	55	43	57	38	61	69	47	69
66	68	69	73	45	41	46	59	48	73
69	37	58	52	74	86	37	45	75	92
76	70	56	68	74	71	76	84	46	55
87	58	48	54	57	75	66	68	42	65
64	64	68	44	58	82	56	79	32	82
73	58	58	47	49	63	49	54	65	84
74	67	75	49	47	61	70	54	99	46
78	72	55	60	44	56	65	72	82	67
45	74	55	58	86	47	40	68	58	81
64	51	55	43	57	38	61	69	47	69
66	68	69	73	45	41	46	59	48	73
69	37	58	52	74	86	37	45	75	92
76	70	56	68	74	71	76	84	46	55
87	58	48	54	57	75	66	68	42	65
64	64	68	44	58	82	56	79	32	82
73	58	58	47	49	63	49	54	65	84

선 그래프의 형태는 막대 그래프와 유사하다. 다만 차이가 있다면 막대 그래프는 명명척도에 의한 변수의 범주 위에 막대가 그려지는 데 비하여 선 그래프는 명명척도에 의한 변수의 범주가 아니라 양적변수의 수치 안에 선이 그려진다는 것이다. 선 그래프를 그리는 절차는 다음과 같다.

선 그래프 도식 절차

1 자료가 지니고 있는 모든 수를 열거한다.

2 각 수에 해당하는 도수를 센다.

3 각 수에 해당하는 도수를 총 사례 수로 나누어 %를 계산한다.

4 가로축과 세로축을 그린다. 세로축의 길이는 가로축의 2/3~3/4이 되게 한다.

5 각 수에 해당하는 %에 상응하는 선을 가로축과 수직이 되게 그린다.

6 가로축과 세로축에 단위와 수를 기입하고 간결 · 명확한 제목을 붙인다.

〈표 3-3〉에 있는 200명의 기초통계학 수강생의 학기말 시험점수를 선 그래프로 그리기 위하여 절차 1, 2, 3에 따른 단순도수분포표는 〈표 3-4〉와 같다.

〈표 3-4〉 기초통계학 수강생 200명의 학기말 시험점수 단순도수분포표

점 수	긋 기	도 수(f)	백분율(%)	점 수	긋 기	도 수(f)	백분율(%)
32	//	2	1	66	////	4	2
				67	////	4	2
				68	卌 卌	10	5
37	////	4	2	69	卌 ///	8	4
38	//	2	1	70	////	4	2
39				71	//	2	1
40	//	2	1	72	////	4	2
41	//	2	1	73	卌 /	6	3
42	//	2	1	74	卌 ///	8	4
43	//	2	1	75	卌 /	6	3
44	////	4	2	76	////	4	2
45	卌 /	6	3	77			
46	卌 /	6	3	78	//	2	1
47	卌 ///	8	4	79	//	2	1
48	////	4	2	80			
49	卌 /	6	3	81	//	2	1
50				82	卌 /	6	3
51	//	2	1	83			
52	//	2	1	84	////	4	2
53				85			
54	卌 /	6	3	86	////	4	2
55	卌 ///	8	4	87	//	2	1
56	卌 /	6	3	⋮			
57	////	4	2	⋮			
58	卌 卌 ////	14	7	92	//	2	1
59	//	2	1				
60	//	2	1				
61	////	4	2	99	//	2	1
62							
63	//	2	1				
64	卌 /	6	3				
65	卌 /	6	3				

〈표 3-4〉를 참조하여 선 그래프를 그리는 절차 4, 5, 6에 따라 그린 선 그래프는 [그림 3-5]와 같다.

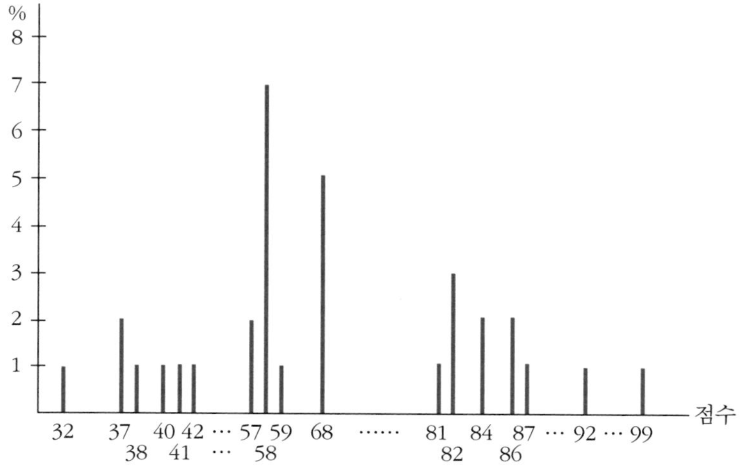

[그림 3-5] 기초통계학 수강생의 학기말 시험점수

[그림 3-5]에 나타난 선 그래프는 그래프의 형태를 통하여 수집된 자료의 특성을 제시할 수 있다. 하지만 일목요연하게 자료의 특성을 파악하는 기능을 상실하고 있다. 그 이유는 점수의 범위가 너무 넓기 때문에 각 점수에 나타난 도수 혹은 백분율을 표시할 때 많은 선이 그려지기 때문이다. 그러므로 현대통계학에서 선 그래프 사용은 가능한 한 삼가하고 있다. 특히 점수의 범위가 클 때는 선 그래프는 그래프의 기능을 상실할 뿐 아니라 때로는 보는 이로 하여금 자료의 특성을 파악하는 것을 더욱 복잡하게 만든다. 이와 같은 선 그래프의 단점을 해결하기 위하여 연구자들은 히스토그램(histogram)이나 절선도표 혹은 도수분포다각형도표(polygon)를 사용한다.

선 그래프를 그릴 때도 시험에 응하지 않은 학생, 혹은 설문지의 무응답자와 같은 경우가 존재한다. 선 그래프를 그릴 때 가로축은 양적 비연속변수를 나타내기 때문에 무응답 같은 질적변수를 그래프 위에 그리기는 용이하지 않다. 그러므로 질적변수인 무응답 같은 자료는 양적 비연속변수를 나타내는 선 그래프 위에 나타내지 않고 서술한다.

6 히스토그램

히스토그램(histogram)은 변수가 양적 연속변수일 때 사용한다. 선 그래프가 지니고 있는 취약점을 해결하기 위하여 히스토그램을 사용할 수 있으며, 기술적으로 히스토그램은 막대 그래프와 선 그래프의 복합체라 볼 수 있다.

선 그래프는 양적 비연속변수를, 히스토그램은 양적 연속변수를 위하여 사용된다. 제3장 5절에서 기초통계학의 학기말 시험점수를 양적 비연속변수라 하였다. 이는 학기말 시험점수 자체가 양적변수이고, 특히 점수에 의하여 표현되었기에 비연속변수로 분류하였다.

기초통계학 학기말 시험에서 70점을 획득한 학생의 기초통계학에 대한 진점수(true score)가 정확하게 70점이란 보장은 없다. 왜냐하면 측정도구의 문제가 있을 수 있고, 시험 당시 학생 개인 사정의 변화에 따른 영향도 있을 수 있다. 그렇기 때문에 70점을 획득한 학생의 진점수는 69.5와 70.5 사이에 존재할 것이라고 가정할 수 있다. 이를 **연속성을 위한 교정**(correction for continuity)이라 한다. 이런 과정을 통하여 양적 비연속변수를 양적 연속변수로 분류할 수 있다. 앞의 예에서 .5를 연속성을 위한 교정값이라 한다. 연속성을 위한 교정값은 측정단위 혹은 점수의 단위를 2로 나눈 값이다. 기초통계학 학기말 시험점수의 예에서 수강생들의 점수가 1점 단위로 표현되었으므로 연속성을 위한 교정값은 1점을 2로 나눈 .5가 된다.

연속성을 위한 교정값에 의하여 교정을 한 어떤 특정 점수의 범위를 정확한계라 한다. 90점을 획득한 수강생의 기초통계학 점수의 정확한계는 89.5에서 90.5이다.

연속성을 위한 교정을 고려하여 히스토그램을 그리는 절차는 다음과 같다.

히스토그램 도식 절차

1 연속성을 위한 교정값을 계산한다.

2 연속성을 위한 교정값에 의하여 최고 점수와 최저 점수의 정확한계를 설정한다.

3 변수의 범위를 계산한다. 일반적으로 최고값에서 최저값을 뺀 것으로 규명하나 연속변수로 치환하는 과정에서의 연속성을 위한 교정을 고려하여야

한다. 현대통계학에서 변수의 범위는 다음과 같이 계산한다.

범위 = 최고값의 상한계 − 최저값의 하한계

4 변수를 그릴 가로축을 적절한 수의 급간으로 나눈다. 히스토그램을 효율적으로 그리기 위하여 급간의 수를 8～12개 사이로 한다. 주의해야 할 사항은 급간의 수가 정해지면 급간의 크기가 결정된다. 급간의 크기를 설정할 때 척도의 단위, 즉 점수의 단위에 따른다. 만약 척도의 단위가 홀수이면 급간의 크기를 홀수로 정하여야 한다. 이런 규칙을 지키지 않으면 절선도표를 그릴 때 각 급간의 중간값이 소수점으로 나타난다.

5 급간 수와 급간의 크기를 설정한 후 맨 아래 급간의 시작값을 최저값의 하한계에서 시작하지 않고, 최저값의 하한계 값보다 측정단위 한 단계 아래에서 급간값을 시작한다.

6 각 급간에 해당하는 도수를 센다.

7 각 급간에 해당하는 도수를 총 사례 수로 나누어 %를 계산한다.

8 가로축에 각 급간을, 세로축에 %를 그리고 각 급간에 해당하는 기둥을 그린다.

9 가로축, 세로축의 이름과 단위, 그리고 히스토그램의 제목을 적는다.

〈표 3-3〉에 있는 200명 수강생의 기초통계학 학기말 시험점수를 가지고 히스토그램을 그리는 절차를 설명하면 첫 번째 단계로 연속성의 교정값은 .5이다. 두 번째 단계로 최고점수는 99점이므로 정확한계는 98.5 이상 99.5 미만이다. 또한 최저점수는 32점으로 정확한계는 31.5 이상 32.5 미만이 된다. 그러므로 기초 통계학 학기말 시험점수의 범위는 68점(99.5−31.5)이 된다. 네 번째 단계로 급간 수와 급간의 크기를 설정할 때 급간 수는 8～12개로 하고, 척도의 단위가 1점인 홀수이므로 급간의 크기가 홀수값이 되게 하려면 급간 수를 10개로 할 때 급간의 크기가 7점이 된다. 다섯 번째 단계로 급간의 출발값은 최저점수의 하한계 31.5에서 급간이 시작될 수 있으나 모집단의 속성을 보다 잘 나타내기 위하여 측정단위 1단위 아래인 30.5에서 급간값이 시작된다. 이처럼 급간 수와 급간의 크기가 설정된 후 여섯 번째 단계로서 각 급간에 해당되는 도수를 계산하고, 일곱 번째 단계로 각 급간에 해당하는 %를 계산하여 묶음도수표를 만들면 〈표 3-5〉와 같다.

〈표 3-5〉 히스토그램을 그리기 위한 기초통계학 수강생 200명의 학기말 시험점수 묶음도수표

급 간	긋 기	도 수(f)	백분율(%)
30.5~37.5	卌 /	6	3
37.5~44.5	卌 卌 ////	14	7
44.5~51.5	卌 卌 卌 卌 卌 卌 //	32	16
51.5~58.5	卌 卌 卌 卌 卌 卌 卌 卌	40	20
58.5~65.5	卌 卌 卌 卌 //	22	11
65.5~72.5	卌 卌 卌 卌 卌 卌 卌 /	36	18
72.5~79.5	卌 卌 卌 卌 卌 ///	28	14
79.5~86.5	卌 卌 卌 /	16	8
86.5~93.5	////	4	2
93.5~100.5	//	2	1

〈표 3-5〉의 묶음도수표에 의하여 기초통계학을 수강한 200명 학생의 학기말 시험점수의 히스토그램을 그리면 [그림 3-6]과 같다.

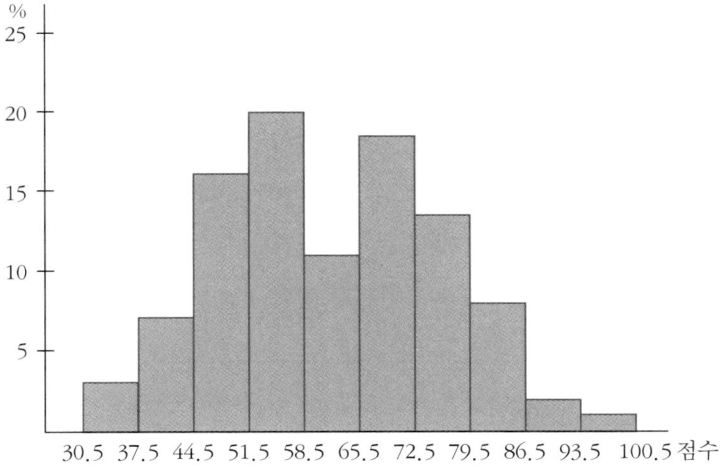

[그림 3-6] 기초통계학 수강생의 학기말 시험점수

히스토그램을 그릴 때 최저값의 하한계보다 측정단위의 1단위를 낮추어 급간값을 시작하는 이유는 다음과 같다. 일반적으로 모집단의 속성을 추정하기 위하여 추출된 표본에서의 점수 범위는 모집단의 점수 범위보다 넓지 않다. 물론 표본의

크기를 매우 크게 하면 표본에서 얻은 점수 범위는 모집단의 점수 범위와 같을 수 있으나 일반적으로 표본의 크기는 작으므로 표본에서 얻은 점수 범위에서 하한계는 모집단 점수 범위의 하한계보다는 높고 표본의 범위에서 상한계는 모집단의 상한계보다는 낮다. 그러므로 표본의 범위를 보다 모집단의 범위와 일치시키기 위하여 히스토그램을 그릴 때 급간의 출발값을 최저점수의 하한계보다 측정의 한 단위 낮은 값에서 시작하는 것이 현대통계학의 경향이다. 만약 표본의 크기가 매우 커서 표본 자체로서 모집단의 속성을 나타낼 수 있거나, 앞의 주장에 동의하지 않는다면, 표본을 통해 얻은 자료의 최저점수의 하한계에서 급간을 시작하여 히스토그램을 그려도 큰 문제가 되지 않는다. 이와 같이 히스토그램은 선 그래프보다 압축하여 개괄적으로 수집된 자료의 속성을 나타내 줄 수 있다. 그러므로 히스토그램은 선 그래프가 드러내는 번잡성을 체계화한 그래프라 할 수 있다. 학생 200명의 기초통계학의 점수분포는 두 개의 봉을 가진 **이봉분포**(bimodal distribution)임을 알 수 있다.

히스토그램의 이름을 표시하는 것 역시 중요하다. 가로축, 세로축, 그리고 제목을 간결명확하게 표시함으로써 연구자 자신뿐만 아니라 타인에게도 정확한 정보를 전달할 수 있다. 가로축은 학기말 시험점수를 표시하고 세로축은 각 급간에 해당되는 %를 의미한다.

[그림 3-6]은 기초통계학을 수강한 200명 학생의 학기말 시험점수의 분포이고, 만약 전년도에 수강한 학생들의 학기말 시험점수와 비교하기 위하여 그래프를 그린다면 히스토그램으로는 여러 가지 문제점이 따른다. 각 급간에 전년도 기초통계학 수강생들의 시험점수 분포를 그린다면 덧칠에 의한 그림으로 비교가 불편하다. 히스토그램은 어떤 한 집단 혹은 수집된 어떤 양적 연속변수에 대한 도식은 충족시키나 집단비교를 위해서는 좋은 그래프라 하기 어렵다.

SPSS 실행

〈표 3-3〉의 자료를 데이터 편집기에 입력한 다음 메뉴에서 [그래프] ⇨ [레거시 대화 상자] ⇨ [히스토그램]을 선택하면 히스토그램 작성 대화상자가 열린다.

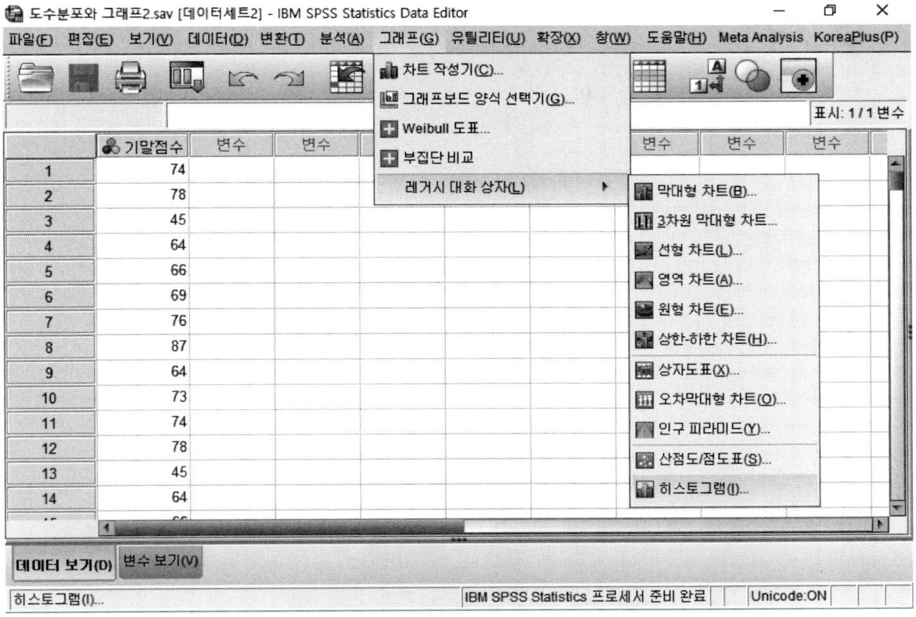

히스토그램 작성 대화상자가 열리면 왼쪽의 '기말점수'를 화살표를 이용하여 변수로 옮긴 뒤 [확인] 을 누른다.

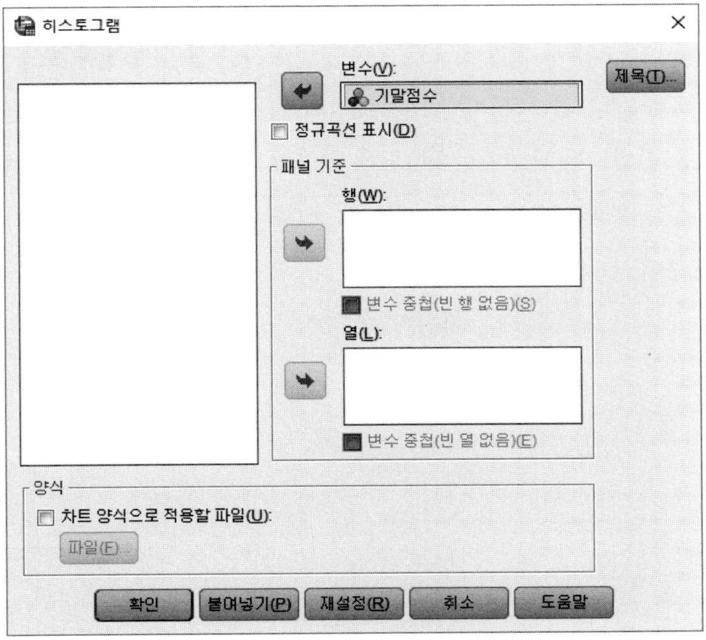

분석 결과

프로그램에 설정되어 있는 기본 옵션으로 히스토그램을 만들면 다음과 같다.

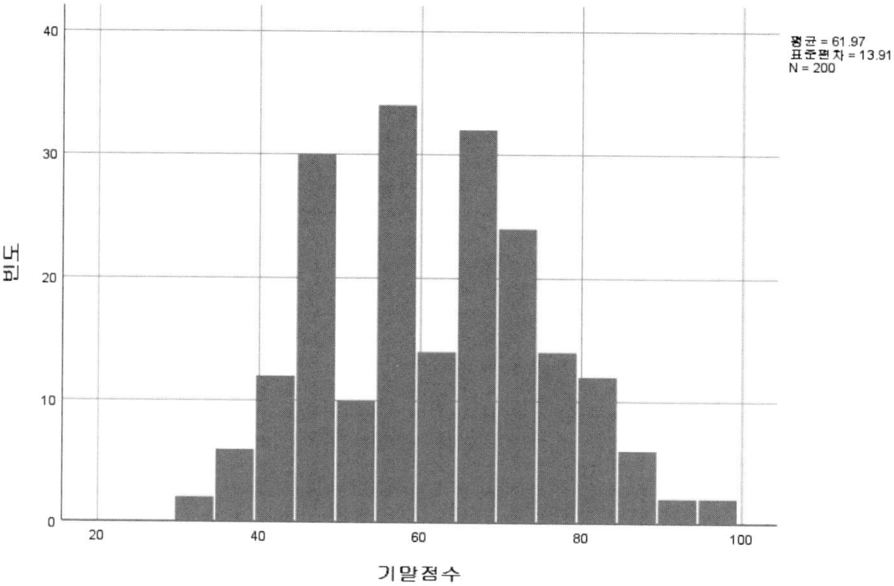

[그림 3-6]의 모양과 같은 히스토그램을 얻으려면 급간 설정을 조정해야 한다. 그러므로 급간을 [그림 3-6]처럼 10개로 하려면 결과창의 히스토그램을 두 번 클릭하여 도표 편집기를 활성화한 뒤, 도표 편집기 내의 히스토그램을 다시 두 번 클릭하여 특성 창을 활성화한다. 특성 창의 구간화 탭에서 *X*축의 급간 수를 10으로 지정해 준다.

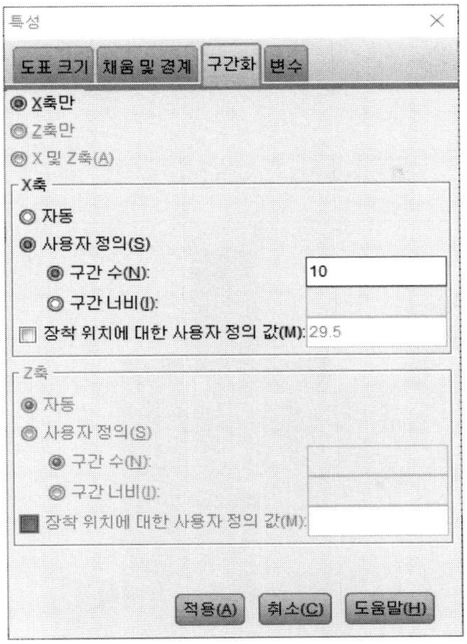

그다음 X축의 구간 범위를 설정하기 위하여 도표 편집기 내 히스토그램의 X축을 두 번 클릭하여 X축에 대한 특성 창을 활성화한다. 척도 탭으로 이동한 후, 최소값을 30.5, 최대값을 100.5, 주눈금 증가분을 7로 지정한 뒤 적용 을 누른다.

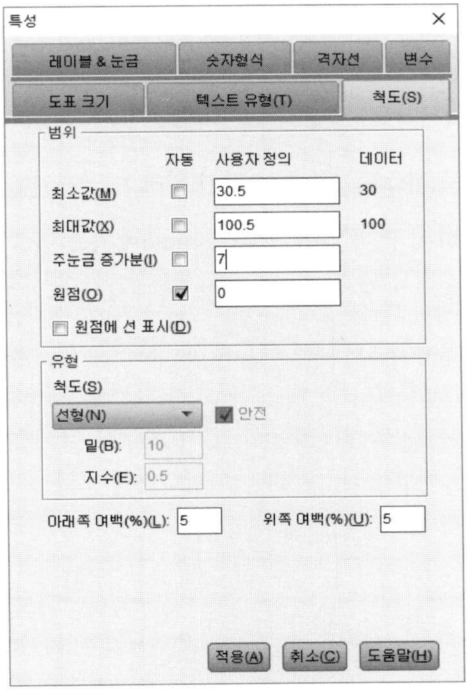

이와 같은 과정을 거쳐서 히스토그램을 만들면 [그림 3-6]과 동일한 모양을 얻게 된다.

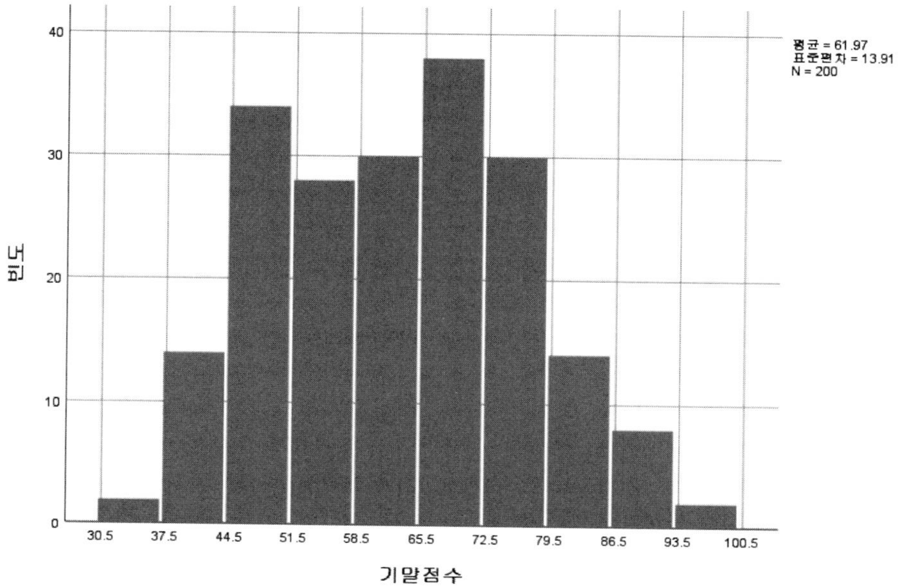

jamovi 실행

〈표 3-3〉의 자료로 히스토그램을 그리기 위하여 Analyses ⇨ Exploration ⇨ Descriptives 을 선택하여 분석 창을 연다. jamovi에서는 한글 변수명이 사용 가능하지만 분석에서 오류가 발생할 수 있으므로 가급적 변수명을 영어로 사용하여야 한다.

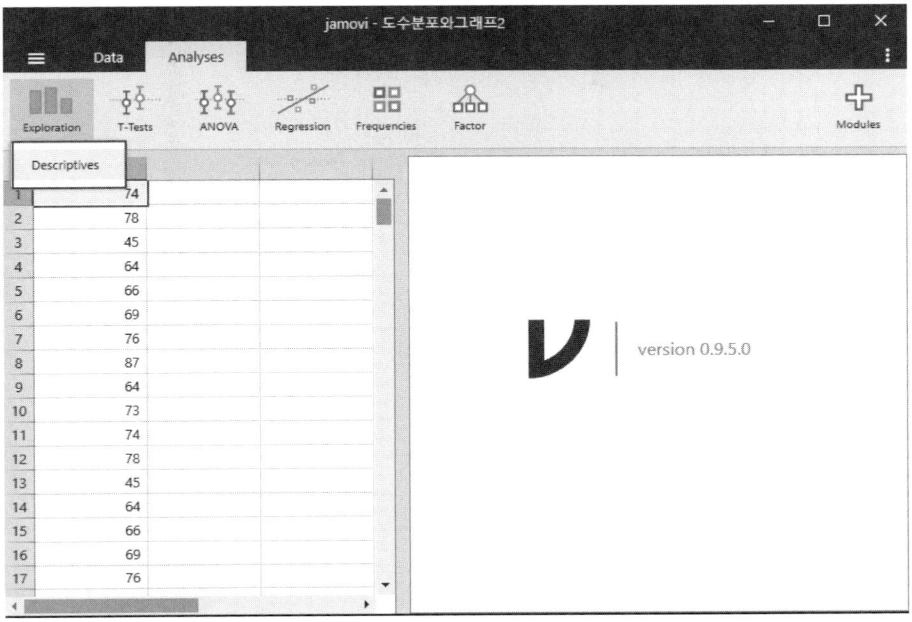

분석 전 주의할 점은, 히스토그램은 연속변수에 대하여 그릴 수 있으므로 변수명을 더블클릭하거나 오른쪽 클릭 후 Set up 을 클릭하여 변수 종류를 'continuous'로 변경해 주어야 한다.

분석 창이 나타나면 오른쪽의 'variables'로 변수인 'Final'을 옮긴다. 그리고 아래의 Plots 를 클릭하여 그래프 메뉴를 연 다음, 'Histograms' 항목의 'Histogram'에 체크한다. 히스토그램의 급간을 설정하는 기능은 존재하지 않는다. 각 그래프 종류의 오른쪽 아이콘을 보면, 그래프를 그릴 수 있는 변수의 종류를 알 수 있으며 그래프 별로 알맞은 변수 종류를 지정해 주어야 한다.

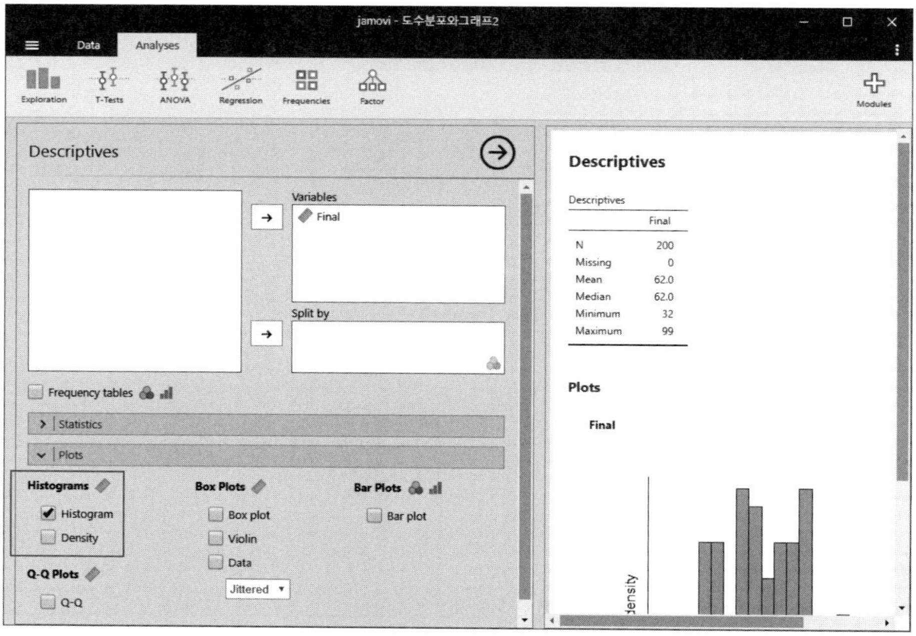

그래프는 오른쪽 결과 창에 바로 제시되며, 다음과 같다.

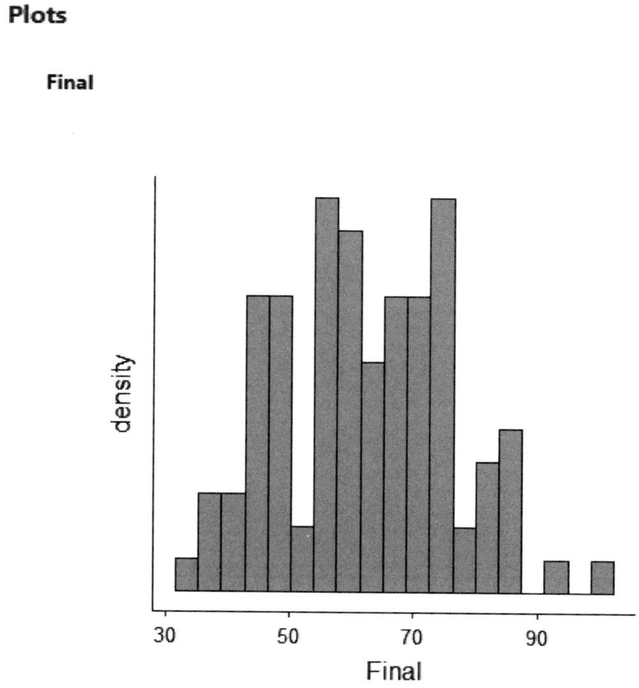

SPSS에서는 급간의 개수를 10개로 지정할 수 있었으나, jamovi에서는 급간 수 지정이 불가능하여 디폴트인 19개 급간으로 히스토그램이 그려진다. 급간 설정이 다르므로 SPSS의 히스토그램과는 다르게 그려졌음에 주의하여야 한다.

7 절선도표(도수분포다각형도표)

절선도표(polygon)는 히스토그램과 마찬가지로 양적 연속변수일 때 사용하며, **도수분포다각형도표** 또는 **빈도분포다각형도표**라고도 한다. 제3장 6절에서 히스토그램의 단점으로 두 집단 이상을 비교할 때 그래프의 특성상 비교가 용이하지 않거나 불가능하다고 하였다. 두 집단 이상의 비교를 위하여 절선도표 혹은 도수분포다각형도표를 사용한다.

절선도표 도식 절차

1단계~7단계: 히스토그램의 7단계까지 동일하다.

※ 주의할 사항은 급간의 크기를 정할 때 척도의 단위, 즉 점수의 단위에 따른다. 만약 척도의 단위가 홀수이면 급간의 크기를 홀수로 정하여야 하고, 척도의 단위가 짝수이면 급간의 크기도 짝수로 정하여야 한다. 그 이유는 이런 규칙이 지켜질 때 급간의 중간값이 정수로 표현되기 때문이다.

8 가로축에 각 급간의 값을 연속적으로 표시하는 것이 아니라 각 급간의 중간값을 기록한 후, 그에 해당하는 백분율을 나타내는 점을 세로축과 수평되는 곳에 점으로 찍는다.

9 각 급간의 중간값 위에 찍힌 점들을 연결한다.

10 가로축과 세로축의 이름과 단위, 절선도표의 제목을 기록한다.

〈표 3-3〉에 있는 기초통계학 수강생 200명의 학기말 시험점수를 가지고 절선도표를 그리는 절차를 설명하면 1단계에서 7단계까지는 히스토그램을 그리는 절차와 똑같으므로 동일한 〈표 3-5〉의 묶음도수표가 만들어진다. 절선도표를 그릴

때 급간값, 즉 30.5~37.5, 37.5~44.5, …, 93.5~100.5를 기록하는 것이 아니라 각 급간의 중간값을 구해야 한다. 그러므로 절선도표를 그리기 위하여 중간값을 포함한 묶음도수표를 작성하면 〈표 3-6〉과 같다.

〈표 3-6〉 절선도표를 그리기 위한 기초통계학 수강생 200명의 학기말 시험점수 묶음도수표

급 간	중간값	긋 기	도 수(f)	백분율(%)
30.5~37.5	34	卌 /	6	3
37.5~44.5	41	卌 卌 ////	14	7
44.5~51.5	48	卌 卌 卌 卌 卌 卌 //	32	16
51.5~58.5	55	卌 卌 卌 卌 卌 卌 卌 卌	40	20
58.5~65.5	62	卌 卌 卌 卌 //	22	11
65.5~72.5	69	卌 卌 卌 卌 卌 卌 卌 /	36	18
72.5~79.5	76	卌 卌 卌 卌 卌 ///	28	14
79.5~86.5	83	卌 卌 卌 /	16	8
86.5~93.5	90	////	4	2
93.5~100.5	97	//	2	1
			200	100

〈표 3-6〉에 의하여 절선도표를 그리면 [그림 3-7]과 같다.

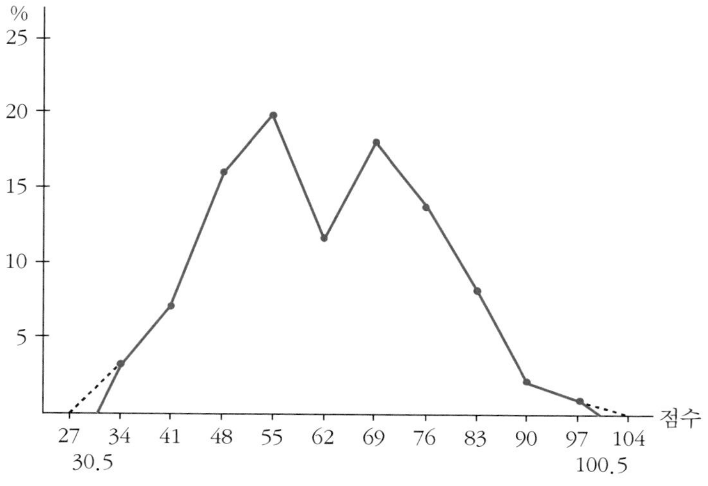

[그림 3-7] 기초통계학 수강생의 학기말 시험점수 분포

절선도표를 그릴 때 주의하여야 할 점이 두 가지 있다. 히스토그램을 그리는 절차에서도 설명하였듯이 절선도표를 그리기 위해서는 급간의 크기를 척도의 단위에 따라 달리하여야 한다. 척도의 단위가 홀수일 때 각 급간의 크기는 홀수로, 척도의 단위가 짝수이면 급간의 크기는 짝수로 하여야 한다. 앞의 예에서 기초통계학 점수의 측정단위는 1점으로 홀수인데 만약 급간의 크기를 짝수, 즉 8로 하면 절선도표의 가로축에 나타난 급간의 중간값은 34.5, 42.5, 50.5, …, 98.5 등의 소수점으로 표시되어 그래프가 지녀야 할 일목요연하고 산뜻한 특징을 상실하게 될 것이다. 급간의 값을 어느 값으로 설정하든 연속성을 위한 교정을 하기 때문에 측정단위가 1일 경우 .5의 값을 가지고 급간이 시작되므로 각 급간의 중간값을 정수로 하기 위해서는 급간의 크기를 반드시 홀수로 하여야 한다. [그림 3-7]에서 가로축에 각 급간의 중간값이 정수로 표시되었다.

두 번째 주의할 점으로 절선도표의 점들을 연결한 후 최저급간의 중간값을 나타낸 점과 최고급간의 중간값을 나타내는 점에서 가로축에 선을 연결하는 방법이다. 종래의 절선도표를 그리는 방법은 최저급간 아래와 최고급간 위에 가상적으로 존재하는 급간을 만들어 그 급간의 중간값에 선을 연결하였다. 즉, 30.5～37.5 급간 아래 가상적으로 존재하는 23.5～30.5급간의 중간값 27과 93.5～100.5 급간 위에 가상적으로 존재하는 100.5～107.5의 중간값인 104에 선을 그음으로써 절선도표를 그렸다.

[그림 3-7]의 점선 표시가 앞에서 설명한 예전 방법에 의하여 절선도표를 그린 것이다. 그러나 현대통계학에서는 그와 같이 그리는 것은 모순이라 주장한다. 그 이유는 실제로 존재하지 않는 두 개의 급간을 만들어 그 중간값에 연결했을 때 절선도표는 존재하지 않는 자료를 나타내므로 수집된 자료의 정보를 왜곡할 수 있기 때문이다. 그러므로 왼쪽 끝은 해당되는 최저급간의 하한계에서 연결하고 오른쪽 끝은 최고값의 상한계에 연결한다. [그림 3-7]의 실선 표시가 현대통계학에서 절선도표를 그리는 방법에 따른 것이다.

지혜로운 학생은 100점 이상이 존재할 수 없으므로 절선도표의 끝부분을 100점으로 연결하는 것이 더욱 타당하지 않겠느냐는 질문을 제기할 수 있으나 절선도표는 양적 연속변수를 위한 그래프이므로 나타난 점수를 그대로 사용해도 무방하다.

만약 연구자가 다른 학년도의 기초통계학 수강생의 성적 분포를 〈표 3-3〉의 자료와 그래프로 비교하고자 한다면 동일한 절차를 거쳐, 동일 그래프 위에 다른 절선도표를 그릴 수 있다. 기술적으로 절선의 형태를 실선, 점선으로 구분하든지, 다른 색으로 그리면 여러 집단의 비교가 가능하다. 이와 같이 절선도표의 장점은 두 집단 이상의 비교를 가능하게 한다.

8 누가백분율도표

히스토그램과 절선도표는 양적 연속변수의 급간에 떨어져 있는 도수나 %를 나타내는 도표이다. 그러나 때로는 특정한 어떤 점수까지 누적된 도수나 백분율을 알고자 할 때가 있다. 예를 들어, 기초통계학 수강생들의 학기말 시험점수의 경우 80점 미만까지는 몇 %인지 혹은 몇 명인지를 알고자 할 때가 있다. 이를 위한 정보를 제공하는 도표를 **누가백분율도표** 혹은 **누가도수표**(cumulative frequency polygon)라 한다.

누가백분율도표는 세로축이 %, 즉 백분율을 나타내며, 누가도수표는 백분율 대신에 도수를 나타내는 것이 다른 점이다.

누가백분율도표를 그리는 절차는 수집된 원자료의 범위를 계산하여 적절한 급간 수에 의하여 구분하고 각 급간에 해당하는 도수를 계산하며 그에 상응하는 백분율을 계산하는 절차는 히스토그램과 절선도표를 그리기 위한 기본 절차와 동일하다. 다만 각 급간의 상한계까지 누적된 도수와 백분율을 계산하고 그에 따라 누가백분율도표를 그리는 부분이 다르다.

누가백분율도표를 그리는 절차는 다음과 같다.

누가백분율도표 도식 절차

1~7단계: 히스토그램의 도식 절차와 동일하다.

8 각 급간까지 누적된 백분율을 계산한다. 최저급간에서부터 각 급간까지 누적된 백분율을 계산한다.

9 가로축에 히스토그램과 같이 각 급간의 값을 기록하고 각 급간의 상한계에 해당하는 부분에 세로축과 평형되게 누가백분율을 나타내는 점을 찍은 후 그 점들을 연결한다.

10 가로축, 세로축의 이름과 단위, 누가백분율도표의 제목을 기록한다.

〈표 3-3〉에 있는 200명 수강생의 기초통계학의 학기말 시험점수의 누가백분율도표를 위하여 1단계에서 8단계에 의하여 만든 묶음누가도수표는 〈표 3-7〉과 같다.

〈표 3-7〉 누가백분율도표를 그리기 위한 기초통계학 수강생 200명의 학기말 시험점수 묶음누가도수표

급 간	급간 상한값	도 수(f)	백분율(%)	누가백분율(%)
30.5~37.5	37.5	6	3	3
37.5~44.5	44.5	14	7	10
44.5~51.5	51.5	32	16	26
51.5~58.5	58.5	40	20	46
58.5~65.5	65.5	22	11	57
65.5~72.5	72.5	36	18	75
72.5~79.5	79.5	28	14	89
79.5~86.5	86.5	16	8	97
86.5~93.5	93.5	4	2	99
93.5~100.5	100.5	2	1	100
		200	100	

〈표 3-7〉을 보면 44.5점까지는 전체 수강생 200명 중 20명으로 10%에 해당되는 학생이, 51.5점까지는 26%에 해당하는 학생이 있음을 알 수 있다. 〈표 3-7〉의 자료를 가지고 9단계, 10단계에 의하여 누가백분율도표를 그리면 [그림 3-8]과 같다.

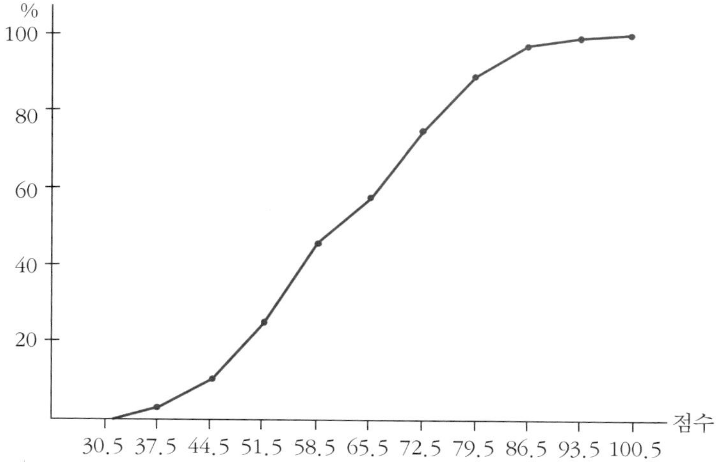

[그림 3-8] 기초통계학 학기말 시험점수의 누가백분율도표

누가백분율도표를 때로는 **누가백분율곡선** 혹은 **오자이브 곡선**(ogive curve)이라고 한다. 만약 세로축이 백분율이 아니고 누적된 도수를 나타냈다면 이는 **누가도수표**(cumulative frequency polygon) 혹은 **누가도수곡선**(cumulative frequency curve)이라 부를 수 있다.

누가백분율도표를 보면 어느 특정 점수까지 누적된 백분율이 얼마라는 사실을 알 수 있으며, 반대로 특정 백분율에 해당하는 점수는 몇 점이라는 사실을 알 수 있다. 예를 들어, 50%에 해당하는 점수는 [그림 3-8]에 의하여 58.5점과 65.5점 사이에 있음을 알 수 있다.

9 백분위수, 십분위수, 사분위수, 백분위 점수

누가백분율도표 혹은 누가백분율곡선은 두 가지 정보를 제공한다고 하였다. 첫째, 어떤 특정 점수 미만에 전체 사례 수의 얼마에 해당하는 백분율이 존재하는가, 둘째 특정 백분율에 대응되는 점수는 몇 점인가를 알려준다.

백분위수(percentile, percentile rank)는 얻어진 자료를 크기의 순서로 늘어놓아 100등분하는 값을 말한다. 원점수를 100등분하여 1등분에 해당하는 값이다. 예를 들어, 기초통계학 200명 학생의 학기말 시험점수를 가장 낮은 점수부터 가장 높은 점수까지 크기의 순서로 늘어놓아 100등분한 값을 말한다. 만약 제50백분위수라 하면 이는 자료를 크기의 순서로 배열하여 100등분하였을 때 100등분 중 50번째 등분, 즉 정가운데 있는 수로 중앙값(median)이라 하며 p_{50}으로 표기한다. 제10백분위수라 하면 p_{10}, 제20백분위수는 p_{20}이라 표기하며, 제10백분위수를 **십분위수**(decile)라 한다. 〈표 3-7〉의 누가백분율에 의한 정보에 의하여 백분위수가 구해질 수 있으며, 기초통계학 학기말 시험의 72.5점은 제75백분위수임을 알 수 있다.

사분위수(quartile)는 수집된 자료를 크기 순으로 배열하여 4등분한 값을 말한다. 백분위수의 개념에 의하여 해석하면, 제1사분위수는 제25백분위수에 해당되고, 제2사분위수는 제50백분위수에, 제3사분위수는 제75백분위수에, 제4사분위수는 제100백분위수에 해당된다. 제1사분위수는 Q_1 혹은 p_{25}로 표기한다. 제2사분위수는 Q_2 혹은 p_{50}으로 표기하며, 이는 중앙값이므로 M_e로도 표기한다. 〈표 3-7〉에 의하면 기초통계학 학기말 시험점수 72.5점은 제3사분위수가 된다.

사분위수를 기초통계학 학기말 시험의 누가백분율도표에 표시하면 [그림 3-9]와 같다.

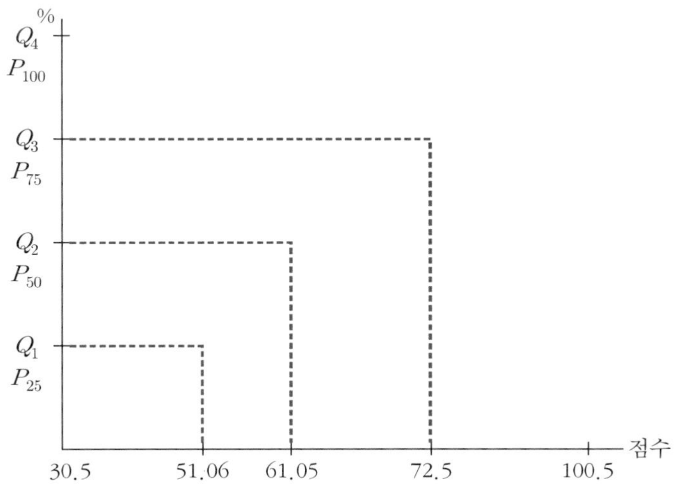

[그림 3-9] 기초통계학 학기말 시험 누가백분율도표의 사분위수

백분위수, 즉 퍼센타일은 교육평가에서 규준참조평가(norm-referenced evaluation),

즉 상대비교평가를 실시할 때 흔히 쓰이는 변환점수의 일종이다. 학교현장에서 학업성취도검사에서 얻은 학생의 점수는 상위 몇 %에 있느냐 혹은 어느 지점에 있느냐 하는 질문을 자주 한다. 즉, 모든 학생의 점수를 낮은 점수부터 가장 높은 점수로 배열하여 100등분할 때 학생의 학업성취수준이 어디에 있는가를 알고자 하는 것이다. 엄밀히 말하여 학생이 얻은 원점수에 해당하는 상대 서열인 백분위수를 알고자 하는 것이다. 또한 교육현장에서 흔히 쓰이고 있는 표준화검사에서도 위의 방법을 이용하여 규준을 만들고 있다.

예를 들어, 기초통계학을 수강한 어떤 학생이 학기말 시험에서 65점을 얻었다고 하자. 65점에 해당하는 백분위수는 얼마일까? [그림 3-9]를 이용하여 [그림 3-10]과 같이 계산하면 58.5점은 제46백분위수이고 65.5점은 제57백분위수이므로 65점에 해당되는 백분위수는 제57백분위수에 가까움을 쉽게 알 수 있다. 65점에 상응하는 백분위수를 [그림 3-10]을 통하여 간단히 계산할 수 있다.

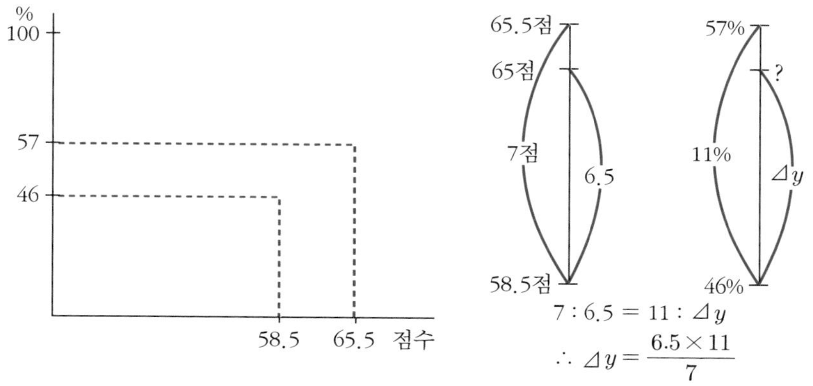

[그림 3-10] 65점에 상응하는 백분위수 계산 절차

58.5점에 해당하는 백분위수는 46, 즉 46%, 그리고 65.5점에 해당하는 백분위수는 57이다. 점수 7점, 즉 58.5점에서 65.5점까지의 길이가 11백분위수를 분할하고 있다. 그러므로 65점의 백분위수는 65점에서 58.5점을 뺀 6.5점만큼에 해당하는 백분위수의 증가분을 제46백분위수에 더한다. 백분위수의 증가분을 계산하기 위하여 비례법칙을 사용하면 $7 : 6.5 = 11 : \Delta y$로서, Δy는 10.2%가 된다. 그러므로 65점에 상응하는 백분위수는 46%에 10.2%를 더한 56.2%로서 다음의 계산절

차를 거친다.

$$P_{65} = 46\% + \frac{6.5}{7} \times 11\% = 56.2$$

위의 계산절차에 따라 백분위수를 계산하는 공식을 유도하면 다음과 같다.

$$P_Y = \begin{matrix}\text{구하고자 하는}\\ \text{점수를 포함한 급간의}\\ \text{하한계에 해당하는}\\ \text{누가백분율}\end{matrix} + \frac{\begin{matrix}\text{구하고자}\\ \text{하는 점수}\end{matrix} - \begin{matrix}\text{해당급간의}\\ \text{정확하한계 값}\end{matrix}}{\text{해당급간의 크기}} \times \begin{matrix}\text{해당급간의}\\ \text{백분율}\end{matrix}$$

백분위 점수(percentile score)는 백분위수에 해당하는 원점수를 말한다. 〈표 3-7〉에서 기초통계학 학기말 시험의 제75백분위 점수는 72.5점임을 즉각적으로 알 수 있으며, 제10백분위 점수는 44.5점임을 알 수 있다. 여기서 백분위 점수는 백분위수에 대응하는 점수를 말한다. 제50백분위 점수는 Y_{50}이라 표기하며, 위의 예에서 제75백분위 점수는 Y_{75}로 표기하고 72.5가 된다. 즉, Y_{75} =72.5이다. 〈표 3-7〉을 통하여 원점수에 대응되는 백분위수를 알 수 있으며, 역으로 백분위수에 해당하는 원점수인 백분위 점수를 알 수 있다. 원점수 72.5는 제75백분위수, 즉 75%임을 알 수 있고 제75백분위 점수는 72.5점임을 알 수 있다. 그러나 이와 같이 누가백분율도표 혹은 누가도수표에 나타난 정보에 의해 즉각적으로 백분위 점수를 항상 쉽게 얻을 수 있는 것은 아니다.

예를 들어, 제50백분위 점수를 구하면 약간의 계산이 요구된다. 〈표 3-7〉의 누가백분율도표를 그리기 위한 묶음도수표와 [그림 3-9]의 누가백분율도표에서 알 수 있는 것은 제50백분위 점수는 58.5에서 65.5점 사이에 위치하나 정확한 값을 구하기 위해서는 계산이 필요하다. 이는 58.5점까지의 누가백분율이 46%이고 65.5점까지 누가백분율이 57%이기 때문이다. 그렇다면 제50백분위 점수, 즉 누가백분율 50%에 해당하는 점수는 몇 점일까?

깊게 생각하지 않아도 50%는 57%보다는 46%에 가까우므로 58.5점에 가까울 것이다. 제50백분위 점수를 구하는 절차를 이해하기 위하여 [그림 3-11]을 참조하라.

급 간	백분율	누가백분율
44.5~51.5	16	26
51.5~58.5	20	46
58.5~65.5	11	57
65.5~72.5	18	75

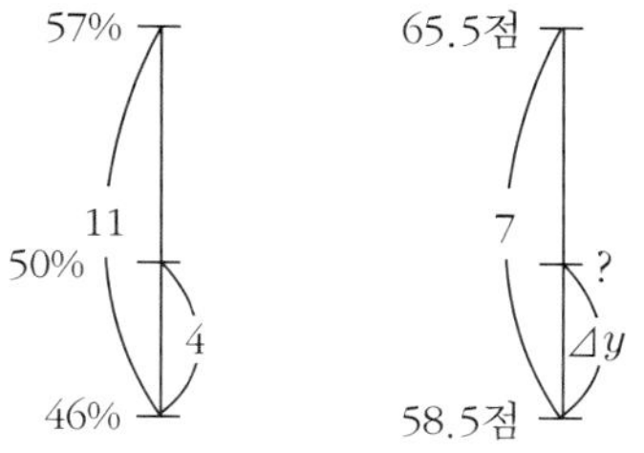

$$11 : 4 = 7 : \Delta y \quad \therefore \Delta y = \frac{4 \times 7}{11}$$

[그림 3-11] 제50백분위 점수 계산

제46백분위수에 해당하는 점수는 58.5점이고, 제57백분위수에 해당하는 점수는 65.5점이다. 즉, 제57백분위수에서 제46백분위수를 뺀 제11백분위수가 학기말 시험점수 7점(65.5~58.5)에 분할되어 있다. 그렇다면 구하고자 하는 제50백분위수는 제46백분위수보다 4백분위수가 많으므로 그에 해당하는 Δy점수만큼 높을 것이다. 그러므로 비례법칙에 의하여 $11 : 4 = 7 : \Delta y$가 성립한다. 그러므로 Δy는 2.55가 된다. 즉, 제50백분위 점수는 제46백분위 점수인 58.5점에 2.55점을 더한 값인 61.05점이 된다. 61.05점을 구한 계산절차를 전개하면 다음과 같다.

$$Y_{50} = 58.5 + \left(\frac{4}{11} \times 7\right) = 61.05$$

위의 계산절차를 정리하면 백분위 점수를 구하는 공식을 쉽게 유도할 수 있다. Y_{50}은 구하고자 하는 백분위 점수이고, 58.5점은 구하고자 하는 백분위수를 포함하는 급간의 정확하한계값이다. 4는 구하고자 하는 백분위수에서 바로 아래 급간까지의 누가백분율을 뺀 수이며, 11은 해당 급간의 백분율이고, 7은 급간의 크기이다.

백분위 점수를 계산하는 공식은 다음과 같다.

$$Y_P = \text{구하고자 하는 백분위수를 포함하는 정확하한계 값} + \frac{\text{구하고자 하는 백분위수} - \text{아래 급간까지의 누가백분율}}{\text{해당급간의 백분율}} \times \text{급간의 크기}$$

강조하지만 공식을 지루하게 외울 필요가 전혀 없다. 백분위 점수를 계산하는 절차를 완전히 이해하고 있으면 여러분도 얼마든지 여러분의 기호에 의하여 공식을 만들 수 있을 것이다. 통계는 암기하는 학문이 아니다. 이해하여 문제를 해결하는 논리적 수리임을 다시 강조한다.

〈표 3-7〉을 보면서 제25백분위 점수를 구하여 보자. 공식에 의하지 않고 [그림 3-11]과 같이 계산 원리에 의하여 쉽게 계산할 수 있으며, 그 값은 다음과 같다.

$$Y_{25} = 44.5 + \frac{25-10}{16} \times 7 = 51.06$$

백분위 점수를 계산하는 절차도 매우 간단함을 알 수 있다.

SPSS 실행

〈표 3-3〉의 자료에서 백분위수를 계산하기 위하여 빈도분석 프로시저를 사용한다. 메뉴에서 분석 ⇨ 기술통계량 ⇨ 빈도분석 을 누르면 빈도분석 대화상자가 열린다.

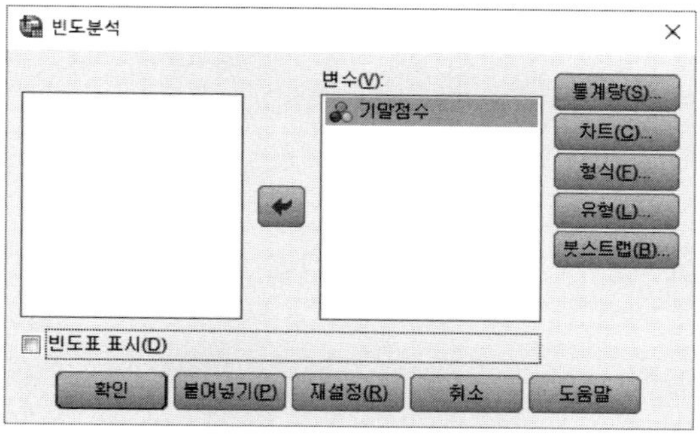

빈도분석 대화상자에서 변수 부분에 기말점수를 지정하고, 빈도표 표시를 해제한 다음 [통계량(S)...] 을 눌러 통계량 대화상자를 연다.

통계량 대화상자에서 백분위수 값 중 사분위수, 절단점, 백분위수를 선택하는데, 10분위수를 산출하기 위해서는 절단점 부분에 10을 입력하면 된다. 46백분위, 57백분위와 같이 특정한 백분위수를 산출하기 위해서는 백분위수 부분에 46, 57을 입력하면 된다. 입력이 끝나면 [계속]을 눌러 빈도분석 대화상자로 돌아가서 [확인] 을 누른다.

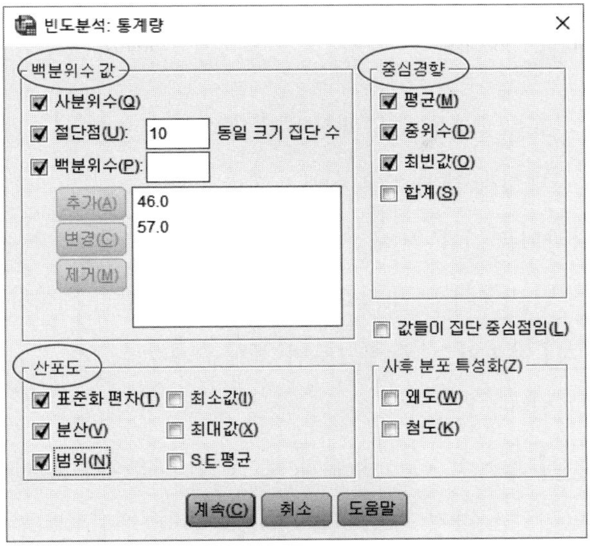

분석 결과

'기초통계학' 강좌 수강생 200명의 기말시험 점수에서 백분위 점수로 10분위수, 사분위수, 46백분위 점수, 57백분위 점수의 계산을 명령한 결과, 46백분위 점수는 58.46이고, 57백분위 점수는 65.57이었다. SPSS 프로그램에 의한 46백분위 점수와 57백분위 점수는 제3장 9절에서 계산한 점수와 일치한다. 그리고 각 백분위 점수에 해당되는 기말시험 점수가 제시되었다.

통계량

기말점수

N	유효	200
	결측	0
평균		61.97
중위수		62.00
최빈값		58
표준화 편차		13.910
분산		193.497
범위		67
백분위수	10	44.10
	20	47.20
	25	49.50
	30	54.30
	40	58.00
	46	58.46
	50	62.00
	57	65.57
	60	67.00
	70	69.70
	75	72.75
	80	74.00
	90	81.90

jamovi 실행

〈표 3-3〉의 자료로 백분위수를 계산하기 위하여 Analyses ⇨ Exploration ⇨ Descriptives 을 선택하여 분석 창을 연다.

분석 창이 나타나면 오른쪽의 'variables'로 변수인 'Final'을 옮긴다. 아래의 Statistics 를 누르면 다음과 같이 자료에 대한 기술통계값을 분석하는 메뉴가 나타난다. Sample Size 항목의 'N'에 체크하면 전체 사례수가, 'Missing'에 체크하면 결측 사례수가 제시된다.

Percentile Values 항목의 'Qaurtiles'에 체크하면 사분위수를 결과에 제시한다. 백분위수를 10단위로 구하기 위하여 'Percentile value'에서 'Cut points'에 절단점을 10으로 입력한다. 단 SPSS와 같이 특정 백분위수를 따로 구하는 것은 불가능하다.

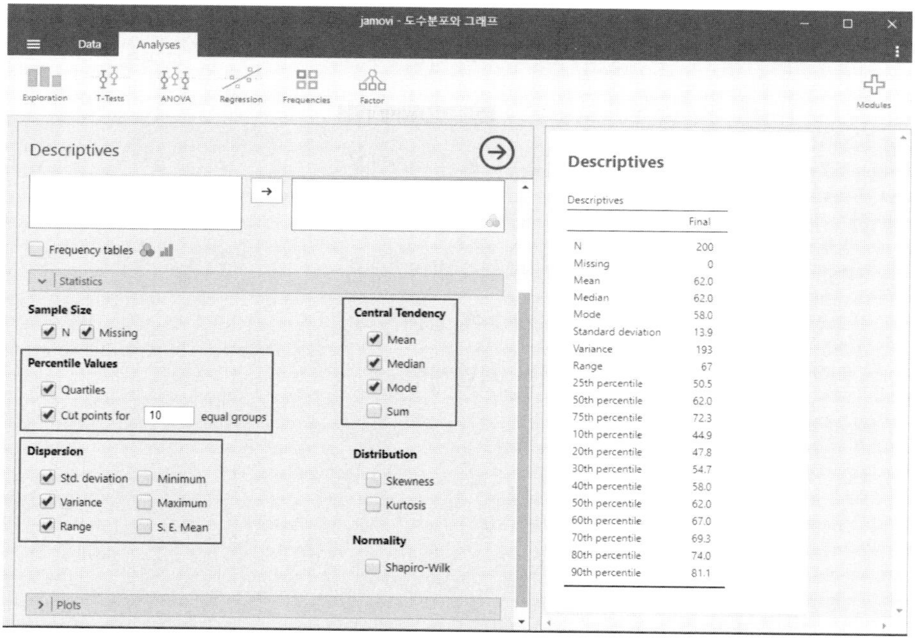

분석 결과는 오른쪽 창에 나타난다. 결과는 다음과 같다.

서술통계로서 평균은 62, 중앙값은 62, 최빈값은 58이며 표준편차와 분산은

13.9와 193이다. 퍼센타일은 SPSS와 다소 차이가 있다.

Descriptives

Descriptives

	Final
N	200
Missing	0
Mean	62.0
Median	62.0
Mode	58.0
Standard deviation	13.9
Variance	193
Range	67
25th percentile	50.5
50th percentile	62.0
75th percentile	72.3
10th percentile	44.9
20th percentile	47.8
30th percentile	54.7
40th percentile	58.0
50th percentile	62.0
60th percentile	67.0
70th percentile	69.3
80th percentile	74.0
90th percentile	81.1

10 그래프 사용과 해석 시 주의점

그래프는 자료를 일목요연하게 보여 주는 기능을 지니고 있으므로 시각적 효과를 최대로 이용하여야 한다. 이와 같은 그래프의 기능을 이용하여 자료가 지니고 있는 속성을 왜곡하기 위하여 의도적으로 그래프를 그리는 경우가 종종 있다. 시각적 효과를 이용하여 가로축과 세로축의 길이 혹은 측정단위를 교묘하게 변화시켜 자료가 지니고 있는 정보를 달리 해석할 수 있게 하는 경우가 있다. 예를 들어, 물가지수의 변동으로 불안심리가 고조되고 있을 때 월별에 따른 물가지수의 변동

폭을 나타내는 세로축의 간격을 축소하여, 즉 물가지수 단위를 크게 하여 물가동향곡선을 완만히 그림으로써 물가변동이 심하지 않다고 홍보하려 할 것이다. 즉, 해당 연도의 분기별 도매 물가지수의 변화를 [그림 3-12]의 (a) 혹은 (b)와 같이 두 개의 절선도표를 그릴 수 있다.

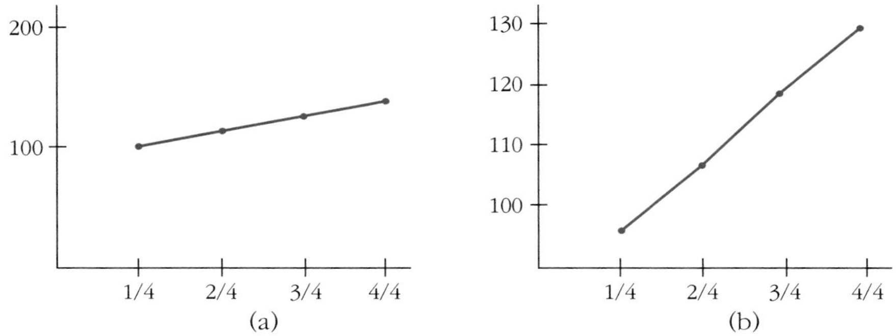

[그림 3-12] 도매 물가지수 변동

(a)형태의 절선도표는 시각적으로 물가가 안정적이라는 인상을 줄 것이고, (b)형태의 절선도표는 물가가 급속히 상승하고 있다는 느낌을 준다. 만약 물가의 상승으로 사회불안심리가 고조되고 있을 때, 우리 사회에서는 그런 일이 없겠지만, 물가를 담당하는 관계당국은 (b)형태의 절선도표보다는 (a)형태의 절선도표를 제시하여 불안심리를 진정시키려 할지도 모른다. 위의 예에서 알 수 있듯이 세로축에 측정단위를 부여할 때 동일한 길이에 서로 다른 단위를 부여하므로 그래프의 형태가 현저하게 달라지고 있음을 알 수 있다.

이와 같이 똑같은 자료임에도 서로 상이한 느낌을 줄 수 있는 그래프를 그린다는 것은 그래프의 장점 못지않게 취약점이기도 하다. 그러므로 그래프를 해석, 이용할 때 외형적으로 나타난 형태의 변화에만 관심을 둘 것이 아니라 다음과 같은 사항에 주의를 기울여야 한다.

그래프 해석 시 주의점

1 가로축과 세로축을 줄이거나 늘이지 않았는지를 확인한다. 즉, 그래프 도식의 일반 규칙인 세로축이 가로축 길이의 2/3~3/4이 되게 하였는지 확인한다.

2 세로축에 수를 부여할 때 적절한 수에서부터 출발하였으며, 간격이 적절한지 확인한다.

3 막대 그래프나 히스토그램의 경우 막대의 폭이 동일한지 확인한다.

4 그래프가 시각적으로 집단간 차이의 유무와 변화의 폭을 급변동 혹은 완만하게 그렸을 때 수적 차이와 수적 변동폭을 고려하여야 한다. 즉, 시각적인 차이와 변화에 관심을 두지 말고 실제적인 차이와 변화에 관심을 두어야 한다.

연습문제

1 토지공개념 실시에 대한 의견을 묻기 위하여 전국 성인 남녀에게 질문한 결과 총 응답자 2,000명 중 1,400명이 찬성하였고, 200명이 반대하였으며, 나머지는 응답하지 않았다. 변수의 특성에 맞는 그래프를 그려라.

2 서울에 거주하는 40대 가장들이 소유한 자동차의 종류를 조사한 결과는 다음 표와 같았다. 적절한 그래프를 그려라.

차종	도수
스텔렌져	1,000
소니아	5,700
자존심	12,000
통일마	80,000
코난도	10,000
세루나	8,000
엑셀런트	15,000
기 타	3,000
외제차	300
차 없음	30,000
	165,000

3 어느 회사의 신입사원을 채용하기 위하여 60명의 지원자에게 직업적성검사를 실시한 결과가 다음 표와 같았다. 다음 물음에 답하라.

39	49	66	10	30	15	28	40	32	62
44	42	69	64	54	21	36	19	35	24
27	77	32	41	68	36	31	73	14	45
31	41	37	39	45	28	29	35	60	55
57	12	40	23	40	44	41	63	56	30
54	75	26	24	41	43	67	18	45	30

a. 연속성을 위한 교정값을 계산하라.
b. 점수의 실제 범위를 계산하라.
c. 선 그래프를 그려라.
d. 묶음도수표를 작성하라.
e. 히스토그램을 그려라.
f. 절선도표를 그려라.
g. 누가백분율도표를 작성하라.
h. 45점에 해당하는 백분위수를 구하라.
i. 제50백분위 점수를 계산하라.

4 100명의 학생에게 학업적성시험을 실시한 결과가 다음과 같았다.

109	111	82	105	134	113	90	79	100	117
80	90	121	75	93	99	90	92	96	82
101	104	80	81	83	104	93	109	72	110
111	91	109	111	81	122	83	92	101	77
99	103	93	91	67	108	93	84	84	100
102	84	96	89	81	107	95	91	107	102
109	93	82	103	116	86	78	73	104	104
103	108	76	94	108	72	87	121	80	127
105	103	106	119	90	93	89	110	103	100
99	79	117	114	117	93	82	98	89	119

a. 묶음도수표를 작성하라.
b. 히스토그램을 그려라.
c. 절선도표를 그려라.
d. 누가백분율도표를 작성하라.
e. 이십분위수에 해당하는 점수를 계산하라.
f. 사분위수들에 해당하는 점수를 계산하라.
g. 108점 이하에 있는 백분율을 계산하라.
h. 분포의 형태를 설명하라.

제4장

중심경향값

수집한 자료를 보지 않더라도 그래프 형태의 특징으로 원자료의 속성을 예측할 수 있다. 즉, 그래프를 통하여 흩어진 많은 수가 특정 값을 중심으로 모이는 경향을 분석할 수 있고, 각 값들이 어느 정도 흩어져 있는가를 알 수 있다. 자료에서 얻어진 모든 값이 어떤 값을 중심으로 몰리는 경향을 중심경향이라 하며, 그 어떤 한 점에 해당하는 수의 값을 중심경향값이라 한다. 제4장에서는 중심경향값의 종류와 특징, 장·단점 그리고 중심경향값의 관계에 따른 분포형태를 설명한다.

1 중심경향

모집단 혹은 표본으로부터 얻어진 자료를 도표화하면 많은 자료가 어떤 특정한 값으로 몰리는 현상을 보인다. 이를 중심경향(central tendency) 혹은 집중경향이라 하며, 중심경향을 나타내는 특정한 값을 **중심경향값**(measure of central tendency) 혹은 집중경향값이라 한다. 즉, 중심경향값이란 자료를 대표하는 값이라 말할 수 있다.

제3장에서 예를 든 기초통계학 수강생 200명의 학기말 시험점수의 히스토그램 [그림 3-6]과 절선도표 [그림 3-7]을 보면 점수를 나타내는 가로축의 양끝으로부

터 어느 한 점을 중심으로 모이는 경향을 볼 수 있다. 즉, 흩어진 수들이 몰리는 어느 한 점은 그 수많은 점수를 대표한다고 할 수 있다. 이와 같이 자료들의 중심경향성을 나타내는 수치인 중심경향값의 종류에는 평균, 중앙값, 최빈값이 있다.

2 평균

중심경향값 중에서 가장 흔하게 쓰이는 **평균**(mean)은 전체 사례 수의 값을 더한 다음에 총 사례 수로 나눈 값을 말한다. 평균은 산술평균이라고도 하며 M, $\overline{Y}$ 혹은 $\overline{X}$로 표기한다. 교재들이 $\overline{X}$ 기호를 사용하고 있으나 일반적으로 종속변수를 Y로 표시하므로 평균을 나타내는 기호를 $\overline{Y}$로 표기한다.

평균을 계산할 때 원자료(raw data)를 가지고 있으면 평균의 계산은 간단하나 불행히도 원자료를 가지고 있지 않고 묶음도수표에 의한 정보만으로 평균을 계산하는 경우도 있는데, 이때는 다소 번거로움이 따른다.

원자료를 가지고 평균을 계산하는 절차는 모든 사례 수의 값을 더해서 총 사례 수로 나눈다. 예를 들어, 대학원 여성학 강의를 수강하는 5명 학생의 체중이 48.2kg, 50.4kg, 46.0kg, 48.5kg, 46.9kg이었다면 체중에 대한 평균은 5명 대학원생의 체중을 모두 더한 240kg을 5로 나눈 48kg이 된다. 평균을 계산하는 공식은 다음과 같다.

$$\overline{Y} = \frac{1}{n}(Y_1 + Y_2 + Y_3 + \ \cdots \ + Y_n) = \frac{\Sigma Y_i}{n} \qquad \textbf{(4.1)}$$

제3장에서 기초통계학 수강생 200명의 평균은 (73+64+87+⋯+81+67+46)/200이 된다.

만약 어떤 특수한 경우에 원자료를 얻지 못하고 묶음도수표만을 가지고 평균을 계산할 때는 각 급간의 중간값과 해당 급간에 포함된 도수를 곱한 후 그 값들을 더한 다음에 총 도수로 나누면 평균을 구할 수 있다. 예를 들어, 기초통계학 수강생들의 학기말 시험점수를 〈표 3-5〉에 의한 자료만을 가지고 있다면 각 급간의 중간값을 구한 후, 그 급간에 해당되는 도수를 곱하여 계산된 모든 값을 더한 뒤 총사례 수로 나눈다.

이 계산 절차는 〈표 4-1〉을 통하여 알 수 있다.

〈표 4-1〉 묶음도수표에 의한 평균 계산

급 간(Y)	도 수(f)	중앙값($\hat{Y}$)	$f \cdot \hat{Y}$
30.5~37.5	6	34	204
37.5~44.5	14	41	574
44.5~51.5	32	48	1,536
51.5~58.5	40	55	2,200
58.5~65.5	22	62	1,364
65.5~72.5	36	69	2,484
72.5~79.5	28	76	2,128
79.5~86.5	16	83	1,328
86.5~93.5	4	90	360
93.5~100.5	2	97	194
	$n=200$		$\Sigma f \cdot \hat{Y}=12,372$

$$\overline{Y} = \frac{6\times34+14\times41+32\times48+ \cdots\cdots +4\times90+2\times97}{6+14+32+ \cdots\cdots\cdots +4+2} = \frac{12,372}{200} = 61.86$$

묶음도수표에 의하여 평균을 계산하는 공식은 다음과 같다.

$$\overline{Y} = \frac{\Sigma f \cdot \hat{Y}}{n} \tag{4.2}$$

이 공식을 사용하는 경우는 극히 드물다고 보아도 무방하다. 왜냐하면 일반적으로 묶음도수표는 원자료에 의하여 작성되기 때문에 묶음도수표를 보관하고 있으면 모든 연구자가 원자료를 보관하기 있기 때문이다. 원자료가 있음에도 평균을 구하기 위하여 묶음도수표에 의한 공식을 사용하는 것은 현명하지 않다. 왜냐하면 원자료를 각 급간에 따라 분류하여 묶음도수표를 만드는 과정에서 원자료가 지니고 있는 정보를 상실할 수 있기 때문이다. 가능한 한 원자료를 가지고 평균 계산공식 (4.1)에 의하여 평균을 계산하는 것이 보다 정확하다.

평균은 자료들의 무게 중심으로, 다른 값들이 변화할 때 민감하게 영향을 받는다. 70kg, 40kg, 100kg, 40kg인 4개의 추를 철로 된 막대에 올려 놓고 양쪽이 수평이 되는 중심점을 찾는다면 [그림 4-1]과 같다.

[그림 4-1] 4개의 추를 올렸을 경우 중심점

앞의 예에서 4개의 추가 놓여졌을 때 좌우가 수평이 되게 하기 위하여 받침목을 오른쪽으로 대어야 할 것이다. 만약 100kg의 추를 들어내고 200kg의 추를 오른쪽에 올려 놓는다면 받침목을 더 오른쪽으로 옮겨야 수평이 되며 그렇지 않으면 오른쪽으로 기울게 된다. 이와 같이 평균은 자료의 변화에 따라 민감하게 반응한다. 그러므로 평균은 얻어진 자료를 대표하는 중심경향값으로 가장 많이 쓰인다.

3 중앙값

중심경향값의 다른 종류로 중앙값을 들 수 있다. **중앙값**(median)이란 가장 작은 수부터 가장 큰 수까지 크기에 의하여 배열하였을 때 중앙에 위치하는 사례의 값을 말한다. 중앙값은 일반적으로 $\widehat{M}$, M_e 혹은 M_d로 표기하며 제3장 9절에서 설명한 백분위수의 개념에 비추어 보면 제50백분위 점수, 즉 50percentile을 말한다. 대학원생 5명의 체중의 예로 중앙값을 구하기 위하여 체중을 무게 순서에 의하여 배열하면 다음과 같다. 46.0, 46.9, 48.2, 48.5, 50.4kg의 학생 5명 중에서 가운데, 즉 세 번째 있는 학생의 체중인 48.2kg이 중앙값이 된다.

이와 같이 총 사례 수가 홀수이면 크기의 순서에 의하여 나열한 후 중앙에 위치한 사례의 수치가 중앙값이 된다. 그러나 사례 수가 짝수일 경우에는 크기의 순서에 의하여 배열하였을 때 가운데 위치하는 수는 2개가 된다. 예를 들어, 앞의 5명의 대학원생 이외에 52kg의 한 학생이 더 수강신청을 했다면 6명의 체중을 무게순으로 배열하였을 때 중앙에 오는 수는 48.2kg과 48.5kg이 된다. 이런 경우에 중앙값은 중앙에 오는 두 수치를 더한 후에 2로 나누는 것이 중앙값을 계산하는 가장 합리적인 방법이 된다. 그러므로 이 경우의 중앙값은 48.35kg이 된다. 총 사례 수가 짝수일 때 중앙값을 계산하는 공식은 다음과 같다.

$$\widehat{M} = \frac{Y_{(n/2)} + Y_{(n/2+1)}}{2} \tag{4.3}$$

n: 총 사례 수
$Y_{(n/2)}$: 총 사례 수의 1/2에 해당되는 사례의 점수
$Y_{(n/2+1)}$: 총 사례 수의 1/2보다 1이 많은 사례의 점수

기초통계학 학기말 시험점수의 중앙값은 총 학생 수가 200명이므로 이들의 점수를 가장 낮은 점수에서 높은 점수로 배열하였을 때 100번째 해당하는 학생의 점수와 101번째에 해당하는 학생의 점수를 더하여 2로 나눈 점수가 된다.

원자료의 서열에 영향을 주지 않는 범위에서 자료가 변화한다면 중앙값은 변하지 않는다. 5명의 대학원생 체중의 중앙값은 48.2kg이었다. 제4장 2절에서의 체중을 예로 들어 50.4kg의 대학원생 대신에 52kg의 대학원생이 자료에 대치되어도 중앙값은 여전히 48.2kg이다. 만약 52kg의 학생 대신에 70kg의 학생이 대치된다 해도 중앙값은 48.2kg이다. 다른 예로 46.9kg의 학생 대신에 48kg의 학생이 대치된다 하여도 중앙값은 여전히 48.2kg이다.

4 최빈값

최빈값(mode)이란 분포에서 가장 많은 도수를 갖는 점수를 말하며, M_o로 표기

한다. 가장 많은 도수를 나타내는 점수가 최빈값이지, 가장 많은 도수 자체가 최빈값이 아님을 명심하여야 한다. 예를 들어, 10문항으로 구성되어 있는 일반상식 문제를 10명의 대학생에게 질문하여 맞힌 문항 수, 즉 점수가 다음과 같다.

8, 7, 9, 4, 8, 10, 9, 9, 3, 5

이와 같은 자료에서 최빈값은 도수가 가장 많은 3명의 점수로 9점이 된다. 최빈값은 3이 아니라 9점이다. 200명이 수강한 기초통계학 학기말 시험점수 분포인 〈표 3-4〉의 최빈값은 가장 도수가 많은 14명이 획득한 58점이 된다.

어떤 분포에서는 최빈값이 존재하지 않을 때가 종종 있다. 총 사례 수가 적거나 모든 사례가 각기 다양한 값을 가질 때 이런 경우가 일어날 수 있으며, 대학원생 5명의 체중을 보더라도 각기 다른 체중에 각기 1명의 도수가 있으므로 최빈값은 존재하지 않는다. 최빈값이 존재하지 않는다는 것은 최빈값이 0이라는 말과 전혀 다르다. 반대로 최빈값이 여러 개 존재할 수도 있다. 예를 들어, 도수가 많은 값이 여러 개인 경우이다.

기초통계학 수강생 200명의 학기말 시험점수 분포를 도표화한 히스토그램 [그림 3-6]이나 절선도표 [그림 3-7]을 보면 분포에 나타난 봉이 두 개가 있음을 알 수 있다. 이와 같은 분포를 **이봉분포**(bimodal distribution)라 한다. 앞에서 예로 든 일반상식 점수의 분포를 그려보면 봉이 하나임을 알 수 있다. 이를 **단봉분포**(unimodal distribution)라 한다. 자료가 지니고 있는 이질성 때문에 최빈값이 세 개 이상 있을 수 있다. 이와 같은 분포를 **다봉분포**(multi-modal distribution)라 한다. 이봉분포와 다봉분포는 [그림 4-2]의 (a), (b)와 같다.

최빈값은 분포의 중심경향값을 계산하는 데 자주 쓰이지 않는다. 다만, 쉽게 도수가 가장 많은 수의 값을 알기 위하여 사용될 뿐이다. 최빈값은 최다 도수를 가지고 있는 수라 정의하였기에 원점수에 의하여 영향을 받지 않는다. 원점수의 변화가 최다 도수의 변화에 영향을 주지 않는 한 최빈값은 변하지 않는다. 최빈값은 중심경향값으로 자주 쓰이지 않지만 자료를 쉽게 파악하거나 어떤 특수한 목적을 위하여 사용된다.

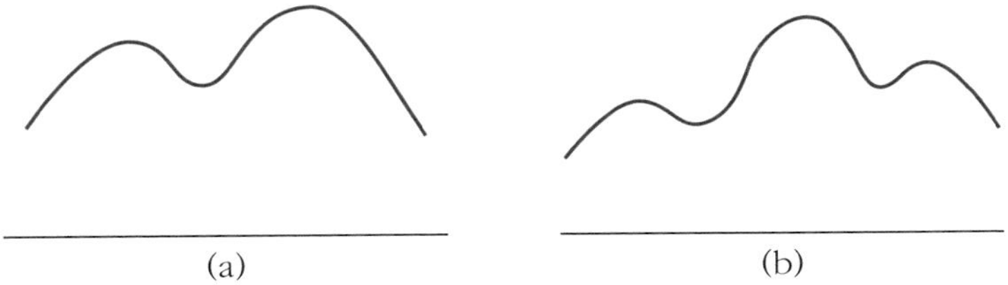

[그림 4-2] 이봉분포와 다봉분포

구두회사에서 구두를 만들 때는 판매를 위하여 가장 많은 사람의 발 크기에 맞는 구두를 생산할 것이다. 이때 발 크기의 평균을 계산하여 신발을 제작하는 것보다는 가장 흔한 발 크기에 맞는 구두를 제작하는 것이 구두 생산업자로서 공급적 측면으로 볼 때 현명할 것이다.

SPSS 실행

중심경향값인 '평균, 중앙값, 최빈값'을 구하기 위해서 [분석] ⇨ [기술통계량] ⇨ [빈도분석]을 선택하면 빈도분석 대화상자가 열린다. 빈도분석 대화상자에서 변수 부분에 기말점수를 지정하고, 빈도표 출력을 해제한 다음 [통계량(S)...]을 눌러 통계량 대화상자를 연다. 통계량 대화상자에서 중심경향의 '평균', '중위수', '최빈값'을 선택하고 [계속]을 눌러 빈도분석 대화상자로 돌아가서 [확인]을 누른다.

분석 결과

〈표 3-3〉의 자료를 사용하여 중심경향값을 구하면 다음과 같으며, '기초통계학' 수강생 200명의 기말시험 점수 평균은 61.97점, 중앙값은 62점, 최빈값은 58점임을 알 수 있다.

통계량

기말점수

N	유효	200
	결측	0
평균		61.97
중위수		62.00
최빈값		58

jamovi 실행

〈표 3-3〉의 자료로 중심경향값인 평균, 중앙값, 최빈값을 구하기 위하여 Analyses ⇨ Exploration ⇨ Descriptives 를 선택하고 'Statistics' 메뉴를 클릭하여 분석 창을 연다. 'Central Tendency'는 중심경향값에 대한 것으로, 'Mean', 'Median', 'Mode'를 체크하여 평균, 중앙값, 최빈값을 구할 수 있다.

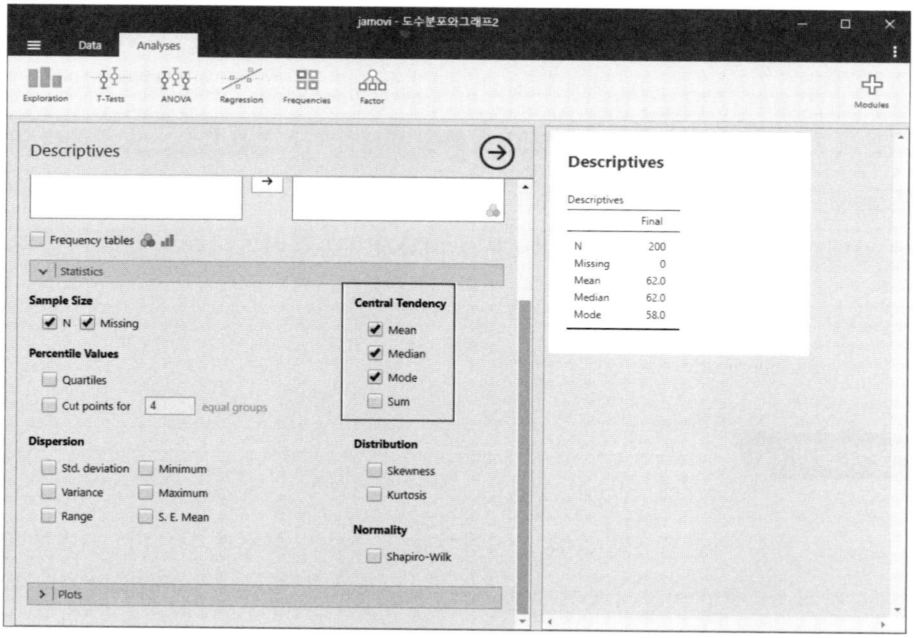

분석 결과는 오른쪽 창에 나타나며, 다음과 같다.

Descriptives

Descriptives

	Final
N	200
Missing	0
Mean	62.0
Median	62.0
Mode	58.0

5 중심경향값에 따른 분포의 형태

평균은 모든 사례 값의 합을 총 사례 수로 나눈 값이고, 중앙값은 가장 작은 수부터 가장 큰 수까지 배열할 때 중앙에 위치한 수의 값이며, 최빈값은 도수가 가장 많은 수의 값을 말한다. 그러므로 자료의 분포를 히스토그램이나 절선도표로 그려보면 평균, 중앙값, 최빈값의 위치가 매우 다양하게 나타남을 알 수 있다. 예를 들어, 세 종류의 중심경향값이 한 점에 일치할 수도 있고, 각기 다른 위치에 놓일 수도 있다.

모집단의 분포를 히스토그램으로 그리면 일반적으로 어느 한 점을 중심으로 그 점에서의 높이가 좌우대칭이 되는 형태의 도표를 그리는 예가 많다. 즉, 평균과 중앙값, 그리고 최빈값이 일치하며 좌우대칭이 되는 형태의 분포를 말한다. 이를 **정규분포**(normal distribution)라 한다. 정규분포의 특징은 세 종류의 중심경향값이 같고, 좌우대칭이고, 점근선적이며, 그 형태는 [그림 4-3]과 같다. 정규분포는 제10장에서 자세히 설명한다.

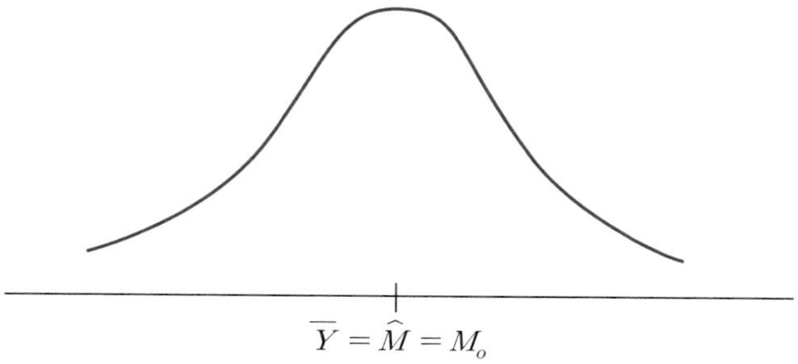

[그림 4-3] 정규분포

많은 모집단의 분포가 항상 정규분포를 나타내는 것은 아니다. 모집단의 특성상 한 점을 중심으로 좌우대칭이 되지 않는 분포도 적지 않다. 예를 들어, 지적장애아들의 지능은 지능점수가 낮은 쪽에 많은 학생이 밀집되어 있고 지능점수가 높은 학생은 많지 않다. 이와 같이 한쪽으로 치우친 분포를 **편포**(skewed distribution)라 한다. 중심경향값들이 어떻게 위치하고 있는가에 따라 편포는 부적편포(negatively skewed distribution)와 정적편포(positively skewed distribution)로 분류한다.

앞의 예에서 10명 대학생의 일반상식 문제에 의한 점수 분포를 히스토그램으로 그리면 [그림 4-4]와 같다.

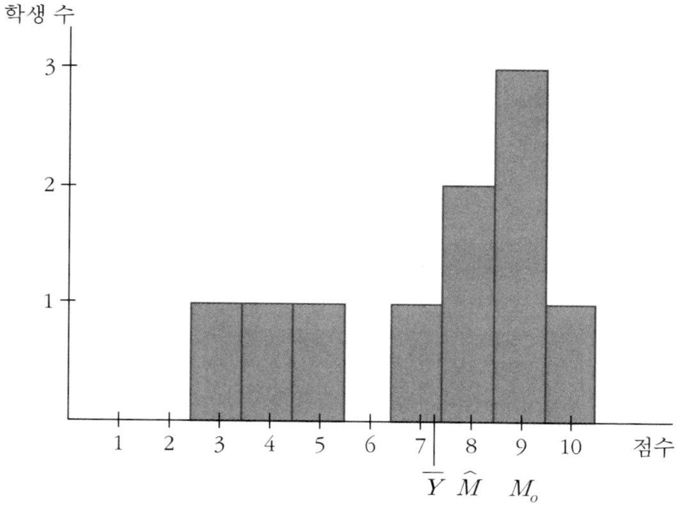

[그림 4-4] 일반상식 점수의 히스토그램

평균 점수는 7.2점이고, 중앙값은 8점이며, 최빈값은 9점이다. 높은 점수를 받은 다수의 학생이 있고 낮은 점수를 받은 소수의 학생이 있다. 그리고 중심경향값을 크기의 순서에 의하여 배열할 때 평균, 중앙값, 최빈값의 순서로 값이 커짐을 알 수 있다. 즉, 분포의 가늘고 긴 꼬리 부분이 왼쪽, 다시 말해서 음의 부호 쪽으로 길게 뻗어 있는 분포이기에 이를 **부적편포**(negatively skewed distribution)라 한다. 부적편포의 중심경향값으로 평균, 중앙값, 최빈값의 위치는 평균이 가장 왼쪽에, 그리고 최빈값이 가장 오른쪽에, 중앙값이 평균과 최빈값 사이에 위치하며 전형적인 분포형태는 [그림 4-5]와 같다. 교수-학습현장에서 완전학습을 추구한다면 학생들의 학업성취 점수는 높은 점수를 획득한 학생이 많으므로 부적편포를 그리게 될 것이다.

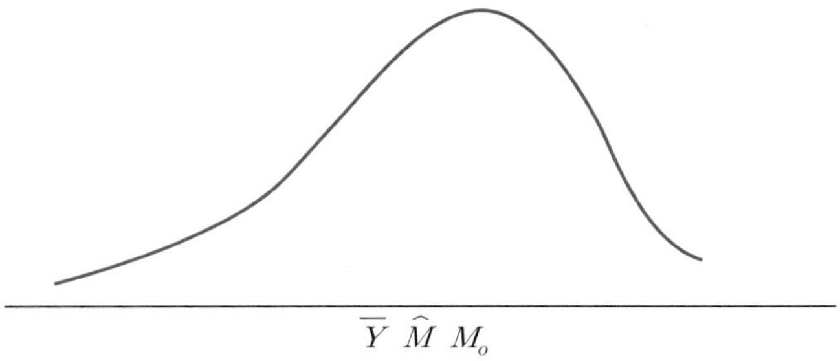

[그림 4-5] 부적편포

부적편포와 반대인 형태의 분포를 **정적편포**(positively skewed distribution)라 한다. 정적편포는 다음과 같은 경우에 그려질 수 있다. 예를 들어, 앞에서 언급하였듯이 지적장애아들의 지능점수 분포라든지 혹은 매우 어려운 학업성취도 검사에서 학생들의 점수의 분포를 들 수 있다. 이는 낮은 점수를 획득한 다수의 학생이 있으며, 높은 점수를 얻은 학생들은 드물기 때문이다. 정적편포에서의 중심경향값으로 평균, 중앙값, 최빈값의 위치와 형태는 [그림 4-6]과 같다.

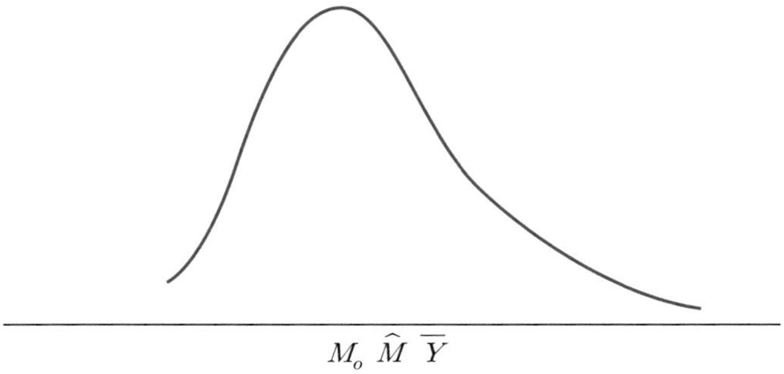

[그림 4-6] 정적편포

가장 많은 사례 수를 나타내는 최빈값이 가장 왼쪽, 즉 낮은 점수에 있으며, 중앙값, 그리고 평균이 오른쪽에 위치한다. 또한 분포의 꼬리부분이 오른쪽, 즉 양의 무한대 쪽으로 늘어져 있음을 알 수 있다. 부적편포와 정적편포를 보았을 때, 중앙값은 항상 평균과 최빈값 사이에 있음을 알 수 있다.

6 왜도

정규분포는 분포의 형태가 대칭을 이룬다. 그러나 편포는 분포의 형태가 대칭이 아니라는 것이다. **왜도**(skewness)는 분포의 비대칭 정도, 즉 분포가 기울어진 방향과 정도를 나타낸다. 왜도가 0이면 좌우대칭인 정규분포를 말하며, 음수이면 부적편포, 양수이면 정적편포를 말한다.

연습문제

1 다음 용어의 정의와 개념을 설명하라.

a. 중심경향값
b. 평균
c. 중앙값
d. 최빈값
e. 왜도

2 다음 자료에서 평균과 중앙값을 구하라.

a. 16, 23, 21, 14, 15
b. 16, 23, 21, 14, 15, 162
c. 16, 23, 21, 14, 15, 24
d. b와 c의 자료는 a의 자료에 하나의 사례가 더해진 경우이다. b와 c 자료의 평균과 중앙값에 어떤 변화가 있는지 설명하라.

3 다음 자료에서 최빈값을 구하라.

a. 6, 7, 8, 7, 6, 7, 4
b. 14, 19, 31, 16, 14
c. 14, 19, 31, 16, 14, 19
d. 26, 151, 196, 181, 126, 469

4 어떤 심리학자가 암기력을 증진시키는 새로운 교수법을 개발하였다. 이 방법이 효과적인지를 알아보기 위하여 고등학생 20명을 단순무선표집하여 새로운 방법으로 암기력 발달을 지도한 후 검사를 실시한 결과가 다음과 같았다.

91	64	98	66	83
87	83	86	80	93
83	75	72	79	90
80	90	71	84	68

a. 평균을 구하라.
b. 중앙값을 구하라.
c. 최빈값을 구하라.
d. 분포의 형태를 그려라.

5 다음 분포의 형태에 따른 평균, 중앙값, 최빈값의 위치를 설명하라.

a. 정규분포
b. 정적편포
c. 부적편포

6 제3장 연습문제 3번의 자료를 이용하여 다음 문제에 답하라.

a. 평균을 구하라.
b. 중앙값을 구하라.
c. 묶음도수표에 의한 히스토그램을 그렸을 때 중앙값을 계산하라.
d. 최빈값을 구하라.
e. 분포의 형태를 설명하라.

제5장

분산도

모집단 혹은 표본에서 얻어진 자료의 특성을 파악하기 위하여 그래프를 그렸을 때 그 자료에 따른 분포의 중심경향값 이외의 다른 특성을 파악할 수 있다. 분포의 특성을 알기 위하여 중심경향값과 분산도가 고려되며 제4장에서 자료를 대표하는 중심경향값을 설명하였다. 중심경향값에 더하여 분포의 특성으로 분산도를 들 수 있다. **분산도**(variation)는 간단히 말하면 분포의 흩어진 정도를 말한다. 중심경향값이 같더라도 넓은 범위에 흩어진 분포가 있을 수 있으며 좁은 범위에 흩어진 분포가 있을 수 있기 때문에 그 흩어진 정도를 고려하여야 한다.

제5장에서는 분산도의 개념과 종류로 범위, 사분위 편차, 분산, 표준편차를 설명하고 계산방법과 의미분석, 그리고 적용방법을 설명한다.

1 분산도

우주에 존재하는 모든 만물 중에 똑같은 것은 하나도 존재하지 않는다 하여도 과언은 아니며 수십만 분의 1의 오차도 허용하지 않는다는 정밀과학 제품도 엄밀히 말하면 동일한 것은 존재하지 않는다. 사회과학에서 똑같은 것을 찾기란 쉽지 않다. 일란성 쌍생아라도 각기 다른 특성이 있으며, 개인과 개인 간의 다른 점은 매우 많다. Chiché에 의하면 다양성은 우주의 본질이라 한다.

현대통계학의 목적은 이러한 다양성에 관심을 가지고 다양성과 관계가 있는 원인을 분석하는 것이다. 이러한 다양한 모든 사물의 흩어진 정도, 즉 다양성의 정도를 나타내는 것이 **분산도**(variation)이다. 예를 들면, 30세 남자들의 키는 매우 다양하다. 어떤 값을 중심으로 좌우로 흩어져 있을 것이며, 키가 매우 큰 사람과 매우 작은 사람은 드물 것이다. 키가 매우 크거나 작은 사람들이 존재한다는 사실은 30세 남자들의 키가 매우 다양하다는 사실을 말해 준다. 분산의 정도를 나타내는 분산도를 파악하기 위하여 범위, 사분위 편차, 분산, 표준편차를 계산한다.

2 범위

분포의 흩어진 정도를 가장 간단히 알아보는 방법으로 범위를 들 수 있다. **범위**(range)란 최고값과 최저값을 가지고 파악하며, 연속성을 위한 교정을 고려하여 최고값 상한계에서 최저값 하한계를 뺀 값을 말한다.

제4장에서 예를 든 10명의 일반상식 문제 10문항에 대한 점수를 볼 때 최고점은 10점이고 최저점은 3점이다. 10점을 맞은 학생의 정확한계는 히스토그램을 그릴 때 연속성을 위한 교정을 하듯이 9.5점 이상 10.5점 미만이다. 또한 3점을 획득한 학생은 2.5점 이상 3.5점 미만이 된다. 그러므로 일반상식 문제에 대한 대학생들의 점수범위는 8점이 된다. 범위를 계산하는 공식은 다음과 같다.

$$
\begin{aligned}
R &= (H+u/2)-(L-u/2) \\
&= (H-L)+u
\end{aligned}
$$

H: 최고값
L: 최저값
u : 측정단위

측정단위를 1로 하는 점수의 범위는 $R=(H-L)+1$이 된다. 경우에 따라서 범위를 계산할 때 연속성을 위한 교정을 실시하지 않고 최고값에서 최저값을 빼기도 한다. 범위를 가지는 두 분포 중 어떤 분포가 보다 넓게 흩어져 있는가를 비교하기란 어려운 일이 아니다.

분산도를 파악하기 위하여 사용하는 범위의 장점은 분산도를 간단히 파악할 수 있다는 것이다. 그러나 범위 사용의 단점은 분산도를 측정하기 위한 정밀성이 없다는 점이다. 즉, 최고값과 최저값에 의해서만 범위가 결정되므로 그 사이에 존재하는 값들의 변화에 영향을 받지 않고 그 사이에 존재하는 많은 값을 고려하지 않게 된다.

3 사분위 편차

사분위수는 제3장 9절에서 백분위수를 설명하면서 언급하였다. **사분위수**(quartile)는 수집된 자료를 크기 순으로 배열하여 4등분한 값을 말한다. 백분위수의 관점에서 보면 제25백분위수, 제50백분위수, 제75백분위수로 표기할 수 있다. Y_{25}는 제1사분위수로 Q_1으로 표기하고, Y_{50}은 제2사분위수로 Q_2로 표기하며, 이는 중앙값이다. Y_{75}는 제3사분위수로 Q_3로 표기한다. 즉, 누적된 사례 수를 전체 사례 수에 비교하여 25%, 50%, 75% 되는 점의 값을 말한다. Q_1, Q_2, Q_3를 제1사분위수, 제2사분위수, 제3사분위수라 한다.

사분위 편차(quartile deviation)란 Q_2, 즉 중앙값을 중심으로 한 분산도이다. 사분위 편차를 Q라 표기하며, 사분위 편차를 계산하는 공식은 다음과 같다.

$$Q = \frac{Q_3 - Q_1}{2} \tag{5.1}$$

이는 분산도의 정도를 분포의 중앙에 위치한 중앙값의 좌우로부터 동일한 백분율을 가진 두 점 간의 거리에 의하여 분석하고자 한다. 제2사분위수, 즉 중앙값으로부터 제1사분위수와 제3사분위수에 의한 범위의 정도에 따라 분포의 분산도를 파악할 수 있다. 제3사분위와 제1사분위 수의 차이를 사분위간 범위(interquartile range)라 한다. 만약 사분위간 범위가 길면 보다 흩어진 분포이고, 짧으면 밀집된 분포임을 알 수 있다. 사분위수와 사분위간 범위를 그림으로 설명하면 [그림 5-1]과 같다.

사분위수를 계산하는 절차는 제3장 9절에서 백분위수를 계산하는 공식에 의하여 제25백분위수, 그리고 제75백분위수를 계산한다. 백분위수 계산의 기본절차를 확인하기 위하여 제3장 9절을 복습하기 바란다.

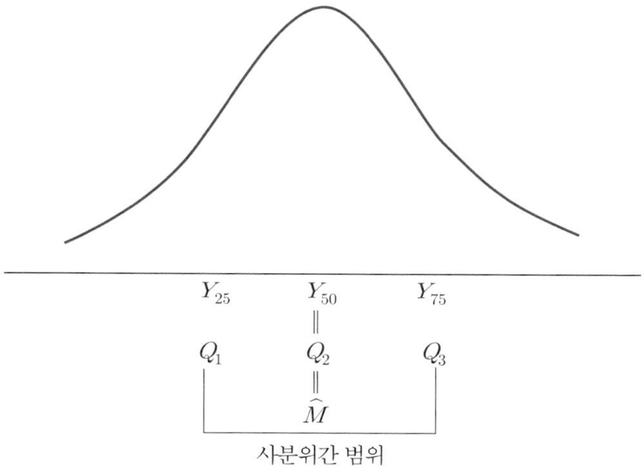

[그림 5-1] 사분위수와 사분위간 범위

사분위 편차와 사분위수에 따라 분포의 형태가 정규분포인지 부적편포 혹은 정적편포인지를 파악할 수 있다. [그림 5-1]에서와 같이 정규분포일 경우는 제2사분위수, 즉 중앙값을 중심으로 제1사분위수와 제3사분위수의 거리가 같음을 알 수 있다. 즉, 수식으로 표현하면 좌우대칭 분포를 이루기 위하여 $|Q_1 - Q_2| = |Q_3 - Q_2|$가 성립된다. 좌우대칭, 즉 정규분포가 아닌 편포의 경우는 [그림 5-2]의 (a), (b)와 같다.

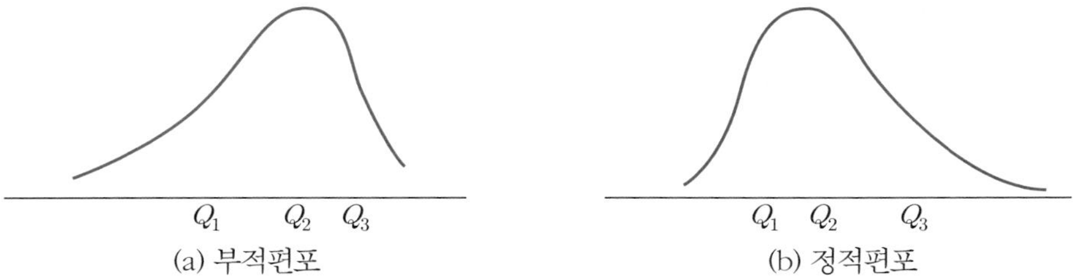

[그림 5-2] 편포에서의 사분위수

부적편포일 경우 제2사분위수인 중앙값으로부터 제1사분위수와 제3사분위수까지의 길이가 같지 않음을 알 수 있다. 부적편포인 경우 중앙값으로부터 제1사분위수까지의 왼쪽의 길이가 중앙값으로부터 제3사분위수까지의 오른쪽 길이보다 길다. 그러므로 부적편포를 이루기 위해서는 $|Q_1 - Q_2| > |Q_3 - Q_2|$가 성립되어야 한다.

정적편포인 경우는 부적편포와 반대의 현상을 나타낸다. 중앙값을 중심으로 제3사분위수까지의 오른쪽 길이가 제1사분위수까지의 왼쪽 길이보다 길다. 정적편포를 이루기 위해서는 $|Q_3 - Q_2| > |Q_1 - Q_2|$가 성립되어야 한다.

사분위 편차는 범위와 같이 최고값과 최저값의 영향을 받지 않고 범위 내에 있는 많은 값을 고려하여 분산도를 측정하기에 범위보다는 정밀하다고 할 수 있다. 그러나 제1사분위수와 제3사분위수, 백분위수의 개념으로 제25백분위수와 제75백분위수를 계산해야 하는 약간의 불편이 따른다.

4 분산

분산도를 알기 위하여 사용하는 범위는 자료를 구성하는 모든 값의 흩어진 정도를 고려하는 것이 아니라 최고값과 최저값만을 사용하였다. 또한 사분위 편차는 자료의 모든 값을 크기 순으로 배열하여 총 빈도수의 25%, 50%, 75%에 해당되는 사분위수를 고려하므로 실질적인 모든 값을 민감하게 대변한다고 할 수 없다. 모든 자료를 각각 고려하여 분포의 흩어진 정도를 나타내는 것이 분산과 표준편차이다.

분산을 설명하기 위하여 편차를 먼저 설명한다. **편차**(deviation)란 각 점수가 평균에서 떨어진 정도를 말한다. 편차의 절대값이 크면 그 값은 평균에서 멀리 떨어져 있음을 의미한다. 편차가 0이면 그 값은 평균과 같다. 그러므로 편차를 계산하는 공식은 다음과 같다.

$$d_i = Y_i - \overline{Y} \tag{5.2}$$

예를 들어, 10점 만점의 검사에서 4명의 학생, 유천, 재중, 준수, 윤호의 점수가 각기 2, 3, 5, 2점이라면 평균은 3점이며, 그들 각각의 편차는 〈표 5-1〉과 같다.

〈표 5-1〉 편차 계산

	Y_i	$d_i = (Y_i - \overline{Y})$
유천	2	−1
재중	3	0
준수	5	2
윤호	2	−1

이 네 학생의 점수의 흩어진 정도를 구하기 위하여 계산된 편차들을 가지고 표준편차를 구할 수 있다. **표준편차**(standard deviation)를 간단히 설명하면 편차들의 평균이라 할 수 있다. 이 정의에 의하면 표준편차는 편차들을 모두 합하여 총 사례수로 나눈 것이며, 다음 공식 (5.3)에 의하여 계산할 수 있다.

$$\overline{d_i} = \frac{\Sigma d_i}{n} = \frac{\Sigma(Y_i - \overline{Y})}{n} \tag{5.3}$$

이 공식에 의하여 표준편차를 구하면 모든 편차의 합은 항상 0이 된다. 그러나 〈표 5-1〉에 예시된 자료를 분석하면 표준편차는 절대 0이 될 수 없다. 표준편차가 0이 된다는 말은 점수들이 흩어져 있지 않음을 의미하며 모든 사례 수의 값이 같음을 의미한다. 즉, 4명의 점수가 어떤 점수이든 똑같을 때만이 표준편차가 0이 된다. 그러나 4명의 점수가 다름에도 표준편차가 0이 된 이유는 공식 (5.3)의 분자를 보면 쉽게 알 수 있다. 어떤 값에서 평균을 빼서 그 편차들을 더한 값이 항상 0이 되는 것은 자명하다. 왜냐하면 평균은 모든 값을 대표하는 무게 중심의 값이기 때문이다.

이와 같은 등식으로는 편차 부분이 양수인 부분과 음수인 부분이 상쇄되어 표준편차를 구할 수 없기 때문에 편차를 자승하여 그 합을 총 사례 수로 나누는 방법에 의하여 분산도를 먼저 계산하게 된다. 각 값으로부터 평균을 뺀 편차를 제곱한 후, 그 수를 모두 더하여 총 사례 수로 나눈 값을 **분산**(variance)이라 하며, s_Y^2 혹은 σ_Y^2로 표기한다. 교육학에서는 분산이라는 용어보다는 변량이라는 용어를 오랫동안 사용하여 왔다.

분산을 계산하는 공식은 다음과 같다.

$$s_Y^2 = \frac{\Sigma(Y_i - \overline{Y})^2}{n} \qquad (5.4)$$

편차부분을 제곱함으로써 양수 값인 편차와 음수 값인 편차가 상쇄되지 않으므로 편차의 합은 0이 되지 않는다. 이 공식은 분산을 계산하기 위한 이론적 공식(theoretical formula)이라 한다. 이 이론적 공식에 의하여 〈표 5-1〉의 자료로 점수의 분산을 구하면 〈표 5-2〉와 같다.

〈표 5-2〉 분산 계산

	Y_i	$(Y_i - \overline{Y})$	$(Y_i - \overline{Y})^2$
유천	2	−1	1
재중	3	0	0
준수	5	2	4
윤호	2	−1	1

$$\overline{Y} = \frac{\Sigma Y_i}{n} = \frac{12}{4} = 3$$

$$\Sigma(Y_i - \overline{Y})^2 = 6$$

$$s_Y^2 = \frac{\Sigma(Y_i - \overline{Y})^2}{n} = \frac{6}{4} = 1.5$$

5 표준편차

표준편차를 편차의 평균으로 정의하고 공식을 유도하였으나 편차의 합이 0이 되는 관계로 표준편차를 계산할 수 없음을 제5장 4절에서 설명하였다. 이 문제를 해결하기 위하여 편차를 모두 제곱한 후 합하여 총 사례 수로 나눈 값인 분산을 먼저 계산하였다. **표준편차**(standard deviation)는 분산에 제곱근을 취한 값을 말한다. 모수치는 σ로 표시하며, 통계치는 s_Y로 표기한다. 표준편차를 계산하는 공식은 다음과 같다.

$$s_Y = \sqrt{s_Y^2} = \sqrt{\frac{\Sigma(Y_i - \overline{Y})^2}{n}} \tag{5.5}$$

제5장 4절에서 예로 든 4명의 학생 점수의 표준편차는 분산의 제곱근이므로 $\sqrt{1.5}$가 된다. 만약 분산 혹은 표준편차가 크다면 이는 분포가 넓게 흩어져 있음을 쉽게 알 수 있다.

고등학교 시절 어렵게만 느껴졌던 수학 교과서의 통계 부분이 그렇게 어려운 내용이 아니라는 사실을 이해하였을 것이다. 제1장에서도 언급하였지만 통계란 수리적 논리라 하였다. 분석적 마음(analytical mind)을 가지고 차분히 논리적으로 모든 이론을 전개한다면 통계가 절대 어렵지 않을 것이다. 그러므로 공식을 달달 외우는 것처럼 어리석은 짓은 없다. 그 공식이 어떤 논리에서 전개되었는가를 이해하는 것이 더욱 중요하다. 앞으로 전개될 복잡하게 보이는 공식도 이해하면 복잡한 것이 하나도 없다. 이 순간부터 잠자고 있었을지 모르는 여러분의 분석적이고 논리적인 사고구조를 이 책을 통하여 흔들어 깨우기 바란다.

SPSS 실행

기술통계 프로시저를 사용해서도 중심경향값 중 평균과 분산도(범위, 분산과 표준편차)를 구할 수 있다. 메뉴에서 [분석] ⇨ [기술통계량] ⇨ [기술통계]를 누르면 기술통계 대화상자가 열리는데 여기서 분석할 변수를 지정하고 [확인]을 누르면 된다. [옵션(O)...]을 눌러 출력하고 싶은 통계량들을 설정 또는 해지할 수 있다.

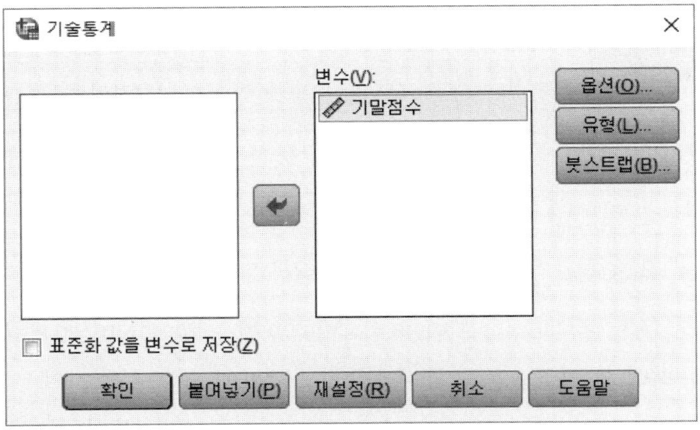

분석 결과

다음은 〈표 5-1〉의 자료에 대하여 기술통계 프로시저를 사용하여 평균, 최대값, 최소값, 표준편차, 분산을 구한 것으로, 10점 만점의 검사에서 4명의 학생이 받은 점수의 최소값 2점, 최대값 5점, 평균 3점, 표준편차 1.414, 분산은 2.000이었다.

기술통계량

	N	최소값	최대값	평균	표준편차	분산
기말점수	4	2	5	3.00	1.414	2.000
유효 N(목록별)	4					

〈표 5-3〉에 의하면 분산이 1.5이고 표준편차는 $\sqrt{1.5}$ 이므로 1.225가 된다. 그러나 SPSS 프로그램을 실행한 결과, 분산은 2.000이고 표준편차는 1.414가 되었다. SPSS 프로그램은 추리통계까지 분석하므로 분산 계산에서 분자를 사례 수 n으로 나누지 않고 $(n-1)$로 나눈다. 왜 그런가에 대한 설명은 제12장 분산의 편파추정치와 불편파추정치에서 설명한다.

SPSS 프로그램에 의하면 분산은 6을 4로 나누는 것이 아니라 $(n-1)$인 3으로 나누므로 분산은 2가 되고 표준편차는 1.414가 된다.

jamovi 실행

〈표 5-1〉의 자료로 중심경향값 중 평균과 분산도(범위, 분산과 표준편차)를 분석하기 위하여 [Analyses] ⇨ [Exploration] ⇨ [Descriptives]에서 변수 'score'를 오른쪽 변수 창으로 옮긴 뒤, [Statistics] 메뉴를 클릭한다. [Dispersion] 항목은 분산도에 대한 것으로 'Std. deviation', 'Variance', 'Maximum', 'Minimum'에 체크하여 표준편차, 분산, 최대값, 최소값을 구할 수 있다.

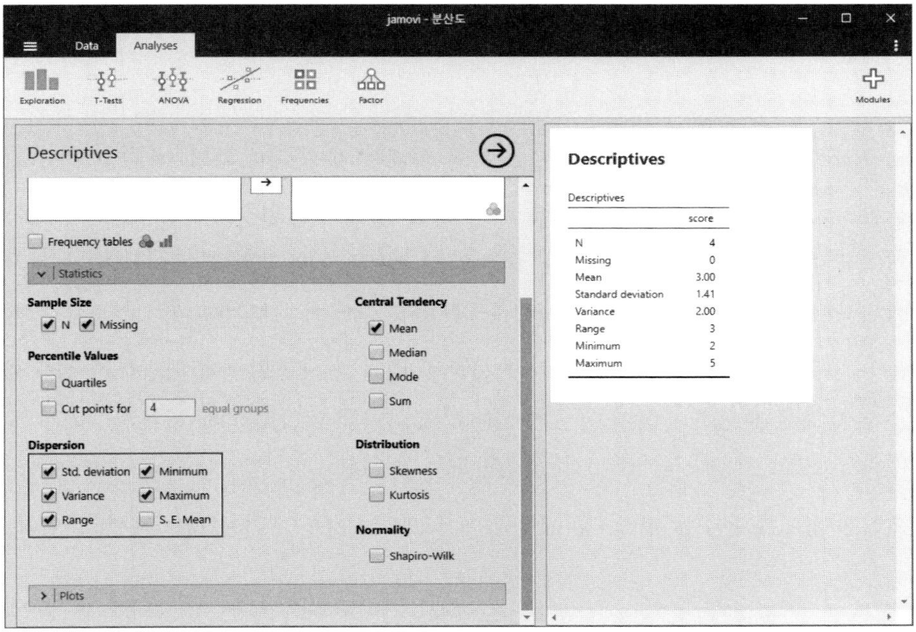

결과는 오른쪽 창에 나타나며, 다음과 같다.

Descriptives

Descriptives

	score
N	4
Missing	0
Mean	3.00
Standard deviation	1.41
Variance	2.00
Range	3
Minimum	2
Maximum	5

6 분산도에 따른 분포의 형태

중심경향값이 동일하다 하여도 분포의 형태는 분산도에 따라 매우 다양하다. 분산도를 나타내는 범위에 의한 분포 형태를 보더라도 범위가 크면 분포가 넓은 지역에 흩어져 있음을 알 수 있다. 범위만의 정보를 가지고는 분포의 형태가 정적인지 부적인지 혹은 정규분포인지를 알 수 없을 뿐더러 단봉분포인지 이봉분포 혹은 다봉분포인지 알 수 없다. 그러나 사분위 편차는 사분위수에 해당하는 점수들을 파악하여 분포의 흩어진 정도가 어떤지를 파악할 수 있다. 제3사분위수에서 제1사분위수를 뺀 값으로 분포 중앙의 50%가 차지하는 길이를 파악하므로 분포의 흩어진 정도를 유추할 수 있다. 예를 들어, [그림 5-3]을 보면 쉽게 이해할 수 있다.

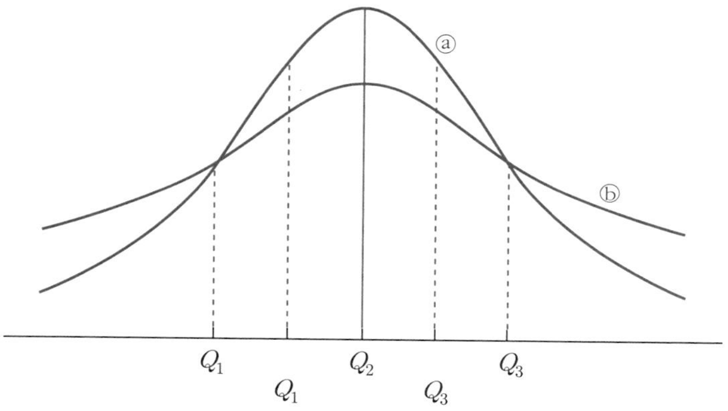

[그림 5-3] 사분위 편차에 의하여 분산도 분석

제3사분위수에서 제1사분위수를 뺀 값이 ⓐ분포 아래에서보다 ⓑ분포 아래에서 긴 것을 시각적으로 알 수 있으며, 이는 ⓑ분포가 ⓐ분포보다 더 많이 흩어져 있는, 즉 분산도가 큰 분포임을 쉽게 알 수 있다. 뿐만 아니라 중앙값으로부터 제1사분위수와 제3사분위수가 얼마나 떨어져 있는가를 분석하기 때문에 쉽게 분포의 형태가 정규분포인지, 정적편포 혹은 부적편포인지를 알 수 있다. 제5장 3절에서 사분위 편차에 따른 분포의 형태를 설명하였다. [그림 5-2]를 보면서 다시 복습하기 바란다.

분산과 표준편차는 분포의 흩어진 정도를 가장 정확히 말해 준다. 분산이 크면 분포가 넓게 퍼져 있어 봉이 낮아지며, 분산이 작으면 분포가 좁은 지역에 흩어져 있으므로 봉이 높다. 중심경향값이 같고 분산이 다른 두 분포를 그리면 [그림 5-4]와 같다.

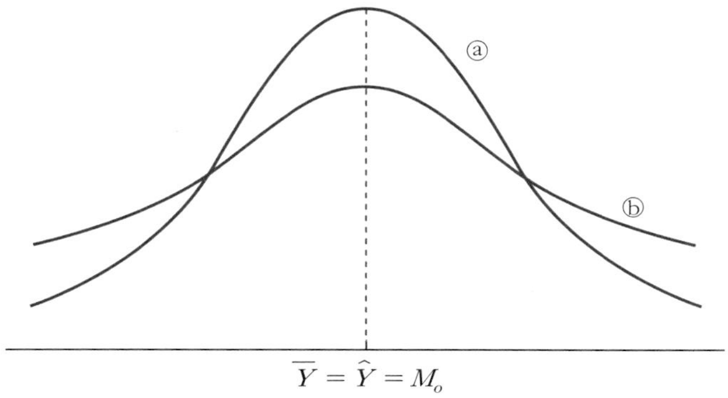

[그림 5-4] 중심경향값은 같고 분산이 다른 두 분포

ⓐ, ⓑ의 두 분포를 볼 때 중심경향값, 즉 평균, 중앙값, 최빈값이 모두 한 점에 위치하여 두 분포가 모두 같지만 분산이 다름을 알 수 있다. ⓑ분포는 ⓐ분포보다 분산이 크다는 것은 쉽게 알 수 있다. 그러므로 분산이 크면 분포가 흩어져 있으므로 그 분포를 구성하는 요소들은 이질적(heterogeneous)이라 할 수 있다. 반대로 분산이 작으면 작을수록 그 분포를 구성하는 요소는 동질적(homogeneous)이라 할 수 있다.

7 첨 도

분산이 크면 이질적이고 분포의 높이, 즉 봉이 낮다고 하였고, 분산이 작으면 분포의 봉이 높다고 하였다. 분포의 봉, 즉 뾰족한 정도를 **첨도**(kurtosis)라 한다.

정규분포의 첨도는 0이며, 첨도가 0보다 크면 정규분포보다 더 뾰족한 급첨(leptokurtic)이라 하고, 첨도가 0보다 작으면 분포의 높이가 정규분포보다 낮은 평평한 평성(platykurtic)이라 한다.

8 표준점수

모집단 혹은 표본으로부터 얻어진 자료를 가지고 중심경향값과 분산도를 추정할 때 평균과 표준편차를 가장 많이 사용한다고 하였다. 예를 들면, 전국 고등학교 3학년 학생들의 수학성적을 알기 위하여 모집단으로부터 5만 명의 표본을 무작위 표집하여 평균이 얼마이고 표준편차가 얼마인지를 알고자 한다. 만약 평균이 70점이고 표준편차가 10점임을 알았다고 하자. 이런 경우 대학을 진학할 유진이가 80점을 맞았다면 유진이가 전체 고등학교 3학년 학생 중 어디에 위치하는지 알고자 할 것이다. 왜냐하면 우리의 대학진학은 상대적 서열에 의해 입학이 결정되는 규준참조평가(norm-referenced evaluation)를 추구하기 때문이다.

정확하지 않아 흔히 쓰이지는 않지만 사분위 편차에 의하여 상대적 서열을 예측할 수 있다. 만약 어떤 점수가 제2사분위수보다는 크고 제3사분위수보다 작으면 50%에서 75% 사이에 위치함을 알 수 있으며, 제3사분위수 위에 위치하면 상대적 서열은 75% 이상임을 쉽게 알 수 있다.

얻어진 원점수(raw score)의 상대적 위치를 알려주는 점수를 **표준점수**(standard score)라 하고, 종류로 Z점수, T점수 등이 있다. 가장 흔히 쓰이는 표준점수는 Z점수이다.

개인의 점수가 평균으로부터 떨어진 거리를 편차(deviation)라 설명하였다. **Z점수**란 편차를 표준편차로 나눈 값, 즉 분포가 정규분포라는 가정하에서 원점수의 평균을 0으로 하고 표준편차를 1로 하는 변환점수를 말한다. Z점수를 계산하는 공식은 다음과 같다.

$$Z = \frac{Y_i - \overline{Y}}{s_Y} \tag{5.6}$$

정규분포 아래서 원점수가 표준점수인 Z점수로 변환되는 과정은 [그림 5-5]와 같다.

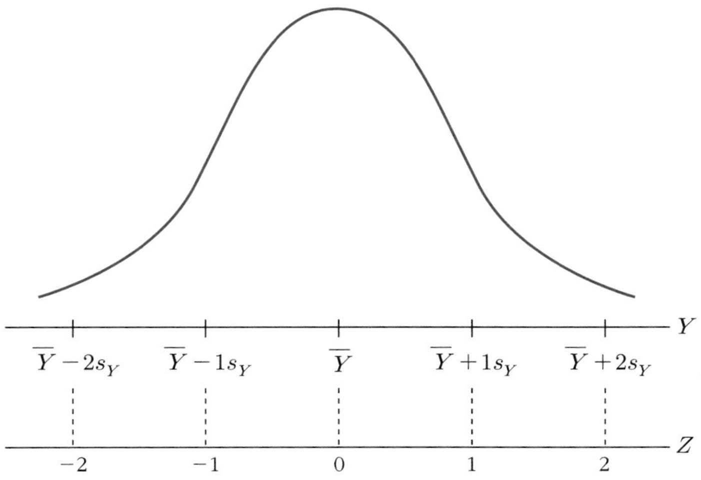

[그림 5-5] 원점수의 Z점수로의 변환

평균이 70점이고 표준편차가 10점인 수학점수 분포에서 정아가 70점을 맞았다면 정아의 Z점수는 0이다. 여기서 중요한 것은 Z점수가 0일 경우는 정아의 수학 성적의 상대적 위치가 50%에 있음을 쉽게 알 수 있다. 유진이의 경우 80점을 맞았으므로 Z점수는 1이다. 이는 분명 50% 이상에 위치하며 정확한 상대적 서열은 부록에 있는 [수표 2]에 의하여 84.13%에 있음을 알 수 있다. 정규분포에서 Z점수에 해당되는 비율은 [수표 2]를 참조하여야 한다. 수표를 보지 않더라도 정아와 유진이의 예에 비추어 볼 때, 돌석이의 수학점수가 60점이었다면 그의 Z점수는 -1이고 15.87%에 위치함을 알 수 있다.

표준점수의 다른 종류로 T점수가 있다. Z점수의 참조점(referenced point)은 평균을 0으로 하고 표준편차를 1로 하기 때문에 Z점수는 음수와 더불어 소수점을 지니게 된다. 이와 같은 번거로움을 피하기 위하여 평균점수를 50점으로 그리고 1표준편차를 10점으로 하는 변환된 표준점수를 ***T*점수**라 한다. 즉, Z점수 0점은 T점수 50점이 되고, Z점수 1점은 50점에 10점을 더한 60점이 된다. T점수를 계산하는 공식은 다음과 같다.

$$T = 50 + 10Z \tag{5.7}$$

이와 같이 분산도를 나타내는 표준편차는 원점수의 상대적 위치를 나타내기 위하여 사용되는 표준점수를 계산하는 데 중요한 요인이며, 비교를 위한 상대적 단위라 할 수 있다.

SPSS 실행

기술통계 프로시저 [분석] ⇨ [기술통계량] ⇨ [기술통계]를 사용하여 표준점수를 구할 수 있다. 실행하는 방법은 기술통계 대화상자에서 '표준화 값을 변수로 저장'을 설정하면 된다.

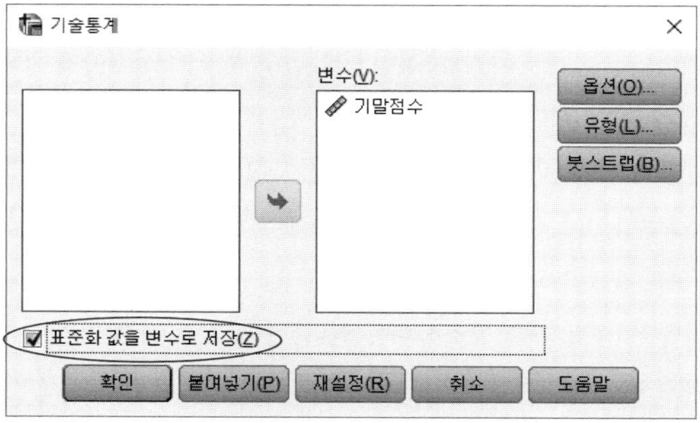

'표준화 값을 변수로 저장'하면 SPSS 뷰어에 따로 표준점수가 출력되는 것이 아니라, 데이터 편집기의 가장 오른쪽에 다음과 같이 Z점수가 표시된다. 예를 들어 유천의 Z점수는 $-.70711$점으로 평균보다 낮은 점수를 받았으며, 계산해 보면 4명의 피험자들의 Z점수 평균은 0, 표준편차는 1임을 알 수 있다.

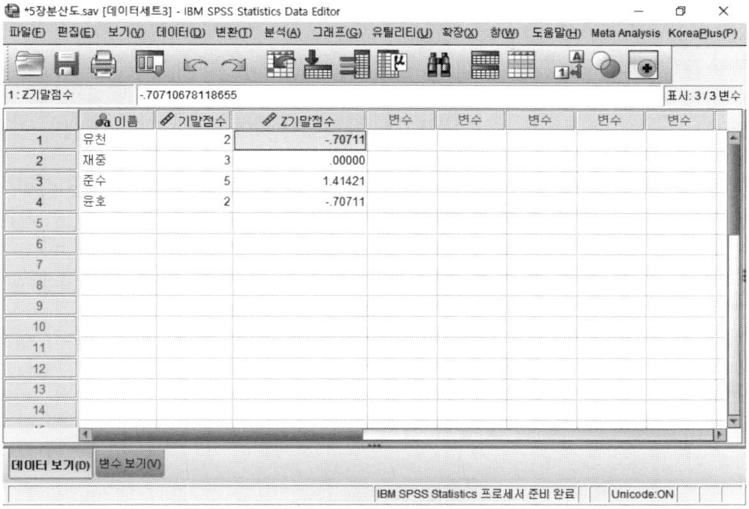

jamovi 실행

Z점수를 자동으로 계산하는 기능이 있는 SPSS와 달리 jamovi에서는 Z점수를 직접 변수 계산 기능으로 계산하여야 한다. Z점수를 계산하기 위하여 Data ⇨ Compute 을 선택한다.

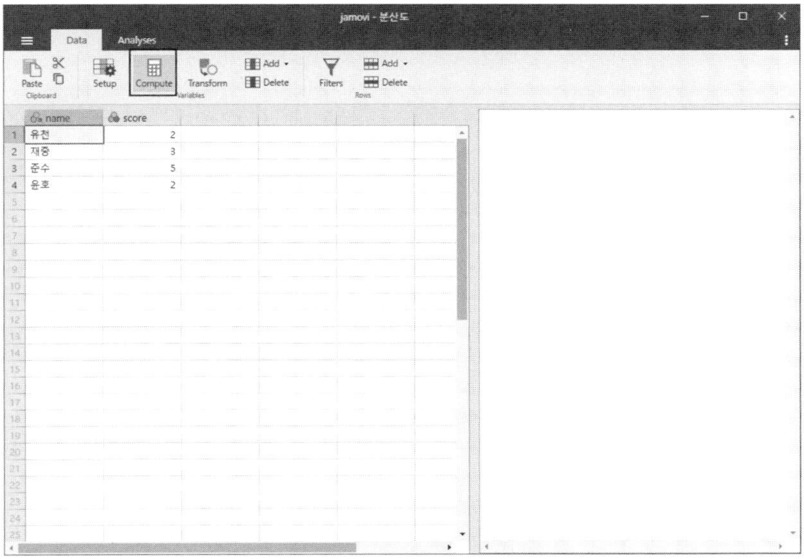

나타난 창의 'COMPUTED VARIABLE'의 아래 칸에 생성될 변수의 이름으로 'Zscore'를 입력한다. 그다음 아래의 수식 입력란의 f_x아이콘을 클릭하면 자주 사용하는 수식 모음이 열린다. Statistics 항목 맨 아래에 'Z'를 더블클릭하여 수식 입력란에 '=Z( )'라고 입력되면, 그 상태로 오른쪽 변수 목록인 'Variables'에서 'score' 변수를 더블클릭한다. 그러면 수식 입력란에 Z점수 생성 수식이 완성된다. 키보드에서 엔터를 누르면 왼쪽 하단 데이터 창에서 Z점수가 자동으로 입력된 것을 볼 수 있다. SPSS와 마찬가지로 Z점수가 따로 결과 창에 뜨지 않으며, 데이터 창에 표시된다.

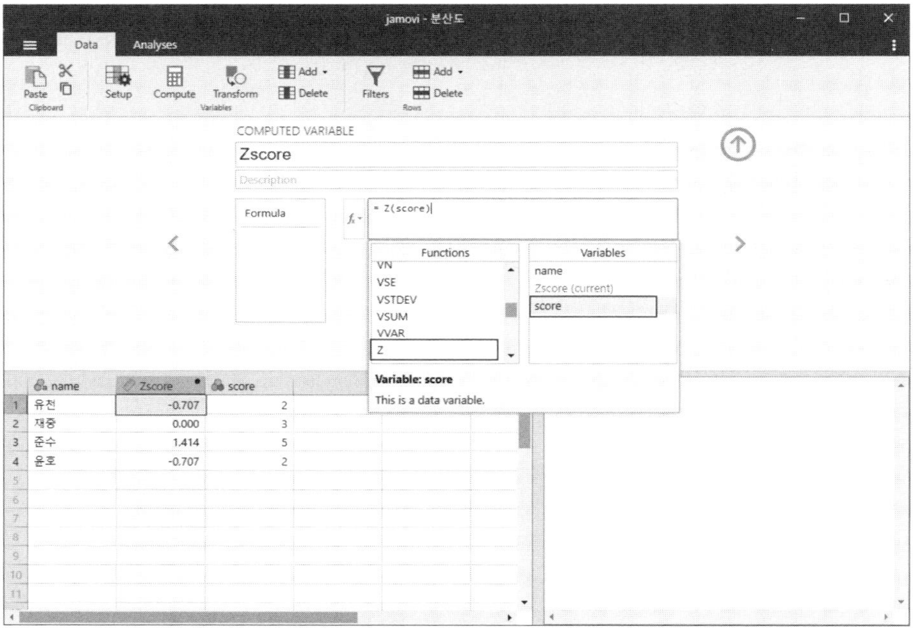

연습문제

1 다음 용어의 정의와 개념을 설명하라.

a. 분산도
b. 범위
c. 정확한계
d. 사분위 편차
e. 분산
f. 표준편차
g. 첨도
h. 표준점수
i. Z점수
j. T점수

2 다음 자료에서 범위, 표준편차, 분산을 구하라.

a. 6, 4, 9, 3
b. 92, 71, 98, 42, 67, 12
c. 16, 32, 12, 14, 21, 18, 14, 19, 13
d. 41, 65, 54, 76, 47, 98, 38, 66, 53

3 다음의 자료는 어느 대학에 근무하고 있는 교수들의 나이이다. 다음 물음에 답하라.

36	40	42	45	35
35	39	50	53	38
55	50	50	30	61
28	45	53	52	60
48	42	31	54	41
35	40	70	43	34
63	37	39	34	48
39	48	40	30	46
31	25	29	47	42

a. 평균을 구하라.

b. 표준편차를 구하라.

c. 범위를 구하라.

d. 40세 교수의 Z점수를 구하라.

e. 40세 교수의 T점수를 구하라.

f. Z점수가 1에 해당하는 나이는?

g. Z점수가 1에 해당하는 나이 이하의 교수는 전체 교수의 몇 %인가?

4 제3장 연습문제 3번의 자료를 참고하여 물음에 답하라.

a. 범위를 구하라.

b. 사분위 편차를 구하라.

c. 표준편차를 구하라.

d. 분산을 구하라.

e. 26점을 얻은 지원자의 Z점수는?

f. 26점 미만의 지원자는 전체 지원자의 몇 %인가?

제6장

상 관

제5장에서는 한 변수의 모아진 자료를 대표하는 값과 흩어진 정도를 파악하기 위하여 중심경향값과 분산도를 알아보았다. 이에 더하여 인류에 존재하는 모든 것은 홀로 존재한다기보다 더불어 존재하므로 한 변수와 다른 변수와의 관계를 알아볼 필요가 있다.

우리의 인간사만 보더라도 누구는 누구와 관계가 좋다느니, 혹은 좋지 않다느니 하는 말을 자주 한다. 흔한 예로, 가정에서는 부부관계, 부모와 자식관계를, 학교에서는 학우관계, 교사 간의 관계, 그리고 사제관계를 언급한다. 우주에 존재하는 모든 자연현상 만물의 관계도 짝지을 수 있는 것이다. 그러므로 관계는 상관을 의미한다. **상관**(correlation)이란 어떤 것과 다른 것의 관계를 말하는 것으로 보다 통계적 용어로 서술하면 두 변수의 관계를 말한다. 상관을 이루기 위해서는 둘 이상의 무엇이 있어야 하지, 하나만을 가지고는 상관이란 용어를 사용할 수 없다. 예를 들어, 애인과의 관계가 좋다는 것은 나와 애인과의 상관관계가 좋다는 것으로 대상이 나와 애인 둘이 되는 것이다. 교육계에 무슨 일만 일어나면 그 원인이 사제간의 관계가 예전만 못하고, 이는 진정한 스승과 진정한 제자가 없기 때문이라고 한다. 이 예에서도 스승과 제자라는 두 상대가 존재한다.

상관을 두 변수의 관계라 할 때, 이는 한 변수가 변해 감에 따라 다른 변수가 어떻게 변해 가는가를 말해 주는 것이다. 예를 들어, 사제관계를 언급할 때 사제관계가 좋다는 것은 선생님이 학생들을 위하여 바람직한 변화를 할 때 제자들도 따라서 바람직한 변화를 가져오는 경우를 말하는 것이다. 반대로 제자들이 바람직한 변화를 하지 않는 경우가 있는데 이는 관계가 좋지 않다는 것으로, 한편은 어떤 변화를 추구하나 다른 한편은 그와 반대되는 변화를 추구할 때 일어나는 현상이다. 이 예에 비추어 상관을 다른 말로 정의하면 두 변수가 동시에 함께 변하는 정도를 말한다.

제6장에서는 산포도, 공분산, 기타 상관계수 계산, 상관계수, 상관계수 기본 가정, 상관계수의 이용과 주의점을 설명한다. 제6장을 통하여 상관의 개념을 완전히 이해하면 인간사에 얽힌 관계의 문제해결뿐 아니라 자연현상의 수수께끼를 푸는 데 도움이 되리라 기대한다.

1 상관의 정의와 의미

상관(correlation)이란 두 변수의 관계를 말한다. 이는 한 변수가 변할 때 다른 변수가 어떻게 변하는가를 나타낸다. 예를 들어, 서울 시내의 자동차 수와 교통사고 수의 관계를 분석한다면 이 예에서 두 변수는 자동차 수와 교통사고 수를 말한다. 만약 자동차 수와 교통사고 수가 상관이 있다고 판단되었다면 이는 자동차 수가 증가하니까 교통사고 수도 증가하였다고 볼 수 있다. 즉, 두 변수가 동시에 변하는 것을 상관이라 한다.

상관의 의미를 자주 인과관계로 해석하는 경우를 본다. 그러나 항상 인과관계, 즉 어떤 변수는 원인을 제공하고 어떤 변수는 영향만을 받는 원인과 결과 관계로 해석해서는 안 되는 경우가 많다. 앞에서 든 예를 보더라도 자동차 수가 늘어났을 때 교통사고가 늘었다 해서 자동차 수의 증가가 교통사고를 유발하는 직접적인 원인이라고 판정하기에는 문제가 있다. 왜냐하면 교통사고 증가의 원인이 도로사정이 나빠져서일 수도 있고, 초보 운전자가 늘어났기 때문일 수도 있다. 물론 혹자는 도로사정이 나빠지고 초보 운전자가 늘어나는 것도 자동차 수가 증가하니까 그런 것이 아니냐고 반문할 것이다. 그러나 도로사정이 나빠진다는 것은 꼭 차가 많아져서라기보다도 기후 변화에 따른 도로포장 상태가 변하기 때문일 수도 있다.

계속 논란을 제기할 논리적인 학생들을 위하여 다른 예를 들어 보자. 아버지와

아들의 체중에 상관이 있다고 하자. 그렇다면 체중의 유전론이 확증되지 않은 상태에서 아버지의 체중이 아들의 체중 증가에 원인이 되는지를 생각해 보자. 아마도 아버지의 체중 증가가 아들의 체중 증가의 원인이라기보다는 그 가정에서 섭취하는 음식물이 원인을 제공하였을 것이다. 그러므로 상관관계를 항상 인과관계로 해석해서는 안 된다는 것을 강조한다.

실험설계의 경우 상관관계는 인과관계로 해석할 수 있다. 예를 들면, 알코올이 인간의 수면시간에 미치는 연구를 하기 위하여 실험을 실시할 때 윤리상 연구의 대상을 사람으로 하지 않고 흰 쥐로 하였다고 하자. 세 집단의 흰 쥐에게 물과 알코올 10cc, 20cc를 투여한 후 수면시간의 변화를 측정하여 상관이 있음을 발견하였다면 인과관계로 해석할 수 있다. 여기서도 주의할 점은 세 집단에 속해 있는 쥐들이 다른 매개변수가 통제된, 즉 똑같은 쥐들이어야 한다. 만약 쥐들 중에서 알코올을 자주 접하는 쥐와 알코올 냄새만 맡아도 핑 도는 쥐들이 있다면 수면시간의 변화는 섭취량이 원인이 아니라 체질이라 볼 수 있기 때문이다. 매개변수들이 통제된 실험설계에서의 상관관계는 인과관계로 해석할 수 있다.

상관관계를 인과관계보다는 상호관계(interaction)로 해석하는 경우가 매우 흔하다. 한 변수가 다른 변수에 영향을 주고, 역으로 다른 변수가 한 변수에 영향을 준다는 것이다. 예를 들어, 중학교 3학년 학생의 국어점수와 영어점수의 상관을 구했더니 상관이 있다 하자. 이는 국어능력이 영어를 습득하는 능력에 영향을 주고, 역으로 영어를 습득하는 능력이 국어를 습득하는 능력에 상호 영향을 준다는 것이다. 실험통제에서 일어나지 않는 사회현상에서의 상관의 의미는 상호작용의 의미를 갖는다는 것을 잊지 말아야 한다.

2 산포도

산포도(scatter plot)란 두 변수 간의 관계를 알아보기 위하여 두 변수값을 나타내는 점을 도표에 나타낸 것이다. 한 변수의 특성을 알아보기 위하여 제3장에서는 히스토그램과 절선도표를 그린다고 하였다. 한 변수가 아니라 두 변수의 관계를 알아보기 위하여 X축에 한 변수, Y축에 다른 변수를 설정하고, 각 변수의 값을 나타내는 점을 찍어 두 변수 간의 관계를 파악할 수 있는 도표를 산포도라 한다.

산포도를 그리는 절차는 다음과 같다.

산포도 도식 절차

1 독립변수를 가로축인 X축에, 종속변수를 세로축인 Y축에 놓는다. 일반적으로 Y축은 X축의 2/3~3/4이 되게 하나 만약 척도가 같다면 길이를 동일하게 해도 무방하다.

2 척도가 다른 경우가 많으므로 수를 부여하는 규칙을 설정한다.

3 각각의 짝지어진 두 변수의 점을 도표에 찍는다.

4 X축, Y축의 이름과 제목을 간결 · 명확하게 기록한다.

중학생 5명의 국어점수와 영어점수가 〈표 6-1〉과 같을 때 이들의 점수를 가지고 산포도 도식절차에 의하여 그린 산포도는 [그림 6-1]과 같다.

〈표 6-1〉 중학생 5명의 국어 · 영어점수

	국 어	영 어
A	2	1
B	3	2
C	5	4
D	3	3
E	7	5

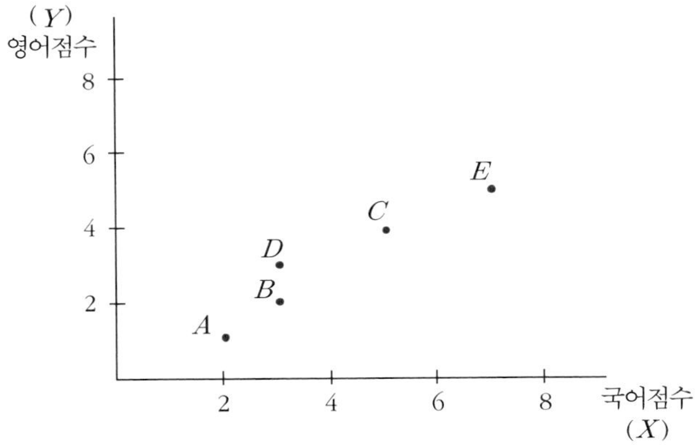

[그림 6-1] 중학생 5명의 국어와 영어점수의 산포도

[그림 6-1]의 산포도를 보고 국어점수가 증가함에 따라 영어점수가 증가하는 경향을 볼 수 있다. 이와 같이 한 변수가 변해 감에 따라 다른 변수가 어떻게 변하는지, 어떠한 경향을 나타내는지를 산포도를 통하여 쉽게 파악할 수 있으며, 산포도에 나타난 점들을 보고 상관의 정도를 예측할 수 있다. 산포도의 종류는 [그림 6-2]에서와 같이 크게 5종류의 형태로 나타낼 수 있다.

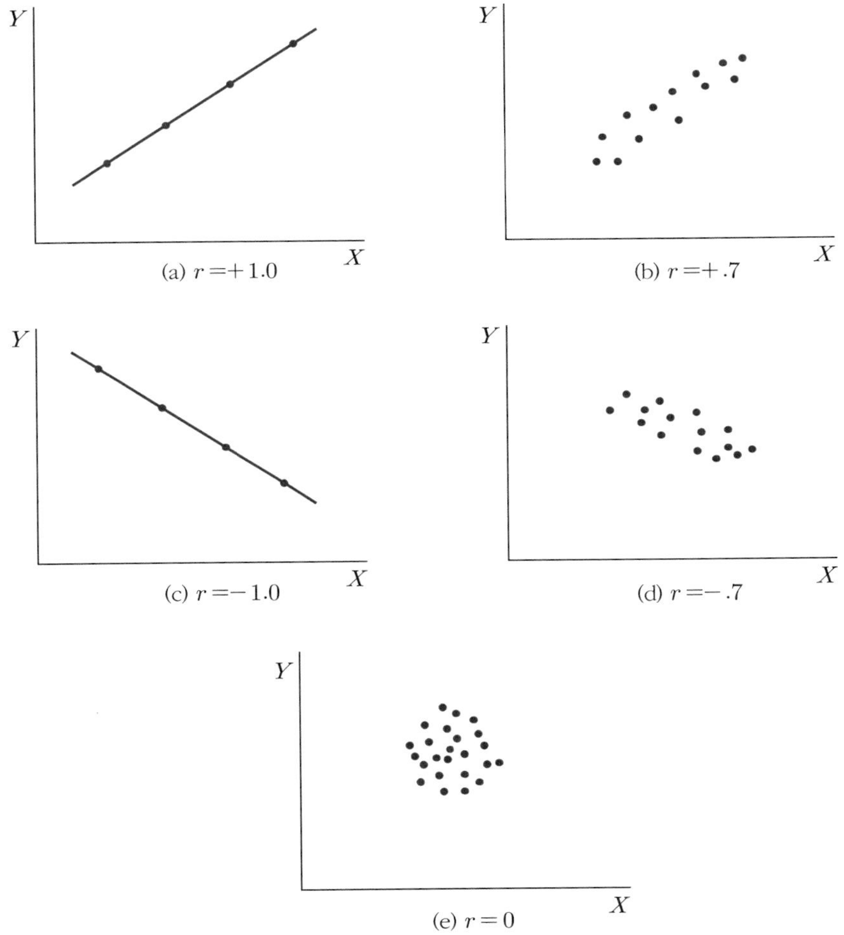

[그림 6-2] 상관계수와 그에 따른 산포도

(a)를 보면 한 변수가 증가할 때 다른 변수도 규칙적으로 증가함을 볼 수 있다. 한 변수를 알면 다른 변수를 정확히 예측할 수 있는 완벽한 관계를 가지고 있으므로 상관계수는 1.0으로 완벽한 정적관계를 나타낸다. (b)의 경우 X 변수가 증가함

에 따라 Y변수도 증가하는 경향성을 보이고 있지만 완벽한 관계를 이루고 있지 않으므로 상관계수는 정적이며 .7 정도이다. (c)의 경우 X변수는 증가하나 Y변수는 감소하고 있으며 감소하는 정도는 규칙적이다. X변수에 의하여 Y변수가 얼마인가를 정확히 예측할 수 있으며 한 변수가 증가함에 비하여 다른 변수는 감소하는 완벽한 부적관계를 나타낸다. 그러므로 상관계수는 −1.0이 된다. (d)의 경우 X변수가 증가함에 따라 Y변수가 감소하는 경향을 보이고 있으나 완벽한 관계가 아니므로 −.7 정도의 상관계수를 갖는다. (e)의 경우를 보면 X변수가 증가할 때 Y변수는 증가하기도, 또 감소하기도 한다. 즉, 한 변수에 의하여 다른 변수값을 예측할 수 없는 경우이다. 그러므로 상관은 없으며 상관계수는 0이 된다. 다섯 종류의 산포도를 볼 때 흩어진 정도의 폭이 점점 커질수록 상관은 없어지며 상관계수가 낮아짐을 알 수 있다. 그러므로 산포도에 찍힌 점들이 원형을 나타내면 상관이 전혀 없음을 알 수 있다. 이와 같이 산포도에 찍힌 점들이 어떤 직선을 중심으로 흩어진 정도에 따라 상관의 정도를 파악할 수 있다.

SPSS 실행

〈표 6−1〉의 자료를 가지고 산포도를 그려보자. 산포도를 그리기 위해 메뉴에서 [그래프] ⇨ [레거시 대화상자] ⇨ [산점도/점도표]를 선택하면 산점도 대화상자가 열린다.

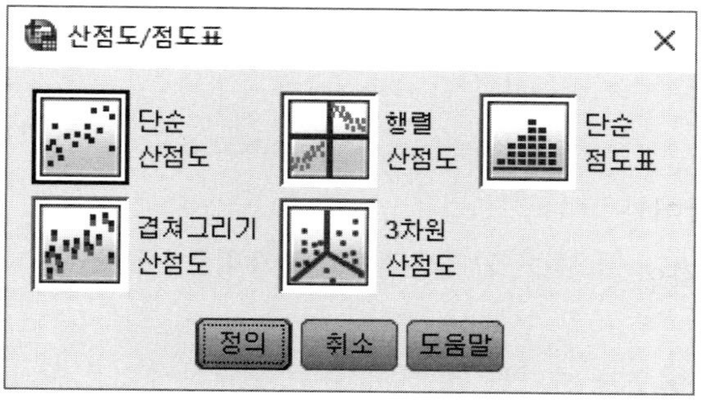

산점도 대화상자에서 '단순 산점도'를 선택하고 [정의]를 누르면 단순 산점도

대화상자가 열린다. 여기서 'X축(X)'에 해당하는 변수(국어점수)와 'Y축(Y)'에 해당하는 변수(영어점수)를 각각 지정하고 [확인]을 누른다.

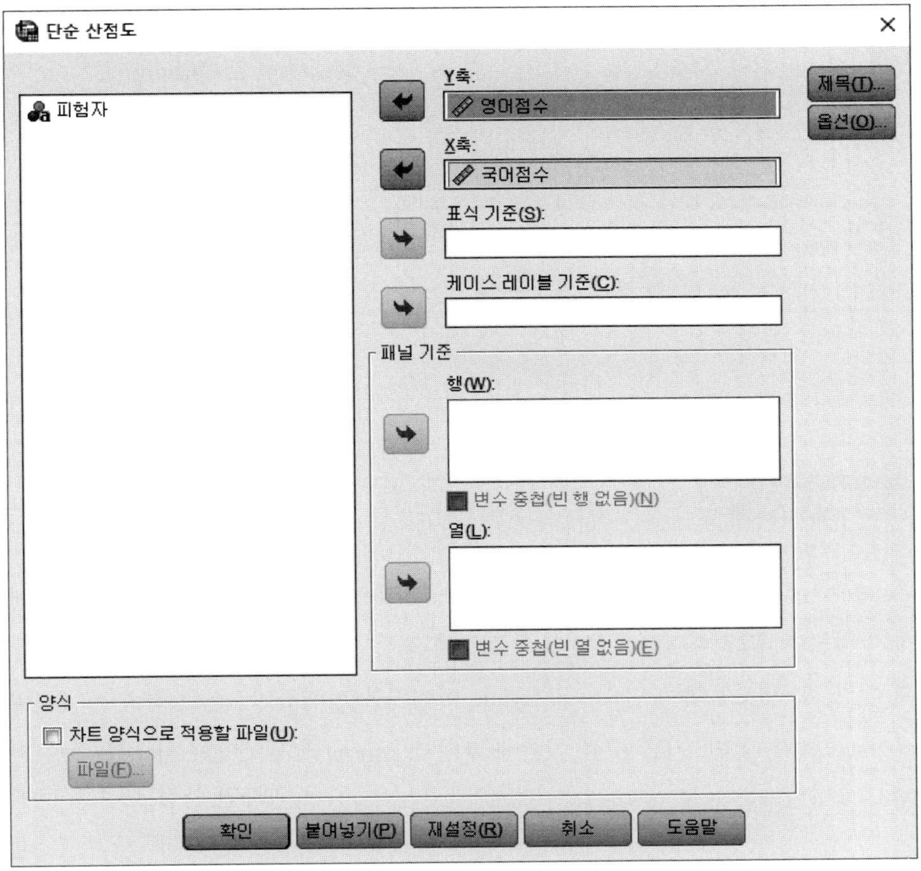

분석 결과

중학생 5명의 국어와 영어점수의 산포도를 작성한 결과는 다음과 같으며, [그림 6-1]과 동일함을 확인할 수 있다.

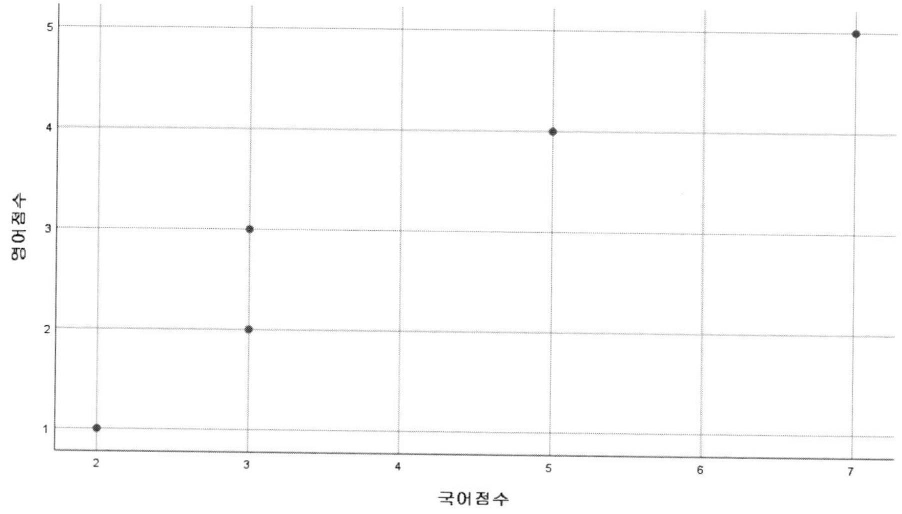

jamovi 실행

jampvi 프로그램의 기본 사양에서는 기술통계에서 산포도 그리기 기능을 지원하지 않는다. 그러나 〈표 6-1〉의 자료를 이용하여 산포도를 그리는 절차는 다음과 같다. 화면 오른쪽 상단의 Module 아이콘을 선택하여 jamovi library(자모비 라이브러리)를 열면, 기본 분석 이외에 추가로 jamovi에 부착하여 사용할 수 있는 분석 프로그램들을 볼 수 있다.

jamovi library에 소개되어 있는 여러 분석 모듈 중 'scatr 1.1.1'을 선택하여 설치(Install)하면, 기술통계분석 메뉴인 Exploration을 선택했을 때, 모듈 설치 전후의 메뉴 내용이 바뀌었음을 알 수 있다. 모듈 설치 이전에는 Descriptives 메뉴만 있었지만, 'scatr 1.1.1' 모듈 설치 후 산포도인 Scatter Plot을 그릴 수 있는 메뉴가 나타나게 된다.

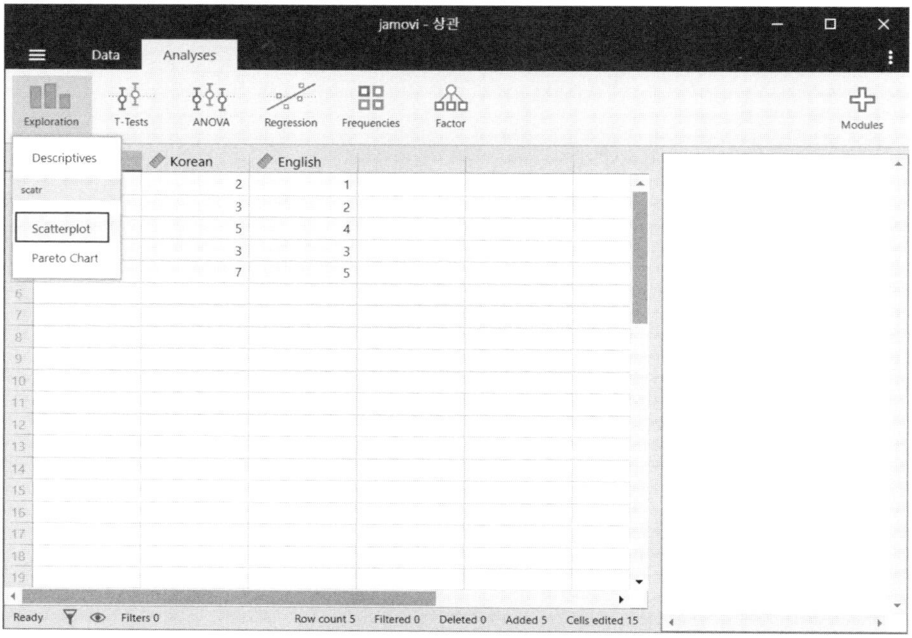

Exploration에 새로 생긴 Scatterplot을 선택하면, 산포도를 그리기 위한 대화상자가 나타난다.

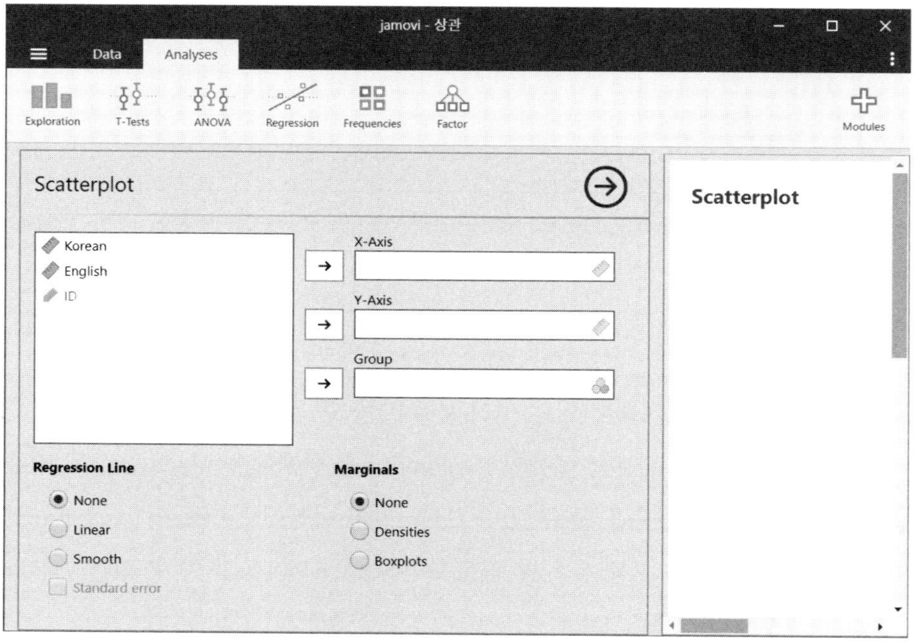

X축에는 국어점수인 Korean을, Y축에는 영어점수인 English를 끌어 넣거나 혹은 화살표를 눌러 지정된 변수란에 설정한다. 그리고 하단의 Regression Line에서 'Linear'를 선택하면 자료에 적합한 회귀선을 그어 나타내 준다.

Marginals의 'Densities'를 선택하면 국어점수와 영어점수에 대한 각각의 자료 분포를 그래프로 보여 준다.

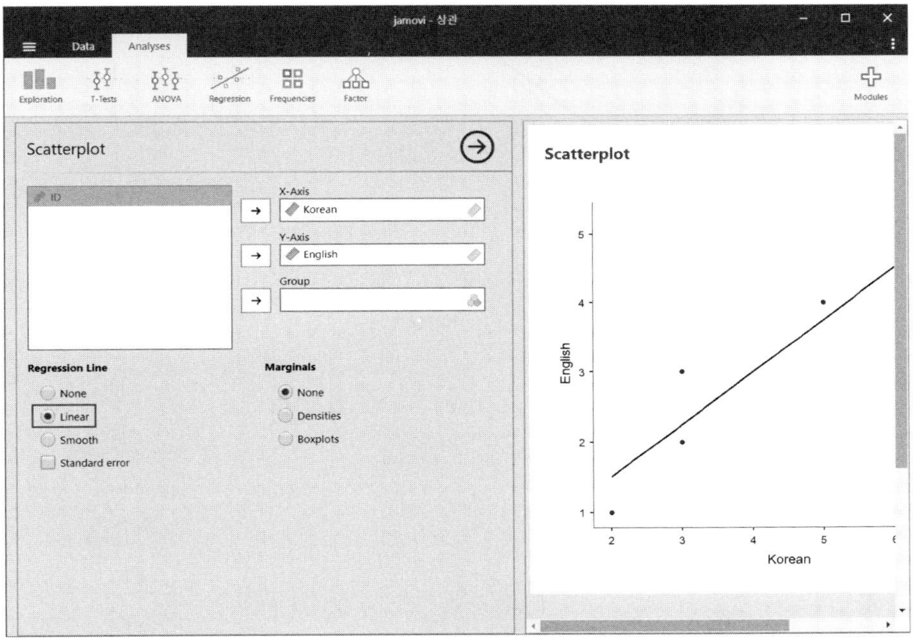

산포도와 회귀적합선을 나타낸 그래프는 다음과 같다.

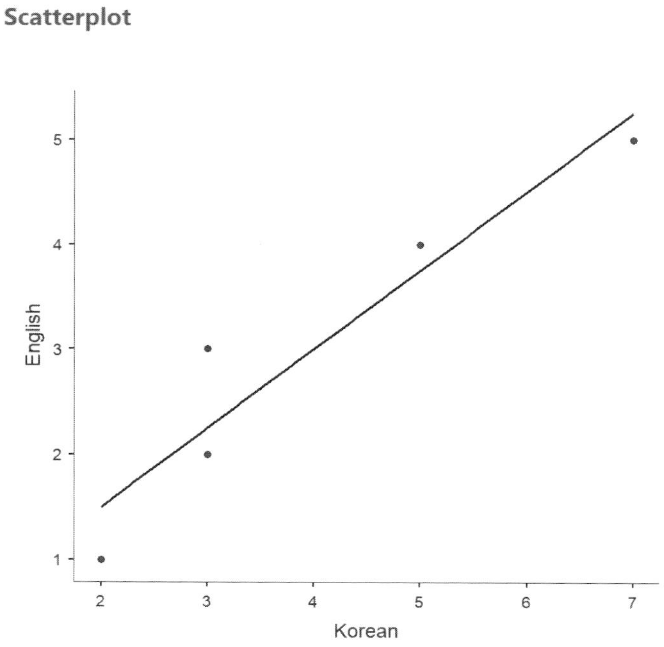

회귀적합선을 제외한 산포도만을 나타내면 다음과 같다.

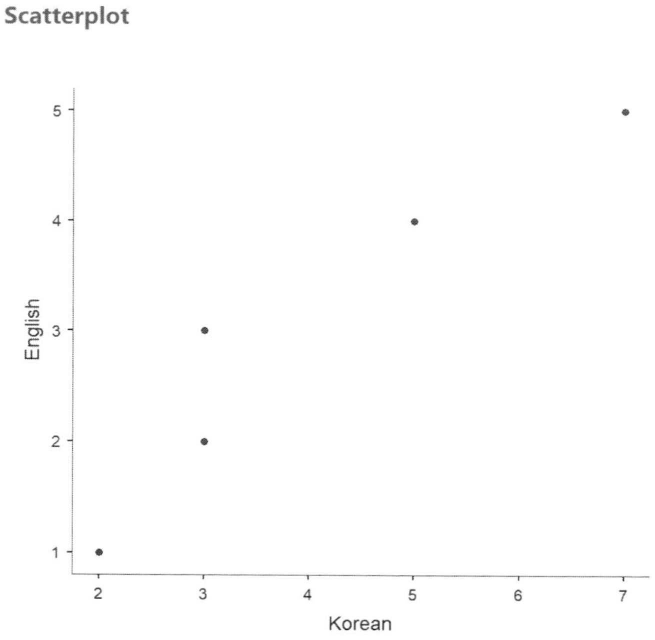

3 공분산

상관은 두 변수가 함께 변하는 정도라 하였으며, 산포도를 통하여 한 변수가 변할 때 다른 변수가 어떻게 변하는지를 쉽게 알 수 있다고 하였다. 더불어 산포도를 통하여 한 변수가 얼마만큼 변할 때, 다른 변수는 얼마만큼 변해 가는지도 알 수 있다. 그림뿐만 아니라 한 X 변수가 얼마만큼 변할 때 다른 Y 변수가 얼마만큼 변하는지 그 양을 계산해야 한다. 이와 같이 두 변수가 동시에 변하는 정도를 **공분산**(covariance)이라 한다.

X 변수가 얼마만큼 변할 때 Y 변수가 얼마만큼 변하는지를 알아야 한다. 두 변수가 각기 얼마만큼 변하는지를 알기 위해서는 어느 점을 중심으로 언급하여야 한다. 중심이 되는 점은 두 변수의 평균점인 $\overline{X}$와 $\overline{Y}$ 점이며, 이 점을 중심으로 변하는 정도를 계산한다. 중학생 5명의 국어와 영어 점수의 예를 가지고 각 학생들이 두 점수의 변하는 정도를 그림으로 나타내면 [그림 6-3]과 같다.

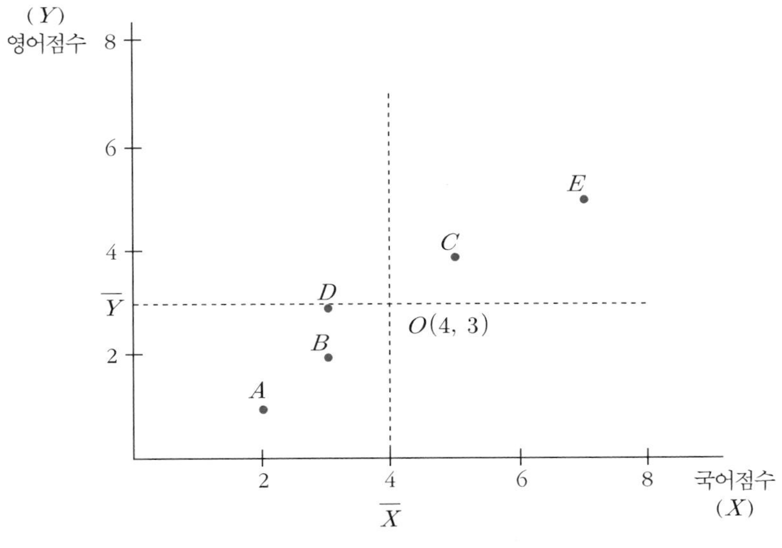

[그림 6-3] 평균점을 중심으로 한 편차

국어와 영어의 평균점을 나타내는 점으로부터 E 학생은 국어가 3점 증가하였으며 그에 따라 영어점수는 2점 증가하였고, A학생은 국어점수가 2점 낮아진 데 상응하여 영어도 2점 낮아짐으로써, 규칙적인 경향성을 보일 뿐더러 변하는 정도도 쉽게 계산할 수 있다. X변수의 변하는 값과 Y변수의 변하는 값의 부호가 같고, 절댓값들이 클 경우 정적관계가 높은 것은 자명하다. 만약 다른 자료에서 X변수는 평균점으로부터 증가하였는데 다른 변수는 감소하는 경향을 보인다면 그 두 변수는 부적인 관계를 나타낼 것이며, 변하는 양의 절댓값들이 크면 부적관계의 정도가 높은 것임을 예견할 수 있다.

공분산을 계산하는 공식을 설명하기 전에 분산을 구하는 공식을 다시 상기하면, 각 값에서 평균값을 뺀 후 제곱한 것을 모두 더해서 총 사례 수로 나눈 것이었다. 이를 공식으로 쓰면 X변수의 분산과 Y변수의 분산은 다음과 같다.

$$s_X^2 = \frac{\Sigma(X_i - \overline{X})^2}{n} \tag{6.1}$$

$$s_Y^2 = \frac{\Sigma(Y_i - \overline{Y})^2}{n} \tag{6.2}$$

공식 (6.1)은 X변수의 분산을 계산하는 것으로 분자는 편차의 제곱합이다. 그렇다면 논리적으로 X와 Y변수의 공분산은 [그림 6-3]에서 보는 바와 같이 X변수가 변할 때 Y변수가 동시에 얼마나 변하는가를 나타내는 것이다. 그러므로 공분산을 계산하기 위하여 X변수와 Y변수의 공분산을 계산할 때, 각 변수들의 편차를 제곱하는 대신에 X변수의 편차와 Y변수의 편차가 곱해져야 할 것이라는 것을 통찰력 있는 학생은 직감하였을 것이다. 공분산은 X변수의 편차와 Y변수의 편차를 구하여 곱한 것을 모두 더해서 총 사례 수로 나눈 값을 말하며, 모수치에 의한 기호는 σ_{XY}로, 통계치에 의한 기호는 s_{XY}로 표기한다. 공분산을 계산하는 공식은 (6.3)과 같다.

$$s_{XY} = \frac{\Sigma(X_i - \overline{X})(Y_i - \overline{Y})}{n} \tag{6.3}$$

X, Y변수의 공분산을 계산하는 공식과 X변수의 분산공식, Y변수의 분산공식을 분석하여 보면 어느 부분이 다르고, 왜 공분산이라는 용어가 쓰였는지 쉽게 알 수 있을 것이다.

공식 (6.3)에 의하여 중학생 5명의 국어점수와 영어점수의 공분산을 계산하면 2.4이고, 계산절차는 〈표 6-2〉와 같다.

〈표 6-2〉 중학생 5명의 국어, 영어점수의 공분산 계산

국어(X)	영어(Y)	$(X_i-\overline{X})$	$(Y_i-\overline{Y})$	$(X_i-\overline{X})(Y_i-\overline{Y})$
2	1	−2	−2	4
3	2	−1	−1	1
5	4	1	1	1
3	3	−1	0	0
7	5	3	2	6
$\overline{X}=4$	$\overline{Y}=3$			$\Sigma(X_i-\overline{X})(Y_i-\overline{Y})=12$

$$s_{XY}=\frac{\Sigma(X_i-\overline{X})(Y_i-\overline{Y})}{n}=\frac{12}{5}=2.4$$

4 적률상관계수

정 의

상관은 두 변수가 변하는 정도를 말하며, **상관계수**(correlation coefficient)는 두 변수가 관계되어 있는 정도를 나타내는 지수를 말한다. 하나의 변수가 변해 감에 따라 다른 변수가 변하는 정도를 나타내는 지수, 즉 두 변수가 동시에 변하는 정도를 나타내는 지수를 말한다. 공분산의 개념에서 한 변수가 그 평균으로부터 변화할 때 다른 변수가 그 평균으로부터 변하는 정도를 말하였다. 그 변하는 값이 두 변수 모두 같은 방향, 즉 X변수가 증가할 때 Y변수가 증가하든지, X변수가 감소할 때 Y변수도 감소하는 경향을 보이면 정적관계를 나타내며, 그 변화하는 방향이 다르면 부적관계를 나타냄을 알 수 있다. 상관계수는 정적이든 부적이든 공분산의 양과 비례한다. 만약 공분산의 절댓값이 크면 상관이 높을 것이고, 공분산 값이 0에 가까우면 상관계수는 0인 것이다. 상관계수의 범위는 -1.0 이상이고 $+1.0$ 이하이며, 완벽한 정적관계가 있을 때, 상관계수는 $+1.0$으로서 X 변수가 변할 때 변수는 규칙적으로 같은 방향으로 변함을 말한다. 상관계수가 $+1.0$인 산포도는 [그림 6-2]의 (a)와 같다. 상관계수가 0이라 하면 X 변수가 변할 때 Y 변수가 전혀 변하지 않고 상수로 존재하든가, 그렇지 않으면 Y 변수가 같은 방향 혹은 다른 방향으로 불규칙하게 변할 때를 말한다. [그림 6-2]의 (e)가 상관계수 0인 산포도를 나타낸다.

모수치에 의한 상관계수는 ρ(rho)로 표기하고, 통계치에 의한 표현은 r로 표기한다.

특 징

상관계수의 특징으로는 지역독립성(location-free)과 척도독립성(scale-free)이 있다. **지역독립성**(location-free)이란 두 변수에 일정한 값을 규칙적으로 더하거나 빼도 상관계수는 변하지 않는다는 것이다. **척도독립성**(scale-free)이란 어떤 값을 규칙적으로 각기 두 변수에 곱하거나 나누어 주어도 상관계수는 변하지 않는다는 것이다.

지역독립성을 예를 들어 설명하면 다음과 같다. 제6장 2절에서 5명의 중학생의 국어점수와 영어점수가 있을 때 국어점수에 규칙적으로 2점을 더해 주고 영어점수에 3점을 더해 주었다 하자. 이때 상관계수에는 어떤 변화가 있을까? 2점이 더해진 국어점수와 3점이 더해진 영어점수에 의한 공분산의 계산은 〈표 6-3〉과 같다.

〈표 6-3〉 가감에 의한 변환점수에 의해서 계산된 중학생 5명의 국어, 영어점수의 분산, 공분산

원점수		변환점수				
국어(X)	영어(Y)	$X'(X+2)$	$Y'(Y+3)$	$X'-\overline{X'}$	$Y'-\overline{Y'}$	$(X'-\overline{X'})(Y'-\overline{Y'})$
2	1	4	4	−2	−2	4
3	2	5	5	−1	−1	1
5	4	7	7	1	1	1
3	3	5	6	−1	0	0
7	5	9	8	3	2	6
$\overline{X}=4$	$\overline{Y}=3$	$\overline{X}'=6$	$\overline{Y}'=6$			12

$s_{X'Y'}=\frac{12}{5}=2.4$ $s_X=1.789$ $s_{X'}=1.789$ $s_Y=1.414$ $s_{Y'}=1.414$

두 변수 혹은 한 변수에 특정한 수를 일률적으로 더해도 공분산의 양은 변하지 않음을 알 수 있다. 원점수의 공분산도 2.4임을 확인하기 바란다. 이와 같이 공분산이 같을 수밖에 없음은 어떤 일정한 수를 가감하였을 경우, 그에 따른 변수의 평균도 더해 주고 빼 준 만큼 변하기 때문에 공분산 값은 절대 변하지 않음을 알 수 있다. 여기서 알 수 있는 것은 변수에 어떤 특정 값을 더하거나 빼도 공분산의 값은 변하지 않으므로 상관계수는 변하지 않음을 알 수 있다. 논리적으로 생각해도 5명의 학생 점수에서 어떤 값을 뺀다 하여도 두 점수 간의 상관계수는 변하지 않아야 한다.

상관계수의 두 번째 특징으로 척도독립성은 두 변수에 어떤 값을 곱하거나 나누어 주어도 상관계수는 변하지 않는다는 것이다. 예를 들어, 무작위 표집한 10명의 키와 체중 간의 상관계수를 얻었다고 가정하자. 상관계수를 추정할 때 키의 단위는 m로, 체중의 단위는 kg으로 하였다. 만약 키의 단위를 cm로 하기 위하여 원자료에 100을 곱하고, 체중의 단위를 g으로 하기 위하여 1,000을 곱한 후 상관계수를 구한다면 상관계수는 어떻게 되어야 타당할까? 대답은 자명하다. 똑같은 사람들의 키와 체중 간의 관계이므로 똑같은 상관관계이어야 하지 상관계수가 변해서는 안 된다. 이와 같은 논리를 중학생 5명의 국어점수와 영어점수의 상관계수 연구에 적용하여 보자. 기억해야 할 사실은 국어점수와 영어점수의 공분산은 2.4이었다. 5명의 국어점수와 영어점수를 100점 만점으로 환산한 후 공분산을 계산하면 2.4가 나올까? 해답은 쉽게 나올 수 있으며, 공분산을 계산하는 절차는 〈표 6-4〉와 같다.

〈표 6-4〉 승제에 의한 변환점수에 의해서 계산된 국어, 영어점수의 분산, 공분산

원점수		변환점수				
국어(X)	영어(Y)	$X'(10X)$	$Y'(10Y)$	$X'-\overline{X'}$	$Y'-\overline{Y'}$	$(X'-\overline{X'})(Y'-\overline{Y'})$
2	1	20	10	−20	−20	400
3	2	30	20	−10	−10	100
5	4	50	40	10	10	100
3	3	30	30	−10	0	0
7	5	70	50	30	20	600
$\overline{X}=4$	$\overline{Y}=3$	$\overline{X'}=40$	$\overline{Y'}=30$			1200

$s_{X'Y'} = \frac{1200}{5} = 240$　　$s_{X'} = 17.89$　　$s_{Y'} = 14.14$

원자료에 의한 국어점수와 영어점수의 공분산은 2.4인데 비하여 각 점수를 100점 만점으로 환산하였을 때 두 점수의 공분산은 240이다. 그렇다면 상관계수는 두 변수가 서로 관계되어 있는 정도를 나타낸 지수라 언급하였으며, 공분산에 따라 상관계수가 변한다고 하였으므로 상관계수도 변해야 하지 않을까? 그러나 똑같은 대상들의 두 변수에 관한 상관계수는 곱하거나 나누어 척도를 달리하여도 변하지 않는다는 당위성에 근거할 때, 상관계수는 공분산에 의해서만 결정되지 않음을 알 수 있다. 쉽게는 공분산에 비례하지만 그 값을 그대로 사용하지 않고 공분산을 어떤 값으로 나누어 주어야 한다는 사실을 깨닫게 된다.

상관계수 계산

공분산에만 의존하여 상관계수를 추정한다면 두 변수에 어떤 값을 더하거나 뺄 경우 공분산은 변하지 않으나 두 변수에 어떤 값을 곱하거나 나누었을 경우 공분산은 변한다. 상관계수를 추정할 때 공분산만을 고려한다면 상관계수는 $-\infty$에서 $+\infty$ 사이에 존재하므로 상관계수의 의미분석이 무의미하다. 이와 같은 문제점을 해결하기 위하여 1896년 Karl Pearson이 상관계수를 계산하는 공식을 유도하였고, 이는 공식 (6.4)와 같다.

$$\rho_{XY} = \frac{\sigma_{XY}}{\sigma_X \sigma_Y} \tag{6.4}$$

즉, 상관계수는 두 변수의 공분산을 각 변수의 표준편차로 나누어 준 값을 말한다. 이를 피어슨의 **단순적률상관계수**(Pearson's simple product-moment correlation coefficient)라 한다. 통계값에 의한 상관계수 공식은 (6.5)와 같다.

$$r_{XY} = \frac{s_{XY}}{s_X s_Y} \tag{6.5}$$

공식 (6.4)와 공식 (6.5)를 상관계수를 추정하는 이론적 공식이라 한다. 단순적률상관계수의 이론적 공식 (6.5)에 의하여 국어점수와 영어점수의 상관계수를 계산하여 보자. 특히 원자료와 특정 점수를 더하여 변환한 점수, 척도를 달리하여 변환한 점수를 가지고 상관계수를 계산한 절차는 〈표 6-5〉, 〈표 6-6〉, 〈표 6-7〉과 같다. 상관계수는 어떨까?

〈표 6-5〉 국어, 영어 원점수의 상관계수

국어(X)	영어(Y)
2	1
3	2
5	4
3	3
7	5
$\overline{X}=4$	$\overline{Y}=3$

$s_{XY} = \frac{12}{5}$ $\quad s_X = 1.789 \quad s_Y = 1.414$

$$r = \frac{s_{XY}}{s_X s_Y} = \frac{2.4}{(1.789)(1.414)} = .949$$

〈표 6-6〉 국어점수에 2점, 영어점수에 3점을 더한 변환점수의 상관계수

국어(X')	영어(Y')
4	4
5	5
7	7
5	6
9	8
$\overline{X'}=6$	$\overline{Y'}=6$

$$s_{X'Y'}=\frac{12}{5}=2.4 \qquad s_{X'}=1.789 \qquad s_{Y'}=1.414$$

$$r=\frac{s_{X'Y'}}{s_{X'}s_{Y'}}=\frac{2.4}{(1.789)(1.414)}=.949$$

〈표 6-7〉 국어, 영어점수를 100점 만점으로 환산한 점수의 상관계수

국어(X')	영어(Y')
20	10
30	20
50	40
30	30
70	50
$\overline{X'}=40$	$\overline{Y'}=30$

$$s_{X'Y'}=\frac{1200}{5}=240 \qquad s_{X'}=17.89 \qquad s_{Y'}=14.14$$

$$r=\frac{s_{X'Y'}}{s_{X'}s_{Y'}}=.949$$

Karl Pearson에 의하여 상관계수를 계산하였을 때 어떤 자료에 특정한 수를 더해 주거나 빼 주어도 상관계수는 변하지 않는다는 사실, 즉 지역독립성은 〈표 6-6〉을 통하여 입증되었다. 또한 자료에 어떤 수를 곱하거나 나누어 주어도, 즉 척도를 바꾸어 주어도 상관계수는 변화하지 않는다는 척도독립성은 〈표 6-7〉을 통하여 확인할 수 있다.

〈표 6-7〉을 통하여 확인할 수 있는 것은 척도법칙이다. 어떤 수에 일정한 수를 곱하여 변환된 수의 표준편차는 원자료의 표준편차에 일정 수를 곱한 값과 같음을

알 수 있다. 국어 원점수의 표준편차는 1.789이었으나 100점 만점으로 환산한 점수의 표준편차는 17.89이었다. 변환된 점수의 표준편차는 원점수의 표준편차에 곱한 수를 곱하면 쉽게 구할 수 있음을 알 수 있다. 국어 원점수의 분산은 3.2이었으나 100점 만점으로 환산한 후 분산은 320이었다. 즉, 변환된 점수의 분산은 원점수의 분산에 곱한 수의 제곱을 곱하면 쉽게 계산할 수 있다. 제10장 4절에서 전이법칙과 척도법칙을 자세히 설명하고 있다.

상관계수를 추정하는 공식 (6.5)를 다시 분석하여 보면 다음과 같다.

$$\begin{aligned} r_{XY} &= \frac{s_{XY}}{s_X s_Y} \\ &= \frac{\frac{1}{n}\Sigma(X_i - \overline{X})(Y_i - \overline{Y})}{s_X s_Y} \\ &= \frac{1}{n}\,\frac{\Sigma(X_i - \overline{X})(Y_i - \overline{Y})}{s_X s_Y} \\ &= \frac{1}{n}\Sigma Z_X Z_Y \end{aligned} \tag{6.6}$$

상관계수는 X변수와 Y변수의 표준점수 곱의 평균이라 말할 수 있다. 즉, 상관계수를 계산하는 이론적 공식을 이해하면 상관계수의 추정은 그리 어려운 일이 아니다. 개념적으로 정리된 공식에 대입하면 간단하게 계산할 수 있다.

상관계수 해석

제6장 1절에서 상관을 정의하면서 상관관계를 항상 인과관계로 해석해서는 안 된다는 주의를 주었다. 물론 실험통제가 완벽한 상황에서 한 변수가 다른 변수에 영향을 주는 원인이 될 수는 있지만 일반적으로 상관은 상호작용을 의미한다. 상관계수의 범위는 -1.0 이상 $+1.0$ 이하라고 하였다. 두 변수의 관계를 상관계수에 의하여 정확히 상관관계를 표현하는 방법 외에 언어적 방법으로 표현하는 경우가 자주 있다. 상관계수에 따른 상관의 언어적 표현의 절대적 기준은 없으나 〈표 6-8〉과 같은 기준에 따라 상관관계를 표현한다.

〈표 6-8〉 상관계수에 따른 상관계수의 언어적 표현

상관계수 범위	상관관계의 언어적 표현
.00 ~ .20	상관이 매우 낮다.
.20 ~ .40	상관이 낮다.
.40 ~ .60	상관이 있다.
.60 ~ .80	상관이 높다.
.80 ~ 1.00	상관이 매우 높다.

상관관계의 언어적 표현에서 두 변수의 관계가 정적(+)인 관계이면 상관이 있다, 낮다 등으로 서술하나 두 변수의 상관관계가 부적(−)일 경우 〈표 6-8〉에 기록된 상관관계의 언어적 표현 앞에 '부적인 상관이 있다.' 혹은 '상관이 부적으로 높다.'라고 표현한다.

SPSS 실행

〈표 6-1〉의 자료를 사용하여 두 변수가 관계되어 있는 정도를 나타내는 지수, 즉 상관계수를 구하기 위해 [분석] ⇨ [상관분석] ⇨ [이변량 상관계수]를 눌러 이변량 상관계수 대화상자를 연다.

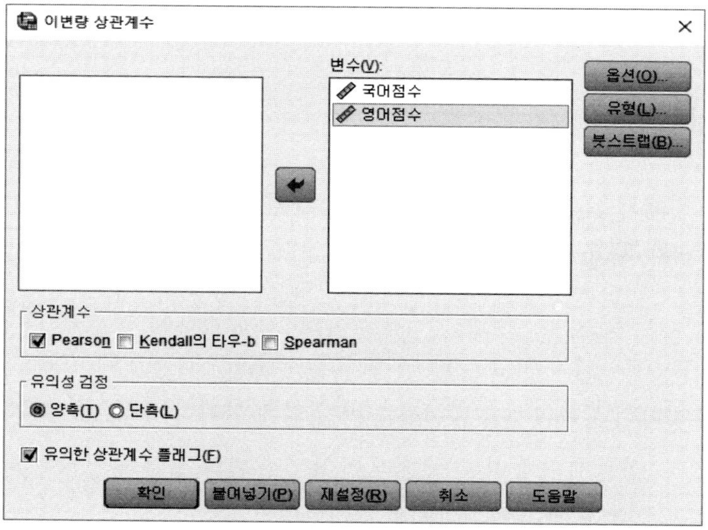

이변량 상관계수 대화상자에서 변수 부분에 상관계수를 구할 두 변수(국어점수, 영어점수)를 지정하고 [확인]을 누르면 된다. '유의한 상관계수 플래그'를 설정하면 유의성 검정을 실행하여 그 결과가 유의한 경우에는 상관계수의 오른쪽 위에 별(*)이 표시된다. 또 [옵션(O)...]에서 공분산을 출력하도록 설정할 수도 있다.

분석결과

중학생 5명을 대상으로 한 국어점수와 영어점수 상관계수는 〈표 6-5〉와 마찬가지로 .949이며, 상관계수의 유의성 검정 실행 결과, 유의수준 .05에서 '국어점수와 영어점수의 상관관계는 0이다'라는 영가설을 기각하므로 두 점수 간에 유의한 상관이 있음을 알 수 있다.

상관관계

		국어점수	영어점수
국어점수	Pearson 상관	1	.949*
	유의확률 (양측)		.014
	N	5	5
영어점수	Pearson 상관	.949*	1
	유의확률 (양측)	.014	
	N	5	5

*. 상관관계가 0.05 수준에서 유의합니다(양측).

jamovi 실행

〈표 6-1〉의 자료로 상관분석을 실시하기 위하여 [Analyses] ⇨ [Regression] ⇨ [Correlation Matrix]를 선택한다.

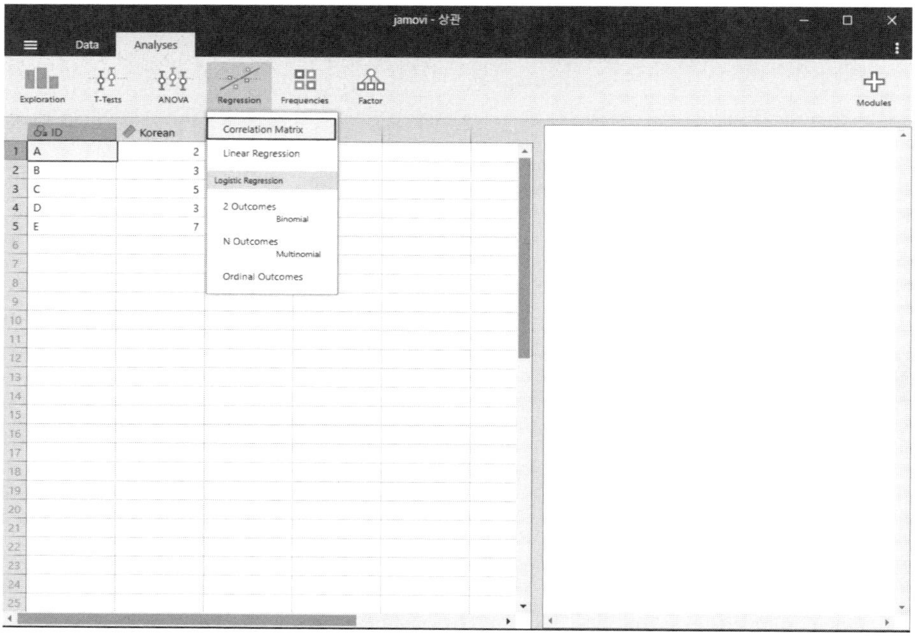

분석 창에는 상관계수를 구할 변수들의 목록 창이 있고, 아래의 Correlation Coefficients 항목에서 구하고자 하는 상관계수의 종류를 체크할 수 있다.

변수 목록 중 'Korean'과 'English'를 오른쪽 칸으로 넘기고, Correlation Coefficients 항목의 'Pearson'에 체크한다.

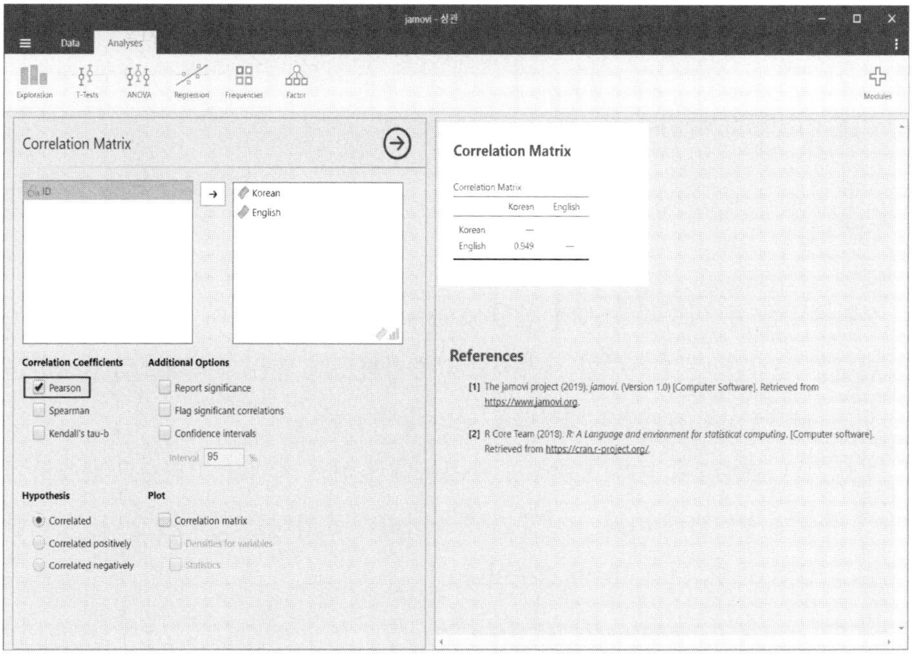

결과는 오른쪽 창에 생성되며, 다음과 같다.

Correlation Matrix

Correlation Matrix

	Korean	English
Korean	—	
English	0.949	—

5 상관연구의 기본 가정과 주의점

사회학자들은 사회에 존재하는 변수들의 관계를 알아보기 위한 상관연구를 흔히 사용한다. 상관의 정도를 파악하기 위하여 상관계수를 이용할 때 상관계수의 기본 가정과 상관계수 사용 시 주의해야 할 점을 알아보자. 상관연구를 위한 기본 가정은 선형성, 등분산성, 이상점의 존재 유무, 자료의 절단 여부에 대한 것으로 이 기본 가정들을 확인하여야 한다.

선형성

상관계수는 두 변수의 관계가 **선형성**(linearity)을 만족시켜야 한다. 예를 들어, X 변수가 증가할 때 Y 변수가 계속적으로 증가하든지 혹은 계속적으로 감소하는 [그림 6-4]의 (a), (b)와 같은 경향성을 나타내어야 한다.

X 변수가 증가함에 따라 Y 변수도 증가하다가 어느 지점을 기점으로 감소하거나 X 변수가 증가함에 따라 Y 변수가 감소하다가 증가하는 경우가 있다. 이러한 경우가 [그림 6-5]의 (a), (b)의 경우이다.

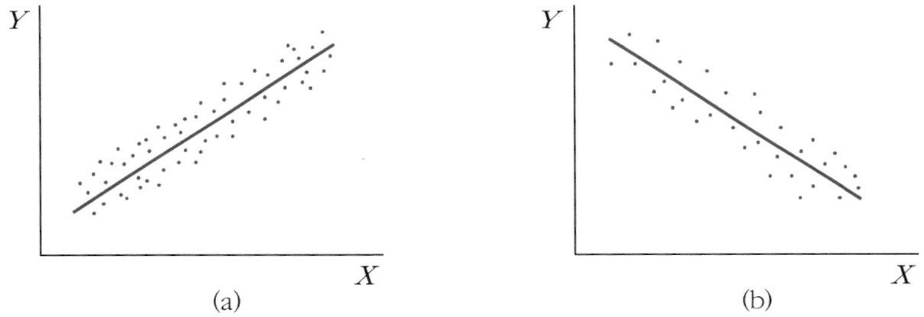

[그림 6-4] 선형관계를 유지한 상관관계

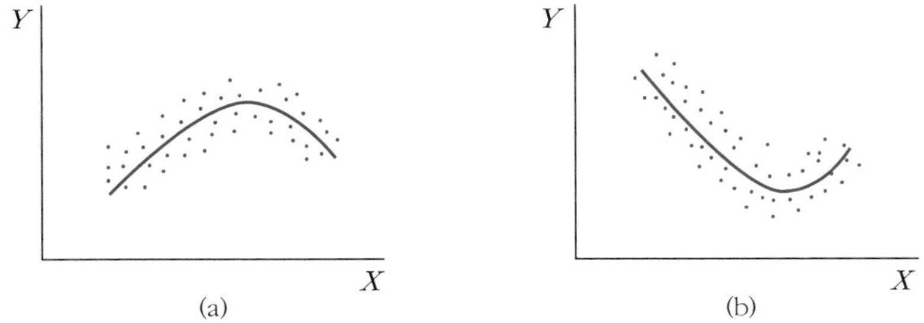

[그림 6-5] 선형관계를 유지하지 않는 상관관계

[그림 6-5]의 (a), (b)의 경우는 두 변수가 곡선형성(curve-linearity)을 유지하고 있다. 이와 같은 경우 상관계수를 이용하여 두 변수의 관계를 연구할 때, 상관계수만으로 해석하면 문제가 된다. 곡선형 관계를 지니고 있는 두 변수의 관계를 상관계수에 의하여 분석하면 매우 낮은 상관이나 거의 0의 상관을 갖는다. 그렇다고 두 변수는 관계가 없다고 단정짓는 것은 모순이다.

예를 들어, 해열제의 복용량과 체온의 관계를 보았을 때 고열인 어린이에게 해열제를 복용하면 일정 정도의 복용량까지 열을 내리는 결과를 가져오다가 적당량 이상의 해열제를 복용하면 체온이 다시 오르는 현상이 생기는데, 이때 두 변수의 관계는 [그림 6-5]의 (b)와 같다. 그렇다면 상관계수에 의하여 상관이 낮거나 없다는 결론보다는 X 변수의 어느 지점까지는 부적상관을 유지하다 어느 지점부터는 정적상관을 지닌다고 구체적으로 해석하는 것이 타당할 것이다. 즉, 해열제를 몇 알까지 투약하였더니 체온이 내려가고, 몇 알 이상 복용하니 부작용이 일어난다는 결론을 유도하는 것이 보다 타당하다.

이와 같은 상관연구를 할 때 두 변수에 어떤 관계가 있는지를 알기 위하여 제6장 서두에서 언급한 산포도를 그려서 선형성이 있는지를 확인하여야 한다. 만약 선형성이 존재하지 않는다면 자료 변화의 경향성에 비추어 세밀한 해석을 해야 한다.

등분산성

상관연구를 위한 두 번째 가정으로 등분산성이 있다. **등분산성**(homoscedastic)이란 두 변수들을 대표하는 직선을 그었을 때 독립변수의 어떤 지점에서도 종속변수의 흩어진 정도가 같음을 말한다. 즉, X 변수가 변해 갈 때 Y 변수의 흩어진 정도가 거의 같은 정도를 유지하고 있음을 말한다. 이에 비하여 X 변수가 변해 감에 따라 Y 변수의 흩어지는 폭이 넓어진다거나 Y 변수가 변화하는 폭이 좁아지는 경향은 등분산성이 아닌 **이분산성**(heteroscedastic)이라 한다. 등분산성과 이분산성을 두 변수의 산포도에 의하여 그리면 [그림 6-6]과 같다.

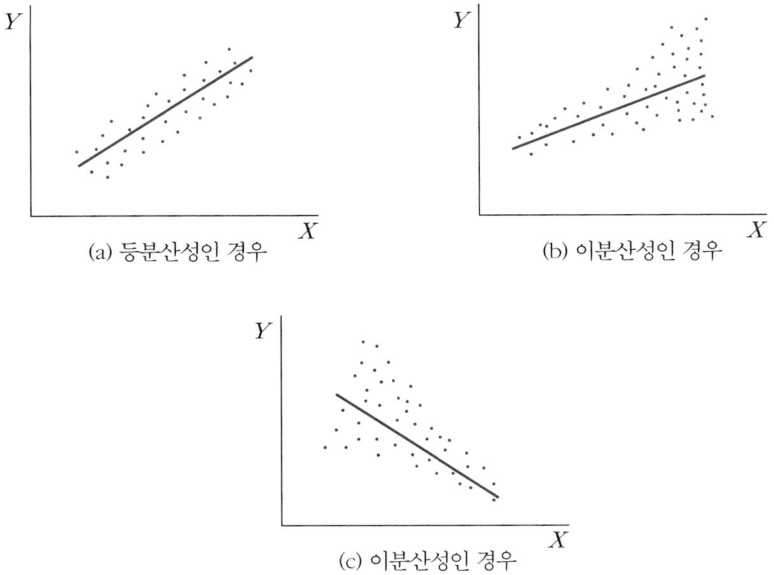

[그림 6-6] 두 변수의 관계가 등분산성과 이분산성인 경우

[그림 6-6]의 (a) 경우 X변수의 어느 지점에서나 Y변수의 변화폭이 같은데 비하여, (b)와 (c) 경우는 X변수의 점에서 Y변수의 변화의 폭은 넓게, 또는 좁게 변해 감을 알 수 있다. 상관연구를 위하여 두 변수가 등분산성의 가정을 충족시키는지 산포도로 확인하여야 한다. 만약 등분산성을 충족시키지 않을 경우, 즉 (b)와 (c)의 경우 상관관계가 매우 낮게 나오는 것은 자명하다.

만약 두 변수 X, Y의 관계가 등분산성의 가정을 충족시키지 못하여 상관이 매우 낮게 나왔을 경우 상관이 거의 없다고만 결과를 분석할 것이 아니라, X변수가 변해 감에 따라 Y변수에 어떤 변화 경향이 있다는 것을 언급하는 것이 보다 구체적인 설명이 될 수 있다.

이상점

상관관계 연구를 위한 세 번째 가정은 이상점의 유무를 확인하여 이상점이 없어야 한다. **이상점**(outlier)이란 한국통계학회(1987)가 편찬한 통계학 사전에 의하면 분리점이라 하였으며, 이는 크기 n인 표본에서 아주 특별히 큰 값이나 아주 작은 관측값이라 하였다. 이상점은 국외자라고도 한다. 상관관계 연구에서 이상점이란 X 변수와 Y 변수의 두 변수가 갖는 값의 경향성이 있으나 그와 같은 경향에서 매우 동떨어진 값을 말한다. 이상점이 존재하여 상관계수에 막대한 영향을 주는 두 가지 경우를 [그림 6-7]의 산포도로 설명하고자 한다.

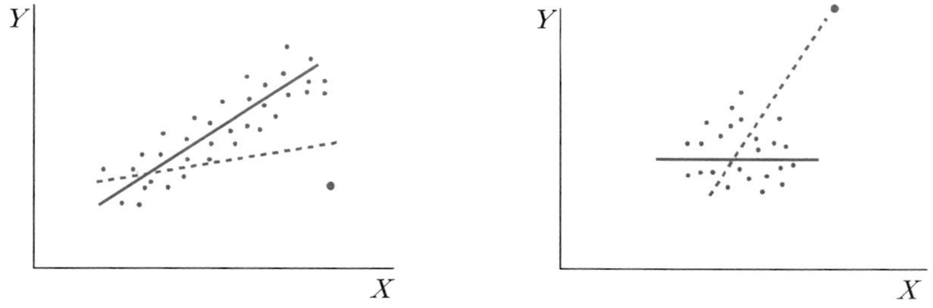

(a) 상관계수가 낮아지는 경우 (b) 상관계수가 높아지는 경우

[그림 6-7] 이상점의 존재로 인한 상관계수의 변화

[그림 6-7]의 (a) 경우는 두 변수의 변화 경향을 볼 때 X 변수가 증가해 감에 따라 Y 변수가 증가하는 일반적 경향을 나타냄을 알 수 있다. 그러나 X 변수값은 매우 큰데도 매우 작은 Y 값을 가진 이상점이 존재하므로 이상점을 포함하여 상관계수를 계산하면 상관계수는 매우 낮아짐을 알 수 있다. 이와 같은 경우를 예를 들어 설명하면, 국어점수와 영어점수는 모두 어휘력을 재는 검사로 두 능력은 상관이 있을 수 있다. 그러나 만약 국어점수는 매우 높은데 영어점수가 매우 낮은 학생이 존재한다면 이 학생은 이상점이며 학생을 포함하여 어휘력의 상관을 계산하면 매우 낮게 나타나게 된다. [그림 6-7]의 (b) 경우는 일반적으로 X 변수와 Y 변수에 상관이 없으나 유난히도 X 변수값이 클 때 Y 변수값이 큰 하나의 이상점이 있어 그 이상점을 포함하게 되면 상관계수가 높게 계산될 수 있다. 예를 들어, 발의 크기와 지능과의 관계를 보면 발의 크기에 따라 지능지수를 예견할 수는 없다. 즉, 두 변수 간의 관계는 없다고 볼 수 있다. 그러므로 산포도를 그리면 일반적으로 원형을 그린다. 그런데 만약 발의 크기가 몹시 크면서 지능도 매우 높은 특이한 이상점이 연구의 표본 중에 존재한다면, 발의 크기와 지능의 관계는 기이한 사람, 즉 이상점에 의하여 발의 크기와 지능과의 관계가 있다는 결론에 도달한다.

앞의 예 (a), (b)에서 두 변수의 관계가 이상점에 의하여 변화되는 것은 상관연구에 있어서 바람직하지 않다. 그러므로 상관연구를 위하여 산포도를 그려 이상점이 존재하는지를 밝히고, 그 이상점의 자료가 의미가 있는지를 심각하게 고려하여야 한다. 만약 그 이상점이 연구의 특성상 충분히 존재할 수 있으며, 하나의 기이한 경우가 아닐 때 이상점을 제거한 후 상관계수를 계산하여 해석하면 연구결과는 타당하지 않다. 그러나 그 이상점이 연구의 특성상 존재하지 않을 신뢰할 만하지 못한 자료일 때는 제거한 후 상관계수를 계산하는 것이 바람직하다.

자료절단

상관연구를 위한 네 번째 가정은 자료가 절단되어 있지 않아야 한다. **자료 절단**(truncation)이란 자료의 특성상 두 변수 중에 한 변수이든 혹은 두 변수 모두이든 변수들이 절단되었을 때 상관계수의 해석에 주의를 기울여야 한다는 것이다. 이는 X 변수 혹은 Y 변수의 범위가 제한되었을 때 일어난다. 예를 들어, 어느 대학에 입학한 학생들의 대학수학능력시험 점수와 대학 1학년 학기말의 학업성적과의 상관관계를 연구하기로 하였다고 가정하자. 이 경우 어떤 특정 대학수학능력시험 점수 이하의 학생은 그 대학에 입학할 수 없으므로 X 변수로 고려할 수 있는 대학수학능력시험 점수의 일부분은 절단되었음을 알 수 있다. 두 변수의 상관연구를 위한 산포도를 그리면 [그림 6-8]과 같다.

[그림 6-8] 절단된 자료의 상관관계 연구

만약 특정 대학수학능력시험 점수보다 낮은 학생들도 그 대학에 입학하였다면 대학수학능력시험 점수와 GPA의 상관관계를 추리할 때 대학수학능력시험 점수가 낮은 학생들은 GPA가 낮으므로 상관이 높을 것으로 예측된다. 절단되지 않은 모든 자료를 고려하여 두 변수 간의 상관계수를 추정하면 보다 높은 상관계수를 얻을 수 있다. 그러나 대학에 입학한 학생은 특정 학업성취도 점수 이상의 학생들이므로 이렇게 절단된 자료를 가지고는 낮은 상관을 얻을 수밖에 없다. 절단된 자료를 가지고 상관연구를 할 때 자료가 절단되지 않았다면 보다 높은 상관계수를 얻을 수 있음을 주지하여야 한다.

이와 같이 상관연구를 위한 기본 가정으로 선형성, 등분산성, 이상점의 존재 여부, 자료의 절단 여부를 확인하는 가장 쉬운 방법은 산포도를 그려서 연구의 자료가 상관연구를 위한 기본 가정을 충족하고 있는지는 점검하여야 한다. 다시 한 번 강조하지만 상관연구를 위하여 산포도를 그려 보는 것은 필수적이라 할 수 있다.

6 기타 상관계수

Karl Pearson의 적률상관계수 r은 두 변수, 즉 독립변수와 종속변수가 모두 연속변수일 때 상관의 정도를 분석하기 위하여 사용한다. 즉, 독립변수인 X 변수는 특정 범위 안에서 어떤 값을 가질 수 있으며 종속변수인 Y값 또한 마찬가지이다. 적률상관계수를 위해서는 선형성의 기본 가정을 충족시켜야 한다는 사실을 앞 절에서 언급하였다.

상관연구를 할 때 항상 선형성이 보장되는 것이 아니다. 특수한 경우로 두 변수가 연속변수가 아닌 서열척도에 의한 비연속변수일 경우 선형성보다는 단조증가 함수(monotonic increase function)에 해당된다. 서열척도는 등간성을 유지하지 못하고 단조증가 형태를 나타낸다고 설명하였다. 기억이 새로운 학생은 제2장 2절을 복습하기 바란다. X 변수, Y 변수 모두가 연속변수가 아닌 서열척도에 의한 비연속변수일 경우는 상관계수의 특수한 형태인 Spearman의 등위상관계수(rank correlation coefficient)를 사용한다. 또 다른 형태의 상관계수로 독립변수가 명명척도에 의하여 두 종류로 명확히 구분된 질적변수이며, 종속변수가 연속적인 양적변수일 때는 양류상관계수(point-biserial correlation coefficient)를 사용한다. 또한 독립변수와 종속변수 모두 연속적인 양적변수이나 연구자가 독립변수를 어떤 특정 점수에 의하여 양분하여 가상적인 질적점수로 변환한 후 가상적으로 양분된 독립변수와 연속적인 양적변수인 종속변수와의 상관관계를 분석하기 위해서는 양분상관계수(biserial correlation coefficient)를 사용한다. 특수한 경우로 독립변수와 종속변수 모두 명명척도에 의하여 이분된 질적변수로 되어 있을 때 두 변수 간의 상관을 알기 위해서는 ϕ계수(phi coefficient)를 사용한다.

Spearman의 등위상관계수

독립변수와 종속변수가 연속적인 양적변수가 아니라 서열척도에 의한 비연속적인 양적변수일 때 두 변수의 상관을 알기 위해 쓰이는 상관계수가 Spearman의 **등위상관계수**(rank correlation coefficient)이다.

적률상관계수의 기본 가정은 선형성을 말한다. 그러나 원자료를 서열척도에 의하여 자료변환을 하였을 때 등간척도나 비율척도와 같이 같은 간격에 같은 단위를 부여하지 않는, 즉 척도단위에 따라 등간성이 유지되지 않기 때문에 선형성을 유지하지 못하고 단지 단조증가나 단조감소의 경향을 유지하고 있으므로 적률상관의 기본 가정을 충족시키지 못하는 경우가 흔하다. 그러므로 독립변수와 종속변수가 서열척도에 의한 변수일 경우 Spearman의 등위상관계수를 사용한다. 예를 들어, 학생들의 학업성적 등위 간의 상관이나 작품평가에서 평가자가 작품에 대한 등위를 선정하였을 때, 평가자 간의 상관성을 계산하기 위하여 등위상관계수를 사용할 수 있다. 등위상관계수는 일반적으로 모수치로 표현하면 ρ_s, 통계치로 표현하면 r_s로 표기한다.

Spearman은 등위상관계수를 추정하는 공식을 (6.7)과 같이 유도하였다.

$$r_s = 1 - \frac{6\Sigma D_i^2}{n(n^2-1)} \quad \textbf{(6.7)}$$

D_i는 어떤 대상의 등위 간의 차이를 말하고 n은 사례 수를 말한다. 공식 (6.7)은 등위상관계수를 구할 수 있는 간편 계산공식이다.

등위상관계수를 계산하는 절차는 다음과 같다.

등위상관계수 계산절차

1단계: 각 대상에 관계된 두 변수에 등위를 부여한다.

2단계: 각 대상에 관계된 두 변수의 등위 차를 계산한다.

3단계: 등위의 차를 제곱한 후 더한다.

4단계: 공식 (6.7)에 대입하여 계산한다.

등위상관계수 계산절차에 의하여 중학생 5명의 국어점수와 영어점수의 등위상관 계수를 계산하는 과정은 〈표 6-9〉와 같다.

〈표 6-9〉 등위상관계수 계산

		등 위			
국어(X_i)	영어(Y_i)	r_{X_i}	r_{Y_i}	D_i	D_i^2
2	1	5	5	0	0
3	2	3.5	4	−.5	.25
5	4	2	2	0	0
3	3	3.5	3	.5	.25
7	5	1	1	0	0
					합 .5

$$r_s = 1 - \frac{6\Sigma D_i^2}{n(n^2-1)} = 1 - \frac{6(.5)}{5(5^2-1)} = .975$$

원점수를 서열 혹은 등위로 변환할 때 같은 점수가 있으면 같은 점수가 차지할 등위점수들을 모두 더하여 같은 원점수의 사례 수로 나누어 등위점수를 계산하여야 한다. 예를 들어, 다음과 같은 원점수 1, 3, 3, 3, 3, 6, 9, 10이 있을 때 가장 높은 점수에 1등의 서열을 부여한다면 3점에 상응하는 서열점수는 (4+5+6+7)/4로 5.5이다. 그러므로 원점수에 따른 서열점수는 8, 5.5, 5.5, 5.5, 5.5, 3, 2, 1이 된다.

원점수를 Pearson의 적률상관계수에 의하여 상관계수를 추정하였을 때와 원점수를 서열점수로 치환한 후 Spearman의 등위상관계수를 이용하여 상관계수를 추정하였을 때 어떤 차이가 있는지 알아보자. 국어와 영어 과목의 원점수에 의한 상관계수는 〈표 6-5〉에서 보듯이 .949이었으나 등위상관계수는 .975였다.

다른 예로, 두 사람의 평가자가 무용과에 지원한 10명의 수험생의 무용실기점수를 부여하였다고 하자. 원점수에 의한 적률상관계수와 서열점수에 의한 등위상관계수에는 어떤 차이가 있는지 〈표 6-10〉을 보고 분석해 보자.

〈표 6-10〉 적률상관계수와 등위상관계수의 비교

원점수		서열점수	
평가자 1	평가자 2	평가자 1	평가자 2
50	70	3	2
40	50	4	4.5
30	50	5	4.5
100	90	1	1
70	60	2	3
$r = .883$		$r_s = .875$	

국어점수와 영어점수의 예와 무용실기의 예에서 공통적으로 알 수 있는 것은 원점수에 의한 적률상관계수와 서열점수에 의한 등위상관계수가 같지 않다는 것이다. 국어점수와 영어점수의 예에서는 서열점수에 의한 등위상관계수가 원점수에 의한 적률상관계수보다 높았고, 무용실기의 예에서는 원점수에 의한 적률상관계수가 서열점수에 의한 등위상관계수보다 높다는 사실을 알았다. 즉, 원자료를 어떤 방법으로 자료변환을 하였을 때 두 변수의 상관은 변화된다는 사실을 발견할 수 있다. 원점수를 서열점수로 변환하였을 때 원자료가 지니고 있는 정보를 상실하므로 서열점수에 의한 등위상관계수가 일반적으로 낮은 경향이 있다. 이런 현상은 특히 범위가 넓은 변수의 원점수를 서열점수로 변환하여 상관을 구할 때 흔히 일어난다. 원점수가 있으면 서열점수로 치환하여 등위상관계수로 두 변수의 상관 정도를 추정할 필요가 없다.

양류상관계수

양류상관계수(point-biserial correlation coefficient)는 독립변수가 명명척도에 의하여 이분화(dichotomize)된 질적변수로 이분변수(dichotomous variable)이며, 종속변수는 양적 연속변수일 때 두 변수의 상관 정도를 추정하기 위하여 쓰이는 상관계수이다. 일반적으로 r_{pb}라 표기하며 점이연상관계수라고도 한다. 양류상관계수를 사용하는 예로는 성별과 체중과의 관계라든지 성별과 학업성취도의 관계 연구 등을 들 수 있다. 성별은 명명척도에 의해 명확히 이분되어 있는 독립변수이고 체중이나 학업점수는 연속적 양적변수로 종속변수이기 때문에 두 변수의 관계를 추정하기 위하여 양류상관계수를 사용한다.

예를 들어, 5명의 중학생의 국어점수와 성별이 관계가 있는지를 알아보기 위하여 5명 학생의 성별을 조사하였더니 각각의 점수가 다음 〈표 6-11〉과 같았다.

〈표 6-11〉 중학생 5명의 성별과 국어점수

성 별	국어점수
남	2
남	3
여	5
남	3
여	7

〈표 6-11〉의 자료에 의하여 성별과 국어점수의 관계를 파악하기 위하여 산포도를 그려보면 [그림 6-9]와 같다.

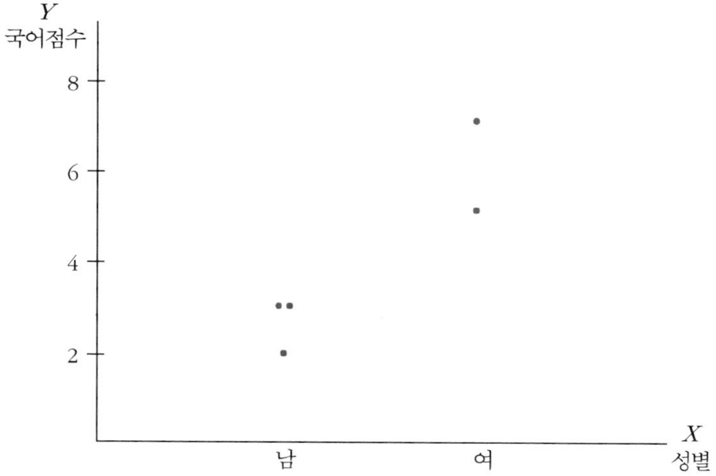

[그림 6-9] 성별과 국어점수의 산포도

[그림 6-9]의 산포도를 보았을 때 남자들은 낮은 점수를, 여자들은 높은 점수를 받는 경향을 보이고 있음을 알 수 있다. 그러므로 성별과 국어능력에는 관계가 있음을 직감할 수 있다. 만약 여학생들도 2점과 3점을 얻었다면 남학생이나 여학생 모두 같은 범위의 점수를 가지고 있으므로 성별과 국어점수는 관계가 없음을 알 수 있다. 성별과 국어점수의 관계가 높다면 그것은 두 집단 간의 국어점수의 차이가 많은 것이고, 두 변수 간에 관계가 없다면 두 집단 간의 국어점수의 차이가 없음을 의미한다. 지금 언급한 내용이 두 집단의 평균 비교에서 다시 언급되므로 앞의 문장을 반복 이해하여 쉽게 재생(recall)할 수 있도록 장기기억장치에 담아 두기 바란다. 특히 t검정에서 이를 다시 논의하게 될 것이다.

양류상관계수의 계산 공식은 (6.8)과 같다.

$$r_{pb} = \frac{\overline{Y}_H - \overline{Y}_L}{s_Y} \cdot \sqrt{pq} \tag{6.8}$$

$\overline{Y}_H$: 종속변수의 평균이 높은 집단의 평균
$\overline{Y}_L$: 종속변수의 평균이 낮은 집단의 평균
s_Y: 종속변수의 표준편차
p: 한 집단에 소속된 사례 수의 비율
q: 다른 집단에 소속된 사례 수의 비율

중학생 5명의 성별과 국어점수의 상관 정도를 양류상관계수 공식 (6.8)에 의하여 계산하는 절차는 〈표 6-12〉와 같다.

〈표 6-12〉 성별과 국어점수의 양류상관계수 계산

성 별	국어점수
남	2
남	3
여	5
남	3
여	7

$$\overline{Y}_H = 6 \qquad \overline{Y}_L = 2.667 \qquad s_Y = 1.789$$

$$p = 3/5 = .6 \qquad q = 2/5 = .4$$

$$r_{pb} = \frac{6 - 2.667}{1.789}\sqrt{(.6)(.4)} = .913$$

현대통계학에서는 굳이 공식 (6.8)에 의하여 양류상관계수를 계산하지 않는다. 명명척도에 의하여 이분된 독립변수에 연구자가 임의의 수를 부여하여 Karl Pearson의 단순적률상관계수 공식에 의하여 두 변수의 상관의 정도를 추정한다. 단순적률상관계수에 의한 성별과 국어점수의 상관계수를 계산하는 절차는 〈표 6-13〉과 같다.

〈표 6-13〉 Pearson의 적률상관계수 공식에 의한 두 변수의 상관계수 계산

성별(X)	국어점수(Y)
남 1	2
남 1	3
여 2	5
남 1	3
여 2	7

$$r = \frac{s_{XY}}{s_X s_Y} = .913$$

여기서 양류상관계수를 계산하는 공식 (6.8)은 Karl Pearson의 적률상관계수 공식의 변형임을 알 수 있다. 그러므로 현대통계학에서는 굳이 양류상관계수 공식에 의하여 이분된 질적 독립변수와 연속적 양적 종속변수의 상관의 정도를 계산하기보다는 Karl Pearson의 적률상관계수 공식을 사용한다.

〈표 6-13〉에서 남학생을 1로 여학생을 2로 하였다. 여학생을 1로 하고 남학생을 2로 하였을 경우 상관계수는 어떻게 나올까? 또 남학생을 1로 하고 여학생을 5로 하였을 경우 상관계수는 어떻게 나올까? 명석한 두뇌로 정답을 추측하여 보고 계산절차를 거쳐 확인하기 바란다.

양분상관계수

양분상관계수(biserial correlation coefficient)는 독립변수, 종속변수 모두 양적변수였으나 양적인 독립변수를 연구자가 임의 기준에 따라 이분하여, 인위적으로 이분된 독립변수와 양적인 종속변수의 상관을 추정하기 위하여 사용된다. 양분상관계수는 r_b로 표기하며 이연상관계수라고도 한다.

예를 들어, 지능점수와 학업성취도 관계를 연구할 때 지능의 연속변수를 어떤 특정 점수를 기준으로 하여 정상아, 저능아로 인위적으로 이분하여 이 이분된 독립변수와 연속적인 양적 종속변수와의 관계 정도를 파악하고자 할 때 쓰인다. 이때 지능점수는 양적 연속변수이나 연구자가 인위적으로 두 집단인 정상아와 저능아로 나눔으로써 연속변수를 인위적으로 이분변수로 변환하게 된다. 인위적으로 이분된 독립변수와 학업성취도의 연속적인 양적변수와의 관계를 추정할 때 양분상관계수가 사용된다. 물론 이때 독립변수를 인위적으로 양분할 때 사용되는 준거점수에 의하여 양분상관계수로 변환된다.

지금까지 사용되어 온 중학생 5명의 국어점수와 영어점수의 자료를 가지고 양분상관계수를 사용하고자 하면 연구자는 어떤 변수이든 독립변수로 선택하여 특정한 준거점수에 의하여 두 집단으로 이분화하는 작업을 실시하여야 한다. 만약 국어점수를 독립변수로 선택하고 4점을 준거로 하여 완전 학습자와 불완전 학습자로 구분하였다면 양류상관계수 계산을 위한 기본 자료는 〈표 6-14〉와 같다.

〈표 6-14〉 인위적으로 이분된 국어의 완전 학습자와 불완전 학습자의 영어점수

국어(X)	X'	영어(Y)
2	불완전 학습자	1
3	불완전 학습자	2
5	완전 학습자	4
3	불완전 학습자	3
7	완전 학습자	5

고전적 통계에서는 양분상관계수를 계산하는 공식을 양류상관계수 공식처럼 적률상관계수 공식과 달리 언급하고 있다.

양분상관계수 계산공식은 (6.9)와 같다.

$$r_b = \frac{\overline{Y}_H - \overline{Y}_L}{s_Y} \cdot \frac{pq}{h} \tag{6.9}$$

$\overline{Y}_H$: 종속변수의 평균이 높은 집단의 평균
$\overline{Y}_L$: 종속변수의 평균이 낮은 집단의 평균
s_Y: 종속변수의 표준편차
p : 한 집단에 소속된 사례 수의 비율
q : 다른 집단에 소속된 사례 수의 비율
h : 표준정규분포에서 p와 q가 분할되는 점에서의 높이

국어의 완전 학습 여부와 영어점수의 상관을 알아보기 위하여 산포도를 그리면 [그림 6-10]과 같다.

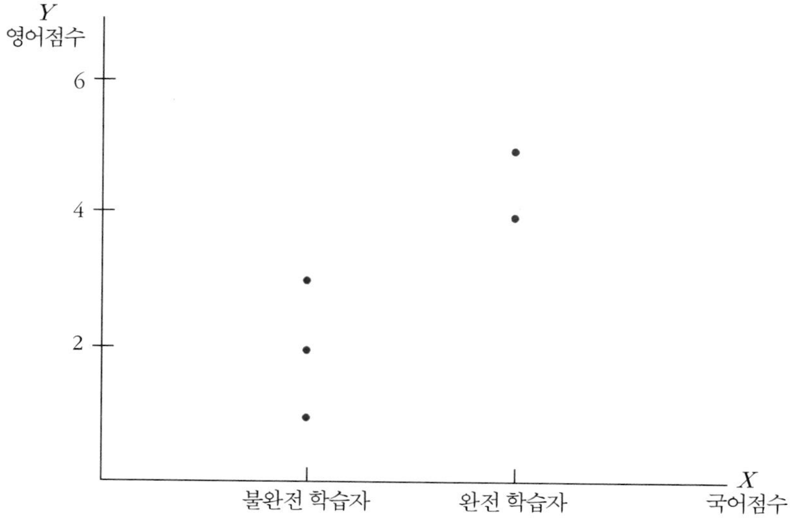

[그림 6-10] 국어의 완전 학습자 여부와 영어점수의 산포도

산포도에 의한 해석은 양류상관계수를 위한 산포도에 의한 방법과 동일하다. 산포도를 보고 여러 관점에서 분석하여 보기 바란다.

국어점수의 완전 학습 정도와 영어점수의 자료를 가지고 공식 (6.9)에 의한 양분상관계수의 계산절차는 〈표 6-15〉와 같다.

〈표 6-15〉 양분상관계수 계산

국 어	영 어
불완전 1	1
불완전 1	2
완전 2	4
불완전 1	3
완전 2	5

$\overline{Y}_H = 4.5$　　$\overline{Y}_L = 2$　　$s_Y = 1.4142$

$p = .4$　　$q = .6$　　$h = .3863$

$$r_b = \frac{4.5 - 2}{1.4142} \cdot \frac{(.4)(.6)}{.3863} = 1.09$$

양분상관계수가 1보다 큰 값을 가진 것은 정규분포 가정을 충족시키지 못했기 때문이며, 양분점을 어느 값으로 하느냐에 따라 양분상관계수가 달라진다. 〈표 6-15〉에 나타나 있는 자료를 가지고 Pearson의 적률상관계수에 의하여 계산을 하면 상관계수가 .866이므로 양분상관계수 계산공식은 Karl Pearson의 적률상관계수 공식과 동일한 결과를 가지지 않는다.

ϕ계수

ϕ계수(phi coefficient)는 독립변수와 종속변수가 모두 이분화된 질적변수일 때 두 변수의 상관 정도를 파악하기 위하여 쓰이는 계수로 ϕ로 표기한다. 그리스 문자인 ϕ를 '파이'라 한다. 예를 들어, 어떤 사건에 대한 찬반 여부와 성별과의 관계라든지, 양당에 속해 있는 국회의원들의 어떤 국가시책에 대한 찬반 여부의 관계를 들 수 있다. 학교현장에서는 두 개의 교수법, 즉 전통적 교수법과 컴퓨터 보조학습에 따른 학업의 성공 여부 등과의 관계를 알기 위하여 ϕ계수를 사용할 수 있다.

이분된 질적변수들의 상관관계를 추정하기 위하여 ϕ계수는 다음 공식에 의하여 계산한다. 2×2 분할표(contingency table)에 의한 각 칸(cell)을 [그림 6-11]과 같이 a, b, c, d로 표기할 때 ϕ계수는 공식 (6.10)에 의하여 계산된다.

a	b
c	d

[그림 6-11] 2×2 분할표의 각 칸의 표기

$$\hat{\phi} = \frac{ad - bc}{\sqrt{(a+b)(c+d)(a+c)(b+d)}} \tag{6.10}$$

예를 들어, 성별과 남녀공학에 대한 견해와의 관계를 알아보기 위하여 대학원

강의를 수강하고 있는 학생에게 남녀공학의 찬반 여부를 물은 결과와 그에 따른 상관관계를 추정하기 위한 ϕ계수의 계산절차는 〈표 6-16〉과 같다.

〈표 6-16〉 성별에 따른 남녀공학에 대한 찬반 여부

	성별: 남	성별: 여	
찬성	ⓐ 3	ⓑ 2	5
반대	ⓒ 2	ⓓ 1	3
	5	3	8

$$\hat{\phi} = \frac{3 \cdot 1 - 2 \cdot 2}{\sqrt{(3+2)(2+1)(3+2)(2+1)}} = -.067$$

〈표 6-16〉의 자료를 볼 때 직감적으로 남자 5명 중 3명이, 여자 3명 중 2명이 남녀공학을 찬성하였으므로 성별에 따라서 남녀공학 찬성과 반대에 어떤 경향성이 있지 않음을 알 수 있다. 즉, 두 집단에서 남녀공학에 대한 견해가 유사하므로 성별과 남녀공학의 찬반 여부는 상관이 낮을 것이라는 사실을 예견할 수 있다. 그러므로 ϕ계수를 계산하는 공식 (6.10)에 의한 성별과 남녀공학에 대한 견해와의 상관계수는 $-.067$이었다.

ϕ계수에서 $+$, $-$의 기호는 의미를 가지지 않는다. 왜냐하면 독립변수와 종속변수가 모두 질적변수로 크기의 정도를 의미하지 않기 때문이다. ϕ계수를 계산하는 공식 (6.10)은 Karl Pearson의 적률상관계수의 특수한 형태임을 주지하여야 한다. 만약 앞의 8명의 자료를 가지고 두 변수에 대한 임의의 값을 부여하고 Karl Pearson의 단순적률상관계수 계산공식에 의하여 상관 정도를 계산하면 〈표 6-17〉과 같다.

〈표 6-17〉 단순적률상관계수에 의한 성별과 남녀공학에 대한 찬반 여부의 관계 계산

	성별(X)	찬반(Y)
	남 0	찬성 0
	남 0	찬성 0
	남 0	찬성 0
	남 0	반대 1
	남 0	반대 1
	여 1	찬성 0
	여 1	찬성 0
	여 1	반대 1
Σ	3	3

$$r = \frac{s_{XY}}{s_X s_Y} = -.067$$

〈표 6-16〉과 〈표 6-17〉에서 볼 때 ϕ계수를 계산하기 위한 특수한 형태의 공식 (6.10)을 사용하여 계산한 ϕ계수나 Pearson의 적률상관계수 공식 (6.5)에 의해 계산된 상관계수가 동일함을 알 수 있다. 그러므로 이분된 두 질적변수의 상관 정도를 계산하기 위한 특수한 형태인 공식 (6.10)은 Karl Pearson이 제안한 단순적률상관계수 공식 (6.5)의 변형된 형태이다.

다시 강조하지만 등위상관계수를 계산하기 위한 공식 (6.7), 양류상관계수를 계산하기 위한 공식 (6.8), 그리고 양분상관계수를 계산하기 위한 공식 (6.9), ϕ계수를 계산하기 위한 공식 (6.10) 모두가 Karl Pearson이 1896년에 제안한 적률상관계수 계산의 이론적 공식의 변형된 형태임을 알 수 있다. 그러므로 굳이 변형된 형태의 각기 다른 계산공식을 암기하여 두 변수의 관계를 추정하는 일은 매우 어리석은 일이다. 그러므로 상관의 기본 의미와 공분산, 그리고 상관계수 추정 절차를 개념적으로 다시 한번 정리하여 Karl Pearson의 적률상관계수를 복습하기 바란다.

연습문제

1 기초통계학을 수강하는 학생들의 연습문제 풀이 횟수와 10문항으로 된 퀴즈에서 얻은 점수와의 관계를 알아보고자 한다. 전체 수강생 중 4명을 단순무선표집하여 알아본 그들의 연습문제 풀이 횟수와 점수는 다음과 같았다.

	연습문제 풀이 횟수	점 수
갑수	1	3
을동	2	6
병식	4	8
정애	5	8

a. 산포도를 그려라.
b. 연습문제 풀이 횟수의 평균, 표준편차를 구하라.
c. 퀴즈점수의 평균, 표준편차를 구하라.
d. 두 변수의 공분산을 구하라.
e. 상관계수를 구하라.
f. 상관계수 사용을 위한 기본 가정을 점검하라.
g. 해석하라.

2 학생들의 주당 학습시간과 학점과의 상관이 있는지를 알아보기 위하여 15명의 학생들의 주당 학습시간과 성적을 알아보았더니 다음과 같았다.

학 생	주당 학습시간	학 점
1	27	3.60
2	6	2.20
3	16	3.10
4	21	2.95
5	25	3.80
6	10	2.93
7	6	2.70
8	12	2.00
9	6	3.20
10	7	2.80
11	11	2.99
12	8	2.15
13	20	3.50
14	10	3.20
15	13	3.18

a. 산포도를 그려라.

b. 학습시간의 평균과 표준편차를 구하라.

c. 학점의 평균과 표준편차를 구하라.

d. 주당 학습시간과 학점의 공분산을 구하라.

e. 상관계수를 구하라.

f. 위의 자료가 상관계수를 사용하기 위한 기본조건을 충족하는지 분석하라.

g. 두 변수의 관계에 대하여 해석하라.

3 중학교 3학년 학생들에게 새로 제작한 창의성 검사를 실시한 후 3주가 지난 뒤 다시 실시하여 얻은 사전검사 점수와 사후검사 점수가 다음과 같았다. 학생 수는 5명이고, 점수의 범위는 0점부터 10점이다.

학 생	사전검사 점수	사후검사 점수
A	8	9
B	5	4
C	10	10
D	3	4
E	6	7

a. 사전검사의 평균과 표준편차를 구하라.
b. 사후검사의 평균과 표준편차를 구하라.
c. 두 점수의 상관계수를 구하라.
d. 신뢰도의 개념에 의하여 해석하라.

4 국전의 예선을 거쳐 본선에 올라 온 10편의 그림이 있다. 두 심사자가 그들의 평가기준에 의하여 10편의 그림의 등위를 부여했더니 다음과 같았다.

그 림	심사자 1	심사자 2
1	5	6
2	8	5
3	2	1
4	10	7
5	1	3
6	6	10
7	9	8
8	3	2
9	7	9
10	4	4

a. 두 심사자 간의 상관을 구하기 위한 상관계수 유형을 선택하라.
b. 상관계수를 구하라.
c. 해석하라.
d. 채점자간 신뢰도(inter-rater reliability)의 개념에서 해석하라.

5 어떤 소형 자동차의 휘발유 1l에 따른 주행거리와 그에 따른 옥탄가의 수준을 측정하였을 때 다음과 같은 수치를 얻었다.

주행거리(km)	옥탄가
13.1	89
13.2	93
13.0	87
13.6	90
13.3	89
13.8	95
14.1	100
14.0	98

a. 단순적률상관계수를 구하고 해석하라.

b. 등위상관계수를 구하고 해석하라.

c. 두 상관계수의 차이와 원인을 분석하라.

6 성별과 지능과의 관계가 있는지 분석하기 위하여 10명을 추출하여 성별과 지능점수를 알아보았더니 다음과 같았다.

성 별	지능지수
남자	100
남자	120
여자	140
여자	90
여자	110
남자	90
여자	123
남자	115
남자	95
여자	90

a. 성별과 지능지수의 관계를 분석하기 위한 상관계수의 종류를 선택하라.

b. 상관계수를 구하라.

c. 해석하라.

7 직업 의료인들과 비의료인들의 뇌사 인정 여부에 관한 상관연구를 하기 위하여 어떤 공청회에 참석한 사람들의 직업과 찬반 여부를 물은 결과가 다음과 같았다.

	직업: 의료인	직업: 비의료인	
찬성	70	40	110
반대	50	40	90
	120	80	200

a. ϕ계수를 구하라.

b. 단순적률상관계수 공식에 의하여 구하라.

c. 두 계수의 차이가 있는지 검정하라.

d. 두 결과를 해석하라.

제7장

단순회귀분석

1 선형관계와 직선

제6장에서 두 변수, 즉 독립변수와 종속변수의 상관관계 연구를 위하여 선형성의 기본 가정이 충족되어야 한다고 설명하였다. 산포도를 그려서 상관관계의 연구에 사용할 수 있는 기본 가정으로 선형성, 등분산성, 이상점 유무, 자료절단 여부 등이 검정되었다면 산포도에 나타나는 점들을 대표하는 직선을 그릴 수 있다.

만약 상관계수가 1.0이라면 자료를 대표하는 직선을 그었을 때 모든 점은 직선 위에 위치하며, 상관계수가 1.0이 아닐 때는 점들이 직선을 중심으로 흩어져 있음을 [그림 7-1]을 통해 알 수 있다.

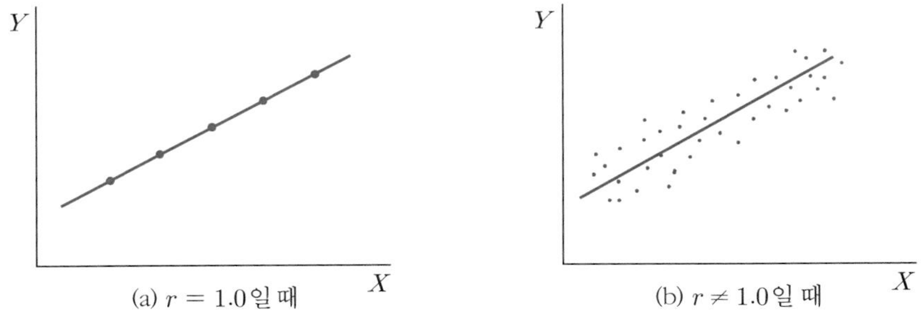

[그림 7-1] 상관이 1.0일 때와 1.0이 아닐 때

상관계수가 1.0일 때 두 변수의 자료의 변화 경향성을 나타내는 직선은 어떻게 표현되는가를 다음 그림에 의하여 알아보자.

[그림 7-2]에서와 같이 모든 직선은 X가 변해 감에 따라 Y가 얼마만큼 변화하는지를 설명한다. X함수 변화에 의한 Y함수의 변화관계를 설명하므로 이를 일차함수라 하며 다음 공식과 같이 표현한다.

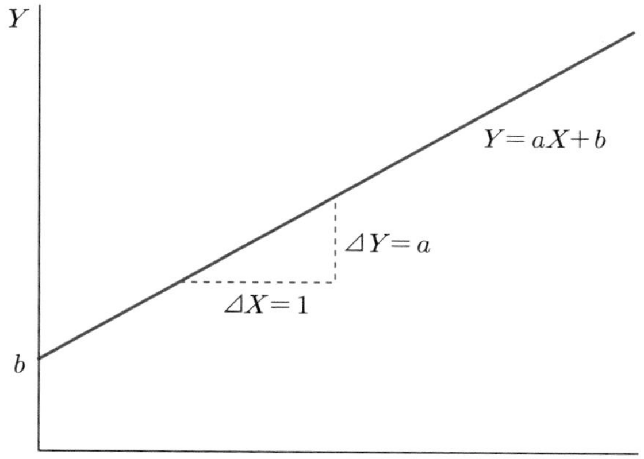

[그림 7-2] 직선의 기울기와 절편

$$Y = aX + b \tag{7.1}$$

a는 직선의 **기울기**(slope)이며, 이는 X가 변할 때 Y가 변하는 정도를 나타내고, b는 **절편**(intercept)으로 X가 0일 때의 Y 값을 설명하여 준다. 두 변수의 상관관계가 정적이면 a는 +이고, 부적이면 − 임을 쉽게 알 수 있다.

이와 같이 중학교 2학년 교과과정에 있는 '일차함수와 그래프'의 단원이 단순회귀분석(simple regression analysis)과 중다회귀분석(multiple regression analysis)의 기초가 된다는 사실을 인지하여 제7장을 완전히 이해하기 바란다. 제7장의 단순회귀분석을 이해하면 중다회귀분석은 단순회귀분석의 확장에 불과하므로 얼마든지 응용하고 분석할 수 있다.

2 회귀선

두 변수의 상관관계가 완벽하다면 직선을 그리고 직선에 의한 공식에 의하여 두 변수의 값들을 정확히 예측할 수 있다. 그러나 우주에 존재하는 모든 변수는 다양하여 그 변수 자체의 상관관계를 제외하고 다른 변수들끼리 완벽한 상관관계를 갖는다는 것은 불가능하다. 그러므로 두 변수의 관계를 설명하는 직선을 그린다면 [그림 7-1]의 (b) 형태를 그릴 것이다.

상관계수가 1.0일 때 산포도에 나타난 점을 연결하면 자연적으로 직선이 된다. 그러나 상관계수가 1.0이 아닐 때 존재하는 점들을 연결하면 직선을 그릴 수 없다. 그러므로 산포도에 나타난 모든 점을 대표하는 직선을 그려야 한다. 이 직선을 '**회귀선**(regression line)'이라 하며, 두 변수를 대표하는 회귀선은 $\overline{X}$와 $\overline{Y}$인 점을 지나고 많은 점을 적절히 대변하여야 한다. 특히 회귀선이라 명명하는 이유는 산포도에 있는 모든 점이 자료를 대표하는 직선 쪽으로 회귀하기 때문이다. 회귀선 역시 앞 절에서 설명한 직선과 똑같은 속성을 가지고 있으므로 기울기와 절편으로 표시하며 공식 (7.2)와 같고, 이를 **회귀등식**(regression equation)이라 한다.

$$\widehat{Y} = B_0 + B_1 X \tag{7.2}$$

B_0는 직선에 b로 표현한 절편으로 X변수가 0일 때의 Y값을 나타낸다. B_1 역시 직선에서 a로 표기한 기울기이며 X변수가 변할 때 Y변수의 변하는 정도를 말해 준다.

산포도에 나타난 점들을 대표하는 회귀선을 그리는 기본 원리는 X값에 따라 Y값이 흩어져 있을 때 X값을 회귀등식 (7.2)에 대입하여 나타난 기대되는 값과 Y값의 차이를 가장 작게 하는 것이다. 기대되는 값을 $\widehat{Y}$라 할 때 $(Y-\widehat{Y})$값을 최소화하여야 한다. 그러므로 자료를 가장 잘 대표하는 회귀선은 Y와 $\widehat{Y}$의 차이의 합이 0이 되게 할 때이다. 즉, $\Sigma(Y-\widehat{Y})$이 0이거나 최솟값일 때이다. 그러나 표준편차를 계산할 때, 편차의 합이 항상 0이어서 표준편차를 계산할 수 없으므로 편차를 제곱하여 분산을 구한 뒤 분산에 제곱근을 사용하여 표준편차를 계산한다고 하였다. 이 원리와 같이 $\Sigma(Y-\hat{Y})$은 0이므로 $(Y-\hat{Y})$을 제곱하여 더한 $\Sigma(Y-\hat{Y})^2$의 값을 최소화하는 회귀등식을 구하여야 한다. 이와 같이 회귀등식을 계산하는 원리를 **최소자승법**(least square method)이라 한다.

3 회귀등식의 추정방법

회귀선을 그릴 때 계산하여야 할 요소는 기울기와 절편이다. 기울기는 X변수가 변할 때 Y변수가 변하는 정도로 $\Delta Y/\Delta X$로 표기할 수 있다. 직선의 등식을 설명할 때 X변수가 1단위 증가할 때 Y변수가 얼마나 증가하는가를 추정할 수 있다. 그러나 X변수와 Y변수가 각기 다른 척도일 때는 측정단위가 같지 않으므로 X변수의 변화량에 따른 Y변수의 변화량만 가지고 계산할 수 없게 된다. 예를 들어, 키에 따른 몸무게의 산포도와 회귀선을 그리면 [그림 7-3]과 같다.

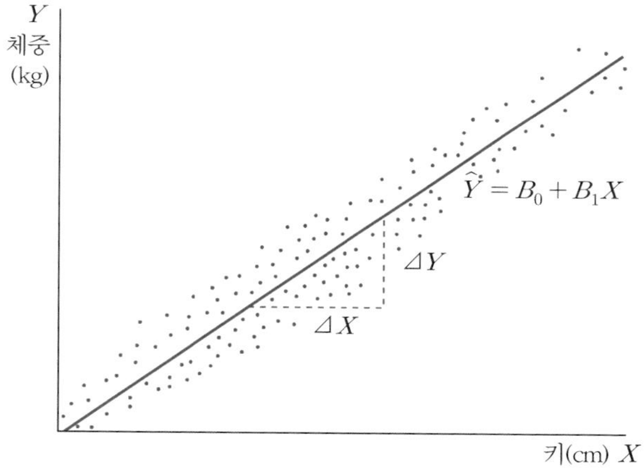

[그림 7-3] 산포도에 나타난 회귀선

키와 체중의 관계를 나타내는 회귀선을 그리기 위하여 기울기 B_1을 계산할 때 키의 변화량에 따른 체중의 변화량, 즉 키 1cm가 증가할 때 몇 kg이 증가 혹은 감소하느냐에 의하여 기울기를 계산할 수는 없다. 측정의 단위가 다르기 때문에

X 변수가 변하는 절대량에 따라 Y 변수가 변하는 정도를 가지고 기울기를 추정할 수 없는 것이다. 그러므로 X 변수의 변화하는 정도를 나타내는 X 변수의 표준편차 s_X와 Y 변수의 변화 정도를 나타내는 Y 변수의 표준편차 s_Y를 고려하여야 한다. 그렇다면 회귀선의 기울기는 s_Y/s_X로 계산될 것임을 알 수 있다. 만약 두 변수의 상관계수가 1.0인 완벽한 상관관계를 이루고 있다면 두 변수를 대변하는 회귀선의 기울기는 s_Y/s_X로 추정할 수 있다. 왜냐하면 모든 점이 이 회귀선상에 있기 때문이다. 그러나 두 변수의 관계가 완벽하지 않을 때는 산포도에 나타난 점들이 회귀선상에 있는 것이 아니라 다양하게 흩어져 있음을 알 수 있다. 그러므로 회귀선의 기울기를 구하기 위해서는 흩어진 정도, 즉 상관계수를 고려하여야 한다. 상관계수를 고려하여 회귀선의 기울기를 구하는 공식은 (7.3)과 같고, 이를 **회귀계수**(regression coefficient)라고 한다.

$$B_1 = r_{XY} \cdot \frac{s_Y}{s_X} \tag{7.3}$$

두 변수가 완벽한 상관관계에 있다면 기울기는 s_Y/s_X가 된다. 그러나 두 변수가 상관이 전혀 없다면 제6장에서 설명한 것처럼 상관계수가 0이므로 산포도에 의한 직선을 그린다면 수평선이었듯이 회귀선의 기울기는 0이 된다. 상관계수가 0일 때 그 자료를 대표하는 회귀선의 기울기가 0이 되는지 공식 (7.3)에 대입하여 계산하여 보자.

회귀선의 기울기가 구해지면 절편 B_0를 구해야 한다. 앞 절에서 설명하였듯이 자료를 대표하는 회귀선은 $\overline{X}$와 $\overline{Y}$인 점을 필히 지나야 한다. 그렇다면 회귀선의 등식에 X 변수의 평균 $\overline{X}$와 Y 변수의 평균 $\overline{Y}$를 대입하면 회귀선의 절편을 구할 수 있다. 회귀선의 절편을 계산하는 공식은 다음과 같다.

$$\overline{Y} = B_0 + B_1 \overline{X}$$
$$B_0 = \overline{Y} - B_1 \overline{X} \tag{7.4}$$

이와 같이 회귀선의 절편과 기울기가 구해지면 X변수가 얼마일 때 기대되는 Y값은 쉽게 구할 수 있다. 여기서 구한 Y값은 각 사례에서 얻은 Y값이 아니라 X변수값이 특정 값일 때 기대되는 Y값을 말하므로 Y라 표기하지 않고 $\hat{Y}$이라 표기한다. 그러므로 회귀등식은 다음과 같이 표기하며, $\hat{Y}$을 기댓값 혹은 예측값이라 한다.

$$\hat{Y} = B_0 + B_1 X \tag{7.5}$$

회귀등식을 구하는 절차를 요약하면 다음과 같다.

회귀등식 계산절차

1단계: 두 변수의 산포도를 그려 상관계수의 기본 가정을 충족하는지 확인한다.

2단계: $\overline{X}$, $\overline{Y}$, s_X, s_Y 그리고 r_{XY}를 계산한다.

3단계: 회귀선의 기울기인 회귀계수를 계산한다.

$$B_1 = r_{XY} \cdot \frac{s_Y}{s_X}$$

4단계: 회귀선의 절편을 계산한다.

$$B_0 = \overline{Y} - B_1 \overline{X}$$

5단계: 회귀등식을 만든다.

$$\hat{Y} = B_0 + B_1 X$$

〈표 6-1〉에 있는 중학생 5명의 국어점수와 영어점수의 자료를 이용하여 앞의 절차에 따라 회귀등식을 계산하면 다음과 같다.

1단계

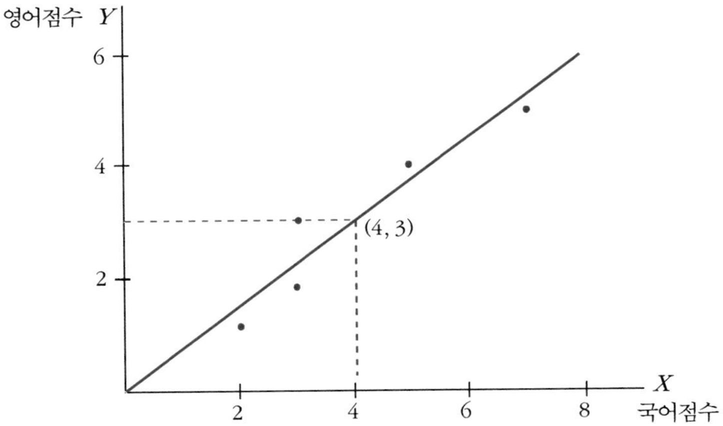

[그림 7-4] 국어점수와 영어점수의 산포도와 회귀선

2단계

$\overline{X}=4,\quad \overline{Y}=3,\quad s_X=1.789,\quad s_Y=1.414,\quad r_{XY}=.949$

3단계

$$B_1=(.949)\frac{1.414}{1.789}=.750$$

4단계

$$B_0=3-(.75)(4)=0$$

5단계

$$\hat{Y}=0+.75X=.75X$$

이 회귀선에 의하여 국어점수를 몇 점 맞은 사람은 영어점수를 몇 점 맞을 것이라는 기대를 할 수 있다. 즉, 국어점수가 7점인 학생은 영어점수는 5.25점을 맞게 될 것이다. 그렇다면 영어점수 5점을 맞은 학생은 기대점수보다 낮은 점수를 얻은 것이다. 자료에서 국어점수를 3점 얻은 학생의 기대되는 영어점수는 2.25점인데 한 학생은 3점을, 다른 학생은 2점을 얻었다. 앞의 학생은 기대점수보다 높은 점수를 얻었고, 다른 학생은 낮은 점수를 얻은 것이 된다.

SPSS 실행

제6장에서 그린 산포도에 회귀선을 그으려면 output에서 도표를 두 번 눌러 도표편집기를 연 다음, 메뉴에서 [요소] ⇨ [전체 회귀선 적합]을 누르면 특성 대화상자가 열린다. 여기서 회귀선 적합 탭으로 이동하여 적합 방법을 선형으로 선택하고 [적용(A)]을 누른다.

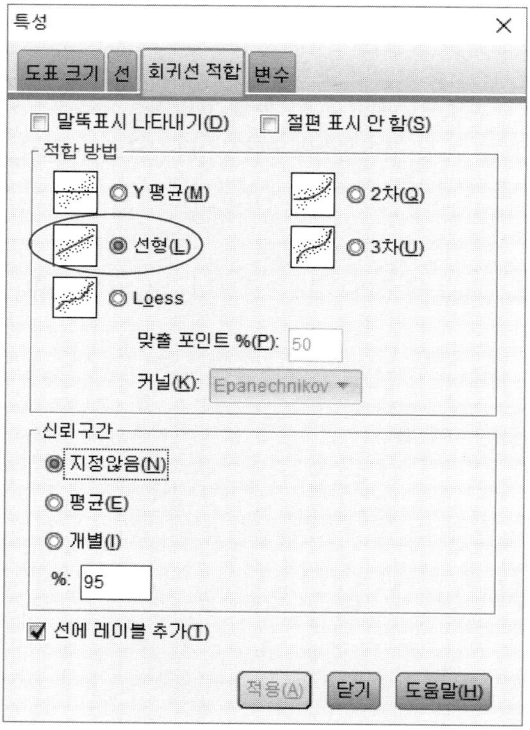

분석 결과

이와 같이 산포도에 회귀선을 그은 결과는 다음과 같으며, [그림 7-4]와 동일함을 확인할 수 있다.

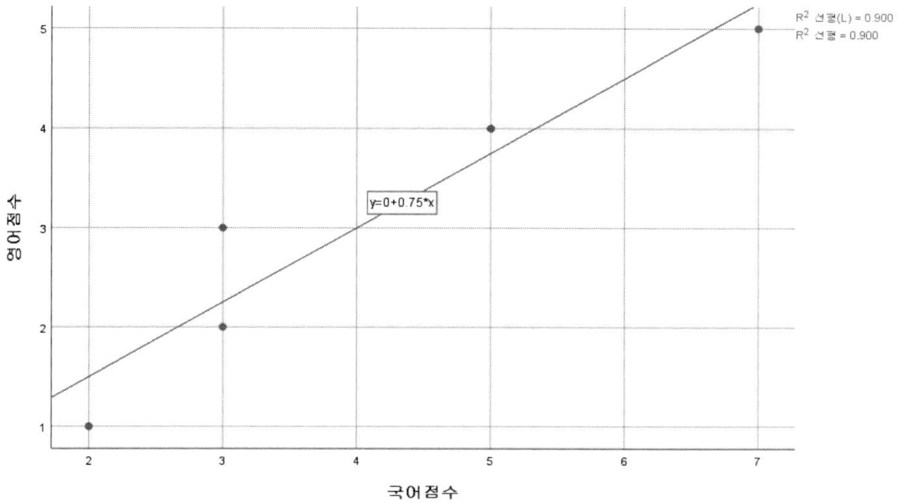

jamovi 실행

jamovi 산포도 그리기는 제6장 2절 산포도에서 설명한 jamovi 실행 절차와 같이 그릴 수도 있고, 새로운 모듈을 설치하여 산포도와 회귀선을 그리는 것도 가능하다.

'Modules'에서 'jamovi library'를 클릭하여 'GAMLj-General Analyses for Linear Models' 모듈을 설치한다. 이 모듈은 기존 메뉴의 분석보다 회귀분석의 시각적 결과를 더 자세히 제공한다.

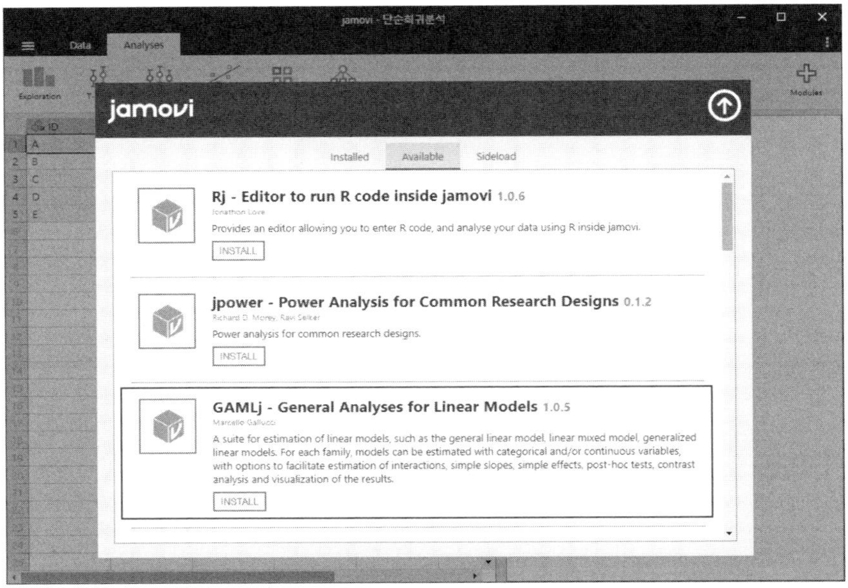

GAMLj 모듈을 설치완료하면 'Linear Models'가 메뉴에 추가되고, 'Genral Linear Model'을 선택하면 분석창이 열린다.

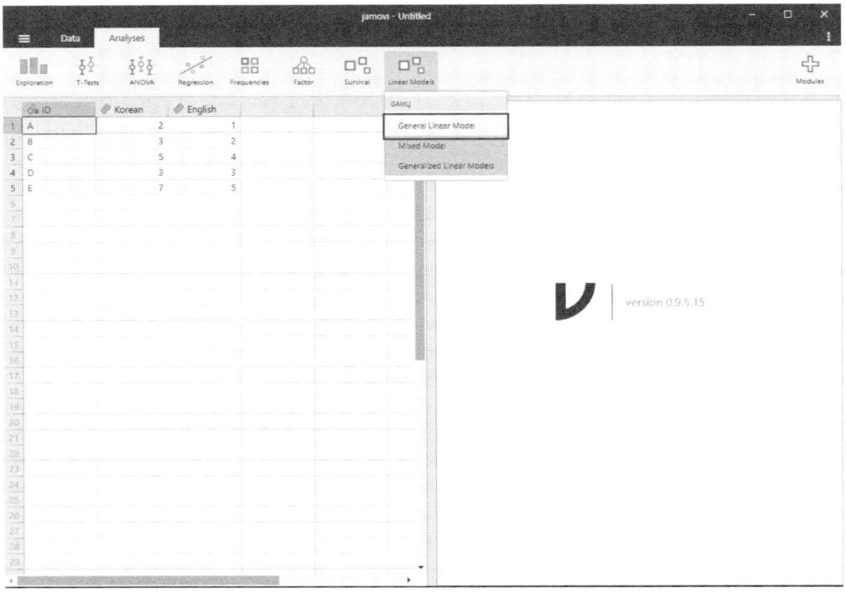

'English'를 'Dependent Variable'에, Korean을 'Covariates'에 옮긴다.

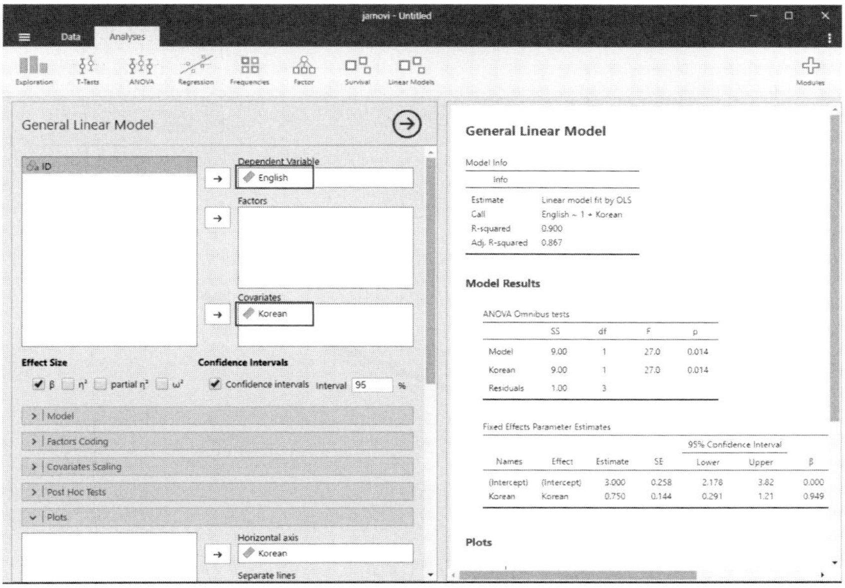

하단 메뉴 중 'Plots' 메뉴를 선택하여 그래프를 그릴 변수를 선택한다. 'Horizontal axis'에는 가로축에 들어갈 변수, 즉 'Korean'을 옮긴다. 'Observed scores'에 체크하면 자료의 개별값이 산포도로 그려진다. SPSS와 달리 회귀적합선에 대한 회귀식은 나타나지 않는다.

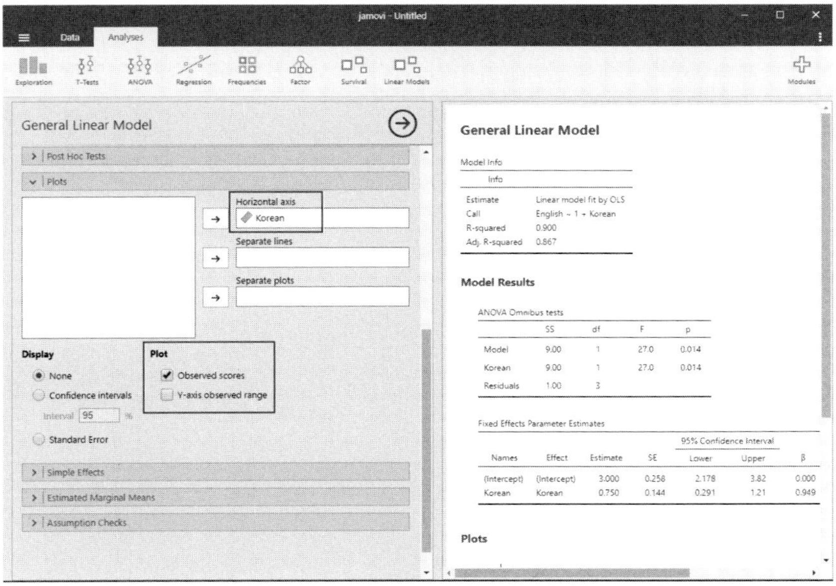

그려진 산포도와 회귀적합선은 오른쪽 창에 나타나며, 다음과 같다.

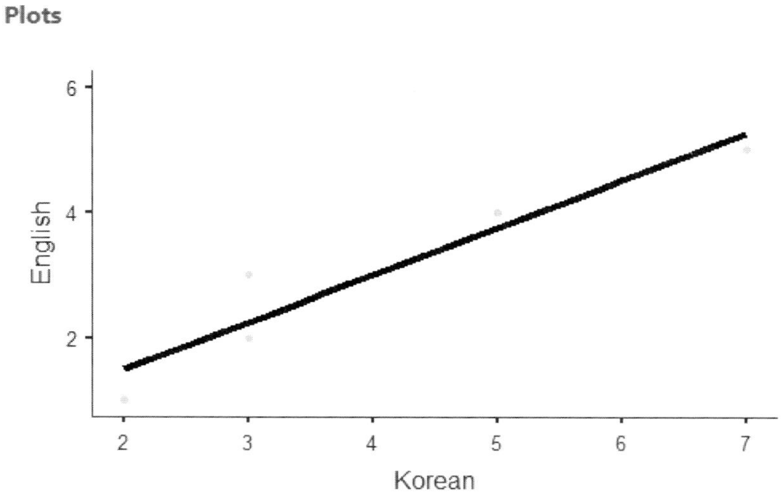

4 설명된 편차와 설명되지 않은 편차

X 변수의 변화에 따라 예견되는 Y 변수값은 회귀등식에 의하여 계산될 수 있다. 실제로 획득한 Y 변수값과 X 변수값에 따라 예견되는 Y 변수값에는 두 변수의 상관관계가 완벽하지 않을 때 차이가 있다. 각 개인의 획득점수의 구성을 설명하면 다음 [그림 7-5]와 같다.

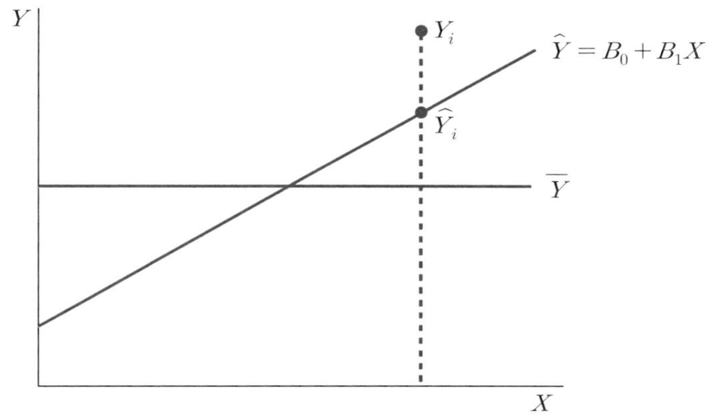

[그림 7-5] 변수 Y_i값의 구성요소

[그림 7-5]를 보면 어떤 개인 Y_i값은 세 부분으로 나뉘어 있다. 수식에 의하여 표현하면 공식 (7.6)과 같고, 이를 **선형모형**(linear model)이라 한다.

$$Y_i = \overline{Y} + (\hat{Y}_i - \overline{Y}) + (Y_i - \hat{Y}_i) \qquad \textbf{(7.6)}$$

즉, 개인의 관찰된 점수인 Y_i는 Y변수를 대표하는 평균 $\overline{Y}$와 예견되는 기댓값 $\hat{Y}_i$와 평균의 차이, 그리고 관찰된 점수와 기댓값의 차이로 구성되어 있음을 알 수 있다. $\overline{Y}$는 모든 대상의 Y를 대표하는 평균이므로 상수로 간주할 수 있으며, 공식 (7.6)에서 각 개인의 총편차는 두 부분으로 구성되어 있음을 다음 공식 (7.7)을 통하여 알 수 있다.

$$(Y_i - \overline{Y}) = (\hat{Y}_i - \overline{Y}) + (Y_i - \hat{Y}_i) \qquad \textbf{(7.7)}$$

공식 (7.7)의 왼쪽은 개인의 Y변수 점수에서 Y변수의 평균을 뺀 것으로 **총편차**(total deviation)라 하며, 제5장에서 설명하였다. 공식 (7.7)의 오른쪽은 두 요소로 첫째 요소인 $(\hat{Y}_i - \overline{Y})$는 X_i값일 때 얻을 수 있는 기댓값 $\hat{Y}_i$에서 평균인 $\overline{Y}$값을 뺀 값으로 X변수에서 같은 값을 가진 모든 대상은 각기 다른 Y_i값을 가졌다 하여도 기대되는 $\widehat{Y}_i$값은 같으므로 X값이 같을 때 $(\widehat{Y}_i - \overline{Y})$값은 항상 같다. 그러므로 이 차이는 회귀선에 의하여 결정된 값으로 **설명된 편차**(explained deviation)라 한다. 두 번째 요소는 $(Y_i - \widehat{Y}_i)$로 X_i값이 같더라도 $(Y_i - \widehat{Y}_i)$값은 상이하다. 왜냐하면 X_i값이 같으므로 그에 대응하여 기대되는 $\widehat{Y}_i$값은 같으나 각 개인의 Y_i값은 다르므로 $(Y_i - \widehat{Y}_i)$값은 다를 수밖에 없다. 이 부분은 개인차 혹은 측정의 오차 등에 의하여 발생하므로 이를 회귀선에 의해서 설명되지 않은 오차 부분으로 간주하고, **설명되지 않은 편차**(unexplained deviation)라 한다.

총편차는 회귀선에 의하여 설명된 편차와 설명되지 않은 편차로 구성되어 있음을 알 수 있으며, 총편차와 설명된 편차, 설명되지 않은 편차를 계산하는 공식은 다음과 같다.

$$\text{총편차: } d_T = Y_i - \overline{Y} \tag{7.8}$$

$$\text{설명된 편차: } d_{Exp} = \widehat{Y}_i - \overline{Y} \tag{7.9}$$

$$\text{설명되지 않은 편차: } d_{UnExp} = Y_i - \widehat{Y}_i \tag{7.10}$$

공식 (7.8), (7.9), (7.10)에 의하여 중학생 5명의 국어점수와 영어점수 자료를 가지고 계산한 총편차, 설명된 편차, 설명되지 않은 편차는 〈표 7-1〉과 같다.

〈표 7-1〉 국어점수와 영어점수의 총편차, 설명된 편차, 설명되지 않은 편차

국어 X_i	영어 Y_i	영어 기댓값 $\widehat{Y}_i (= .75X_i)$	총편차 $Y_i - \overline{Y}$	설명된 편차 $\widehat{Y}_i - \overline{Y}$	설명되지 않은 편차 $Y_i - \widehat{Y}_i$
2	1	1.50	−2	−1.50	−.50
3	2	2.25	−1	−.75	−.25
5	4	3.75	1	.75	.25
3	3	2.25	0	−.75	.75
7	5	5.25	2	2.25	−.25
$\overline{X}=4$	$\overline{Y}=3$				

총편차의 합은 0, 설명된 편차의 합은 0, 설명되지 않은 편차의 합도 역시 0임을 알 수 있다. 그러나 이와 같은 편차의 합은 어떠한 의미도 갖지 못한다. 왜냐하면 편차의 합이 0이라는 사실은 모든 수가 같을 때 일어나는 결과이기 때문에 편차의 합이 아니라 편차의 제곱의 합이 통계적 분석을 위하여 사용된다.

5 설명된 변화량과 설명되지 않은 변화량

제5장에서 표준편차를 추정할 때 편차의 평균으로는 계산할 수 없기에 편차를 제곱하여 분산을 계산한 후에 표준편차를 계산한다고 하였다. 그렇다면 Y 변수의 총변화량을 계산하기 위하여 편차의 합을 계산하면 항상 0이 된다. 그러므로 Y 변수의 총변화량을 계산하기 위하여 얻어진 각 Y 에서 $\overline{Y}$ 값을 뺀 편차를 제곱한 후, 그 수를 모두 더해 주며, 이 값을 **총편차제곱합**(sum of squares of total deviation), **총편차자승화**, **총변동**(total variation), 혹은 **총변화량**이라 하고, SS_T로 표현한다. 총편차제곱합을 계산하는 공식은 다음과 같다.

$$SS_T = \Sigma(Y_i - \overline{Y})^2 \qquad (7.11)$$

총편차는 설명된 편차와 설명되지 않은 편차로 구성되어 있음을 기억하면, 설명된 편차의 제곱합과 설명되지 않은 편차의 제곱합은 다음 공식에 의하여 계산됨을 알 수 있다. 또한 **설명된 편차의 제곱합**은 SS_E(sum of squares of explained deviation)라 표기하고, **설명된 변화량**(explained variation)이라고도 한다. **설명되지 않은 편차의 제곱합**은 SS_U(sum of squares of unexplained deviation)라 표기하며, **설명되지 않은 변화량**(unexplained variation)이라고도 한다. 설명된 편차제곱합과 설명되지 않은 편차제곱합은 다음 공식 (7.12)와 (7.13)에 의하여 계산된다.

$$SS_E = \Sigma(\widehat{Y}_i - \overline{Y})^2 \qquad (7.12)$$

$$SS_U = \Sigma(Y_i - \widehat{Y}_i)^2 \quad (7.13)$$

총편차가 설명된 편차와 설명되지 않은 편차로 합성되어 있듯이 총편차제곱합도 설명된 편차제곱합과 설명되지 않은 편차제곱합, 다시 말해서 총변화량 역시 설명된 변화량과 설명되지 않은 변화량으로 합성되어 있음을 등식의 풀이에 의하여 알 수 있다.

총변화량인 총편차제곱합과 설명된 변화량인 설명된 편차제곱합, 설명되지 않은 변화량인 설명되지 않은 편차제곱합의 계산을 개념적 수준에서 이해하였다면 실제 자료를 가지고 계산하는 절차는 다음과 같다. 상관관계 연구를 위해서 사용한 중학생의 국어점수와 영어점수의 총편차제곱합과 설명된 편차제곱합, 설명되지 않은 편차제곱합의 계산은 〈표 7-2〉와 같다.

〈표 7-2〉 중학생 5명 영어점수의 총편차제곱합, 설명된 편차제곱합, 설명되지 않은 편차제곱합

총편차 $(Y_i - \overline{Y})$	설명된 편차 $(\widehat{Y}_i - \overline{Y})$	설명되지 않은 편차 $(Y_i - \widehat{Y}_i)$	총편차 제곱 $(Y_i - \overline{Y})^2$	설명된 편차제곱 $(\widehat{Y}_i - \overline{Y})^2$	설명되지 않은 편차제곱 $(Y_i - \widehat{Y}_i)^2$
−2	−1.50	−.50	4	2.2500	.2500
−1	−.75	−.25	1	.5625	.0625
1	.75	.25	1	.5625	.0625
0	−.75	.75	0	.5625	.5625
2	2.25	−.25	4	5.0625	.0625
			합 10	9.0	1.0

총편차제곱합은 10이고 설명된 편차제곱합은 9이며, 설명되지 않은 편차제곱합은 1로 총편차제곱합은 설명된 편차제곱합과 설명되지 않은 편차제곱합의 합성임을 수리적으로 알 수 있다. 변화량의 용어로 표현하면 총변화량은 설명된 변화량과 설명되지 않은 변화량의 합이다.

6 결정계수

총변화량과 설명된 변화량, 그리고 설명되지 않은 변화량을 개념적으로 정리하였고 계산절차도 충분히 이해하였으리라 짐작한다. 만약 X 변수와 Y 변수의 상관계수가 1이라면 이는 Y 변수를 X 변수가 완벽히 예견한다는 것을 의미한다. 이는 Y 변수의 총변화량을 X 변수가, 역으로 X 변수의 총변화량을 Y 변수가 모두 완벽하게 설명함을 말한다. 즉, 총변화량에는 설명된 변화량만이 존재하고 설명되지 않은 변화량은 없음을 말한다. 반대로 상관계수가 0이라면 이는 회귀선에 의하여 전혀 설명이 되지 않으므로 총변화량은 설명되지 않은 변화량만으로 되어 있음을 알 수 있다.

이와 같이 변화량의 얼마만큼이 설명되었는가, 즉 총변화량에 대한 설명된 변화량의 비율을 **결정계수**(coefficient of determination) 혹은 **상관비**(correlation ratio)라 하고 $\boldsymbol{R}^2$ 으로 표기한다.

R^2을 계산하는 공식은 다음과 같다. 이는 상관연구와 회귀분석의 중요 개념이므로 꼭 이해하기 바란다.

$$R^2 = \frac{\text{설명된 변화량}}{\text{총변화량}} = \frac{SS_E}{SS_T} = \frac{\Sigma(\widehat{Y}_i - \overline{Y})^2}{\Sigma(Y_i - \overline{Y})^2} \tag{7.14}$$

국어점수와 영어점수에서의 상관비 혹은 결정계수를 계산하면 총변화량은 10이고 설명된 변화량은 9이므로 상관비는 .9이다. 즉, 9는 회귀선에 의해 설명된 변화량이고 1은 설명되지 않고 남아 있는 변화량이므로 이를 분산분석표로 나타내면 〈표 7-3〉과 같다.

〈표 7-3〉 분산분석표에 의한 총변화량, 설명된 변화량, 설명되지 않은 변화량

분산원	제곱합	자유도	제곱평균	F	R^2
설명된 변화량(회귀선)	9	1	9	27	.9
설명되지 않은 변화량(잔여분)	1	3	.33		
총변화량	10				

$F_{1,3,.05} = 10.1$

〈표 7-3〉에서 결정계수는 .9이다. 이는 Y 변수의 총변화량의 90%를 X 변수가 설명하여 준다고 해석할 수 있다. 물론 X 변수의 총변화량의 90%를 Y 변수가 설명하여 준다고도 해석할 수 있다. 국어점수와 영어점수의 예에서 상관관계를 항상 인과관계보다는 상호관계로 해석하기 때문이다.

결정계수 .9의 제곱근을 구하면 얼마가 될까? .949가 된다. 이 계수는 어디서 계산이 되었는지 쉽게 알 수 있다. 제6장에서 계산한 상관계수 값과 동일하다. 여기서 알 수 있는 것은 결정계수 혹은 상관비는 상관계수의 제곱값임을 알 수 있다. 만약 X 변수와 Y 변수의 상관계수가 .5라면 결정계수는 .25로서, 이는 어떤 변수의 총변화량의 25%를 다른 변수가 설명하여 주고 있다는 것이다. 그러므로 어떤 변수의 총변화량의 50% 이상을 설명하여 주려면 두 변수 간의 상관계수는 .70을 넘어야 한다. 자연에 존재하는 변수들 간의 상관계수가 .70 이상이 되는 변수들을 찾기란 쉽지 않다. 그러므로 사회에서 일어나고 존재하는 많은 변수의 변화를 설명하기란 쉽지 않음을 알 수 있다.

SPSS 실행

〈표 7-1〉에 있는 중학생 5명의 자료를 이용하여 회귀등식을 계산하기 위하여 메뉴에서 [분석] ⇨ [회귀분석] ⇨ [선형]을 눌러 선형 회귀 대화상자를 연다. 여기서 종속변수에 영어점수, 독립변수에 국어점수를 지정하고 [확인]을 누르면 된다.

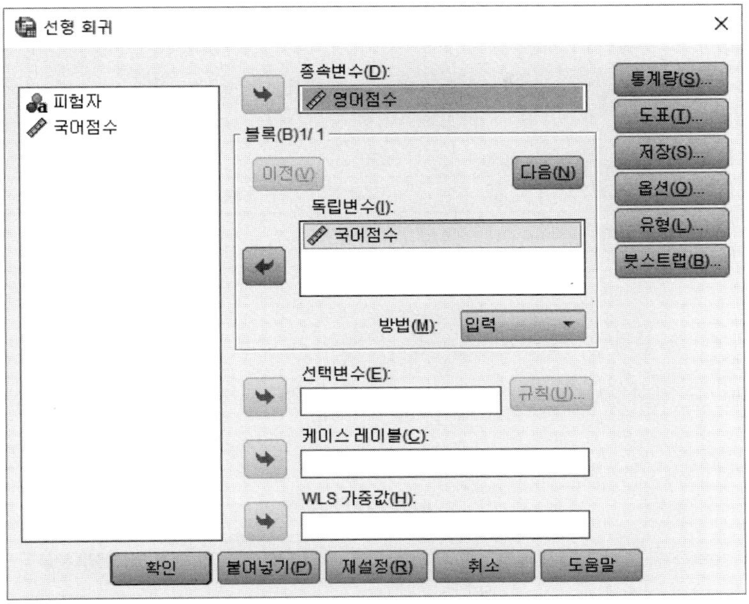

분석 결과

국어점수와 영어점수의 상관계수는 .949이고, 상관계수의 제곱값이 .900이므로 국어점수로 영어점수를 90% 예측할 수 있음을 알 수 있다. 상관계수 값은 제6장 4절의 상관분석 절차에서 얻은 결과와 동일하다.

모형 요약

모형	R	R 제곱	수정된 R 제곱	추정값의 표준오차
1	.949[a]	.900	.867	.577

a. 예측자: (상수), 국어점수

국어점수로 영어점수를 예측하는 회귀분석에서 회귀계수 B_0(절편)는 .000이며, B_1(기울기)은 .750이므로 회귀식은 $\widehat{Y}$(영어점수)=.75X(국어점수)로 제7장 3절에서 산출된 회귀식과 동일하다.

계수[a]

모형		비표준화 계수 B	비표준화 계수 표준화 오류	표준화 계수 베타	t	유의확률
1	(상수)	.000	.632		.000	1.000
	국어점수	.750	.144	.949	5.196	.014

a. 종속변수: 영어점수

Y 변수의 총변화량, 설명된 변화량, 설명되지 않은 변화량을 분산분석표를 통해 확인할 수 있다. 이 결과는 〈표 7-3〉과 동일하다.

ANOVA[a]

모형		제곱합	자유도	평균제곱	F	유의확률
1	회귀	9.000	1	9.000	27.000	.014[b]
	잔차	1.000	3	.333		
	전체	10.000	4			

a. 종속변수: 영어점수

b. 예측자: (상수), 국어점수

jamovi 실행

〈표 7-1〉의 자료로 단순회귀분석을 실시하기 위하여 Analyses ⇨ Regression ⇨ Linear Regression 을 선택한다.

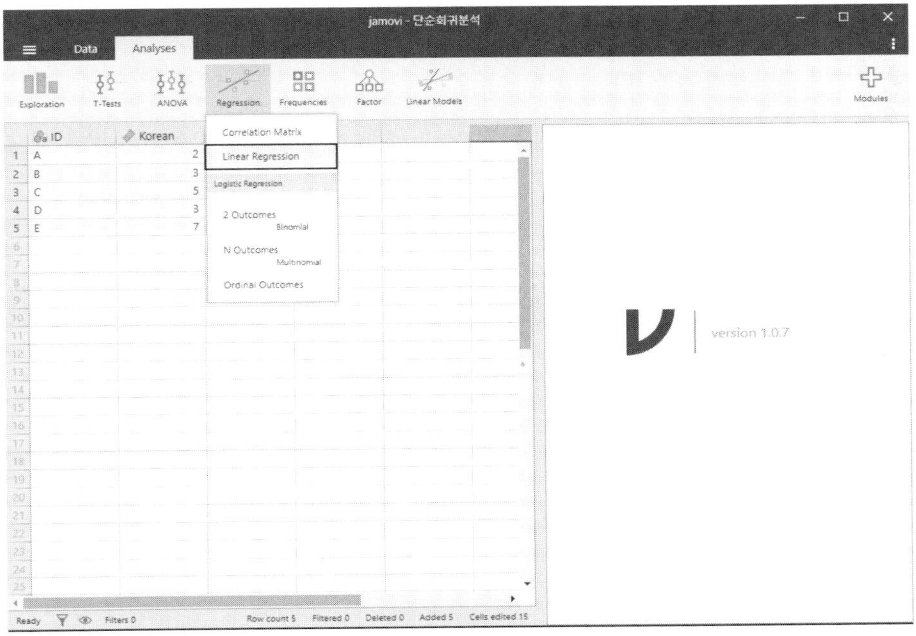

변수 창이 나타나면 종속변수인 'English'를 'Dependent Variable'에, 독립변수인 'Korean'을 'Covariates'에 옮긴다. 독립변수가 연속변수일 때는 'Covariates'에, 명명변수일 때는 'Factors'에 옮겨야 함을 주의하여야 한다.

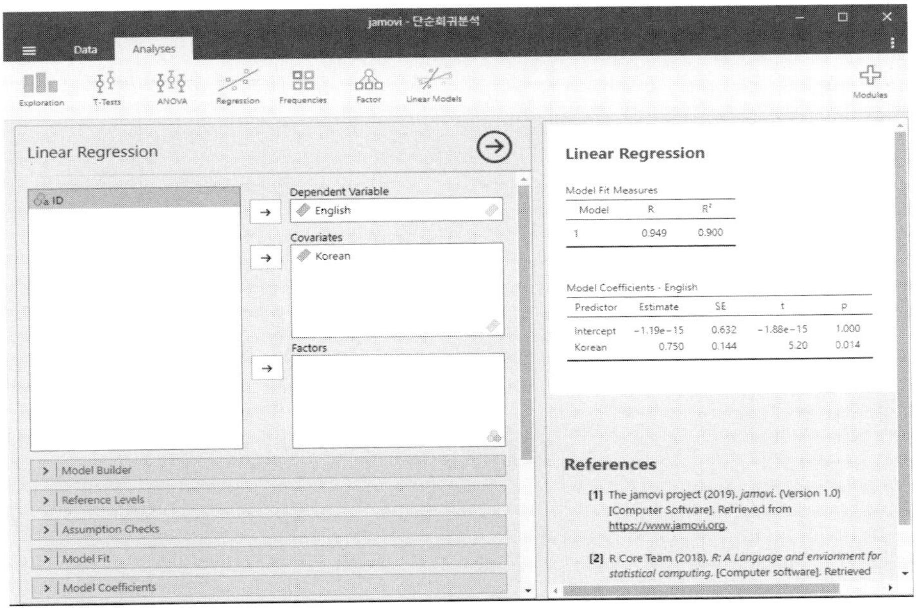

아래의 Model Fit 메뉴를 클릭하면 'Fit Measures' 항목의 'R'과 'R^2'을 체크하여 R과 R^2을 구할 수 있다.

Model Coefficients 메뉴를 클릭하여 'Omnibus Test' 항목의 'ANOVA test'를 체크하면 회귀모형 전체의 유의성을 검정하는 ANOVA table이 결과에 추가된다.

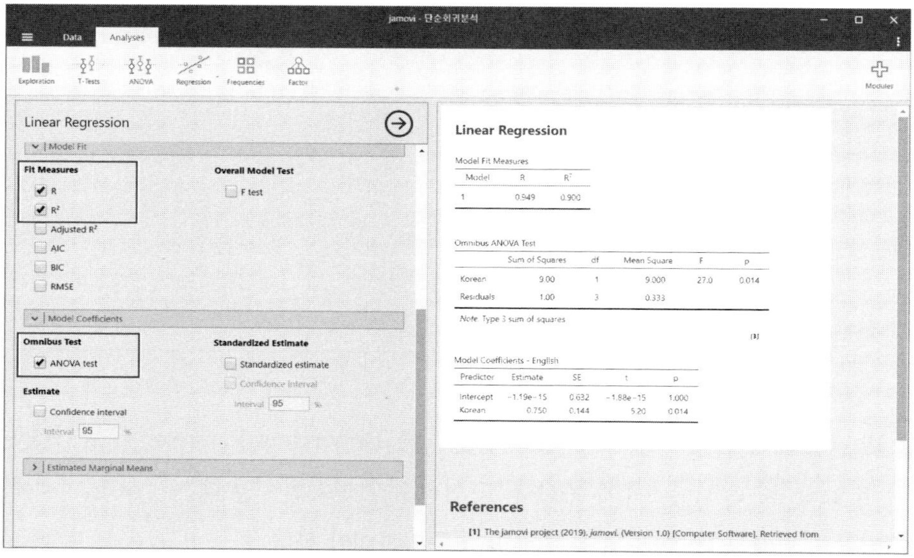

분석 결과는 오른쪽 창에 나타나며, 다음과 같다.

Linear Regression

Model Fit Measures

Model	R	R^2
1	0.949	0.900

Omnibus ANOVA Test

	Sum of Squares	df	Mean Square	F	p
Korean	9.00	1	9.000	27.0	0.014
Residuals	1.00	3	0.333		

Note. Type 3 sum of squares

[3]

Model Coefficients - English

Predictor	Estimate	SE	t	p
Intercept	−1.19e−15	0.632	−1.88e−15	1.000
Korean	0.750	0.144	5.20	0.014

연습문제

1 제6장 연습문제 1번을 보고 다음 문제를 풀라.

a. 회귀등식을 구하라.
b. 연습문제를 네 번 푼 병식이의 기대되는 점수, 총편차, 설명된 편차, 설명되지 않은 편차를 구하라.
c. 연습문제를 다섯 번 푼 정애의 기대되는 점수, 총편차, 설명된 편차, 설명되지 않은 편차를 구하라.
d. 총편차제곱합(SS_T), 설명된 편차제곱합(SS_E), 설명되지 않은 편차제곱합(SS_U)을 구하라.
e. 결정계수(R^2)를 구하고 무엇을 의미하는지 분석하라.
f. 결정계수(R^2)는 무엇과 같은지 분석하라.
g. 분산분석표를 만들라.

2 제6장 연습문제 2번을 보고 다음 문제를 풀라.

a. 회귀등식을 구하라.
b. 주당 학습시간이 21시간인 학생이 얻을 수 있는 기대 학점을 구하라.
c. 총편차제곱합, 설명된 편차제곱합, 설명되지 않은 편차제곱합을 구하라.
d. 분산분석표를 만들라.
e. 결정계수를 구하고 의미를 분석하라.

3 15명의 대학생이 GRE(Graduate Record Examination)검사를 실시한 결과 Quantitative와 Verbal 영역의 점수가 다음과 같았다.

Quantitative	Verbal
570	630
560	520
510	500
500	390
670	580
550	460
410	460
590	670
420	560
650	650
420	420
580	540
460	440
490	530
660	640

a. Quantitative 점수를 X, Verbal 점수를 Y로 하여 회귀등식을 구하라.
b. Quantitative 점수가 550점인 학생이 얻을 것으로 기대되는 Verbal 점수를 계산하라.
c. 그 학생의 총편차, 설명된 편차, 설명되지 않은 편차를 구하라.
d. 총편차제곱합(SS_T), 설명된 편차제곱합(SS_E), 설명되지 않은 편차제곱합(SS_U)을 계산하라.
e. 분산분석표를 만들라.
f. 결정계수를 계산하고 의미를 분석하라.

4 연습문제 3번의 자료를 사용하여 다음 문제를 풀라.

a. Verbal 점수를 X로, Quantitative 점수를 Y로 하여 회귀등식을 구하라.
b. 연습문제 3번의 a에 의한 회귀등식과 어떤 관계가 있는지 비교하라.
c. Verbal 점수가 500점인 학생이 얻을 것으로 기대되는 Quantitative 점수를 계산하라.
d. 그 학생의 Quantitative 점수의 총편차, 설명된 편차, 설명되지 않은 편차를 계산하라.
e. 총편차제곱합, 설명된 편차제곱합, 설명되지 않은 편차제곱합을 계산하라.
f. 분산분석표를 만들라.
g. 결정계수를 계산하라. 그리고 Quantitative 점수를 X로, Verbal 점수를 Y로 했을 때 계산된 결정계수와 어떤 관계가 있는지 비교하라.

제3부

추리통계를 위한 기본 개념

통계는 기술통계와 추리통계로 구분한다. 기술통계는 연구자가 관찰 혹은 수집한 자료를 쉽고 편리하게 서술하는 통계로 관찰된 대상이나 수집된 자료로 대상의 속성을 설명하는 데 그치는 통계이다. 이에 비하여 추리통계는 모집단을 대표하는 표본으로부터 얻어진 통계치 혹은 추정치로 모집단의 속성인 모수치를 추정하는 통계를 말한다. 그러기 위해서 물론 표본은 모집단을 잘 대표하도록 표집되어야 한다.

알지 못하는 모집단의 속성을 알기 위하여 표본에서 얻은 통계치 혹은 추정치로 모집단의 속성을 유추하여 결론을 유도할 때 판정의 오류가 있기 마련이다. 이와 같이 모르는 사실에 대하여 판단을 할 때는 확률에 의하여 의사결정을 하는 것이 타당하다. 그러므로 제3부에서는 추리통계를 위한 확률의 기본 개념과 이항분포, 정규분포, 모집단분포, 표본분포, 표집분포, 중심극한정리, 그리고 의사결정에 따른 판단오류와 가설검정의 원리를 설명한다.

제8장

확률과 이항분포

확률은 통계적 검정, 말하자면 알지 못하는 모집단의 속성을 추리하기 위하여 모집단을 대표하는 표본을 추출하여 모집단의 속성을 판단하는 데 필수적 요소가 된다. 우주에 존재하는 모든 대상의 진짜 속성은 오로지 절대자만이 알 것이요, 우리는 진짜 속성을 알기 위하여 연구를 통하여 그 속성을 추리한다. 그 속성에 대한 판단이 항상 완벽하게 정확하지 않을 수 있다. 물론 경험과학이 아닌 분야에서는 연구의 결과를 강력히 주장하면 절대적이라 할 수 있으나, 여기에도 실수의 가능성은 항상 존재한다. 다만, 실수하는 경우를 인정하지 않으므로 실수할 확률도 표시할 수 없는 것이다.

자료에 근거하는 경험과학에서는 자료분석을 통한 의사결정, 즉 판단을 하는 과정에서 항상 실수할 판단에 해당하는 확률을 제시한다. 사회에 존재하는 모든 현상에 대해 자료를 수집하여 분석한 후 어떤 판단을 내릴 때 그 판단이 얼마나 강력한 주장인지를 짐작할 수 있다. 그러므로 실수를 범할 수 있는지를 확률을 제시함으로써 연구 결과의 해석에 주의를 기울이게 한다.

확률이라는 단어만 보아도 즐겁지 않은 경험과 그에 따른 부정적 자아개념을 가지고 있는 학생들이 있을 것이다. 만약 부정적 개념을 가지고 있다면 그것은 학생들의 능력이나 논리적 사고력 등이 부족하였기 때문이 아니다. 이는 사용한 교재나 학습과 교수방법에 기인한다 해도 과언이 아니다.

고등학교 시절 이해의 수준에도 미치지 못한 상태에서 복잡한 학습단원을 암기하여야 했던 경험에 따른 부정적 자아개념이 있다면 이 순간부터 말끔히 지워버리고 처음부터 차분히 학습하기를 바란다. 이 장에서는 확률, 순열, 조합, 이항분포를 매우 쉽게 설명하고 있다.

1 확률

확률이라 하면 한마디로 정의를 내릴 수 없다 해도 많은 사람이 직감적으로 알고 있다. 예를 들어, 동전을 던져 앞면이 나오는 확률을 물으면 즉각적으로 1/2이라 대답할 것이고, 주사위를 던져 5가 나올 확률을 물으면 1/6이라 대답할 것이다. 1/2과 1/6에 의문을 제기하지 않는 사람은 제8장의 순열, 조합, 이항분포를 충분히 이해할 기본 능력을 가지고 있음을 의심하지 않는다. 만약 자루에 공이 3개 들어 있다면 공 하나가 뽑힐 확률은 당연히 1/3이 된다. 이 예를 통하여 **확률**(probability)의 정의를 정리하면, 확률은 모든 사건이 일어나는 경우의 수 중에 특정사건이 일어나는 경우의 수의 비율을 말한다. A사건이 일어날 확률은 $P(A)$로 표기하며, 그 확률을 계산하는 공식은 다음과 같다.

$$P(A) = \frac{A\text{사건이 일어나는 경우의 수}}{\text{모든 사건이 일어나는 경우의 수}} \tag{8.1}$$

그러므로 확률은 두 가지의 기본적 속성을 가지고 있다.

확률의 속성

1 $0 \le P(A) \le 1$

2 $P(A) + P(\overline{A}) = 1$

주사위를 던질 때 나타날 모든 경우의 수는 1, 2, 3, 4, 5, 6으로 여섯 경우이며,

짝수가 나타나는 경우는 2, 4, 6이므로, 주사위를 던졌을 때 짝수가 나올 확률은 1/2이 된다. 그러므로 그 확률은 첫 번째 기본 속성으로 범위가 0 이상 1 이하에 존재하고, 두 번째 짝수가 나올 확률은 1/2이며 짝수가 아닌 수가 나올 확률, 즉 홀수가 나올 확률은 1/2이므로, 어떤 사건이 나타나는 확률 $P(A)$와 그와 다른 사건이 일어날 확률 $P(\overline{A})$의 합은 1이 된다.

2 사건

동전이나 주사위를 던지거나 어떤 모집단에서 연구의 대상을 무선표집할 때 일어날 수 있는 모든 경우는 사건(event)이 된다. 이 사건은 독립사건과 종속사건, 배반사건으로 분류할 수 있다.

독립사건과 종속사건

독립사건(independent event)이란 어떤 사건이 일어날 확률이 다른 사건이 일어날 확률에 영향을 주지 않는 사건을 말하며, **종속사건**(dependent event)이란 어떤 사건이 일어날 확률이 다른 사건이 일어날 확률에 영향을 주는 사건을 말한다.

예를 들어, 크고 작은 두 개의 주사위가 있을 때 큰 주사위와 작은 주사위에서 각각 3이 나올 확률은 독립사건인가 종속사건인가 하는 질문에는 당연히 독립사건이라는 응답이 나온다. 큰 주사위를 던져서 3이 나오는 경우가 다른 작은 주사위를 던져 3이 나오는 경우에 아무 영향을 주지 않기 때문이다.

다른 예로 어떤 주머니에 3개의 빨강, 노랑, 파랑 공이 있다 하자. 만약 빨간 공과 노란 공을 뽑는다면 이 두 사건은 독립사건인가, 종속사건인가? 대답은 독립사건일 수도 종속사건일 수도 있다. 공을 뽑는 사람이 첫 번째 공을 뽑아 색을 식별하고 다시 주머니에 집어 넣어 다른 공을 뽑는 복원추출(with replacement)의 경우라면 빨간 공과 노란 공이 뽑힐 확률은 다음과 같다.

$$P(\text{빨강 그리고 노랑}) = 1/3 \times 1/3$$

이 경우는 첫 번째 빨간 공이 뽑힐 확률은 모두 3개의 공 중에서 뽑히므로 1/3이고, 공의 색을 확인한 후 다시 주머니에 담아 3개의 공 중에서 노란 공을 뽑으므로 노란 공이 뽑힐 확률 또한 1/3로, 앞의 사건은 나중 사건에 영향을 주지 않는다. 그러므로 복원추출인 경우는 독립사건이 된다. 그러나 복원추출이 아닐 때, 즉 뽑아낸 공을 다시 집어넣지 않고 주머니에 남은 공에서 다음 사건을 시행할 때는 종속사건이 된다.

빨간 공과 노란 공이 뽑힐 확률은 다음과 같다.

$$P(\text{빨강 그리고 노랑}) = 1/3 \times 1/2$$

처음에 3개의 공 중에 빨간 공이 뽑힐 확률은 1/3이 된다. 1개의 공을 뽑아내고 난 후 다시 집어 넣지 않고 2개의 공 중에서 1개의 공, 즉 노란 공을 뽑아낼 확률은 두 공 중 하나이므로 1/2이 된다. 즉, 복원추출이 아닐 경우는 앞의 사건이 나중 사건, 다시 말해 한 사건이 다른 사건에 영향을 주므로 종속사건이 된다.

그러므로 독립사건과 종속사건을 구분하기 위한 방법으로 첫 번째 사건과 두 번째 사건이 일어날 확률이 두 사건이 일어나는 각각의 확률의 곱과 같다면 독립사건이 된다.

$$P(E_1 \text{ 그리고 } E_2) = P(E_1) \cdot P(E_2)$$

이 등식이 성립하면 독립사건이며, 등식이 성립하지 않으면 종속사건이 된다. 독립사건은 모집단을 대표하기 위하여 표본을 추출하는 표집방법 중 무선표집법의 기본조건이 됨을 다시 상기하기 바란다.

배반사건

배반사건(mutually exclusive event)은 상호 배반적인 사건으로 두 사건이 동시에 일어나지 않는 사건을 말한다. 말하자면 A사건과 B사건이 공유하는 부분이 없는 것으로, 그림으로 나타내면 [그림 8-1]과 같다.

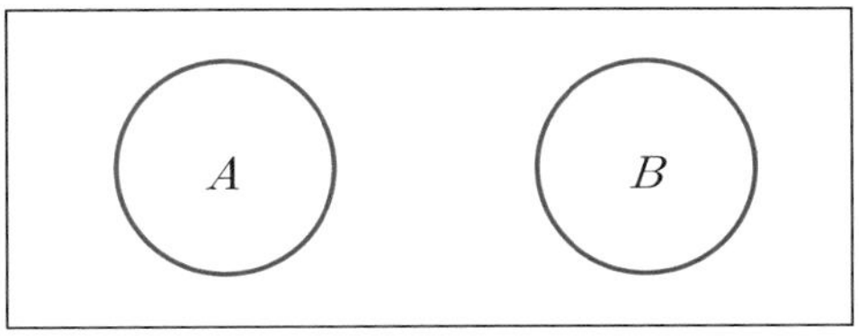

[그림 8-1] 배반사건

예를 들어, 남자이고 여자일 경우의 확률은 0이다. 즉, 남자인 확률과 여자인 확률은 도저히 교차할 수 없는 사건이기 때문이다. 일반적으로 명명척도에 의한 범주변수에 떨어질 확률은 배반사건이 된다.

다음의 등식을 충족시키면 배반사건이 된다.

$$P(E_1 \text{ 그리고 } E_2)=0$$

3 합의 법칙, 곱셈법칙

어떤 사건이 일어나거나 혹은 다른 사건이 일어나는 경우와 어떤 사건이 일어나고 그리고 다른 사건이 일어나는 경우가 있게 된다. 전자의 경우는 $P(E_1$ 혹은 $E_2)$로, 후자의 경우는 $P(E_1$ 그리고 $E_2)$로 표기한다. $P(E_1$ 혹은 $E_2)$를 계산하기 위하여 합의 법칙이 사용된다. 합의 법칙이란 두 사건 E_1, E_2가 동시에 일어나지 않을 때 E_1, E_2가 일어날 경우의 수를 m, n가지라 하면 사건 E_1 혹은 E_2가 일어날 경우의 수는 $m+n$임을 말해 준다. 그러므로 어떤 사건이 일어나거나 혹은 다른 사건이 일어나는 확률은 공식 (8.2)에 의하여 계산할 수 있다.

$$P(E_1 \text{ 혹은 } E_2) = P(E_1) + P(E_2) - P(E_1 \text{ 그리고 } E_2) \tag{8.2}$$

그러나 두 사건이 배반사건일 때는 두 사건이 공유하는 부분이 없으므로 공식 (8.3)과 같다.

$$P(E_1 \text{ 혹은 } E_2) = P(E_1) + P(E_2) \tag{8.3}$$

예를 들어, 주머니에 빨간 공 3개, 파란 공 2개, 노란 공 4개, 주황 공 1개가 있을 때 빨간 공 혹은 주황 공이 뽑힐 확률은 3/10+1/10로서 4/10가 된다.

어떤 사건이 일어나는 조건하에서 다른 사건이 일어나는 확률은 $P(E_1$ 그리고 $E_2)$로 표기하고 곱셈법칙이 적용된다. 두 사건 E_1, E_2가 일어나는 경우의 수가 m, n가지 수라면 두 사건 E_1, E_2가 잇달아 일어나는 경우의 수는 $m \times n$이 된다. 이를 곱셈법칙이라 한다. 그러므로 두 사건이 일어나는 확률은 다음 공식 (8.4)에 의하여 계산할 수 있다.

$$P(E_1 \text{ 그리고 } E_2) = P(E_1) \cdot P(E_2/E_1) \tag{8.4}$$

우변의 앞부분은 어떤 사건이 일어날 확률이고 뒷부분은 어떤 사건이 일어날 조건하에서 다음 사건이 일어나는 확률을 의미한다. 만약 두 사건이 독립사건이라면, 즉 다음 사건이 첫 번째 일어날 사건에 의하여 영향을 받지 않는다면 두 사건이 일어나는 확률은 다음 공식 (8.5)에 의하여 계산할 수 있다.

$$P(E_1 \text{ 그리고 } E_2) = P(E_1) \cdot P(E_2) \tag{8.5}$$

앞의 10개 공 중 첫 번째는 빨간 공이, 그리고 복원추출로 두 번째는 주황 공이 뽑힐 확률은 3/10 · 1/10로서 3/100이 된다.

4 순열

가끔 사물을 순서에 따라 배열하게 된다. 만약 국어책 1권만을 가지고 있을 때 책꽂이에 순서대로 꽂는다면 그 경우는 1가지일 것이다. 만약 국어책과 수학책 2권이 있는데 그 2권을 순서대로 책꽂이에 꽂아 놓는다면 모든 경우의 수는 몇 가지일까? 다음과 같이 2가지 경우가 될 것이다.

		첫 번째 2가지	두 번째 1가지
국어 · 수학	2가지	국어	수학
수학 · 국어		수학	국어

만약 국어책, 수학책과 영어책이 있을 때 책꽂이에 순서대로 3권을 꽂는다면 그 경우의 수는 6가지가 될 것이다.

		첫 번째 3가지	두 번째 2가지	세 번째 1가지
국어 · 수학 · 영어	6가지	국어	수학	영어
국어 · 영어 · 수학		국어	영어	수학
수학 · 국어 · 영어		수학	국어	영어
수학 · 영어 · 국어		수학	영어	국어
영어 · 국어 · 수학		영어	국어	수학
영어 · 수학 · 국어		영어	수학	국어

만약 국어책, 수학책, 영어책, 물리책 4권이 있어 앞의 예처럼 그 순서를 배열한

다면 24가지가 될 것이다. 이와 같이 소유하고 있는 책이 4권 이하라면 그 배열의 순서를 논리적 사고에 의하여 경우의 수를 셀 수 있으나, 만약 5권 이상만 되어도 간단하지는 않을 것이다. 통찰력이 있는 학생은 소유한 책 권수에 따라 순서대로 배열하는 모든 경우의 수가 어떻게 1가지, 2가지, 6가지, 24가지로 계산되었는지를 알 수 있을 것이다. 책 1권을 가지고 있을 때는 당연히 1가지이다. 3권의 책을 가지고 있을 때 첫 번째 책을 선택해서 꽂을 수 있는 경우는 3가지이고, 그다음 두 번째 책을 배열하는 가지 수는 첫 번째 책이 뽑힌 각각의 경우에 2가지 수가 되며, 세 번째 책을 배열하는 가지 수는 첫 번째와 두 번째 책을 배열하고 나머지 책을 꽂는 경우이므로 1가지이다. 그러므로 $3 \times 2 \times 1 = 6$이 된다. 앞에서 설명한 논리에 따라 분석한다면 4권의 책을 순서대로 배열하는 가지 수는 쉽게 $4 \times 3 \times 2 \times 1 = 24$가지임을 알 수 있다. 물론 1권과 2권의 경우도 마찬가지이다. 그러므로 각기 다른 n개의 사물을 순서대로 배열하는 가지 수는 $n(n-1)(n-2) \cdots\cdots 3 \cdot 2 \cdot 1$이 된다. 이와 같이 길게 표현된 계산절차를 $n!$이라 쓰며 **n의 계승** 혹은 **n의** factorial이라 읽는다.

각기 다른 n개를 순서대로 배열하는 가지 수는 다음과 같이 계산된다.

$$n! = n(n-1)(n-2) \cdots\cdots 3 \cdot 2 \cdot 1$$

5!은 $5 \cdot 4 \cdot 3 \cdot 2 \cdot 1$로 120이 되며 0!은 1이라는 사실을 미리 말해 둔다.

국어, 수학, 영어의 3권의 책을 가지고 있ㄴ는데 이 중 1권만 골라 순서대로 책꽂이에 꽂는 가지 수와 2권만 골라 순서대로 책꽂이에 꽂는 가지 수, 3권 모두 골라 순서대로 책꽂이에 꽂는 가지 수를 이야기해 보자.

3권 중 우선 1권만 골라 순서대로 책꽂이에 꽂는다면

국어
수학 ┐ 3가지가 된다. 3!/(3−1)!
영어

3권 중 우선 2권만 골라 순서대로 책꽂이에 꽂는다면

국어 · 수학
국어 · 영어
수학 · 국어
수학 · 영어 ┐ 6가지가 된다. 3!/(3−2)!
영어 · 국어
영어 · 수학

3권 중 우선 3권 모두 골라 순서대로 책꽂이에 꽂는다면

국어 · 수학 · 영어
국어 · 영어 · 수학
수학 · 국어 · 영어
수학 · 영어 · 국어 ┐ 6가지다. 3!/(3−3)!
영어 · 국어 · 수학
영어 · 수학 · 국어

$n!/(n-r)!$

만약 각기 다른 책이 4권 혹은 5권 이상이 있을 때 1권 혹은 2권, 3권 등을 골라 책꽂이에 순서대로 꽂는 가지 수를 세어 보는 것은 시간낭비일 뿐 아니라 간혹 실수를 범하게 된다.

그렇다면 앞의 예에서 3권 중 1권을 뽑아 순서대로 책꽂이에 꽂을 때는 3가지 수, 2권일 경우는 6가지, 3권의 경우는 6가지로 이 가지 수들이 계산되는 어떤 법칙을 발견할 수 있다.

3은 3!/(3−1)!이요, 6은 3!/(3−2)!이며, 또 6은 3!/(3−3)!임을 알 수 있다. 분자 부분은 각기 다른 3권의 책을 순서대로 배열하는 3!이고, 분모는 첫 번째는 1권을 골랐으므로 (3−1)!이요, 두 번째는 2권을 골랐으므로 (3−2)!, 세 번째는 3권을 골랐으므로 (3−3)!이라는 규칙을 발견하게 된다. 분자는 각기 다른 n개를 배열하는 가지 수로 $n!$이고 분모는 각기 다른 n개에서 선택한 r개를 뺀 후 그 값의 계승을 취한 것이 된다. 그러므로 각기 다른 n개에서 r개를 선택하여 순서대로 배열하는

가지 수는 $n!/(n-r)!$로 쉽게 계산할 수 있음을 알 수 있다. 이를 **순열**(permutation)이라 하며 P로 표기한다. 즉, n개의 원소를 가진 집합에서 r개의 원소를 선택하여 순서대로 배열하는 것을 n개에서 r개를 택하는 순열이라 하며, 이 순열의 수는 다음 공식 (8.6)에 의하여 계산할 수 있다.

$$_nP_r = P_n^r = n!/(n-r)! \tag{8.6}$$

만약 국어책, 수학책, 영어책, 물리책 4권이 있는데, 이 4권 중 2권을 택하여 순서대로 책꽂이에 꽂는다면 그 가지 수, 순열의 수는 얼마일까? 우선 논리적으로 열거하면 다음과 같은 경우가 나타나서 총 12가지가 될 수 있다.

국어 · 수학
국어 · 영어
국어 · 물리
수학 · 국어
수학 · 영어
수학 · 물리
영어 · 국어
영어 · 수학
영어 · 물리
물리 · 국어
물리 · 수학
물리 · 영어

12가지

이를 순열을 계산하는 공식 (8.6)에 대입하면 $_4P_2$로서 $4!/2!$으로 12가지가 됨을 쉽게 알 수 있다.

통계는 논리이므로 이상에서 설명한 사실을 개념적 수준에서 이해하여야 다음 단원의 이해가 쉽다.

순열을 위한 기본법칙은 다음과 같다.

순열의 기본법칙

1 $_nP_r = P_n^r = n!/(n-r)!$

2 $0! = 1$

3 $_nP_n = n!$

4 $_nP_0 = 1$

5 조합

각기 다른 n개를 순서를 고려하여 늘어놓는 경우의 수는 $n!$이라 하였다. 3권의 각기 다른 책의 순서를 고려하여 늘어놓으면 3!으로 6가지 경우가 된다.

3권 중 2권을 선택하여 순서대로 배열하는 경우의 수는 ${}_3P_2$로서 역시 6가지 경우가 된다. 그러나 만약 3권의 책 중 2권이 같은 책이라면 늘어놓는 경우의 수는 다를 것이다. 만약 국어책 1권과 수학책 2권이 있다면 책을 배열하는 경우의 수는

국어 · 수학 · 수학
수학 · 국어 · 수학 ⎬ 3가지 수가 된다. 3!/2!1!
수학 · 수학 · 국어

만약 3권의 책이 모두 같다면 책을 늘어놓는 경우의 수는 국어 · 국어 · 국어로 1가지 수가 된다. 이는 3!/3!로 계산될 수 있다.

각기 다른 3권일 때 책을 늘어놓는 수는 6가지, 2권이 같을 때는 3가지, 그리고 3권이 모두 같을 때는 1가지 수가 된다. 여기서 하나의 법칙을 발견할 수 있다. 3권의 책을 배열할 때 2권이 동일하면 배열하는 경우의 수는 3!/2!이며, 3경우 모두 같은 책일 때는 3!/3!로서 한 가지 경우이다. 즉, n개의 원소 중에 동일한 원소들이 p, q, r개 있다면 이들을 배열하는 경우의 수는 $n!/p!q!r!$이다. 만약 4권의 책 중 2권이 국어책, 2권이 수학책이라면 배열하는 경우의 수는 4!/2!2!으로서 6가지 경우일 것이다. 이 경우의 수를 세어서 확인하기 바란다.

순열에서 각기 다른 책 3권 중 1권을 뽑아 순서대로 배열하면 3경우, 2권을 뽑아 순서대로 배열하면 6경우, 3권을 뽑아 순서대로 배열하면 6경우였다.

만약 순서를 고려하지 않고 배열한다면, 즉 3권 중 1권을 뽑아 배열하면,

국어
수학 ⎬ 3경우이다. ${}_3P_1/1!$
영어

3권 중 2권을 뽑아 순서를 고려하지 않고 배열하면,

국어 · 수학
수학 · 국어] 1

국어 · 영어
영어 · 국어] 1

수학 · 영어
영어 · 수학] 1

] 3경우가 된다. 이는 ${}_3P_2/2!$로 계산된다.

3권 중 3권을 모두 뽑아 순서를 고려하지 않고 배열하면,

국어 · 수학 · 영어
국어 · 영어 · 수학
수학 · 국어 · 영어
수학 · 영어 · 국어
영어 · 국어 · 수학
영어 · 수학 · 국어

] 1경우이다. 이 역시 ${}_3P_3/3!$로 계산된다.

순서를 고려하지 않고 3권의 다른 책에서 1권, 2권, 3권을 선택하여 배열하는 경우의 수는, 순서를 고려하여 3권의 책 중 1권, 2권, 3권을 선택하여 배열하는 순열 수를 선택하는 요소 수의 계승으로 나누면 쉽게 계산된다.

예를 들어, 각기 다른 국어, 수학, 영어, 물리책 중 2권을 선택하여 순서를 고려하지 않고 책꽂이에 꽂는다면 그 경우의 수는 얼마일까?

우선 순서를 고려하여 배열하는 순열의 수는 다음과 같이 12경우가 된다.

국어 · 수학
국어 · 영어
국어 · 물리
수학 · 국어
수학 · 영어
수학 · 물리
영어 · 국어
영어 · 수학
영어 · 물리
물리 · 국어
물리 · 영어
물리 · 수학

] $${}_4P_2 = 4!/(4-2)! = 12$$

순서를 고려하지 않고 같은 요소가 있는 것을 분류하면 6가지가 된다.

국어 · 수학
국어 · 영어
국어 · 물리
수학 · 영어
수학 · 물리
영어 · 물리

$_4P_2/2! = 12/2 = 6$

앞에서 설명한 바와 같이 n개의 요소 중에 r개를 선택하여 순서를 고려하지 않고 배열하는 경우의 수는 $_nP_r/r!$로 계산된다.

각기 다른 n개의 원소에서 r개를 선택하여 이 r개의 원소를 순서를 고려하지 않고 배열한 각각의 집합을 n개에서 r개를 택하는 **조합**(combination)이라 하며, $_nC_r$로 나타낸다. 그리고 $_nC_r$은 공식 (8.7)과 같다.

$$_nC_r = {_nP_r}/r! = n!/(n-r)!r! \tag{8.7}$$

4권의 책 중 3권을 선택하여 순서에 구애받지 않고 늘어놓은 조합의 수를 실제적으로 열거하면 4경우이고 공식에 의하여 계산해도 다음과 같이 4경우가 된다.

$$_4C_3 = {_4P_3}/3! = 4!/(4-3)!3! = 4!/3! = 4$$

조합의 기본법칙은 다음과 같다.

조합의 기본법칙

1 $_nC_r = n!/(n-r)!r!$

2 $_nC_r = {_nC_{n-r}}$

3 $_nC_0 = 1$

6 이항분포

제8장 4절과 5절에서 설명한 순열과 조합을 숙지하고 동전놀이를 하면서 이항분포를 설명하고자 한다. 물론 여기서 사용되는 동전은 앞면과 뒷면이 나올 확률이 같은 동전을 말한다.

동전을 세 번 던질 때 나올 수 있는 경우의 수는 [그림 8-2]와 같다.

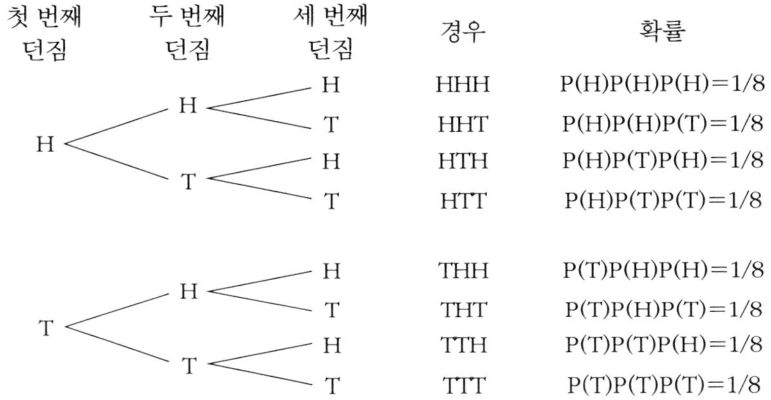

[그림 8-2] 동전을 세 번 던질 때 나타나는 경우와 그에 따른 확률

전체 사건 수는 8번이 되며 이는 2^3이 된다. 이러한 경우를 앞면 수에 의하여 도수와 확률을 계산하면 〈표 8-1〉과 같다.

〈표 8-1〉 동전을 세 번 던질 때 앞면 수에 따른 도수와 확률

앞면 수(사건)	도 수	확 률	확률 계산
3 HHH	1	1/8	1×P(H)P(H)P(H) 1×1/2 · 1/2 · 1/2
2 HHT HTH THH	3	3/8	3×P(H)P(H)P(T) 3×1/2 · 1/2 · 1/2
1 HTT THT TTH	3	3/8	3×P(H)P(T)P(T) 3×1/2 · 1/2 · 1/2
0 TTT	1	1/8	1×P(T)P(T)P(T) 1×1/2 · 1/2 · 1/2

동전을 네 번 던질 때 나올 수 있는 모든 경우의 수와 그에 따른 확률은 [그림 8-3]과 같다. 일단 나올 수 있는 모든 사례 수는 2^4으로 16가지가 된다.

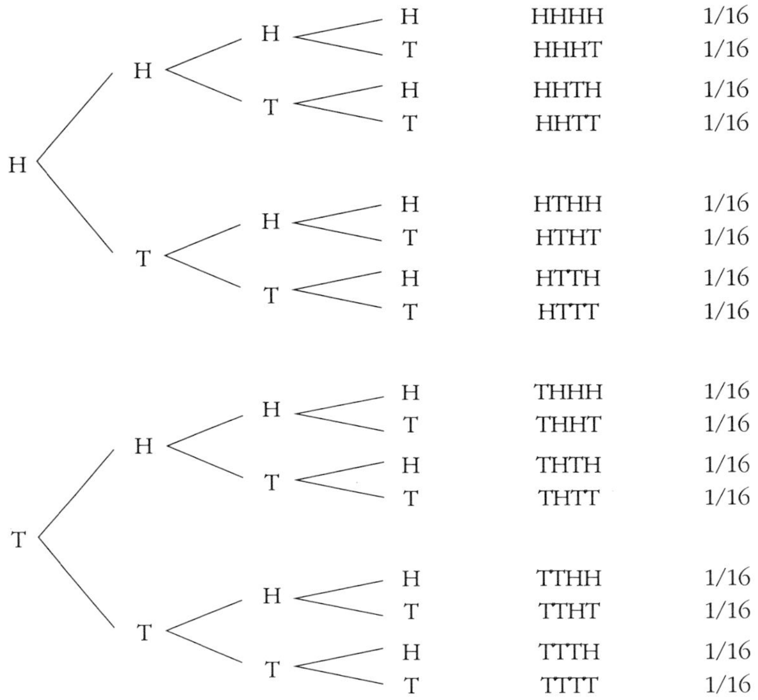

[그림 8-3] 동전을 네 번 던질 때 나타나는 경우와 그에 따른 확률

동전의 앞면과 뒷면이 나타날 순서를 고려하지 않고 앞면 수에 의한 도수, 확률표를 만들면 〈표 8-2〉와 같다.

〈표 8-2〉 동전을 네 번 던질 때 앞면의 수에 따른 도수와 확률

앞면 수(사건)	도 수	확 률	확률 계산
4 HHHH	1	1/16	1×P(H)P(H)P(H)P(H) 1×1/2 · 1/2 · 1/2 · 1/2
HHHT 3 HHTH HTHH THHH	4	4/16	4×P(H)P(H)P(H)P(T) 4×1/2 · 1/2 · 1/2 · 1/2
HHTT 2 HTHT HTTH THHT THTH TTHH	6	6/16	6×P(H)P(H)P(T)P(T) 6×1/2 · 1/2 · 1/2 · 1/2
HTTT 1 THTT TTHT TTTH	4	4/16	4×P(H)P(T)P(T)P(T) 4×1/2 · 1/2 · 1/2 · 1/2
0 TTTT	1	1/16	1×P(T)P(T)P(T)P(T) 1×1/2 · 1/2 · 1/2 · 1/2

〈표 8-1〉과 〈표 8-2〉를 보면 도수는 조합에 의하여 쉽게 계산된다. 동전을 세 번 던질 때 앞면이 나오는 경우의 수는 다음과 같이 계산된다.

3번 나오는 도수 $= 1 \rightarrow {}_3C_3$

2번 나오는 도수 $= 3 \rightarrow {}_3C_2$

1번 나오는 도수 $= 3 \rightarrow {}_3C_1$

0번 나오는 도수 $= 1 \rightarrow {}_3C_0$

동전을 네 번 던질 때 앞면이 나오는 경우의 수는 다음과 같이 계산된다.

4번 나오는 도수 = 1 → ${}_4C_4$

3번 나오는 도수 = 4 → ${}_4C_3$

2번 나오는 도수 = 6 → ${}_4C_2$

1번 나오는 도수 = 4 → ${}_4C_1$

0번 나오는 도수 = 1 → ${}_4C_0$

또한 사건에 대한 확률은 그 사건이 일어나는 확률들을 곱셈법칙에 의하여 곱한 것이 된다. 왜냐하면 동전을 던지는 각 시행은 각기 독립사건이며 앞면이 나타날 사건과 뒷면이 나타날 사건은 배반사건이기 때문이다. 그러므로 동전을 세 번 던질 때 세 번 모두 앞면이 나오는 확률은 쉽게 전체 도수가 8일 경우 중 1가지이므로 1/8이 되며, 다르게 설명하면 독립사건의 곱셈법칙에 의해 확률계산은 $P(H=3) = P(H) \cdot P(H) \cdot P(H) = 1/2 \times 1/2 \times 1/2 = 1/8$이다. 만약 앞면이 두 번 나오고 뒷면이 한 번 나온다면 $P(H=2) = P(H) \cdot P(H) \cdot P(T) = 1/2 \cdot 1/2 \cdot 1/2 = 1/8$이 된다. 〈표 8-1〉을 참고하면 이와 같은 경우의 수가 3이므로, 동전을 세 번 던질 때 앞면이 두 번, 그리고 뒷면이 한 번 나오는 전체 확률은 $3 \times 1/8$이 된다.

앞의 설명을 종합하여 동전을 세 번 던질 때 앞면이 두 번 나오는 사건의 전체 확률은 $P(H=2) = {}_3C_2 P(H)^2 P(T)^1$이 된다. 동전을 세 번 던질 때 앞면이 두 번 나오는 경우의 수는 3이므로 ${}_3C_2$로 계산되고, 각 경우의 수의 확률은 $P(H)P(H)P(T)$이기 때문이다.

동전놀이를 위하여 어떤 사건이 일어나는 확률의 일반적인 공식은 다음과 같다.

$$P(H=r) = {}_nC_r P(H)^r P(T)^{n-r} \qquad \textbf{(8.8)}$$

n: 동전을 던진 횟수
r: 앞면의 수

이상의 동전놀이를 분석하여 보면 다음과 같은 세 가지 특징이 나타난다.

첫째, 두 사건은 상호 배반적이다. 즉, 앞면과 뒷면은 동시에 나타나지 않는다.

둘째, 동전을 던지는 각 시행은 독립적이다.

셋째, 동전의 앞면, 혹은 뒷면이 나오는 확률은 불변한다.

이와 같은 세 가지 특징을 충족하는 과정을 **Bernoulli 과정**이라 하고 Bernoulli 과정에 의한 확률분포를 **이항분포**(binominal distribution)라 한다. 즉, 두 사건만이 일어나며, 그 두 사건은 상호 배반적이고, 각 시행은 독립적일 때에 확률분포를 이항분포라 한다. Bernoulli 과정을 충족하는 조건하에서 동일하고 독립적인 시행을 n번 할 때 어떤 사건이 r번 일어나는 확률은 다음 공식 (8.9)에 의하여 계산할 수 있다.

$$P(X=r) = {}_nC_r\, p^r q^{n-r} \tag{8.9}$$

n: 독립시행 횟수
r: 어떤 특정사건이 일어나는 횟수
p: 어떤 특정사건이 일어날 확률
q: $1-p$

이와 같이 이항분포에서 어떤 사건이 일어날 수 있는 확률을 계산하기 위한 일반공식을 유도하지 않고서 동전을 열 번 던질 때 가능한 사건의 수를 열거하고 그에 따른 확률을 계산하기는 간단하지 않다.

동전을 5번 던져 앞면이 2번 나오는 확률을 계산할 때 모든 경우의 수를 열거하여 그에 따른 확률을 계산하기보다는 계산공식에 대입하면 $P(X=2) = {}_5C_2(1/2)^2 \cdot (1/2)^3$으로 간단히 확률이 .3125임을 알 수 있다. 실제로 모든 경우를 열거하고 〈표 8-1〉, 〈표 8-2〉와 같이 작성하여, 계산공식에 의한 확률과 비교하기 바란다.

이항분포의 속성은 모수로 n과 p로 나타낸다. n은 독립시행 수를 말하며, p는 어떤 사건이 일어날 확률을 말한다. 이항분포의 평균과 분산은 어떻게 계산되는지 알아보자.

동전을 3번 던질 때 평균, 즉 기대되는 앞면이 나오는 횟수는 동전이 바르다면 아무 생각없이 1.5라 답할 수 있다. 8가지의 경우 앞면 수를 열거하면 3, 2, 2, 2, 1, 1, 1, 0이 되므로 이 값들의 평균은 1.5가 되고 분산은 .75가 된다. 동전을 4번 던질 때 평균, 기대되는 앞면이 나오는 횟수는 2가 되며 분산은 1이 된다. 두 경우에서 공통적으로 알 수 있는 것은 평균은 독립시행 횟수와 어떤 사건이 일어날 확률에 의하여 계산되고, 표준편차는 독립시행 횟수와 어떤 사건이 일어날 확률, 그리고 다른 사건이 일어날 확률에 의하여 계산된다는 것이다.

동전을 4번 던질 때 평균 $= 4 \cdot (1/2) = 2$, 분산 $= 4 \cdot (1/2) \cdot (1/2) = 1$ 이다.

그러므로 **이항분포**의 **평균**과 **분산**은 다음 공식 (8.10), (8.11)에 의하여 계산할 수 있다.

$$\mu = np \tag{8.10}$$

$$\sigma^2 = npq \tag{8.11}$$

이항분포에서 어떤 사건이 일어날 확률에 따라 분포의 형태는 정규분포 혹은 편포를 이룰 수 있다. 만약 p값이 .5이면 좌우대칭인 정규분포를 나타내고 p값이 .5보다 작을 경우는 정적편포이며, .5보다 클 경우 부적편포를 나타낸다. 시행횟수 n이 4이면서 어떤 사건이 일어날 확률 p가 각각 1/2, 1/3, 그리고 2/3일 때의 이항분포의 형태는 [그림 8-4]와 같다.

n이 4이고 p가 .5일 때 〈표 8-1〉을 참고한 이항분포의 형태는 [그림 8-4]의 (a)에서와 같이 정규분포의 형태를 나타내고, p가 1/3로서 .5보다 작을 경우는 [그림 8-4]의 (b)처럼 정적편포를 나타낸다. 또한 p값이 .5보다 큰 2/3일 때 [그림 8-4]의 (c)와 같이 부적편포를 갖는다.

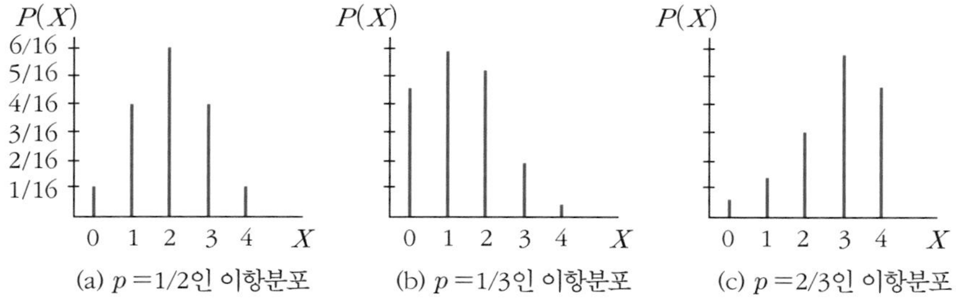

[그림 8-4] n이 4이고 p가 1/2, 1/3, 2/3일 때 이항분포의 형태

독립시행 횟수가 많을 경우에 p값에 따라 이항분포는 어떤 형태의 분포를 나타내는가를 알기 위하여 p가 .01일 때 시행횟수 n에 따른 이항분포의 형태를 알아보면 [그림 8-5]와 같다.

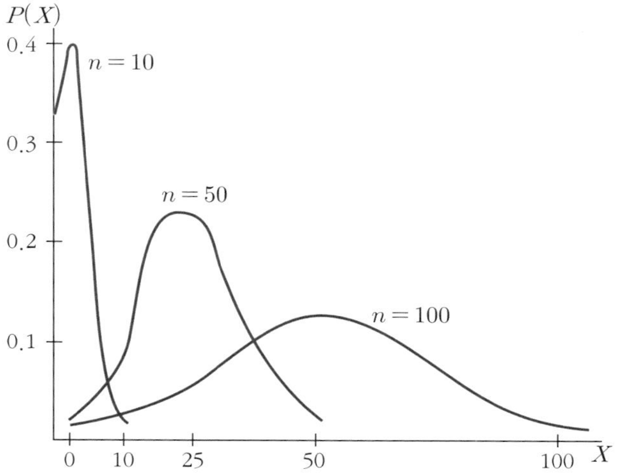

[그림 8-5] p =.01일 때 n의 수에 따른 이항분포의 형태

[그림 8-5]에서와 같이 p값이 .5가 아니더라도 독립시행 횟수 n을 크게 하면 이항분포가 정규분포의 형태를 나타냄을 알 수 있다. 독립시행의 횟수가 많을 때, 즉 $np > 5$ 그리고 $nq > 5$의 조건을 만족시키면 이항분포는 정규분포(normal distribution)의 형태를 이룬다.

연습문제

1 다음 사건들이 일어날 확률을 계산하라.

a. 태어날 아기가 여자일 확률
b. 윷을 던질 때 모가 나올 확률
c. 주사위를 던질 때 5가 나올 확률
d. 주사위를 던질 때 짝수가 나올 확률
e. 사지 선다형 문항의 답을 맞힐 확률

2 자루 안에 5종류의 구슬이 다음과 같이 20개 들어 있다. 다음 연속사건들의 확률을 계산하라.

색 깔	수
빨강	3
노랑	5
초록	6
파랑	4
보라	2

a. 공을 세 개 뽑을 때 빨강, 초록, 파란 공의 순서로 뽑힐 확률 (복원추출)
b. 공을 세 개 뽑을 때 빨강, 초록, 파란 공의 순서로 뽑힐 확률 (복원추출이 아님)
c. 자루에서 공을 하나 꺼낼 때 그 공이 빨강이거나 보라가 될 확률
d. 자루에서 공을 두 개 꺼낼 때 그 두 개가 빨강이거나 보라가 될 확률

3 동전을 다섯 번 던질 때 일어나는 사건과 그에 따른 확률을 구하라.

4 5개의 사지 선다형 문항 중 추측으로 두 문항의 답을 맞힐 수 있는 확률을 구하라.

5 주사위를 열 번 던질 때 3이 나타나는 도수의 평균과 분산 그리고 표준편차를 구하라.

제9장

정규분포

수집된 자료의 속성을 일목요연하게 나타내기 위하여 그래프를 그릴 때 그래프의 모양에 따라 정규분포, 그리고 치우친 분포를 편포라 하며 편포에는 정적편포와 부적편포가 있다고 하였다. 또한 이항분포에서 $np > 5$ 그리고 $nq > 5$를 충족시키면 정규분포가 된다고 하였다. 제9장에서는 정규분포의 정의와 특징, 그리고 표준정규분포의 정의와 특징을 설명한다.

1 정규분포의 정의와 특징

18세기 우주 관측자들이 우주를 관찰한 후 측정오차를 도표화했을 때 평균이 0인 점을 중심으로 좌우로 흩어진 분포를 그릴 수 있었다. 19세기 많은 생리학자들이 성인의 키를 측정하여 분포를 그렸더니 어떤 점을 중심으로 좌우대칭의 형태를 나타냄을 발견할 수 있었다. 또 매우 키가 큰 사람이나 작은 사람의 수는 희소하며 평균 키의 사람이 많음을 알 수 있었다. 그뿐 아니라 팔의 길이, 또는 갓 태어난 쥐의 체중의 분포 등을 그려 보아도 이와 같은 형태의 분포가 나타남을 발견하였다. 이와 같은 분포를 정규분포라 한다.

정규분포(normal distribution)는 다음과 같은 특징을 가진다.

정규분포의 특징

1 연속변수

2 좌우대칭

a. 평균=중앙값=최빈값

b. 단봉분포(unimodal distribution)

3 면적=1

4 분포의 특징(μ, σ)로 규정

2 정규분포의 형태

정규분포(normal distribution)의 형태는 단봉분포로 평균을 중심으로 좌우대칭이며, μ와 σ에 의해 형태가 달라짐을 알 수 있다. 쉽게 말하여 정규분포의 형태는 종모양으로, 평균이 같고 분산이 각기 다른 분포이며 [그림 9-1]과 같다.

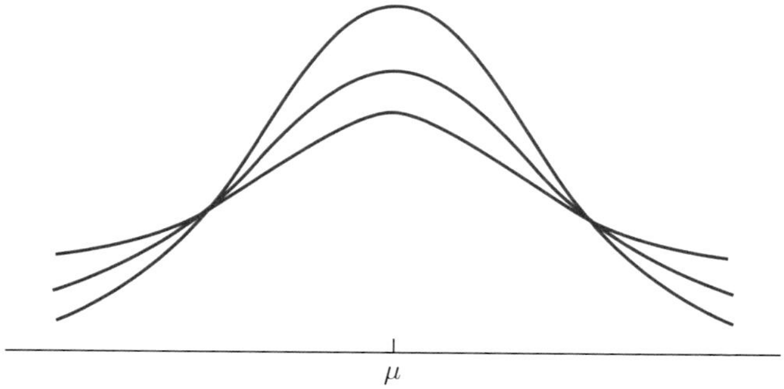

[그림 9-1] 평균이 같고 분산이 다른 정규분포들

[그림 9-1]에서 알 수 있는 것은 3개의 정규분포의 평균은 모두 같고 분산이 다르다는 사실이다. 직감적으로 분산이 클수록 분포의 흩어진 범위는 넓어지며 상대적으로 평균점에서의 분포의 높이가 낮은 데 비하여, 분산이 적을수록 범위는 좁아지고 평균점에서 분포의 높이는 높아짐을 알 수 있다. 이와 같이 평균과 분산

에 의해 정규분포의 형태가 달라진다.

각기 다른 확률분포가 나타남을 설명하기 위하여 Gauss가 연속확률분포로 정규분포를 위한 공식을 제안하였다. Gauss에 의하여 정규분포의 공식이 제안되었으므로 정규분포를 **Gauss곡선**(Gauss Curve)이라고 하며 다른 말로 정상분포라고도 한다. 정규분포를 나타내는 확률밀도함수는 공식 (9.1)과 같다.

$$f(X) = \frac{1}{\sqrt{2\pi\sigma}}\, e^{\frac{-(X-\mu)^2}{2\sigma^2}} \qquad \textbf{(9.1)}$$

μ: 모집단 평균
σ: 모집단 표준편차
π: 3.14159
e: 지수(exponential)=2.71828

공식 (9.1)은 특정한 값 X에 대한 확률밀도함수의 계산공식으로 그래프상에서 X축의 X점에서의 분포의 높이를 나타내며, 이를 종축치라 한다. 그러므로 정규분포를 나타내는 μ와 σ가 다르면 분포의 위치와 흩어진 정도가 다르다는 사실을 알 수 있다. 평균과 표준편차가 각기 다른 세 개의 분포의 예는 [그림 9-2]와 같다.

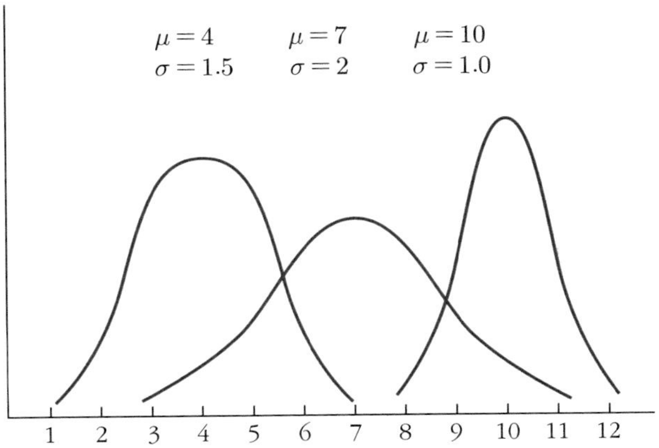

[그림 9-2] 평균과 분산이 다른 세 개의 정규분포

이와 같이 각기 다른 형태의 정규분포라 할지라도 공통적으로 지니고 있는 속성이 있다. 평균을 중심으로 1표준편차 위아래에 전체 사례 수의 68.26%가 존재하며, 2표준편차 위아래에는 전체의 95.44%, 그리고 3표준편차 위아래에는 99.72%가 있음을 [수표 2]를 통하여 알 수 있고, [그림 9-3]과 같다.

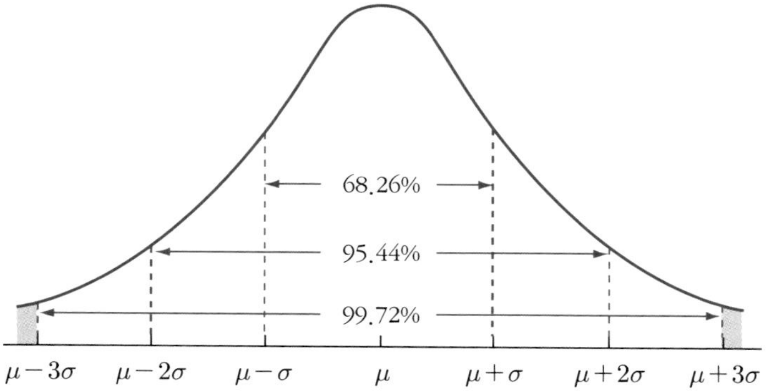

[그림 9-3] 평균 μ를 중심으로 $\pm 1\sigma$, $\pm 2\sigma$, $\pm 3\sigma$범위의 확률 백분위

만약 어떤 대상의 점수가 μ와 같다면 백분위는 50%일 것이고, 평균보다 1표준편차 높다면 84.13%임을 쉽게 알 수 있다.

3 표준정규분포의 정의와 특징

앞 절에서 정규분포의 특징과 형태를 설명하면서 평균과 표준편차에 의하여 분포의 형태가 달라진다고 하였다. 그러나 분포의 형태가 다르다 하더라도 평균을 중심으로 제한된 범위 내의 확률은 같음을 알 수 있었다. 이처럼 다양한 형태의 정규분포를 유일한 하나의 분포로 만든 것을 표준정규분포라 한다. **표준정규분포**(standard normal distribution)란 유일한 분포로 평균은 0, 표준편차는 1로 하는 분포를 말하며, 이를 ***Z*분포** 또는 **단위정규분포**라 한다. 표준정규분포는 [수표 2]에 나타난 확률분포에 입각한 분포이다.

표준정규분포의 특징은 정규분포와 동일하며, 평균이 0이므로 0을 중심으로 좌우대칭이고 표준편차가 1인 [그림 9-4]와 같다.

표준정규분포를 나타내는 확률밀도함수는 공식 (9.2)와 같다.

$$f(Z) = \frac{1}{\sqrt{2\pi}} e^{-\frac{Z^2}{2}} \tag{9.2}$$

Z: $(X-\mu)/\sigma$
π: 3.14159
e: 지수 =2.71828

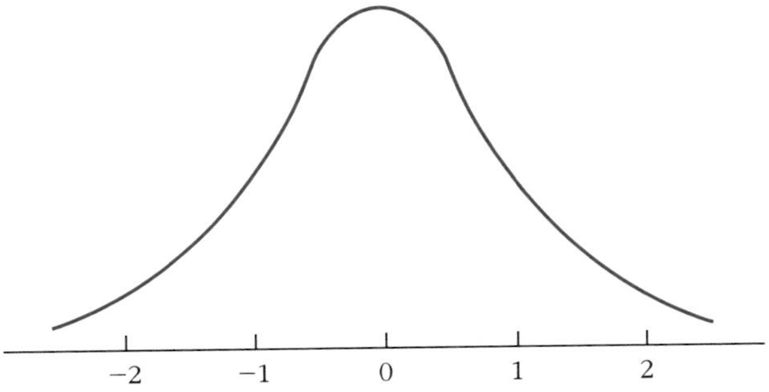

[그림 9-4] 표준정규분포

표준정규분포를 나타내는 확률밀도함수의 공식 (9.2)는 정규분포의 확률밀도 함수 공식 (9.1)에서 보다 간단하게 변화되었음을 알 수 있다. 표준정규분포에서 표준편차는 1이므로 분모 부분은 간단히 생략되며, 지수의 계승 부분의 $(X-\mu)^2/\sigma^2$은 Z점수를 계산하는 공식의 제곱이므로 공식 (9.1)은 공식 (9.2)로 변환된다.

정규분포에서 평균을 중심으로 1표준편차 위아래에 전체 사례 수의 68.26%가 있다고 하였다. 이를 표준정규분포에 의하여 표현하면 0을 중심으로 ±1 사이에 전체 68.26%가 존재한다고 이야기할 수 있다.

어떤 분포가 평균 μ와 표준편차 σ를 가진 정규분포일 때 이 분포를 평균이 0이고 표준편차가 1인 표준정규분포로 변환하여도 이 분포는 정규분포이며, 이때의 점수를 표준점수(standard score) 혹은 Z점수라 한다. 일반적으로 $-3Z$와 $+3Z$ 점수 안에 모든 사례 수가 포함될 수 있다. Z점수를 계산하는 공식은 (9.3)과 같다.

제5장 8절 표준점수에서 자세히 설명하였으므로 환기하기 바란다.

$$Z = \frac{X - \mu}{\sigma} \tag{9.3}$$

X: 변수값
μ: 평균
σ: 표준편차

연습문제

1 정규분포와 표준정규분포의 공통점과 차이점을 설명하라.

2 정규분포의 평균점에서 분포의 높이를 구하라.

3 표준정규분포에 의하여 그에 해당하는 확률을 계산하라.

a. $P(Z > 0)$
b. $P(Z > 1.96)$
c. $P(Z < -1.96)$
d. $P(Z > 1.645)$
e. $P(Z > 1.43)$
f. $P(Z < -.60)$
g. $P(0 < Z < .29)$
h. $P(-1.5 < Z < -.75)$
i. $P(.6 < Z < 1.06)$
j. $P(-1.92 < Z < .63)$

4 30세 남성을 대표하는 16명을 모집단에서 단순무선추출하여 체중을 잰 결과가 다음과 같았다.

64	66	75	65	65	72	70	56
69	64	67	74	74	69	71	75

a. 평균을 계산하라.
b. 표준편차를 계산하라.
c. 체중이 65kg인 사람의 Z점수를 계산하라.
d. 체중이 65kg 미만인 사람은 30세 전체 남성의 몇 %인지 계산하라.

5 지능점수의 평균은 100이고 표준편차가 16이다. 어떤 학생의 지능점수에 대한 상대적 서열이 95%에 있을 때 그 학생의 Z점수와 원점수를 계산하라.

6 제6장 연습문제 2번의 학점을 보고 다음의 물음에 답하라.

a. 학점이 2.00인 학생의 Z점수를 계산하라.
b. 학점이 2.00에 해당하는 확률을 구하라.
c. 학점이 3.80인 학생의 Z점수를 계산하라.
d. 학점이 3.80에 해당하는 확률을 구하라.
e. 학점이 3.2인 학생의 Z점수를 계산하라.
f. 학점이 3.2에 해당하는 확률을 구하라.
g. 상위 10%에 들기 위하여 얻어야 할 학점을 계산하라.
h. 확률과 백분위수(percentile)는 어떤 관계가 있는지 설명하라.

제10장

모집단분포, 표본분포, 표집분포

제2장에서 통계의 기본 개념을 설명하면서 모집단과 표본에 대하여 설명하였다. 이 장에서는 모집단을 구성하는 모든 요소의 분포인 모집단분포와 모집단을 대표하기 위하여 추출된 표본의 표본분포, 그리고 추리통계의 가설검정을 위한 이론적 분포인 표집분포를 설명한다. 특히 표집분포는 추리통계의 매우 중요한 기본 개념이므로 유념하기 바란다.

1 모집단분포

모집단은 연구대상이 되는 사람 혹은 사물의 전체 집합이다. 예를 들어, 우리나라 고등학교 3학년 학생들의 학업성적을 연구한다면 모집단은 우리나라 고등학교 3학년 학생 모두가 된다. 만약 우리나라에 있는 고등학교 3학년에 재학 중인 학생들의 학업적성검사 점수를 그래프로 그린다면 어떤 형태가 될까? 평균학업적성검사 점수를 중심으로 좌우대칭으로 흩어져 있는 정규분포를 그릴 것이다. 성인들의 키와 체중 등 모집단 전체를 측정하여 그래프를 그려도 평균 μ를 중심으로 표준편차인 σ만큼 흩어진 정규분포를 그릴 것이다. 이와 같이 모집단의 속성은 평균이 μ이고 표준편차가 σ인 모수치로 대표되며, 일반적으로 정규분포를 나타낸다. 그러나 많은 경우에 모집단의 방대함과 역동성 때문에 모수치를 알기란 쉽지 않다.

모집단분포(population distribution)란 연구대상이 되는 전체의 속성을 나타내는 분포로 **모수치**인 μ와 σ에 의해 그려지며 [그림 10-1]과 같다.

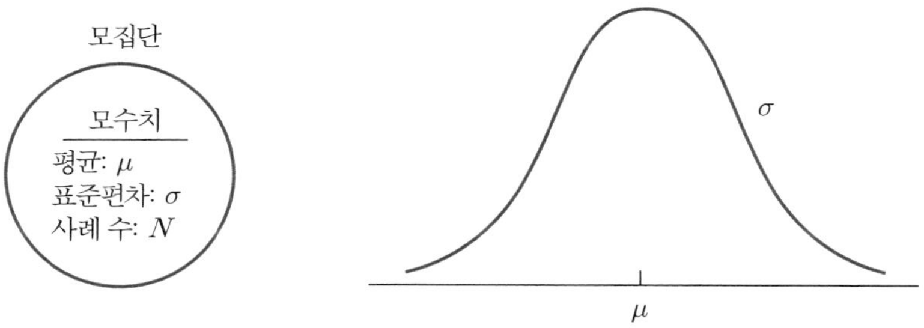

[그림 10-1] 모집단의 속성과 모집단분포

2 표본분포

모집단의 방대함과 역동성 때문에 모집단의 속성을 파악하기란 용이하지 않으므로 모집단의 속성을 알기 위하여 모집단을 대표할 수 있는 표본을 추출하여 표본의 속성으로 모집단의 속성을 추리할 수 있다. 그러므로 추리통계에서 표본분포는 중요한 역할을 한다.

표본분포(sample distribution)란 모집단의 속성을 알기 위하여 모집단을 대표할 수 있게 추출된 대상군의 분포를 말한다. 표본의 속성은 표본에서 얻은 평균 $\overline{Y}$와 표준편차 s로 표기하며 이들을 **통계치**(statistic) 혹은 **추정치**(estimate)라 한다. 모집단분포는 일반적으로 정규분포라 하였으나 표본분포는 항상 정규분포는 아님을 명심하여야 한다. 표본의 크기가 작으면 표집에 따라 정규분포 혹은 편포가 될 수 있다. 표본의 속성과 표본분포는 [그림 10-2]와 같다.

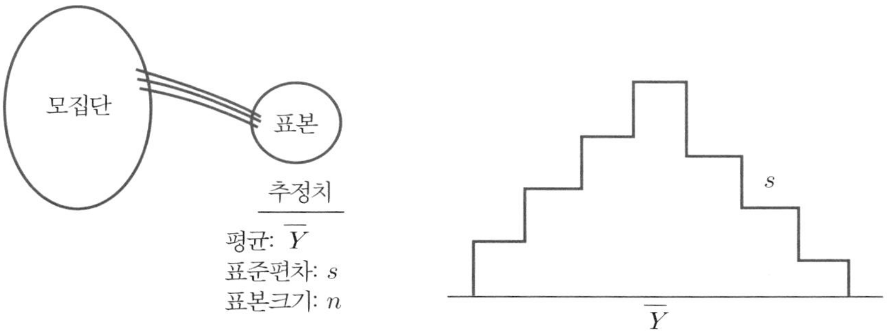

[그림 10-2] 표본의 속성과 표본분포

예를 들어, 30세 남성의 체중을 조사하기 위하여 전국의 30세 남성 500명을 무선추출하여 측정하였더니 평균이 65kg이고 표준편차가 7kg이었다면 65kg인 평균과 7kg인 표준편차는 통계치 혹은 추정치가 된다. 500명의 체중에 의한 분포는 항상 정규분포가 된다고 할 수 없다. 때로는 편포가 될 수도 있으며, 표본의 크기를 줄이면 표본분포가 정규분포가 되기에 용이하지 않다.

3 표집분포

추리통계에서 30세 남성 500명을 추출하여 표본의 평균이 65kg일 때 30세 남성 전체의 평균 체중이 65kg인지 어떻게 검증할 수 있는지 의문이 제기된다. 경험연구에서 통계적 가설을 설정하고 조사나 실험을 통하여 자료를 수집하여 통계적 검증을 실시한 후 그 가설을 지지 혹은 거부한다고 하였다. 그렇다면 연구자는 연구대상이 되는 모집단, 즉 30세 남성의 체중이 얼마일 것이라고 가정한 후 얻은 표본의 평균 65kg이라는 자료로 통계적 가설을 검증하여야 한다. 이때 필요한 분포가 표집분포이다.

모집단분포와 표본분포는 실제적으로 얻을 수 있는 분포인 데 비해 표집분포는 가상적 분포이며, 추리통계를 위한 매우 중요한 요소로 이론적 분포라 한다. 가상적 분포라 함은 실제 행위를 통하여 분포를 그릴 수 없으므로 어떤 가정하에서만 그려지기 때문이다. 즉, 어떤 가정을 전제로 하여 이론적으로 그려질 수 있기 때문에 **이론적 분포**(theoretical distribution)라 한다.

표집분포(sampling distribution)란 추리통계의 의사결정을 위한 이론적 분포로 이론적으로 표본의 크기가 n인 표본을 무한히 반복추출한 후, 무한개의 표본들의 평균을 가지고 그린 분포를 말하며 추정치의 분포라고도 한다. 표집분포는 추리통계의 가설검정을 위한 판단의 기준을 제시하는 기각역과 채택역을 나타내어 준다. 모집단의 분포가 정규분포가 아니더라도 정규분포의 형태를 나타낸다.

표집분포의 구성절차는 다음과 같다. 알지 못하는 속성을 가진 N크기의 모집단의 속성을 알기 위하여 n으로 구성된 첫 번째 표본을 추출하여 평균과 표준편차를 계산하면 $\overline{Y}_1$과 s_1을 얻을 수 있다. 똑같이 n개로 구성된 두 번째 표본을 추출하여 평균과 표준편차를 계산하면 $\overline{Y}_2$와 s_2를 얻게 된다. 이와 같은 절차를 무한히 K번 실시하면 K번째 표본의 평균과 표준편차는 $\overline{Y}_k$와 s_k가 된다. 그러므로 표본들의 평균은 $\overline{Y}_1$, $\overline{Y}_2$, $\overline{Y}_3$, $\overline{Y}_4$, ⋯, $\overline{Y}_{k-1}$, $\overline{Y}_k$이며 표준편차는 s_1, s_2, s_3, ⋯, s_k가 된다.

표집분포는 $\overline{Y}_1$, $\overline{Y}_2$, $\overline{Y}_3$, $\overline{Y}_4$, ⋯, $\overline{Y}_{k-1}$, $\overline{Y}_k$들의 분포가 되므로 표집분포의 속성인 평균은 표본분포 평균들의 평균이 되며, 표준편차는 표본분포 평균들의 표준편차가 된다. 이상에서 설명한 표집분포의 구성절차를 그림으로 그리면 [그림 10-3]과 같다.

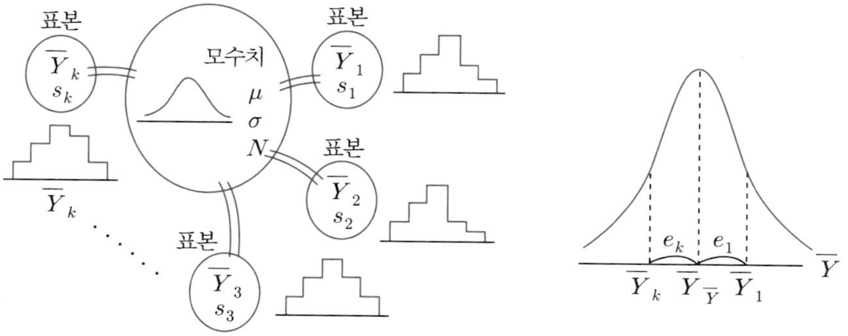

[그림 10-3] 표집분포 형성과정과 표집분포

표집분포의 속성으로 평균은 표본분포 평균들의 평균인 $\overline{Y}_{\overline{Y}}$가 되고 표준편차는 표본분포 평균들의 표준편차인 $\sigma_{\overline{Y}}$가 된다. 표집분포의 표준편차는 추정치의 평균들의 표준편차이므로 이론적으로 다음 공식 (10.1)에 의하여 계산할 수 있다.

$$\sigma_{\overline{Y}} = \sqrt{\frac{\sum_{k=1}^{K}(\overline{Y}_k - \mu_Y)^2}{K}} \qquad (10.1)$$

[그림 10-3]에서 알 수 있듯이 표집이 완벽하였다면 표본의 평균은 표집분포의 평균과 일치할 것이다. 그러나 완벽한 표집은 실제로 불가능하므로 첫 번째 표집부터 K번째 표집까지에서 얻은 평균과 표집분포에서의 평균 간의 오차가 e_1, e_2, e_3, …, e_k로 발생한다. 이는 표집의 잘못으로 인해 생겼음을 알 수 있다. 이를 **표집오차**(sampling error)라 한다.

표집오차는 표본의 평균과 모집단의 평균의 차이를 말하며 다음 공식 (10.2)에 의하여 계산할 수 있다.

$$e_k = \overline{Y}_k - \mu_Y \qquad (10.2)$$

K개의 표본들이 모집단의 평균 μ_Y와 같지 않을 때 모집단 평균과 표본의 평균의 차이는 표집오차로 e_1, e_2, …, e_k개가 존재한다. 표집오차들의 표준편차는 다음 공식 (10.3)에 의하여 계산할 수 있다.

$$\begin{aligned}\sigma_e &= \sqrt{\frac{\sum_{k=1}^{K}(e_k - \overline{e})^2}{K}} \\ &= \sqrt{\frac{\sum_{k=1}^{K}e_k^2}{K}} \quad (\because \overline{e} = 0) \\ &= \sqrt{\frac{\sum_{k=1}^{K}(\overline{Y}_k - \mu_Y)^2}{K}} \qquad (10.3)\end{aligned}$$

공식 (10.1)과 공식 (10.3)이 같으므로 표집분포의 표준편차는 표집오차의 표준편차라 할 수 있다. 이상의 설명에서 표집분포의 표준편차는 모집단분포나 표본분포에서의 표준편차와 다른 개념임을 알 수 있다. 따라서 표집분포의 표준편차를 표준편차라 하지 않고 **표준오차**(standard error)라 한다.

표집분포의 평균과 표준오차를 어떻게 추정하는지가 다음의 질문이 될 수 있다. 이는 중심극한정리에서 설명될 것이고 중심극한정리 전개를 위하여 다음 절에서 간단한 수학적 법칙을 설명하기로 한다.

모집단분포, 표본분포 그리고 표집분포가 어떻게 다르고 어떠한 관계가 있는지를 명확히 하여야 한다.

4 기댓값, 전이법칙, 척도법칙

기댓값

변수 Y의 수학적 기댓값(expectation)의 개념은 이론적 통계에서 매우 중요한 역할을 하고 있다. 만약 변수 Y가 비연속변수일 경우 변수 Y의 **기댓값**은 다음 공식 (10.4)에 의하여 계산할 수 있다.

$$E(Y) = \Sigma Y \cdot P(Y) \qquad (10.4)$$

동전놀이의 경우 동전을 4번 던졌을 때 동전이 바르다고 가정하면 앞면이 나올 평균, 즉 앞면 수의 기댓값은 2가 된다. 이는 공식 (10.4)에 의하여 계산된다. 즉, 동전을 4번 던졌을 때 동전의 앞면이 4번 나올 확률은 1/16, 3번 나올 확률은 4/16, 2번 나올 확률은 6/16, 1번 나올 확률은 4/16, 한 번도 나오지 않을 확률은 1/16이다. 동전을 4번 던질 때 앞면이 나타날 수 있는 평균 경우의 수는 공식 (10.4)에 의하여 어떤 사건, 즉 동전의 앞면 수와 그 사건이 일어날 확률을 곱한 것의 합으로 2가 된다.

변수 Y가 어떤 값도 취할 수 있는 연속변수일 때 기댓값은 다음 공식 (10.5)에 의하여 계산할 수 있다.

$$E(Y) = \int_{-\infty}^{\infty} Y \cdot f(Y) d_Y \tag{10.5}$$

$$\left(\int_{-\infty}^{\infty} f(Y) d_Y = 1.0 \text{일 때} \right)$$

기댓값의 개념으로 평균과 분산을 계산하는 공식을 유도할 수 있다. 모집단 혹은 표본의 평균을 추정하는 공식을 기댓값으로 서술하면 공식 (10.6)과 같다.

$$\mu_Y = \Sigma Y / N = \frac{1}{N} \Sigma Y = \Sigma Y \cdot P(Y) = E(Y) \tag{10.6}$$

즉, 변수의 기댓값은 모집단의 평균이 될 수 있으며, 평균은 $E(Y)$로 표현할 수 있다.

평균을 구하는 일반적 절차와 기댓값을 추정하는 절차가 〈표 10-1〉을 통하여 동일함을 알 수 있다.

〈표 10-1〉 평균 계산공식과 기댓값에 의한 평균 계산 비교

Y_i	P_i	$Y_i P_i$
1	1/4	1/4
3	1/4	3/4
3	1/4	3/4
5	1/4	5/4
12	1.0	

$$\mu_Y = \frac{\Sigma Y_i}{N} = \frac{12}{4} = 3 \qquad E(Y) = \Sigma Y \cdot P(Y) = 3$$

기댓값 표기에 의하여 분산 추정방법을 표현하고자 한다. 제5장에서 분산의 이론적 공식을 설명하였다. 분산공식의 기댓값에 의한 표현은 공식 (10.7)과 같다.

$$\sigma_Y^2 = \frac{\Sigma(Y_i-\mu)^2}{N} = \frac{\Sigma Y_i^2}{N} - \mu_Y^2$$
$$= E(Y^2) - [E(Y)]^2 \tag{10.7}$$

전이법칙

변수 Y를 일정하게 이동, 즉 전이시켰을 때 그 변수의 평균과 분산에 어떤 변화가 일어나는지를 설명하고자 한다. 예를 들어, 〈표 10-1〉에 제시된 수에 상수 5를 더하여 새로운 변수를 만든다면 평균과 분산은 어떻게 변하는지를 〈표 10-2〉를 통하여 알아보자.

〈표 10-2〉 전이법칙 설명을 위한 평균과 분산

Y	$Y+5$
1	6
3	8
3	8
5	10

$\overline{Y}=3$ $\quad (\overline{Y+5})=8=\overline{Y}+5$

$s_Y^2=2$ $\quad s_{(Y+5)}^2=2$

〈표 10-2〉를 통해 어떤 변수에 상수 C를 더하면 새로운 변수의 평균은 원래 변수의 평균에 더한 상수만큼을 더하면 되고, 분산은 변화가 없음을 알 수 있다. **전이법칙**(translation theorem)이란 어떤 변수에 일정 수를 더하거나 뺄 때 변화된 변수의 평균은 더해 주거나 뺀 수만큼 변화되고 분산은 변하지 않는다는 원리이다. 전이법칙을 수식으로 나타내면 다음과 같다.

전이법칙

$$E(Y \pm C) = E(Y) \pm C$$

$$Var(Y \pm C) = Var(Y)$$

척도법칙

변수 Y를 일정한 간격만큼 이동시키는 것이 아니라 변수 Y에 일정 상수 C를 곱하여, 즉 척도의 단위를 변화하여 자료를 치환하였을 경우 새로운 변수의 평균과 분산에 어떠한 영향을 주는지 알아보고자 한다.

〈표 10-1〉의 변수 Y에 상수 2를 곱하여 변수 Y를 치환하였을 때 새로운 변수의 평균과 분산의 변화는 〈표 10-3〉을 통하여 쉽게 알 수 있다.

〈표 10-3〉 척도법칙 설명을 위한 평균과 분산

Y	$2Y$		
1	2		
3	6		
3	6	$\overline{Y}=3$	$\overline{2Y}=6=2\overline{Y}$
5	10	$s_Y^2=2$	$s_{2Y}^2=8=2^2 s_Y^2$

〈표 10-3〉을 통하여 어떤 변수 Y에 상수 C를 곱했을 때 새로운 변수의 평균은 원래 변수의 평균에 상수를 곱한 값이며, 분산은 원래 변수의 분산에 상수의 제곱을 곱한 값과 같음을 알 수 있다. 변수 Y에 어떤 상수 C를 더하였을 경우는 각 변수의 각 값들이 똑같이 전이되었으므로 흩어진 정도에는 변화가 없었으나 각 변수에 상수 C를 곱하면 그 변수의 각 값들의 흩어진 정도는 늘어나므로 분산값은 당연히 커지게 된다. 만약 앞의 자료에서 Y변수를 2로 나누었다면 새로운 변수의 분산은 원래 변수의 분산에 $(1/2)^2$을 곱한 것과 같다. **척도법칙**(scale theorem)이란 어떤 변수에 일정 상수 C를 곱하거나 나누었을 때 변화된 변수의 평균은 원래 변수의 평균에 C를 곱하거나 나눈 값이 되며 분산은 원래 변수의 분산에 일정 상수 C값의 제곱을 곱하거나 나눈 값과 같다는 원리이다.

척도법칙

$$E(CY) = CE(Y)$$

$$Var(CY) = C^2 Var(Y)$$

기댓값, 전이법칙, 척도법칙은 중심극한정리를 이해하기 위한 기본 개념이므로 숙지하기 바란다.

연습문제

1 다음의 용어를 정의하고 특징을 설명하라.

a. 모집단분포
b. 표본분포
c. 표집분포
d. 표집오차
e. 표준오차

2 다음의 비연속변수의 확률분포를 보고 기댓값을 계산하라.

a.

Y	$P(Y)$
5	4/18
0	12/18
−5	2/18

b.

Y	$P(Y)$
5	.1
4	.4
3	.1
2	.3
1	.1

3 기댓값에 의하여 표현된 다음 수식의 답을 구하거나 간략히 하라.

a. $E(17)$
b. $E[(Y+20)/10]$
c. $E[(X-14Y+7)]-E[(X+Y-3)]$
d. $E[(X+Y)^2-X^2-Y^2]$

4 Y_1변수의 평균과 분산이 10, 5이며, Y_2변수의 평균과 분산이 12, 10인 분포를 가정할 때 다음 변수의 평균과 분산을 계산하라.

a. $T = Y_1 + Y_2$
b. $T = ⅓(Y_1 + Y_2)$
c. $T = 2Y_1 - 3Y_2$
d. $T = 3Y_1 + 4Y_2$

5 5명의 성인 신발의 크기를 잰 결과가 다음과 같았다.

250cm, 268cm, 274cm, 260cm, 268cm

a. $E(Y)$를 구하라.
b. $Var(Y)$를 구하라.
c. 5명의 신발에 3cm 길어지는 덧신을 씌웠을 때 덧신을 끼운 신발들의 기댓값을 구하라.
d. 덧신을 끼운 신발들의 분산을 구하라.
e. 원래 신발의 길이 단위를 cm가 아니라 mm로 하였을 경우의 신발들의 기댓값 $E(Y)$와 $Var(Y)$를 구하라. 그리고 a, b의 값과 비교하라.

6 귤의 당도를 검사하는 10명의 연구원들이 하루에 맛보는 귤의 수가 다음과 같다.

10, 9, 12, 11, 10, 9, 8, 9, 10, 12

a. $E(Y)$를 구하라.
b. $Var(Y)$를 구하라.
c. 모든 연구원이 하루에 두 개씩을 더 맛볼 경우의 기댓값을 구하고 a의 답과 어떤 관계가 있는지 규명하라.
d. 하루에 두 개의 귤을 더 맛보았을 경우의 분산을 구하고 b의 답과 어떤 관계가 있는지 규명하라.

제11장

중심극한정리

모집단은 연구의 대상이 되는 사람 혹은 사물의 전체로 모집단의 속성인 평균 μ와 표준편차 σ를 가진다고 하였다. 모집단의 속성인 모수치는 알기가 쉽지 않으므로 표본을 추출하여 모집단의 속성을 추정한다고 하였다. 이와 같이 표본을 추출하였을 때 표본의 속성인 평균 $\overline{Y}$와 표준편차 s는 쉽게 알 수 있다. 그렇다면 표본의 평균들을 가지고 그린 이론적 분포인 표집분포의 평균과 표준편차는 어떻게 계산할 수 있을까? 이에 대한 답을 얻기 위하여 제11장에서는 중심극한정리를 설명한다.

1 중심극한정리의 정의

잠시 잊었던 모집단분포, 표본분포, 표집분포를 환기해 보자. 표본분포의 평균과 표준편차는 얻어진 자료에서 계산할 수 있고, 모집단분포의 평균과 표준편차의 계산은 모집단의 대상이 무한하여 실제적으로 불가능한 경우가 많으며, 때로 모집단의 크기가 작을 경우 계산이 가능하다고 하였다. 그러나 표집분포의 평균과 표준오차는 표집분포 자체가 이론적인 분포 혹은 가상적 분포이므로 논리적, 수리적 절차에 의하여 추정될 수밖에 없다. 물론 모집단에서 크기 n의 표본을 무한히 추출하여 평균과 표준오차를 추정할 수도 있으나 실제적으로는 불가능하다. 왜냐하면 표집을 무한히 해야 하기 때문이다. 그러므로 중심극한정리가 표집분포의 평균과 표준오차를 계산하여 준다. 중심극한정리에 의하여 표집분포의 평균은 모집단의 평균과 같고, 표준오차는 모집단의 표준편차를 표본 크기의 제곱근으로 나눈 값이 된다.

2 중심극한정리의 증명

평생 걸려서도 해결하지 못할 문제를 중심극한정리가 설명하여 주고 있다. **중심극한정리**(central limit theorem)란 표집분포의 평균은 모집단의 평균이고, 표집분포의 분산은 모집단의 분산을 표본의 크기로 나눈 것과 같으며, 표본의 크기가 충분히 클 때($n > 30$) 모집단의 분포와 상관없이 정규분포가 됨을 말한다. 그러므로 표집분포의 표준오차는 모집단의 표준편차를 표본의 크기인 사례 수의 제곱근으로 나눈 값을 말한다.

중심극한정리를 수식으로 표현하면 다음과 같다.

중심극한정리

$$\overline{Y}_{\overline{Y}} = \mu_Y$$

$$\sigma^2_{\overline{Y}} = \frac{\sigma^2_Y}{n}$$

$$\sigma_{\overline{Y}} = \frac{\sigma_Y}{\sqrt{n}}$$

$$\overline{Y} \sim N\left(\mu_{Y,}\ \frac{\sigma^2_Y}{n}\right)$$

표집분포의 평균, 즉 표본의 평균들의 평균인 $\overline{Y}_{\overline{Y}}$와 그 평균들의 분산 $\sigma^2_{\overline{Y}}$을 추정하는 방법을 수리적으로 증명하면 다음과 같이 기댓값의 원리와 척도법칙에 의하여 계산된다.

$$
\begin{aligned}
\overline{Y}_{\overline{Y}} &= E(\overline{Y}) = E(\Sigma Y_i/n) \\
&= E\left[\frac{Y_1 + Y_2 + \cdots\cdots + Y_n}{n}\right] \\
&= E\left(\frac{1}{n}Y_1\right) + E\left(\frac{1}{n}Y_2\right) + \cdots\cdots + E\left(\frac{1}{n}Y_n\right) \\
&= \frac{1}{n}E(Y_1) + \frac{1}{n}E(Y_2) + \cdots\cdots + \frac{1}{n}E(Y_n) \\
&= \frac{1}{n}\mu_Y + \frac{1}{n}\mu_Y + \cdots\cdots + \frac{1}{n}\mu_Y \\
&= \mu_Y
\end{aligned}
$$

표집분포의 평균은 모집단의 평균과 같음을 앞의 논리적 전개에 의하여 알 수 있다. 앞의 증명에서 이해해야 할 부분은 $E(Y_1)$, $E(Y_2)$, ……, $E(Y_n)$이 모집단의 평균 μ_Y로 치환된다는 사실이다. 이는 Y변수의 각 값들이 어떤 모집단에서 추출되었으므로 이 변수의 각 값들의 기댓값은 당연히 모집단의 평균이 되기 때문이다.

표집분포의 분산은 기댓값의 개념과 척도법칙에 의하여 다음과 같이 추정된다.

$$
\begin{aligned}
\sigma^2_{\overline{Y}} &= Var(\overline{Y}) = Var\left(\frac{Y_1 + Y_2 + \cdots\cdots + Y_n}{n}\right) \\
&= Var\left(\frac{1}{n}Y_1\right) + Var\left(\frac{1}{n}Y_2\right) + \cdots\cdots + Var\left(\frac{1}{n}Y_n\right) \\
&= \left(\frac{1}{n}\right)^2 Var(Y_1) + \left(\frac{1}{n}\right)^2 Var(Y_2) + \cdots\cdots + \left(\frac{1}{n}\right)^2 Var(Y_n) \\
&= \left(\frac{1}{n}\right)^2 \sigma^2_Y + \left(\frac{1}{n}\right)^2 \sigma^2_Y + \cdots\cdots + \left(\frac{1}{n}\right)^2 \sigma^2_Y \\
&= \frac{1}{n}\sigma^2_Y
\end{aligned}
$$

표집분포의 분산은 모집단의 분산을 표본의 크기 n으로 나눈 값이 됨을 알 수 있다. 여기서도 마찬가지로 $Var(Y_1)$, $Var(Y_2)$, ……, $Var(Y_n)$이 모집단의 σ_Y^2이 되는 과정에 대한 이해가 필요하다. 이는 Y변수들의 각 값들이 갖고자 하는 분산값은 그 값들이 모집단으로부터 추출되었으므로 결국은 각 값들의 분산의 기댓값은 모집단의 분산이 된다.

표집분포의 표준오차는 분산의 제곱근이므로 **표준오차**는 다음과 같다.

$$\sigma_{\overline{Y}} = \frac{\sigma_Y}{\sqrt{n}}$$

논리적으로도 쉽게 알 수 있듯이 표본의 크기를 크게 하면 당연히 표집으로 인한 오차는 감소하게 된다. 표집분포의 표준오차를 계산하는 절차에 의하더라도 표본의 크기가 크면 표준오차가 작아짐을 알 수 있다. 중심극한정리를 충족시키기 위한 표본의 크기는 30이상 혹은 20이상이라는 주장이 있다. 즉, 표본의 크기 n이 20보다 크면 중심극한정리를 충족시킨다고 할 수 있다.

3 중심극한정리의 역할

표집분포를 추리통계의 의사결정을 위한 이론적 분포라고 하였다. 예를 들어, 30세 남성의 체중을 조사하기 위하여 남자 100명을 무작위 추출하여 체중을 재어 30세 남성 모집단의 체중을 추정하려 할 때 연구자는 가설을 설정하여야 한다. 만약 연구자가 30세 남성의 체중은 70kg이라는 잠정적 진술인 영가설을 유의수준 .05에서 검정하고자 한다면 이 가설을 수용하는 **채택역**과 또 이 가설을 부정하는 **기각역**을 표집분포 위에 설정하여야 한다. 모집단 체중의 표준편차를 10이라 가정하면 표집분포의 평균은 70kg이고 표준오차는 $10/\sqrt{100} = 1$이 된다. 표집분포에 근거하여 30세 남성의 체중이 70kg인지 아닌지를 판단하여야 한다. 유의수준을 .05로 하였으므로 그에 해당하는 Z값은 ± 1.96이 된다. 그러므로 영가설을 채택하는 수용역과 기각역은 [그림 11-1]과 같다.

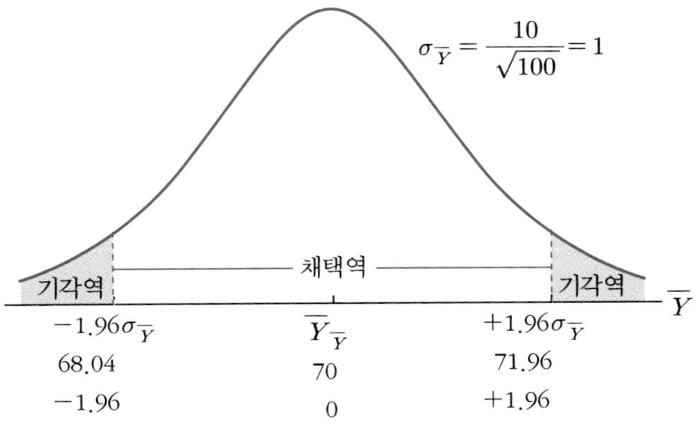

[그림 11-1] 표집분포의 기각역과 채택역

모집단에서 무선추출한 100명의 30세 남성 표본의 평균값이 70kg에 가까우면 30세 남성의 체중이 70kg이라는 영가설을 수용하여야 할 것이고, 70kg보다 멀리 떨어져 있다면 이는 영가설을 기각하여야 할 것이다. 수용하거나 기각하는 기준이 표집분포에 그려지고 유의수준 .05에서 얻어진 표본의 평균이 $70 \pm 1.96\sigma_{\overline{Y}}$ 사이에 위치하면 영가설을 수용하여야 하고, 그 사이에 위치하지 않으면 영가설을 기각하여야 한다. 100명의 30세 남성을 모집단으로부터 무선추출하여 체중을 측정하였을 때 체중의 평균이 65kg이 나왔다면, 30세 남성의 평균체중은 70kg일까? 65kg은 70kg이라 가정하였을 때의 채택역에 있는 것이 아니라 기각역에 있으므로 한국 30세 남성의 체중이 70kg이라는 가설을 수용할 수 없다고 판단할 수 있다. 이상에서 설명한 바와 같이 표집분포는 추리통계에서 의사결정을 하는 기준을 제시하여 주므로 매우 중요하다.

제10장에서 설명한 모집단분포, 표본분포, 표집분포뿐 아니라 제11장에서 설명한 중심극한정리는 추리통계를 위하여 매우 중요한 부분이므로 다시 강조하지만 암기할 것이 아니라 탐구하여 이해하여야 한다. 세 분포의 평균과 표준편차, 표준오차를 표로 정리하면 〈표 11-1〉과 같다.

〈표 11-1〉 모집단분포, 표본분포, 표집분포의 평균과 표준편(오)차

종 류	평 균	표준편(오)차
모집단분포	μ_Y	σ_Y
표본분포	$\overline{Y}$	$s_Y, \mathscr{s}_Y$
표집분포	$\overline{Y}_{\overline{Y}} = \mu$	$\sigma_{\overline{Y}} = \sigma_Y / \sqrt{n}$

연습문제

1 다음을 증명 또는 설명하라.

a. $\mu_{\overline{Y}} = \mu$

b. $\sigma_{\overline{Y}} = \sigma_Y / \sqrt{n}$

2 다음 표집분포의 평균과 표준오차를 구하라.

a. $\mu = 27$	$\sigma = .79$	$n = 25$
b. $\mu = 83$	$\sigma = 9.86$	$n = 100$
c. $\mu = 12$	$\sigma = 1.4$	$n = 10$
d. $\mu = 193$	$\sigma = 26.43$	$n = 5$

3 Wechsler 지능점수의 평균은 100이고, 표준편차는 16이다. 다음 문제를 읽고 답하라.

a. 모집단에서 25명을 무한히 반복 추출하여 만든 표집분포의 평균과 표준오차를 계산하라.

b. 모집단에서 64명을 무한히 반복 추출하여 만든 표집분포의 평균과 표준오차를 계산하라.

c. 모집단에서 100명을 무한히 반복 추출하여 만든 표집분포의 평균과 표준오차를 계산하라.

d. 표본의 크기를 증가시켰을 때 표준오차는 어떤 변화를 가져왔으며 그 이유는 무엇인지 설명하라.

4 모집단의 표준편차가 10인 모집단 분포의 특성을 추정하기 위하여 25명을 추출하여 모집단의 평균을 추정할 때와 100명을 추출하여 모집단의 평균을 추정하였을 때 어느 경우가 보다 모집단의 평균과 근접하겠는가? 그 이유는 무엇이고, 표집분포의 무엇으로 설명할 수 있는지를 설명하라.

제12장

분산, 표준편차의 편파추정치와 불편파추정치, 자유도

모집단의 분산은 기술통계에서 계산하는 공식으로 추정하였을 때 항상 과소 추정된다. 이는 모집단의 분산을 추정하기 위하여 표본을 추출하는데, 표본은 모집단과 동일하지 않기 때문이다. 제12장에서는 기술통계를 위하여 사용되는 표준편차와 추리통계를 위하여 사용되는 표준편차에 대하여 설명하기로 한다. 더불어 분산의 불편파추정치를 계산하는 과정에서 사용되는 자유도의 개념을 설명한다.

1 분산의 편파추정치

현재까지 분산을 계산하기 위해서는 제5장에서 설명한 분산의 계산공식으로 변수의 값에서 평균을 뺀 편차를 제곱하여 더한 값을 총 사례 수로 나누어 계산하였으며 s_Y^2로 표기하였다. 그러나 공식 (5.4)에 의하여 계산된 분산 s_Y^2의 기댓값은 σ_Y^2과 같지 않으며 모집단의 분산 σ_Y^2을 과소추정한다는 사실을 발견하게 되었다. 일반적으로 s_Y^2가 σ_Y^2보다 작게 나옴으로써 표본의 분산을 추정하는 s_Y^2의 공식은 모집단의 분산 σ_Y^2를 정확하게 추정하지 못함을 알게 되었다. 이러한 사실은 수리적 전개에 의하여 풀이하여도 공식 (12.1)과 같이 증명된다.

$$E(s_Y^2) = E\left(\frac{\Sigma(Y_i - \overline{Y})^2}{n}\right)$$
$$= E\left(\frac{\Sigma Y_i^2}{n} - \overline{Y}^2\right)$$
$$= E\left(\frac{\Sigma Y_i^2}{n}\right) - E(\overline{Y}^2) \quad (12.1)$$

공식 (12.1)에서 분산의 기댓값은 $E(\Sigma Y_i^2/n)$와 $E(\overline{Y}^2)$로 추정되는데 이들 각 요소를 다음과 같이 모수치 μ_Y와 σ_Y로 대치할 수 있다.

$$\sigma_Y^2 = \frac{\Sigma(Y_i - \mu_Y)^2}{N}$$
$$= \frac{\Sigma Y_i^2}{N} - \mu_Y^2$$
$$= E(Y_i^2) - \mu_Y^2 \quad (12.2)$$

공식 (12.2)는 공식 (12.3)으로 전개되어 각 변수의 제곱값의 기댓값은 모집단의 분산과 모집단의 평균의 제곱값의 합이 됨을 알 수 있다.

$$E(Y_i^2) = \sigma_Y^2 + \mu_Y^2 \quad (12.3)$$

공식 (12.3)을 가지고 공식 (12.1)의 앞 부분을 전개하면 공식 (12.4)와 같다.

$$E\left(\frac{\Sigma Y_i^2}{n}\right) = \frac{E(\Sigma Y_i^2)}{n}$$
$$= \frac{\Sigma E(Y_i^2)}{n}$$
$$= \frac{\Sigma(\sigma_Y^2 + \mu_Y^2)}{n}$$
$$= \frac{n(\sigma_Y^2 + \mu_Y^2)}{n} \quad (\because \sigma\text{와 } \mu\text{는 상수})$$
$$= \sigma_Y^2 + \mu_Y^2 \quad (12.4)$$

공식 (12.1)의 뒷부분 $E(\overline{Y}^2)$을 모집단의 모수치에 의하여 전개하면 공식 (12.5)와 같이 간단히 전개된다.

$$\begin{aligned}\sigma^2_{\overline{Y}} &= E(\overline{Y}^2) - [E(\overline{Y})]^2 \\ &= E(\overline{Y}^2) - \mu^2_Y \qquad (12.5)\\ &(\because \text{중심극한정리})\end{aligned}$$

공식 (12.5)에서 $E(\overline{Y})$가 μ가 되는 이유는 중심극한정리에 의하여 평균들의 기댓값은 모집단의 평균과 같음을 알기 때문이다. 그러므로 분산의 기댓값을 구하는 공식 (12.1)의 뒷부분의 $E(\overline{Y}^2)$은 공식 (12.6)과 같이 쓰여진다.

$$E(\overline{Y}^2) = \sigma^2_{\overline{Y}} + \mu^2_Y \qquad (12.6)$$

공식 (12.4)와 공식 (12.6)을 공식 (12.1)에 대입하면 다음과 같다.

$$\begin{aligned}E(s^2_Y) &= (\sigma^2_Y + \mu^2_Y) - (\sigma^2_{\overline{Y}} + \mu^2_Y) \\ &= \sigma^2_Y - \sigma^2_{\overline{Y}} \\ &= \sigma^2_Y - \frac{\sigma^2_Y}{n} \qquad (\because \text{중심극한정리}) \\ &= \sigma^2_Y\left(1 - \frac{1}{n}\right) \\ &= \sigma^2_Y\left(\frac{n-1}{n}\right) \qquad (12.7)\end{aligned}$$

그러므로 공식 (12.7)을 통해서 모집단을 추정하기 위하여 계산된 분산의 공식 s^2_Y의 기댓값은 모집단의 분산 σ^2_Y과 같은 것이 아니라 보다 작은 값을 추정하게 된다는 사실을 알 수 있다. 이를 모집단 분산의 **편파추정치**(biased estimates)라 한다. 그러므로 모집단의 분산을 추정하기 위해서는 지금까지 분산을 계산하기 위하여 쓰이던 분산공식 (5.4)를 그대로 사용하여서는 안 된다.

2 분산의 불편파추정치

앞 절에서 모집단의 분산을 추정하기 위하여 사용하는 분산 계산공식 (5.4)는 모집단의 분산을 과소추정하기 때문에 다른 분산공식을 사용하여야 한다고 하였다. 즉, $E(s_Y^2) = \sigma_Y^2\{(n-1)/n\}$이므로 $E(s_Y^2)$에 $n/(n-1)$을 곱하면 모집단의 분산 σ_Y^2이 추정됨을 알 수 있다. $E(s_Y^2) \times \{n/(n-1)\}$은 공식 (12.8)과 같이 전개된다.

$$\begin{aligned} E(s_Y^2)\left(\frac{n}{n-1}\right) &= E\left(\frac{\Sigma(Y_i - \overline{Y})^2}{n}\right)\left(\frac{n}{n-1}\right) \\ &= E\left(\frac{\Sigma(Y_i - \overline{Y})^2}{n-1}\right) \\ &= \sigma_Y^2 \end{aligned} \tag{12.8}$$

정확한 모집단의 분산을 추정하기 위해서는 공식 (12.8)에서 알 수 있듯이 $E(s_Y^2)$으로 $E\left\{\Sigma(Y_i - \overline{Y})^2/n\right\}$을 사용하여서는 안 되고 $E\left\{\Sigma(Y_i - \overline{Y})^2/(n-1)\right\}$을 사용하여야 한다.

즉, 모집단의 분산을 추정하는 추리통계를 위해서는 표본의 분산을 계산할 때 분모를 n으로 하지 않고 $(n-1)$로 하여야 한다는 것이다. 그러므로 분산을 계산할 때 $\Sigma(Y_i - \overline{Y})^2/n$을 사용하지 말고 $\Sigma(Y_i - \overline{Y})^2/(n-1)$을 사용하여야 하며, 이를 분산의 **불편파추정치**(unbiased estimates)라 한다. 추리통계를 위한 분산의 계산공식은 (12.9)와 같고 편파추정치인 s_Y^2와 구분하기 위하여 $\mathscr{s}_Y^2$로 표기한다.

추리통계를 위하여 사용되는 분산은 $\mathscr{s}_Y^2$이기 때문에 제11장 〈표 11-1〉에서 표본분포의 표준편차에 $\mathscr{s}_Y$를 추가하였다.

$$\hat{s}_Y^2 = \frac{\Sigma(Y_i - \overline{Y})^2}{n-1} \qquad (12.9)$$

추리통계를 위하여 분산이나 표준편차를 계산할 경우는 모두 공식 (12.9)에 의하여 계산하여야 한다. 현대통계학에서는 기술통계를 위해서도 분산과 표준편차를 계산할 때 분산의 편파추정치인 s_Y^2를 사용하지 않고 불편차추정치인 $\hat{s}_Y^2$를 사용한다. 거의 대부분의 통계 프로그램, 즉 SPSS, SAS, BMDP, Minitab 프로그램에서 분산이나 표준편차 계산 시 분모를 n 대신에 $(n-1)$로 계산한 값을 나타내고 있기 때문이다. 제5장의 SPSS 프로그램 실행결과를 설명할 때 기술통계에 의하여 계산된 표준편차와 SPSS 프로그램에 의한 표준편차가 같지 않음을 설명하였다. 앞에서 설명한 것 같이 기술통계는 모집단의 특성을 추정하지 않으므로 표준편차 계산 시 분모를 n으로 하고 추리통계에서는 분모를 $(n-1)$로 하기 때문이다.

휴대용 계산기의 성능이 향상되어 평균, 표준편차는 물론 간단한 추리통계도 계산기로 계산하는 것이 가능하다. 계산기의 버튼 중에 σ_{n-1}로 표기된 것은 표준편차의 불편파추정치를 말해 주며, σ_n은 편파추정치를 구해 준다. 즉, 분모를 $(n-1)$로 했는지 n으로 했는지를 말해 준다. 어떤 계산기에 s_Y와 σ_Y가 있다면 s_Y는 분모를 $(n-1)$로 한 표준편차의 불편파추정치를 계산하고 σ_Y는 분모가 n인 표준편차의 편파추정치를 구해 준다.

〈표 5-1〉에서 4명의 점수 2, 3, 5, 2점의 분산은 1.5였다. 분산의 불편파추정치는 2가 됨을 계산을 통하여 확인하기 바란다. 분산의 불편파추정치는 편파추정치에 $n/(n-1)$을 곱하여 계산할 수 있다는 사실에 비추어도 2가 된다는 것을 알 수 있다.

대학생 10명의 1년 동안 연극 관람횟수와 관람횟수에 대한 분산의 불편파추정치의 계산절차는 〈표 12-1〉과 같다.

〈표 12-1〉 대학생 10명이 1년 동안 연극 관람횟수와 분산

1, 3, 1, 9, 0, 1, 2, 1, 5, 2

$$\hat{s}^2_Y = \frac{\Sigma(Y_i - \overline{Y})^2}{n-1}$$
$$= \frac{(1-2.5)^2 + (3-2.5)^2 + \cdots\cdots + (5-2.5)^2 + (2-2.5)^2}{10-1}$$
$$= 7.167$$

기술통계를 위하여 사용되는 분산은 분모가 $(n-1)$ 대신에 n으로 나누어지므로 7.167보다 작음을 알 수 있다. 분산의 불편파추정치를 가지고 편파추정치를 계산하는 경우는 흔하지 않겠지만, 불편파추정치에 $(n-1)/n$을 곱하면 얻을 수 있다. 〈표 12-1〉의 자료를 가지고 분산의 편파추정치를 계산하였을 때 6.45가 되며, 이는 7.167×(9/10)으로 쉽게 계산된다는 사실을 알 수 있다.

3 자유도

추리통계를 위하여 사용되는 표본의 분산추정치는 분모를 $(n-1)$로 하여야 분산 혹은 표준편차의 불편파추정치를 얻게 된다고 하였다. 모집단의 분산을 계산하는 공식은 모집단의 평균을 안다면 $\sigma^2_Y = \Sigma(Y_i - \mu)^2/N$이다.

그러나 모집단의 평균 μ_Y를 알지 못하므로 표본에 의하여 모집단의 분산을 추정하는 공식은 μ_Y대신에 $\overline{Y}$를 사용하는 다른 공식을 사용하여야 한다.

$$\hat{s}^2_Y = \frac{\Sigma(Y_i - \overline{Y})^2}{n-1}$$

즉, μ_Y대신에 $\overline{Y}$를 사용하므로 모집단의 분산을 추정할 때 고려해야 할 점이 생기며 $\overline{Y}$값에 의하여 제한을 받으므로 총 사례 수에서 1을 뺀 $(n-1)$을 분모로 사용해야 한다. 이때 모집단 분산의 불편파추정치를 위한 표본의 분산 계산공식의 분모 $(n-1)$을 자유도라 지칭한다. **자유도**(degree of freedom)란 편차의 합이

0을 충족시키고, 즉 평균을 유지하면서 자유롭게 어떤 값도 가질 수 있는 사례 수를 말한다. 자유도를 일반적으로 df 혹은 v로 표기한다.

예를 들어, 4명의 점수가 2, 3, 5, 2점인 표본의 크기가 4인 자료에서 자유도는 3이 된다. 4명의 표본에서 3명은 어떤 점수라도 가질 수 있지만 나머지 1명은 편차의 합이 0이 되게 하기 위해서는 어떠한 값도 자유롭게 가질 수 없다. 그러므로 앞의 예에서 자유도는 3이 된다. 이 자유도의 개념은 추리통계 부분에서 계속 제기되는 문제이므로 정확하게 이해하기 바란다.

연습문제

1 다음의 용어를 설명하라.

a. 분산의 편파추정치
b. 분산의 불편파추정치
c. 자유도

2 10문항으로 구성되어 있는 어휘력검사에 응답한 10명의 점수가 다음과 같았다.

8, 9, 6, 9, 4, 3, 7, 8, 9, 5

a. 검사점수의 분산(편파추정치)을 구하라.
b. 검사점수의 분산(불편파추정치)을 구하라.
c. 분산의 편파추정치와 불편파추정치의 관계를 규명하라.
d. 자유도를 구하라.

3 제6장 연습문제 6번의 지능점수의 자료를 이용하여 다음 질문에 답하라.

a. 지능점수의 분산(편파추정치)을 구하라.
b. 지능점수의 분산(불편파추정치)을 구하라.
c. 분산의 편파추정치와 불편파추정치의 관계를 규명하라.
d. 자유도를 구하라.

4 어느 직장에 근무하는 40세 남성들의 혈압을 추정하기 위하여 5명을 단순무선표집하여 혈압을 측정하였더니 다음과 같았다.

124, 110, 129, 131, 118

a. 혈압의 분산을 계산하라.
b. 자유도를 구하라.

제13장

가설검정

사회현상 혹은 자연현상, 좁게는 교육현상을 볼 때 판단을 하게 되는 경우가 많다. 그러나 그와 같은 판단이 언제나 옳은 것은 아니다. 경험과학을 하는 연구자들은 "어떤 현상은 이럴 것이다."라고 잠정적 진술을 하고 그 잠정적 진술에 대한 옳고 그름을 판단하는 의사결정을 하게 된다. 이와 같은 잠정적 진술을 가설이라 하며, 그 가설이 진리일 때 이를 부정하였다면 판단의 오류를 범하게 된다.

통계학에서도 모집단이 가지고 있는 속성, 즉 모르는 사실을 표본에서 얻은 통계값을 가지고 '이렇다', '저렇다'라고 판단하는 의사결정을 해야 한다. 그러나 그와 같은 판단은 항상 맞을 수는 없으며 때로는 틀릴 수도 있다. 즉, 연구자는 판단의 오류를 범하게 된다.

이 장에서는 연구를 유도하는 가설인 영가설과 대립가설, 의사결정, 그에 따른 판단의 오류인 제1종 오류와 제2종 오류 그리고 검정력과 유의수준을 설명한다.

1 의사결정

자연에서 일어나는 모든 현상에 대하여 연구자는 연구를 통한 판단, 즉 의사 결정을 한다. 의사결정을 하는 각기 다른 4가지의 예를 들어 보자.

첫 번째 예로 제8장과 연결하여 동전놀이를 하는 사람이 길거리에서 동전을 주워 와서 이 동전이 일그러지지 않았는지, 앞면과 뒷면이 나올 확률이 같은지를 실험하기 위한 연구를 하기로 하였다. 이 동전이 일그러졌는지의 여부는 눈으로 분석할 수도 있으나 이를 구분하기란 쉽지 않다. 이런 경우 이 동전이 바른지 그렇지 않은지는 누구도 모른다. 다만, 절대자인 신만이 알 수 있을 것이다. 그러므로 그 동전이 바르다는 사실이 진리일 때 연구자는 그 동전이 바르다고 판단할 수 있으며, 그렇지 않으면 바르지 않다고, 즉 일그러졌다고 판단한다. 동전이 바르다는 사실 아래서 판단을 하는 두 경우는 [그림 13-1]과 같다.

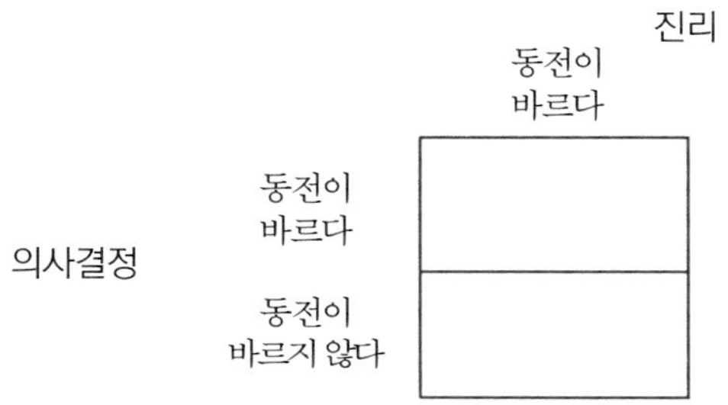

[그림 13-1] '동전이 바르다'라는 사실이 진리일 때의 의사결정

만약 동전이 바르지 않은, 즉 일그러진 것이 진리일 때도 연구자는 동전이 바르다 혹은 일그러졌다고 판단할 수 있다. 이 경우를 그림으로 나타내면 [그림 13-2]와 같다.

[그림 13-2] '동전이 바르지 않다'라는 사실이 진리일 때의 의사결정

두 가지 종류의 진리인 사실에 대해 각기 두 종류의 의사결정을 하게 되며, [그림 13-1]과 [그림 13-2]를 합성하면 [그림 13-3]과 같다.

		진리	
		동전이 바르다	동전이 바르지 않다
의사결정	동전이 바르다		
	동전이 바르지 않다		

[그림 13-3] 동전의 바름 여부에 대한 판단

두 번째 예는 판사의 재판결과이다. 어떤 사람이 살인죄로 기소되어 재판을 받게 되었다. 물론 살인 여부의 진리는 기소된 자가 알고 있으나 허위진술을 할 경우가 있다. 그렇다면 판사는 기소된 자가 살인행위를 범하지 않은 사실이 진리인데 무죄판결을 내리는 경우와 살인행위를 인정하여 유죄판결을 내리는 경우가 있다. 또한 기소된 자가 살인행위를 범하였을 때 무죄판결을 내리는 경우와 살인혐의를 인정하여 유죄판결을 내리는 경우가 있다. 재판의 경우를 그림으로 표현하면 [그림 13-4]와 같다.

		진리	
		살인하지 않음	살인을 하였음
의사결정	무죄 판결		
	유죄 판결		

[그림 13-4] 판사의 재판

세 번째 예로 만약 여러분이 식수 가능성 여부를 연구하는 수질검사원이라면 수질오염이 심각하여 식수가 가능하지 않은데 식수가 가능하다고 판정하거나 식수불가능 판정을 내릴 수 있다. 또한 수질이 좋아 식수가 가능한데 식수가 가능하지 않다고 판정하거나 혹은 식수가 가능하다고 판정할 수 있다. 수질검사원의 의사결정 여부는 [그림 13-5]와 같다.

		진리	
		식수 불가	식수 가능
의사결정	식수 불가		
	식수 가능		

[그림 13-5] 수질검사원의 식수 가능성 여부의 판정

네 번째 예는 교육연구의 흔한 예라 할 수 있는데, 새로운 교수법과 전통적 교수법이 차이가 있는지의 여부를 연구하려 할 때 두 가지의 진리가 있다. 첫 번째는 두 교수방법의 차이가 없는 것이 진리이고, 두 번째는 두 교수법의 차이가 있는 것이 진리이다. 그렇다면 연구자는 두 교수법의 차이가 없는 것이 진리일 때, 두 교수법의 차이가 없다고 판단할 수 있으며 반대로 두 교수법의 차이가 존재한다고 판정할 수도 있다. 또한 두 교수법의 차이가 있음이 진리일 때, 두 교수법의 차이가 없다고 판정할 수 있으며 두 교수법의 차이가 있다고 판정할 수도 있다. 교수법에 대한 의사결정의 경우도 [그림 13-6]과 같다.

		진리	
		두 교수법 차이 없음	두 교수법 차이 있음
의사결정	두 교수법 차이 없음		
	두 교수법 차이 있음		

[그림 13-6] 교수법 차이의 연구에 관한 의사결정

2 판단의 오류

제13장 1절에서 든 4가지 예를 보면 연구자가 의사결정, 즉 판단을 할 때 옳은 판단과 그른 판단을 하는 경우가 있다. 옳은 판단을 정판, 그른 판단을 오판이라

하며 모든 연구에는 두 가지의 정판과 두 가지의 오판이 있다.

첫 번째 예의 동전놀이에서

정판은,

동전이 바르다는 사실이 진리일 때 동전이 바르다고 판단하는 경우와

동전이 바르지 않다는 사실이 진리일 때 동전이 바르지 않다고 판단하는 경우이다.

오판은,

동전이 바르다는 사실이 진리인데 동전이 바르지 않다고 판단하는 경우와

동전이 바르지 않다는 사실이 진리인데 동전이 바르다고 판단하는 경우이다.

두 번째 예로 판사의 판결에서

정판은,

구속된 자가 살인을 하지 않은 것이 진리일 때 무죄판결을 내리는 경우와

구속된 자가 살인을 한 것이 진리일 때 유죄판결을 내리는 경우이다.

오판은,

구속된 자가 살인을 하지 않아 결백한데도 유죄판결을 내리는 경우와

구속된 자가 살인을 하여 유죄판결을 받아 마땅한데도 무죄판결을 내리는 경우이다.

세 번째 예로 식수 가능성 여부에 대한 결정에서

정판은,

물을 마실 수 없으므로 물을 마시면 안 된다고 판단하는 경우와

물을 마실 수 있으므로 물을 마셔도 된다고 판단하는 경우이다.

오판은,

물을 마실 수 없는데도 물을 마셔도 된다고 판단하는 경우와

물을 마실 수 있는데도 물을 마시면 안 된다고 판단하는 경우이다.

네 번째 예로 교수법의 효과에 대한 연구에서

정판은,

두 교수법의 차이가 없을 때 교수방법에는 차이가 없다고 판단하는 경우와

두 교수법의 차이가 있을 때 두 교수방법에는 차이가 있다고 판단하는 경우이다.

오판은,

두 교수법의 차이가 없음이 진리인데 두 교수법의 차이가 있다고 판단하는 경우와

두 교수법의 차이가 있음이 진리인데 두 교수법의 차이가 없다고 판단하는 경우이다.

각 연구에서 연구자는 두 가지의 오판을 하게 된다. 이상의 각 연구에서 만들어지는 두 가지 오판이 연구대상에게 미치는 심각성의 정도가 같은지 의문을 갖게 된다.

동전놀이의 경우 두 종류의 오판에 따른 심각성의 정도를 비교하기 쉽지 않겠지만 나머지 연구에서 일어나는 오판의 심각성은 쉽게 느낄 수 있다. 예를 들어, 수질검사의 경우 물이 오염되어 식수로 사용하기가 불가능한데 식수가 가능하다고 판단하는 오판과 식수로 사용이 가능한데 마시면 안 된다고 판단하는 오판이 있다. 두 오판 중 첫 번째 오판을 범하면 인간의 생명에 영향을 주는 실수를 범하게 된다. 즉, 첫 번째 오판이 두 번째 오판보다 매우 심각한 결과를 가져옴을 알 수 있다.

판사의 판결문제에서도 결백한 사람에게 유죄판결을 내리는 오판이 살인을 했더라도 무죄판결을 내리는 오판보다 더욱 심각하다 할 수 있다. 심각성의 문제는 연구대상에 대한 윤리적 차원의 문제임을 명심하기 바란다. 교수법에 따른 효과연구에서 두 교수법이 차이가 없는데 두 교수법에 차이가 있다고 판정하는 오판은 두 교수법이 차이가 있는데 두 교수법이 차이가 없다고 결정하는 오판보다 심각하다. 왜냐하면 첫 번째 오판을 범하였다면 많은 교육적 낭비뿐 아니라 학생에게 불필요한 교수법을 시행하게 되기 때문이다.

그렇다면 연구자가 취해야 할 기본 태도는 가능한 한 판단의 오류를 줄이고, 특

히 심각한 오판을 극소화하는 것이다. 즉, 오판을 하지 말아야 하며 더욱 심각한 오판은 절대 저지르지 말아야 한다. 다시 말하면 심각한 오판을 저지를 확률을 통제하여야 한다.

3 가설

의사결정, 즉 판단의 과정을 통하여 연구자는 판단의 오류를 범하게 된다. 앞의 각 연구에 두 가지의 진리인 사실들이 있다. 진리인 각 사실을 지지 혹은 거부하는 것이 통계적 검정의 절차임을 암시받을 수 있다. 즉, 어떤 사실을 잠정적으로 진리로 놓고, 그 잠정적 진리에 대한 지지 혹은 거부를 하게 된다. 이와 같이 연구를 유도하는 잠정적 진술을 **가설**(hypothesis)이라 한다. Kirk(1982)는 가설이란 어떤 사실을 설명하기 위하여 잠정적으로 적용되며 다른 연구를 유도하므로 검정 가능한 상상적 추측이라 하였다. Good(1959) 역시 가설이란 연구를 이끄는 개념으로 잠정적 설명이거나 혹은 가능성을 설명한 것이라 하였다.

가설은 영가설과 대립가설로 구분하며, 서술 여부에 따라 서술적 가설, 통계적 가설로 구분한다. 또한 부등호의 존재 유무에 따라 일방적 가설과 양방적 가설로 구분한다.

영가설, 대립가설

가설이 연구를 유도하는 잠정적 진술이라 규명될 때, 진리라고 생각되는 어떠한 잠정적 진술이 가설이 된다. 그렇다면 각 연구에서 두 개의 진리인 사실을 가설이라 하며, 이 두 개의 진리인 사실을 영가설, 대립가설로 설정한다. 연구에 익숙한 대학원생일 경우 영가설은 부정하고자 하는 사실을, 그리고 대립가설은 연구에서 주장하고자 하는 사실이라고 알고 있을 것이다. 그러나 이보다 개념적으로 더욱 중요한 것은 오판의 심각성에 따라 영가설과 대립가설이 설정된다는 것이다.

영가설(null hypothesis)은 연구에서 일어나는 심각한 판단의 착오를 범할 때 진리인 내용이 되며 연구에서 검정받는 사실을 말한다. 즉, 연구자는 두 가지의 판단 착오 중 심각한 판단의 오류를 극소화하여야 하므로 그 심각한 오판을 범할 때 검정을 받는 잠정적 진리를 영가설이라 한다. 영가설을 귀무가설이라고도 한다. 재판의 경우 살인을 하지 않았는데 유죄판결을 내리는 것이 심각한 오판이므로 이 심각한 오판의 진리인 '기소자는 살인하지 않았다.'가 영가설이 된다. 즉, 결백하다는 사실이 영가설이 된다. 수질연구에서도 물이 오염되어 있어 식수가 불가능한데 식수가 가능하다고 내리는 판단이 심각한 오판이 되므로 수질연구를 위한 영가설은 '물이 오염되어 있다.'이다. 즉, '식수 불가능하다.'가 된다. 이 원리에 의하여 교수법 연구에서는 '두 교수법의 차이가 없다.'가 영가설이 된다. 일반적으로 영가설은 H_0으로 표기한다.

대립가설(alternative hypothesis)은 영가설이 부정되었을 때 진리로 남는 잠정적 진술을 말하며, 일반적으로 연구자가 연구에서 주장하고자 하는 내용이 담긴 가설이라 말할 수 있다. 대립가설은 H_A 혹은 H_1로 표기하며, 연구자가 주장하고자 하는 가설이기 때문에 **연구가설**(research hypothesis)이라고 한다.

연구자가 주장하고자 하는 가설을 대립가설로 설정하고 이를 연구가설이라 한다면, 연구자의 입장에 따라서 연구가설, 즉 대립가설이 다를 수 있다. 예를 들면, 재판의 경우 연구자가 검사라면 '살인을 하였다.'가 연구가설이 되며, 변호사라면 '살인을 하지 않았다.'를 연구가설로 설정할 것이다. 영가설을 중심으로 생각하면 검사는 '살인을 하지 않았다.'를 영가설로, '살인을 하였다.'를 대립가설로 설정할 것이다. 판사의 경우는 반대로 영가설과 대립가설을 설정하게 된다. 그러나 연구는 연구자가 처해 있는 위치나 입장을 옹호하기 위하여 실시하는 것이 아니기 때문에 연구자가 검사의 입장이든 판사의 입장이든 연구가 지니는 목적에 대한 윤리적 접근을 가장 중요시하여야 한다. 수질검사에 대한 연구도 마찬가지이다.

심각한 오판에서의 사실인 내용이 영가설로 설정되고 그와 반대되는, 즉 영가설이 부정되었을 때 진리로 남는 사실이 대립가설이 되므로 동전놀이, 재판, 수질연구, 교수법의 연구에서 영가설과 대립가설은 다음과 같다.

동전놀이의 경우

H_0: 동전이 바르다.

H_A: 동전이 바르지 않다.

재판의 경우

H_0: 살인을 하지 않았다.

H_A: 살인을 하였다.

수질검사의 경우

H_0: 물이 오염되었다.

H_A: 물이 오염되지 않았다.

교수법 효과 연구의 경우

H_0: 두 교수법에 차이가 없다.

H_A: 두 교수법에 차이가 있다.

서술적 가설, 통계적 가설

다른 분류기준에 의하면 가설을 서술적 가설과 통계적 가설로 구분한다. **서술적 가설**은 연구자가 검정하고자 하는 영가설이나 대립가설 모두를 언어에 의하여 표현한 것을 말한다. **통계적 가설**(statistical hypothesis)은 서술적 가설을 어떤 기호나 수에 의하여 표현한 가설을 말한다. 예를 들면, 교수법 효과 연구에서 영가설과 대립가설의 통계적 가설은 다음과 같다.

H_0: $\mu_{전} = \mu_{새}$

H_A: $\mu_{전} \neq \mu_{새}$

통계적 가설의 형태로 영가설과 대립가설을 표기할 때 이는 모집단의 분포나 모수치에 대한 잠정적 진술이므로 모수치에 대하여 표기하여야 한다. $\overline{Y}$나 s와 같은 통계치로 가설을 표현하는 경우가 종종 있는데 이는 타당하지 않다. 왜냐하면 가설검정은 모집단의 속성을 추리하기 때문이다.

등가설과 부등가설

등가설과 부등가설은 영가설과 대립가설에 부등호가 있으면 **부등가설**(directional hypothesis)이라 하고 부등호가 없으면 **등가설**(non-directional hypothesis)이라 한다. 앞의 교수법의 연구를 위한 영가설과 대립가설에는 부등호가 없으므로 이를 등가설이라 한다. 한 교수법이 다른 교수법보다 학습효과가 높은지 혹은 낮은지 여부를 판명하지 않고 서로 다른지 여부를 검증하므로 등가설에 의하여 가설이 검정되는데, 이와 같은 검정절차를 **양방적 검정**(two-tailed test)이라 한다.

만약 연구자가 새로운 교수법이 전통적인 교수법보다 학습효과가 있음을 주장하고자 연구를 한다면 영가설과 대립가설의 통계적 가설은 다음과 같다.

$$H_0: \mu_{전} \geq \mu_{새}$$
$$H_A: \mu_{전} < \mu_{새}$$

이 가설에서는 영가설과 대립가설에 부등호가 있음을 볼 수 있으며, 새로운 교수법은 전통적 교수법보다 학습효과가 같거나 낮음을 말해 주는 영가설과 새로운 교수법은 전통적 교수법보다 학습효과가 높음을 가정하는 대립가설로 되어 있다. 이러한 가설을 부등가설이라 한다. 주의할 점은 부등가설에 의하여 영가설과 대립가설을 설정할 때 등호는 영가설에 항상 포함됨을 명심하여야 한다. 부등가설에 의한 가설검정을 **일방적 검정**(one-tailed test)이라 한다.

등가설 혹은 부등가설에 의한 양방적 검정 혹은 일방적 검정은 연구자의 이론적 혹은 경험적 배경에 의하여 결정되며, 이론적 배경이 강할 때 일방적 검정을 실시하게 되고 일방적 검정이 보다 강력한(powerful) 연구가 된다고 할 수 있다.

4 제1종 오류, 제2종 오류, 검정력

연구자가 범할 수 있는 판단의 착오, 즉 오판은 두 가지 종류가 있다고 하였다.

제12장 2절에서 각 연구에서 오판은 두 가지 종류가 있으며 두 가지 오판의 심각성은 각기 다르다고 하였다. 수질연구에서 오염이 되어 식수가 불가능한데 마셔도 된다는 오판과 식수가 가능하지만 마시지 말라는 판정을 내리는 오판이 있다고 하였다. 교수법 연구에서도 두 교수법에 의한 학습효과의 차이가 없는데 차이가 있다고 판단하는 오판과 두 교수법의 학습효과의 차이가 있는데도 차이가 없다고 판정하는 오판이 있다고 하였다. 각 연구에서 전자의 오판은 후자의 오판보다 심각한 오판이다. 보다 심각한 오판을 제1종 오류 혹은 제1종 착오라 한다.

제1종 오류를 영가설과 대립가설에 의하여 설명하면, **제1종 오류**(type I error)란 영가설이 진인데 그 영가설을 기각하는, 즉 대립가설을 채택하는 판단의 오류로 이를 허용하는 확률을 α로 표기하며, **유의수준**(significant level)이라 한다.

제2종 오류(type II error)란 영가설이 진이 아닐 때, 즉 대립가설이 진일 때 영가설을 기각하지 않고 채택하는 오판을 말하며 이를 허용하는 확률을 β로 표기한다.

검정력(power)은 영가설이 진이 아닐 때 영가설을 기각하는 확률을 말하며 $1-\beta$로 표기한다. 즉, 대립가설이 진일 때 대립가설을 채택하는 확률이다.

제1종 오류와 제2종 오류, 그리고 검정력을 설명하면 [그림 13-7]과 같다.

		진리	
		H_0	H_A
의사결정	H_0	$1-\alpha$	제2종 오류 β
	H_A	제1종 오류 α	검정력 $1-\beta$

[그림 13-7] 제1종 오류, 제2종 오류, 검정력

제1종 오류, 제2종 오류, 그리고 검정력을 볼 때 연구자가 취해야 할 기본적 자세는 오류는 줄이고 검정력은 높이는 것이다. 두 가지의 오류 중 특히 제1종 오류를 극소화하는 연구가 바람직한 연구라고 볼 수 있다.

5 유의수준

앞에서 설명한 바와 같이 연구자가 취할 태도는 제1종 오류의 수준을 결정하는 것이다. 심각한 오판을 내릴 때 이를 허용하는 확률, 즉 제1종 오류를 허용하는 수준을 **유의수준**(significant level)이라 하고, α로 표기한다. 이는 심각한 오판을 내릴 때 허용하는 확률, 즉 제1종 오류를 허용하는 수준을 의미한다.

유의수준을 결정하는 것은 연구자의 이론적 배경, 경험적 배경에 의존함은 물론이나, 연구에서 오판의 심각성에 의하여 결정된다고 볼 수 있다. 예를 들어, 수질연구에서의 제1종 오류는 매우 심각한 영향을 주므로 오판을 해서는 안 된다. 그러므로 심각한 오판을 저지를 확률인 유의수준은 0에 가까워야 한다. 다음 예로, 판사의 판결에서의 오판의 심각성은 수질연구에서의 오판의 심각성보다 덜하므로 제1종 오류를 범할 수 있는 유의수준을 수질검사보다 다소 높게 설정할 수 있으나, 이 또한 다수의 생명 못지 않은 개인의 인권과 결부된 문제이므로 유의수준은 극히 낮아야 한다. 교수법 연구에서의 제1종 오류의 심각성은 앞의 두 연구보다는 오판의 심각성이 덜하므로 유의수준을 높게 설정할 수 있다. 특히 동전놀이에서 의사결정에 따른 오판의 심각성은 대단한 것이 아니므로 여유를 가지고 유의수준을 설정할 수 있다.

일반적으로 경험사회과학에서 유의수준은 .05 혹은 .01로 설정하고 있다. 물론 연구자가 이론적 배경이 강하면 유의수준을 낮출 수 있다. 유의수준의 설정은 연구가 시작되기 전 연구자에 의하여 결정되어야 한다. 왜냐하면 의사결정의 기준이 되기 때문이다.

자료분석 결과에 따라 유의수준을 변경하거나 유의수준을 %로 나타내는 경우는 잘못된 것이다. 특히 컴퓨터가 찍어낸 결과 p값을 그대로 유의수준으로 옮겨 적는 것 또한 유의수준을 이해하지 못한 것이다. p값이란 그와 같은 통계값이 나올 확률을 의미하는 것이지 어떤 판단의 실수를 허용하는 기준이 되지 않는다.

많은 연구에서 유의수준에 대해 잘못 해석하고 있다. 유의수준이란 H_0이 진일 때 H_0이 진이 아니라고 오판하는, 즉 실수할 확률을 말한다. 유의수준에 의한 가설검정 결과의 해석은 제14장 1절 동전놀이를 통한 가설검정과 제15장 3절 단일표본 Z검정에서 자세히 설명하고 있다.

연습문제

1 다음 용어의 정의와 개념을 설명하라.

a. 가설
b. 영가설
c. 대립가설
d. 통계적 가설
e. 서술적 가설
f. 등가설
g. 부등가설
h. 연구가설
i. 제1종 오류
j. 제2종 오류
k. 검정력
l. 유의수준

2 어떤 식품에 대한 유해의 유무를 밝히고자 한다.

a. 의사결정 시 두 종류의 오류를 설명하라.
b. 두 오판 중 심각한 오류는 어느 것인가?
c. 영가설을 서술하라.
d. 대립가설을 서술하라.
e. 연구가설을 서술하라.
f. 유의수준의 설정 기준을 설명하라.

3 의사가 암에 걸렸을지 걱정하여 찾아온 환자가 암에 걸렸는지 여부를 밝히고자 한다.

a. 진단 시 범할 수 있는 오진은 무엇인가?
b. 심각한 오진은 무엇인가?
c. 영가설을 서술하라.
d. 대립가설을 서술하라.
e. 유의수준의 설정 기준을 설명하라.

4 대중매체(Multimedia)를 사용한 교수법이 컴퓨터만 사용한 교수법보다 학습에 영향을 주는지 연구하고자 한다.

a. 의사결정 시 두 종류의 오류를 설명하라.
b. 두 오류 중 심각한 오류는 어느 것인가?
c. 영가설과 대립가설을 통계적 가설 형태로 서술하라.
d. 등가설의 형태로 영가설과 대립가설을 서술하라.
e. 부등가설의 형태로 영가설과 대립가설을 서술하라.
f. 유의수준의 설정 기준을 설명하라.

제4부

추리통계를 위한 가설검정

제III부에서는 추리통계의 가설검정을 위한 중요한 개념 및 요소들을 설명하였다. 확률이론과 가설을 설정하는 기본규칙, 의사결정에 따른 판단의 오류, 정규분포, 표준정규분포 등을 설명하였다. 또한 추리통계의 중요한 개념인 모집단분포, 표본분포, 표집분포와 중심극한정리를 설명하였으며 추리통계를 위하여 표본으로부터 추정되는 분산의 불편파추정치를 계산하는 방법과 그에 따른 자유도를 설명하였다. 제IV부에서는 가설을 검정하는 기본적인 절차와 각 통계적 방법에 따른 가설검정 방법을 구체적으로 설명하고자 한다.

추리통계는 알지 못하는 모집단의 속성을 추정하기 위하여 모집단을 대표하는 표본을 추출하여 표본의 속성을 가지고 모집단의 속성을 추정하여 확률적으로 의사를 결정하는 방법이라 언급하였다. 그렇다면 일시적으로 검정될 수 있는 사실을 설정하여 그 사실이 참인지 거짓인지를 판단하여야 할 것이다. 통계적 가설검정의 기본적 절차는 아래와 같다. **실험연구**이든 **조사연구**이든 절차는 동일하다.

첫째, 이론적 연구를 모색한다. 이론적 연구는 연구를 유도하기 위한 매우 중요한 부분으로 영가설, 대립가설의 설정은 물론 유의수준 설정, 표본의 크기, 올바른 통계방법의 선택을 위한 기초적인 정보를 제공하여 준다. 모든 연구에서 이론적 연구를 등한시하였을 경우에는 연구의 내재적 타당성은 물론 외현적 타당성도 잃어버릴 가능성이 크다.

둘째, 이론적 연구를 바탕으로 영가설과 대립가설을 설정한다. 영가설은 심각한 오판에서 사실인 내용이 되며, 이는 직접적으로 검정의 대상이 되는 가설로 부정하고자 하는 가설이라고 하였다. 대립가설은 영가설의 반대되는 사실로 연구자가 주장하고자 하는 가설이며 연구가설(research hypothesis)이라고도 한다. 물론 가설은 모수치에 대한 서술이어야 하며, 수치에 의하여 표현되는 통계적 가설로 표기하여야 한다.

셋째, 판단의 실수가 되는 유의수준을 오판의 심각성에 의하여 설정하여야 한다. 또 실험연구에서는 실험대상 수를 결정하여야 하고 조사방법에도 조사대상 수인 표본의 크기를 결정하여야 한다.

넷째, 연구의 목적을 증명할 수 있는 올바른 통계방법을 선택하여야 한다. 통계적 방법을 선택할 때 각기 다른 통계방법을 사용하기 위한 기본 가정을 충족하는지를 확인한 후, 그 가정을 충족하는 통계방법을 선택하여야 한다.

다섯째, 올바른 통계방법에 의한 통계값을 계산한다. 통계값을 계산하는 일반적 기본개념은 유사하나 통계방법에 따라 다소 차이가 있으니 주의하여야 한다.

여섯째, 유의수준에 따라 기각값을 찾은 후 영가설의 기각 여부를 밝힌다.

일곱째, 결론을 서술하고 해석을 한다. 통계적 가설검정에서 결론을 서술하는 형태나 그 결론을 해석하는 데 적지 않은 오류가 있음을 쉽게 발견할 수 있다. 앞으로 설명할 각 장을 통하여 연구의 결론을 서술하는 방법과 그에 따른 올바른 해석방법을 이해하기 바란다.

제IV부에서 다루는 통계적 검정은 실제 분포에 의한 통계적 검정과 집단간의 평균비교를 위한 Z검정, t검정, F검정, χ^2검정에 의한 집단비교뿐 아니라, 연관성을 비교하는 검정을 다룬다. Z검정, t검정, F검정, χ^2검정은 각기 다른 분포인 Z분포, t분포, F분포, χ^2분포에 의하여 의사결정이 내려지므로 다른 이름을 가지고 있다.

Z검정, t검정, F검정은 종속변수가 양적변수일 때 집단간 평균비교를 위한 통계방법으로, Z검정과 t검정은 두 집단 이하의 비교에 쓰이며, F검정은 비교집단이 세 집단 이상일 때 집단간 평균비교를 위하여 쓰이는 통계방법으로 분산분석(analysis of variance)이라고 한다.

χ^2검정은 독립변수와 종속변수가 질적변수로 집단간의 차이 혹은 두 변수간의 연관성을 검정하기 위하여 사용된다. 경우에 따라서는 독립변수와 종속변수가 원래 양적변수이나 어떤 기준에 의하여 그 양적변수를 범주화(categorize)하여 구분하였을 때 χ^2검정을 사용할 수 있다. 실제적 분포에 의한 검정은 제14장에서, Z검정은 제15장에서, t검정은 제16장에서, F검정은 제17, 18, 19, 20장에서, χ^2검정은 제21장에서 설명한다.

제**14**장

실제 분포에 의한 가설검정

연구를 위하여 가설을 설정하는 방법과 판단의 오류, 유의수준 설정에 대한 개념을 보다 명료하게 하기 위하여 실제 분포에 의하여 가설을 검정하는 원리와 방법, 절차를 이 장에서 설명한다. 특히 이항분포의 개념과 연계하여 동전놀이를 통한 가설검정, 그리고 우리나라에서 흔히 쓰이고 있지 않지만 어렵지 않은 sign test와 Irwin−Fisher test를 설명하고자 한다.

1 동전놀이를 통한 가설검정

유진이가 길에서 동전을 주워 왔다. 이 동전이 바른지, 바르지 않은지를 검정하고자 한다면 개념적으로 단순히 생각하여도 무한히 동전을 던져 앞면과 뒷면이 나오는 경우의 수를 헤아려 앞면과 뒷면이 나온 경우의 수가 같다면 동전은 바르다고 판단할 수 있을 것이다. 만약 모두 혹은 대부분이 앞면이 나왔다면 그 동전은 어느 부분이 일그러져 있어 그와 같은 결과를 얻었다고 판단할 수 있을 것이다. 후자의 경우처럼 모두 앞면이 나와서 동전이 바르지 않다고 했을 때 그 판단은 옳은 것인가?

실제 연구의 예를 들어 설명하면 보다 명확해진다. 주운 동전의 바른 정도를 알기 위하여 10번 던져 나온 결과를 가지고 동전에 대한 판단을 하면 다음과 같다.

영가설과 대립가설의 통계적 가설은 다음과 같다.

$$H_0: P(H) = 1/2$$
$$H_A: P(H) \neq 1/2$$

동전을 10번 던질 때 나타나는 사건과 그 에 따른 확률은 제8장에서 설명한 이항분포에 의하여 계산되며 〈표 14-1〉과 같다.

〈표 14-1〉 동전을 10번 던질 때 나타나는 사건과 그 확률

앞면 수	확률(p)
10	$\binom{10}{10}\left(\frac{1}{2}\right)^{10}\left(\frac{1}{2}\right)^{0} = 0.00098$
9	$\binom{10}{9}\left(\frac{1}{2}\right)^{9}\left(\frac{1}{2}\right)^{1} = 0.00976$
8	$\binom{10}{8}\left(\frac{1}{2}\right)^{8}\left(\frac{1}{2}\right)^{2} = 0.04394$
7	$\binom{10}{7}\left(\frac{1}{2}\right)^{7}\left(\frac{1}{2}\right)^{3} = 0.11719$
6	$\binom{10}{6}\left(\frac{1}{2}\right)^{6}\left(\frac{1}{2}\right)^{4} = 0.20508$
5	$\binom{10}{5}\left(\frac{1}{2}\right)^{5}\left(\frac{1}{2}\right)^{5} = 0.24609$
4	$\binom{10}{4}\left(\frac{1}{2}\right)^{4}\left(\frac{1}{2}\right)^{6} = 0.20508$
3	$\binom{10}{3}\left(\frac{1}{2}\right)^{3}\left(\frac{1}{2}\right)^{7} = 0.11719$
2	$\binom{10}{2}\left(\frac{1}{2}\right)^{2}\left(\frac{1}{2}\right)^{8} = 0.04394$
1	$\binom{10}{1}\left(\frac{1}{2}\right)^{1}\left(\frac{1}{2}\right)^{9} = 0.00976$
0	$\binom{10}{0}\left(\frac{1}{2}\right)^{0}\left(\frac{1}{2}\right)^{10} = 0.00098$

〈표 14-1〉에서 알 수 있듯이 동전이 바르다 하더라도 동전을 10번 던질 때 모두 앞면이 나오거나 모두 뒷면이 나오는 경우는 매우 희귀하게 나타난다. 앞면이 연속해서 10번 나오는 확률은 .00098이므로 동전을 10번 던지는 행위를 10,000번 했을 때 9번 정도 나오고, 동전의 앞면이 9번 나오는 경우는 10,000번 독립시행했을 때 97번이 나온다는 것을 의미한다. 또한 앞면이 5번 그리고 뒷면이 5번 나오는 경우는 10,000번의 독립시행을 할 때 2,460번 나타난다. 이와 같이 동전이 바를 때는 동전의 앞면이 10번 혹은 9번, 전혀 나오지 않거나 1번만 나오는 경우는 극히 드물며, 대부분의 경우는 앞면과 뒷면이 고루 나옴을 알 수 있다.

그렇다면 연구자는 동전을 10번 던질 때 10번 모두 앞면이 나오거나 앞면이 전혀 나오지 않을 경우 동전이 바르지 않다고 판단할 수 있다. 그러나 동전이 바를 경우에 모두 앞면 혹은 모두 뒷면이 나오는 경우는 희박하지만 실제로 나타나기도 한다. 즉, 동전이 바르더라도 연구자가 동전을 던졌을 때 모두 앞면 혹은 모두 뒷면이 나오는 경우는 매우 드문 일이기에 동전이 바르지 않다고 판단하게 된다. 그에 따른 판단의 착오, 즉 판단의 오류인 실수를 범할 수 있다. 또 어떤 연구자는 자신의 판단에 의하여 동전의 앞면이 10번 그리고 0번 나올 경우 동전이 바르지 않다고 판단하는 기준을 세울 수 있고, 어떤 연구자는 앞면이 10번, 9번, 그리고 1번, 0번 나올 경우 동전이 바르지 않다고 판단하는 기준을 세울 수 있다.

동전을 던졌을 때 앞면이 나오는 경우가 10번, 0번일 때 동전을 바르지 않다고 결정하였다면 10번, 0번은 동전이 바르다는 영가설을 기각하기 때문에 이를 기각역이라 한다. 동전이 바를 때 10번 던져 앞면이 나올 수 있는 수의 경우로서 9, 8, 7, 6, 5, 4, 3, 2, 1번은, 10번 모두 혹은 한 번도 나오지 않는 경우보다는 흔한 경우이므로 동전이 바르다는 사실, 즉 영가설을 지지하는 영역이므로 채택역이라 한다. **기각역**(rejection region)은 영가설을 부정, 거부하는 지역을 말하며, **채택역**(acception region)은 영가설을 지지, 선택하는 지역을 말한다. 동전을 10번 던졌을 때 앞면이 한 번도 나오지 않거나 10번 모두 앞면이 나올 때 동전이 바르지 않다고 결정한다면 동전의 바름 여부를 결정하기 위한 기각역, 채택역의 구분은 [그림 14-1]과 같다.

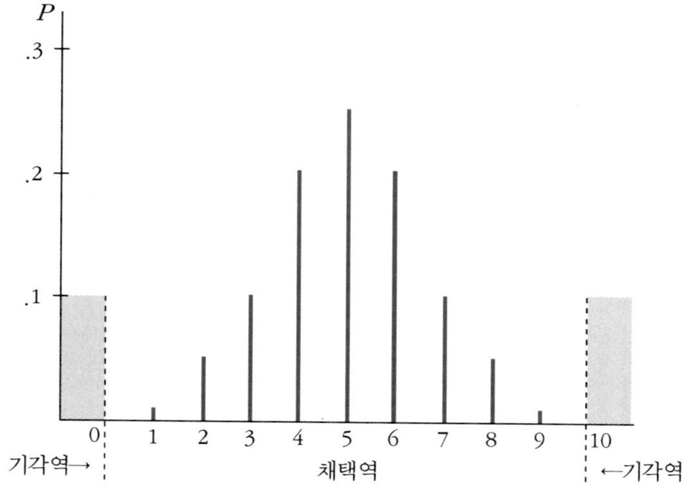

[그림 14-1] 확률분포에 의한 기각역과 채택역

연구자가 기각역을 이와 같이 설정하였을 때 동전의 앞면이 10번, 0번 나오는 전체 확률은 .00098+.00098=.00196이다. 즉, 동전을 10번 던졌을 때 앞면의 수가 10번과 0번 나올 경우의 확률이 .00196이므로 동전을 10번 던지는 실험을 1,000번 하면 이와 같은 경우가 1번 존재하고, 10,000번 던지면 19번 나타난다. 그러나 기각역에 포함되어 있으므로 동전이 바르다는 사실을 거부하며 그에 따라 판단의 착오를 범하게 된다. 그러므로 이 연구에서 연구자가 이와 같이 기각역을 설정하였다면 제1종 오류는 .00196이 되는 것이다. 즉, 판단의 오류를 범할 확률이 .00196이 된다.

일반적으로 많은 연구에서 앞의 설명과 같이 일어날 수 있는 모든 사건의 경우를 열거하고 기각역과 채택역을 결정하여 가설을 검정하지는 않는다. 그러므로 제1종 오류의 수준, 즉 유의수준을 설정하여 가설을 검정하게 된다. 일반 사회과학에서는 유의수준을 .05 혹은 .01로 설정한다고 설명하였다. 만약 동전놀이의 동전의 바름에 대한 연구에서 판단의 오류에 대한 심각성이 크지 않다면 연구자는 유의수준을 .05로 설정할 수 있다. 가설이 등가설인 경우 양방적 검정으로서, 앞면이 많이 나오거나 뒷면이 많이 나오는 경우의 확률을 더하여 해당 확률의 합이 .05 이하인 경우가 기각역이 된다. 그러므로 앞면이 10번 나오거나 9번 나오는 확률(.01074)과 1번 나오거나 0번 나오는 확률(.01074)을 더하면 .02148이 되어 유의수준 .05보다 작으므로, 이때의 기각역은 앞면이 나오는 경우가 {10, 9, 1, 0}이 된다. 앞면이 10번 혹은 9번, 그리고 1번 혹은 0번이 나올 경우 동전은 바르지 않다고 판단할 수 있다.

앞면이 8번 나오는 경우의 확률은 .04394이므로 유의수준을 .05로 설정하였을 때 이 경우를 포함하면 유의수준이 .05를 초과하기 때문에 기각역에 포함될 수 없다. 만약 유의수준을 .20으로 높인다면 동전의 앞면이 8번 나오거나 2번 나타날 경우도 기각역에 포함시킬 수 있으나 경험과학에서 이렇게 높은 유의수준은 설정하지 않는다.

유의수준 .05에서 영가설이 기각되었다는 사실을 동전놀이를 통하여 풀이하면 영가설 아래에서 어떤 사건이 나타날 확률이 .05 이하로서 매우 희귀하기 때문에 영가설이 진이 아니라고 판단하는 것이다. 즉, 똑같은 실험을 100번 반복하였을 때 영가설하에서는 5번 정도만 나타나므로 영가설하에서는 드문 일이며 대립가설에서는 흔히 일어날 수 있는 일이라 판단하여 영가설을 기각하고 대립가설을 채택하는 것이다. 이상에서 알 수 있듯이 유의수준이란 심각한 오판을 허용하는 수준을 의미한다.

2 부호화 검정

동전놀이에 의한 실제 확률분포에 근거하여 영가설의 기각 여부를 결정하는 검정과 더불어 가장 오래된 가설검정 중의 하나가 부호화 검정이다. **부호화 검정**(sign test)은 영국 Anne공주의 주치의인 John Arbuthnott가 런던시의 여러 지역에서의 신생아 출생률에 대한 연구를 위하여 사용하였다. 런던 시내 각 지역에서 일정 기간 동안 남녀 신생아의 수를 비교하여 남녀 신생아 중 남아가 많은지를 부호화하여 남아의 출생이 여아의 출생보다 많은지를 분석하였다. 만약 많은 지역에서 남아의 출생이 여아의 출생보다 많았다면 신생아의 남녀 출생비율이 같다는 가설을 의심하게 될 것이다. 남녀 출생비율이 같다는 전제 아래 검정되는 연구는 앞절에서 설명한 동전의 앞면과 뒷면이 나올 확률이 같다는 동전놀이에 의한 가설검정과 동일하다. 부호화 검정의 예를 들어 설명하면 다음과 같다.

유아의 수 개념 이해를 돕기 위하여 유아들에게 답을 맞혔을 때 사탕을 주는 방법과 칭찬을 하는 두 방법을 사용한 후, 두 방법이 차이가 있는지를 알고자 한다. 이를 위하여 동일 피험자에게 사탕을 주는 방법과 칭찬을 하는 두 방법을 사용한 후, 검사를 실시하여 답을 맞힌 문항 수를 비교하였다고 하자. 만약 두 강화방법이 학습에 차이를 주지 않는다면 모든 피험자 중 사탕을 준 후 답을 맞힌 문항 수에서 칭찬을 한 후 답을 맞힌 문항 수의 차이의 부호가 반은 양(+)이고 반은 음(−)일 것이다. 그러므로 부호화 검정을 위한 통계적 영가설과 대립가설은 다음과 같다.

$$H_0: P(+) = P(-) = 1/2 \qquad \text{혹은} \qquad H_0: P(+) = 1/2$$
$$H_A: P(+) \neq P(-) \neq 1/2 \qquad\qquad\quad H_A: P(+) \neq 1/2$$

앞의 가설을 검정하기 위하여 10명의 유아를 무선추출하여 각 유아들에게 두 강화방법을 실시한 후 답을 맞힌 문항 수를 계산하고 차이를 분석한 결과는 〈표 14−2〉와 같다.

〈표 14-2〉 두 강화방법에 따른 정답 수와 차이

유아	사탕	칭찬	차이	부호
1	13	14	−1	−
2	8	4	+4	+
3	6	8	−2	−
4	13	12	+1	+
5	7	9	−2	−
6	14	10	+4	+
7	8	7	+1	+
8	10	12	−2	−
9	9	7	+2	+
10	10	10	0	

양의 부호와 음의 부호가 나올 확률이 1/2이라는 영가설, 즉 두 강화방법에 따

른 학습 차이가 없다는 영가설을 부정하기 위해서는 양의 부호 수가 매우 많거나 혹은 음의 부호 수가 많아야 된다. 그러나 앞의 10개 부호 중 +는 5개, −는 4개이므로 양의 부호와 음의 부호가 나올 확률이 1/2이라는 영가설을 기각하지 못함을 직감적으로 예견할 수 있다.

10명의 유아를 대상으로 실시한 앞의 연구에서 유의수준을 .05로 설정하였다면 영가설을 기각하는 기각역은 동전의 앞뒷면이 나올 확률이 같다는 영가설하에서 동전을 10번 던졌을 때 나타나는 기각역과 같다. 즉, 동전놀이에서 기각역이 앞면의 수가 10, 9, 1, 0개인 것과 같이 앞의 연구에서도 기각역은 양의 부호가 10, 9, 1, 0개일 때이다. 그러므로 부호화 검정에서의 기각역과 채택역은 동전놀이에서 기각역과 채택역을 찾는 방법과 동일하다. 두 강화방법에 의한 유아의 수 개념에 대한 학습결과, 양의 부호는 총 10개 부호 중 5개이므로 영가설을 기각하지 못한다. 그러므로 유아들의 수 개념 학습에 있어 사탕에 의한 강화와 칭찬에 의한 강화의 차이는 없다고 결론지을 수 있다.

부호화 검정을 요약하면 다음과 같다.

부호화 검정

1 H_0, H_A, α, n을 설정한다.

H_0: $P(+) = P(-) = 1/2$

H_A: $P(+) \neq P(-) \neq 1/2$

2 차이를 계산하고, 차이에 대한 양의 부호 수를 센다.

3 이항분포에서 유의수준에 따라 기각역과 채택역을 설정한다.

4 결론을 내린다.

부호화 검정은 수의 차이에 대한 부호의 수로 가설을 검정하므로 간편한 것이 특징이나 부호의 방향, 즉 양수 혹은 음수에만 관심을 지녔을 뿐 차이의 양은 고려하고 있지 않다. 차이의 양을 고려하기 위해서는 matched-pair Wilcoxon 검정을 참고하라.

3 Irwin-Fisher 검정

실제 분포에 의하여 가설을 검정하는 **Irwin-Fisher 검정**은 변수들이 이분 질적 변수일 때 두 집단에서 연구대상이 되는 비율이 같은지를 검정한다. 예를 들어, 남녀 집단에서 자격증 획득 비율의 차이라든지 기독교인과 비기독교인이 제사에 대하여 찬성하는 비율의 차이 연구 등이 있다.

Irwin-Fisher 검정을 위해서는 제8장에서 설명한 복원추출에 의한 확률계산과 초기하(hypergeometric)확률이 이용된다. 예를 들어, 남녀에 따라 운전면허 획득 비율에 차이가 있는지 알아보기 위하여 연구자는 40명의 남자와 20명의 여자 운전면허 응시자를 무선추출하여 유의수준 .05에서 검정하려 한다. 이를 위한 통계적 영가설과 대립가설은 다음과 같다.

$$H_0 : \Delta = P_1 - P_2 = 0$$
$$H_A : \Delta = P_1 - P_2 \neq 0$$

운전면허시험에 응시한 성인남녀에서 무선추출된 남자 40명과 여자 20명 중 운전면허를 획득한 사람 수는 〈표 14-3〉과 같다.

〈표 14-3〉 운전면허시험에 응시한 남녀 중 운전면허 획득자

		성별		
		남	여	
운전면허	획득	8	2	10
	미획득	32	18	50
		40	20	60

남녀의 운전면허 획득비율의 차 Δ는 다음과 같다.

$$\Delta = p_1 - p_2 = 8/40 - 2/20 = .10$$

만약 H_0이 진이라면 Δ값도 0에 근접하게 될 것이다. 〈표 14-3〉에 남녀의 수인 40명과 20명, 그리고 면허획득과 미획득의 수인 10명과 50명을 주변빈도로 고정시켰을 때 나타날 수 있는 모든 경우는, 남자 중 운전면허를 획득한 사람 수가 한 명도 없는 경우부터 1명, 2명, ……, 10명에 이르는 경우이다. 예를 들어, 남자 40명 중 한 명도 운전면허를 획득하지 못한 경우의 분할표와 Δ값은 〈표 14-4〉와 같다.

〈표 14-4〉 40명 성인남자 중 한 명도 운전면허를 획득하지 못한 경우와 Δ

		성별: 남	성별: 여	
운전면허	획득	0	10	10
	미획득	40	10	50
		40	20	60

$\Delta = 0/40 - 10/20 = -.5$

앞의 예에서 남자 40명 중 한 명도 운전면허를 획득하지 못하고 여자 20명 중 10명이 운전면허를 획득하는 이론적 확률은 초기하확률에 의하여 다음과 같이 구해진다.

$$P = \frac{\binom{40}{0}\binom{20}{10}}{\binom{60}{10}} = .0000025$$

주변빈도를 고정시키고 각 칸에 떨어지는 빈도 수를, 즉 남자집단에서 운전 면허를 획득한 사람 수를 변화시킬 때 $p_{남}$, $p_{여}$, Δ와 이론적 확률은 〈표 14-5〉와 같다.

〈표 14-5〉 빈도 수, $p_{남}$, $p_{여}$, $\varDelta$, P

f	$p_{남}$	$p_{여}$	$\varDelta$	P
0	0	.5	−.5	.0000025
1	.025	.45	−.425	.0000891
2	.05	.40	−.35	.0013032
3	.075	.35	−.275	.0101586
4	.10	.30	−.20	.0469835
5	.125	.25	−.125	.1353125
6	.150	.20	−.05	.2466635
7	.175	.15	.025	.2819011
8	.20	.10	.10	.1938069
9	.225	.05	.175	.0725360
10	.250	0	.25	.0112431

유의수준 .05에서 양방적 검정이므로 유의수준은 양분되어 〈표 14-5〉에서의 양극단으로부터 누적확률이 .025를 넘지 않는 도수가 기각역이 된다. 그러므로 기각역은 {0, 1, 2, 3}과 {10}이 된다. 즉, 성인남자 40명 중 운전면허를 획득한 남자가 3명 이하이거나 10명일 때 유의수준 .05에서 영가설을 기각한다. 이같이 영가설을 찾는 방법은 동전놀이에 의한 가설검정과 동일하다.

〈표 14-3〉에 의하면 40명의 성인남자 중 8명이 운전면허를 획득하였으므로 영가설을 기각하지 못한다. 그러므로 운전면허 획득 비율은 성별에 따라 유의한 차이가 없다고 결론내릴 수 있다. Irwin-Fisher 검정은 제16장에서 설명될 χ^2 검정의 ϕ검정과 유사하다. Irwin-Fisher 검정 절차를 요약하면 다음과 같다.

Irwin-Fisher 검정 절차

1 H_0, H_A, n_1, n_2, α를 설정한다.

2 2×2 분할표를 작성한다.

	G_1	G_2	계
A_1	f_{11}	f_{12}	f_1
A_2	f_{21}	f_{22}	f_2
계	n_1	n_2	n

3 f_{11}을 변화시켜 p_1과 p_2를 계산하고 Δ를 계산한다.

4 초기하확률에 의하여 f_{11}에 대한 이론적 확률을 계산한다.

$$P(f_{11}) = \frac{\binom{n_1}{f_{11}}\binom{n_2}{f_{12}}}{\binom{n}{f_1}}$$

5 유의수준과 일방, 양방적 검정을 고려하여 기각역을 찾는다.

6 결론을 내린다.

연습문제

1 다음 용어의 정의와 개념을 설명하라.

a. 기각역
b. 채택역

2 동전의 앞면과 뒷면이 나올 확률이 같은지를 검정하기로 한다. 다음의 질문에 답하라.

a. 영가설과 대립가설을 설정하라.
b. 동전을 10번 던질 때 유의수준 .01에서 기각역과 채택역을 구하라.
c. 동전을 10번 던질 때 유의수준 .05에서 기각역과 채택역을 구하라.
d. 동전을 15번 던질 때 유의수준 .01에서 기각역과 채택역을 구하라.
e. 동전을 15번 던질 때 유의수준 .05에서 기각역과 채택역을 구하라.
f. 유의수준 변화에 따라 기각역과 채택역에 어떤 영향을 주는지 설명하라.

3 주워 온 동전을 관찰한 결과 앞면이 나올 확률이 뒷면이 나올 확률보다 클 것 같다는 생각에 이를 검정하고자 한다.

a. 영가설과 대립가설을 설정하라.
b. 동전을 10번 던질 때 유의수준 .01에서 기각역과 채택역을 구하라.
c. 동전을 10번 던질 때 유의수준 .05에서 기각역과 채택역을 구하라.
d. 2번 문제에서 양방적 검정을 실시하였을 때와 어떤 차이가 있는지 설명하라.

4 연구자가 주워 온 동전이 앞면이 오목하게 들어가 연구자는 앞면이 나올 확률은 .7보다 클 것이라고 기대한다.

a. 영가설과 대립가설을 서술적 가설과 통계적 가설의 형태로 기술하라.
b. 기각역은 표집분포의 오른쪽과 왼쪽 중 어느 쪽이 될 것인가?
c. 유의수준 .05에서 기각역과 채택역을 구하라.

5 남아 선호사상 때문에 남자아이들의 출생률이 높다는 여론이 비등하여 연구자는 서울시내 남녀 출생비율에 차이가 있는지 연구하기로 하였다. 서울시내에서 출생한 신생아가 모집단이며 서울시내 각 동사무소 중 10동을 단순무선추출하여 지난 한달 동안 출생한 남녀 아이들의 수를 파악하였더니 다음과 같았다. 유의수준 .01에서 남녀 출생비율에 차이가 있는지 검정하라.

동사무소	남	여
1	12	11
2	13	17
3	21	16
4	14	12
5	17	19
6	18	16
7	15	15
8	18	20
9	16	14
10	20	18

6 어느 제약회사에서 동물에게서 추출한 호르몬과 식물에서 채취한 효소가 혈소판 수치를 증가시키는지를 검정하기 위하여 7마리의 쥐를 무선추출하여 실험을 한 결과는 다음과 같다. 유의수준 .05에서 호르몬과 효소의 차이가 있는지 검정하라.

쥐	호르몬	효 소
1	1200	1180
2	1300	1190
3	1240	1200
4	1500	1550
5	1300	1250
6	1430	1400
7	1270	1200

7 교사와 학생들이 새로운 대학입시제도를 찬성하는지 비교하기 위하여 교사 중 20명을, 학생 중 30명을 단순무선추출하여 찬성 여부를 조사한 결과는 다음과 같다. 유의수준 .01에서 두 집단 간에 새 입시제도에 대한 선호도에 차이가 있는지 검정하라.

	교사	학생	
찬성	8	15	23
반대	12	15	27
	20	30	50

제15장

Z분포에 의한 검정

1 Z분포

Z분포는 표준정규분포(standard normal distribution)로 제9장 3절을 참조하기 바란다.

2 Z검정을 위한 기본 개념

Z검정(Z test)은 Z분포에 의하여 가설을 검정하는 통계적 방법으로 다음의 네 가지 조건을 충족시킬 때 사용한다.

① 종속변수가 양적변수이어야 한다.
② 모집단의 분산을 알아야 한다.
③ 정규분포 가정(normality assumption)을 충족하여야 한다. 즉, 모집단의 분포가 정규분포이어야 한다.
④ 등분산 가정(equal variance assumption)을 충족하여야 한다. 두 모집단을 비

교할 경우 각기 두 모집단의 분산이 같아야 한다.

이상의 네 가지 조건을 충족시키지 못한다면 Z검정을 사용할 수 없다. 앞에서 Z검정을 사용하기 위하여 모집단의 분산을 알아야 한다고 하였다. 그러나 실제 연구상황에서 모집단의 분산을 아는 경우는 매우 드물다. 그러므로 혹자는 연구에서 표본의 크기가 크면 Z검정을 사용할 수 있다고 한다. 물론 표본의 크기가 커서 모집단의 크기 모두를 연구대상으로 하면 표본의 분산이 모집단의 분산과 같기에 가능할 것이다. 그러나 그러한 논리로 Z검정의 사용을 합리화하는 것은 모순이다. 또한 표본의 크기가 크다는 기준이 모호하다. 그러므로 모집단의 분산을 알 때만 Z검정을 사용하여야 한다. 모집단 분포의 정규성 여부는 이론적 배경이나 경험적 배경에 의하여 규명될 수 있으며 만약 모집단의 분포가 정규분포를 유지하지 못한다면 비모수 통계(non-parametric statistics)를 사용하여야 한다.

정규분포 가정을 충족하는지를 확인할 때 표본분포의 형태를 확인하는 것이 아니라 모집단분포가 정규분포인가를 확인하여야 한다. 왜냐하면 추리통계는 모집단의 특성에 대한 검정이기 때문이다. 등분산 가정 여부도 Z검정, t검정, F검정의 필수적인 요소로 만약 모집단분포의 흩어진 정도가 모집단마다 다를 때 각기 다른 집단들을 비교한다면 잘못된 결론을 유도할 수 있기 때문이다. 만약 [그림 15-1]과 같이 두 집단 비교 시 두 모집단의 평균은 같고 분산의 크기가 다르다면 두 모집단이 같다고 말할 수 없으며, 비교가 쉽지 않아 이런 경우는 비모수 통계를 사용하여야 한다.

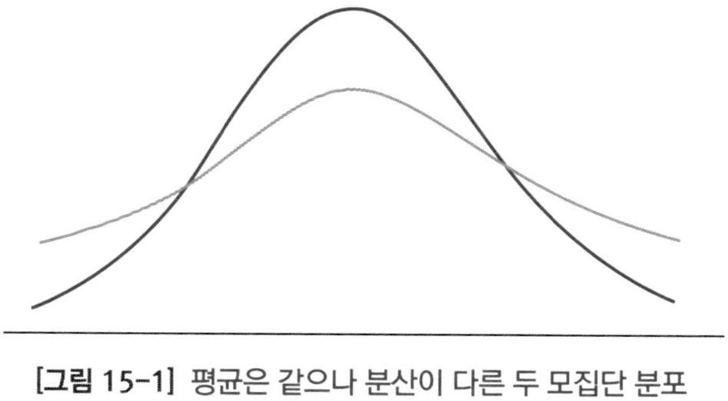

[그림 15-1] 평균은 같으나 분산이 다른 두 모집단 분포

Z검정은 검사의 목적에 따라 단일표본 Z검정, 두 독립표본 Z검정, 두 종속표본 Z검정이 있다. 또한 상관계수의 유의도 검정과 비율의 유의도 검정도 Z분포에 의하여 시행할 수 있다.

3 단일표본 Z검정

Z통계값에 의한 검정

단일표본 Z검정(one sample Z test)이란 한 모집단의 속성을 알기 위하여 모집단을 대표하도록 추출된 한 표본의 통계값인 평균과 연구자가 이론적 혹은 경험적 배경에서 얻은 특정 값을 비교하는 통계적 방법이다.

예를 들어, 어떤 교육구에 교육위원으로 선출된 사람이 그 교육구의 양호한 교육적 환경으로 해당 교육구 고등학교 3학년 학생들의 학업적성 점수가 전국 고등학교 3학년 학생들의 평균과 같은지를 검정하고자 할 때 Z검정을 사용할 수 있다. 연구자인 교육위원은 전국 고등학교 3학년 학생의 학업적성의 평균점수가 300점이며, 표준편차는 20점임을 알고 있다. 연구의 대상인 모집단은 해당 교육구 고등학교 3학년 학생 모두가 된다. 이때 모집단을 대표하는 100명의 고등학교 3학년 학생을 무선표집하여 학업적성검사를 실시하였더니 평균이 306점이 나왔다. 이때 유의수준 .05에서 해당 교육구의 모집단의 학업적성능력이 300점인지를 검정하는 절차는 다음과 같다.

H_0: 해당 교육구 고등학교 3학년 학생들의 학업적성 평균점수는 300점이다.
H_A: 해당 교육구 고등학교 3학년 학생들의 학업적성 평균점수는 300점이 아니다.

이 영가설과 대립가설을 통계적인 영가설과 대립가설로 표현하면 다음과 같다.

H_0: $\mu = 300$

H_A: $\mu \neq 300$

영가설하에서 표집분포를 그리면 중심극한정리에 의하여 표집분포의 평균은 300이 되고 표준오차는,

$$\sigma_{\overline{Y}} = \frac{\sigma_Y}{\sqrt{n}} = \frac{20}{\sqrt{100}} = 2$$

가 된다. 연구대상의 표본에서 얻은 100명의 고등학교 3학년생의 평균은 306점이므로 이 평균이 표집분포에서 위치하는 점은 [그림 15-2]와 같다.

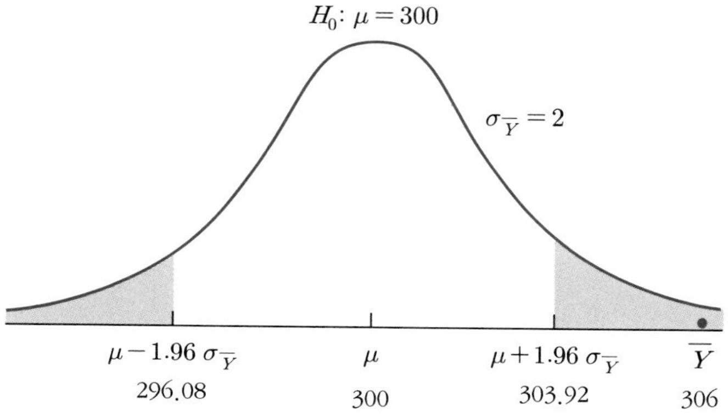

[그림 15-2] 평균이 300이고 표준오차가 2인 표집분포에서의 유의수준 .05인 기각역과 표본 평균점수의 위치

[그림 15-2]를 보면 표본에서 얻은 평균 306은 기각역에 위치함을 쉽게 알 수 있다. 표본의 평균값을 표준정규분포에 의한 Z통계값(Z statistics)으로 계산하는 방법은 기술통계에서 표준화 점수로 Z값을 계산하는 기본적 원리와 동일한 공식을 사용한다. 다만, 표집분포에서의 표준편차는 표준오차이므로 평균치가 모수치의 평균에서 떨어진 값을 표준오차로 나누어야 한다. 즉, **Z통계값**은 다음 공식 (15.1)에 의하여 계산할 수 있다.

$$Z = \frac{\overline{Y} - \mu}{\sigma_{\overline{Y}}} = \frac{\overline{Y} - \mu}{\frac{\sigma_Y}{\sqrt{n}}} \quad (15.1)$$

공식 (15.1)에 의하여 해당 교육구 고등학교 3학년 학생의 학업적성검사 점수의 Z통계값은 다음과 같다.

$$Z = \frac{306 - 300}{\frac{20}{\sqrt{100}}} = 3$$

표집분포를 Z분포 혹은 표준정규분포에 의하여 유의수준 .05에 해당하는 기각역과 Z통계값을 그리면 [그림 15-3]과 같다.

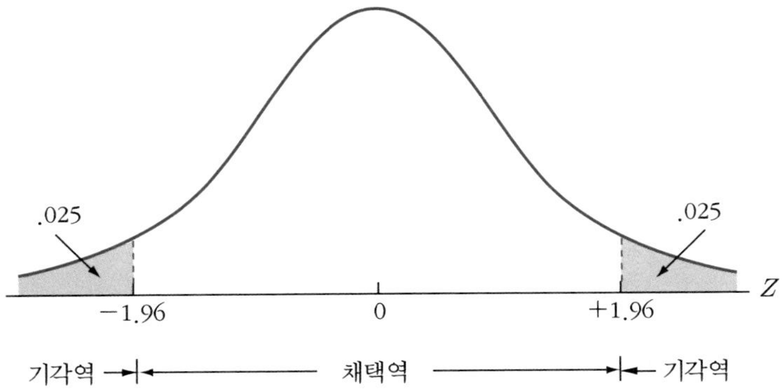

[그림 15-3] Z분포에 의한 기각역과 채택역, Z통계값의 위치

유의수준 .05에서의 기각값은 양방적 검정이므로 ±1.96이 된다. 유의수준에 따른 기각값으로 Z값은 부록 [수표 2]에서 찾을 수 있다. 즉, Z통계값이 +1.96보다 크거나 −1.96보다 작으면 영가설을 기각한다. 그러므로 Z통계값은 3이고 1.96보다 크므로 영가설을 기각하게 된다. 결론은 '유의수준 .05에서 해당 교육구 고등학교 3학년 학생들의 학업적성 점수는 300점이 아니다.'라고 내려야 한다. 이 결론의 의미가 무엇인가 곰곰이 생각해 보자. 유의수준 설명에 앞서 단일표본

Z검정을 실시하는 절차를 요약하면 다음과 같다.

단일표본 Z검정 절차

1 H_0, H_A을 세우고, α와 n을 설정한다.

2 $\overline{Y}$를 계산한다.

3 $\sigma_{\overline{Y}}$를 계산한다.

$$\sigma_{\overline{Y}} = \frac{\sigma_Y}{\sqrt{n}}$$

4 Z통계값을 계산한다.

$$Z = \frac{\overline{Y} - \mu}{\frac{\sigma_Y}{\sqrt{n}}}$$

5 유의수준을 고려하여 Z분포표에 의하여 기각값을 찾는다.

6 결론을 내린다.

단일표본 Z검정을 복습하고, 특히 결론에 대한 올바른 해석을 설명하기 위하여 다른 예를 들면 다음과 같다.

저자가 다년간의 강의를 통한 경험적 배경을 기초로 교육통계 점수를 알아보았더니 평균점수가 75점이었고 표준편차는 15점이었다. 이번 학기에는 컴퓨터를 이용하여 시각적 효과를 강조한 통계학을 100명의 학생에게 강의한 후 검사를 실시하였더니 평균점수가 79.5점이 나왔다. 그렇다면 새로운 교수법에 의한 수강생들의 평균이 75점과 같은지를 검정하고자 한다. 매년 동일 대학의 학생들의 능력이 같다고 가정하면 새로운 교수법과 종전의 교수법과의 차이가 있는지의 여부를 검정한다고 유추해석할 수 있다. 유의수준 .05에서 단일표본 Z검정 절차에 따르면,

$$Z = \frac{79.5 - 75}{\frac{15}{\sqrt{100}}} = 3.0$$

으로써 +1.96보다 크므로 영가설을 기각하게 된다. 결론은 '유의수준 .05에서 새로운 교수법에 의한 교육통계 점수는 75점이 아니다.'라고 내려진다. 그렇다면 이 결론은 무엇을 말하는지 상세히 살펴보자. 우선 이해를 돕기 위하여 영가설과 대립가설하에서 표집분포를 그리면 [그림 15-4]와 같다.

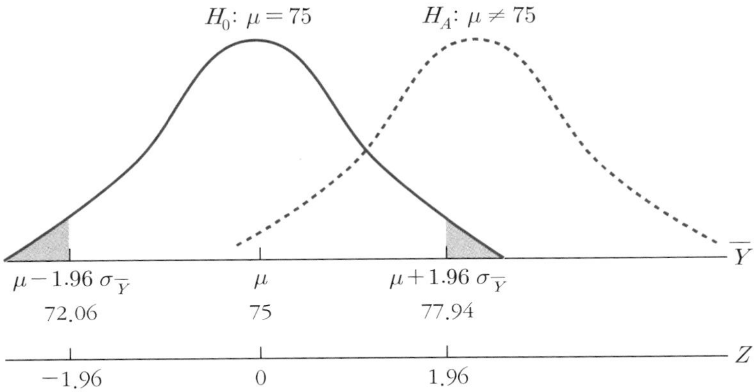

[그림 15-4] 영가설과 대립가설하에서 새로운 교수법에 의한 교육통계 점수

'유의수준 .05에서 새로운 교수법에 의한 교육통계의 평균이 75점이 아니다.'라고 결론을 내리는 것은 다음과 같은 이유 때문이다.

유의수준 .05라 함은 잠정적으로 새로운 교수법에 의한 교육통계의 평균점수가 75점이라고 가정하였을 때, 즉 영가설하에서 평균이 77.94점 이상이거나 72.06점 이하로 나타나는 경우는 전체의 .05 이하의 확률로 매우 희소하다. 표본의 평균이 77.94점 이상이거나 혹은 72.06점 이하일 경우에는 영가설하에서 동일한 실험을 100번 실시할 때 5번밖에 나타나지 않는다. 그러므로 그 표본은 평균이 75점인 모집단을 갖는 것이 아니라 다른 모집단을 갖는다고 판단할 수 있다. 즉, 그 평균값이 영가설하에서 나타날 확률이 매우 희소하고 평균이 다른 대립가설하에서는 흔히 나타날 수 있으므로 영가설을 부정할 수 있다.

요약하면 유의수준에서 영가설이 부정되었다는 결론은 영가설하에서 표본의 평균이 나타날 확률이 유의수준 이하로 흔하지 않으므로 영가설을 기각하고 대립가설을 채택한다는 사실을 말한다. 즉, 앞의 예에서 Z통계값은 3.0이므로 평균이 79.5점 이상일 확률은 모집단 평균이 75점인 영가설하에서 .00135([수표 2] 참조)로서 매우 희소하다. 달리 표현하면 영가설이 진일 때 연구를 1,000번 하면 평균이 79.5점보다 큰 경우가 1번 나타남을 말한다. 그러나 모집단의 평균이 75점이 아닌 80점인 대립가설하에서는 흔히 나타날 수 있다. 즉, 이와 같은 결과는 매우 희소하므로 모집단의 평균이 75점이 아닐 것이라는 판단을 하게 된다.

이와 같이 판단의 실수를 확률로 나타내어 의사를 결정하는 과정에 있어 유의수준에 의해 내린 결론을 잘못 해석하는 대표적인 두 가지 경우가 있다. 유의수준 .05에서 새로운 교수법에 의한 교육통계의 평균이 75점이 아니라는 결론에 대한 첫 번째 잘못된 해석은 그 결론이 95%는 맞고 5%는 틀린다는 해석이다. 어떤 결론을 내렸다면 그 결론이 맞든지 혹은 틀리든지 둘 중의 하나이지 95%는 맞고 5%는 틀린다고 해석할 수는 없다. 두 번째 잘못된 해석은 똑같은 연구를 100번 실시하였을 때 새로운 교수법에 의한 교육통계 점수는 평균이 75점이 아닌 경우가 95번 나오고, 평균이 75점인 경우가 5번 나온다는 해석이다. 이 또한 매우 잘못된 해석이다.

잘못된 이유를 설명하기 위하여 [그림 15-4]를 참조하면 평균이 79.5점이 나온 것은 영가설하에서, 즉 모집단의 평균이 75점하에서 79.5점보다 높은 점수가 나타날 확률은 .00135이므로 영가설하에서 표집을 1,000번 하면 79.5점이 나타나는 표본은 1개 정도가 된다. 이와 같은 경우는 매우 드물다. 그래서 영가설을 기각하므로 그에 따른 실수를 범하게 된다. 만약 대립가설하에서 모집단의 평균이 79점이라 가정하고 영가설과 대립가설에 의한 표집분포 아래 표본의 평균인 79.5점을 그리면 [그림 15-5]와 같다. 그렇다면 표본의 평균이 79.5점이 나오는 것은 모집단 평균이 75점인 영가설보다는 모집단 평균이 79점인 대립가설하에서 흔히 나타난다. 대립가설하에서 표본의 평균이 79.5점으로 나타날 확률은 Z 통계값이 .333으로서 이에 해당하는 확률은 .630([수표 2] 참조)이 된다.

그러므로 모집단의 평균이 79점이라는 대립가설하에서 표본의 평균이 79.5점이 되는 확률은 .630으로서 표집을 1,000번 하였을 때 630번, 다시 말해 100번 중 63번이나 나오는 흔한 일이다. 영가설에서는 거의 나타나지 않고 대립가설에서는 자주 나타나므로 영가설을 기각하고 대립가설을 채택한다는 것이다. 이와 같은 설명에 비추어 볼 때 두 번째 해석의 잘못된 부분을 쉽게 이해할 수 있을 것이다.

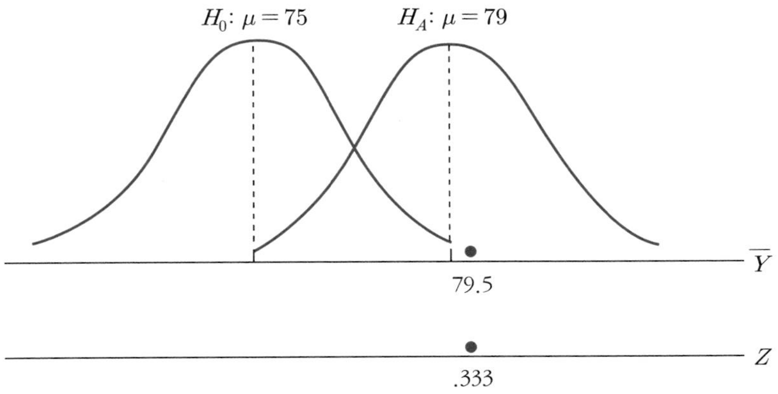

[그림 15-5] 영가설하에서 모집단 평균 75점과 대립가설하에서 모집단 평균 79점의 표집분포

이와 같이 유의수준에 의한 의사결정 방법에 대한 해석이 매우 중요함에도 그 올바른 의미를 분석하면서 통계를 사용하여 연구의 결론을 유도하는 연구자가 몇이나 되는지 심히 의심스럽고 놀라운 경우가 많다.

또한 국제학술지에 게재되는 연구논문 중에도 쉽게 저지르고 있는 실수는 영가설이 부정되지 않았을 경우에도 연구의 결론에 '유의수준 α에서 영가설이 기각되지 않았다.'라고 서술하는 것이다. 유의수준이란 제1종 오류로 영가설이 진인데도 영가설을 기각하는 확률을 말한다. 그러나 만약 영가설을 기각하지 않았다면 영가설이 진이었을 때 영가설을 기각하지 않았으므로 판단의 실수가 일어나지 않았음을 알아야 한다. 그러므로 영가설이 기각되지 않았을 경우 유의수준의 언급은 생략하여야 한다. 즉, 판단의 실수를 저지르지 않았기에 유의수준을 언급할 이유가 없다.

이상에서 설명한 내용은 추리통계를 사용하면서 흔히 범하는 실수이므로 이해가 쉽지 않으면 여러 번 숙독하여 철저하게 이해하기 바란다.

신뢰구간에 의한 검정

Z통계값에 의하여 가설을 검정하는 방법은 점추정에 의한 방법이다. 가설을 검정하는 다른 방법으로 신뢰구간을 이용한다. 새로운 교수법에 의한 수강생의

교육통계 점수의 평균이 75점인지를 유의수준 .05에서 검정할 때 수강생 100명의 교육통계 점수의 평균이 $75 \pm 1.96\sigma_{\overline{Y}}$ 사이에 있으면 영가설을 채택하고 그 밖에 있으면 영가설을 기각한다. 그러므로 75±1.96(1.5)의 구간은 영가설을 수용하는 채택역이 된다. 즉, 표본으로부터 얻은 통계치가 $\pm 1.96\sigma_{\overline{Y}}$ 사이에 존재하면 영가설을 기각하지 않는다.

유의수준 .05에서 영가설을 기각하지 않는 구역은 다음과 같다.

$$\mu - 1.96\sigma_{\overline{Y}} \le \overline{Y} \le \mu + 1.96\sigma_{\overline{Y}}$$

그러므로 유의수준 .05에서 모집단의 평균, 즉 영가설하에서 모수치가 지녀야 할 값의 범위는 다음과 같다.

$$\overline{Y} - 1.96\sigma_{\overline{Y}} \le \mu \le \overline{Y} + 1.96\sigma_{\overline{Y}}$$

이 범위는 μ의 구간추정값(interval estimates)으로서 $100(1-\alpha)\%$의 **신뢰구간**(confidential interval) 혹은 **신뢰한계**(confidential limit)라 한다.

표본으로부터 얻은 평균값에 $\pm 1.96\sigma_{\overline{Y}}$의 값을 계산하여 얻은 범위를 95% 신뢰구간이라 하며, 영가설하에서의 모수치가 이 구간 안에 있으면 영가설을 기각하지 못한다. 만약 영가설하에서의 모수치가 이 구간 밖에 있다면 영가설을 기각한다. 새로운 교수법의 예에서 95%의 신뢰구간은 79.5±1.96(1.5)로서 76.56점부터 82.44점까지이다. 영가설하에서 모집단 평균은 75점이고, 이는 95%의 신뢰구간에 들어가지 않으므로 영가설을 기각한다.

참고로 정규분포하에서 99% 신뢰구간은 다음과 같다.

$$\overline{Y} - 2.58\sigma_{\overline{Y}} \le \mu \le \overline{Y} + 2.58\sigma_{\overline{Y}}$$

양방적 검정에 의한 신뢰구간 추정은 두 값 사이가 되나 일방적 검정은 가설에 따라 다르다. 예를 들어, 교육통계 점수에 대한 일방적 검정을 위한 가설은 다음과 같다.

H_0: $\mu \leq 75$

H_A: $\mu > 75$

유의수준 .05에서 새로운 교수법에 의한 수강생의 교육통계 점수가 75점보다 높다는 대립가설의 일방적 검정에서 채택역과 기각역은 [그림 15-6]과 같다.

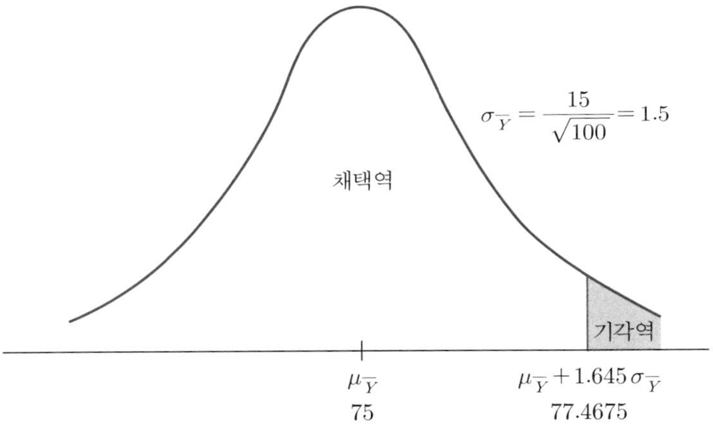

[그림 15-6] 일방적 검정에서의 채택역과 기각역

영가설을 기각하지 못하는 채택역은 다음과 같이 계산된다.

$$\overline{Y} \leq \mu + 1.645\,\sigma_{\overline{Y}}$$

즉, 표본으로부터 얻은 통계치가 77.4675점 이하이면 영가설을 기각하지 못한다. 이에 따라 앞의 예에서 95% 신뢰구간은 다음과 같다.

$$\mu \geq \overline{Y} - 1.645\,\sigma_{\overline{Y}}$$

그러므로 일방적 검증인 앞의 가설에서 신뢰구간은 77.0325 이상이어야 하나 이 구간에 모집단의 평균 75가 포함되지 않으므로 영가설을 기각한다.

추리통계에 의한 가설검정 방법은 점추정에 의한 방법과 구간추정에 의한 방법으로 나뉜다. **구간추정**(interval estimate) 방법은 이상에서 설명한 바와 같이 영가설하에서 모수치의 범위에 의해 가설을 검정하는 데 비하여, **점추정**(point estimate) 방법은 표본으로부터 얻은 통계값이 표집분포의 어느 곳에 위치하느냐에 의하여 가설을 검정한다. 구간추정 방법은 영가설하에서 모집단 평균의 범위를 알려 주는 장점을 지니는 데 비하여 점추정 방법은 그와 같은 정보를 알려 주지 못한다. 그러나 일반적으로 연구보고에서는 점추정에 의한 통계치를 제공하여 영가설의 기각 여부를 검정한다.

4 양방적 검정과 일방적 검정

단일표본 Z검정, 두 독립표본 Z검정, 두 종속표본 Z검정에서 영가설은 '모집단의 평균이 어떤 수와 같다.' 혹은 '두 모집단의 평균이 같다.'였다. 반면에 대립가설은 같지 않다고 설정하였다. 이와 같이 같다와 같지 않다를 등가설이라 하고 이를 검정하는 방법을 **양방적 검정**(two-tailed test)이라 한다. 새로운 교수법에 의한 교육통계 점수의 예에서 교수법의 효과가 있는지 알아보기 위하여 교육통계 점수가 75점인지를 알아보기 위한 영가설, 대립가설을 다음과 같이 설정하였다.

H_0: $\mu = 75$

H_A: $\mu \neq 75$

이 경우 교육통계 시험 점수가 75점보다 매우 낮거나 혹은 매우 높으면 영가설을 기각하게 된다. 즉, 기각역은 양쪽으로 존재하기 때문에 이를 양방적 검정이라 한다. 등가설에 의한 통계적 검정을 양방적 검정이라 한다.

반면 연구자가 새로운 교수법이 교육통계에 대한 능력을 향상시킨다고 주장하고 싶으면 교육통계 점수가 75점 이상인지를 검정하기 위한 영가설과 대립가설을 설정한다.

H_0: $\mu \leq 75$

H_A: $\mu > 75$

영가설과 대립가설에서 볼 수 있듯이 부등호가 포함되어 단일표본 검정 시 영가설이 모집단의 평균 모수치가 특정 수보다 작거나 같든지 혹은 크거나 같든지이거나, 두 독립표본 검정 시 어느 모집단의 평균 모수치가 다른 모집단의 평균 모수치보다 크거나 같든지, 작거나 같든지를 검정하는 방법을 **일방적 검정**(one-tailed test)이라 한다. 제13장에서 부등가설을 설명하면서 부등가설은 부등호가 포함되며 가설검정은 일방적 검정에 의하여 이루어진다고 설명하였다. 그러므로 일방적 검정일 경우는 기각역이 양쪽이 아니라 한쪽이 된다. 이 가설을 검정하기 위한 기각역은 [그림 15-7]과 같다.

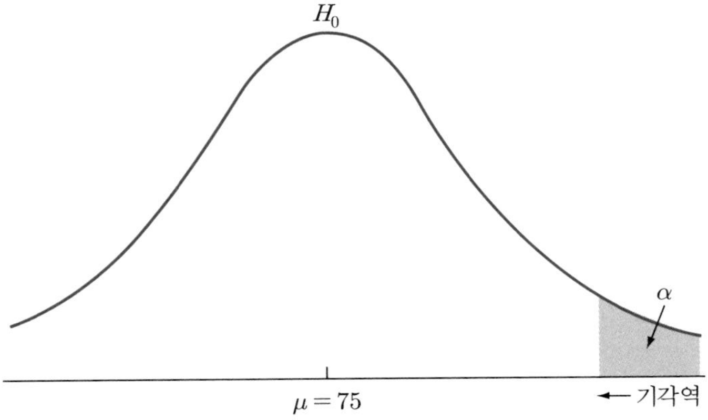

[그림 15-7] 일방적 검정의 기각역

일방적 검정에서 주의하여야 할 점은 영가설에 부등호와 등호가 동시에 포함됨을 명심하여야 한다.

Z검정에서 양방적 검정과 일방적 검정에 따라 기각값이 달라짐을 알 수 있다. 양방적 검정일 경우는 유의수준이 양쪽으로 분할되어 $\alpha/2$에 해당하는 Z값을 Z분포에서 찾는 데 비하여, 일방적 검정일 경우 유의수준이 한쪽으로만 고려되므로 α에 해당되는 Z값이 기각값이 된다. 유의수준에 따른 양방적, 일방적 검정의 기각값은 〈표 15-1〉과 같다.

〈표 15-1〉 유의수준과 양방적 혹은 일방적 검정에 의한 기각값

검정방법 \ α	.10	.05	.01
양방적 검정	±1.645	±1.96	±2.58
일방적 검정	+1.28 혹은 −1.28	+1.645 혹은 −1.645	+2.33 혹은 −2.33

〈표 15-1〉에서 알 수 있듯이 유의수준에 따른 양방적, 혹은 일방적 검정의 기각값을 비교할 때 일방적 검정에 의한 기각값의 절대값이 양방적 검정에 의한 기각값의 절대값보다 작은 것을 알 수 있다. 이는 일방적 검정을 취할 때 보다 쉽게 영가설을 기각할 수 있음을 알 수 있다. 예를 들어 설명하면 어떤 연구를 실시하여 Z통계값이 +1.80이 나왔다면 유의수준을 .05로 하였을 때 양방적 검정에서 기각값이 ±1.96으로 영가설이 기각되지 않으나 일방적 검정에서는 기각값이 −1.645이거나 +1.645이므로 이 경우 영가설이 기각된다. 이를 '검정력이 강하다(powerful).'라고 한다. 이에 대해서는 제13장에서도 설명하였다. 이는 논리적으로 설명하여도 이론적 배경이 강할수록 주장하고자 하는 것이 옳다고 하기가 쉽기 때문에 연구가설을 지지할 수 있다. 즉, 영가설을 쉽게 부정하게 되므로 '검정력이 강하다.'라고 할 수 있다. 결론적으로 이론적 배경이 강할 경우 일방적 검정을 실시할 수 있다.

이상에서 설명한 Z검정은 집단비교를 위한 추리통계의 기본 개념과 절차를 설명하는 데 기본이 되는 검정방법임에 비하여 실제 연구에서 사용되는 예는 흔하지 않다. 그 이유는 Z검정을 사용하기 위해서는 모집단의 분산 또는 표준편차를 알

아야 하는데 실제적으로 이론적 혹은 경험적 배경에 의해서도 그 값들을 알기가 용이하지 않기 때문이다. 때로는 표본의 크기가 클 때 표본으로 얻은 표준편차나 분산이 모집단의 표준편차나 분산과 유사하므로 Z검정을 쓸 수 있다고 주장하는 경우도 있으나 모집단 분산이나 표준편차를 알지 못하는 한 표본의 크기가 크다 해서 Z검정을 사용한다는 것은 무리이다.

Z검정 사용의 한계(비보편성) 때문에 Z검정에 대한 설명이 경시되는 경향이 있으나 t검정은 Z검정의 변형된 검정이고, F검정, 즉 분산분석은 t검정의 연속임을 볼 때 Z검정의 기본 개념과 절차를 이해하는 것은 매우 중요하다.

5 두 표본 Z검정

두 독립표본 Z검정

두 독립표본 Z검정(two independent samples Z test)이란 알지 못하는 두 모집단의 속성, 즉 평균을 비교하기 위하여 각기 모집단을 대표하도록 추출된 독립적인 두 표본을 가지고 두 모집단의 유사성을 검정하는 통계적 방법이다. 이때 두 모집단의 분산이 이론적 배경이나 경험적 배경에 의하여 같음을 알고 있어야 한다. 예를 들면, 전국 중학교 3학년 남녀 학생의 수학능력 비교라든지, 전국 30세 남녀 성인들의 체중 비교 등을 들 수 있다. 이때 주의할 점은 모집단을 대표하기 위하여 추출된 중학교 3학년 남학생의 표본과 중학교 3학년 여학생의 표본이 상호 독립적이어야 한다.

두 독립표본 Z검정을 사용하기 위해서는 제15장 2절에서 설명한 Z검정을 위한 네 가지 기본 가정을 충족시켜야 한다. 예를 들어, 두 독립표본 Z검정을 설명하면 다음과 같다. 전국 30세 남녀 100명을 각기 무작위 추출하여 체중을 측정하였더니 남자의 평균 체중이 68kg이었고, 여자의 평균 체중은 60kg이었음을 알았다. 또한 연구자는 이론적 배경에 의하여 30세 남자 모집단 체중의 표준편차는 10kg이고 여자 체중의 표준편차는 9kg임을 알고 있다고 하자.

30세 남녀의 체중이 차이가 있는지의 여부를 유의수준 .05에서 검정하기 위하여 영가설과 대립가설을 설정하면 다음과 같다.

H_0: 30세 남녀 체중의 차이가 없다.
H_A: 30세 남녀 체중의 차이가 있다.

이 영가설과 대립가설을 통계적 가설로 다시 서술하면,

$$H_0: \mu_1 = \mu_2$$
$$H_A: \mu_1 \neq \mu_2$$

이다. 물론 남자집단을 1로, 여자집단을 2로 혹은 반대로 설정하여도 상관이 없다. 통계적 가설을 달리 서술하면,

$$H_0: \mu_1 - \mu_2 = 0$$
$$H_A: \mu_1 - \mu_2 \neq 0$$

이다. 이 가설을 검정하기 위하여 두 모집단으로부터 추출된 두 표본들의 평균의 차이의 기댓값은 영가설하에서 $E(\overline{Y}_1 - \overline{Y}_2) = 0$이 된다.

또한 두 표본 평균차의 분산은 다음 공식 (15.2)에 의하여 계산할 수 있다.

$$\begin{aligned}\sigma^2_{(\overline{Y_1} - \overline{Y_2})} &= \sigma^2_{\overline{Y_1}} + \sigma^2_{\overline{Y_2}} - 2\sigma_{\overline{Y_1}\,\overline{Y_2}} \\ &= \sigma^2_{\overline{Y_1}} + \sigma^2_{\overline{Y_2}} - 2\rho_{\overline{Y_1}\,\overline{Y_2}}\sigma_{\overline{Y_1}}\sigma_{\overline{Y_2}} \\ &= \sigma^2_{\overline{Y_1}} + \sigma^2_{\overline{Y_2}}\end{aligned}$$

($\because \rho_{\overline{Y_1}\,\overline{Y_2}} = 0$ 두 집단은 독립표본이므로)

$$= \frac{\sigma_1^2}{n_1} + \frac{\sigma_2^2}{n_2} \quad (15.2)$$

(∵ 중심극한정리에 의해)

그러므로 두 독립집단 비교를 위한 표준오차는 다음 공식 (15.3)에 의하여 계산할 수 있다.

$$\sigma_{(\overline{Y_1} - \overline{Y_2})} = \sqrt{\frac{{\sigma_1}^2}{n_1} + \frac{{\sigma_2}^2}{n_2}} \quad (15.3)$$

30세 남녀의 체중 비교를 위한 표준오차 값은,

$$\sigma_{(\overline{Y_1} - \overline{Y_2})} = \sqrt{\frac{100}{100} + \frac{81}{100}} = 1.345$$

이다. Z통계값은 평균의 차이를 표준오차로 나눈 값으로 공식 (15.4)에 의한다.

$$Z = \frac{\overline{Y}_1 - \overline{Y}_2}{\sqrt{\frac{\sigma_1^2}{n_1} + \frac{\sigma_2^2}{n_2}}} \quad (15.4)$$

30세 남녀의 체중 비교를 위한 Z통계값은,

$$Z = \frac{68 - 60}{1.345} = 5.948$$

이다. Z통계값은 유의수준 .05에서의 기각값 ±1.96보다 크므로 영가설을 기각한다. 그러므로 '유의수준 .05에서 30세 성인 남녀의 체중에 유의한 차이가 있다.'고 결론을 내릴 수 있다.

두 독립표본 Z검정을 볼 때 단일표본 Z검정과의 차이점은 두 표본을 비교한다는 사실 이외에 기본적 개념과 절차가 동일함을 알 수 있다. 두 독립표본 Z검정을 실시하는 절차는 다음과 같다.

두 독립표본 Z검정 절차

1 H_0, H_A를 세우고, α와 n_1, n_2를 결정한다.

2 두 표본으로부터 $\overline{Y}_1$, $\overline{Y}_2$를 계산한다.

3 표준오차를 계산한다.

$$\sigma_{(\overline{Y_1}-\overline{Y_2})} = \sqrt{\frac{\sigma_1^2}{n_1}+\frac{\sigma_2^2}{n_2}}$$

4 Z통계값을 계산한다.

$$Z = \frac{\overline{Y}_1 - \overline{Y}_2}{\sqrt{\frac{\sigma_1^2}{n_1}+\frac{\sigma_2^2}{n_2}}}$$

5 유의수준에 의하여 Z분포상의 기각값을 찾는다.

6 결론을 내린다.

두 종속표본 Z검정

두 종속표본 Z검정(two dependent samples Z test)이란 알지 못하는 두 모집단의 속성을 비교하기 위하여 모집단으로부터 두 표본을 추출하여 그 두 표본의 속성인 추정치를 가지고 두 모집단을 비교하는 통계적 검정방법으로 추출된 두 표본이 독립적이지 않을 때 사용된다. 예를 들어, 기혼남녀의 체중을 비교하기 위하여 결혼한 남자집단과 여자집단의 체중을 추정할 때 기혼남자 모집단과 기혼여자 모집단에서 각각 독립적으로 표본을 추출하여 남녀의 체중을 비교하는 것이 아니라 편의를 위하여 부부를 추출하여 기혼남자와 기혼여자의 표본을 설정하여 두 표본의 비교로 모집단의 속성을 비교할 수 있다. 이 경우 집단비교를 위하여 추출된 부부의 체중은 관계가 있으며 기혼남자의 표본과 기혼여자의 표본은 상호 독립적이 아니라고 가정되어야 한다. 이때 쓰이는 검정방법이 두 종속표본 Z검정이다.

두 종속표본 Z검정을 실시하는 기본적인 개념과 절차는 두 독립표본 Z검정과 동일하다. 다만, 두 표본평균 차이의 표준편차, 즉 표준오차를 계산하는 공식이 다르다. 두 독립표본 Z검정 시 표준오차를 유도하는 공식 (15.3)에서 표준오차는 각 모집단 분산을 표본의 크기로 나눈 값을 더한 수의 제곱근이었다. 이때 두 표본이 상호 독립적이었기 때문에 두 표본평균의 상관은 0이었다. 그러나 두 표본이 상관이 있을 경우 두 표본평균차의 분산의 계산은 공식 (15.5)와 같다.

$$
\begin{aligned}
\sigma^2_{(\overline{Y}_1 - \overline{Y}_2)} &= \sigma^2_{\overline{Y}_1} + \sigma^2_{\overline{Y}_2} - 2\rho_{\overline{Y}_1 \overline{Y}_2}\sigma_{\overline{Y}_1}\sigma_{\overline{Y}_2} \\
&= \frac{\sigma_1^2}{n_1} + \frac{\sigma_2^2}{n_2} - 2\rho\frac{\sigma_1}{\sqrt{n_1}} \cdot \frac{\sigma_2}{\sqrt{n_2}} \qquad (15.5)
\end{aligned}
$$

ρ는 두 모집단의 상관계수로 이론적 혹은 경험적으로 알 수 없을 때는 두 표본으로 얻은 상관계수 r로 대치할 수 있다.

표준오차는 공식 (15.6)과 같다.

$$
\sigma_{(\overline{Y}_1 - \overline{Y}_2)} = \sqrt{\frac{\sigma_1^2}{n_1} + \frac{\sigma_2^2}{n_2} - 2r\frac{\sigma_1}{\sqrt{n_1}} \cdot \frac{\sigma_2}{\sqrt{n_2}}} \qquad (15.6)
$$

두 종속표본 Z검정을 실시하는 절차는 다음과 같다.

두 종속표본 Z검정 절차

1 H_0, H_A을 세우고, α와 n_1, n_2를 결정한다.

2 두 표본으로부터 $\overline{Y}_1$, $\overline{Y}_2$와 r을 구한다.

3 표준오차를 계산한다.

$$\sigma_{(\overline{Y}_1 - \overline{Y}_2)} = \sqrt{\frac{\sigma_1^2}{n_1} + \frac{\sigma_2^2}{n_2} - 2r\frac{\sigma_1}{\sqrt{n_1}} \cdot \frac{\sigma_2}{\sqrt{n_2}}}$$

4 Z통계값을 계산한다.

$$Z = \frac{\overline{Y}_1 - \overline{Y}_2}{\sqrt{\frac{\sigma_1^2}{n_1} + \frac{\sigma_2^2}{n_2} - 2r\frac{\sigma_1}{\sqrt{n_1}} \cdot \frac{\sigma_2}{\sqrt{n_2}}}}$$

5 유의수준에 의하여 Z분포에서 기각값을 찾는다.

6 결론을 내린다.

실제 연구에서 두 종속표본 Z검정을 사용하는 경우가 흔하지 않다. 이는 두 모집단의 분산을 알기가 쉽지 않고 두 표본이 상호 의존적인 경우가 많지 않기 때문이다.

6 상관계수 검정

제6장에서 두 변수 간의 관계를 분석하기 위하여 상관계수 추정을 설명하였다. 상관계수의 유의도 검정은 단일상관계수의 유의도 검정과 두 상관계수의 비교 검정으로 구분된다.

단일표본 상관계수 검정

전국 대학생들의 키와 체중의 관계를 알아보기 위하여 전국 대학생들로부터 400명을 무선표집하여 전국 대학생들의 키와 체중의 관계가 있는지 검정하고자 한다. 단순무선추출된 400명 학생의 키와 체중의 상관계수를 추정하였더니 .57이었다.

연구자의 이론적, 경험적 배경이 약한 관계로 유의수준은 .05로 설정하였으며 영가설과 대립가설은 다음과 같다.

$$H_0:\ \rho = 0$$
$$H_A:\ \rho \neq 0$$

상관계수의 **유의도 검정** 역시 Z분포에 의하여 검정되므로 우선 상관계수를 Fisher가 고안한 [수표 3]을 참조하여 **Fisher Z**점수로 변환하여야 한다. 상관계수 .57에 해당되는 Fisher Z점수는 .648과 같음을 알 수 있다. 상관계수 유의도 검정을 위한 표준오차는 $\sigma_{Z_r} = 1/\sqrt{(n-3)}$ 이므로, Z통계값을 계산하는 공식은 (15.7)과 같다.

$$Z = \frac{Z_r - Z_\rho}{\sigma_{Z_r}} = \frac{Z_r - Z_\rho}{\frac{1}{\sqrt{n-3}}} \tag{15.7}$$

Z_r은 표본의 상관계수를 변환한 Fisher의 Z점수이고, Z_p은 영가설하에서 설정된 상관계수의 Fisher Z점수를 말한다. 그러므로 앞의 영가설하에서 상관계수는 0이므로 [수표 3]에 의하여 Fisher Z점수도 0임을 알 수 있다. Z통계값은 다음과 같다.

$$Z = \frac{.648 - 0}{\frac{1}{\sqrt{400-3}}} = 12.91$$

영가설 기각여부의 의사결정을 하기 위한 기각값은 양방적 검정에 유의수준이 .05이므로 ± 1.96임을 알 수 있다. 그러므로 '유의수준 .05에서 전국 대학생의 키와 체중의 상관계수는 0이 아니다.'라고 결론지을 수 있다.

만약 연구자가 보다 이론적, 경험적 배경이 풍부하다면 영가설을 달리 설정할 수 있다. 최소한 키와 체중과의 관계는 정적 관계일 것이고 상관계수가 .3 이상일 것이라는 지식을 지니고 있으면 유의수준을 .05로 하고 다음과 같이 영가설과 대립가설을 설정할 수 있다.

$$H_0 : \rho \le .3$$
$$H_A : \rho > .3$$

이와 같은 영가설과 대립가설을 검정하기 위해서는 앞에서 설명한 상관계수의 유의도 검정과 동일한 절차를 거치되, 다만 Z_ρ가 0이 아니라 영가설에서 규정된 상관계수에 해당하는 Fisher Z점수로서 .310이 된다. 또한 영가설이 일방적 가설로 유의수준은 .05이므로 기각값은 +1.645가 된다. 이를 검정하기 위한 Z통계값은 다음과 같다.

$$Z = \frac{.648 - .310}{\frac{1}{\sqrt{400-3}}} = 6.73$$

Z통계치 6.73은 Z기각값 1.645보다 크므로 영가설을 기각한다. 결론은 '유의수준 .05에서 전국 대학생들의 키와 체중과의 상관계수는 .3보다 크다.'이다.

단일 표본 상관계수 검정 절차를 요약하면 다음과 같다.

단일 표본 상관계수 검정 절차

1 H_0, H_A, α, n을 설정한다.

2 r을 계산한다.

3 Z_r과 Z_ρ를 [수표 3]에서 찾는다.

4 표준오차를 계산한다.

$\sigma_{Z_r} = 1/\sqrt{(n-3)}$

5 Z통계값을 계산한다.

$$Z = \frac{Z_r - Z_\rho}{\frac{1}{\sqrt{n-3}}}$$

6 양방적, 일방적 검정과 유의수준에 따라 Z분포에서 기각값을 찾는다.

7 결론을 내린다.

SPSS 실행

상관계수 검정은 앞서 제시된 제6장의 '상관계수' 실행을 참고하라.

두 독립표본 상관계수의 비교검정

한 집단에서 두 변수 간의 상관계수의 유의도 검정과 더불어 두 집단에서 계산된 상관계수가 같은지를 검정하고자 하는 목적을 지닌 연구가 있다. 예를 들어, 언어능력과 수리능력 간의 상관계수가 남녀집단에서 차이가 있는가와 또는 남녀집단에서 학력과 수입과의 상관계수의 차이가 있는가 등을 들 수 있다.

남녀집단에서 학력과 한 달 수입과의 상관계수가 같은지 검정하기 위하여 성인 남녀집단에서 각각 100명을 추출하여 학력과 수입과의 상관계수를 계산하였더니 남자는 .5이었고, 여자는 .4였다. 남녀 두 집단을 대표하는 두 독립표본으로부터 추정된 상관계수를 가지고 남녀 두 모집단에서 학력과 수입과의 상관계수가 같은지를 검정하고자 한다. 서술적 영가설과 대립가설은 다음과 같다.

H_0: 남자집단에서 학력과 수입과의 상관계수는 여자집단에서의 학력과 수입과의 상관계수와 같다.

H_A: 남자집단에서 학력과 수입과의 상관계수는 여자집단에서의 학력과 수입과의 상관계수와 같지 않다.

통계적 영가설과 대립가설은 다음과 같다.

$$H_0: \rho_1 = \rho_2$$
$$H_A: \rho_1 \neq \rho_2$$

두 상관계수 비교검정 역시 각 집단에서 추정된 상관계수를 [수표 3]에 의하여 Fisher Z점수로 변환하여야 한다. 그리고 두 상관계수 비교를 위한 표집분포의 표준오차는 공식 (15.8)과 같다.

$$\sigma_{(Z_{r_1} - Z_{r_2})} = \sqrt{\frac{1}{n_1 - 3} + \frac{1}{n_2 - 3}} \tag{15.8}$$

그러므로 두 상관계수를 비교하는 Z검정은 공식 (15.9)에 의한다.

$$Z = \frac{Z_{r_1} - Z_{r_2}}{\sqrt{\frac{1}{n_1 - 3} + \frac{1}{n_2 - 3}}} \tag{15.9}$$

남자집단에서 학력과 월수입과의 상관계수는 .5이므로 이에 해당하는 Z점수는 .549이며, 여자집단에서 학력과 월수입의 상관계수는 .4이므로 Z점수는 .424이다. 공식 (15.9)에 의하여 계산한 Z통계값은 다음과 같다.

$$Z = \frac{.549 - .424}{\sqrt{\frac{1}{100 - 3} + \frac{1}{100 - 3}}} = .87$$

유의수준을 .05로 설정하였다면, 영가설에서 알 수 있듯이 양방적 검정이므로 Z기각값은 ± 1.96인 데 반하여 Z통계값은 .87이므로 영가설을 기각하지 못한다.

결론은 '학력과 월수입과의 상관관계는 성별에 따라 차이가 없다.'라고 할 수 있다.

두 독립표본 상관계수 비교검정 절차를 요약하면 다음과 같다.

두 독립표본 상관계수 비교검정 절차

1 H_0, H_A, α, n_1, n_2를 설정한다.

2 두 집단에서 r_1, r_2를 계산한다.

3 r_1과 r_2에 해당하는 Z_{r_1}과 Z_{r_2}를 [수표 3]에서 찾는다.

4 표준오차를 계산한다.

$$\sigma_{(Z_{r_1}-Z_{r_2})} = \sqrt{\frac{1}{n_1-3}+\frac{1}{n_2-3}}$$

5 Z통계값을 계산한다.

$$Z = \frac{Z_{r_1}-Z_{r_2}}{\sqrt{\frac{1}{n_1-3}+\frac{1}{n_2-3}}}$$

6 양방적, 일방적 검정과 유의수준에 따라 Z분포에서 기각값을 찾는다.

7 결론을 내린다.

7 통계적 유의성과 실제적 유의성

연구자는 자신이 관심 있는 어떤 현상에 대해 잠정적인 진술, 즉 가설을 세우고 그 가설의 진위 여부를 밝히려 한다. 연구자는 관심의 대상인 모집단의 특성, 모수치에 대하여 알기가 힘들므로 무선적으로 추출한 표본을 가지고 모집단의 특성을 추정한다. 따라서 연구자는 자신이 세운 가설을 검정하는 데 있어 통계값을 가지고 모집단의 특성을 추정하게 되므로, 확률적인 결론을 내리게 된다. 확률이론에 입각하여 가설을 검정하기 위해서 연구자는 잠정적으로 진술한 가설을 통계적 가설로 바꾼다.

통계적 가설에는 영가설과 대립가설이 있으며 영가설은 확률에 의해 직접적으로 검정되는 가설로서 연구자가 부정하고자 하는 가설이며, 심각한 오류에서 사실인 내용이다. 대립가설은 연구가설이라고도 하며 연구자가 주장하고자 하는 가설로서 영가설이 기각되었을 때 채택되는 가설이다. 연구자는 추정치를 가지고 확률적으로 모집단의 특성에 대한 결론을 내리게 되므로 항상 판단 오류의 가능성을 가지게 된다. 판단 오류에는 영가설이 진일 때 영가설을 기각하고 대립가설을 채택하는 제1종 오류와 영가설이 거짓일 때 영가설을 채택하는 제2종 오류가 있다. 제1종 오류의 확률을 α, 제2종 오류의 확률을 β라 하고 α의 수준을 유의수준이라고 설명하였다.

유의수준이란 영가설이 진일 때의 영가설의 분포 아래에서 어떤 사건이 일어날 확률이 너무 희박하므로 이 사건은 영가설이 진일 때의 분포 아래에서 존재하지 않고 다른 분포 아래에서 존재한다고 잘못 판단하는 오류의 수준이다. 연구자는 영가설의 기각 여부를 유의수준에 의해 정하게 되며 유의수준은 연구자가 이론적, 경험적 배경에서 일반적으로 .01이나 .05로 정한다. 유의수준을 .01이라고 할 때 이것이 의미하는 것은 영가설이 진인 표집분포 아래에서 100번 중 한 번의 사건이 일어나며 그 사건이 일어날 확률이 극히 낮으므로 영가설이 진이 아니라고 판단할 경우 발생하는 오판의 확률을 말한다. 따라서 연구자가 어떤 검정 통계값을 얻었을 때 그 검정 통계값이 나타날 확률이 유의수준 이하일 경우 이 검정 통계값은 일어날 확률이 실제적으로 매우 낮으므로 우연히 일어났다고 보고 영가설을 기각하게 되는데, 이때 이 검정 통계값은 통계적 유의성(statistical significance)이 있다고 할 수 있다. 즉, **통계적 유의성**이란 연구자가 얻은 어떤 검정 통계값을 자신이 설정한 유의수준에 입각하여 판단해 볼 때 영가설을 기각할 만큼 유의한 것을 뜻한다.

이에 반해 **실제적 유의성**(practical significance)이란 통계적 검정에 입각하지 않고 실제적 상황에서 연구자가 얻은 추정치, 즉 표본의 평균, 집단 간의 차이, 상관계수 등이 의미가 있는지에 대한 것이다. 그러므로 연구자가 통계적 검정에서 얻은 검정 통계값을 가지고 영가설을 기각하였다 해도 반드시 실제적으로도 그 검정 통계값이 의미가 있다고는 할 수 없다.

지능과 발 크기의 상관이 유의한지 통계적 검정을 실시하기 위하여 1,000명을 무선추출하여 지능과 발 크기의 상관계수를 추정하였더니 .10이었다. 유의수준

.05에서 검정을 실시하였을 때 Z통계값은 다음과 같다.

$$Z = \frac{.10 - 0}{\frac{1}{\sqrt{1000-3}}} = 3.158$$

Z통계값 3.158은 Z기각값 ±1.96의 1.96보다 크므로 영가설을 기각한다. 결론은 '유의수준 .05에서 지능과 발 크기의 상관계수는 0이 아니다.'라고 내린다. 그러나 통계적으로는 유의하더라도 두 변수 간의 상관계수 .10은 제6장 〈표 6-8〉에서 분류한 기준에 의하면 상관이 거의 없는 것이다. 그러므로 이는 실제적으로 의미가 없는 상관계수를 말한다. 이 같은 경우를 통계적 유의성은 존재하나 실제적 유의성은 존재하지 않는다고 말한다.

반대로 중간고사 점수와 기말고사 점수 간의 상관관계를 검정하기 위하여 모집단으로부터 10명을 추출하여 두 점수 간의 상관계수를 추정하였더니 .62였다고 하자. 이 경우 Z통계값은 1.918로서 유의수준 .05의 양방적 검정에서 영가설을 기각하지 못하게 된다. 결론은 '중간고사와 기말고사 점수의 상관은 0이다.'라고 내린다. 즉, 통계적으로 유의하지 않다고 할 수 있다. 이는 연구자가 판단의 실수를 범하지 않는다는 의미이지 상관계수가 전혀 없음을 의미하는 것이 아니다. 두 점수 간의 상관계수는 .62로서 상관의 정도가 높다. 이 같은 경우를 통계적 유의성은 없으나 실제적 유의성은 있다고 한다.

예를 들어, IT 학습과 전통적인 학습의 차이를 비교하는 연구에 있어서 영가설은 '두 방법에 차이가 없다.'라고 설정하고 대립가설은 '두 방법에 차이가 있다.'라고 설정할 수 있다.

$$H_0: \mu_{시} = \mu_{전};\ \mu_{시} - \mu_{전} = 0$$

$$H_A: \mu_{시} \neq \mu_{전};\ \mu_{시} - \mu_{전} \neq 0$$

그리고 표본 수를 1,000, 유의수준 α를 .05로 하고 두 방법의 표본 간 평균의 차이를 가지고 표집분포를 그리면 [그림 15-8]과 같다.

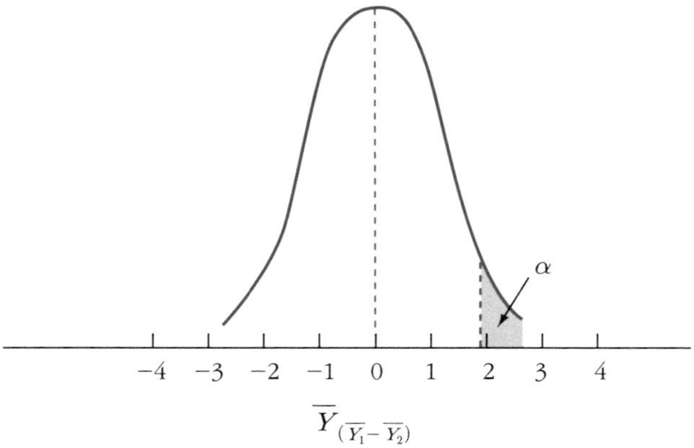

[그림 15-8] 표본 수 1,000, 유의수준 .05일 때 두 표본 평균 차이를 위한 표집분포

이때 검정 통계값 $(\overline{Y}_1 - \overline{Y}_2)$이 2가 나왔다면 2가 나올 확률은 α보다 작으므로 영가설을 기각하게 된다. 그러나 실제 상황에서 IT 학습의 결과 얻은 점수의 평균이 88점이고 전통적 학습의 결과 얻은 점수의 평균이 86점이라고 할 때 이 점수 간의 차이가 과연 두 학습방법의 차이가 있다고 할 수 있을 만큼의 의미 있는 차이인지 의문시된다. 즉, 통계적 검정의 결과 연구자가 얻은 검정 통계값은 영가설을 기각할 만큼 유의성이 있었지만 실제적으로는 의미 있는 것이 아니다. 앞의 실험에서 사례 수 n을 1,000으로 하지 않고 50으로 정하면 검정 통계값이 6이 되고 분포는 [그림 15-9]와 같다.

다른 두 교수법에 의한 평균의 차이가 6점이 되나 표본의 크기가 50인 표집분포에 의한 확률은 보다 크므로 기각역에 있지 않아 영가설을 기각하지 못하게 된다.

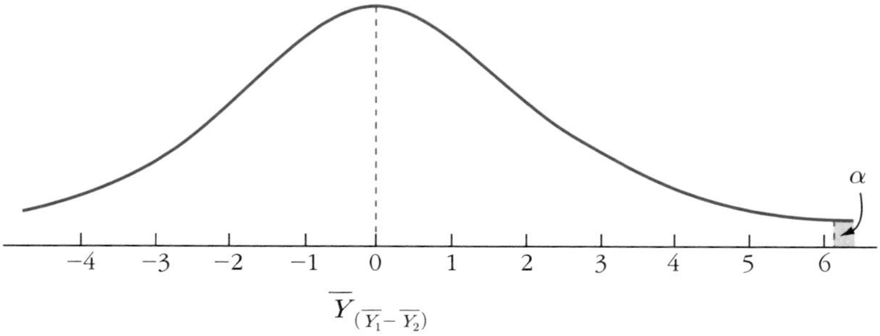

[그림 15-9] 표본 수 50, 유의수준 .05일 때 두 표본 평균 차이를 위한 표집분포

즉, n이 클수록 표집오차가 줄어들기 때문에 표집분포의 폭은 좁아지게 되고 n이 작을 때에는 상대적으로 표집오차가 커져서 표집분포는 넓게 퍼지게 된다. n이 클 때에는 앞의 실험에서 평균의 차이가 적어도 영가설을 기각할 수 있게 된다. 그러나 n을 50으로 줄였을 때에는 표집분포에서 보듯이 두 학습 간의 평균의 차이가 6점이 되어도 영가설을 기각하지 못하게 된다. 두 학습 간의 차이가 6점이 나타날 때 이는 실제적으로 차이가 있을 수 있다. 그러나 통계적 검정에서는 6점이 기각역에 떨어지지 않으므로 영가설을 기각하지 못하고 'IT 학습과 전통적 학습 간의 차이가 없다.'라고 결론을 내리게 된다.

표본의 크기, 즉 사례 수를 늘이거나 줄임으로써 실제적으로 의미 있는 차이가 없는데도 통계적으로는 유의성이 있게 할 수 있고, 실제적으로는 의미가 있으나 통계적으로 유의하지 않은 결과를 얻을 수 있다. 통계적 유의성 검정은 표본의 크기에 의하여 결정됨을 알 수 있으며, 이는 표집분포의 표준오차와 관련됨을 알 수 있다. 그러므로 현대통계학에서는 통계적 유의성과 실제적 유의성을 모두 강조하지만 실제적 유의성에 관심을 두는 경향이 있다. 그러므로 연구자들은 영가설의 기각 여부에만 관심을 지닐 것이 아니라 통계적 결과가 무엇을 의미하는지 심사숙고하여야 한다.

8 비율검정

비율(proportion)에 대한 통계적 유의도 검정도 Z분포에 의한다. 비율의 통계적 유의도 검정은 단일표본 비율검정과 두 독립표본 비율검정으로 나뉜다.

단일표본 비율검정

모집단을 대표하는 표본을 추출하여 어떤 비율이 통계적으로 유의한지를 검정하는 연구목적의 예로 신생아의 남자비율이 .6이라면 통계적으로 유의한지 알아볼 수 있다. 또한 국가정책을 결정하는 데 있어 국민의 찬성과 반대를 물음으로써 찬성비율에 대한 통계적 유의도 검정을 실시할 수 있다. **단일표본 비율검정**을 위한 통계적 영가설과 대립가설은 다음과 같다. 특정비율은 연구자의 이론적 배경과 경험적 배경에서 도출된다.

$$H_0: P = \text{특정비율}$$
$$H_A: P \neq \text{특정비율}$$

제8장 6절에서 이항분포의 평균 빈도수는 np이고, 빈도수의 분산은 npq였다. 이를 확률에 의한 표본비율(sample proportion)의 평균과 분산으로 계산하면 다음과 같다.

$$E(\hat{p}) = \frac{np}{n} = p$$
$$\sigma_p^2 = \frac{npq}{n^2} = \frac{pq}{n}$$

단일표본 비율을 위한 Z검정의 Z통계값은 공식 (15.10)에 의하여 계산할 수 있다.

$$Z_{\hat{p}} = \frac{\hat{p} - p_0}{\sigma_{\hat{p}}} = \frac{\hat{p} - p_0}{\sqrt{\frac{p_0 q_0}{n}}} \qquad \textbf{(15.10)}$$

$\hat{p}$는 표본에서 얻은 비율을 말하며, p_0는 영가설하에서의 비율이고 q_0는 $1 - p_0$이다. n은 연구에 포함된 표본의 크기를 말한다.

중학교 무시험 진학에 대한 중학교 교사들의 찬성비율이 .5이었다. 올해도 중학교 무시험 진학에 대한 찬성비율이 .5인지를 유의수준 .01에서 알아보고자 한다.

연구를 위하여 서울시 중학교에 근무하는 교사 300명을 무선추출하여 중학교 무시험 진학에 대한 찬성여부를 물은 결과 올해는 90명이 찬성하였다. 중학교 무시험 진학에 대한 예전의 찬성비율과 올해의 찬성비율이 같은지를 검정하는 절차로서 영가설과 대립가설은 다음과 같다.

$$H_0 : P = .5$$
$$H_A : P \neq .5$$

영가설에서의 표집분포의 비율은 .5이며 분산은 $p_0 q_0 / n$으로서 이 예에서는 (.5)(.5)/300이 된다. 그러므로 Z통계값은 다음과 같다.

$$Z = \frac{.3 - .5}{\sqrt{\frac{(.5)(.5)}{300}}} = -6.928$$

유의수준 .01에서 양방적 검정이므로 기각값은 ±2.58이다. Z통계값 −6.928은 기각값인 −2.58보다 작으므로 영가설을 기각한다. 그러므로 '유의수준 .01에서 올해 중학교 교사들이 무시험 진학에 찬성하는 비율은 .5가 아니다.'라고 결론을 내릴 수 있다.

단일표본 비율검정 절차를 요약하면 다음과 같다.

단일표본 비율검정 절차

1 H_0, H_A, α, n을 설정한다.

2 $\hat{p}$를 계산한다.

3 표준오차를 계산한다.

$$\sigma_{\hat{p}} = \sqrt{\frac{p_0 q_0}{n}}$$

4 Z통계값을 계산한다.

$$Z = \frac{\hat{p} - p_0}{\sigma_{\hat{p}}} = \frac{\hat{p} - p_0}{\sqrt{\frac{p_0 q_0}{n}}}$$

5 Z분포에 의하여 기각값을 찾는다.

6 결론을 내린다.

두 독립표본 비율검정

두 독립표본 비율검정은 독립적으로 추출된 두 독립표본 간의 측정비율에 차이가 있는지를 검정하기 위한 통계적 방법이다. 예를 들어, 어떤 사건이나 정책에 대하여 집단 간의 견해 차이가 있는지, 어떤 행위의 수행에 있어 집단 간 성공률에 차이가 있는지 등을 들 수 있다.

두 독립표본 비율검정을 위한 서술적 영가설과 대립가설 그리고 통계적 영가설과 대립가설은 다음과 같다.

서술적 가설

H_0: 두 집단 간의 비율은 같다.

H_A: 두 집단 간의 비율은 같지 않다.

통계적 가설

H_0: $P_1 = P_2$

H_A: $P_1 \neq P_2$

이 가설을 검정하기 위하여 H_0을 달리 표현하면 두 집단 비율의 차이는 0이며 다음과 같이 쓸 수 있다.

H_0: $P_1 - P_2 = 0$

$\hat{p}_1 - \hat{p}_2$를 p_d라 할 때 H_0 아래서 두 집단 비율 차의 기댓값은 다음과 같다.

$$E(p_d) = \hat{p}_1 - \hat{p}_2 = p_0 - p_0 = 0$$

두 집단 비율의 차이에 대한 분산 $Var(p_d)$은 공식 (15.11)과 같다.

$$\begin{aligned} Var(p_d) &= (+1)^2 Var(p_1) + (-1)^2 Var(p_2) \\ &= \frac{p_1 q_1}{n_1} + \frac{p_2 q_2}{n_2} \end{aligned} \qquad (15.11)$$

H_0이 진일 때 $P_1 = P_2$이므로 영가설 아래서 비율인 p_0로 치환된다.

$$Var(p_d) = \frac{p_0 q_0}{n_1} + \frac{p_0 q_0}{n_2}$$

그러므로 두 독립표본 비율검정을 위한 Z통계값은 공식 (15.12)와 같다.

$$Z = \frac{p_d - E(p_d)}{\sqrt{Var(p_d)}} = \frac{(\hat{p}_1 - \hat{p}_2) - 0}{\sqrt{\frac{p_0 q_0}{n_1} + \frac{p_0 q_0}{n_2}}} \qquad (15.12)$$

두 독립표본의 비율이 같다는 H_0 아래서 p_0값이 얼마인지를 추정하여야 한다. 그러므로 두 모집단의 비율이 같으며 이를 대표할 비율은 첫 번째 표본에서 나타난 비율과 두 번째 표본에서 나타난 비율의 평균비율이어야 한다. 그러므로 두 집단에서 얻은 비율에 의한 평균비율은 공식 (15.13)에 의하여 계산된다.

$$\bar{p} = \frac{n_1 \hat{p}_1 + n_2 \hat{p}_2}{n_1 + n_2} \quad (15.13)$$

공식 (15.12)에서 두 집단 간 비율의 표준오차를 계산하고 p_0는 $\bar{p}$로, q_0는 $\bar{q}$, 즉 $1-\bar{p}$로 대치된다. 그러므로 두 독립표본 비율검정은 공식 (15.14)에 의한다.

$$Z = \frac{\hat{p}_1 - \hat{p}_2}{\sqrt{\bar{p}\,\bar{q}\left(\frac{1}{n_1} + \frac{1}{n_2}\right)}} \quad (15.14)$$

공식 (15.14)에 의하여 계산된 통계값을 Z분포에 의한 기각값과 비교하여 영가설 기각 여부를 결정한다. 예를 들어, 부부가 결혼하여 모은 모든 재산은 부부의 공동명의로 소유해야 한다는 주장에 대하여 남녀집단 간의 찬성비율에 차이가 있는지 알아보고자 한다. 여성들이 이같은 주장을 보다 지지한다는 이론적, 경험적 배경에 의하여 설정한 통계적 영가설과 대립가설은 다음과 같다. 1은 여성을, 2는 남성을 의미한다.

H_0: $P_1 \leq P_2$

H_A: $P_1 > P_2$

연구자가 유의수준을 .05로 정하고 결혼한 30대 여성 200명, 남성 250명을 추출하여 부부 재산공동명의에 대한 찬성을 물은 결과, 여성은 140명으로 .7이었고 남성은 75명으로 .3이었다. Z통계값을 계산하기 위하여 $\bar{p}$를 계산하면 .477이다.

$$\bar{p} = \frac{200 \times .7 + 250 \times .3}{200 + 250} = \frac{140 + 75}{450} = .477$$

따라서 Z통계값은 다음과 같다.

$$Z = \frac{.7 - .3}{\sqrt{(.477)(.523)\left(\frac{1}{200} + \frac{1}{250}\right)}} = \frac{.4}{.05} = 8.441$$

유의수준 .05에서 일방적 검정이므로 기각값은 +1.645이다. 통계값 8.441은 기각값보다 크므로 영가설을 기각한다. 그러므로 '부부의 공동명의에 의한 재산소유에 대한 찬성비율은 유의수준 .05에서 여성들이 남성들보다 높다.'라고 결론 내린다.

두 독립표본 비율검정 절차를 요약하면 다음과 같다.

두 독립표본 비율검정 절차

1 H_0, H_A, α, n_1, n_2를 설정한다.

2 두 집단에서 각각 $\hat{p}_1$, $\hat{p}_2$를 계산한다.

3 $\bar{p}$를 계산한다.

$$\bar{p} = \frac{n_1\hat{p}_1 + n_2\hat{p}_2}{n_1 + n_2}$$

4 표준오차를 계산한다.

$$\sigma_{(\hat{p}_1 - \hat{p}_2)} = \sqrt{\bar{p}\,\bar{q}\left(\frac{1}{n_1} + \frac{1}{n_2}\right)}$$

5 Z통계값을 계산한다.

$$Z = \frac{\hat{p}_1 - \hat{p}_2}{\sqrt{\bar{p}\,\bar{q}\left(\frac{1}{n_1} + \frac{1}{n_2}\right)}}$$

6 Z분포에 의하여 기각값을 찾는다.

7 결론을 내린다.

연습문제

1 다음의 용어에 대한 정의와 개념을 설명하라.

a. 정규분포 가정
b. 등분산 가정
c. 표본의 독립성
d. 표본의 비독립성
e. 양방적 검정
f. 일방적 검정
g. 신뢰구간
h. 구간 추정
i. 점 추정

2 Z검정 시 다음 유의수준에 의한 기각값을 찾아라.

a. $\alpha = .01$ 양방적 검정
b. $\alpha = .01$ 일방적 검정
c. $\alpha = .05$ 양방적 검정
d. $\alpha = .05$ 일방적 검정
e. $\alpha = .10$ 일방적 검정

3 어느 고등학교에 부임한 영어교사가 그 고등학교 2학년 학생들의 영어능력이 전국 학생들의 평균과 같은지를 연구하기 위하여 600명의 고등학교 2학년 학생 중 100명을 단순무선표집하여 전국단위 영어모의고사를 실시한 결과 평균이 70점이었다. 유의수준 .05에서 검정하고 결론을 서술하라. 전국 고등학교 2학년 학생들의 영어점수의 평균은 75점이고 표준편차는 15점이었다. 가설 검정 절차에 의하여 가설을 검정하고 결론을 유도하라.

4 농구인들의 키가 일반인들의 키보다 큰지를 검정하기 위하여 연구자는 농구선수 모집단으로부터 25명을 단순무선표집하여 키를 재었다. 평균은 190cm이고, 농구선수 모집단 키의 표준편차는 일반인들 키의 표준편차 10과 동일하다는 사실을 알았다면 농구선수의 키가 일반인보다 큰지를 유의수준 .01에서 검정하라. 일반인들의 평균키는 170cm이다.

5 중학교 3학년 학생들의 검사불안을 측정한 TAI(Test Anxiety Inventory)검사의 평균과 표준편차는 52와 12이다. 상담자가 고안한 치료방법을 학생들에게 처치하였을 때 학생들의 검사불안에 변화가 있는지 검정하려 한다. 연구자가 30명의 중학교 3학년 학생을 무선추출하여 그들에게 심리치료 프로그램을 적용한 뒤 TAI 검사를 실시하였더니 검사불안의 평균이 45.5이었다. 심리치료 프로그램의 효과가 있는지 유의수준 .05에서 통계적 가설검정 절차에 의하여 가설을 검정하고 결론을 유도하라.

6 성차에 관심이 많은 연구자가 평화대학에 재학하고 있는 남녀 학생들의 지적 능력에 차이가 있는지를 검정하고자 한다. 이를 위하여 연구자는 WAIS 검사를 실시하기로 하였으며, 남자 대학생들의 지능의 표준편차는 10이고, 여자 대학생들의 지능의 표준편차는 9라는 사실을 알고 있다. 평화대학 남녀 학생들의 지능을 비교하기 위하여 남학생 중 400명을, 여학생 중 324명을 단순무선표집하여 WAIS 검사를 실시한 결과 남학생들의 지능의 평균은 102였고 표준편차는 8이었으며, 여학생들의 지능의 평균은 100이었고 표준편차는 9이었다. 남학생들과 여학생들의 지능의 차이가 있는지 유의수준 .05에서 가설검정 절차에 따라 통계적 검정을 실시하고 결론을 유도하라. 또한 통계적 유의성과 실제적 유의성에 의하여 설명하라.

7 꽃병을 만드는 회사에서 시간당 만드는 꽃병 수는 12개였고 표준편차는 1.5이었다. 생산성을 높이기 위하여 생산라인을 현대화 한 후 시간당 평균 제작 꽃병 수가 12개보다 많은지를 유의수준 .05에서 검정하고자 한다. 연구자는 새로운 생산라인에 의한 제작 꽃병 수의 표준편차를 1.5병으로 가정하고, 새로운 생산라인에 의하여 25시간 동안 생산된 꽃병 수의 평균을 계산하였더니 14개가 되었다. 새로운 생산라인이 생산을 증가시켰는지 가설검정 절차에 따라 가설을 검정하고 결론을 유도하라.

8 고등학교 내신성적과 대학수학능력시험 성적의 상관계수를 검정하기 위하여 고등학교 3학년 졸업생 중 200명을 무선추출하여 상관계수를 계산하였더니 .34이었다.

a. 유의수준 .05에서 양방적 검정을 실시하고 결론을 유도하라.
b. 유의수준 .05에서 일방적 검정을 실시하고 결론을 유도하라.
c. 양방적 검정과 일방적 검정에서 어떠한 차이가 있는지 설명하라.

9 지능과 내적 귀인(internal locus of control) 간에 상관관계가 있는지 알아보기 위하여 100명의 중학생을 무선추출하여 두 점수 간의 상관을 추정하였더니 .20이었다. 유의수준 .01에서 통계적 검정을 실시하라.

10 남녀 고등학생의 두 집단에서 고등학교 내신성적과 대학수학능력시험 점수와의 상관계수의 차이가 있는지 검정하기 위하여 남학생 200명과 여학생 200명을 단순무선추출한 뒤 두 집단에서 고등학교 내신성적과 대학수학능력시험의 상관계수를 계산하였더니 남학생은 .30이었고 여학생은 .37이었다.

a. 두 집단에서 상관계수의 차이가 있는지 유의수준 .01에서 검정하라.

b. 여학생 집단에서 고등학교 내신성적과 대학수학능력시험의 상관이 남학생 집단에서의 상관보다 높을 것이라는 연구가설을 유의수준 .01에서 검정하라.

11 통계적 유의성과 실제적 유의성이 무엇이며 어떤 관계가 있는지 설명하고 바람직한 결과는 무엇인지 논하라.

12 농산물 수입개방에 대한 견해를 알아보기 위하여 농업에 종사하는 사람 중 100명을, 그리고 상업에 종사하는 150명을 무선추출하여 질문을 한 결과 농민 중 80명이 반대하였고, 상업에 종사하는 사람 중 70명이 반대하였다.

a. 농민들의 농산물 수입개방 반대비율이 .5라는 영가설을 유의수준.05에서 검정하라.

b. 상업에 종사하는 사람들의 농산물 수입개방 반대비율이 .5라는 영가설을 유의수준 .05에서 검정하라.

c. 두 집단에서 농산물 수입개방 반대비율이 같을 것이라는 영가설을 유의수준 .05에서 검정하라.

d. 농산물 수입개방 반대비율이 농민집단에서 더 높을 것이라는 대립가설을 유의수준 .05에서 검정하라.

제16장

t 분포에 의한 검정

t 검정(t-test)은 모집단의 분산이나 표준편차를 알지 못할 때 모집단을 대표하는 표본으로부터 추정된 분산이나 표준편차를 가지고 검정하는 방법으로 실제 경험·사회과학연구에서 자주 쓰이는 통계적 방법이다. t 검정은 t 분포에 의존하여 의사결정을 하며 단일표본 t 검정, 두 종속표본 t 검정, 두 독립표본 t 검정, Welch-Aspin 검정이 있다.

1 t 분포

모집단의 표준편차 혹은 분산을 알 때 표집분포의 평균은 μ이고 표준오차는 $\sigma_Y/\sqrt{n}$ 으로서 평균이 0이고 표준편차가 1인 표준정규분포, 즉 Z 분포에 의하여 검정을 실시하였다. 만약 모집단의 분산을 알지 못할 때 표집분포의 평균은 μ가 되지만 표준오차는 어떻게 되겠는가?

표준오차를 계산하는 가장 합리적인 방법은 모집단의 표준편차를 알지 못하므로 모집단의 표준편차에 가장 가까운 수치로 모집단을 대표하는 표본에서 얻은 표준편차를 사용하는 것이다. 즉, 표준오차는 공식 (16.1)에 의하여 계산된다.

$$\sigma_{\overline{Y}} = \frac{\sigma_Y}{\sqrt{n}} = \frac{s_Y}{\sqrt{n}} \tag{16.1}$$

표본에서 얻은 표준편차로 표준오차를 계산하는 데 사용한다면 표본에서 얻은 표준편차는 표본의 크기에 따라 변화한다. 즉, $(n-1)$에 따라 표본의 표준편차가 변한다고 할 수 있다. 물론 표본의 크기로 모집단 모두를 추출한다면 표본의 표준편차는 모집단의 표준편차와 동일하며 표준오차 계산 시 모집단의 표준편차를 사용할 수 있다. 그러나 추리통계에서는 모집단 전체를 연구대상으로 하는 것은 용이한 일이 아니므로 표본의 크기에 따라 추정된 표본의 표준편차로 표준오차를 계산하게 된다.

그러므로 모집단의 분산을 알지 못할 때 표집분포는 평균이 μ이고 표준오차가 $s_Y / \sqrt{n}$ 인 정규분포를 그린다. 모집단의 표준편차를 알지 못하므로 모집단의 표준편차 대신에 표본의 표준편차를 사용하는 방법이 최선이 된다. 여기서 주지해야 할 사실은 표본의 표준편차도 표본의 크기에 따라 변화된다는 것이다. 그러므로 표집분포의 표준오차도 역시 표본의 크기에 따라 변화된다. 즉, 모집단의 표준편차를 알지 못하여 표본의 표준편차를 이용한 표집분포의 형태는 표본의 크기, 그리고 표본의 크기와 관련된 자유도에 따라 변하는 **가족분포**(family distribution)를 이루며, 자유도가 작을수록, 즉 표본의 크기가 작을수록 봉이 낮아지고 꼬리가 두꺼워지는 형태의 분포를 나타낸다.

1908년 W. S. Gosset가 모집단의 표준편차를 알지 못하여 표본의 표준편차로 모집단의 표준편차를 대용할 때 표본의 크기가 작을수록, 즉 자유도가 낮을수록 표준정규분포에서 벗어나는 확률분포를 나타낸다는 사실을 발견하였다. 재미있는 사실은 이와 같이 중요한 사실을 발견하고서 이 사실을 발표한 연구 논문의 저자 이름을 'student'로 명기하여 오늘날까지 t분포라 한다.

t분포의 특징은, 첫째 자유도에 따라 형태가 다른 가족분포로 Z분포처럼 표준정규분포가 아니고, 둘째 평균이 0이고 좌우대칭의 분포인 정규분포이며, 셋째 표준편차가 1보다 크다. 자유도에 따른 t분포의 형태는 [그림 16-1]과 같으며 t분포에 의한 확률분포는 [수표 4]와 같다.

[그림 16-1]에서 알 수 있듯이 표본의 크기나 자유도가 ∞이면 t분포가 표준정규분포, 즉 Z분포가 됨을 알 수 있다. t분포를 나타내는 밀도함수의 공식은 (16.2)와 같다.

$$f(t) = G(v)\left(1 + \frac{t^2}{v}\right)^{-(v+1)/2} \tag{16.2}$$

$G(v)$는 $v(nu)$에 따라 결정되는 상수이며 v는 자유도이다. 앞의 밀도함수를 변화시키는 요소는 자유도와 t값이다.

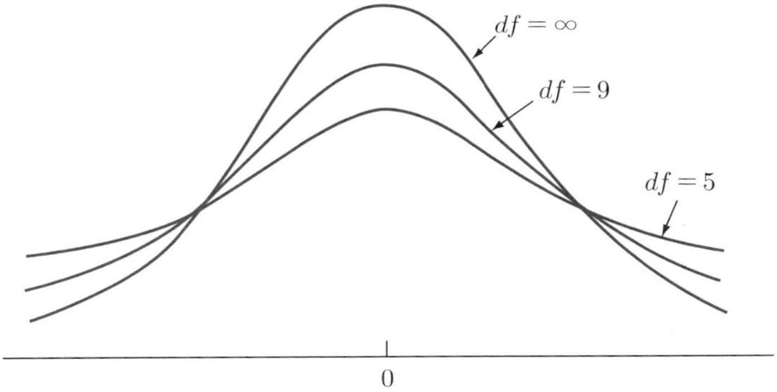

[그림 16-1] t분포

2 t검정을 위한 가정

t검정을 위한 기본 가정은 Z검정과 같다. 다만, ***t*검정**은 모집단의 표준편차 혹은 분산을 알지 못할 때 사용된다. 기본 가정을 설명하면,

① 종속변수가 양적변수이어야 한다.
② 모집단의 분산, 표준편차를 알지 못할 때 사용한다.
③ 모집단 분포가 정규분포이어야 한다.

④ 등분산 가정이 충족되어야 한다.

이 기본 가정을 충족시킬 때 단일표본 t검정, 두 독립표본 t검정, 두 종속표본 t검정을 사용할 수 있다. 만약 모집단의 분포가 정규분포라는 가정을 충족시키지 못하면 **비모수 통계**(non-parametric statistics)를 사용하여야 한다. 또한 두 집단의 분산이 같지 않아 등분산 가정을 충족시키지 못할 경우에는 두 독립표본 t검정 대신에 **Welch-Aspin 검정**을 사용하여야 한다.

3 단일표본 t 검정

단일표본 t검정(one sample t-test)이란 모집단의 분산을 알지 못할 때 모집단에서 추출된 표본의 평균과 연구자가 이론적 배경이나 경험적 배경에 의하여 설정한 특정한 수를 비교하는 방법이다. 실제 연구에서는 모집단의 분산을 알지 못하므로 단일표본 t검정이 자주 쓰인다.

예를 들어, 어떤 연구자가 새로운 교수법을 개발하여 중학교 3학년 학생에게 수업을 실시한 후 그 학생들의 수학점수 평균이 경험적 배경에 의하여 설정한 중학교 3학년 학생들의 평균이라 생각하는 68점과 같은지를 알아보는 경우이다. 즉, 새로운 교수법이 효과가 있는지 없는지를 검정하기 위하여 중학교 3학년을 대표할 수 있는 표본을 추출하여 새로운 교수법을 실시한 후 그 표본에서 얻은 평균과 표준편차를 가지고 검정하는 방법이다.

이를 검정하는 절차는 단일표본 Z검정과 동일하다. 다만, 표준오차를 계산할 때 모집단의 표준편차를 알지 못하므로 표본의 표준편차를 사용하여 표준오차를 계산하고, 의사결정을 위한 기각값을 찾을 때 Z분포에 의하지 않고 자유도에 따른 t분포에서 기각값을 찾아야 한다.

연구자가 25명의 중학교 3학년 학생에게 새로운 교수법에 의하여 수업을 한 후 수학시험을 치른 결과, 평균은 72점이었고 표준편차가 5점이었다. 새로운 교수법을 실시한 연구대상의 모집단 평균이 68점과 같은지 여부를 유의수준 .05에서 검정하는 절차는 다음과 같다.

영가설과 대립가설은,

H_0: $\mu = 68$

H_A: $\mu \neq 68$

이다. 표준오차를 계산하면,

$$\sigma_{\overline{Y}} = \frac{s_Y}{\sqrt{n}} = \frac{5}{\sqrt{25}} = 1$$

이며, t통계값을 계산하면

$$t = \frac{\overline{Y} - \mu_Y}{\sigma_{\overline{Y}}} = \frac{\overline{Y} - \mu_Y}{\frac{s_Y}{\sqrt{n}}} = \frac{72 - 68}{1} = 4$$

이다. [수표 4]의 t분포에 의하여 자유도가 24일 때의 유의수준 .05에 해당하는 t값을 찾으면 가설이 양방적 검정이므로 t값은 ± 2.064가 된다. 그러므로 t통계값은 기각역에 포함되므로 영가설을 기각하게 된다. 결론은 '유의수준 .05에서 새로운 교수법에 의한 중학교 3학년 학생들의 수학점수의 평균은 68점이 아니다.'라고 내릴 수 있다.

t검정을 사용할 때 표준오차를 계산하기 위하여 표본분포의 표준편차가 사용되며, 이때의 표준편차는 불편파추정치이어야 한다는 사실을 상기하기 바란다. 또한 연구자가 이론적 배경이 강할 경우에는 양방적 검정이 아닌 일방적 검정을 실시할 수 있다. 이때 가설을 설정하는 부분이 상이하고, 일방적 검정이므로 유의수준이 한 측면에만 사용되어 기각값이 달라지게 된다.

만약 위의 연구를 연구자가 일방적 검정으로 실시한다면 영가설과 대립가설은 다음과 같다.

$$H_0: \mu \leq 68$$
$$H_A: \mu > 68$$

검정절차는 동일하다. 다만, 기각역은 표집분포의 오른쪽이 되므로 자유도 24와 유의수준 .05일 때 기각값은 +1.711이 된다. 결론은 양방적 검정과 다소 상이하다. 그러므로 '유의수준 .05에서 새로운 교수법에 의한 중학교 3학년 학생들의 수학점수 평균은 68점보다 높다.'라고 결론짓는다.

기억을 돕기 위하여 다시 강조하면 앞의 실험에서 같은 유의수준에서 양방적 검정의 기각역은 ±2.064인 데 비하여 일방적 검정의 기각역은 ±1.711이다. 즉, 일방적 검정에 의한 기각값의 절대값이 양방적 검정에 의한 기각값의 절대값보다 작으므로 영가설을 기각하기가 용이함을 알 수 있다.

단일표본 t검정을 위한 절차를 요약하면 다음과 같다.

단일표본 t검정 절차

1 H_0, H_A, α와 n을 설정한다.

2 $\overline{Y}$와 s_Y를 계산한다.

3 $\sigma_{\overline{Y}}$를 계산한다.

$$\sigma_{\overline{Y}} = \frac{s_Y}{\sqrt{n}}$$

4 t통계값을 계산한다.

$$t = \frac{\overline{Y} - \mu_Y}{\sigma_{\overline{Y}}}$$

5 t분포에 의하여 α와 df에 따른 기각값을 찾는다.

6 결론을 내린다.

SPSS 실행

단일표본 t검정을 하려면 메뉴에서 분석 ⇨ 평균 비교 ⇨ 일표본 T검정 을 눌러 일표본 T검정 대화상자를 연다.

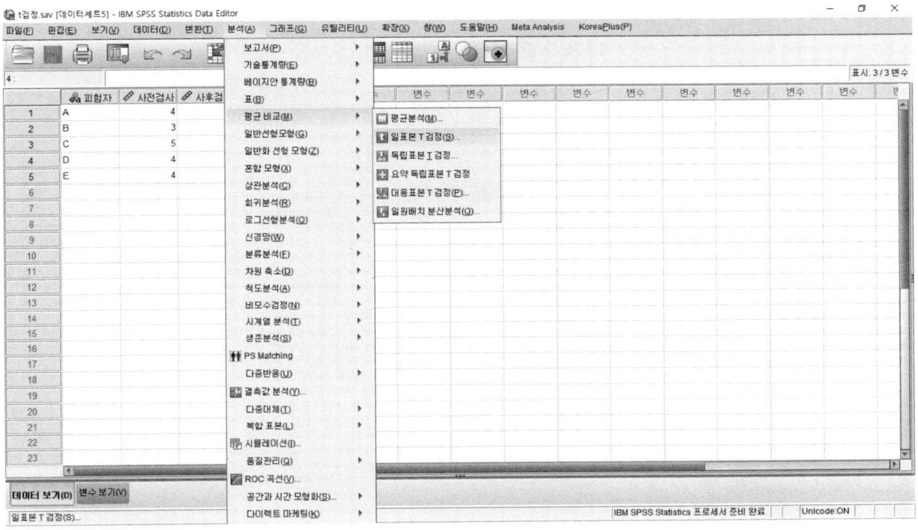

일표본 T검정 대화상자를 열어서 검정할 변수를 지정하고 검정값을 입력한 다음, 확인 을 누르면 된다. 〈표 16-1〉에 제시된 전체 학생들, 즉 모집단 학생들의 사전검사 점수의 평균이 5점인지를 검정하는 과정은 다음과 같다.

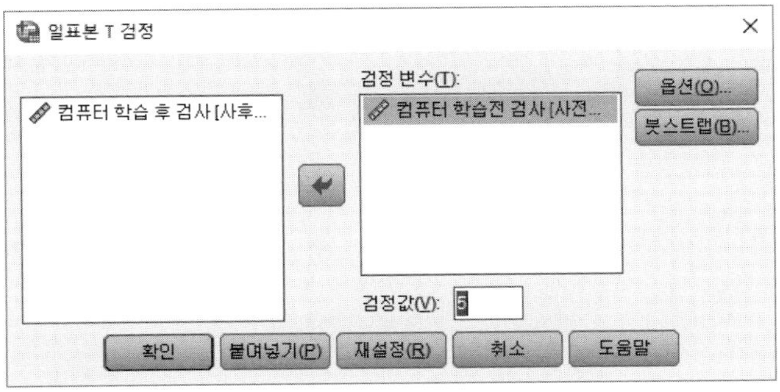

분석 결과

평균이 4.00, 표준편차가 .71인 5명의 사전검사 점수 모평균이 5인지를 검정한 결과, t통계값은 -3.162, 자유도는 4이고 유의확률은 .034로 유의수준 .05에서 사전검사 점수의 모평균은 5가 아니라고 결론 내린다.

일표본 통계량

	N	평균	표준화 편차	표준오차 평균
컴퓨터 학습전 검사	5	4.00	.707	.316

일표본 검정

	검정값 = 5					
					차이의 95% 신뢰구간	
	t	자유도	유의확률 (양측)	평균차이	하한	상한
컴퓨터 학습전 검사	-3.162	4	.034	-1.000	-1.88	-.12

jamovi 실행

단일표본 t검정을 실시하기 위해 Analyses ⇨ T-Tests ⇨ One Sample T-Test 를 선택한다.

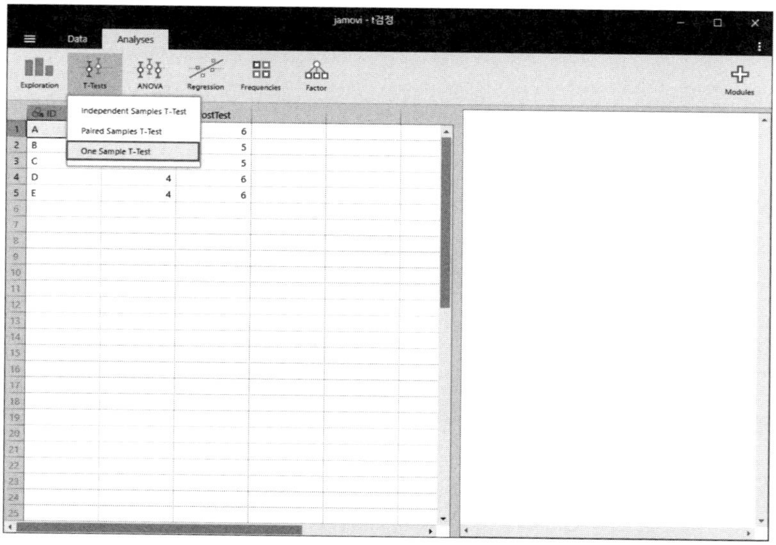

변수 목록에서 종속변수인 'PreTest'를 오른쪽의 'Dependent Variables'로 옮긴다. 아래 'Hypothesis' 항목의 'Test value'에는 검정할 값인 5를 입력한다. 검정값 입력란 아래의 '≠ Test value'는 등가설을 검정하는 경우, 즉 양방검정을 의미하며 '> Test value'나 '< Test value'는 부등가설 검정, 즉 일방검정을 의미한다. 여기서는 디폴트인 양방검정을 그대로 사용하였다. 그리고 'Additional Statistics'에서 'Descriptives'에 체크하여 기술통계값을 함께 분석하였다.

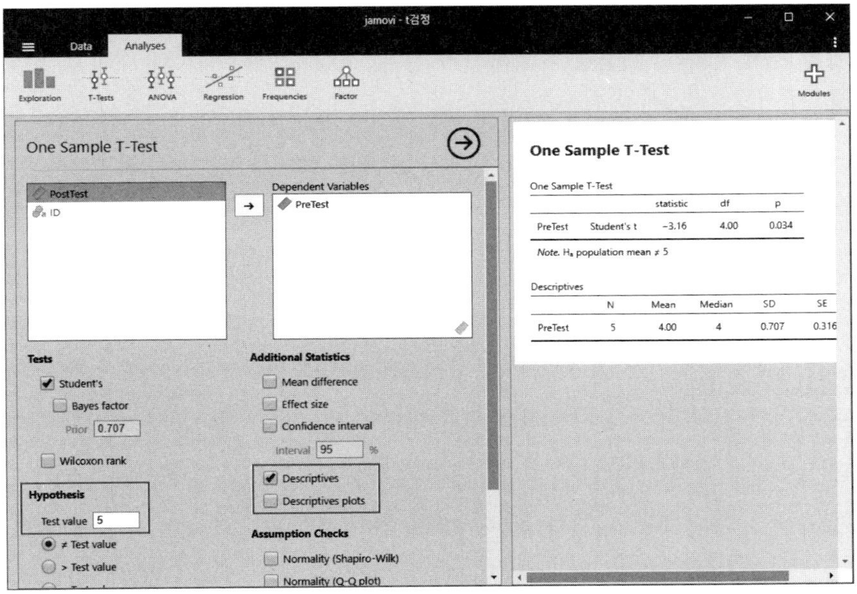

분석 결과는 오른쪽에 나타나며, 다음과 같다.

One Sample T-Test

One Sample T-Test

		statistic	df	p
PreTest	Student's t	−3.16	4.00	0.034

Note. H_a population mean ≠ 5

Descriptives

	N	Mean	Median	SD	SE
PreTest	5	4.00	4	0.707	0.316

4 두 종속표본 t검정

두 종속표본 t검정(two dependent samples t-test: matched pair t-test)이란 알지 못하는 각기 다른 두 모집단의 속성인 평균을 비교하기 위하여 두 모집단으로부터 표본들을 추출하여 표본의 평균들을 비교함으로써 모집단의 평균을 비교하는 통계적 방법이다. 이때 각기 모집단으로부터 추출된 두 표본은 서로 독립적인 것이 아니라 어떤 관계가 있는 종속적인 것이어야 한다.

예를 들어, 남녀의 체중을 비교하고자 할 때 두 모집단의 체중에 대한 분산을 모르면 t검정을 사용한다는 사실을 기억할 것이다. 만약 남자의 모집단에서 표본을 무선적으로 추출하고, 여자의 모집단에서 표본을 무선적으로 추출하였다면 두 표본은 각기 독립적인 것이다. 이와 같은 경우는 두 독립표본이 되므로 두 독립표본 t검정을 사용하여야 한다.

이와는 달리 표본을 표집하는 과정상 편의를 위하여 남녀를 각기 모집단에서 독립적으로 추출하지 않고 남매를 무선적으로 추출하였다면 이 남녀 두 표본은 상호 독립적인 것이 아니라 비독립적이다. 말하자면 남매관계이므로 남자표본과 여자표본은 상호 종속적이 된다. 이 경우 두 종속표본 t검정을 사용하게 된다.

다른 예로 사전, 사후검사를 들 수 있다. 어떤 새로운 교수법을 개발하여 그 교수법에 따른 학습효과가 있는지를 알아보기 위하여 모집단에서 n명의 표본을 무선적으로 추출하여 사전검사를 실시한 후 새로운 교수법에 의하여 학습을 시킨 다음, 사후검사를 실시하여 학습효과가 있는지의 여부를 검정하고자 할 때 두 종속표본 t검정을 쓸 수 있다. 사전검사 점수와 사후검사 점수가 있게 되는데 이 두 점수들은 독립적인 것이 아니기 때문이다.

표본의 크기가 n일 경우 실질적인 자료의 수는 $2n$이 된다. 그러나 두 표본은 종속적인 관계로 표본의 크기가 각기 n개인 두 독립표본이 아니라 표본의 크기가 n개인 두 종속표본이 되는 것이다. 그러므로 두 독립표본 t검정에서와 같이 영가설과 대립가설의 서술은 두 모집단의 평균의 비교가 아니라 표본에서 짝지어진 두 자료의 차이에 대한 검정이 된다. 그러므로 두 종속표본 t검정을 **짝지어진 t검정**(matched pair t-test)이라고 한다. 영가설과 대립가설은 다음과 같다.

H_0: $\mu_d = 0$

H_A: $\mu_d \neq 0$

d: 차이(사후−사전)

즉, 짝지어진 표본들의 차이 검정으로서 그 차이가 모집단에서 0이 되느냐 아니냐를 검정하게 된다. 이를 위하여 각 사례 수에 따라 차이 d값이 계산되어야 하고, 표준오차를 계산하기 위한 표본의 분산도 차이값에 대한 분산을 구하여야 한다. 이는 두 표본이 종속되었기에 두 표본에서 얻어진 자료를 짝을 지어 차이를 계산한 단일표본의 검정으로 대치되는 것이다. 즉, 단일표본 t검정으로 대치하며 종속변수가 두 변수의 차이값이 되는 것이다. 표준오차를 계산하는 공식은 단일표본 t검정에서와 같이 차이값의 표준편차를 표본 크기의 제곱근으로 나눈 값으로 공식 (16.3)과 같다.

$$\sigma_{\bar{d}} = \frac{s_d}{\sqrt{n}} \tag{16.3}$$

두 종속표본 t검정을 위한 통계값은 종속변수가 차이값이라는 것 이외에는 단일표본 t검정과 다른 것이 없다. t통계값을 구하는 공식은 (16.4)와 같다.

$$t = \frac{\bar{d}}{\sigma_{\bar{d}}} = \frac{\bar{d}}{\dfrac{s_d}{\sqrt{n}}} \tag{16.4}$$

결론을 유도하기 위하여 자유도에 의한 기각값을 찾을 때 표준오차를 계산하기 위하여 사용한 표준편차와 관련된 자유도를 선택하여야 한다. 두 종속표본에서 각 표본당 표본의 크기는 n으로 총 사례 수는 $2n$이 되나, 실질적으로 통계분석을 위해서는 두 변수의 차, 즉 d를 가지고 분산을 계산하였으므로 사례 수는 n이 된다. 그러므로 자유도는 $n-1$이다.

요약하면 두 종속표본 t검정은 단일표본 t검정과 다른 것이 전혀 없다. 다만, 종속변수를 두 변수 그대로 사용하는 것이 아니라 두 변수의 차이값을 하나의 종속변수로 사용한다는 것만 다르다.

사전, 사후검사의 예를 가지고 두 종속표본 t검정을 설명해 보자. 컴퓨터 학습의 효과 유무를 알기 위하여 5명에게 사전검사를 실시한 후 컴퓨터 학습을 실시하고 사후검사를 실시한 결과는 〈표 16-1〉과 같다.

〈표 16-1〉 컴퓨터 학습 사전검사 점수와 사후검사 점수

	사전검사	사후검사
A	4	6
B	3	5
C	5	5
D	4	6
E	4	6

컴퓨터 학습의 효과가 있는지 유의수준 .01에서 검정하고자 한다.
영가설과 대립가설은 다음과 같다.

$$H_0:\ \mu_d = 0$$
$$H_A:\ \mu_d \neq 0$$

각 연구대상들의 사후검사 점수에서 사전검사 점수를 뺀 점수 차이와 점수 차이들의 표준편차 계산과 표준오차는 〈표 16-2〉와 같다.

〈표 16-2〉 사전, 사후검사의 차이, 표준편차, 표준오차

사전검사	사후검사	d
4	6	2
3	5	2
5	5	0
4	6	2
4	6	2

$$\bar{d} = 1.6$$

$$s_d = \sqrt{\frac{\Sigma(d_i - \bar{d})^2}{n-1}} = .894$$

$$\sigma_{\bar{d}} = \frac{s_d}{\sqrt{n}} = \frac{.894}{\sqrt{5}} = .4$$

t 통계값은,

$$t = \frac{\bar{d}}{\sigma_{\bar{d}}} = \frac{1.6}{.4} = 4$$

이다. 자유도가 4이며 유의수준이 .01일 때 양방적 검정으로서 [수표 4] t 분포표에 의한 기각값은 ±4.604이므로 영가설을 기각하지 못한다. 그러므로 '컴퓨터 학습에 대한 사전검사와 사후검사의 평균 간의 차는 0이다.'라고 결론지을 수 있다.

두 종속표본 t 검정을 위한 절차를 요약하면 다음과 같다.

두 종속표본 t 검정 절차

1. H_0, H_A, α와 n을 설정한다.
2. 두 변수의 차이, d를 계산한다.
3. $\bar{d}$와 s_d를 계산한다.
4. 표준오차를 계산한다.

$$\sigma_{\bar{d}} = \frac{s_d}{\sqrt{n}}$$

5 t통계값을 계산한다.

$$t = \frac{\bar{d}}{\sigma_{\bar{d}}}$$

6 자유도와 유의수준에 따라 t분포에서 기각값을 찾는다.

7 결론을 내린다.

SPSS 실행

두 종속표본 t검정을 하려면 자료가 다음 그림과 같은 형태로 입력되어 있어야 한다. 메뉴에서 [분석] ⇨ [평균 비교] ⇨ [대응표본 T검정]을 눌러 대응표본 T검정 대화상자를 연다.

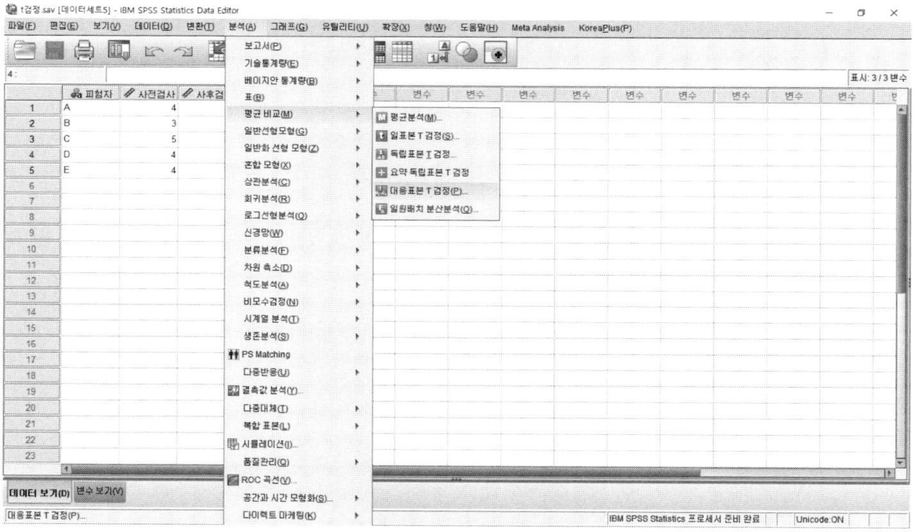

대응표본 T검정 대화상자에서 검정할 두 변수를 선택하여 대응변수의 변수1, 변수2로 지정한 뒤 [확인]을 누른다. 여기서는 변수1을 사후검사 점수, 변수2를 사전검사 점수로 지정하였다.

〈표 16-1〉의 사전검사 점수와 사후검사 점수의 평균이 동일한지를 검정하는

과정은 다음과 같다.

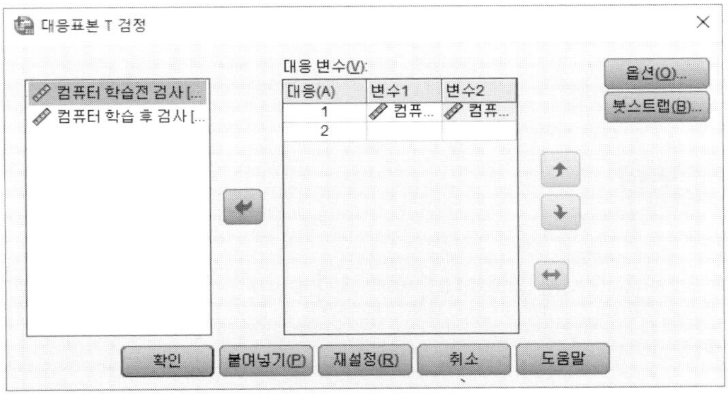

분석 결과

사전검사 점수와 사후검사 점수의 차이의 평균과 표준편차는 각각 1.60, .89이고, t 통계값은 4.00, 자유도는 4이며 유의확률은 .016으로써 유의수준 .01보다 크므로 영가설을 기각하지 못하여 사전검사 점수와 사후검사 점수의 평균차이는 없다고 결론을 내린다. 만약 연구자가 연구를 실행하기 전에 유의수준을 .05로 설정하였다면 영가설이 기각된다. 이 경우 연구자는 '유의수준 .05에서 사전, 사후검사 점수에 유의한 차이가 있다.'라고 결론을 내린다.

주의할 점은 연구자가 연구를 실시하기 전에 심각한 오판을 할 확률인 유의수준을 먼저 결정하고 결론을 내리는 것이지 통계분석 결과에 의하여 나타난 통계값과 관련된 유의확률에 따라서 결론을 내려서는 안 된다.

대응표본 통계량

		평균	N	표준화 편차	표준오차 평균
대응 1	컴퓨터 학습 후 검사	5.60	5	.548	.245
	컴퓨터 학습 전 검사	4.00	5	.707	.316

대응표본 상관계수

		N	상관관계	유의확률
대응 1	컴퓨터 학습 후 검사 & 컴퓨터 학습 전 검사	5	.000	1.000

대응표본 검정

		대응차							
					차이의 99% 신뢰구간				
		평균	표준화 편차	표준오차 평균	하한	상한	t	자유도	유의확률 (양측)
대응 1	컴퓨터 학습 후 검사 - 컴퓨터 학습 전 검사	1.600	.894	.400	-.242	3.442	4.000	4	.016

jamovi 실행

종속표본 t 검정을 실시하기 위하여 Analyses ⇨ T-Tests ⇨ Paired Samples T-Test 를 선택한다.

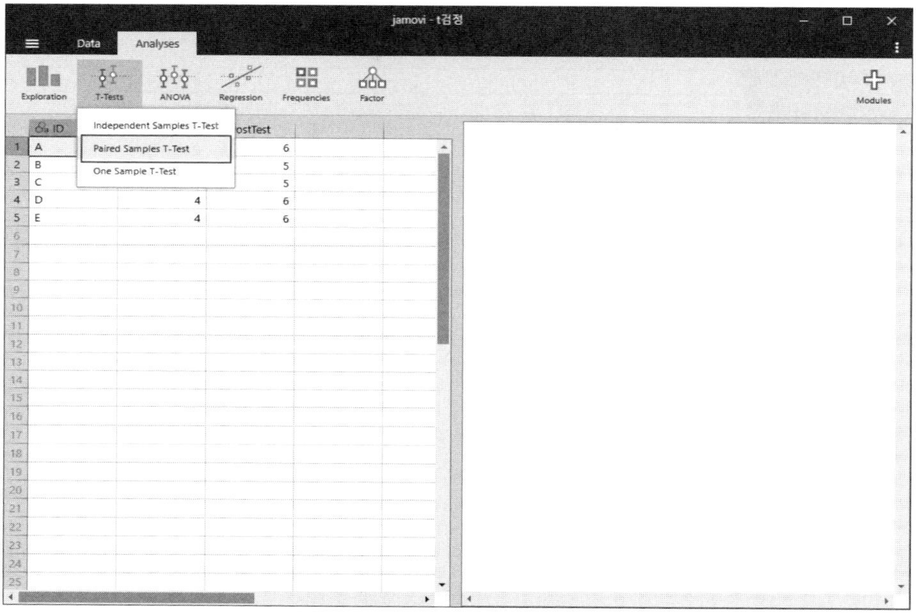

분석 창이 나타나면 변수 목록에서 종속표본 t 검정을 실시할 두 변수 'PreTest'와 'PostTest'를 오른쪽 창으로 옮긴다. 단 사후검사 점수인 'PostTest'가 왼쪽, 사전검사 점수인 'PreTest'가 오른쪽에 오도록 배치하면 통계값 계산 시 사후검사에서 사전검사를 빼므로 통계값이 양수로 나타나 해석이 편리하다.

아래 Additional Statistics 항목의 'Mean difference'에 체크하여 두 변수의 평균 차를, 'Descriptives'에 체크하여 기술통계값을 결과에 추가한다. 'Descriptives plots'

에 체크하면 사전 및 사후 검사점수를 비교하는 그래프를 그려 준다.

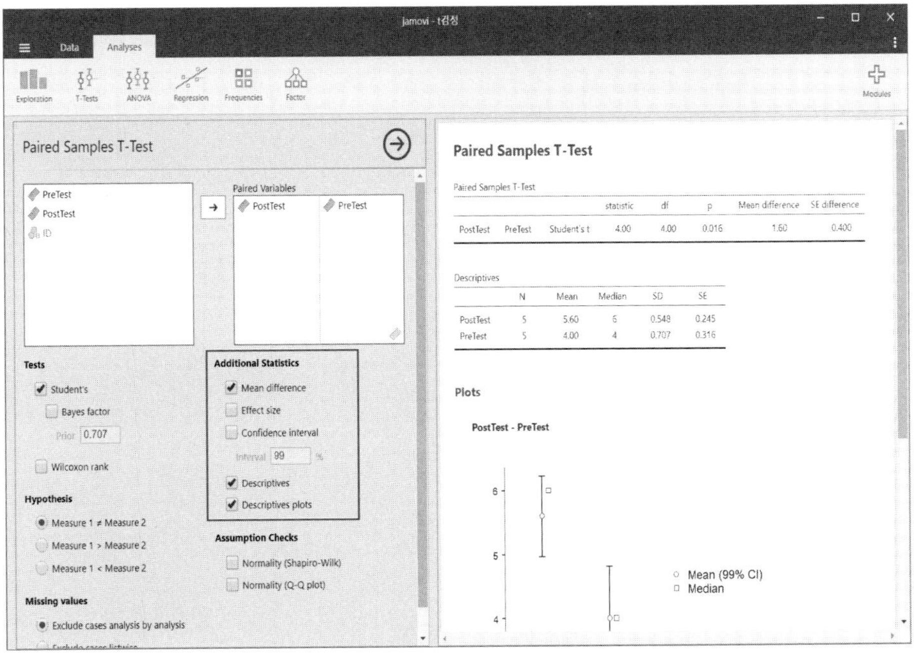

분석 결과는 오른쪽 창에 나타나며, 다음과 같다.

Paired Samples T-Test

Paired Samples T-Test

			statistic	df	p	Mean difference	SE difference
PostTest	PreTest	Student's t	4.00	4.00	0.016	1.60	0.400

Descriptives

	N	Mean	Median	SD	SE
PostTest	5	5.60	6	0.548	0.245
PreTest	5	4.00	4	0.707	0.316

사후 및 사전검사 점수를 비교하는 그래프는 자료의 범위, 평균, 중앙값을 나타낸다. 그래프에 의하면 사전검사보다 사후검사 점수가 더 높고, 평균 및 중앙값 역

시 사후검사가 더 높다.

Plots

PostTest - PreTest

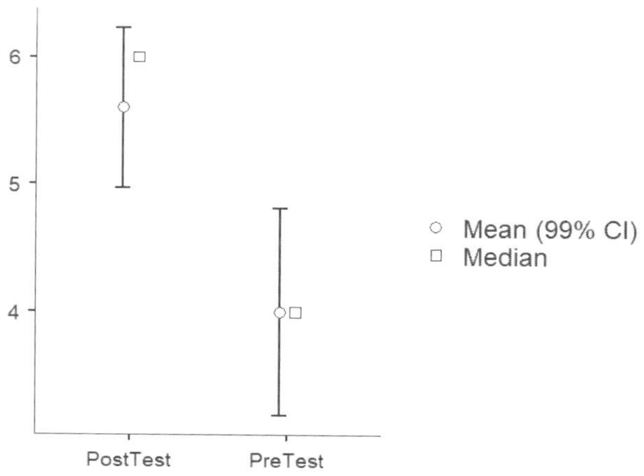

5 두 독립표본 t검정

두 독립표본 t검정(two independent samples t-test)이란 각기 다른 두 모집단의 속성인 평균을 비교하기 위하여 두 모집단을 대표하는 표본들을 독립적으로 추출하여 표본 평균들의 비교를 통하여 모집단 간의 유사성을 검정하는 방법이다. 그렇다면 두 독립표본 Z검정과 동일하다. 다만, 두 모집단의 분산을 알지 못할 때 독립적으로 추출한 두 표본의 분산을 가지고 모집단의 분산을 추정하기 때문에 표준오차 계산이 상이하다.

예를 들어, A교수법과 B교수법에 의한 학습효과를 비교한다든지 혹은 어느 학군과 다른 학군의 학생들의 학업성취도를 비교할 때 흔히 쓰인다. 두 독립표본 t검정이 지금까지 설명한 Z검정과 단일표본 t검정보다 복잡하게 느껴지는 것은 표준오차를 계산하는 과정이 다소 복잡한 듯해서이나, 논리는 동일하다. 두 독립표본 Z검정에서 표준오차를 계산하는 공식은 공식 (15.3)에서와 같이 각 모집단의 분산을 각 표본의 사례 수로 나눈 값을 더한 후 제곱근을 구하면 된다. 두 독립표본 Z검정을 위한 표준오차 계산공식 (15.3)을 다시 쓰면 다음과 같다.

$$\sigma_{(\overline{Y_1}-\overline{Y_2})}=\sqrt{\frac{\sigma_1^2}{n_1}+\frac{\sigma_2^2}{n_2}}$$

두 독립표본 t검정에서 두 모집단의 분산을 알지 못하므로 합리적으로 표준오차를 구할 수 있는 방법은 첫 번째 모집단에서 추출된 표본에서 얻은 분산을 첫 번째 모집단의 분산으로 대치하고 두 번째 모집단에서 추출된 표본에서 계산된 분산으로 두 번째 모집단의 분산으로 대치하는 것이다. 즉, 공식 (16.5)와 같다.

$$\sigma_{(\overline{Y_1}-\overline{Y_2})}=\sqrt{\frac{s_1^2}{n_1}+\frac{s_2^2}{n_2}} \tag{16.5}$$

그러나 주지해야 할 사실은 두 집단을 비교할 때 등분산가정을 충족시켜야 하므로 첫 번째 모집단의 분산과 두 번째 모집단의 분산이 같다는 것을 가정한다면, 첫 번째 모집단에서 추출된 표본의 분산이나 두 번째 모집단에서 추출된 표본의 분산이 궁극적으로는 동일한 모집단의 분산을 기대하게 된다. 즉, $E(s_1^2)=E(s_2^2)=\sigma^2$이 된다.

그러므로 표준오차를 계산하기 위하여 모집단의 분산 대신에 그의 추정치로 사용되는 첫 번째 표본의 분산과 두 번째 표본의 분산을 각기 달리 사용하는 것보다 두 표본으로부터 얻은 분산의 대푯값을 모집단 분산의 추정치로 사용하는 것이 보다 합리적이다. 그러므로 두 표본들의 분산을 통합하여 계산한 분산을 표준오차를 계산할 때 사용한다. 이를 **통합분산**(pooled variance)이라 하고 s_p^2로 표기하며, 표준오차 계산 공식은 (16.6)과 같다.

$$\sigma_{(\overline{Y_1}-\overline{Y_2})} = \sqrt{\frac{s_1^2}{n_1} + \frac{s_2^2}{n_2}} = \sqrt{s_p^2\left(\frac{1}{n_1} + \frac{1}{n_2}\right)} \tag{16.6}$$

통합분산을 계산하는 방법을 알아보자.

만약 두 표본의 크기가 같다면 두 표본의 분산을 대표하는 통합분산은 두 표본 분산의 합을 2로 나누면 될 것이다. 그러나 표본의 크기가 각기 다를 때에는 각 표본에서 계산된 분산에 가중치를 부여하여야 한다.

첫 번째 표본의 크기는 n_1이며 그에 따른 분산은 s_1^2이고, 두 번째 표본의 크기는 n_2이고 그에 따른 분산은 s_2^2이라 할 때, n_1과 n_2가 다를 경우 표본의 크기를 고려하여 통합분산을 구하면 공식 (16.7)과 같다.

$$s_p^2 = \frac{n_1 s_1^2 + n_2 s_2^2}{n_1 + n_2} \tag{16.7}$$

주의할 점은 추리통계에서 분산을 계산할 때 불편파추정치를 사용하여야 하므로 분모에 표본의 크기가 아닌 $n-1$,즉 자유도를 사용한다는 것이다. 그러므로 통합분산 계산 시 표본의 크기가 아니라 표본의 크기에서 1을 뺀, 즉 자유도에 의한 가중치가 부여되어야 한다. 그에 따른 통합분산의 계산공식은 공식(16.8)과 같다.

$$\begin{aligned} s_p^2 &= \frac{(n_1-1)s_1^2 + (n_2-1)s_2^2}{(n_1-1)+(n_2-1)} \\ &= \frac{df_1 s_1^2 + df_2 s_2^2}{df_1 + df_2} \end{aligned} \tag{16.8}$$

결론적으로 표준오차를 계산할 때 공식 (16.8)에 의한 통합분산은 표본의 크기로 각기 나눈 값에 의하여 계산됨을 알 수 있다. 그에 따라 유의수준과 자유도에 따른 기각값을 구할 때 자유도에서 고려할 점이 생긴다. 단일표본 t검정과 두 종속표본 t검정 시 자유도는 표본의 분산을 계산하는 데 관계된 사례 수에서 1을 제거한 값이 되었다. 그렇다면 두 독립표본 t검정에서 표준오차 계산을 위하여 사용되는 표본의 분산은 통합된 분산으로 두 표본의 크기가 모두 고려된다. 그러므로 두 독립표본 t검정의 기각값을 찾기 위한 자유도는 $(n_1-1)+(n_2-1)$로 첫 번째 표본의 자유도 df_1과 두 번째 표본의 자유도 df_2를 더한 값이 된다. 두 독립표본 t검정의 특이한 점은 표준오차 계산 시 통합분산을 사용하고 기각값을 찾을 때 두 표본의 자유도를 더한 값이 된다는 사실뿐이다.

앞의 설명에 의하여 실질적인 예를 들어 검정하면 다음과 같다. 연구자가 전통적 교수법과 새로운 교수법이 차이가 있는지를 유의수준 .05에서 비교하고자 한다. 모집단에서 무선추출된 5명의 학생에게 전통적 방법에 의하여 학습을 실시하고, 다른 모집단에서 무선추출된 6명의 학생에게 새로운 교수법에 의해 학습을 실시한 후 학업성취검사를 실시하여 〈표 16-3〉과 같은 점수를 얻었다고 하자.

〈표 16-3〉 전통적 교수법과 새 교수법에 의한 학업성취 점수

전통적 교수법	새 교수법
3	7
4	6
6	8
5	7
5	5
	8

이 연구를 위한 서술적 가설로 영가설과 대립가설은,

H_0: 전통적 교수법과 새로운 교수법에 의한 학업성취 점수의 차이는 없다.

H_A: 전통적 교수법과 새로운 교수법에 의한 학업성취 점수의 차이는 있다.

이며, 통계적 가설로 영가설과 대립가설은,

$$H_0: \mu_1 = \mu_2$$
$$H_A: \mu_1 \neq \mu_2$$

이다. 두 교수법에 의한 학업성취 점수의 평균과 분산을 계산하면,

$$\overline{Y}_1 = 4.6 \qquad \overline{Y}_2 = 6.833$$
$$s_1^2 = 1.3 \qquad s_2^2 = 1.366$$
$$n_1 = 5 \qquad n_2 = 6$$

이다. 표준오차를 계산하기 위하여 통합된 분산을 계산하면,

$$s_p^2 = \frac{(5-1)(1.3) + (6-1)(1.366)}{(5-1)+(6-1)} = 1.337$$

이고, 표준오차는,

$$\sigma_{(\overline{Y}_1 - \overline{Y}_2)} = \sqrt{1.337\left(\frac{1}{5}+\frac{1}{6}\right)} = .7$$

이며, t통계값은,

$$t = \frac{\overline{Y}_1 - \overline{Y}_2}{\sigma_{(\overline{Y}_1 - \overline{Y}_2)}}$$
$$= \frac{4.6 - 6.833}{.7} = -3.19$$

이다. 유의수준 .05와 자유도가 9인 t분포의 양방적 검정의 기각값은 [수표 4]에서 ±2.262이다. 그러므로 t통계값은 기각역에 떨어지므로 유의수준 .05에서 영가설

을 기각한다. 결론으로 '유의수준 .05에서 새로운 교수법에 의한 학업성취 점수와 전통적 교수법에 의한 학업성취 점수가 같지 않다.'라고 한다.

지금까지 설명한 두 독립표본 t검정을 위한 절차를 요약하면 다음과 같다.

두 독립표본 t검정 절차

1 H_0, H_A, α와 n_1, n_2를 설정한다.

2 $\overline{Y}_1$, $\overline{Y}_2$와 s_1^2, s_2^2를 계산한다.

3 통합분산을 계산한다.

$$s_p^2 = \frac{(n_1 - 1)s_1^2 + (n_2 - 1)s_2^2}{(n_1 - 1) + (n_2 - 1)}$$

4 표준오차를 계산한다.

$$\sigma_{(\overline{Y}_1 - \overline{Y}_2)} = \sqrt{s_p^2\left(\frac{1}{n_1} + \frac{1}{n_2}\right)}$$

5 t통계값을 계산한다.

$$t = \frac{\overline{Y}_1 - \overline{Y}_2}{\sigma_{(\overline{Y}_1 - \overline{Y}_2)}}$$

6 유의수준과 자유도에 따라 기각값을 찾는다.

$t_{\alpha,\, df = (n_1 - 1) + (n_2 - 1)}$

7 결론을 내린다.

SPSS 실행

두 독립표본 t검정을 하려면 자료가 다음 그림과 같은 형태로 입력되어 있어야 한다. 두 종속표본 t검정과 자료 입력 형태가 다른 것에 유의하기 바란다. 메뉴에서 [분석] ⇨ [평균 비교] ⇨ [독립표본 T검정]을 눌러 독립표본 T검정 대화상자를 연다.

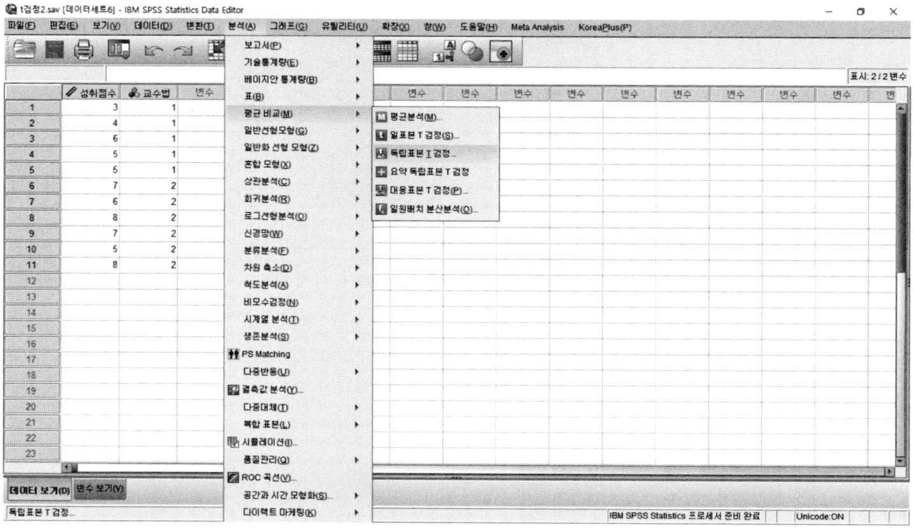

독립표본 T검정 대화상자에서 검정변수와 집단변수를 지정한다. 집단변수 이름 옆에 '(??)'가 나타나는데 [집단정의(D)...]를 눌러 집단1의 코드와 집단2의 코드를 입력하고 [계속]을 눌러 독립표본 t검정 대화상자로 돌아와 [확인]을 누르면 된다. 〈표 16-3〉의 자료를 이용하여 전통적 교수법과 새로운 교수법이 차이가 있는지를 검정하는 과정은 다음과 같다.

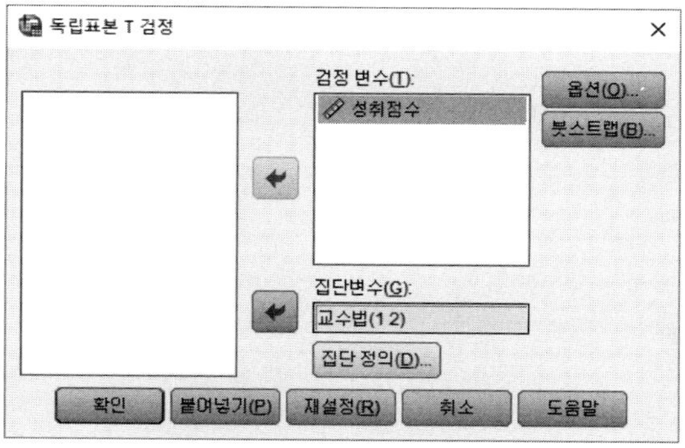

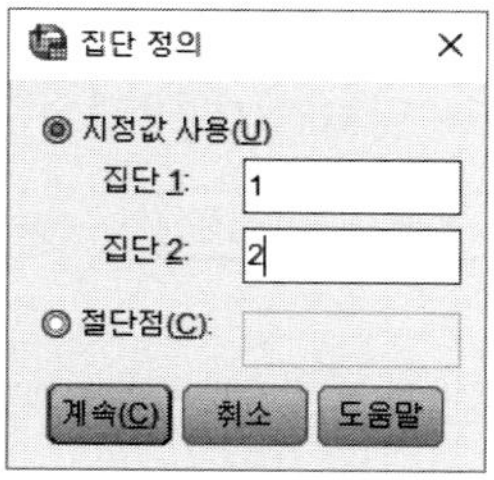

분석 결과

전통적 교수법에 의한 학업성취 점수의 평균과 표준편차는 각각 4.60, 1.14이고, 새로운 교수법에 의한 학업성취 점수의 평균과 표준편차는 각각 6.83, 1.17이다. 등분산 가정을 충족하는지를 Levene의 등분산 검정방법으로 검정한 결과 F통계값이 .001이며 유의확률이 .982로 t검정을 위한 등분산 가정을 충족한다. 그러므로 분석 결과에서 '등분산이 가정됨' 부분을 보아야 한다. t검정 결과 t통계값은 −3.190, 자유도는 9, 유의확률은 .011이므로 유의수준 .05에서 새로운 교수법에 의한 학업점수와 전통적 교수법에 의한 학업점수가 같지 않다고 결론 내린다.

집단통계량

	교수법	N	평균	표준화 편차	표준오차 평균
성취점수	전통적방법	5	4.60	1.140	.510
	새교수법	6	6.83	1.169	.477

독립표본 검정

		Levene의 등분산 검정		평균의 동일성에 대한 T 검정						
									차이의 95% 신뢰구간	
		F	유의확률	t	자유도	유의확률 (양측)	평균차이	표준오차 차이	하한	상한
성취점수	등분산을 가정함	.001	.982	-3.190	9	.011	-2.233	.700	-3.817	-.649
	등분산을 가정하지 않음			-3.198	8.723	.011	-2.233	.698	-3.821	-.646

jamovi 실행

SPSS의 변수 탭에서 변수값을 별도로 입력하는 것과 같이, jamovi에서는 변수명을 더블클릭하거나 오른쪽 클릭을 하여 'Set Up'창을 열고 'Levels' 메뉴에서 집단명을 직접 입력할 수 있다. 입력 완료 후, 위쪽 화살표를 클릭하여 집단명 입력창을 닫는다.

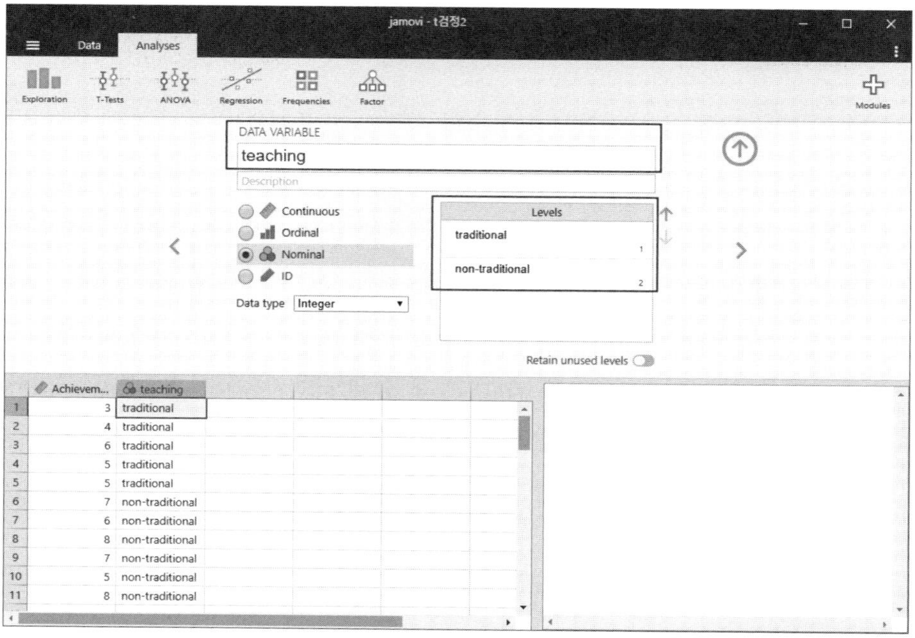

〈표 16-3〉의 자료로 독립표본 t 검정을 실시하기 위하여 Analyses ⇨ T-Tests ⇨ Independent Samples T-Test 를 선택한다.

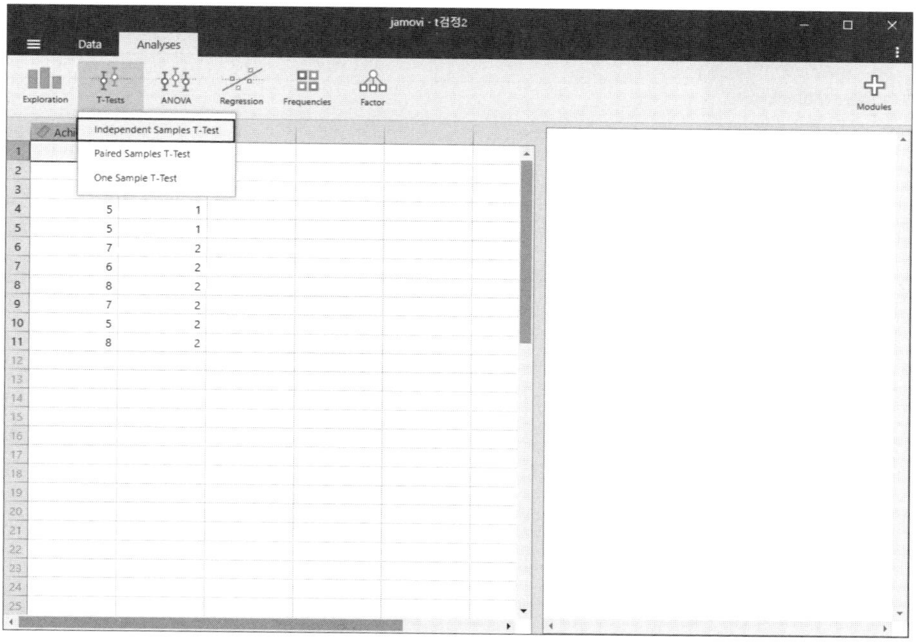

종속변수인 'Achievement'를 'Dependent Variables'에 옮기고, 독립변수이자 집단변수인 'teaching'을 'Grouping Variable'에 옮긴다.

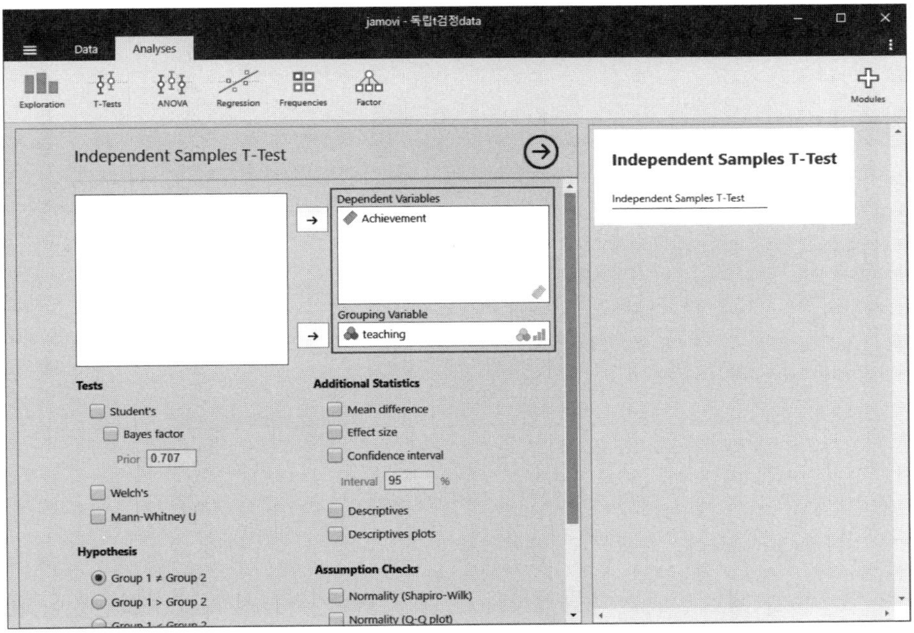

아래의 'Additional Statistics'에서 'Mean difference'를 체크하고, 'Descriptives'와 'Descriptives plots'에 체크하여 집단간 평균차, 기술통계값, 그래프를 출력하도록 한다. 'Assumption Checks' 항목에서 등분산검정 실시를 위하여 'Equality of variances'에 체크한다. 집단간 등분산성 가정을 만족하지 못했을 시를 대비하여 'Tests' 항목에서 'Welch's'에 체크하여 Welch-Aspin 검정을 실시하도록 한다.

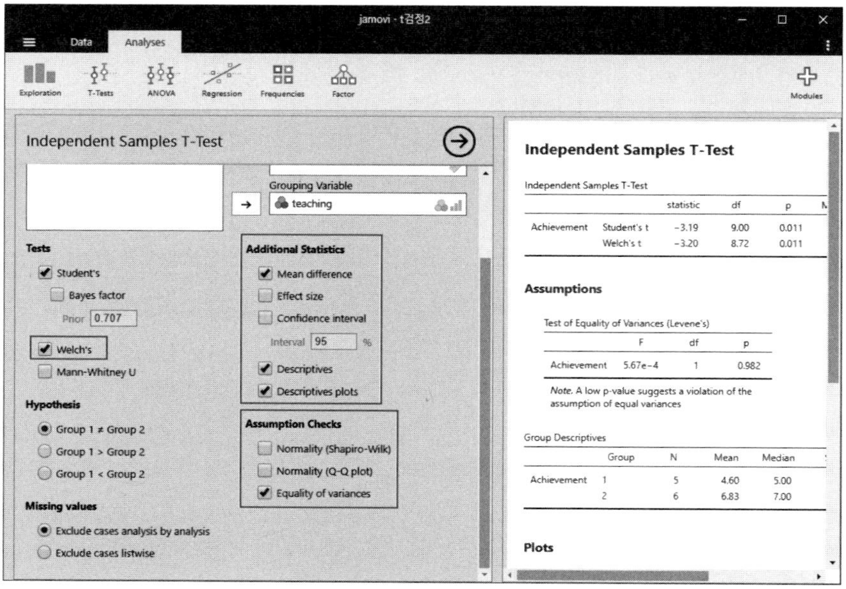

분석 결과는 오른쪽 창에 나타나며, 다음과 같다.

먼저 'Assumptions' 결과표를 살펴보면 Levene의 등분산검정 결과 유의확률이 .982였으므로 '집단간 분산이 동일하다'는 영가설을 기각하지 않아 등분산성을 만족하였다. 따라서 독립표본 *t*검정 결과는 아랫줄인 Welch-Aspin 검정 결과 대신, 윗 줄인 'Student's t' 결과를 읽는다.

Independent Samples T-Test

Independent Samples T-Test

		statistic	df	p	Mean difference	SE difference
Achievement	Student's t	−3.19	9.00	0.011	−2.23	0.700
	Welch's t	−3.20	8.72	0.011	−2.23	0.698

Assumptions

Test of Equality of Variances (Levene's)

	F	df	p
Achievement	5.67e−4	1	0.982

Note. A low p-value suggests a violation of the assumption of equal variances

Group Descriptives

	Group	N	Mean	Median	SD	SE
Achievement	traditional	5	4.60	5.00	1.14	0.510
	non-traditional	6	6.83	7.00	1.17	0.477

6 Welch-Aspin 검정

두 독립표본의 평균값을 비교하여 두 모집단의 평균이 같은지를 검정하고자 할 때 두 독립표본 검정을 위한 기본 가정 충족 여부를 확인하는 과정에서 두 모집단의 분산이 같지 않은 경우를 맞게 된다. 즉, 등분산 가정을 충족시키지 못할 경우에는 두 독립표본 t검정을 사용할 수 없으므로 Welch와 Aspin이 고안한 **Welch-Aspin 검정**을 실시한다.

등분산 가정 충족 여부를 검정하는 방법은 F분포에 의한 검정이므로 제17장 3절에서 설명하고 있다. 등분산 가정 검정 결과 두 모집단의 분산이 같지 않다는 결론에 이르면 Welch-Aspin 검정을 실시하는데, 이는 두 독립표본 t검정과 두 가지 절차에서 상이하다. 하나는 표집분포의 표준오차를 계산하는 방법이며, 다른 하나는 자유도를 계산하는 방법이다.

두 독립표본 t검정 시 표집분포의 표준오차를 계산할 때 모집단의 분산을 모르기 때문에 모집단 분산에 가장 근접한 추정치로 두 표본으로부터 계산된 분산들을 통합한 통합분산을 사용한다고 하였다. 그 이유는 등분산 가정이 충족되었기 때문이다. 그러나 등분산 가정을 충족시키지 못하였을 경우 통합된 분산은 의미를 상실하게 된다. 두 모집단의 분산이 같지 않음을 알 때 두 표본으로부터 얻은 분산을 통합한다 하여도 이 통합된 분산은 어느 모집단의 분산도 대표하지 못하기 때문이다. 그러므로 표준오차 계산 시 표본에서 얻어진 분산을 표본의 크기로 각기 나눈다. Welch-Aspin 검정을 위한 표집분포의 표준오차를 계산하는 절차는 공식 (16.9)와 같다.

$$\sigma_{(\overline{Y_1}-\overline{Y_2})} = \sqrt{\frac{s_1^2}{n_1}+\frac{s_2^2}{n_2}} \qquad (16.9)$$

두 번째 자유도의 문제로서 두 독립표본 t검정 시 자유도는 첫 번째 표본의 자유도와 두 번째 표본의 자유도를 합한 값으로 $(n_1-1)+(n_2-1)$, 즉 n_1+n_2-2

였다. 그러나 Welch−Aspin 검정을 위한 자유도는 공식 (16.10)에 의하여 계산된다.

$$\frac{1}{df^*} = \frac{1}{df_1}\left(1 - \frac{c_1}{c}\right)^2 + \frac{1}{df_2}\left(1 - \frac{c_2}{c}\right)^2 \qquad \textbf{(16.10)}$$

$$df_1 = n_1 - 1$$

$$df_2 = n_2 - 1$$

$$c_1 = n_1/\hat{s}_1^2$$

$$c_2 = n_2/\hat{s}_2^2$$

$$c = c_1 + c_2$$

공식 (16.10)에 의하여 계산된 값의 역수가 Welch−Aspin 검정의 자유도가 된다. 만약 자유도가 소수로 나올 경우는 소수의 값을 제거한 정수가 자유도가 된다. 이처럼 계산된 자유도와 유의수준에 따라 영가설의 기각 여부를 결정한다.

t통계값은 두 독립표본 t검정 시 사용하는 공식, 즉 두 표본의 평균의 차를 표준오차로 나누는 원리와 동일하며, 공식 (16.11)과 같다.

$$t^* = \frac{\overline{Y}_1 - \overline{Y}_2}{\sqrt{\hat{s}_1^2/n_1 + \hat{s}_2^2/n_2}} \qquad \textbf{(16.11)}$$

30세 성인 중 일정량의 알코올을 섭취한 음주집단과 술을 마시지 않은 비음주집단이 어떤 동작을 완료하는 반응속도를 측정하여 〈표 16−4〉와 같은 자료를 얻었을 때 두 집단 간의 반응속도에 차이가 있는지 유의수준 .01에서 검정하고자 한다.

〈표 16-4〉 음주집단과 비음주집단의 반응속도

음주집단	비음주집단
12	4
7	3
7	4
8	5
10	

이 연구를 위한 영가설과 대립가설은,

H_0: 음주집단과 비음주집단의 반응속도의 차이는 없다.
H_A: 음주집단과 비음주집단의 반응속도의 차이는 있다.

이며, 통계적 가설은,

$$H_0: \mu_1 = \mu_2$$
$$H_A: \mu_1 \neq \mu_2$$

이다. 두 집단의 반응속도의 평균과 분산을 계산하면,

$$\overline{Y}_1 = 8.8 \qquad \overline{Y}_2 = 4.0$$
$$s_1^2 = 4.7 \qquad s_2^2 = .667$$

이다. 우선 두 모집단이 등분산 가정을 충족하는지를 검정하기 위하여 음주집단과 비음주집단의 반응속도의 분산을 계산하였을 때 음주집단 반응속도의 분산은 4.7이고, 비음주집단 반응속도의 분산은 .667이다. 제17장 3절에서의 등분산 검정 절차를 거치지 않더라도 두 모집단의 분산은 같지 않음을 알 수 있다. 그러므로 Welch-Aspin 검정을 위하여 표준오차를 계산하면,

$$\sigma_{(\overline{Y_1}-\overline{Y_2})} = \sqrt{\frac{4.7}{5}+\frac{.667}{4}} = 1.052$$

이다. 그러므로 t통계값은,

$$t^* = \frac{8.8-4}{1.052} = 4.563$$

이다. 기각값을 찾기 위하여 자유도를 계산하여야 하며, 자유도 계산을 위해 c_1, c_2을 계산하여야 한다.

$$c_1 = 5/4.7 = 1.064$$
$$c_2 = 4/.667 = 5.997$$
$$c = 1.064 + 5.997 = 7.061$$

그러므로

$$\frac{1}{df^*} = \frac{1}{4}\left(1-\frac{1.064}{7.061}\right)^2 + \frac{1}{3}\left(1-\frac{5.997}{7.061}\right)^2 = .188$$

이다. 자유도는 1/.188 = 5.32로서 Welch−Aspin 검정을 위한 자유도는 5이다.

자유도가 5이고 유의수준 .01에서 [수표 5]에 의하면 t검정 기각값은 양방적 검정이므로 ±4.032가 된다. t통계값인 4.563의 절대값은 기각값의 절대값보다 크므로 영가설을 기각한다. 결론으로 '유의수준 .01에서 음주집단과 비음주집단의 반응속도에 차이가 있다.'라고 할 수 있다. 두 집단 간의 반응속도에 차이가 있다는 결론은 음주가 반응속도에 영향을 준다는 뜻으로 음주운전을 금해야 할 것이다.

두 모집단의 분산이 같지 않을 때 사용하는 Welch−Aspin 검정의 절차를 요약하면 다음과 같다.

Welch-Aspin 검정 절차

1 H_0, H_A, α와 n_1, n_2를 설정한다.

2 $\overline{Y}_1$, $\overline{Y}_2$와 s_1^2, s_2^2를 계산한다.

3 등분산 가정을 제17장 3절의 설명에 의해 검정한다.

4 등분산 가정 위배 시 표준오차를 계산한다.

$$\sigma_{(\overline{Y_1}-\overline{Y_2})} = \sqrt{\frac{s_1^2}{n_1} + \frac{s_2^2}{n_2}}$$

5 t통계값을 계산한다.

$$t^* = \frac{\overline{Y}_1 - \overline{Y}_2}{\sqrt{s_1^2/n_1 + s_2^2/n_2}}$$

6 유의수준과 자유도에 따라 기각값을 찾는다.

$$\frac{1}{df^*} = \frac{1}{df_1}\left(1 - \frac{c_1}{c}\right)^2 + \frac{1}{df_2}\left(1 - \frac{c_2}{c}\right)^2$$

$$c_1 = n_1/s_1^2,\ c_2 = n_2/s_2^2,\ c = c_1 + c_2$$

7 결론을 내린다.

SPSS 실행

두 독립표본 t검정과 검정하고자 하는 것은 동일하고, 다만 등분산 가정이 위배되는 경우 Welch-Aspin 검정이라 부르므로, 실행하는 방법은 두 독립표본 t검정과 동일하고 결과를 읽는 부분에만 차이가 있다.

분석 결과

〈표 16-4〉의 자료를 이용하여 Welch-Aspin 검정을 실시한 결과는 다음과 같

다. 음주집단 5명의 반응 속도의 평균과 표준편차는 각각 8.80, 2.17이고, 비음주 집단 4명의 반응 속도의 평균과 표준편차는 각각 4.00, .82이다. 등분산 가정을 충족시키지 못하므로(유의확률이 .048) '등분산이 가정되지 않음'과 관련된 분석 결과를 읽는다. t검정 결과 t통계값은 4.563, 자유도는 5.321, 유의확률은 .005이므로 유의수준 .01에서 음주집단과 비음주집단의 반응 속도에 차이가 있다고 할 수 있다.

집단통계량

	음주여부	N	평균	표준화 편차	표준오차 평균
반응속도	음주	5	8.80	2.168	.970
	비음주	4	4.00	.816	.408

독립표본 검정

		Levene의 등분산 검정		평균의 동일성에 대한 T 검정						
									차이의 99% 신뢰구간	
		F	유의확률	t	자유도	유의확률 (양측)	평균차이	표준오차 차이	하한	상한
반응속도	등분산을 가정함	5.727	.048	4.151	7	.004	4.800	1.156	.753	8.847
	등분산을 가정하지 않음			4.563	5.321	.005	4.800	1.052	.687	8.913

jamovi 실행

〈표 16-4〉의 자료를 이용하여 Welch-Aspin 검정을 실시하기 위하여 [Analyses] ⇨ [T-Tests] ⇨ [Independent Samples T-Test]를 선택한다.

종속변수인 'response time'을 'Dependent Variables'로 옮기고, 집단변수인 'group'을 'Grouping Variable'로 옮긴다. 독립표본 t검정 분석과 동일하게 옵션을 사용하지만, 유의수준을 .01로 변경하기 위하여 'Additional Statistics' 항목의 'Confidence interval'에 체크한 뒤, 'interval'로 99%를 입력하는 것만 다르다.

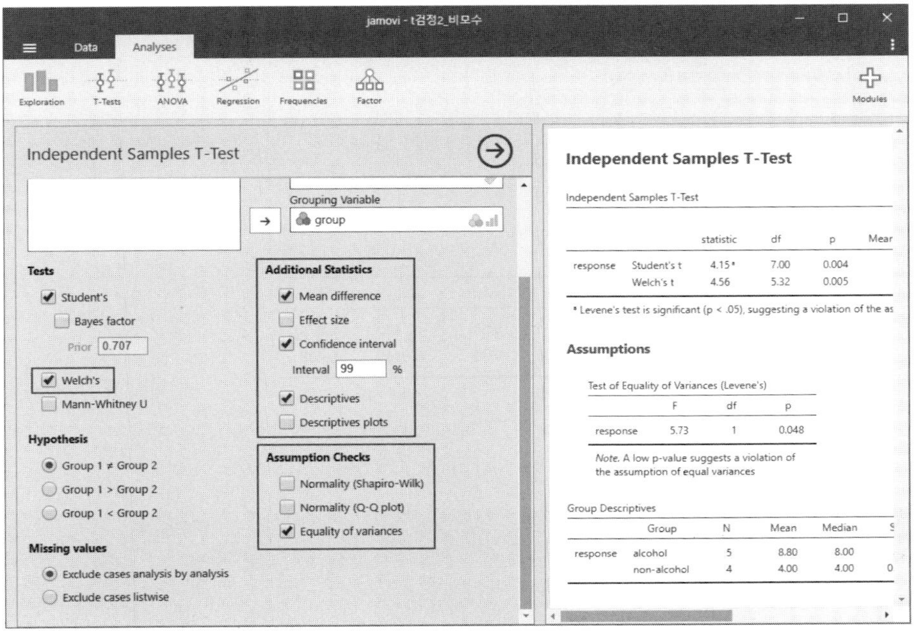

분석 결과는 오른쪽 창에 나타나며, 다음과 같다.

먼저 'Assumptions' 결과표를 확인하면 Levene의 등분산성 검정의 유의확률이 .048로, 유의수준 .01에서 '집단간 분산이 같다'는 영가설을 기각한다. 따라서 집단간 등분산성 가정이 만족되지 않아, 위의 결과표에서 Welch–Aspin 검정 결과에 해당하는 아랫줄 'Welch's t' 줄을 읽어야 한다.

Independent Samples T-Test

Independent Samples T-Test

							99% Confidence Interval	
		statistic	df	p	Mean difference	SE difference	Lower	Upper
response	Student's t	4.15[a]	7.00	0.004	4.80	1.16	0.753	8.85
	Welch's t	4.56	5.32	0.005	4.80	1.05	0.687	8.91

[a] Levene's test is significant (p < .05), suggesting a violation of the assumption of equal variances

Assumptions

Test of Equality of Variances (Levene's)

	F	df	p
response	5.73	1	0.048

Note. A low p-value suggests a violation of the assumption of equal variances

Group Descriptives

	Group	N	Mean	Median	SD	SE
response	alcohol	5	8.80	8.00	2.17	0.970
	non-alcohol	4	4.00	4.00	0.816	0.408

7 t 검정과 상관계수

두 독립표본 t 검정에서 독립변수는 질적변수, 종속변수는 양적 연속변수로 점수가 된다. 앞에서 예로 든 두 교수법에 따른 학업점수 차이 연구에서 교수법이 독립변수가 되고 학업점수가 종속변수가 된다. 그렇다면 논리적으로 두 교수법에 따른 학업점수의 차이가 있다면 전통적 교수법에 의한 학생들의 학업성취 점수는 낮은 경향이 있는 데 비하여 새로운 교수법에 의한 학생들의 학업성취 점수는 높은 경향이 있다고 분석될 수 있다. 또는 이와 반대의 경향이 있을 수 있다. 이는 교수법과 학업성취가 관계가 있다고 추리할 수 있는 것이다. 전통적 교수법에 의한 학생들의 학업성취 점수나 새로운 교수법에 의한 학업성취 점수가 같다는 것은 교수법에 의하여 학업성취 점수가 변화되지 않음을 의미하므로 교수법과 학업성취와는 관계가 없음을 알 수 있다. 〈표 16-3〉의 자료를 그리면 [그림 16-2]와 같다.

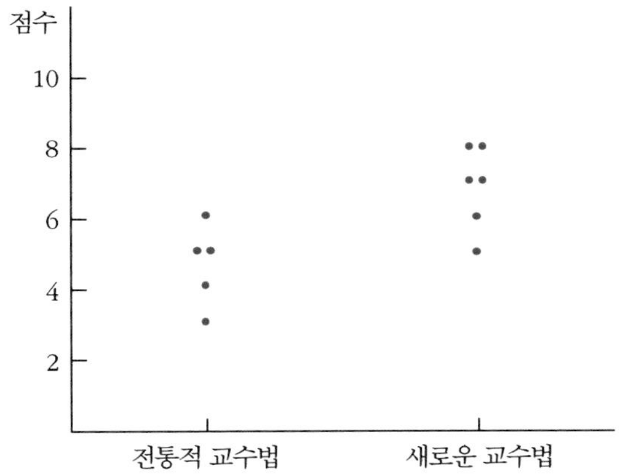

[그림 16-2] 전통적 교수법과 새 교수법에 의한 학업성취검사 점수

[그림 16-2]에서 두 교수법에 의한 학업성취 점수들을 대표하는 회귀선을 긋는다면 경사진 직선을 그리게 된다. 만약 두 교수법에 따른 학업성취 점수의 차이가 없다면 회귀선은 수평선을 긋게 될 것이다.

이상의 설명에서 알 수 있듯이 집단 간의 평균 차이가 클수록 회귀선의 경사는 가파르게 되고, 이는 상관이 높음을 의미한다. 그러므로 두 독립표본 t검정을 통한 t통계값과 상관계수가 관계가 있음을 알 수 있다.

t통계값에 의한 상관계수 계산은 공식 (16.12)에 의하여, 상관계수에 의한 t통계값의 추정은 공식 (16.13)에 의하여 계산된다. 변수의 특징으로 논의되고 있는 상관계수는 독립변수가 질적변수이며 이분되어 있으므로 **양류상관계수**(point biserial correlation coefficient)라 하며 r_{pb}로 표기한다.

$$r_{pb} = \sqrt{\frac{t^2}{t^2 + df}} \quad (16.12)$$

$$t = \sqrt{\frac{r_{pb}^2 df}{1 - r_{pb}^2}} \quad (16.13)$$

〈표 16-3〉에 있는 교수법에 따른 학업성취 점수의 두 독립표본 t검정을 하였을 때 t통계값은 -3.19였다. t값을 공식 (16.12)에 대입하여 계산한 상관계수는,

$$r_{pb} = \sqrt{\frac{(-3.19)^2}{(-3.19)^2 + 9}} = .728$$

이다. 이 상관계수가 정확한지를 검정하기 위하여 상관계수 추정을 위한 자료는 〈표 16-5〉와 같다.

〈표 16-5〉에 의한 자료를 상관계수 계산 공식 (6.5)에 의하여 계산하면 상관계수는 .728임을 알 수 있다. 직접 상관계수를 계산하여 보기 바란다. 상관계수에 의한 두 독립표본 t검정 통계값을 추정하는 방법은 t통계값을 가지고 상관계수를 계산하는 방법과 역순이다. 직접 계산하여 보기 바란다.

〈표 16-5〉 교수법과 학업성취 간의 상관계수 계산을 위한 자료

교수법 X	학업성취 점수 Y
1	3
1	4
1	6
1	5
1	5
2	7
2	6
2	8
2	7
2	5
2	8

1: 전통적 교수법

2: 새로운 교수법

연습문제

1 다음 용어의 정의와 개념을 설명하라.

a. 자유도
b. 등분산성
c. 가족분포
d. 통합분산

2 다음 조건 아래서 t분포에 의하여 기각값을 찾아라.

a. 유의수준 .05에서 양방적 검정
  ① 자유도가 5일 때
  ② 자유도가 20일 때
  ③ 자유도가 40일 때
  ④ 자유도가 60일 때
  ⑤ 자유도가 ∞일 때
  ⑥ 자유도 증가에 따른 기각값의 변화를 설명하고 ∞일 경우 어떤 결과가 나타나는지 설명하라.
b. 자유도가 30일 때 유의수준 .01에서의 양방적 검정
c. 자유도가 30일 때 유의수준 .01에서의 일방적 검정

3 대중매체(Multimedia)를 사용한 교수법이 아동들의 공간에 대한 이해력에 영향을 주는지를 연구하기 위하여 단순무선표집한 유아 50명을 대상으로 연구를 실시하였다. 대중매체를 사용한 후 공간력을 측정하였더니 평균이 75점이고 표준편차가 3점이었다면, 대중매체를 사용한 교수법이 70점과 차이가 있는지를 유의수준 .01에서 가설검정 절차에 따라 검정하고 결론을 유도하라.

4 두 전구회사에서 각자 자기 회사에서 생산한 전구의 수명이 길다고 선전하고 있다. 소비자보호연구원에 근무하고 있는 사람으로서 두 전구의 평균 수명에 차이가 있는지를 검정하기 위하여 시판되고 있는 횃불표 전구와 번쩍표 전구를 각기 100개씩 무선표집하여 평균 수명시간과 수명시간의 표준편차를 측정하였더니 횃불표의 평균 수명시간은 500시간에 표준편차 25시간이었고, 번쩍표의 평균 수명시간은 505시간에 표준편차 26시간이었다.

두 전구회사 전구들의 수명이 유의수준 .05에서 차이가 있는지 가설검정 절차에 따라 검정하고 결론을 유도하라.

5 전산직에 종사하는 신입사원 중 남녀 간에 임금의 차이가 있는지를 알아보기 위하여 어느 전산회사에 입사한 남녀의 첫 월급을 비교하고자 한다. 남자 대졸 신입사원 20명과 여자 대졸 신입사원 15명을 무선표집하여 월급을 계산하였더니 남자 신입사원의 첫달 평균 월급은 750,000원이었고, 표준편차는 20,000원이었으며, 여자 신입사원의 첫달 평균 월급은 680,000원, 표준편차는 19,000원이었다. 남녀 신입사원의 봉급의 차이가 있는지를 유의수준 .05에서 검정하라.

6 남녀 노인들의 청각을 조사하였더니 다음과 같았다.

남	13	15	17	20	19	16	24	14	21
여	22	22	25	28	15	19	25	24	17

a. 10년 전 65세 여자 노인들의 청각검사의 평균이 22였다. 올해의 65세 여자 노인들의 청각도도 22인지 유의수준 .05에서 검정하라.

b. 두 남녀 노인들의 청각에 차이가 있는지 유의수준 .05에서 검정하라.

c. 만약 남녀 노인들이 부부라면 남녀 노인들의 청각에 차이가 있는지 유의수준 .05에서 검정하라.

d. 성별과 청각능력의 상관계수를 구하라. 상관계수로 t통계값을 계산하고 a, b, c 중 어떤 값과 같은지 설명하라.

7 어느 제약회사에서 해열제의 효과가 있는지를 검정하기 위하여 열이 높은 10명의 아이들에게 해열제를 투약하기 전과 후의 체온을 측정하였더니 다음과 같았다. 해열제가 체온을 감소시키는지 유의수준 .01에서 검정하라.

	투약 전	투약 후
1	37.5	36.5
2	39	37
3	38	35
4	41	36.5
5	38	36
6	37	37
7	39	36.5
8	38.5	37
9	40	37
10	40.5	37.5

제17장

F분포에 의한 검정: 일원분산분석

제15장과 제16장에서 종속변수가 양적변수일 때 하나의 모집단 혹은 두 개의 모집단의 평균 모수치에 대한 검정을 Z분포와 t분포에 의하여 설명하였다. 그렇다면 3개 이상의 모집단을 비교할 경우에는 어떠한 통계적인 방법이 있을까? 예를 들어, 3개의 모집단을 비교하고자 할 때 분산분석 방법을 알지 못하면 두 독립집단끼리의 비교를 하는 t검정을 세 번 실시해야 한다. 세 집단 이상 비교를 가능하게 하기 위해서는 **집단간 변화량**(between group variation)과 **집단내 변화량**(within group variation)을 비교하는 방법으로 Fisher(1924)에 의하여 제안된 분산분석 방법을 이용하여야 하며, 이는 ***F*분포**에 의하여 검정된다. 제17장에서는 분산분석의 기본 의미, F분포, F분포에 의한 분산분석의 기본 가정, 일원분산분석의 원리와 절차를 설명한다.

1 분산분석

분산분석(Analysis of Variance: ANOVA)이란 분산의 원인이 어디에 있는가를 알아보는 통계적 방법이다. 예를 들어, 동일한 세 개의 집단에 각기 다른 처치를 가하여 각 집단마다 다른 결과가 나왔을 때 집단간의 차이에 따른 분산이 있을 수 있고, 집단내에서 피험자간의 분산이 발생할 수 있다. 즉, 실험으로 인한 종속변수의 총 변화량은 처치에 의한 집단간 변화량과 집단내에서의 개인차인 집단내 변화량으로 양분된다. 만약 처치에 효과가 있다면 세 집단은 서로 다른 평균을 가지므로 집단간 분산이 클 것이고, 처치효과가 없다면 집단간 차이가 없으므로 집단간 분산은 적을 것이다.

실험연구에는 처치를 가하기 전, 즉 실험 전 각 집단의 초기 단계(initial stage)는 동일하며, 처치를 가한 후 처치의 효과가 크다면 실험 후 집단간 차이는 클 것이다. 이는 종속변수의 총 변화량 중 집단간 차이가 크므로 집단간 변화량 또는 집단간 분산이 크다는 것을 나타낸다.

또한 조사방법에서도 집단간 차이가 크면 실험연구 결과와 마찬가지로 집단간 분산이 크게 나타날 것이다.

분산분석을 통한 집단간 차이에 대한 유의도 검정을 실시하기 위한 기준으로 집단간 분산에 대한 크기의 한계를 설정하여야 한다. 집단간 분산의 크기가 얼마만큼이어야 집단의 차이가 있다고 결론을 내릴 수 있는지를 설정하여야 한다. 분산분석의 유의도 검정을 위한 기준으로 ***F*통계값**을 사용하며 공식 (17.1)과 같다.

$$F = \frac{\sigma_B^2}{\sigma_W^2} = \frac{\text{집단간 분산}}{\text{집단내 분산}} \tag{17.1}$$

집단내 분산에 비추어 집단간 분산의 비율을 계산하여 결론을 유도한다. 부연 설명하면 집단간 분산이 커진다면 이것은 집단간의 차이가 있다고 할 수 있다. 실험연구에서 각기 다른 처치를 가하였다면 처치효과가 있다고 할 수 있으며, 조사연구에서는 집단간의 특성에 따라 차이가 있다고 볼 수 있다. 그러나 집단간 분산의 크기를 고려하여 집단간의 차이 유무를 결정할 때, 집단간 분산의 크기를 임의로 설정할 수 없다. 그러므로 집단간 분산이 집단내 분산에 비추어 그 크기가 클 때 집단간의 차이가 있다고 결론을 유도할 수 있게 된다. 집단내 분산에 대한 집단간 분산의 비율을 F값이라 부르고 이 F값이 F분포에 의한 기각값보다 클 때 집단간의 유의한 차이가 있다고 결론을 유도하게 된다. 이와 같은 분산분석의 원리는 R. A. Fisher에 의하여 1924년 발표되었으며 가장 많이 쓰이는 추리통계 방법의 하나이다. 우리나라 교육학 분야에서는 분산분석이라는 용어보다 변량분석으로 널리 알려져 있다.

2 F분포

제17장 1절에서 분산분석은 집단간 분산과 집단내 분산의 비율인 F값을 F분포의 기각값과 비교하여 집단간 차이의 유의한 정도를 검정하는 통계적 방법이라 설명하였다. 쉽게 알 수 있는 것은 F분포는 두 종류의 분산비율에 의한 분포이다. 새로운 분포로 F분포를 정의하면 다음과 같다.

***F*분포**는 독립적인 Chi-square 변수들이 해당되는 자유도에 의하여 나눠진 값의 비율에 의한 분포를 말한다. 각기 자유도 v_1과 v_2를 가진 독립적인 Chi-square 변수들을 χ_1^2과 χ_2^2라 할 때 F분포는 공식 (17.2)와 같다.

$$F_{v_1, v_2} = \frac{\chi_1^2 / v_1}{\chi_2^2 / v_2} \qquad (17.2)$$

Chi-square 변수들은 제곱값이어서 항상 양수이기 때문에 F값 역시 양수가 된다. F분포는 자유도 v_1과 v_2가 무한히 커지지 않는 한 정적편포를 나타내며, F분포의 형태도 자유도 v_1과 v_2에 따라 변화하는 형태를 나타내는 가족분포로 [그림 17-1]과 같다. F확률분포는 [수표 5]에서 분자와 분모의 분산추정에 따른 자유도와 유의수준에 의하여 F값을 찾을 수 있다.

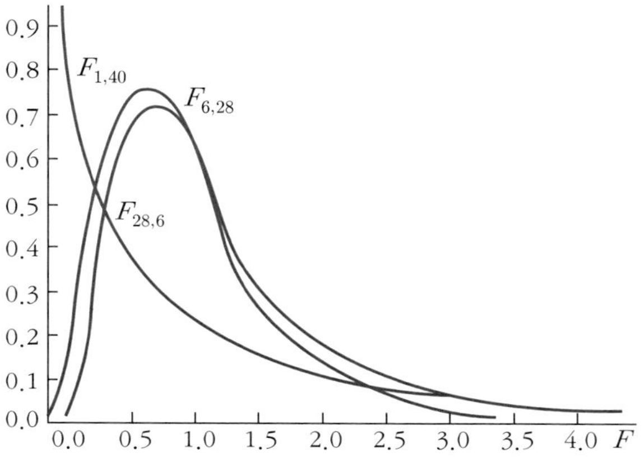

[그림 17-1] v_1**과** v_2**에 따른** F**분포의 형태**

$\chi_v^2 = v\hat{s}^2/\sigma^2$ 이다(제21장 참조). 이를 F분포에 대입하면 공식 (17.3)을 유도할 수 있다.

$$
\begin{aligned}
F_{v_1, v_2} &= \frac{\chi_1^2/v_1}{\chi_2^2/v_2} \\
&= \frac{(v_1 \hat{s}_1^2/\sigma_1^2)/v_1}{(v_2 \hat{s}_2^2/\sigma_2^2)/v_2} \\
&= \frac{\hat{s}_1^2/\sigma_1^2}{\hat{s}_2^2/\sigma_2^2} \\
&= \frac{\hat{s}_1^2}{\hat{s}_2^2}\left(\frac{\sigma_2^2}{\sigma_1^2}\right) \qquad \textbf{(17.3)}
\end{aligned}
$$

공식 (17.3)에서 F분포는 분산의 비율에 의한 분포임을 알 수 있다. 특히 집단 간 비교를 할 때 Z검정과 t검정의 기본 가정의 하나인 등분산 가정이 분산분석에도 적용되므로 공식 (17.3)의 괄호 부분은 1의 값을 가진다. 따라서 F값은 두 분산의 추정치들에 대한 비율이라 할 수 있다.

3 분산분석을 위한 기본 가정

분산분석, 즉 F검정은 세 집단 이상의 비교로 Z검정, t검정과 동일한 기본 가정을 갖는다. 분산분석을 위한 기본 가정은 다음과 같다.

① 종속변수가 양적변수이어야 한다.
② 각 집단에 해당되는 모집단의 분포가 정규분포이어야 한다.
③ 각 집단에 해당되는 모집단들의 분산이 같아야 한다.

Z검정과 t검정, 그리고 F검정에서 공히 지켜야 할 기본 가정은 종속변수가 양적변수이며, 정규분포 가정과 등분산 가정이 충족되어야 한다는 것이다. 주의해야 할 점은 정규분포와 등분산 가정은 모집단에 해당되는 것이지 연구의 대상인 표본에 해당되는 사실이 아님을 상기하는 것이다.

F검정 역시 t검정, Z검정과 같이 만약 정규분포 가정과 등분산 가정이 충족되지 않으면 비모수 통계(non-parametric statistics)를 사용하여야 한다는 사실을 환기하여야 한다.

두 독립표본 Z검정뿐 아니라 두 독립표본 t검정을 위한 등분산 가정에 대한 검정방법을 이 장까지 미루어 온 이유는 F분포를 설명한 후 등분산 가정을 검정하는 것이 이해가 쉽기 때문이다.

제16장 5절 두 독립표본 t검정의 전통적 교수법과 새 교수법에 의한 학업성취 점수 비교를 위한 〈표 16-3〉의 자료를 참고하여 등분산 가정을 검정하는 절차는 다음과 같다. 우선 영가설과 대립가설을 설정한다.

$$H_0:\ \sigma_1^2 = \sigma_2^2$$
$$H_A:\ \sigma_1^2 \neq \sigma_2^2$$

두 표본으로부터 나온 자료를 가지고 각 표본의 분산을 구하면 전통적 교수법에 의한 학업성취 점수의 분산은 1.3이며, 새로운 교수법에 의한 학업성취 점수의 분산은 1.366이다. 이 두 분산값으로부터 F값을 계산하면,

$$F = \frac{s_1^2}{s_2^2} = \frac{1.3}{1.366} = .952$$

이다. F값이 1에 가까우면 두 모집단의 분산은 다르지 않다는 것을 알 수 있으며, 매우 크거나 혹은 0에 가까운 작은 값을 가지면 두 모집단의 분산은 다르다고 할 수 있다. 유의수준에 의한 검정을 위하여 기각값을 구하려면 분자와 분모에 사용된 분산들의 자유도와 유의수준을 고려하여야 한다. 유의수준을 .05로 설정하면 v_1은 4이고 v_2는 5이므로 [수표 5]에 있는 유의수준 .05를 2로 나눈 뒤 F분포표에서 찾은 기각값은 $F_{4,5,.025}$인 .107과 $F_{4,5,.975}$인 7.39가 된다. 이 경우 F 통계값은 .952로서 영가설을 기각할 수 없으므로 두 모집단의 분산은 같다고 결론을 내릴 수 있다. 이와 같이 등분산 가정을 충족하면 모수 통계로서 두 독립표본 t검정을 사용한다.

등분산 가정을 검정하는 절차를 요약하면 다음과 같다.

등분산 가정 검정 절차

1 H_0, H_A, α, n_1, n_2를 설정한다.

2 표본으로부터 분산 s_1^2, s_2^2를 구한다.

3 F값을 계산한다.

$$F = \frac{s_1^2}{s_2^2}$$

4 기각값을 찾는다.

$$F_{v_1, v_2, \alpha/2}$$

$$F_{v_1, v_2, (1-\alpha/2)}$$

5 만약 $F > F_{v_1, v_2, (1-\alpha/2)}$ 또는 $F < F_{v_1, v_2, \alpha/2}$이면 영가설을 기각한다.

4 일원분산분석의 기본 의미와 절차

일원분산분석(one-way analysis of variance: one-way ANOVA)이란 독립변수가 하나일 때 분산의 원인이 집단간 차이에 기인한 것인지를 분석하는 통계적 방법이다. 즉, 인종 간 지능의 차이라든가 사회계층에 따른 사회에 대한 만족도, 또는 교수법에 따른 학업성취의 차이 같은 연구를 할 때, 각 연구에서 독립변수는 하나임을 알 수 있다. 첫 번째 연구에서 독립변수는 인종이며, 두 번째 연구에서는 사회계층, 세 번째 연구에서는 교수법이 된다. 각기 하나의 독립변수에 의한 집단간 차이를 비교하게 되므로 이를 일원분산분석이라 한다.

첫 번째 연구에서 연구자가 인종에 따른 지능을 연구할 때, 황인종, 백인종, 흑인종을 선정하여 지능의 차이를 비교한다면 세 집단 비교가 되므로 독립변수는 하나이고 각 독립변수의 수준은 세 개가 된다고 할 수 있다. 독립변수가 하나일지라도 수준은 여러 가지가 될 수 있다.

분산분석의 기본 원리를 설명하기 위하여 교수법에 따른 학업성취도 차이에 관한 일원분산분석의 예를 들어 설명하기로 한다. 연구자가 교수법의 수준을 전통적 교수법, IT 교수법, 개인 교수법에 따라 초등학교 2학년 학생에게 수업을 실시한 후 각 교수법에 따른 수학능력의 차이가 있는지를 알아보기 위한 연구를 한다고 가정하자.

이 연구를 위한 영가설과 대립가설을 설정하면 다음과 같다.

H_0: 세 교수법에 따른 초등학교 2학년 학생의 수학능력에 차이가 없다.
H_A: 세 교수법에 따른 초등학교 2학년 학생의 수학능력에 차이가 있다.

집단을 j라 할 때 분산분석에서 쓰이는 영가설과 대립가설의 통계적 표현은 다음과 같다.

H_0: $\mu_j = \mu_{j'}$
H_A: $\mu_j \neq \mu_{j'}$

이와 같은 방법은 Fisher에 의하여 제안되었으며 영가설이 기각된다는 것은 모집단의 평균이 같지 않음을 말한다. 그러나 영가설이 기각되었을 때 영가설은 어느 모집단이 다른 어느 모집단과 다른지를 구체적으로 설명하지 않는 일반적 형태로 표현한다.

연구자는 같은 수학능력을 가진 초등학교 2학년 학생을 각 집단에 무선표집 혹은 무선할당하여 각기 다른 교수법을 실시한 후 학생들의 수학능력을 측정하였더니 각기 다른 점수를 얻게 됨을 알았다. 각 학생의 수학능력 점수를 Y_{ij}로 표기하며 j는 집단, i는 i번째 학생을 말한다. Y_{ij}점수는 이론적인 **선형모형**(linear model)에 의하여 공식 (17.4)와 같이 이루어져 있음을 알 수 있다.

$$Y_{ij} = \mu + \alpha_j + e_{ij} \tag{17.4}$$

μ: 전체 평균
α_j: j집단의 효과, 처치효과에 의한 점수
e_{ij}: j집단 i번째 개인의 오차

즉, 개인의 점수는 전체 평균 μ와 j집단에 속해 있으므로 얻을 수 있는 집단 효과 α_j, 그리고 j집단에 속해 있더라도 피험자 개인에 의하여 발생하는 오차점수 e_{ij}로 이루어져 있음을 알 수 있다. 이를 실제 연구에서 얻을 수 있는 통계값으로 표현하면 공식 (17.5)와 같다.

$$Y_{ij} = \overline{Y} + (\overline{Y}_j - \overline{Y}) + (Y_{ij} - \overline{Y}_j) \tag{17.5}$$

Y_{ij}: j집단 i번째 개인의 점수
$\overline{Y}_j$: j집단의 평균
$\overline{Y}$: 전체 평균

개인의 점수는 연구에 참여한 모든 피험자가 가질 수 있는 평균점수와 소속된 해당 집단의 평균에서 전체 평균을 뺀 값으로 집단효과, 개인점수에서 집단의 평균을 뺀 오차점수로 합성됨을 알 수 있다.

공식 (17.5)를 변형하면 공식 (17.6)과 같이 쓸 수 있으며, 공식 (17.6)은 분산분석의 기본 개념을 설명하는 원리를 제공하고, 제7장에서 설명한 단순회귀분석과 유사한 원리임을 알 수 있다. 만약 제7장의 단순회귀분석을 잊었다면 다시 반복 학습하기 바란다.

$$(Y_{ij} - \overline{Y}) = (\overline{Y}_j - \overline{Y}) + (Y_{ij} - \overline{Y}_j) \tag{17.6}$$

공식 (17.6)의 등호를 중심으로 좌변은 각 피험자의 **총편차**를 의미하며, 우변의 첫 번째 괄호는 집단의 평균에서 전체 평균을 뺀 집단간 효과로 **집단간 편차**이며, 두 번째 괄호는 개인점수에서 개인이 속한 해당 집단의 평균을 뺀 값으로 **집단내 편차**로 설명된다. 즉, 개인의 총편차는 집단간 편차와 집단내 편차로 합성됨을 논리적, 수리적으로 알 수 있다. 단순회귀분석에서 총편차는 설명된 편차와 설명되지 않은 편차로 합성된다는 사실과 같다. 분산분석에 따른 개인점수의 편차는 다음과 같이 설명할 수 있다.

총편차	=	**집단간 편차**	+	**집단내 편차**
total deviation	=	deviation between groups	+	deviation within group
d_T	=	d_B	+	d_W

만약 여기에서 집단간의 편차 부분이 매우 크다면, 집단간의 차이가 있음을 암시하는 것이며, 실험연구일 경우는 처치효과가 있다고 말한다. 상대적으로 집단간 편차 부분이 작고 집단내 편차가 크다면 이는 집단간의 차이가 없음을 말한다.

이 원리에 입각하여 집단간의 차이가 있는지를 분석할 때, 한 명의 피험자만을 고려하는 것이 아니라 연구에 참여한 모든 피험자들의 편차를 고려하여야 하며, 편차들이 집단간의 편차에 의한 것인지 아니면 집단내 개인차 혹은 오차에 의한 것인지를 분석하여야 한다. 피험자 개인의 편차들을 모두 더하면 연구에서 나타난 모든 편차가 될 수 있다고 할 수 있으나, 편차의 합은 항상 0이므로 편차를 더하여 집단간의 차이가 있는지 없는지를 분석할 수는 없다. 이는 기술통계를 설명할 때 분산의 정도를 측정하기 위하여 편차의 합을 사용할 수 없으므로 편차를 제곱하여 합한 후 사례 수로 나누어 분산을 계산한다는 원리와 동일하다.

그러므로 연구에 참여한 모든 대상의 총편차를 제곱하여 모두 더한 값을 **총편차제곱합**(SS_T: sum of square total deviation), **총편차자승화** 혹은 **총변화량**(total variation)이라고도 한다. 공식 (17.7)에 의하여 계산한다.

$$SS_T = \sum_{j=1}^{J}\sum_{i=1}^{n_j}(Y_{ij} - \overline{Y})^2 \tag{17.7}$$

개인의 총편차가 집단간 편차와 집단내 편차로 합성되어 있으므로 집단효과에 의한 **집단간 편차제곱합**(SS_B: sum of square between groups)은 공식 (17.8)에 의하여 계산할 수 있으며, 개인오차에 의한 집단내 편차의 제곱합인 **집단내 편차제곱합**(SS_W: sum of square within group)은 공식 (17.9)에 의하여 계산할 수 있다.

$$SS_B = \sum_{j=1}^{J}\sum_{i=1}^{n_j}(\overline{Y}_j - \overline{Y})^2 \tag{17.8}$$

$$SS_W = \sum_{j=1}^{J}\sum_{i=1}^{n_j}(Y_{ij} - \overline{Y}_j)^2 \tag{17.9}$$

총편차는 집단간 편차와 집단내 편차로 합성되어 있으며 이로 인해 총편차제곱합은 집단간 편차제곱합과 집단내 편차제곱합으로 합성되어 있음을 유추할 수 있다. 그러므로 공식 (17.7), 공식 (17.8), 공식 (17.9)를 가지고 공식 (17.10)을 유도할 수 있다.

$$\sum_{j=1}^{J}\sum_{i=1}^{n_j}(Y_{ij} - \overline{Y})^2 = \sum_{j=1}^{J}\sum_{i=1}^{n_j}(\overline{Y}_j - \overline{Y})^2 + \sum_{j=1}^{J}\sum_{i=1}^{n_j}(Y_{ij} - \overline{Y}_j)^2 \tag{17.10}$$

총편차제곱합은 집단간 편차제곱합과 집단내 편차제곱합으로 합성되어 있으므로 총편차제곱합의 부분 중에 집단간 편차제곱합 부분이 크고 집단내 편차제곱합 부분이 작으면 그것은 집단간의 차이가 크다는 것을 말한다. 만약 집단간 편차제곱합의 값이 0이라면 각 집단의 평균과 전체 평균이 같음을 의미하는 것으로 각 집단의 평균이 같을 때 일어날 수 있는 일로 집단간의 차이가 없음을 나타낸다.

총편차제곱합이 집단간 편차제곱합과 집단내 편차제곱합으로 이루어지는 공식 (17.10)의 의문점을 풀기 위하여 수식으로 증명하면 다음과 같다.

$$\sum_{j=1}^{J}\sum_{i=1}^{n_j}(Y_{ij}-\overline{Y})^2=\sum_{j=1}^{J}\sum_{i=1}^{n_j}[(\overline{Y}_j-\overline{Y})+(Y_{ij}-\overline{Y}_j)]^2$$

$$=\sum_{j=1}^{J}\sum_{i=1}^{n_j}[(\overline{Y}_j-\overline{Y})^2+2(\overline{Y}_j-\overline{Y})(Y_{ij}-\overline{Y}_j)+(Y_{ij}-\overline{Y}_j)^2]$$

$$=\sum_{j=1}^{J}\sum_{i=1}^{n_j}(\overline{Y}_j-\overline{Y})^2+2\sum_{j=1}^{J}\sum_{i=1}^{n_j}(\overline{Y}_j-\overline{Y})(Y_{ij}-\overline{Y}_j)+\sum_{j=1}^{J}\sum_{i=1}^{n_j}(Y_{ij}-\overline{Y}_j)^2$$

$$=\sum_{j=1}^{J}\sum_{i=1}^{n_j}(\overline{Y}_j-\overline{Y})^2+2\sum_{j=1}^{J}(\overline{Y}_j-\overline{Y})\sum_{i=1}^{n_j}(Y_{ij}-\overline{Y}_j)+\sum_{j=1}^{J}\sum_{i=1}^{n_j}(Y_{ij}-\overline{Y}_j)^2$$

$$=\sum_{j=1}^{J}\sum_{i=1}^{n_j}(\overline{Y}_j-\overline{Y})^2+\sum_{j=1}^{J}\sum_{i=1}^{n_j}(Y_{ij}-\overline{Y}_j)^2$$

$$(\because \sum_{j=1}^{J}\sum_{i=1}^{n_j}(Y_{ij}-\overline{Y}_j)=0)$$

여기서 집단간 편차제곱합과 집단내 편차제곱합이 무엇을 의미하는지 인지하여야 한다. 분산분석의 기본 원리는 집단간 편차제곱합과 집단내 편차제곱합을 가지고 집단간 분산과 집단내 분산을 추정한다. 분산은 편차의 제곱합을 자유도로 나누어 주는 것으로 집단간 편차제곱합은 집단간 분산 계산을 위한 분자가 된다. 또한 집단내 편차제곱합은 집단내 분산 계산을 위한 분자가 된다. 우선 집단간 편차제곱합으로부터 집단간 분산을 추정하는 방법을 설명한다.

집단간 편차제곱합은 각 집단에 소속된 모든 연구대상이 얻은 점수의 부분으로, 각 집단 평균에서 전체 평균을 뺀 값을 제곱한 후 각 집단내 모든 피험자를 더한 다음 집단을 막론하고 더한 값을 말한다. 이 수식을 전개하면 공식 (17.11)과 같다.

$$SS_B = \sum_{j=1}^{J}\sum_{i=1}^{n_j}(\overline{Y}_j - \overline{Y})^2$$
$$= \sum_{j=1}^{J} n_j(\overline{Y}_j - \overline{Y})^2$$
$$= n_1(\overline{Y}_1 - \overline{Y})^2 + n_2(\overline{Y}_2 - \overline{Y})^2 + \cdots\cdots + n_J(\overline{Y}_J - \overline{Y})^2 \quad \textbf{(17.11)}$$

$(\overline{Y}_1 - \overline{Y})$, $(\overline{Y}_2 - \overline{Y})$, ……, $(\overline{Y}_J - \overline{Y})$는 각 집단에 속해 있어 발생하는 차이므로 단순회귀분석에서 설명한 설명된 편차라 할 수 있다. 그러므로 분산분석의 집단간 편차제곱합인 SS_B는 단순회귀분석의 설명된 편차제곱합인 SS_E와 의미가 같다. Fisher가 제안한 분산분석의 원리로 이 장의 1절에서 설명한 집단간 분산을 추정하기 위하여 집단간 편차제곱합을 사용한다. 집단간 분산을 추정하기 위하여 상기해야 할 원리는 중심극한정리이다. 일반적으로 모집단의 평균 μ_j는 모집단의 속성에 따라 다양하며, 또한 한 모집단에서 표본이 추출되더라도 표본의 크기에 따라 표본의 평균은 각기 다름을 제12장에서 학습하였다. 집단간 분산 $\sigma^2_{\overline{Y}}$은 집단 평균값들의 분산을 의미하므로 이는 표집분포의 분산을 의미한다. 평균값들의 분산은 중심극한정리에 의하여 모집단 분산을 표본의 크기로 나눈 값이다. 이를 변화하면 모집단의 분산은 표본의 크기에 표집분포의 분산을 곱한 것으로 공식 (17.12)와 같다.

$$\sigma^2_{\overline{Y}} = \sigma^2_Y / n_j$$
$$\sigma^2_Y = n_j \sigma^2_{\overline{Y}} \quad \textbf{(17.12)}$$

집단간 평균의 분산을 계산하는 공식은 분산을 위한 일반공식에 의하여 공식 (17.13)과 같이 쓸 수 있다.

$$s^2_{\overline{Y}_j} = \sum_{j=1}^{J} \frac{(\overline{Y}_j - \overline{Y})^2}{J-1} \quad \textbf{(17.13)}$$

집단간 차이에 의한 분산을 계산하기 위하여 공식 (17.13)을 공식 (17.12)에 대입하면 공식 (17.14)와 같다.

$$\hat{\sigma}_{Y}^{2} = n_j \hat{\sigma}_{\overline{Y}}^{2} = n_j \sum_{j=1}^{J} \frac{(\overline{Y}_j - \overline{Y})^2}{J-1} = \frac{\sum_{j=1}^{J} n_j (\overline{Y}_j - \overline{Y})^2}{J-1}$$

$$= \frac{SS_B}{J-1} = MS_B \qquad \textbf{(17.14)}$$

이는 집단간 편차제곱합을 집단 수에서 1을 뺀 집단간 자유도로 나눈 값이 되며, 이는 집단간 편차제곱의 평균값으로 **집단간 편차제곱평균**(mean square between groups)이라 한다. 즉, MS_B는 집단간 차이로 인한 집단간 편차제곱합에 의하여 계산한 집단간 분산이 된다.

집단내 편차제곱합으로부터 집단내 분산을 유도하는 과정을 설명한다. 집단 내 편차제곱합은 각 집단의 각 개인의 점수에서 해당 집단의 평균을 뺀 편차값을 제곱하여 그 값을 더한 후 모든 집단을 거쳐 더한 값을 말한다. 그러므로 집단내 편차제곱합을 전개하면 등식 (17.15)와 같다.

$$SS_W = \sum_{j=1}^{J} \sum_{i=1}^{n_j} (Y_{ij} - \overline{Y}_j)^2$$

$$= \sum_{j=1}^{J} (n_j - 1) \hat{\sigma}_{Y_j}^{2}$$

$$\left(\because \ \hat{\sigma}_{Y_j}^{2} = \frac{\sum_{i=1}^{n_j} (Y_{ij} - \overline{Y}_j)^2}{n_j - 1} \right)$$

$$= (n_1 - 1) \hat{\sigma}_{Y_1}^{2} + (n_2 - 1) \hat{\sigma}_{Y_2}^{2} + \cdots\cdots + (n_J - 1) \hat{\sigma}_{Y_J}^{2} \qquad \textbf{(17.15)}$$

집단내 편차제곱합에 해당되는 집단내 자유도는 $(N-J)$가 된다.

$$V=(n_1-1)+(n_2-1)+\cdots\cdots+(n_j-1)=N-J$$

그러므로 집단내 편차제곱합에 의한 집단내 분산은 집단내 편차제곱합을 그에 해당되는 자유도로 나눈 값이며, 공식 (17.16)과 같다.

$$MS_W=\frac{SS_W}{N-J}=\frac{\sum_{j=1}^{J}\sum_{i=1}^{n_j}(Y_{ij}-\overline{Y}_j)^2}{\sum_{j=1}^{J}(n_j-1)} \tag{17.16}$$

집단내 편차제곱평균(mean square within group) MS_W를 계산하는 공식 (17.16)에 공식 (17.15)를 대입하면 공식 (17.17)과 같이 쓸 수 있다.

$$MS_W=\frac{SS_W}{N-J}=\frac{SS_W}{\sum_{j=1}^{J}(n_j-1)}=\frac{\sum_{j=1}^{J}(n_j-1)\hat{s}^2_{Y_j}}{\sum_{j=1}^{J}(n_j-1)} \tag{17.17}$$

공식 (17.17)이 무엇을 의미하는지 생각해 보라. 두 독립표본 t검정을 할 때 등분산 가정하에서 모집단의 분산을 추정하기 위하여 두 표본으로부터 얻은 분산을 통합하여 계산하는 통합분산 계산절차인 공식 (16.8)과 동일함을 알 수 있다. 즉, MS_W는 통합분산을 의미한다.

이와 같이 집단간 편차제곱의 평균인 MS_B와 집단내 편차제곱의 평균인 MS_W는 각기 집단간 차이에 의한 분산추정치와 집단내 차이에 의한 분산추정치를 말한다.

만약 영가설이 사실인 경우, 즉 집단간 차이가 없을 경우는 표본의 크기에 관계없이 $E(MS_B)=E(MS_W)=\sigma^2_Y$가 된다. 만약 집단간의 차이가 크다면, 즉 영가설이 진이 아니라면 $E(MS_B)$는 $E(MS_W)$보다 클 것이다. 그러므로 이 장의 1절에서 설명한 것과 같이 두 종류의 분산추정치를 비교함으로써 집단간 차이의 유무를 결정하는 F검정을 실시할 수 있다.

Fisher의 분산분석을 위한 ***F*통계값**은 공식 (17.18)에 의하여 구해진다.

$$F = \frac{MS_B}{MS_W} \tag{17.18}$$

F값은 제곱값들의 비율이므로 음수가 될 수 없으며, 1 이하인 경우는 매우 드물다. 분산분석을 하여 집단간 차이가 없다는 영가설하에서 F통계값의 기댓값은 집단간 제곱평균을 집단내 제곱평균으로 나눈 값이기 때문에 1에 가깝다. 그러나 집단간 차이가 없다는 영가설이 부정되는 대립가설하에서 일반적으로 집단끼리는 이질적이며 집단내에서는 동질적이므로, 집단간 분산이 집단내 분산보다 크다. 이와 같은 경우 F통계값은 크며, 큰 F값은 집단간 차이를 예언하여 준다. 분산분석은 집단간 제곱평균을 집단내 제곱평균으로 나누기 때문에 F통계값이 1보다 크므로 일방적 검정을 실시한다. 기각값은 집단간 자유도와 집단내 자유도, 그리고 유의수준에 의하여 결정되며 [수표 5]에 의하여 기각값을 찾을 수 있다. F통계값이 F기각값보다 크면 영가설을 기각하게 된다.

지금까지 설명한 분산분석의 절차를 요약하여 하나의 표로 만든 것을 **분산분석표**(ANOVA table)라 하며, 일원분산분석을 위한 분산분석표는 〈표 17-1〉과 같다.

〈표 17-1〉 분산분석표

분산원 (SOURCE)	제곱합 (SS)	자유도 (df)	제곱평균 (MS)	F	η^2
집단간 (between groups)	$\sum_{j=1}^{J}\sum_{i=1}^{n_j}(\overline{Y}_j - \overline{Y})^2$	$J-1$	$SS_B/(J-1)$	MS_B/MS_W	SS_B/SS_T
집단내 (within group)	$\sum_{j=1}^{J}\sum_{i=1}^{n_j}(Y_{ij} - \overline{Y}_j)^2$	$N-J$	$SS_W/(N-J)$		
총(total)	$\sum_{j=1}^{J}\sum_{i=1}^{n_j}(Y_{ij} - \overline{Y})^2$	$N-1$			

분산분석표를 볼 때, 총편차의 제곱합(SS_T)은 두 부분으로 나누어지므로 총 자

유도는 집단간 자유도와 집단내 자유도로 분할됨을 알 수 있다. 분산분석표에서 익숙하지 않은 기호인 **에타제곱**(η^2)을 볼 수 있는데, 이것은 총편차제곱합 중에 집단간 차이, 즉 독립변수에 의한 부분이 얼마인가를 설명하는 중요한 정보를 제공한다.

이는 제6장과 제7장에서 상관계수와 회귀분석을 설명할 때 R^2, 즉 상관비 혹은 결정계수의 개념과 동일한 의미를 지니고 있다. 만약 η^2이 .5라면 종속변수 총변화량, 다시 말해서 총편차제곱합의 50%가 독립변수에 의한 영향이라 해석할 수 있다. 현대통계학에서는 F통계값을 F기각값과 비교하여 영가설의 기각 여부에 대한 관심보다는 η^2의 크기에 관심을 두는 경향이 있다.

분산분석 절차를 요약하면 다음과 같다.

분산분석 절차

1 H_0, H_A, α, n_j를 설정한다.

2 $\overline{Y}_j$, $\overline{Y}$를 계산한다.

3 SS_B, SS_W, SS_T를 계산한다.

$$SS_B = \sum_{j=1}^{J}\sum_{i=1}^{n_j}(\overline{Y}_j - \overline{Y})^2$$

$$= n_1(\overline{Y}_1 - \overline{Y})^2 + n_2(\overline{Y}_2 - \overline{Y})^2 + \cdots\cdots + n_J(\overline{Y}_J - \overline{Y})^2$$

$$SS_W = \sum_{j=1}^{J}\sum_{i=1}^{n_j}(Y_{ij} - \overline{Y}_j)^2$$

$$= (n_1 - 1)\hat{s}^2_{Y_1} + (n_2 - 1)\hat{s}^2_{Y_2} + \cdots\cdots + (n_J - 1)\hat{s}^2_{Y_J}$$

$$SS_T = \sum_{j=1}^{J}\sum_{i=1}^{n_j}(Y_{ij} - \overline{Y})^2$$

4 MS_B, MS_W를 계산한다.

$MS_B = SS_B/(J-1)$

$MS_W = SS_W/(N-J)$

5 F통계값을 계산한다.

$$F = \frac{MS_B}{MS_W}$$

6 분산분석표를 작성한다.

7 [수표 5]에서 df_B, df_W, α에 따라 기각값을 찾는다.

8 결론을 유도한다.

분산분석 절차를 다음의 예로 설명한다. 중학교 3학년 학생들의 교수법에 따른 수학점수의 차이가 있는지를 검정하기 위하여 연구자가 3가지 교수방법인 전통적 교수법, IT 교수법, 개인 교수법에 의하여 일정기간 동안 각기 4명, 3명, 5명에게 학습을 실시한 후 수학검사를 실시한 결과가 〈표 17-2〉와 같다.

〈표 17-2〉 교수법에 따른 수학점수

전통적 교수법	IT 교수법	개인 교수법
1	3	4
4	5	6
4	7	8
1		8
		9

분산분석 절차로 검정을 실시하기 위하여 설정한 서술적 영가설과 대립가설은 다음과 같다.

H_0: 교수법에 따른 수학점수의 차이는 없다.
H_A: 교수법에 따른 수학점수의 차이는 있다.

이를 통계적 가설로 진술하면,

$$H_0: \mu_j = \mu_{j'} (\mu_{전통} = \mu_{IT} = \mu_{개인})$$
$$H_A: \mu_j \neq \mu_{j'}$$

이 된다. 집단간 편차제곱합과 집단내 편차제곱합을 계산하기 위하여 각 집단의 평균과 전체 평균을 계산한 뒤 집단간 편차제곱합과 집단내 편차제곱합, 총편차제곱합을 계산한 과정은 〈표 17-3〉과 같다.

〈표 17-3〉 교수법에 따른 수학점수, 평균, 분산, 편차제곱합

	전통적 교수법	IT 교수법	개인 교수법	
	1	3	4	
	4	5	6	
	4	7	8	
	1		8	
			9	
n_j	4	3	5	
ΣY_j	10	15	35	
$\overline{Y}_j$	2.5	5	7	$\overline{Y}=5$
$s^2_{Y_j}$	3	4	4	$s^2_Y=7.09$

$$\begin{aligned}
SS_B &= 4(2.5-5)^2+3(5-5)^2+5(7-5)^2 \\
&= 45 \\
SS_W &= (1-2.5)^2+(4-2.5)^2+(4-2.5)^2+(1-2.5)^2 \\
&\quad +(3-5)^2+(5-5)^2+(7-5)^2 \\
&\quad +(4-7)^2+(6-7)^2+(8-7)^2+(8-7)^2+(9-7)^2 \\
&= 33 \\
SS_T &= (1-5)^2+(4-5)^2+(4-5)^2+(1-5)^2 \\
&\quad +(3-5)^2+(5-5)^2+(7-5)^2 \\
&\quad +(4-5)^2+(6-5)^2+(8-5)^2+(8-5)^2+(9-5)^2 \\
&= 78
\end{aligned}$$

분산분석을 위한 등분산 가정을 검정하기 위한 통계적 검정방법은 다양하며, 다양한 통계적 검정방법을 이해하기 위하여 높은 수준의 통계책을 참고하여야 할 것이다. 만약 일원분산분석에서 정규분포 가정과 등분산 가정을 충족시키지 못한다면 비모수 통계의 하나인 Kruskal-Wallis 검정을 실시하여야 한다. 〈표 17-3〉에 나타난 세 집단간의 분산은 유사하므로 등분산 가정을 충족한다고 할 수 있다. 수리적 등식에 의하여 총편차제곱합 78은 집단간 편차제곱합인 45와 집단내 편차제곱합인 33으로 합성되었다는 사실이 앞의 예에 의하여 증명되었다.

집단간 편차제곱합과 집단내 편차제곱합을 그에 해당되는 자유도로 나눈 값은 집단간 편차제곱평균(MS_B)과 집단내 편차제곱평균(MS_W)이 된다. MS_B와 MS_W는 다음과 같다.

$$MS_B = \frac{45}{2} = 22.5$$

$$MS_W = \frac{33}{9} = 3.667$$

F통계값은,

$$F = \frac{22.5}{3.667} = 6.136$$

이다. 유의도 검정을 위한 기각값은 유의수준을 .05로 설정하였을 때 집단간 자유도는 2이고 집단내 자유도는 9이므로 [수표 5]에 의하면 $F_{2,9,.05}$는 4.26이다. F통계값은 기각값보다 크므로 영가설을 기각하게 된다. 그러므로 연구자는 '유의수준 .05에서 교수법에 따른 중학교 3학년 학생의 수학점수의 차이가 있다.'라고 결론을 내리게 된다.

지금까지 계산한 절차를 분산분석표로 정리하면 〈표 17-4〉와 같다.

〈표 17-4〉 교수법에 따른 중3 학생들의 수학점수의 분산분석표

분산원	제곱합	자유도	제곱평균	F	η^2
집단간(교수법)	45	2	22.5	6.136	.577
집단내(오차)	33	9	3.667		
총	78	11			

$F_{2,9,.05} = 4.26$

집단간 분산은 교수법에 따라 변화되고 설명된 양이 되므로 집단간이라는 단어 대신에 독립변수의 내용을 나타낼 수 있는 교수법이라는 단어를 쓰는 것이 바람직하고 집단내 분산은 설명되지 않은 부분이므로 잔여분 혹은 오차라는 말로 쓰는 것이 연구의 이해를 돕는다.

η^2은 .577로 이는 수학점수의 총편차제곱합 혹은 총변화량의 57.7%가 교수법에 기인한 것이라는 사실을 밝혀 주고 있다. 여기서 집단간 차이가 있음은 물론 그에 덧붙여 교수법이 미치는 영향이 전체 총변화량의 많은 부분에서 기여하였음을 알 수 있다.

이제까지 분산분석의 기본 원리와 절차를 이해한 학생은 분산분석이 난해하지 않음을 느낄 수 있을 것이다. 반복학습을 하여 분산분석의 기본 원리를 숙지하기 바란다. 이는 이원분산분석, 나아가서 보다 복잡한 분산분석도 이 일원분산분석의 연장이기 때문이다.

SPSS 실행

일원분산분석을 하려면 메뉴에서 [분석] ⇨ [평균 비교] ⇨ [일원배치 분산분석]을 눌러 일원분산분석 대화상자를 열어서 종속변수와 요인을 지정한 다음, [확인]을 누르면 된다. 〈표 17-2〉의 교수법에 따른 중3 학생의 수학점수를 이용하여 일원분산분석을 실행하는 과정은 다음과 같다. 자료를 입력할 때는 두 독립표본 t검정을 실행하기 위하여 자료를 입력한 것같이 하여야 하며 교수법에서 3이 추가된다.

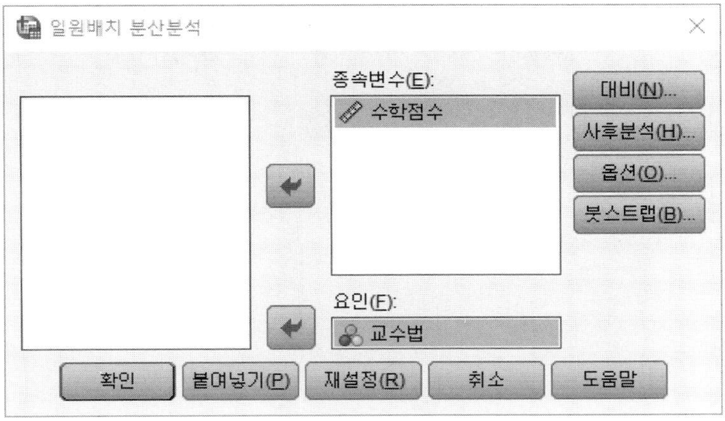

분석 결과

일원분산분석 결과로 제시된 분산분석표를 보면 F통계값은 6.136이고 유의확률은 .021로, 유의수준 .05에서 교수법에 따른 중학교 3학년 학생의 수학점수는 차이가 있다고 결론 내릴 수 있다.

ANOVA

수학점수

	제곱합	자유도	평균제곱	F	유의확률
집단-간	45.000	2	22.500	6.136	.021
집단-내	33.000	9	3.667		
전체	78.000	11			

jamovi 실행

일원분산분석을 실시하기 위하여 Analyses ⇨ ANOVA ⇨ ANOVA 를 선택한다.

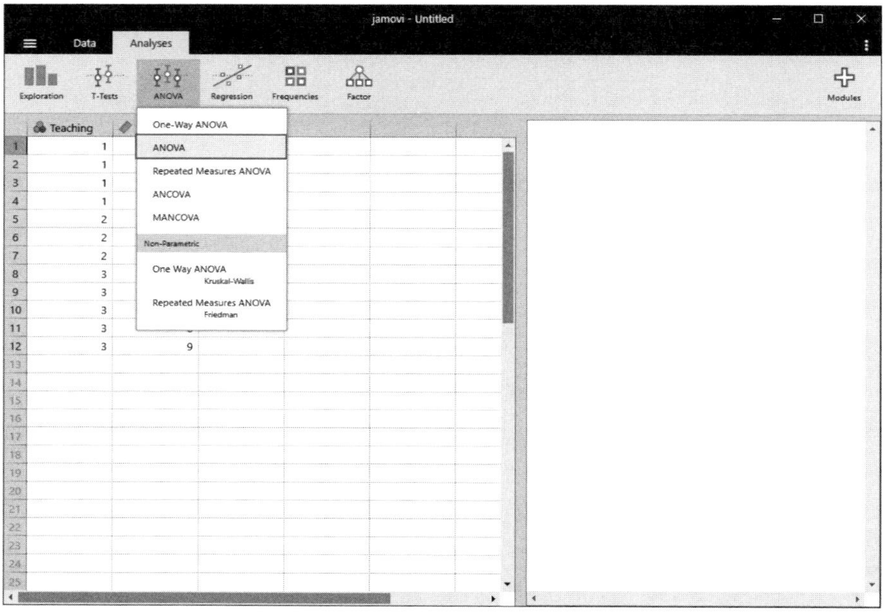

분석창이 열리면 종속변수인 'MathScore'를 'Dependent Variable'에, 집단변수인 'Teaching'을 'Fixed Factors'에 옮긴다. 등분산 검정을 실시하려면 아래의 'Assumption Checks' 메뉴를 눌러 'Homogeneity tests'에 체크한다.

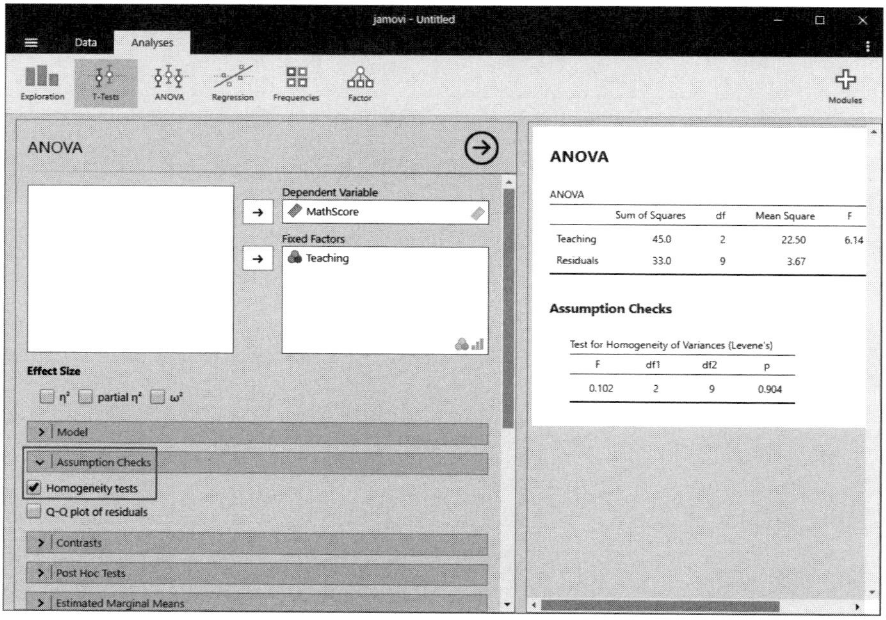

분석 결과는 오른쪽 창에 나타나며, 다음과 같다.

먼저, Levene의 등분산성 검정 결과 유의확률이 .904로 '집단간 분산이 동일하다'는 영가설을 기각하지 않으므로, 등분산성 가정을 만족하였다.

일원분산분석 결과 F통계값은 6.14이고 유의확률은 .021로 유의수준 .05에서 교수법에 따른 중학교 3학년 학생의 수학점수는 차이가 있다고 결론 내릴 수 있다. SPSS 결과표와 다른 점은 집단내 제곱합을 Residuals(잔차)로 제공하고 제곱합의 총합을 제공하지 않는다는 점이다.

ANOVA

ANOVA

	Sum of Squares	df	Mean Square	F	p
Teaching	45.0	2	22.50	6.14	0.021
Residuals	33.0	9	3.67		

Assumption Checks

Test for Homogeneity of Variances (Levene's)

F	df1	df2	p
0.102	2	9	0.904

연습문제

1 다음 용어의 정의와 개념을 설명하시오.

a. 총편차
b. 집단간 편차
c. 집단내 편차
d. 총변화량(총편차제곱합)
e. 집단간 편차제곱합
f. 집단내 편차제곱합
g. 집단간 자유도
h. 집단내 자유도
i. F분포
j. η^2

2 연구자가 하루에 외국어를 학습한 시간에 따라 회화능력에 차이가 있는지를 알아보기 위하여 대학생 16명을 무선할당하여 6주 동안 외국어 학습을 실시하였다. 16명을 4개의 집단에 할당하여 첫 번째 집단은 하루에 15분, 두 번째 집단은 하루에 30분, 세 번째 집단은 1시간, 네 번째 집단은 2시간 외국어 학습을 실시한 후 20점 만점의 회화능력 검사를 실시하였더니 다음과 같았다. 유의수준 .01에서 분산분석을 실시하여 결론을 유도하라.

15분	30분	1시간	2시간
8	9	13	18
9	9	15	19
10	11	16	20
8	10	14	17

3 통계학을 공부하는 학생들의 학습방법에 따라 통계학 점수에 차이가 있는지를 알아보기 위하여 그들의 학습방법과 통계학 기말점수를 분석하였더니 다음과 같았다. 유의수준 .05에서 분산분석을 실시하여 결론을 유도하라.

개인	DYAD	group	tutor
88	77	82	94
93	74	70	88
76	63	68	73
97	79	81	90
100	84	84	
74		86	
93		77	
		69	

4 학습심리학자가 학업성취에 송환효과의 시간이 미치는 영향을 연구하기 위하여 과제물을 부여한 후 즉시 송환과 하루 후 송환, 그리고 일주일 후 송환을 한 학기 동안 실시한 후 각 집단의 학생들에게 해당 교과목에 대한 검사를 실시하였더니 다음과 같았다. 능력이 같은 8명의 학생들을 각 집단에 무선할당하였다. 유의수준 .01에서 집단간 학업성취에 차이가 있는지 검정하라.

즉시 송환	하루 후 송환	일주일 후 송환
49	40	36
40	37	32
41	42	31
46	39	39
42	45	40
50	39	39
53	45	41
51	49	38

제18장

일원분산분석의 사후, 사전비교분석

1 사후비교분석의 기본 개념

분산분석의 영가설은 전체 집단의 평균이 같다고 말하고 이를 **전체 가설**(omnibus hypothesis)이라 칭한다. 일원분산분석에서 만약 영가설이 기각되었다면 비교집단들의 모집단의 평균이 차이가 있음을 말한다. 그러나 어느 집단과 어느 집단간에 차이가 있는지를 말하여 주지는 않는다. 예를 들어, 제17장 4절에서 각기 다른 3가지 교수법에 따른 중학교 3학년 학생들의 수학점수 비교 연구에서 영가설이 기각되었다. 이는 교수법에 따라 중학교 3학년 학생들의 수학점수가 차이가 있다는 사실을 말하여 주나 어느 교수법에 의한 학생들의 수학점수가 어떤 교수법에 의한 학생들의 수학점수와 차이가 있는지를 말하여 주지는 않는다. 이 문제는 Scheffé (1959)에 의하여 해답이 풀리기 시작하였다.

분산분석을 위한 영가설을 보면 연구대상이 되는 모든 모집단의 평균이 같다는 사실을 서술하고 있다. 대립가설은 '영가설이 진실이 아니다.'라는 것을 말해 주고 있다. 이는 어느 한 모집단이 다른 모집단과 같지 않으면 영가설이 기각된다는 것을 말한다. 부연하면 여러 모집단 평균들과의 많은 대비 중 최소한 하나(at least one comparison) 이상의 대비가 통계적으로 0이 아니라면 영가설을 기각하게 된다는 것이다.

대비(contrast)의 개념에 의하여 분산분석을 위한 영가설과 대립가설을 서술하면 영가설은 '모든 대비는 0이다.'라고 할 수 있으며, 대립가설은 '최소 하나 이상의 대비가 0이 아니다.'라고 할 수 있다. 교수법에 따른 수학점수의 분산분석에서 비교 가능한 모든 대비는 여섯 개가 될 수 있다.

전통적 교수법 vs IT 교수법
전통적 교수법 vs 개인 교수법
IT 교수법 vs 개인 교수법
전통적 교수법 vs (IT 교수법+개인 교수법)
IT 교수법 vs (전통적 교수법+개인 교수법)
개인 교수법 vs (전통적 교수법+IT 교수법)

분산분석의 영가설과 대립가설을 대비에 의하여 통계적 가설로 표현하면 χ^2 검정과 유사하게 H_0과 H_A는 다음과 같다.

$$H_0: \text{모든 } \psi = \sum_{j=1}^{J} c_j \mu_j = 0$$

$$H_A: \text{최소한 하나의 대비 } \psi \neq 0$$

μ_j: j집단의 평균
c_j: 대비계수(contrast coefficient)

2 사후비교분석의 절차

교수법에 따른 중학교 3학년 학생의 수학점수의 예에서 영가설이 유의수준 .05에서 기각되었다는 결론은 6개의 대비 중 최소한 하나의 대비라도 0이 아니라는 사실을 말해 준다. 이와 같이 영가설의 기각 여부를 검정하여 만약 영가설이 기각되었다면 어떤 대비에서 차이가 나타나는지를 찾아내는 통계적 방법을 **사후**

비교분석(post–hoc comparison analysis) 혹은 **Scheffé 방법**이라고 부른다. 엄밀히 말하면 사후비교를 위한 Scheffé 방법(Scheffé method for post–hoc comparison)이라 한다.

Scheffé 방법이라 하는 이유는 영가설이 기각된 후 관심있는 대비의 통계값을 계산하여 그 대비의 유의한 차이 여부를 검정하기 위하여 Scheffé가 기각값을 찾는 방법을 제시하였기 때문이다. 고정된 유의수준에서 영가설이 기각되었다는 사실은 고정된 유의수준을 비교 가능한 모든 대비가 분할하여 소유하고 있기 때문에 각 대비마다 해당되는 유의수준 α를 가능한 모든 대비 수로 나누게 된다. 그러므로 각 대비에 해당되는 기각값은 개념적으로 $F_{v_1, v_2, (\alpha/\text{모든 대비수})}$가 될 것이다. 그러나 대비에 대한 검정은 두 집단비교를 위한 t검정과 같은 원리가 적용되므로 기각값도 개념적으로 도출된 $F_{v_1, v_2, (\alpha/\text{모든 대비수})}$값의 제곱근이 되어야 한다.

그러므로 Scheffé가 제시한 사후비교분석을 위한 **기각값**은,

$$S = \pm \sqrt{v_1 F_{v_1, v_2, \alpha}}$$

가 된다. 교수법에 따른 수학점수 차이의 분산분석 후 사후비교분석을 위한 기각값은,

$$S = \pm \sqrt{2(F_{2,9,.05})} = \pm \sqrt{2\,(4.26)} = \pm\, 2.9$$

이다. 연구자가 가능한 모든 대비의 사후비교를 실시하기 위해서는 관심 있는 집단 간 평균차이인 ψ와 그에 따른 **표준오차**를 공식 (18.1), (18.2)에 의하여 계산하여야 한다.

$$\hat{\psi} = \sum_{j=1}^{J} c_j \overline{Y}_j \tag{18.1}$$

$$SE_{\hat{\psi}} = \sqrt{MS_W \sum_{j=1}^{J} \frac{c_j^2}{n_j}} \tag{18.2}$$

대비의 표준오차를 계산하는 공식은 두 독립표본 t검정의 공식과 기호만 다르지 내용은 같음을 알 수 있다. 그러므로 사후비교분석은 t검정의 일종으로 기각값 역시 t통계값에 기인하여야 하기 때문에 Scheffé가 F값을 구한 후 제곱근을 취한 이유를 이해할 수 있을 것이다. 대비에 대한 ***t*통계값**의 계산은 공식 (18.3)과 같다.

$$t_{\hat{\psi}} = \frac{\hat{\psi}}{SE_{\hat{\psi}}} = \frac{\sum_{j=1}^{J} c_j \overline{Y}_j}{\sqrt{MS_W \sum_{j=1}^{J} \frac{c_j^2}{n_j}}} \quad \textbf{(18.3)}$$

사후비교분석의 예로 전통적 교수법과 IT 교수법에 의한 수학점수의 차이를 비교하는 대비를 검정하기 위한 대비 $\hat{\psi}_1$은 다음과 같다.

$$\hat{\psi}_1 = (1)\overline{Y}_{전통} + (-1)\overline{Y}_{IT} = 2.5 - 5 = -2.5$$

다음 대비의 표준오차를 계산하기 위해서는 MS_W이 3.667인 것을 〈표 17-4〉의 분산분석표에서 찾고 비교집단으로 전통적 교수법과 IT 교수법에 의한 각 집단의 사례 수와 대비계수를 이용하여야 한다. 전통적 교수법의 대비계수는 1이 되고, IT 교수법의 대비계수는 -1이며, 각 집단의 사례 수는 4명과 3명이다. 그러므로 $\boldsymbol{SE_{\hat{\psi}_1}}$의 **계산**은 다음과 같다.

$$\begin{aligned} SE_{\hat{\psi}} &= \sqrt{MS_W \sum_{j=1}^{J} \frac{c_j^2}{n_j}} \\ &= \sqrt{(3.667)\left[\frac{1^2}{4} + \frac{(-1)^2}{3}\right]} \\ &= \sqrt{2.1390} \\ &= 1.463 \end{aligned}$$

t통계값은 다음과 같다.

$$t_{\hat{\psi}_1} = \frac{\hat{\psi}_1}{SE_{\hat{\psi}_1}} = \frac{-2.5}{1.463} = -1.709$$

Scheffé 기각값은 ±2.919로 작은 기각값보다 작지 않으므로 H_0: $\psi_1 = 0$을 기각할 수 없다.

이와 같이 한 집단과 다른 집단을 간단히 비교하는 방법을 **짝비교**(pairwise comparison)라 한다. 그러나 단순히 짝비교를 하지 않고 어떤 집단과 다른 여러 개의 집단을 합성하여 비교하는 방법은 **복합비교**(complex comparison)라 한다. 복합비교의 예를 들어 사후비교방법을 다시 설명하기로 하자. 복합비교로 연구자가 전통적 교수법과 새로운 교수법으로서 IT 교수법과 개인 교수법을 합성하여 비교하고자 한다. 우선 이러한 대비를 **복합대비**(complex contrast)라 하며, 대비계수는 〈표 18-1〉과 같다.

〈표 18-1〉 복합비교를 위한 대비계수

	전통적 교수법	IT 교수법	개인 교수법
$\overline{Y}_j$	2.5	5	7
n_j	4	3	5
c_j	1	−3/8	−5/8

〈표 18-1〉에 있는 수치를 가지고 두 번째 대비에 대한 검정을 실시하기 위한 서술적 영가설과 대립가설은 다음과 같다.

H_0: 전통적 교수법에 의한 수학점수 평균과 IT 교수법과 개인 교수법에 의한 수학점수 평균의 차이가 없다.

H_A: 전통적 교수법에 의한 수학점수 평균과 IT 교수법과 개인 교수법에 의한 수학점수 평균의 차이가 있다.

이를 통계적 가설로 서술하면 다음과 같다.

$$H_0: \psi_2 = 0$$
$$H_A: \psi_2 \neq 0$$

대비를 위한 평균의 차이를 계산하기 위하여 명심해야 할 것은 두 집단비교라면 **대비계수**가 +1, −1일 것이다. 그러나 여기서 복합비교는 한 집단과 다른 두 집단의 합성값을 비교해야 하므로 한 집단에 대한 대비계수는 +1이고 다른 두 집단에 대한 대비계수는 합해서 −1이 되어야 한다. 만약 IT 교수법과 개인 교수법에 의한 사례 수가 같다면 대비계수는 모두 −1/2일 것이다. 그러나 사례 수가 다르므로 사례 수를 고려한 두 집단의 평균을 계산하여 〈표 18−1〉에서처럼 IT 교수법에 의한 집단의 대비계수는 −3/8, 개인 교수법에 의한 집단의 대비계수는 −5/8가 된다.

$\hat{\psi}_2$를 계산하면 다음과 같다.

$$\hat{\psi}_2 = \sum_{j=1}^{J} c_j \overline{Y}_j = (1)(2.5) + (-3/8)5 + (-5/8)7 = -3.75$$

$SE_{\hat{\psi}_2}$를 계산하면 다음과 같다.

$$SE_{\hat{\psi}_2} = \sqrt{MS_W \sum_{j=1}^{J} \frac{c_j^2}{n_j}} = \sqrt{(3.667)\left[\frac{1^2}{4} + \frac{(-3/8)^2}{3} + \frac{(-5/8)^2}{5}\right]}$$
$$= \sqrt{(3.667)(.375)}$$
$$= 1.173$$

t통계값은,

$$t_{\hat{\psi}_2} = \frac{\hat{\psi}_2}{SE_{\hat{\psi}_2}} = \frac{-3.75}{1.173} = -3.197$$

이다. 이는 기각값 $S=\pm 2.919$로서 대비를 위한 t통계값은 -2.919보다 작으므로 영가설을 기각하게 된다.

학생들의 이해를 돕기 위하여 교수법에 따른 수학점수의 분산분석에서 사후 비교분석을 위한 모든 가능한 대비를 검정한 결과는 〈표 18-2〉와 같다.

〈표 18-2〉 교수법에 따른 수학점수의 모든 사후비교

ψ	c			$\hat{\psi}$	$SE_{\hat{\psi}}$	t
	전통적	IT	개인교수			
1	1	−1	0	−2.5	1.463	−1.709
2	1	0	−1	−4.5	1.285	−3.503
3	0	1	−1	−2	1.398	−1.430
4	1	−3/8	−5/8	−3.75	1.173	−3.197
5	−4/9	1	−5/9	0	1.277	0
6	−4/7	−3/7	1	3.429	1.121	3.058

$S=\pm\sqrt{2(F_{2,9,.05})}=\pm 2.9189$

〈표 18-2〉를 보면 두 번째와 네 번째 그리고 여섯 번째 대비만이 통계적으로 유의한 차이가 있음을 알 수 있다. 일반적으로 유의한 차이가 있으면 만족하는 것이 연구자들의 일반적 경향이다. 그러나 앞의 세 가지 유의한 대비가 어떠한 의미를 가지고 있느냐에 따라 대비로서의 연구의 가치를 결정하여 준다. 네 번째 대비와 여섯 번째 대비의 경우를 볼 때, 네 번째 대비는 의미를 부여할 수 있다. 이는 전통적 교수법과 새로운 두 교수법의 비교이기 때문이다. 그러나 여섯 번째 대비의 경우 전통적 교수법과 IT 교수법을 합성하여 개인 교수법과 비교하는 대비는 어떤 의미를 지니고 있는지를 음미하여야 한다. 통계적으로 유의한 차이를 나타낸다고 하여도 의미를 지니지 못하면 연구로서의 가치를 부여받지 못하게 된다.

Scheffé의 사후분석을 위한 절차를 요약하면 다음과 같다.

Scheffé의 사후비교분석 절차

1 분산분석에 의한 F검정을 실시한다.

2 H_0이 기각되었을 경우 검정하고자 하는 대비를 설정한다.

3 관심있는 대비의 $\hat{\psi}$와 $SE_{\hat{\psi}}$를 계산한다.

$$\hat{\psi} = \sum_{j=1}^{J} c_j \overline{Y}_j$$

$$SE_{\hat{\psi}} = \sqrt{MS_W \sum_{j=1}^{J} \frac{c_j^2}{n_j}}$$

4 $t_{\hat{\psi}}$통계값을 계산한다.

$$t_{\hat{\psi}} = \frac{\hat{\psi}}{SE_{\hat{\psi}}}$$

5 기각값 $S = \pm \sqrt{v_1 (F_{v_1, v_2, \alpha})}$을 찾는다.

6 $t_{\hat{\psi}} < -S$ 혹은 $t_{\hat{\psi}} > +S$이면 영가설을 기각한다.

사후비교분석은 분산분석의 모집단 간의 평균이 같다는 가설이 부정되었을 때 실시할 수 있는 방법으로 연구에 대한 이론적 배경이 강하지 않을 때 집단 간의 차이가 있는지 여부를 일차 검정한 후, 차이가 있는 대비를 찾아내는 방법이다. 그러므로 영가설이 기각되지 않았을 경우 사후비교분석을 실시할 수 없다. 만약 영가설이 기각되어 사후검사를 실시할 때 연구자가 가능한 모든 대비에 대한 차이 검정을 실시할 필요는 없다. 관심의 대상이 되는 대비만 검정할 수 있다. 그러나 기각값은 유의수준을 비교 가능한 모든 대비 수로 나눈 것에 해당되는 값이므로 기각값이 커지게 된다. 그러므로 검정하고자 하는 대비를 기각하기가 용이하지 않음을 알 수 있다.

SPSS 실행

일원분산분석의 사후비교분석, 즉 모든 가능한 대비를 검정하려면 일원분산 분석 대화상자에서 대비(C)... 를 눌러 대비 대화상자를 연다. 각 대비계수를 입력하고 계속 을 눌러 일원분산분석 대화상자로 돌아와 확인을 누르면 된다. 대비계수를 계수 부분에 입력하고 추가(A) 를 누르고 다음 대비에 대한 계수를 입력하기 위하여 다음(N) 을 누른다. 여기서 유의할 점은 계수합은 0이어야 한다는 것이다.

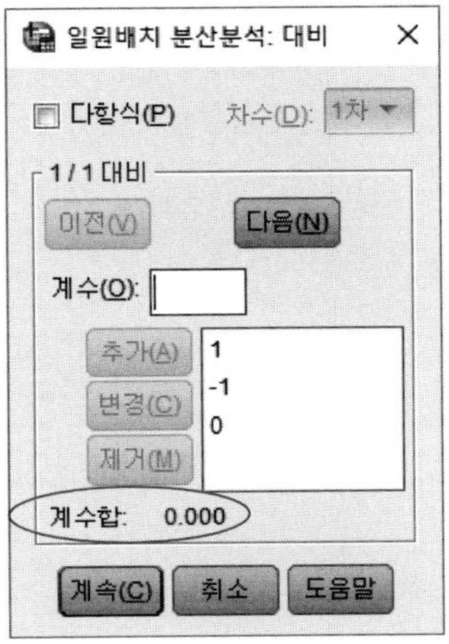

분석 결과

〈표 17-2〉의 교수법에 따른 중3 학생의 수학점수의 분산분석에서 사후비교분석을 위한 모든 가능한 대비를 검정한 결과는 다음과 같으며 두 번째와 네 번째, 그리고 여섯 번째 대비만이 통계적으로 유의한 차이를 보였다. 분석 결과는 〈표 18-2〉와 동일하다.

대비 계수

대비	교수법 전통적	IT	개인
1	1	-1	0
2	1	0	-1
3	0	1	-1
4	1	-.37	-.63
5	-.44	1	-.56
6	-.57	-.43	1

대비검정

		대비	대비 값	표준화 오류	t	자유도	유의확률 (양측)
수학점수	등분산 가정	1	-2.50	1.462	-1.709	9	.122
		2	-4.50	1.285	-3.503	9	.007
		3	-2.00	1.398	-1.430	9	.186
		4	-3.76	1.173	-3.206	9	.011
		5	-.02	1.277	-.016	9	.988
		6	3.43	1.121	3.055	9	.014
	등분산을 가정하지 않습니다.	1	-2.50	1.443	-1.732	4.032	.158
		2	-4.50	1.245	-3.614	6.914	.009
		3	-2.00	1.461	-1.369	4.339	.238
		4	-3.76	1.118	-3.363	6.813	.013
		5	-.02	1.315	-.015	3.281	.989
		6	3.43	1.136	3.015	7.920	.017

SPSS 실행

일원분산분석의 대화상자에 [사후분석(H)...] 단추가 있다. 이는 모든 가능한 대비를 검정하는 것이 아니라 모든 짝비교를 검정한다.

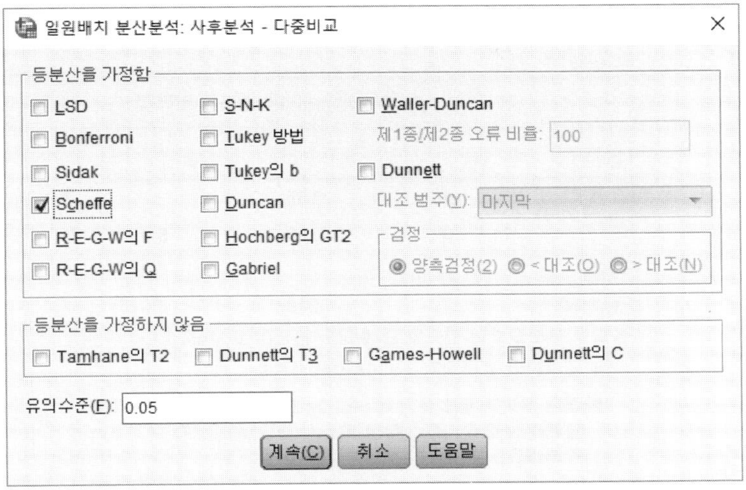

분석 결과

다음은 〈표 17-2〉의 교수법에 따른 중3 학생의 수학점수의 분산분석에서 [사후분석(H)...]을 이용하되, Scheffé 방법으로 모든 짝비교만을 검정한 결과이다. 짝비교 결과 전통적 방법과 개인 교수법만 통계적으로 유의한 차이를 보이는 것으로 나타났는데, 이것을 SPSS는 다음과 같이 정리하여 보여 준다. 전통적 방법과 IT 교수법은 유의한 차이가 없으므로 하나의 동일집단으로, IT 교수법과 개인 교수법도 유의한 차이가 없으므로 또 하나의 동일집단으로 볼 수 있다는 의미이고, 2.50, 5.00, 7.00은 각 집단의 평균이다.

다중비교

종속변수: 수학점수

Scheffe

					95% 신뢰구간	
(I) 교수법	(J) 교수법	평균차이(I-J)	표준화 오류	유의확률	하한	상한
전통적	IT	-2.500	1.462	.282	-6.77	1.77
	개인	-4.500*	1.285	.021	-8.25	-.75
IT	전통적	2.500	1.462	.282	-1.77	6.77
	개인	-2.000	1.398	.398	-6.08	2.08
개인	전통적	4.500*	1.285	.021	.75	8.25
	IT	2.000	1.398	.398	-2.08	6.08

*. 평균차이는 0.05 수준에서 유의합니다.

수학점수

Scheffe[a,b]

교수법	N	유의수준 = 0.05에 대한 부분집합 1	2
전통적	4	2.50	
IT	3	5.00	5.00
개인	5		7.00
유의확률		.248	.391

등질적 부분집합에 있는 집단에 대한 평균이 표시됩니다.

a. 조화평균 표본크기 3.830을(를) 사용합니다.

b. 집단 크기가 동일하지 않습니다. 집단 크기의 조화평균이 사용됩니다. I 유형 오차 수준은 보장되지 않습니다.

jamovi 실행

집단에 따라 유의한 점수 차이가 있었으므로, 사후대비검정을 실시하기 위해 다시 ANOVA 분석 창에 들어간 후, 아래의 'Post Hoc Tests' 메뉴를 누른다. 사후대비검정을 실시할 변수인 집단 'Teaching'을 오른쪽으로 옮기고, 'Correction'에서 검정 방법으로 'Scheffe'에 체크한다.

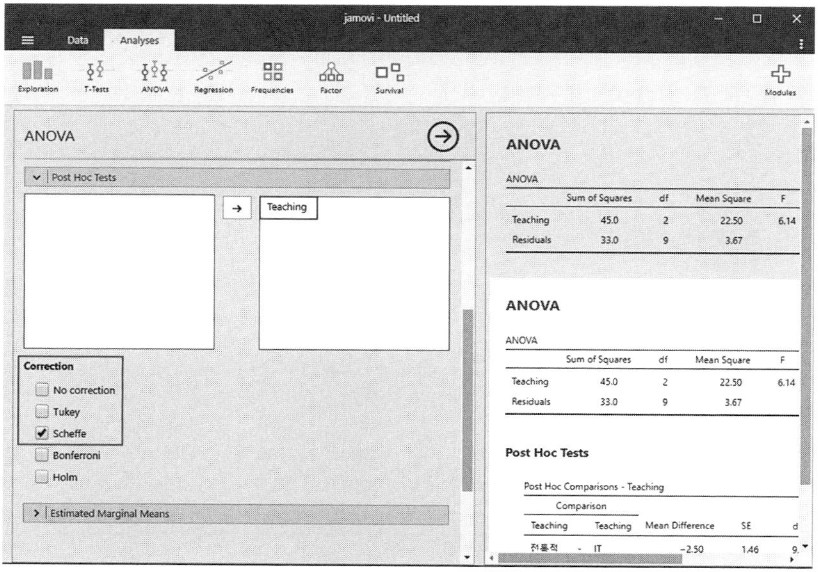

분석 결과는 오른쪽 창에 나타나며, 다음과 같다.

분석 결과 전통적 교수법과 개인 교수법 간 대비의 경우 유의확률이 .021로 유의수준 .05에서 통계적으로 유의하였다.

Post Hoc Tests

Post Hoc Comparisons - Teaching

Comparison							
Teaching		Teaching	Mean Difference	SE	df	t	$p_{scheffe}$
전통적	-	IT	−2.50	1.46	9.00	−1.71	0.282
	-	개인	−4.50	1.28	9.00	−3.50	0.021
IT	-	개인	−2.00	1.40	9.00	−1.43	0.398

3 사전비교분석의 기본 개념

사후비교분석은 영가설의 기각 여부를 검정하여 영가설이 기각되었을 때 대비에 대한 차이의 검정을 실시하는 분석이라 하였다. 그러므로 사후분석의 대비검정을 위한 기각값을 찾을 때는 유의수준을 가능한 모든 대비로 나눈 유의수준을 고려해야 한다고 설명하였다. 사후비교분석은 분산분석의 중요한 방법이기는 하나 연구의 관심 대상이 되지 않은 모든 대비도 유의수준을 공유해야 하는 결점을 지니고 있다.

만약 연구자가 연구에 대한 해박한 지식, 즉 강한 이론적 배경을 가지고 있다면 모든 가능한 대비에 관심을 두지 않고 특별히 관심있는 대비만 검정할 필요를 느낄 것이다. 그렇다면 집단 간에 차이가 없다는 전체 가설조차 검정할 필요가 없는 것이다. 이 경우에 쓰이는 분석방법을 **사전비교**(planned comparison) 혹은 **사전비교분석**(planned comparison analysis)이라 한다. 사전비교분석이란 전체 가설을 검정하지 않고 연구자가 관심있는 대비만을 가지고 통계적 검정을 실시하는 방법을 말한다. 사전비교분석을 실시하는 절차는 분산분석을 실시하고 대비를 설정한 후 대비값 $\hat{\psi}$과 대비에 대한 표준오차 $SE_{\hat{\psi}}$, 그리고 t통계값을 계산하는 절차에서 두 가지 점을 제외하고는 사후비교분석 방법과 동일하다.

크게 다른 점은, 첫째 사후비교분석은 분산분석을 실시하여 F통계값의 기각 여부를 확인하는 반면, 사전비교분석은 전체 가설 기각 여부에 관심을 두지 않기에 F통계값을 계산할 필요가 없다. 그러므로 연구에서 사후비교와 사전비교분석 방법을 구분하기 위하여 사후비교분석 방법을 실시한 분산분석의 경우 분산분석표에 F통계값을 기재하는 반면, 사전비교분석을 실시한 연구는 분산분석표에 F통계값에 해당되는 난을 여백으로 남겨 두는 경향이 있다. 두 번째 사후비교분석은 기각값을 찾을 때 유의수준을 비교 가능한 모든 대비수로 나눈 유의수준 값에 해당되는 Scheffé 기각값을 참조하였으나, 사전비교분석 방법은 연구관심의 대상이 되는 대비 수만으로 유의수준을 나눈 F통계값에 해당되는 기각값을 찾는 것이다.

예를 들어, 교수법에 따른 수학점수 비교 연구에서 전통적 교수법과 IT 교수법의 짝대비, 그리고 전통적 교수법과 새로운 교수법들인 IT 교수법, 개인 교수법과의 합성된 복합대비로서 2개의 대비만 연구자가 관심을 가지고 있다고 가정하자. 두 대비를 위한 기각값은 유의수준을 .05라 했을 때 유의수준 .05/2에 해당하는 F값이 된다.

이와 같이 기각값을 찾는 방법이 Dunn(1961)에 의하여 제안되었기에 사전비교분석을 **Dunn 방법**이라 한다. 또한 **Bonferroni의 부등식**(Bonferroni inequality)에 근거하기 때문에 **Bonferroni 방법**이라고도 한다.

Dunn 방법에 의하여 기각값을 찾는 방법을 설명하기로 한다. 관심이 있는 대비에 대한 검정을 위한 절차는 사후비교분석과 동일하다고 하였다. 기각값을 찾기 위하여 유의수준을 연구의 대상이 되는 대비 수로 나눈 값에 대한 t분포에 의한 기각값을 찾으면 된다. t분포에 의하여 기각값을 찾을 때 알아야 할 요소가 두 가지 있다. 하나는 자유도이고, 다른 하나는 유의수준이다. 사전비교분석에서의 유의수준은 앞에서 설명한 것과 같이 연구의 관심이 되는 대비 수로 나눈 유의수준을 말하나 자유도에 대한 정보는 없는 듯하다. 그러나 잘 생각하면 의문을 해결하게 된다. 두 독립표본 t검정을 할 때 기각값을 찾기 위한 자유도는 첫 번째 집단 자유도에 두 번째 집단의 자유도를 더한 값이었다. 이는 표준오차인 $\sqrt{s_p^2(1/n_1+1/n_2)}$를 계산할 때 통합분산 계산에 해당되는 자유도이다. 이를 분산분석의 사전비교분석에 적용한다면 대비의 표준오차를 계산하는 공식은 $\sqrt{MS_W(1/n_1+1/n_2)}$ 이므로 MS_W계산에 해당되는 자유도가 t기각값을 찾는 데 사용될 것임을 추리할 수 있다. 그러므로 사전비교분석의 기각값인 t값을 찾을 때 자유도는 분산분석표의 집단내 편차제곱평균인 MS_W에 해당되는 자유도이며, 유의수준은 전체 영가설을 위한 유의수준을 관심있는 대비 수로 나눈 값으로 t분포표에서 기각값을 찾게 된다. 대비도 등가설과 부등가설로 설정할 수 있으므로 등가설인 경우 양방적 검정을, 부등가설일 경우 일방적 검정을 실시할 수 있다. 그러므로 사전비교분석에서 관심있는 대비들이 등가설이라면 설정한 유의수준을 관심있는 대비 수로 나누고 이를 다시 2로 나눈 유의수준에 해당하는 t값을 찾아야 한다.

교수법에 따른 수학점수 연구에서 특정 2개의 대비에만 관심을 둔 사전비교분석을 실시하면 자유도는 9이며 유의수준은 (.05/2)/2로 [수표 4]의 t분포표를 보았을 때 α값은 .0125로 기각값은 ±2.262와 ±2.821 사이의 값이다. $t_{df=9,\ \alpha=.0125}$의 값은 선형변환에 의하여 ±2.728이 된다.

논리적으로 사전검사를 위한 기각값을 찾는 방법은 간단하나 절차가 약간 귀찮게 여겨질지 모른다. 이를 위하여 Dunn이 1961년 사전검사를 실시할 때 자유도와 유의수준, 그리고 대비 수에 의한 기각값을 찾는 Dunn수표를 제작하였다. **Dunn 수표**를 보면 유의수준을 관심있는 대비 수로 나누어 각 대비에 해당되는 유의수준을 계산할 필요 없이 유의수준과 대비 수에 의하여 직접 기각값을 찾을 수 있다. Dunn수표는 [수표 6]에 있다.

앞에서 t분포에 의하여 사전비교분석을 위한 기각값을 찾는 절차를 설명하면, [수표 6]에 의하여 자유도가 9이고 유의수준은 .05이므로 해당되는 것을 본 후 대비가 두 개이므로 2를 보면 ±2.707 정도가 됨을 알 수 있다. 연구의 관심이 되는 두 개의 사전대비의 검정을 실시하면 첫 번째 관심있는 대비와 두 번째 관심있는 대비는 사후비교분석을 실시한 〈표 18-2〉에서와 같이 t통계값이 각각 −1.709와 −3.197이 된다. 그러므로 사전검사를 위한 기각값 ±2.707에 비추어 첫 번째 대비인 전통적 교수법과 IT 교수법에 의한 수학점수는 유의한 차이를 보이고 있지 않음을 알 수 있으나, 전통적 교수법과 새로운 교수법(IT 교수법+개인 교수법)에 의한 수학점수는 유의한 차이가 있다는 결론을 내리게 된다.

사후검사보다 사전검사를 실시할 때, 보다 유의한 결과를 얻을 수 있다는 사실을 발견할 수 있다. 기각값을 찾을 때 사전비교분석은 관심있는 대비 수가 적어 각 대비에 해당되는 유의수준은 상대적으로 사후비교분석의 대비에 해당되는 유의수준보다 크므로 기각값은 작음을 알 수 있다. 앞의 예에서 보더라도 사후비교분석을 위한 기각값은 ±2.9189인 데 비하여 사전비교분석을 위한 기각값은 ±2.707이다. 이론적으로 예견한 사전비교분석의 기각값의 절댓값이 사후비교분석의 기각값의 절댓값보다 작다는 사실이 입증되었다. 사전비교분석에 의할 때, 기각하고자 하는 영가설을 보다 쉽게 기각할 수 있는 것이며, 이를 강력(powerful)하다고 한다. 즉, 사전비교분석이 사후비교분석보다 검정력이 강하다고 할 수 있다. 그렇다고 모든 연구자가 사후비교분석보다는 사전비교분석을 실시하는 것이 바람직한 것은 아니다. 사전연구들이 부족하거나 미흡하여 연구의 결과를 전혀 예견하기가 힘들 때, 사전비교분석보다는 사후비교분석을 실시하는 것이 타당하다. 연구자의 이론적 배경이 강하지 않을 때, 사전비교분석을 실시하기 위하여 관심있는 대비를 설정하는 작업 또한 쉽지 않을 수 있다. 합리적인 사전비교분석을 실시하기 위해서는 연구영역에 대한 강한 이론적 지식뿐 아니라 연구경험을 지니고 있어야 할 것이다.

사전비교도 대비에 대한 검정을 양방적 검정뿐 아니라 일방적 검정도 실시할 수 있다.

사전비교분석을 실시하는 절차를 요약하면 다음과 같다.

사전비교분석 절차

1 관심있는 대비를 설정한다.

2 대비에 해당되는 $\hat{\psi}$와 분산분석의 MS_W를 이용한 $SE_{\hat{\psi}}$를 계산한다.

3 $t_{\hat{\psi}}$ 통계값을 계산한다.

4 Dunn수표 [수표 6]에 의하여 기각값을 찾는다.

5 $t_{\hat{\psi}}$이 큰 기각값보다 크거나, 작은 기각값보다 작으면 영가설을 기각한다.

SPSS 실행

일원분산분석의 사전비교분석은 사후비교분석을 위한 실행절차를 따르고 분석 결과로 나타난 t통계값을 t기각값과 비교하여 결론 내린다.

4 대비에 해당되는 제곱합 계산과 분산분석표 작성

사후비교분석이나 사전비교분석 모두 거의 동일한 절차를 거치지만, 사후비교분석과 사전비교분석을 구분하기 위하여 분산분석표를 작성할 때 사후비교분석은 F통계값을 기록하나 사전비교분석을 위한 분산분석표에는 F통계값을 기록하지 않는다고 하였다. 사후비교 혹은 사전비교분석을 실시할 때 검정결과를 〈표 18-2〉와 같이 작성하여 대비에 대한 비교분석 결과를 기록하는 방법도 있으나 대비에 대한 검정결과를 분산분석표에 함께 기록하는 형태가 보다 바람직하다. 이를 위하여 **대비에 해당되는 제곱합**(sum of square with contrast)을 계산하는 방법을 설명하기로 한다.

사전비교분석이든 사후비교분석이든 대비에 대한 통계값은 다음과 같이 구해졌다.

$$t_{\hat{\psi}} = \frac{\hat{\psi}}{SE_{\hat{\psi}}} = \frac{\hat{\psi}}{\sqrt{MS_W \sum_{j=1}^{J} \frac{c_j^2}{n_j}}}$$

분산분석표에 대비에 대한 검정결과를 기록한다면 t통계값이 아니라 F통계값이 기록되어야 하며, F통계값은 t통계값의 제곱으로서 공식 (18.4)와 같다.

$$F_{\hat{\psi}} = (t_{\hat{\psi}})^2 = \left(\frac{\hat{\psi}}{SE_{\hat{\psi}}}\right)^2 = \frac{\hat{\psi}^2}{MS_W \sum_{j=1}^{J} \frac{c_j^2}{n_j}} \qquad (18.4)$$

대비에 대한 F통계값을 계산할 때 $F_{\hat{\psi}}$값은 $MS_{\hat{\psi}}$를 MS_W으로 나눈 값이 된다. 이때 주지해야 할 사실은 대비에 해당되는 자유도는 복합대비라 하더라도 대비계수가 +1, −1로서 궁극적으로 두 집단 비교가 되므로 항상 1임을 알아야 한다. 그러므로 대비에 대한 F통계값은 $SS_{\hat{\psi}}$을 MS_W으로 나눈 값이 된다.

$$F_{\hat{\psi}} = \frac{MS_{\hat{\psi}}}{MS_W} = \frac{SS_{\hat{\psi}}}{MS_W} \tag{18.5}$$

F통계값을 추정하는 두 공식 (18.4)와 (18.5)가 같으므로 그 두 공식에 의하여 **대비에 관계된 편차제곱합**은 공식 (18.6)과 같이 계산된다.

$$SS_{\hat{\psi}} = \frac{\hat{\psi}^2}{\sum_{j=1}^{J} \frac{c_j^2}{n_j}} \tag{18.6}$$

즉, 분자는 대비에 해당되는 평균 간의 차의 제곱값을 말한다. 분모는 대비계수의 제곱값을 해당 집단의 사례 수로 나눈 값을 집단에 따라 더한 값이다. 제18장 2절에서 예로 든 전통적 교수법과 IT 교수법에 의한 대비의 제곱합을 계산하면 다음과 같다.

$$SS_{\hat{\psi}_1} = \frac{(2.5-5)^2}{1^2/4+(-1)^2/3} = 10.714$$

$MS_{\hat{\psi}_1}$도 자유도가 1이므로 10.714이며 F값은 다음과 같다.

$$F_{\hat{\psi}_1} = \frac{MS_{\hat{\psi}_1}}{MS_W} = \frac{10.714}{3.667} = 2.922$$

이때 2.922의 F통계값을 Scheffé의 기각값에 비교하는 것이 아니라, Scheffé값의 제곱값에 비교하여 검정을 실시하여야 한다. 즉, 분산분석표에서는 기각값으로 S^2값을 기록하여야 한다. Scheffé의 기각값이 ±2.919이므로 제곱값은 8.5199가 된다. F값은 2.922이므로 기각값보다 작아 영가설을 기각할 수 없다. F통계값은 2.922로 이 값의 제곱근은 1.709임을 알 수 있다. 이는 이 장 2절에서 계산한 t통계값과 같음을 알 수 있다.

이 장 2절에서 사후비교분석을 실시한 결과인 〈표 18-2〉를 분산분석표에 기록하면 〈표 18-3〉과 같다.

〈표 18-3〉 사후비교분석을 실시한 분산분석표

분산원	제곱합	자유도	제곱평균	F
집단간	45	2	22.5	6.136
ψ_1	10.714	1	10.714	2.922
ψ_2	45.0	1	45.000	12.272
ψ_3	7.5	1	7.5	2.045
ψ_4	37.5	1	37.5	10.226
ψ_5	0	1	0	0
ψ_6	34.291	1	34.291	9.351
집단내	33	9	3.667	
총	78	11		

$F_{2,9,.05}=4.26$ $S^2=8.5199$

만약 사전비교분석 결과를 분산분석표에 기록한다면 〈표 18-3〉과 동일하나 F검정을 실시한 F통계값 난이 비워져 있어야 하며, 표 하단에 F기각값과 Scheffé값을 명기할 필요가 없으며, 오직 Dunn t값의 제곱값이 기각값으로 기록되어야 한다.

5 F검정과 t검정의 관계

제16장 5절에서는 Z검정과 t검정의 관계를 설명하였다. 여기에서는 t검정과 F검정의 관계를 설명하기로 한다.

t검정과 F검정 모두 집단의 평균비교로 t검정은 모집단의 분산을 모를 때 두 집단 이하의 집단비교를 위하여 사용되는 통계이며, F검정은 세 집단 이상의 집단비교를 할 때 쓰이는 통계라 설명하였다. t검정, F검정 공히 기본 가정으로 정규분포 가정과 등분산 가정을 요구하고 있다.

우선 독자들의 장기기억장치(long-term memory)에 잠재되어 있는 두 독립표본 t검정을 환기하여 보자. 두 독립표본 t검정은 독립된 두 표본의 평균값의 비교로 t통계값 공식은 다음과 같다.

$$t = \frac{\overline{Y}_1 - \overline{Y}_2}{\sqrt{s_p^2(1/n_1 + 1/n_2)}}$$

$$s_p^2 = \frac{df_1 s_1^2 + df_2 s_2^2}{df_1 + df_2} = \frac{(n_1 - 1)s_1^2 + (n_2 - 1)s_2^2}{(n_1 - 1) + (n_2 - 1)}$$

s_p^2은 등분산 가정을 충족시키는 조건하에서 두 표본으로부터 얻은 표본의 분산으로 모집단의 분산을 보다 정확히 추정하기 위해 쓰이는 통합분산이라는 사실을 기억할 것이다.

두 독립표본의 평균비교를 t검정에 의하지 않고 F검정을 실시한다면 F통계값은 MS_B/MS_W이므로 공식 (18.7)과 같이 쓸 수 있다.

$$F = \frac{SS_B/(J-1)}{SS_W/(N-J)} = \frac{MS_B}{MS_W}$$

$$= \frac{\sum_{j=1}^{J}\sum_{i=1}^{n_j}(\overline{Y}_j - \overline{Y})^2/(J-1)}{MS_W}$$

$$= \frac{\sum_{j=1}^{2}\sum_{i=1}^{n_j}(\overline{Y}_j - \overline{Y})^2}{MS_W} \qquad (\because\ J=2)$$

$$= \frac{n_1(\overline{Y}_1 - \overline{Y})^2 + n_2(\overline{Y}_2 - \overline{Y})^2}{MS_W} \tag{18.7}$$

F통계값 계산을 위한 공식 (18.7)에서 분자 부분을 풀어나가면 공식 (18.8)과 같이 쓸 수 있다.

$$n_1(\overline{Y}_1 - \overline{Y})^2 + n_2(\overline{Y}_2 - \overline{Y})^2$$

$$= n_1(\overline{Y}_1^2 - 2\overline{Y}_1\overline{Y} + \overline{Y}^2) + n_2(\overline{Y}_2^2 - 2\overline{Y}_2\overline{Y} + \overline{Y}^2)$$

$$= n_1\overline{Y}_1^2 + n_2\overline{Y}_2^2 - 2\overline{Y}(n_1\overline{Y}_1 + n_2\overline{Y}_2) + \overline{Y}^2(n_1 + n_2)$$

$$= n_1\overline{Y}_1^2 + n_2\overline{Y}_2^2 - 2\left[\frac{n_1\overline{Y}_1 + n_2\overline{Y}_2}{n_1 + n_2}\right](n_1\overline{Y}_1 + n_2\overline{Y}_2) + \left[\frac{n_1\overline{Y}_1 + n_2\overline{Y}_2}{n_1 + n_2}\right]^2(n_1 + n_2)$$

$$\left(\because\ \overline{Y} = \frac{n_1\overline{Y}_1 + n_2\overline{Y}_2}{n_1 + n_2}\right)$$

$$= n_1\overline{Y}_1^2 + n_2\overline{Y}_2^2 - 2\frac{(n_1\overline{Y}_1 + n_2\overline{Y}_2)^2}{n_1 + n_2} + \frac{(n_1\overline{Y}_1 + n_2\overline{Y}_2)^2}{n_1 + n_2}$$

$$= n_1\overline{Y}_1^2 + n_2\overline{Y}_2^2 - \frac{(n_1\overline{Y}_1 + n_2\overline{Y}_2)^2}{n_1 + n_2}$$

$$= \frac{n_1(n_1 + n_2)\overline{Y}_1^2 + n_2(n_1 + n_2)\overline{Y}_2^2 - (n_1\overline{Y}_1 + n_2\overline{Y}_2)^2}{n_1 + n_2}$$

$$= \frac{n_1^2\overline{Y}_1^2 + n_1n_2\overline{Y}_1^2 + n_1n_2\overline{Y}_2^2 + n_2^2\overline{Y}_2^2 - (n_1^2\overline{Y}_1^2 + 2n_1n_2\overline{Y}_1\overline{Y}_2 + n_2^2\overline{Y}_2^2)}{n_1 + n_2}$$

$$= \frac{n_1n_2\overline{Y}_1^2 - 2n_1n_2\overline{Y}_1\overline{Y}_2 + n_1n_2\overline{Y}_2^2}{n_1 + n_2}$$

$$= \frac{n_1n_2(\overline{Y}_1^2 - 2\overline{Y}_1\overline{Y}_2 + \overline{Y}_2^2)}{n_1 + n_2}$$

$$= \frac{n_1 n_2 (\overline{Y}_1 - \overline{Y}_2)^2}{n_1 + n_2}$$

$$= \frac{(\overline{Y}_1 - \overline{Y}_2)^2}{\frac{1}{n_1} + \frac{1}{n_2}} \tag{18.8}$$

두 집단비교를 위한 F통계값 계산공식 (18.7)의 분자 부분은 공식 (18.8)로 풀이되므로 F통계값을 다시 서술하면 공식 (18.9)와 같다.

$$F = \frac{\frac{(\overline{Y}_1 - \overline{Y}_2)^2}{\frac{1}{n_1} + \frac{1}{n_2}}}{MS_W} = \frac{(\overline{Y}_1 - \overline{Y}_2)^2}{MS_W(\frac{1}{n_1} + \frac{1}{n_2})} \tag{18.9}$$

두 집단 분산분석을 위한 집단내 제곱평균 MS_W의 계산을 풀이하면 다음과 같다.

$$MS_W = \frac{\sum_{j=1}^{J} \sum_{i=1}^{n_j} (Y_{ij} - \overline{Y}_j)^2}{N - J}$$

$$= \frac{\sum_{i=1}^{n_j} (Y_{i1} - \overline{Y}_1)^2 + \sum_{i=1}^{n_j} (Y_{i2} - \overline{Y}_2)^2}{n_1 + n_2 - 2}$$

$$(\because J = 2,\ N = n_1 + n_2)$$

$$= \frac{(n_1 - 1)\,s_1^2 + (n_2 - 1)\,s_2^2}{n_1 + n_2 - 2} \tag{18.10}$$

$$s_1^2 = \frac{\sum_{i=1}^{n_j} (Y_{i1} - \overline{Y}_1)^2}{n_1 - 1}$$

$$s_2^2 = \frac{\sum_{i=1}^{n_j} (Y_{i2} - \overline{Y}_2)^2}{n_2 - 1}$$

즉, 분산분석을 통한 두 집단비교에서 집단내 제곱평균인 MS_W 계산공식(18.10)은 두 독립표본 t검정의 통합분산 계산공식 (16.8)과 동일함을 알 수 있다. 즉, MS_W이 s_p^2이므로 분산분석을 통한 F통계값은 두 독립표본 t검정을 통한 t통계값의 제곱값과 같음을 알 수 있으며, t통계값은 F통계값의 제곱근과 같음을 알 수 있다.

$$F = \frac{MS_B}{MS_W} = \frac{(\overline{Y}_1 - \overline{Y}_2)^2}{MS_W(\frac{1}{n_1} + \frac{1}{n_2})} = \frac{(\overline{Y}_1 - \overline{Y}_2)^2}{s_p^2(\frac{1}{n_1} + \frac{1}{n_2})}$$

$$= \left(\frac{\overline{Y}_1 - \overline{Y}_2}{\sqrt{s_p^2(\frac{1}{n_1} + \frac{1}{n_2})}} \right)^2 = t^2$$

$$t = \pm \sqrt{F}$$

이상의 공식에서 F검정 역시 t검정의 연장이라는 사실을 발견하게 된다. 즉, Z, t, F검정을 하나의 흐름으로 이해할 수 있을 것이다. 제16장 7절에서 두 독립표본 t검정과 상관계수가 관계가 있음을 기억하고 있는 학생은 상관계수와 F검정도 관계가 있음을 알 수 있다.

두 독립집단의 비교 시 F통계값은 t통계값의 제곱값과 같음을 기억하면서 실제 자료를 가지고 수리적으로 검정하여 보자.

제16장 5절 두 독립표본 t검정의 설명에서 〈표 16-3〉의 자료(전통적 교수법과 새로운 교수법의 학업성취비교)에서 얻은 t통계값은 -3.19였다. 동일 자료를 가지고 분산분석을 실시한 결과는 〈표 18-4〉와 같다.

〈표 18-4〉 전통적 교수법과 새로운 교수법에 따른 학업성취 점수의 분산분석표

분산원	제곱합	자유도	제곱평균	F
집단간	13.603	1	13.603	10.174
집단내	12.033	9	1.337	
총	25.636	10		

분산분석표에서 MS_W은 1.337로 두 독립표본 t검정 시 통합분산과 같음을 알 수 있고, F통계값은 10.174로 t통계값 −3.1897의 제곱값임을 알 수 있다. 두 독립집단 비교의 F통계값을 가지고 t통계값을 추정할 수 있을 뿐 아니라 상관계수도 계산할 수 있음을 알 수 있다. 다시 강조하지만 통계를 부분적으로 보지 말고 전체로 보아야 한다는 것이다. 각 국가의 지도만을 가지고 지리를 공부한 사람은 세계의 지리를 이해하기 힘들듯이 통계의 전체 지도에서 각기 다른 통계들을 학습하면서 상호관계를 연관시키는 훈련을 쌓아야 할 것이다.

연습문제

1 다음 용어의 정의와 개념을 설명하시오.

a. 전체 가설(omnibus hypothesis)
b. 대비
c. 짝비교
d. 복합비교
e. 사후비교분석
f. 사전비교분석
g. Scheffé 방법
h. Dunn 방법

2 제17장 연습문제 2번의 자료를 이용하여 다음 문제를 풀라.

a. 유의수준 .01에서 H_0이 기각되었다. 사후검정을 실시하기 위한 가능한 모든 대비에 차이가 있는지 검정하라.
b. 만약 영가설을 기각하였다면 하루에 15분, 30분, 1시간, 2시간을 학습하는 여러 집단 중 어느 집단 간에 회화능력의 차이가 있는지 사후비교분석을 실시하라.

3 제17장 연습문제 3번의 자료를 이용하여 다음 문제를 풀라.

a. 유의수준 .05에서 H_0이 기각된다면 사후검정을 실시하기 위한 가능한 모든 대비 수가 몇 개이고 무엇인지 밝혀라. 또한 어느 학습방법 간 점수의 차이가 있는지 밝혀라.
b. 다음의 관심있는 3개의 대비를 유의수준 .01에서 사전비교분석을 실시하라.
① ψ_1: DYAD vs group
② ψ_2: group vs tutor
③ ψ_3: (개인+tutor) vs (DYAD+group)

4 유아들의 지각적 과제해결능력에 관한 연구를 위하여 19명의 유아 중 10명은 둥근 형태의 puzzle을 가지고 놀이를 하는 집단에 무선할당하고, 9명의 유아는 사각형의 puzzle을 가지고 놀이를 하는 집단에 무선할당하였다. 하루에 20분씩 10일 동안 놀이를 실시한 후 지각적 문제를 해결하는 데 소요되는 시간을 측정한 결과는 다음과 같았다. 시간 단위는 초이다.

둥근 puzzle	사각 puzzle
49	48
47	46
46	47
47	45
48	44
47	44
46	45
43	42
47	45
46	

a. 유의수준 .05에서 분산분석을 실시한 후 결론을 유도하라.

b. 유의수준 .05에서 t검정을 실시한 후 결론을 유도하라.

c. 분산분석에 의한 F통계값과 t검정에 의한 t통계값에 어떤 관계가 있는지 밝혀라.

d. puzzle 형태와 문제해결능력과의 상관계수를 구하라.

e. r, t, F통계값의 관계를 유도하라.

5 제17장 연습문제 4번의 자료를 이용하여 다음 문제를 풀라.

a. 연구자는 연구에 대한 이론적, 경험적 배경이 강하여 전체 가설의 기각 여부에 관심이 없고 다음 대비에만 관심이 있다. 유의수준 .01에서 다음 대비를 검정하라.

ψ_1: 즉시 vs 하루

ψ_2: 하루 vs 일주일

b. 연구자가 이론적, 경험적 배경이 약하여 사후검정을 실시하고자 할 경우의 분산분석표를 만들고 a번과 같은 유의수준에서 가설 검정을 실시하라. 사전과 사후비교분석을 위하여 사용한 기각값에 어떤 차이가 있는지 설명하라.

제19장

이원분산분석: 교차설계, 내재설계

일원분산분석은 독립변수가 하나이고 양적인 종속변수가 하나일 때 집단간 차이가 있는가를 검정하기 위하여 사용된다. 그러나 독립변수가 2개일 경우에는 독립변수마다 일원분산분석을 각각 실시하는 것이 아니라 이원분산분석을 실시한다.

이원분산분석(two-way analysis of variance)은 일원분산분석에서 설명한 분산분석의 기본 원리와 동일하며 종속변수에 대한 모집단 분포가 정규분포이어야 하고 집단 간의 모집단의 분산이 같아야 하는 등분산 가정을 충족시켜야 시행될 수 있다.

이원분산분석은 독립변수가 2개일 때, 각 독립변수의 영향이 있는가와 두 독립변수의 상호작용이 존재하는지를 밝히는 것을 목적으로 하는 **교차설계**(crossed design)와 한 독립변수의 각 수준에서 다른 독립변수의 영향이 있는지를 밝히는 것을 목적으로 하는 **내재설계**(nested design)로 나뉜다.

1 이원분산분석의 기본 의미와 절차

이원분산분석은 독립변수가 2개일 때, 분산의 원인이 어디에 있는가를 밝힘으로써 독립변수의 영향이 있는가를 알 수 있다. 술의 종류와 흡연 여부가 인간의 반응시간에 영향을 주는가에 대한 연구나 교수법과 보상방법이 학업성취도에 주는 영향 등의 연구를 들 수 있다. 첫 번째 연구에서 독립변수는 술의 종류 그리고 흡연 여부가 되며, 종속변수는 반응시간이 된다. 두 독립변수의 영향이 있는가를 분석할 수 있을 뿐만 아니라 두 독립변수의 상호작용이 종속변수에 영향을 주는지도 분석할 수 있다. 두 번째 연구에서 독립변수는 교수법과 보상방법이 되며 종속변수는 학업성취도가 된다. 교수법은 전통적 교수법, IT 교수법, AI 교수법, 개인 교수법이 있으며 보상방법은 사탕을 주거나 칭찬을 주는 두 방법이 있을 때, 이 실험을 위한 layout은 [그림 19-1]과 같다.

교수법(A)

보상(B)		전통적	IT	AI	개인
	사탕				
	칭찬				

혹은

교수법(A)	전통적		IT		AI		개인	
보상(B)	사탕	칭찬	사탕	칭찬	사탕	칭찬	사탕	칭찬

[그림 19-1] 교수법과 보상방법에 따른 학업성취도

교수법이나 보상방법을 달리하여 얻은 피험자의 학업성취도 점수 Y_{ijk}는 공식 (19.1)과 같이 구성된 **선형모형**을 이루고 있다.

$$Y_{ijk} = \mu + \alpha_j + \beta_k + \gamma_{jk} + e_{ijk} \qquad \textbf{(19.1)}$$

Y_{ijk}: 독립변수 A의 j수준과 독립변수 B의 k수준의 영향을 받은 i번째 피험자의 종속변수

μ: 전체 평균

α_j: A 독립변수(교수법)의 효과

β_k: B 독립변수(보상방법)의 효과
γ_{jk}: 두 독립변수 A, B의 상호작용 효과
e_{ijk}: 개인 효과

개인점수 Y_{ijk}는 전체 평균과 그가 속한 집단에 따른 교수법인 **A 독립변수 j수준의 효과**와 **보상방법인 B 독립변수 k수준의 효과**, 그리고 **A, B 두 독립변수의 상호작용 효과**(자세한 설명은 제19장 2절 참조)와 개인의 오차점수로 구성되어 있다. 이를 실제 연구에서의 통계값으로 표현하면 공식 (19.2)와 같다.

$$Y_{ijk} = \overline{Y}_{\cdots} + (\overline{Y}_{\cdot j \cdot} - \overline{Y}_{\cdots}) + (\overline{Y}_{\cdot\cdot k} - \overline{Y}_{\cdots}) + (\overline{Y}_{\cdot jk} - \overline{Y}_{\cdot j \cdot} - \overline{Y}_{\cdot\cdot k} + \overline{Y}_{\cdots}) + (Y_{ijk} - \overline{Y}_{\cdot jk}) \quad (19.2)$$

$\overline{Y}_{\cdots}$: 전체 평균
$\overline{Y}_{\cdot j \cdot}$: A 독립변수 j수준의 평균
$\overline{Y}_{\cdot\cdot k}$: B 독립변수 k수준의 평균
$\overline{Y}_{\cdot jk}$: A 독립변수 j수준, B 독립변수 k수준의 평균

공식 (19.2)에 의한 개인의 점수 Y_{ijk}를 구성하는 점수들의 기호를 쉽게 이해하기 위해 〈표 19-1〉을 참조하라.

〈표 19-1〉 편차제곱합 계산공식의 요소

B \ A	A_1	A_2	……	A_j	……	A_J	$Y_{\cdot\cdot K}$
B_1	$Y_{\cdot 11}$	$Y_{\cdot 21}$	……	$Y_{\cdot j1}$	……	$Y_{\cdot J1}$	$Y_{\cdot\cdot 1}$
B_2	$Y_{\cdot 12}$	$Y_{\cdot 22}$		$Y_{\cdot j2}$		$Y_{\cdot J2}$	$Y_{\cdot\cdot 2}$
⋮	⋮	⋮		⋮		⋮	⋮
B_K	$Y_{\cdot 1K}$	$Y_{\cdot 2K}$		$Y_{\cdot jK}$		$Y_{\cdot JK}$	$Y_{\cdot\cdot K}$
$Y_{\cdot j \cdot}$	$Y_{\cdot 1 \cdot}$	$Y_{\cdot 2 \cdot}$		$Y_{\cdot j \cdot}$		$Y_{\cdot J \cdot}$	$Y_{\cdots}$

그러므로 $(\overline{Y}_{\cdot j \cdot} - \overline{Y}_{\cdots})$은 피험자가 A 독립변수의 j수준에 소속되어 있으므로

얻는 효과이며, $(\overline{Y}_{\cdot\cdot k} - \overline{Y}_{\cdot\cdot\cdot})$은 피험자가 B 독립변수의 k수준에 소속되어 있으므로 얻는 효과를 의미한다. $(\overline{Y}_{\cdot jk} - \overline{Y}_{\cdot j\cdot} - \overline{Y}_{\cdot\cdot k} + \overline{Y}_{\cdot\cdot\cdot})$은 A 독립변수 j수준과 B 독립변수 k수준에 있음으로 해서 얻는 두 변수의 상호작용 효과이고 $(Y_{ijk} - \overline{Y}_{\cdot jk})$는 개인이 지니고 있는 개인차 혹은 개인의 오차로 해석할 수 있다. 그러므로 공식 (19.2)에 의하여 총편차는 A 독립변수에 의한 효과, B 독립변수에 의한 효과, A, B 두 독립변수의 상호작용에 의한 효과, 그리고 개인차로 구성되어 있음을 알 수 있으며, 공식 (19.3)과 같이 쓴다.

$$
\begin{aligned}
Y_{ijk} - \overline{Y}_{\cdot\cdot\cdot} = {} & (\overline{Y}_{\cdot j\cdot} - \overline{Y}_{\cdot\cdot\cdot}) + (\overline{Y}_{\cdot\cdot k} - \overline{Y}_{\cdot\cdot\cdot}) \\
& + (\overline{Y}_{\cdot jk} - \overline{Y}_{\cdot j\cdot} - \overline{Y}_{\cdot\cdot k} + \overline{Y}_{\cdot\cdot\cdot}) + (Y_{ijk} - \overline{Y}_{\cdot jk})
\end{aligned}
\tag{19.3}
$$

만약 A 독립변수의 영향이 크다면 $(\overline{Y}_{\cdot j\cdot} - \overline{Y}_{\cdot\cdot\cdot})$ 부분이 클 것이고, B 독립변수의 영향이 크다면 $(\overline{Y}_{\cdot\cdot k} - \overline{Y}_{\cdot\cdot\cdot})$ 부분이 클 것이다. 상호작용이 크다면 물론 $(\overline{Y}_{\cdot jk} - \overline{Y}_{\cdot j\cdot} - \overline{Y}_{\cdot\cdot k} + \overline{Y}_{\cdot\cdot\cdot})$ 부분이 클 것이다. 이원분산분석에 따른 개인점수의 총편차는 다음과 같이 설명할 수 있다.

총편차	=	A변수에 의한 편차	+	B변수에 의한 편차	+	AB상호작용에 의한 편차	+	집단내 혹은 개인 편차
d_T	=	d_A	+	d_B	+	d_{AB}	+	d_W

이원분산분석에서 분산의 원인이 어디에 있는가를 분석하기 위해서는 모든 피험자의 총편차가 A변수, B변수, 혹은 상호작용, 그리고 집단내, 즉 개인에 의한 편차인지를 분석하여야 한다. 그러므로 위 선형모형에 의한 구성분에 입각하여 편차의 합을 계산하면 되나 편차의 합은 항상 0이므로 편차를 제곱하여 더한 값이 각 변수에 의한 영향으로 분석될 수 있다.

총편차의 제곱합, 즉 연구에 참여한 모든 피험자의 **총편차제곱합**(SS_T: sum of square total deviation)인 **총변화량**(total variation)은 공식 (19.4)에 의하여 계산된다.

$$SS_T = \sum_k \sum_j \sum_i (Y_{ijk} - \overline{Y}_{\cdots})^2 \tag{19.4}$$

***A* 독립변수에 의한 편차제곱합, *B* 독립변수에 의한 편차제곱합, *A*와 *B* 두 독립변수의 상호작용에 의한 편차제곱합**은 각각 공식 (19.5), (19.6), (19.7)과 같다.

$$SS_A = \sum_k \sum_j \sum_i (\overline{Y}_{\cdot j \cdot} - \overline{Y}_{\cdots})^2 \tag{19.5}$$

$$SS_B = \sum_k \sum_j \sum_i (\overline{Y}_{\cdot \cdot k} - \overline{Y}_{\cdots})^2 \tag{19.6}$$

$$SS_{AB} = \sum_k \sum_j \sum_i (\overline{Y}_{\cdot jk} - \overline{Y}_{\cdot j \cdot} - \overline{Y}_{\cdot \cdot k} + \overline{Y}_{\cdots})^2 \tag{19.7}$$

그리고 집단 j, k 내에서의 집단내 효과, 즉 개인에 의한 편차의 제곱합은 공식 (19.8)과 같다.

$$SS_W = \sum_k \sum_j \sum_i (Y_{ijk} - \overline{Y}_{\cdot jk})^2 \tag{19.8}$$

이원분산분석에 의한 총편차의 제곱합도 일원분산분석에서의 증명과 같이 A 독립변수에 의한 편차제곱합, B 독립변수에 의한 편차제곱합, A와 B 두 독립변수 상호작용에 의한 편차제곱합, 그리고 개인점수 편차제곱합의 합으로 이루어진다.

$$SS_T = SS_A + SS_B + SS_{AB} + SS_W$$

각 편차의 제곱합을 그에 해당하는 자유도로 나눈 값은 **제곱평균**(MS: Mean Square)이 되며 각 독립변수에 대한 F통계값은 각 독립변수에 해당하는 제곱평균을 집단내 제곱평균(MS_W)으로 나눈 값이 된다. 지금까지 설명한 이원분산분석의 절차를 요약하여 만든 이원분산분석표는 〈표 19-2〉와 같다.

〈표 19-2〉 이원분산분석표

분산원	제곱합	자유도	제곱평균	F	η^2
A	SS_A	$J-1$	$SS_A/(J-1)=MS_A$	MS_A/MS_W	SS_A/SS_T
B	SS_B	$K-1$	$SS_B/(K-1)=MS_B$	MS_B/MS_W	SS_B/SS_T
AB	SS_{AB}	$(J-1)(K-1)$	$SS_{AB}/(J-1)(K-1)=MS_{AB}$	MS_{AB}/MS_W	SS_{AB}/SS_T
집단내	SS_W	$IJK-JK$	$SS_W/(IJK-JK)=MS_W$		
총	SS_T	$IJK-1$			

J는 A 독립변수의 수준 수, K는 B 독립변수의 수준 수로 A 독립변수의 J수준과 B 독립변수의 K수준에 모두 동일하게 I명이 있으므로 전체 피험자 N은 IJK명이 된다. 그러므로 총편차제곱에 해당되는 자유도는 $N-1$, 오차에 해당되는 자유도는 $N-JK$로 대치될 수 있다. 이원분산분석에서 A, B를 **주효과**(main effect), 그리고 AB를 **상호작용효과**(interaction effect)라 한다.

2 교차설계

앞 절에서 설명하였듯이 A, B의 주효과와 AB 상호작용효과를 알고자 하는 설계를 **교차설계**(crossed design)라 한다. [그림 19-1]에서와 같이 교수법과 보상방법의 효과 그리고 상호작용효과가 있는지를 알아보는 연구가 하나의 예이다.

주효과와 특히 상호작용효과에 관심 있는 연구로는 술의 종류와 약의 복용 여부, 그리고 술과 약의 상호작용이 수면시간에 미치는 영향 분석을 들 수 있다. 수면시간에 대한 연구로서 술의 종류는 A 독립변수, 약의 종류를 B 독립변수로 설정하였을 때 각 효과에 대한 서술적 영가설과 대립가설, 그리고 통계적 영가설과 대립가설은 다음과 같다.

술의 효과

서술적 가설

H_0: 술의 종류에 따라 수면시간의 차이가 없다 ;
술은 수면시간에 영향을 주지 않는다.

H_A: 술의 종류에 따라 수면시간의 차이가 있다 ;
술은 수면시간에 영향을 준다.

통계적 가설

H_0: $\mu_j = \mu_{j'}$; $\alpha_j = 0$

H_A: $\mu_j \neq \mu_{j'}$; $\alpha_j \neq 0$

약 효과

서술적 가설

H_0: 약의 종류에 따라 수면시간의 차이가 없다 ;
약은 수면시간에 영향을 주지 않는다.

H_A: 약의 종류에 따라 수면시간의 차이가 있다 ;
약은 수면시간에 영향을 준다.

통계적 가설

H_0: $\mu_k = \mu_{k'}$; $\beta_j = 0$

H_A: $\mu_k \neq \mu_{k'}$; $\beta_j \neq 0$

상호작용효과

서술적 가설

H_0: 술과 약의 상호작용은 수면에 영향을 주지 않는다 ;
상호작용효과가 없다.

H_A: 술과 약의 상호작용은 수면에 영향을 준다 ;
상호작용효과가 있다.

통계적 가설

H_0: $\mu_{jk} - \mu_{jk'} = \mu_{jk'} - \mu_{j'k'}$; $(\mu_{jk} - \mu_{jk'}) - (\mu_{jk'} - \mu_{j'k'}) = 0$; $\gamma_{jk} = 0$

H_A: $\mu_{jk} - \mu_{jk'} \neq \mu_{jk'} - \mu_{j'k'}$; $(\mu_{jk} - \mu_{jk'}) - (\mu_{jk'} - \mu_{j'k'}) \neq 0$; $\gamma_{jk} \neq 0$

상호작용에 대한 통계적 가설을 볼 때, 상호작용은 평균의 **차이들의 차이**(difference of differences)를 말한다. 예를 들면, 어떤 사람이 조건을 달리한 4번의 실험, 물로 영양제를 먹고 자고, 술로 영양제를 먹고 자고, 물로 수면제를 먹고 자고, 술로 수면제를 먹고 잔 후 수면시간을 측정하였을 때 〈표 19-3〉과 같았다.

〈표 19-3〉 술과 약 복용 후 수면시간

	영양제	수면제
물	9	11
술	10	15

물로 영양제를 먹었을 때는 9시간 동안 잠을 잤고 술로 영양제를 먹었을 때는 10시간을 잤다. 여기서 알 수 있는 것은 술이 수면을 1시간 연장시켰으므로 이를 술의 효과라 할 수 있다. 물로 수면제를 마시고 잤을 때는 11시간으로 수면시간이 2시간 증가하였는데 이는 수면제의 효과로 분석된다. 만약에 술과 수면제의 상호작용이 없다면 술로 수면제를 먹고 잤을 때 수면시간은 12시간이 될 것이다. 이는 물로 수면제를 먹고 잔 시간 11시간에 술의 효과 1시간을 더한 것이며, 술로 영양제를 먹고 잔 수면시간 10시간에 수면제의 효과 2시간을 더한 것과 같다. 그러나 술로 수면제를 먹고 잔 시간은 15시간으로 3시간의 증가분이 있다. 이 3시간은 술과 수면제의 상호작용에 의하여 증가된 시간이다. 만약 상호작용이 존재하지 않는다면 수면시간은 〈표 19-4〉와 같다.

〈표 19-4〉 상호작용이 없을 때 술과 약 복용 후 수면시간

	영양제	수면제
물	$9\mu_{jk}$	$11\mu_{jk'}$
술	$10\mu_{j'k}$	$12\mu_{j'k'}$

〈표 19−4〉에서 상호작용이 없으므로 이는 물로 영양제를 먹고 잔 시간에서 물로 수면제를 먹고 잔 수면시간의 차이가, 술로 영양제를 먹고 잔 시간에서 술로 수면제를 먹고 잔 수면시간의 차이와 같다. 이를 기호로 표시하면,

$$\mu_{jk} - \mu_{jk'} = \mu_{j'k} - \mu_{j'k'}$$

이 된다. 이를 다시 쓰면,

$$\mu_{jk} + \mu_{j'k'} = \mu_{j'k} + \mu_{jk'}$$

이 된다. 따라서 상호작용이 없을 때는 대각선에 있는 칸들의 평균합이 같음을 알 수 있다.

술과 수면제가 수면시간에 주는 상호작용이 없음을 가정한 〈표 19−4〉를 도표로 나타내면 [그림 19−2]와 같다.

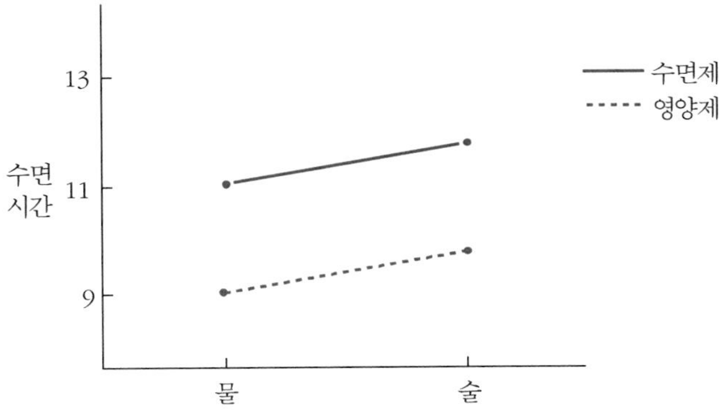

[그림 19−2] 상호작용이 없을 때 술과 약 효과에 의한 수면시간

두 변수의 상호작용이 없을 때는 두 직선이 평행함을 알 수 있다. 술과 수면제에 의하여 상호작용이 존재하는 〈표 19−3〉을 도표로 나타내면 [그림 19−3]과 같다.

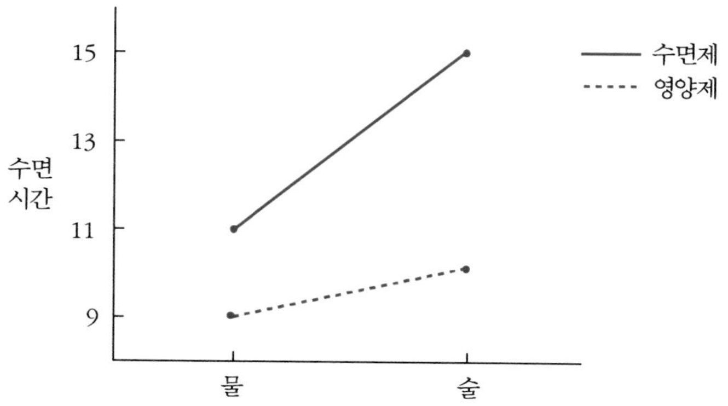

[그림 19-3] 상호작용이 있을 때 술과 약 효과에 의한 수면시간

두 변수의 상호작용이 있다면 두 직선은 평행하지 않음을 알 수 있다. 상호작용이 클수록 두 직선이 교차된다.

이원분산분석에서 교차설계는 주효과와 상호작용효과를 분석하는 방법으로 각 변수에 대한 편차제곱합, 편차제곱평균, F통계값을 계산하는 절차는 앞 절에서 설명한 절차와 동일하다. 총편차제곱합, 주효과와 상호작용효과에 의한 편차제곱합, 집단내, 즉 개인오차에 의한 편차제곱합 계산은 앞 절에서 전개한 공식 (19.4), (19.5), (19.6), (19.7), (19.8)에 의한다.

교수법에 따른 학업성취도의 차이가 있는지, 학생들에게 보상해 주는 방법에 따라 차이가 있는지, 그리고 교수법과 보상방법의 상호작용이 있는지를 검정하기 위하여 18명의 초등학교 3학년 학생들을 각 집단에 무선할당하여 교수법과 보상방법을 달리한 후 학업성취도검사를 실시하여 〈표 19-5〉와 같은 결과를 얻었다.

〈표 19-5〉 교수법과 보상방법에 따른 학업성취도 점수

		교수법			
		전통적	IT	개인	계
보상방법	사탕	7 7 8 22	7 8 8 23	8 8 9 25	70
	칭찬	8 8 10 26	8 9 10 27	12 15 16 43	96
	계	48	50	68	166

각 효과를 검정하기 위한 서술적, 통계적 영가설과 대립가설은 다음과 같다.

교수법효과

서술적 가설

H_0: 교수법에 따라 집단간 학업성취도 차이가 없다 ;
교수법의 효과가 없다.

H_A: 교수법에 따라 집단간 학업성취도 차이가 있다 ;
교수법의 효과가 있다.

통계적 가설

H_0: $\mu_j = \mu_{j'}$; $\alpha_j = 0$

H_A: $\mu_j \neq \mu_{j'}$; $\alpha_j \neq 0$

보상효과

서술적 가설

H_0: 보상방법에 따라 집단간 학업성취도 차이가 없다 ;
보상방법의 효과가 없다.

H_A: 보상방법에 따라 집단간 학업성취도 차이가 있다 ;
보상방법의 효과가 있다.

통계적 가설

H_0: $\mu_k = \mu_{k'}$; $\beta_k = 0$

H_A: $\mu_k \neq \mu_{k'}$; $\beta_k \neq 0$

상호작용효과

서술적 가설

H_0: 교수법과 보상방법의 상호작용효과가 없다 ;

H_A: 교수법과 보상방법의 상호작용효과가 있다.

통계적 가설

H_0: $r_{rjk} = 0$

H_A: $r_{rjk} \neq 0$

교수법, 보상방법, 교수법과 보상방법 간의 상호작용, 그리고 집단내 개인오차의 편차제곱합을 계산하기 위하여 교수법 수준, 보상방법 수준, 각 집단의 평균, 그리고 전체 평균은 〈표 19-6〉과 같다.

〈표 19-6〉 교수법과 보상방법 각 수준별 평균과 전체 평균

		교수법			
		전통적	IT	개인	$\overline{Y}_{\cdot\cdot k}$
보상방법	사탕	7 7 8 7.33	7 8 8 7.67	8 8 9 8.33	7.78
	칭찬	8 8 10 8.67	8 9 10 9	12 15 16 14.33	10.67
	$\overline{Y}_{\cdot j\cdot}$	8	8.33	11.33	$\overline{Y}_{\cdots}$=9.22

교수법, 보상방법, 교수법과 보상방법의 상호작용 그리고 집단내 개인오차의 편차제곱합을 계산하는 절차는 다음과 같다.

$$
\begin{aligned}
SS_T &= \sum_k \sum_j \sum_i (Y_{ijk} - \overline{Y}...)^2 \\
&= (7-9.22)^2 + (7-9.22)^2 + (8-9.22)^2 + \\
&\quad (8-9.22)^2 + (8-9.22)^2 + (10-9.22)^2 + \\
&\quad (7-9.22)^2 + (8-9.22)^2 + (8-9.22)^2 + \\
&\quad (8-9.22)^2 + (9-9.22)^2 + (10-9.22)^2 + \\
&\quad (8-9.22)^2 + (8-9.22)^2 + (9-9.22)^2 + \\
&\quad (12-9.22)^2 + (15-9.22)^2 + (16-9.22)^2 \\
&= 115.111
\end{aligned}
$$

$$
\begin{aligned}
SS_A &= \sum_k \sum_j \sum_i (\overline{Y}_{\cdot j \cdot} - \overline{Y}...)^2 \\
&= 6(8-9.22)^2 + 6(8.33-9.22)^2 + 6(11.33-9.22)^2 \\
&= 40.444
\end{aligned}
$$

$$
\begin{aligned}
SS_B &= \sum_k \sum_j \sum_i (\overline{Y}_{\cdot\cdot k} - \overline{Y}...)^2 \\
&= 9(7.78-9.22)^2 + 9(10.67-9.22)^2 \\
&= 37.556
\end{aligned}
$$

$$
\begin{aligned}
SS_{AB} &= \sum_k \sum_j \sum_i (\overline{Y}_{\cdot jk} - \overline{Y}_{\cdot j \cdot} - \overline{Y}_{\cdot\cdot k} + \overline{Y}...)^2 \\
&= 3(7.33-8-7.78+9.22)^2 + 3(8.67-8-10.67+9.22)^2 + \\
&\quad 3(7.67-8.33-7.78+9.22)^2 + 3(9-8.33-10.67+9.22)^2 + \\
&\quad 3(8.33-11.33-7.78+9.22)^2 + 3(14.33-11.33-10.67+9.22)^2 \\
&= 21.778
\end{aligned}
$$

$$
\begin{aligned}
SS_W &= \sum_k \sum_j \sum_i (Y_{ijk} - \overline{Y}_{\cdot jk})^2 \\
&= (7-7.33)^2 + (7-7.33)^2 + (8-7.33)^2 + \\
&\quad (8-8.67)^2 + (8-8.67)^2 + (10-8.67)^2 + \\
&\quad (7-7.67)^2 + (8-7.67)^2 + (8-7.67)^2 + \\
&\quad (8-9)^2 + (9-9)^2 + (10-9)^2 + \\
&\quad (8-8.33)^2 + (8-8.33)^2 + (9-8.33)^2 + \\
&\quad (12-14.33)^2 + (15-14.33)^2 + (16-14.33)^2 \\
&= 15.333
\end{aligned}
$$

계산된 편차제곱합(SS: Sum of Square)을 해당되는 자유도로 나눈 것이 제곱평균(MS: Mean Square)이 된다. 교수법에 해당되는 자유도는 교수법이 3종류이므로 2가 되고, 보상방법에 대한 자유도는 1이며, 상호작용에 대한 자유도는 2가 된다. 그러므로 각 효과에 대한 제곱평균은 다음과 같다.

$$
\begin{aligned}
MS_A &= 40.444/2 = 20.222 \\
MS_B &= 37.556/1 = 37.556 \\
MS_{AB} &= 21.778/2 = 10.889 \\
MS_W &= 15.333/12 = 1.278
\end{aligned}
$$

F통계값은 각 효과의 제곱평균을 집단내 제곱평균 1.278로 나누므로 다음과 같다.

$$
\begin{aligned}
F_A &= 20.222/1.278 = 15.826 \\
F_B &= 37.556/1.278 = 29.391 \\
F_{AB} &= 10.889/1.278 = 8.522
\end{aligned}
$$

교수법과 보상방법에 의한 학업성취도의 실험결과에 대한 이원분산분석표는 〈표 19-7〉과 같다.

〈표 19-7〉 교수법과 보상방법에 따른 학업성취도의 분산분석표

분산원	제곱합	자유도	제곱평균	F	η^2
교수법	40.444	2	20.222	15.826	.351
보상방법	37.556	1	37.556	29.391	.326
교수법×보상방법	21.778	2	10.889	8.522	.189
집단내	15.333	12	1.278		
총	115.111	17			

$F_{2,12,.05}=3.89$ $F_{1,12,.05}=4.75$

〈표 19-7〉의 분산분석표에 의하면 교수법 효과에 대한 F통계값 15.826은 [수표 5]의 F분포표에 의한 유의수준 .05와 집단간 자유도 2, 집단내 자유도 12인 F기각값 3.89보다 크므로 영가설을 기각한다. 그러므로 '유의수준 .05에서 교수법에 따라 학업성취도는 같지 않다.'라고 결론 내린다. 보상효과에 대해서도 F통계값이 29.391로 이는 F기각값 4.75보다 크므로 영가설을 기각한다. 그러므로 '유의수준 .05에서 보상방법에 따라 학업성취도는 다르다.'라고 결론 내린다. 교수법과 보상방법의 상호작용에 대한 F통계값은 8.552이며 F기각값은 3.89이므로 영가설을 기각한다. 그러므로 '유의수준 .05에서 교수법과 보상방법의 상호작용이 있다.'라고 결론짓는다. 이같이 이원분산분석에서는 교수법이나 보상방법과 같은 주효과에도 연구관심이 있을 뿐더러 상호작용에 더욱 관심을 두고 있다.

η^2은 각 독립변수, 상호작용효과가 전체 변화량에서 어느 정도의 비율을 차지하느냐를 계산하므로 교수법은 학업성취도 변화량이 .351, 보상방법은 .326 그리고 상호작용이 .189를 나타내고 있다. 현대통계학에서는 F통계값에 의한 영가설의 기각 여부도 중요하지만 η^2에 의미를 부여하고 있다.

교차설계에 의한 이원분산분석 절차

1 H_0, H_A, α, n_j를 결정한다.

2 SS_T, SS_A, SS_B, SS_{AB}, SS_W를 계산한다.

$$SS_T=\sum_k\sum_j\sum_i(Y_{ijk}-\overline{Y}_{\cdots})^2$$

$$SS_A=\sum_k\sum_j\sum_i(\overline{Y}_{\cdot j\cdot}-\overline{Y}_{\cdots})^2$$

$$SS_B = \sum_k \sum_j \sum_i (\overline{Y}_{\cdot\cdot k} - \overline{Y}_{\cdots})^2$$

$$SS_{AB} = \sum_k \sum_j \sum_i (\overline{Y}_{\cdot jk} - \overline{Y}_{\cdot j\cdot} - \overline{Y}_{\cdot\cdot k} + \overline{Y}_{\cdots})^2$$

$$SS_W = \sum_k \sum_j \sum_i (Y_{ijk} - \overline{Y}_{\cdot jk})^2$$

3 MS_A, MS_B, MS_{AB}, MS_W를 계산한다.

$$MS_A = SS_A/(J-1)$$

$$MS_B = SS_B/(K-1)$$

$$MS_{AB} = SS_{AB}/(J-1)(K-1)$$

$$MS_W = SS_W/(IJK-JK)$$

4 F통계값을 계산한다.

$$F_A = MS_A/MS_W$$

$$F_B = MS_B/MS_W$$

$$F_{AB} = MS_{AB}/MS_W$$

5 분산분석표를 작성한다.

6 [수표 5]에서 유의수준, df_A, df_B, df_{AB}, df_W에 따라 기각값을 찾는다.

7 결론을 유도한다.

SPSS 실행

이원분산분석-교차설계를 하려면 메뉴에서 [분석] ⇨ [일반선형모형] ⇨ [일변량]을 눌러 일변량 분석 대화상자를 열어서 종속변수와 모수요인을 지정한 다음 [확인]을 누르면 된다. 〈표 19-5〉의 교수법과 보상방법에 따른 학업성취도 점수를 이용하여 이원분산분석-교차설계를 실행하는 과정은 다음과 같다.

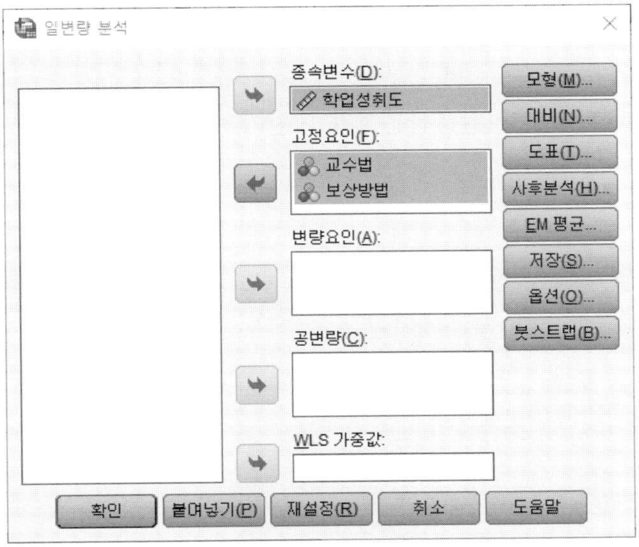

분석 결과

다음의 분산분석표 중에서 교수법, 보상방법, 교수법 * 보상방법의 상호작용과 오차, 수정 합계만을 이용하여 새로 분산분석표를 작성하면 〈표 19-7〉에 제시된 내용과 동일한 결과를 얻을 수 있다.

개체-간 효과 검정

종속변수: 학업성취도

소스	제 III 유형 제곱합	자유도	평균제곱	F	유의확률
수정된 모형	99.778[a]	5	19.956	15.617	.000
절편	1530.889	1	1530.889	1198.087	.000
교수법	40.444	2	20.222	15.826	.000
보상방법	37.556	1	37.556	29.391	.000
교수법 * 보상방법	21.778	2	10.889	8.522	.005
오차	15.333	12	1.278		
전체	1646.000	18			
수정된 합계	115.111	17			

a. R 제곱 = .867 (수정된 R 제곱 = .811)

※ 주의: 집단별 사례 수가 다른 경우는, 제곱합을 계산할 때 가중치가 주어져 이론적 공식에 의한 계산값과 SPSS 분석 결과가 일치하지 않음.

jamovi 실행

이원분산분석 역시 일원분산분석과 마찬가지로 'ANOVA' 메뉴에서 실시할 수 있다.

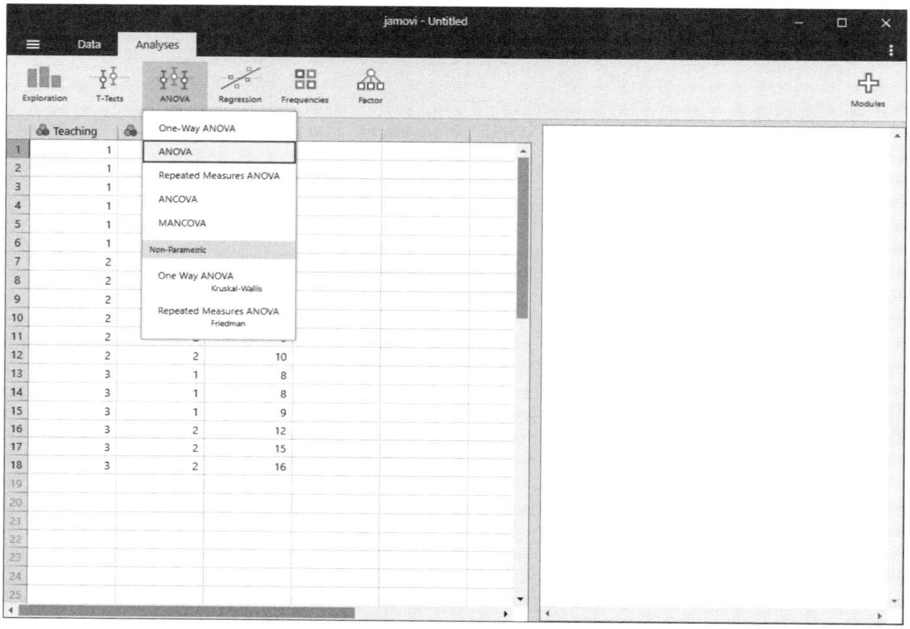

종속변수인 'Score'를 'Dependent Variable'로 옮기고, 독립변수인 'Teaching'과 'Reward'를 'Fixed Factors'로 옮긴다. 등분산 검정을 실시하려면 아래의 'Assumption Checks' 메뉴를 눌러 'Homogeneity tests'에 체크한다.

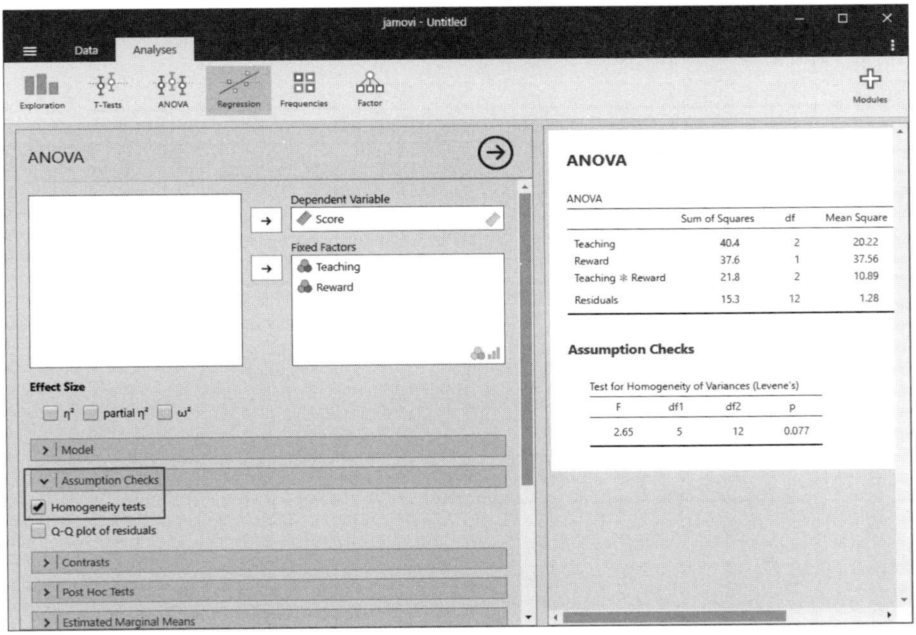

분석 결과는 오른쪽 창에 생성되고 다음과 같다.

Assumption Checks 결과표를 보면 Levene의 등분산성 검정 결과 유의확률이 .077로 '집단간 분산이 동일하다'는 영가설을 기각하지 않으므로 등분산성 가정은 만족되었다.

분산분석표를 보면 교수법, 보상방법, 교수법 * 보상방법의 상호작용 모두 유의수준 .05에서 유의하였다.

ANOVA

ANOVA

	Sum of Squares	df	Mean Square	F	p
Teaching	40.4	2	20.22	15.83	< .001
Reward	37.6	1	37.56	29.39	< .001
Teaching ✻ Reward	21.8	2	10.89	8.52	0.005
Residuals	15.3	12	1.28		

Assumption Checks

Test for Homogeneity of Variances (Levene's)

F	df1	df2	p
2.65	5	12	0.077

3 내재설계

교차설계에서는 A 변수와 B변수, 그리고 A, B변수의 상호작용을 분석하였다. 그러나 경우에 따라 주효과와 상호작용효과에 대하여 연구하기보다는 한 독립변수의 각 수준에서 다른 변수의 효과가 있는지를 검정하고자 하는 목적이 있을 수 있다. 예를 들어, 교수법과 성별의 두 독립변수와 학업성취도의 종속변수를 가진 자료에서 교수법의 효과, 성별의 효과, 교수법과 성별의 상호작용을 분석하는 것이 아니라 남학생들에게 교수법에 따라 학업성취도의 차이가 있는지, 여학생들에게 교수법에 따라 학업성취도의 차이가 있는지를 밝히려는 것이다. 이를 성별에 내재된 설계라 한다. **내재설계**(nested design)란 어떤 변수의 각 수준에서 다른 변수의 효과가 있는지를 밝히는 설계를 말한다. 즉, 어떤 변수의 각 수준에서 다른 변수에 따른 집단간 차이가 있는지를 검정한다. 그러므로 연구목적에 따라서 A 변수가 B변수에 내재될 수도 있고 B변수가 A 변수에 내재될 수 있다.

교수법과 보상방법에 의한 학업성취도 연구에 있어 어떤 연구자는 각 보상방법에서 교수법에 따라 학업성취의 차이가 있는지를 검정할 수 있다. 이 경우 교수법이란 변수가 보상방법에 내재되었다 한다. 그러므로 이같은 보상방법에 내재되어 교수법의 효과를 알아보는 서술적 가설과 통계적 가설의 영가설과 대립가설은 다음과 같다.

서술적 가설

H_0: 사탕에 의한 보상방법에서 교수법에 따라 학업성취도의 차이가 없다.

H_A: 사탕에 의한 보상방법에서 교수법에 따라 학업성취도의 차이가 있다.

H_0: 칭찬에 의한 보상방법에서 교수법에 따라 학업성취도의 차이가 없다.

H_A: 칭찬에 의한 보상방법에서 교수법에 따라 학업성취도의 차이가 있다.

통계적 가설

H_0: $\mu_{j(B_1)} = \mu_{j'(B_1)}$ $\quad$ H_A: $\mu_{j(B_1)} \neq \mu_{j'(B_1)}$

H_0: $\mu_{j(B_2)} = \mu_{j'(B_2)}$ $\quad$ H_A: $\mu_{j(B_2)} \neq \mu_{j'(B_2)}$

교차설계에서는 교수법, 보상방법 그리고 상호작용의 효과를 분석하였으나 내재설계에서는 상호작용에 대한 관심은 없음을 알 수 있다. **B 독립변수(보상방법)에 내재된 A 독립변수(교수법)의 효과**를 분석하는 이원분산분석표는 〈표 19-8〉과 같다.

〈표 19-8〉 내재된 이원분산분석의 분산분석표

분산원	제곱합	자유도	제곱평균	F	η^2
B	SS_B	$K-1$	$SS_B/(K-1) = MS_B$	MS_B/MS_W	SS_B/SS_T
$A_{in}B_k$	$SS_{A_{in}B_k}$	$K(J-1)$			
$A_{in}B_1$	$SS_{A_{in}B_1}$	$J-1$	$SS_{A_{in}B_1}/(J-1) = MS_{A_{in}B_1}$	$MS_{A_{in}B_1}/MS_W$	$SS_{A_{in}B_1}/SS_T$
$A_{in}B_2$	$SS_{A_{in}B_2}$	$J-1$	$SS_{A_{in}B_2}/(J-1) = MS_{A_{in}B_2}$	$MS_{A_{in}B_2}/MS_W$	$SS_{A_{in}B_2}/SS_T$
$A_{in}B_k$	$SS_{A_{in}B_k}$	$J-1$	$SS_{A_{in}B_k}/(J-1) = MS_{A_{in}B_k}$	$MS_{A_{in}B_k}/MS_W$	$SS_{A_{in}B_k}/SS_T$
집단내	SS_W	$IJK-JK$	$SS_W/(IJK-JK) = MS_W$		
총	SS_T	$IJK-1$			

교차설계에 의한 이원분산분석표인 〈표 19–2〉와 비교할 때 B변수에 의한 효과, 집단내 그리고 총편차의 제곱합 부분은 동일하며 교차설계에서의 A변수 효과와 상호작용효과에 의한 편차제곱합이 B변수의 각 수준에 있는 A변수 효과와 대치되었음을 알 수 있다. 자유도를 분석할 때 A변수의 자유도 $J-1$과 상호작용의 자유도$(J-1)(K-1)$의 합은 $JK-K$로서 이는 내재설계의 A in B_k의 $K(J-1)$과 동일하다.

B 독립변수와 개인에 의한 집단내 편차제곱합과 총편차제곱합을 계산하는 절차는 교차설계에서 계산하는 절차와 동일하다. 단지 B 독립변수의 각 수준에서 A변수에 의한 편차제곱합을 계산하는 공식이 상이하며 공식 (19.9)와 같다.

$$SS_{A \text{ in } B_k} = \sum_j n_{jk}(\overline{Y}_{\cdot jk} - \overline{Y}_{\cdot\cdot k})^2 \tag{19.9}$$

B 독립변수의 k수준을 고정시키고 그 수준에서 A 독립변수의 j처치를 받은 피험자 집단의 평균에서 B 독립변수의 평균을 뺀 값을 제곱한 후 집단의 사례수를 곱한 다음 A_1부터 A_J까지 더한 값이다.

〈표 19–5〉에 의한 교수법과 보상방법에 따른 학업성취의 수준에 대한 자료를 가지고 보상방법 수준에서 교수법에 따라 학업성취도에 차이가 있는가를 검정하고자 할 때 내재설계를 위한 각 편차의 제곱합은 다음과 같다.

$$SS_B = \sum_k\sum_j\sum_i(\overline{Y}_{\cdot\cdot k} - \overline{Y}_{\cdots})^2 = 37.556$$

$$\begin{aligned}SS_{A \text{ in } B_1} &= \sum_j n_{j1}(\overline{Y}_{\cdot j1} - \overline{Y}_{\cdot\cdot 1})^2 \\ &= 3(7.33-7.78)^2 + 3(7.67-7.78)^2 + 3(8.33-7.78)^2 \\ &= 1.556\end{aligned}$$

$$\begin{aligned}SS_{A \text{ in } B_2} &= \sum_j n_{j2}(\overline{Y}_{\cdot j2} - \overline{Y}_{\cdot\cdot 2})^2 \\ &= 3(8.67-10.67)^2 + 3(9-10.67)^2 + 3(14.33-10.67)^2 \\ &= 60.667\end{aligned}$$

$$SS_W = \sum_k\sum_j\sum_i(Y_{ijk} - \overline{Y}_{\cdot jk})^2 = 15.333$$

$$SS_T = \sum_k\sum_j\sum_i(Y_{ijk} - \overline{Y}_{\cdots})^2 = 115.111$$

보상방법에 내재된 교수법이 효과가 있는지를 분석한 분산분석표는 〈표 19-9〉와 같다.

〈표 19-9〉 보상방법에 내재된 교수법이 성취도에 주는 영향에 대한 분산분석표

분산원	제곱합	자유도	제곱평균	F	η^2
보상방법	37.556	1	37.555	29.386	.326
교수법 in 보상방법	62.223	4			
교수법 in 사탕	1.556	2	.778	.609	.014
교수법 in 칭찬	60.667	2	30.334	23.736	.527
집단내	15.333	12	1.278		
총	115.111	17			

$F_{1,12,.05} = 4.75$ $F_{2,12,.10/2} = 3.89$

교수법과 보상방법의 교차설계에 의한 이원분산분석표 〈표 19-7〉과 내재설계에 의한 분산분석표 〈표 19-9〉를 비교할 때 보상방법과 집단내, 그리고 총편차제곱합은 동일하고 보상방법에 내재된 교수법의 편차제곱합은 62.223으로 교차설계의 교수법에 의한 편차제곱합 40.444와 상호작용에 의한 편차제곱합 21.778의 합이 된다.

$$SS_{A \text{ in } B} = SS_A + SS_{AB}$$

또한 보상방법에 내재된 교수법의 편차제곱합에 해당하는 자유도는 교차설계에서 교수법에 해당하는 자유도와 상호작용에 해당하는 자유도의 합임을 알 수 있다.

교차설계에서는 교수법효과, 보상방법효과 그리고 상호작용효과가 유의수준을 각각 .05로 지니고 있으므로 주효과와 상호작용효과에 해당되는 기각값을 [수표 5]에서 찾아 그 값이 기각값이 되었다. 그러나 내재설계에서 B변수의 각 수준에서 A변수의 효과에 대한 편차제곱합은 A변수에 의한 편차제곱합과 상호작용에 의한 편차제곱합의 합성이므로 A효과 검정을 위한 유의수준 .05와 상호작용 검

정을 위한 유의수준 .05를 공유하게 된다. 그러므로 두 개의 유의수준을 합한 .10을 내재설계 안에서 B 독립변수의 K수준 수로 나누어야 한다. 각 보상방법 수준에서 교수법의 효과검정을 위한 기각값은 $F_{2,12,.10/2}$로 3.89가 된다. 만약 보상방법의 수준이 4개이면 $F_{2,12,.10/4}$가 기각값이 된다.

〈표 19-9〉에 나타난 분산분석 결과를 서술하면 다음과 같다. 내재설계로 '사탕을 주는 보상방법에서 교수법에 따라 학업성취도의 유의한 차이가 없다.'라고 결론내리며, '유의수준 .05에서 칭찬을 하는 보상방법에서 교수법에 따라 학업성취도의 차이가 있다.'라고 결론짓는다.

η^2은 교차설계 방법에서의 해석과 동일하며 칭찬을 보상방법으로 하는 경우에서 교수법이 학업성취도 전체 변화량의 52.7%를 설명하여 준다고 분석한다.

내재설계에 의한 이원분산분석 절차

1 H_0, H_A, α, n_j 어느 변수에 내재하는지 결정한다.

2 SS_T, SS_A, SS_B, SS_{AB}, SS_W, $SS_{A \text{ in } B}$, $SS_{B \text{ in } A}$를 계산한다.

$$SS_T = \sum_k \sum_j \sum_i (Y_{ijk} - \overline{Y}...)^2$$

$$SS_W = \sum_k \sum_j \sum_i (Y_{ijk} - \overline{Y}_{\cdot jk})^2$$

i) B변수 k수준에 내재될 경우

$$SS_B = \sum_k \sum_j \sum_i (\overline{Y}_{\cdot\cdot k} - \overline{Y}...)^2$$

$$SS_{A \text{ in } B_k} = \sum_j n_{jk} (\overline{Y}_{\cdot jk} - \overline{Y}_{\cdot\cdot k})^2$$

ii) A 변수 j수준에 내재될 경우

$$SS_A = \sum_k \sum_j \sum_i (\overline{Y}_{\cdot j \cdot} - \overline{Y}...)^2$$

$$SS_{B \text{ in } A_j} = \sum_k n_{jk} (\overline{Y}_{\cdot jk} - \overline{Y}_{\cdot j \cdot})^2$$

3 제곱평균을 계산한다.

$$MS_W = SS_W / (IJK - JK)$$

i) B변수 k수준에 내재될 경우

$$MS_B = SS_B / (K-1)$$

$$MS_{A \text{ in } B_k} = SS_{A \text{ in } B_k} / K(J-1)$$

ii) A변수 j수준에 내재될 경우

$$MS_A = SS_A/(J-1)$$

$$MS_{B \text{ in } A_j} = SS_{B \text{ in } A_j}/J(K-1)$$

4 F통계값을 계산한다.

i) B변수 k수준에 내재될 경우

$$F_B = MS_B/MS_W$$

$$F_{A \text{ in } B_k} = MS_{A \text{ in } B_k}/MS_W$$

ii) A변수 j수준에 내재될 경우

$$F_A = MS_A/MS_W$$

$$F_{B \text{ in } A_j} = MS_{B \text{ in } A_j}/MS_W$$

5 분산분석표를 작성한다.

6 [수표 5]에서 유의수준과 자유도에 따라 기각값을 찾는다.

7 결론을 유도한다.

SPSS 실행

이원분산분석-내재설계를 분석하려면 명령문 편집기를 이용해야 한다. 〈표 19-5〉 자료를 이용하여 보상방법에 내재된 교수법이 성취도에 미치는 영향을 분석하려면 메뉴에서 [파일] ⇨ [새파일] ⇨ [명령문]을 눌러 명령문 편집기를 연 다음, 다음과 같이 명령문을 입력한다. 그리고 나서 메뉴에서 [실행] ⇨ [모두]를 누르면 명령문이 실행된다.

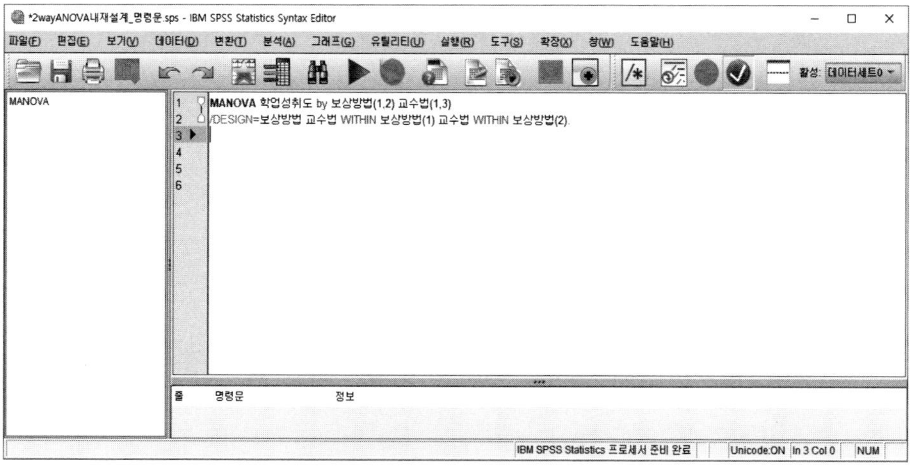

분석 결과

보상방법에 내재된 교수법이 성취도에 주는 영향에 대한 이원분산분석 결과는 다음과 같으며, 〈표 19-9〉와 동일하여 제19장 3절과 같이 결론을 내릴 수 있다.

MANOVA의 기본값 오차항이 WITHIN CELLS에서 WITHIN+RESIDUAL로 변경되었습니다. 모든 완전요인계획에서 동일합니다.

* * * * * * * * * * * * * * * * * Analysis of Variance * * * * * * * * * * * * * * * * *

18 cases accepted.
0 cases rejected because of out-of-range factor values.
0 cases rejected because of missing data.
6 non-empty cells.

1 design will be processed.

- -

* * * * * * * * * * * * * * * * * Analysis of Variance -- Design 1 * * * * * * * * * * * * * * * * *

Tests of Significance for 학업성취도 using UNIQUE sums of squares

Source of Variation	SS	DF	MS	F	Sig of F
WITHIN+RESIDUAL	15.33	12	1.28		
보상방법	37.56	1	37.56	29.39	.000
교수법 WITHIN 보상방법(1)	1.56	2	.78	.61	.560
교수법 WITHIN 보상방법(2)	60.67	2	30.33	23.74	.000
(Model)	99.78	5	19.96	15.62	.000
(Total)	115.11	17	6.77		

R-Squared = .867
Adjusted R-Squared = .811

- -

연습문제

1 학급규모와 송환시기가 학생들의 학업성취도에 미치는 영향을 연구하기 위하여 얻은 자료는 다음과 같았다.

학급규모	송환시기: 즉시	1주	2주	1개월
20	10	9	8	5
	10	9	8	4
	9	8	7	6
40	8	6	7	3
	8	7	7	5
	8	7	6	4
60	7	5	4	3
	6	6	4	3
	6	5	4	2

a. 교차설계에 의하여 송환시기와 학급규모의 효과, 상호작용효과가 있는지 분산분석을 실시하고 유의수준 .05에서 각각 결론을 유도하라.
b. 각 학급규모에서 송환시기에 따라 학업성취도의 차이가 있는지를 검정하라.
c. 각 송환시기에서 학급규모에 따라 학업성취도의 차이가 있는지를 검정하라.
d. b, c번에 의하여 분석한 내재설계는 교차설계와 어떤 차이가 있는지 비교하라.

2 두 회사에서 생산되는 브레이크를 각 엔진의 크기가 다른 차에 장착한 후 제동거리가 얼마인가를 실험한 결과가 다음과 같았다.

	1500cc	2400cc	3000cc
일반	15	18	21
	14	19	20
	13	18	21
	14	17	
	15		
ABS	14	15	21
	15	16	21
	3	15	21
	14	16	
	15		

a. 자동차 엔진의 크기와 브레이크의 종류에 따라 제동거리에 차이가 있는지, 그리고 브레이크의 종류와 자동차 엔진크기의 상호작용이 제동거리에 영향을 주는지 유의수준 .01에서 분산분석을 실시하고 결론을 유도하라.

b. 각각 다른 브레이크에서 자동차 엔진크기에 따라 제동거리가 다른지 검정하고 결론을 유도하라.

제20장

이원분산분석의 사후, 사전비교분석

독립변수가 2개인 이원분산분석은 주효과와 상호작용효과를 검정하는 교차설계와 어느 한 독립변수 수준에서 다른 변수에 의한 효과를 검정하는 내재설계로 나뉜다. 이원분산분석의 교차설계와 내재설계 어느 설계라도 일원분산분석에서와 같이 사후비교분석과 사전비교분석을 실시할 수 있다. 사후비교분석이란 전체 가설에 대한 기각 여부를 결정한 다음 그 가설이 기각되었다면 어느 집단 간에 차이가 있는가를 탐색하는 분석방법이고, 사전비교분석은 전체 가설의 기각 여부에 대한 관심보다는 어떤 특정한 대비에 관심을 두어 검정하는 방법임을 기억할 것이다.

1 교차설계의 사후비교분석

이원분산분석 교차설계의 사후비교분석 절차는 일원분산분석의 사후비교분석 절차와 동일하다. 일원분산분석의 사후비교분석 절차로서 집단간 차이인 대비와 그에 따른 표준오차를 계산하는 공식 (18.1)과 (18.2)가 이원분산분석의 사후비교분석에도 동일하게 쓰인다. 〈표 19-5〉의 교수법과 보상방법에 따른 학업성취도 연구에서 교수법의 효과에 대한 영가설이 기각되었으므로 사후비교분석을 실시할 수 있다. 전통적 방법과 IT 교수법에 대한 대비와 그에 따른 표준오차 그리고 t통계값은 다음과 같다.

$$\hat{\psi}_1 = \sum_{j=1}^{J} c_j \overline{Y}_j = (1)(8) + (-1)(8.33) = -.333$$

$$SE_{\hat{\psi}_1} = \sqrt{MS_W \sum_{j=1}^{J} \frac{c_j^2}{n_j}} = \sqrt{1.278\left[\frac{(1)^2}{6} + \frac{(-1)^2}{6}\right]} = .653$$

$$t_{\hat{\psi}_1} = \frac{\hat{\psi}_1}{SE_{\hat{\psi}_1}} = -.510$$

교수법에 대한 모든 대비의 사후비교분석을 검정하기 위한 기각값은 일원분산분석에서의 Scheffé 기각값 계산방법과 동일하다. 그러므로 Scheffé 기각값은,

$$S = \pm\sqrt{2F_{2,12,.05}} = \pm 2.789$$

이다. 교수법 중 전통적 교수법과 IT 교수법의 대비를 위한 t통계값은 $-.510$으로서 Scheffé 기각값의 작은 값보다 작지 않으므로 영가설을 기각하지 못한다. 교수법에 대한 다른 대비를 만들더라도 앞의 절차와 동일하다. 이어 보상방법에 대한 사후비교분석을 실시할 수 있다. 그러나 〈표 19-5〉의 자료는 보상방법이 2가지밖에 없으므로 보상방법에 대한 대비가 하나밖에 만들어지지 않는다. 이는 이미 〈표 19-7〉의 분산분석 결과에서 검정이 되므로 사후검정을 실시할 필요가 없다. 주효과의 자유도가 1이면 사후비교분석은 주효과에 대한 전체 가설검정 결과와 동일하다. 이원분산분석 결과 유의한 상호작용이 존재한다면 교수법과 보상의 상호작용에 대한 사후비교분석을 실시할 수 있다. 상호작용에 대한 사후비교분석의 절차도 주효과에 대한 사후비교분석과 동일한 원리와 절차를 따른다. 다만, 상호작용은 차이의 차이라는 의미에서 대비와 대비에 따른 표준오차를 계산하는 방법이 다소 복잡할 뿐이다. 〈표 19-7〉에서 유의한 상호작용이 있으므로 IT 교수법과 개인 교수법 그리고 사탕과 칭찬에 의한 보상방법에 유의한 상호작용이

있는지 사후비교분석을 실시하면 대비는 다음과 같다.

$$\hat{\psi}_2 = \sum_j \sum_k c_{jk} \overline{Y}_{\cdot jk} = (1)(7.67) + (-1)(9) + (-1)(8.33) + (1)(14.33)$$
$$= 4.667$$

19장 2절에서 설명한 것처럼 상호작용은 차이의 차이이므로 대비계수는 1, −1, −1, 1이 된다. 그리고 표준오차와 t통계값은 다음과 같다.

$$SE_{\hat{\psi}_2} = \sqrt{MS_W \sum_{j=1}^{J} \sum_{k=1}^{K} \frac{c_{jk}^2}{n_{jk}}} = \sqrt{1.278\left(\frac{(+1)^2}{3} + \frac{(-1)^2}{3} + \frac{(-1)^2}{3} + \frac{(+1)^2}{3}\right)}$$
$$= 1.305$$
$$t_{\hat{\psi}_2} = \frac{\hat{\psi}_2}{SE_{\hat{\psi}_2}} = 3.576$$

상호작용의 대비를 검정하는 기각값은 분산분석에서 상호작용에 해당하는 자유도와 상호작용을 검정하는 F기각값을 곱한 값의 제곱근으로

$$S = \pm\sqrt{2(F_{2,12,05})} = \pm\sqrt{2(3.89)} = \pm 2.789$$

이다. 상호작용의 t통계값은 3.576으로서 Scheffé기각값 +2.789보다 크므로 영가설을 기각한다. 그러므로 '유의수준 .05에서 IT 교수법과 개인 교수법 그리고 사탕과 칭찬의 보상방법에 통계적으로 유의한 상호작용이 있다.'고 결론지을 수 있다.

이원분산분석의 사후비교분석 절차를 요약하면 다음과 같다.

이원분산분석의 사후비교분석 절차

1 분산분석표를 만들고 주효과의 상호작용효과에 대한 검정을 실시한다.

2 주효과와 상효작용효과의 영가설이 기각되면 대비를 만든다.

A효과

$$\hat{\psi}_A = \sum_j c_j \overline{Y}_{\cdot j \cdot}$$

B효과

$$\hat{\psi}_B = \sum_k c_k \overline{Y}_{\cdot \cdot k}$$

AB효과

$$\hat{\psi}_{AB} = \sum_j \sum_k c_{jk} \overline{Y}_{\cdot jk}$$

3 각 대비에 따른 표준오차를 계산한다.

A효과

$$SE_{\hat{\psi}_A} = \sqrt{MS_W \sum_j \frac{c_j^2}{n_j}}$$

B효과

$$SE_{\hat{\psi}_B} = \sqrt{MS_W \sum_k \frac{c_k^2}{n_k}}$$

AB효과

$$SE_{\hat{\psi}_{AB}} = \sqrt{MS_W \sum_j \sum_k \frac{c_{jk}^2}{n_{jk}}}$$

4 t통계값을 계산한다.

$$t_A = \frac{\hat{\psi}_A}{SE_{\hat{\psi}_A}}$$

$$t_B = \frac{\hat{\psi}_B}{SE_{\hat{\psi}_B}}$$

$$t_{AB} = \frac{\hat{\psi}_{AB}}{SE_{\hat{\psi}_{AB}}}$$

5 Scheffé 기각값을 찾는다.

$$S_A = \pm \sqrt{df_A F_{df_A, df_W, \alpha}}$$

$$S_B = \pm \sqrt{df_A F_{df_B, df_W, \alpha}}$$

$$S_{AB} = \pm \sqrt{df_{AB} F_{df_{AB}, df_W, \alpha}}$$

6 결론을 유도한다.

2 교차설계의 사전비교분석

이원분산분석에서 사전비교분석을 실시할 경우 전체 가설에 대한 검정을 실시하지 않고 관심있는 대비만을 검정하게 된다. 이원분산분석의 사전비교 역시 일원분산분석의 사전비교 방법과 동일하다. 각 주효과와 상호작용효과에서 관심있는 대비를 만들고 대비에 따른 표준오차와 t통계값을 계산한다. 대비수에 의하여 [수표 6]에 있는 Dunn t값을 찾아 대비에 대한 영가설 기각 여부를 결정한다.

우선 교수법 효과에 대하여 관심있는 대비로 2개의 대비를 만들었다고 가정하자. 첫 번째 대비는 IT 교수법과 개인 교수법의 대비, 두 번째 대비는 IT 교수법과 IT를 사용하지 않는 전통적 교수법과 개인 교수법의 대비라면 두 대비값과 표준오차 그리고 t통계값은 다음과 같다.

$$\hat{\psi}_1 = (1)(8.33) + (-1)(11.33) = -3$$

$$\hat{\psi}_2 = (1)(8.33) + [(-6/12)(8) + (-6/12)(11.33)] = -1.333$$

$$SE_{\hat{\psi}_1} = \sqrt{1.278[(1)^2/6 + (-1)^2/6]} = .653$$

$$SE_{\hat{\psi}_2} = \sqrt{1.278[(1)^2/6 + (-6/12)^2/6 + (-6/12)^2/6]} = .565$$

$$t_{\hat{\psi}_1} = -3/.653 = -4.594$$

$$t_{\hat{\psi}_2} = -1.333/.565 = -2.359$$

기각값은 관심있는 대비가 2개이고 유의수준이 .05이며, MS_W에 해당하는 자유도는 12이므로 [수표 6]에 의하여 ± 2.56이 된다. 그러므로 사전비교분석에서는 두 대비 모두 통계적으로 유의한 차이가 있음을 알 수 있다.

보상효과에 대한 사전비교분석도 교수법에 대한 사전비교분석과 동일하다. 그러나 보상효과에 대한 자유도가 1이므로 사전비교분석이나 사후비교분석, 그리고 전체 가설 검정 모두 동일한 결과를 갖는다. 교수법과 보상의 상호작용효과에 대한 사전비교분석 역시 동일한 절차를 거친다.

사전비교분석 시 주의할 사항은 관심있는 대비를 많이 만들수록 각 효과에 대한 유의수준은 대비 수로 나누어지므로 기각값이 커지게 된다. 그러므로 대비 수를 많이 만든다면 이론적 · 경험적 배경이 약한 것으로, 사후비교분석을 실시하는 것이 사전비교분석을 실시하는 것보다 바람직하다.

이원분산분석의 사전비교분석 절차는 다음과 같다.

이원분산분석의 사전비교분석 절차

1 이원분산분석 사후비교분석 절차의 2, 3, 4와 동일하다.

2 각 효과마다 대비 수, 유의수준, MS_W에 해당되는 자유도에 따라 [수표 6]에서 기각값을 찾는다.

3 결론을 유도한다.

3 내재설계의 사후비교분석

내재설계를 실시하여 한 독립변수의 각 수준에서 다른 독립변수에 의한 집단간 차이가 있는지를 검정하여 유의한 차이가 있는 검정 결과가 나오면 **사후비교분석**을 실시한다. 〈표 19-9〉에서와 같이 사탕을 주는 보상방법에서 교수법의 효과와 칭찬을 하는 보상방법에서 교수법의 효과를 볼 때, 사탕을 주는 보상방법과 칭찬을 하는 보상방법의 수준에서 교수법에 의한 차이가 있음을 알았다. 그러므로 각 보상방법 내에서 어떤 교수법 간에 학업성취도의 차이가 있는지 사후비교분석을 실시할 수 있다. 대비와 표준오차 그리고 t통계값을 계산하는 절차는 동일하다. 다만 평균을 계산할 때, 그리고 집단의 사례 수를 계산할 때, 보상방법의 각 수준에 한정된다는 것이다. 예를 들어, 칭찬을 하는 보상방법 수준에서 IT 교수법과 개인교수법의 대비를 만들어 사후비교분석을 실시한다면 대비, 표준오차, t통계값은 다음과 같다.

$$\hat{\psi} = (+1)(9) + (-1)(14.33) = -5.333$$

$$SE_{\hat{\psi}} = \sqrt{1.278[(1)^2/3 + (-1)^2/3]} = .923$$
$$t_{\hat{\psi}} = -5.333/.923 = -5.778$$

내재설계에서 어떤 주효과에 의하여 내재되든 상호작용효과를 포함하므로 내재된 설계에서의 관심된 분석은 하나의 주효과와 상호작용효과에 대한 효과에 부여된 두 개의 유의수준을 공유한다. 각 효과에 대한 유의수준을 .05로 하였을 때 상호작용효과에 대한 유의수준 .05를 포함하는 .10을 내재된 독립변수의 수준의 수로 나눈다.

〈표 19-9〉의 경우 내재된 변수는 보상방법이고 그 수준 혹은 종류는 2개이므로 각 수준이 차지하는 유의수준은 .10/2로서 .05가 된다. 사탕을 주는 보상방법에서의 교수법 효과가 유의수준 .05를, 칭찬을 하는 보상방법에서의 교수법 효과가 유의수준 .05를 갖게 되므로 사후검정은 칭찬을 주는 보상방법에 의한 교수법 효과에 대하여 실시하였으므로 Scheffé 기각값은 다음과 같다.

$$S = \pm\sqrt{2(F_{2,12,.05})} = \pm 2.789$$

IT 교수법과 개인 교수법의 사후비교분석의 통계값은 -5.778로서 기각값 -2.789보다 작으므로 영가설을 기각한다. 그러므로 '유의수준 .05에서 칭찬을 하는 보상방법 수준에서 IT 교수법과 개인 교수법에 따른 학업성취도에 유의한 차이가 있다.'라고 결론짓는다.

〈표 19-8〉과 같이 B변수에 내재된 A효과에 대한 사후비교분석을 위한 Scheffé 기각값은 다음과 같다. df_A는 A 독립변수의 자유도이며, k는 B 독립변수의 수준, 즉 집단 수를 말한다.

$$S = \pm\sqrt{df_A(F_{df_A, df_W, 2\alpha/k})}$$

A변수에 내재된 B효과에 대한 사후비교분석을 위한 기각값은 다음과 같다.

$$S = \pm \sqrt{df_B(F_{df_B df_W, 2\alpha/j})}$$

4 내재설계의 사전비교분석

이원분산분석에서 연구목적에 따라 A 변수가 B변수에 혹은 B변수가 A 변수에 내재될 수 있다. 〈표 19-8〉은 B변수에 내재되어 A 변수의 효과를 검정하는 설계이다. 그러므로 B변수의 수준에서 A 변수의 효과 혹은 A 변수의 집단차이를 검정하기 위해서는 상호작용에 따른 유의수준도 포함하므로 2α를 B변수의 수준으로 나누어야 한다. 〈표 19-9〉에 제시된 분산분석표는 보상방법에 내재된 교수법의 효과를 분석하므로 상호작용에 대한 유의수준 .05까지 포함한 2(.05)를 보상방법 변수의 수준 2개로 나눈다. 그러므로 사탕에 의한 보상방법에서 교수법에 따른 학업성취의 효과도 유의수준 .05에서 검정된다. 만약 B변수의 수준이 4개이었다면 B변수의 각 수준에 따른 A 변수의 효과 검정은 각각 $2\alpha/4$의 유의수준을 갖는다.

사전비교분석은 각 보상방법 수준에 입각하여 교수법에 따른 집단간 학업성취도를 비교하게 되므로 관심있는 대비를 만들 수 있다. 즉, 사탕에 의한 보상방법에서 전통적 교수법과 개인 교수법에 차이가 있는지, 그리고 IT 교수법과 개인 교수법과의 차이가 있는지를 검정할 수 있다. 그러므로 관심있는 대비를 만들 수 있다. 칭찬을 하는 보상방법에서도 교수법에 따른 집단간 차이 비교를 할 수 있다.

대비와 그에 따른 표준오차, 그리고 t통계값을 계산하는 절차는 이원분산분석의 교차설계의 사후비교분석과 동일하다. 다만 기각값만 다르다. K수준을 지닌 B변수에 내재된 A 변수 효과를 검정하는 이원분산분석 설계에서 사전비교분석을 위한 기각값은 다음과 같다.

$$\pm\, t_{df_W,\, 2\alpha/K/\text{대비수}}$$

J수준을 지닌 A변수에 내재되어 B변수 효과를 검정하는 이원분산분석 설계에서의 사전비교분석을 위한 기각값은 다음과 같다.

$$\pm t_{df_W,\ 2\alpha/J/\text{대비수}}$$

연구목적에 따라 교차설계와 내재설계가 선택되며, 두 설계방법 모두에 사후비교분석과 사전비교분석이 실시될 수 있다. 이론적 배경이 강할수록 내재설계의 사전비교분석을 실시할 수 있다.

연습문제

* 제19장 연습문제 1번 자료를 이용하여 다음 문제를 풀라.

1 교차설계의 분산분석 결과에 의하여 유의수준 .05에서 사후비교분석을 실시하라.

2 연구자는 송환시기에 따라, 그리고 학급규모에 따라 학업성취도에 차이가 있는지 다음의 대비들을 사전비교분석하려고 한다. 유의수준 .05에서 검정하라.

송환시기

ψ_1: 즉시 vs 1주

ψ_2: 1주 vs 2주

ψ_3: 1주 vs 1개월

학급규모

ψ_1: 20 vs 40

ψ_2: 40 vs 60

3 학급규모에 내재된 송환시기의 효과에 대한 사후비교분석을 실시하라.

4 연구자가 각기 다른 학급규모에서 송환시기에 따라 학업성취도에 차이가 있는지 다음과 같은 대비를 만들어 사전비교분석하려고 한다. 검정을 실시하라.

20명 규모

ψ_1: 즉시 vs 1주

ψ_2: 즉시 vs 2주

제21장

χ^2분포에 의한 검정

통계적 분포는 일반적으로 어떤 변수의 값이 일어날 확률을 설명하여 준다. 특히 표준정규분포가 그 대표적인 예이며 표준정규분포는 Z검정을 위하여 사용됨을 제15장에서 공부하였다. 불행하게도 모든 통계적 검정방법이 표준정규분포에 의하여 의사가 결정되는 것이 아니다. 그러므로 이 장에서는 χ^2분포와 χ^2검정의 원리, χ^2검정의 기본 가정, 상관성 연구와 집단비교연구, 그리고 사후 · 사전비교 분석을 다루기로 한다.

1 χ^2분포

χ^2**분포**는 Greek 글자 chi에 제곱을 붙인 chi-square 분포 혹은 카이제곱분포로 명명하며, 이 분포는 표준정규분포로부터 만들어진다. χ^2분포는 자유도의 형태에 의해 규명되는 **가족분포**(family distribution)의 한 종류로 자유도가 무한대로 증가하면 정규분포의 형태를 나타내나 일반적으로 **정적편포**(positively skewed distribution)의 형태를 이루며 [그림 21-1]과 같다.

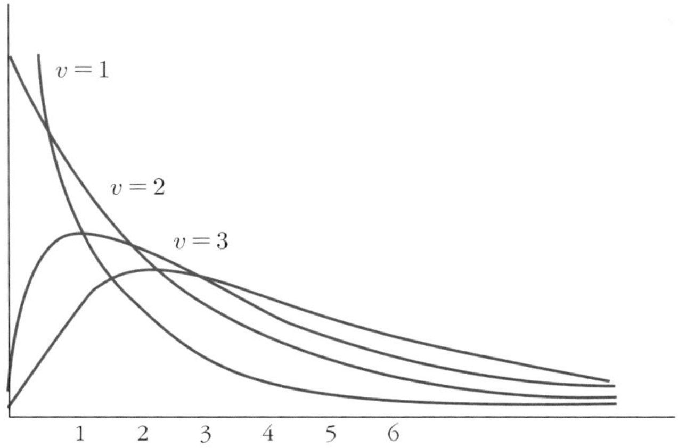

[그림 21-1] 자유도에 따른 χ^2분포의 형태

χ^2분포는 Z분포의 표준점수를 제곱하여 만들어진 분포이다. 즉, χ^2분포는 평균이 μ_Y이고 분산이 σ_Y^2인 모집단분포에서 사례 수가 n인 표본을 추출하였을 때 각 사례의 표준점수를 제곱한 후 더하여 만들어진 분포로 공식 (21.1)과 같이 쓸 수 있다.

$$
\begin{aligned}
\chi_n^2 &= Z_{Y_1}^2 + Z_{Y_2}^2 + \cdots\cdots + Z_{Y_n}^2 \\
&= \sum_{i=1}^{n} Z_{Y_i}^2 \\
&= \sum_{i=1}^{n} \left(\frac{Y_i - \mu_Y}{\sigma_Y} \right)^2 \\
&= \sum_{i=1}^{n} \frac{(Y_i - \mu_Y)^2}{\sigma_Y^2} \\
&\quad \left(\because \hat{s}_Y^2 = \frac{\Sigma(Y_i - \overline{Y})^2}{n-1},\ \Sigma(Y_i - \overline{Y})^2 = (n-1)\hat{s}_Y^2\right) \\
&= \sum_{i=1}^{n} \frac{(n-1)\,\hat{s}_Y^2}{\sigma_Y^2} \qquad (21.1)
\end{aligned}
$$

이 공식에 의하여 χ_n^2은 자유도 $n-1$을 가짐을 알 수 있다. χ_n^2의 분자 부분은

$\Sigma(Y_i-\mu_Y)^2$으로 이를 풀면 공식 (21.2)와 같다.

$$
\begin{aligned}
\Sigma(Y_i-\mu_Y)^2 &= \Sigma[(Y_i-\overline{Y})+(\overline{Y}-\mu_Y)]^2 \\
&= \Sigma(Y_i-\overline{Y})^2+2\Sigma(Y_i-\overline{Y})(\overline{Y}-\mu_Y)+\Sigma(\overline{Y}-\mu_Y)^2 \\
&= \Sigma(Y_i-\overline{Y})^2+2(\overline{Y}-\mu_Y)\Sigma(Y_i-\overline{Y})+\Sigma(\overline{Y}-\mu_Y)^2 \\
&= \Sigma(Y_i-\overline{Y})^2+\Sigma(\overline{Y}-\mu_Y)^2 \\
&\quad (\because\ \Sigma(Y_i-\overline{Y})=0) \\
&= (n-1)s_Y^2+n(\overline{Y}-\mu_Y)^2 \\
&\quad \left(\because\ s_Y^2=\frac{\Sigma(Y_i-\overline{Y})^2}{n-1},\ Y=\text{상수}\right) \qquad (21.2)
\end{aligned}
$$

그러므로 χ_n^2은 다음 공식 (21.3)과 같다.

$$
\begin{aligned}
\chi_n^2 &= \frac{(n-1)s_Y^2+n(Y-\mu_Y)^2}{\sigma_Y^2} \\
&= \frac{(n-1)s_Y^2}{\sigma_Y^2}+Z^2 \\
&\left[\because\ \frac{n(\overline{Y}-\mu_Y)^2}{\sigma_Y^2}=\frac{(\overline{Y}-\mu_Y)^2}{(\sigma_Y/\sqrt{n})^2}=\left[\frac{(\overline{Y}-\mu_Y)}{(\sigma_Y/\sqrt{n})}\right]^2=Z^2\right] \qquad (21.3)
\end{aligned}
$$

* $\chi_n^2=\dfrac{(n-1)s_Y^2}{\sigma_Y^2}+Z^2$이므로 χ^2은 자유도가 $n-1$임을 알 수 있음

χ^2분포는 표준정규분포의 변수의 제곱값에 해당하는 확률을 나타내는 분포로 자유도가 1일 경우를 예를 들어 설명하면 다음과 같다.

자유도가 1일 경우 -1과 $+1$ 사이에는 Z점수가 68.26%가 존재한다. χ^2으로 변환하면 Z점수의 제곱이 되므로 0과 1 사이에 68.26%가 존재함을 알 수 있다. 또한 Z점수가 ±1.96 사이에 95%가 존재하므로 χ^2분포에 의하면 $(1.96)^2$인 3.84

에 95%가 해당됨을 알 수 있다. 자유도가 1일 경우 χ^2분포는 Z분포의 제곱과 같다. 자유도와 확률에 따른 χ^2값은 [수표 7]을 참고하라.

자유도가 1인 χ^2분포의 평균은 Z분포의 분산과 같다.

$$\mu_{\chi_i^2} = \frac{\sum_{i=1}^{n} Z_i^2}{n}$$

$$= \frac{\Sigma (Z_i - \mu_Z)^2}{n}$$

$$(\because \ \mu_Z = 0)$$

$$= \frac{\Sigma Z^2}{n}$$

$$= \sigma_Z^2$$

Z분포의 분산은 1이므로 χ_1^2의 평균은 1이 된다. 자유도가 1일 때 χ^2분포의 분산을 계산하는 절차는 간단하지 않아 설명은 생략한다. 자유도가 1일 때 χ^2분포의 분산은 2이다.

일반적으로 J의 자유도를 가진 χ^2분포는 J개의 독립적인 표준정규변수의 제곱합으로 정의된다.

$$\chi_J^2 = Z_1^2 + Z_2^2 + \cdots\cdots + Z_J^2$$

그러므로 J의 자유도를 가진 χ^2분포의 평균은 J가 됨을 알 수 있다. 수식으로 증명하면 다음과 같다.

$$\mu_{\chi^2} = \mu_{Z_1^2} + \mu_{Z_2^2} + \cdots\cdots + \mu_{Z_J^2}$$

$$= 1 + 1 + \cdots\cdots + 1$$

$$= J$$

J의 자유도를 가진 χ^2분포의 분산 역시 평균 계산을 위한 선형모형을 다음과 같이 쓸 수 있다.

$$\sigma_{\chi^2} = \sigma_{Z_1^2} + \sigma_{Z_2^2} + \cdots\cdots + \sigma_{Z_J^2}$$

σ_{χ^2}분포의 분산은 자유도가 1인 χ^2분포의 분산의 합이므로 앞의 등식은 다음과 같다.

$$\begin{aligned}\sigma_{\chi^2} &= 2 + 2 + \cdots\cdots + 2 \\ &= 2J\end{aligned}$$

그러므로 분산은 $2J$가 된다. 자유도를 Greek 문자 v(nu)로 표현할 때 v를 가진 **χ_v^2분포의 평균과 분산**은 다음과 같다.

χ^2분포의 평균과 분산

$$\mu = v$$

$$\sigma^2 = 2v$$

2 χ^2분포를 사용한 검정의 가정과 목적

특정한 통계적 방법이 모든 상황에 통용되는 것은 아니다. Z분포에 의한 통계적 검정을 사용하기 위하여 기본 가정을 충족시켜야 한다고 설명하였듯이, χ^2분포를 사용하여 통계적 검정을 실시할 때 또한 기본 가정을 확인하여야 한다.

첫째, χ^2분포에 의하여 검정을 실시하기 위해서는 종속변수가 명명척도에 의한 질적변수이거나 최소한 **범주변수**(categorical variable)이어야 한다. 성별이나 인종 혹은 자동차 유형 등을 예로 들 수 있다. 또한 연속변수를 어떤 목적 아래 비연속변수로 변환한 범주변수의 예로, 우수아, 보통아, 저능아 등의 지능지수에 따른 집단 구분 혹은 고소득자, 중산층, 저소득자 등의 수입에 따른 집단 구분을 들 수 있다.

둘째, χ^2검정을 실시하기 위해서는 각 범주에 포함되어 있는 도수를 갖게 되는데, 이를 **획득도수**(obtained frequency) 혹은 획득빈도라 한다. 또한 각 범주에 포함될 수 있는 기대되는 도수를 **기대도수**(expected frequency) 혹은 기대빈도라 하는데, 이 획득도수와 기대도수가 5보다 작은 칸(cell)이 전체 칸 수의 20% 이하이어야 한다.

셋째, 각 칸에 떨어져 있는 도수는 각각 독립적이어야 한다. 예를 들어, 인종별로 분류하고 눈동자의 색으로 분류할 때 동일인이 각기 중복되는 일이 없어야 한다. 즉, 어떤 칸에 해당된 사례는 다른 칸에 해당된 사례와 상관이 없는 독립적 관계이어야 한다.

이상의 세 가지 기본 가정이 충족되지 않은 상태에서 χ^2검정을 사용하는 경우가 학위논문뿐 아니라 많은 보고서에서 발견되어 주의가 요구된다.

χ^2분포에 의한 검정은 일반적으로 χ^2검정이라 하며, χ^2검정의 목적은 크게 나누어 동질성 연구와 상관성 연구의 목적을 지니고 있다. 일반적으로 χ^2검정은 각 모집단 간에 차이가 있느냐 하는 동질성 연구에만 초점을 두고 있는 것이 국내의 연구 경향이지만 상관성 연구도 있음을 알아야 한다.

동질성 연구는 여러 모집단으로부터 각각의 표본을 추출하여 각 모집단의 속성이 유사한가를 검정하는 데 목적이 있으며, 상관성 연구는 한 모집단으로부터 하나의 표본이 추출되어 표본의 각 사례에서 두 변수를 관찰하여 두 변수가 서로 관계가 있는지를 검정하는 방법이다. 동질성 연구나 상관성 연구 모두 똑같은 변수가 측정되나 차이점은 동질성 연구는 연구의 목적상 여러 개의 모집단으로부터 각각의 표본이 추출되며, 상관성 연구는 한 모집단으로부터 하나의 표본이 추출되어 χ^2검정을 실시하는 것이다.

예를 들어, 인종과 머리카락 색의 관련 여부를 연구할 때 연구자에 따라 다른 목적을 가질 수 있다. 만약 어떤 연구자가 인종에 따라 머리카락 색이 다른지의 여부를 연구의 목적으로 한다면, 이 연구자는 백인종의 모집단을 대표하는 백인 표본,

흑인종을 대표하는 흑인 표본, 황인종을 대표하는 황인 표본을 추출하여 그들의 머리카락 색을 분류한 후 인종에 따라 머리카락 색이 같은지의 여부를 검정하여야 한다. 이를 동질성 연구라 한다. 동질성 연구를 위해서는 두 개 이상의 모집단과 그 모집단에서 표본을 각기 추출해야 한다는 사실을 주지하여야 한다. 이와는 달리 어떤 연구자가 인종과 머리카락 색에는 어떤 관계가 있을 것이라는 연구를 하고자 한다. 즉, 백인종은 어떤 색의 머리카락을 가지며, 흑인종, 황인종 역시 특정 색의 머리카락을 가질 것이라는 경향성을 연구하고자 한다면, 하나의 모집단에서 한 표본을 추출하여 상관성 검정을 실시할 수 있다. 상관성 연구의 일례로 국제대학의 세계 각국 학생들이 강의를 듣는 대단위 강좌 등에서 표본을 추출하여 표본을 구성하는 모든 학생을 인종과 머리카락 색에 따라 구분한 후 인종과 머리카락 색이 어떤 관계가 있는가를 검정할 수 있다.

χ^2검정에서 동질성 연구나 상관성 연구 모두 같은 절차를 밟는다. 그러나 연구의 목적이 다르기 때문에 영가설과 대립가설을 다르게 서술하여야 한다. 동질성 연구의 영가설과 대립가설은 다음과 같다.

H_0: 집단간 차이가 없다.
H_A: 집단간 차이가 있다.

상관성 연구의 영가설과 대립가설은 다음과 같다.

H_0: 두 변수 간의 관계가 없다.
H_A: 두 변수 간의 관계가 있다.

3 동질성 연구

두 집단 동질성 연구

동질성(homogeneity) **연구**는 여러 모집단의 속성이 같은지를 알아 보는 것으로

Karl Pearson에 의하여 제안되었다. 동질성 연구는 Karl Pearson이 제안한 두 변수 간의 상관성 연구와 자주 혼동된다. 그 이유는 검정하는 절차가 동일하기 때문이다. 동질성 연구는 여러 모집단에서 각각 표본을 추출하여 하나의 종속변수를 관찰한 다음 유사성을 검정하는 것이다.

동질성 연구의 예를 들어 설명해 보면, 출산장려정책에 대한 성인 남녀 간의 찬반 여부에 차이가 있는지를 검정하고자 한다면 영가설과 대립가설은 다음과 같다.

H_0: 출산장려정책에 대해 찬성하는 남녀의 비율은 같다.
H_A: 출산장려정책에 대해 찬성하는 남녀의 비율은 다르다.

이 연구목적을 수행하기 위하여 유의수준을 .05로 설정하고 남성 모집단에서 500명을 무선적으로 추출하고, 여성 모집단에서 600명을 무선추출하여 출산장려정책에 대하여 찬반을 물은 결과가 〈표 21-1〉과 같다.

〈표 21-1〉 출산장려정책에 대한 남녀 간의 찬반 결과

i \ j	남	여	
찬성	230	420	650
반대	270	180	450
	500	600	1,100

〈표 21-1〉에서 집단을 J로 표기하고 응답범주를 I라 하여 이를 $I \times J$**분할표**(contingency table)라 한다. 또한 칸(cell)에 나와 있는 도수 230, 420, 270, 180은 연구과정에서 얻은 도수로 **획득도수**(obtained frequency) 혹은 **획득빈도**라 하며, f_{ij}로 표기한다. j는 집단을, i는 응답 혹은 분류 범주로서 종속변수의 범주 혹은 수준이라 말한다. f_{11}은 첫 번째 집단의 첫 번째 응답범주의 획득도수로 230이며,

f_{12}는 두 번째 집단의 첫 번째 응답범주의 획득도수로 420이다. 또한 650, 450, 500, 600과 같은 수를 **주변도수**(marginal frequency)라 하며, 찬성을 나타내는 650명을 $f_{1\cdot}$으로, 반대를 나타내는 주변도수 450은 $f_{2\cdot}$으로 표기한다. $f_{\cdot 1}$은 남성의 총수인 500이며, $f_{\cdot 2}$는 여성의 총수, 즉 주변도수인 600이다. $f_{\cdot\cdot}$은 모든 사례수 1,100으로 n으로 표기한다.

〈표 21-1〉을 보고 통계적 검정을 거치지 않더라도 두 집단 간의 출산장려정책에 대한 찬성비율의 차이가 있음을 직감할 수 있을 것이다. 남성의 경우 230/500인 .46이며 여성의 경우 420/600인 .7이기 때문이다. 집단을 j라 하고 각 응답을 i라 할 때 앞에서 서술한 가설을 통계적 가설로 변환하면 다음과 같다.

$$H_0 : P_{ij} = P_{ij'}$$
$$H_A : P_{ij} \neq P_{ij'}$$

만약 여성도 600명 중 46%에 해당하는 276명이 찬성한다면 출산장려정책의 찬성에 해당하는 주변도수는 650이 아니라 506이 되며, 두 집단의 출산장려정책에 대한 찬성비율은 같을 것이다. 그러나 여성집단에서 출산장려정책에 대하여 찬성하는 여성 수가 많으므로 출산장려정책에 대한 전체 찬성비율이 높아짐을 알 수 있다. 전체 1,100명 중 650명이 출산장려정책에 대하여 찬성하였으므로 그 비율은 .5909가 된다.

지금부터 Karl Pearson이 제안한 χ^2검정의 기본 원리를 설명한다. 1,100명 중 59.09%에 해당하는 650명이 출산장려정책에 대하여 찬성하였으므로 만약 남녀집단의 출산장려정책에 대한 찬성비율이 차이가 없으려면, 즉 영가설이 사실이려면 남성 표본에서도 59.09%가 출산장려정책에 대하여 찬성하고, 여성 표본의 59.09%에 해당하는 사람들이 출산장려정책에 대하여 찬성하여야 할 것이다. 그러므로 남성 중에 출산장려정책에 찬성하는 비율은 500명 중 59.09%, 여성 중에 출산장려정책에 찬성하는 비율도 600명 중 59.09%에 해당할 것이다.

영가설하에서 남성 중에 찬성할 것이라 기대되는 수는,

$$500 \times \frac{650}{1,100}$$

이며, 여성 중에 출산장려정책에 찬성할 것이라 기대되는 수는,

$$600 \times \frac{650}{1,100}$$

이 된다. 이와 같이 영가설하에서 얻어질 것이라 기대되는 사례 수는 **기대도수**(expected frequency) 혹은 **기대빈도**라 하며, F_{ij}라 표기한다. 획득도수 f_{ij}와 구분하기 위하여 F_{ij}로 표기하며, 기대도수의 계산과정을 보면 재미있는 현상을 발견할 수 있다.

남성 중 출산장려정책을 찬성할 것이라 기대되는 수는 500×(650/1,100)으로 500은 남성의 주변도수이고, 650은 찬성을 나타내는 주변도수이며 1,100은 총 사례 수임을 알 수 있다. 그러므로 해당된 칸의 기대도수를 계산하는 방법은 해당 칸과 관계된 주변도수를 서로 곱하여 총 사례 수로 나눈 값이 됨을 알 수 있다. 이를 수식으로 표현하면 공식 (21.4)와 같다.

$$F_{ij} = f_{\cdot j} \times \frac{f_{i\cdot}}{n} = \frac{f_{\cdot j} \times f_{i\cdot}}{n} \tag{21.4}$$

여기서 알 수 있는 것은 만약 H_0이 사실이라면 각 칸에서의 획득도수와 기대도수의 차이가 없다는 것이다. 또한 획득도수가 영가설하에서 추정된 기대도수와 차이가 심할수록 영가설과 멀어지는 결과를 가져오게 됨을 알 수 있다. Karl Pearson이 이 원리를 이용하여 **χ^2통계값**을 계산하는 공식 (21.5)를 제안하였다.

$$\chi^2 = \sum_{j=1}\sum_{i=1} \frac{(f_{ij} - F_{ij})^2}{F_{ij}} \tag{21.5}$$

이는 모든 칸에서 획득도수에서 기대도수를 뺀 다음 제곱하여 각 칸에 해당되는 기대도수로 나눈 후 모든 칸의 값을 더한 값이 된다. 여기서 직감적으로 χ^2통계값이 클수록 H_0을 부정하게 되어 집단간의 차이가 있음을 알 수 있다.

앞의 예에서 각 칸에 대한 기대도수를 계산하면 〈표 21-2〉와 같다.

〈표 21-2〉 출산장려정책에 대한 남녀 간의 찬반 기대도수

	남	여	
찬	295.45	354.55	650
반	204.55	245.45	450
	500	600	1,100

χ^2통계값을 계산하면 다음과 같다.

$$\chi^2 = \frac{(230-295.45)^2}{295.45} + \frac{(420-354.55)^2}{354.55} + \frac{(270-204.55)^2}{204.55} + \frac{(180-245.45)^2}{245.45}$$
$$= 64.98$$

추리통계의 유의도 검정을 위하여 기각값을 찾아야 한다. χ^2분포는 자유도에 의하여 변하는 가족분포이므로 기각값을 찾기 위하여 자유도를 구하여야 한다. **자유도**는 $(I-1)(J-1)$로 계산되므로 앞의 예에서 자유도는 1이다. 자유도가 1이고 유의수준이 .05인 χ^2기각값은 [수표 7]에서 3.84이다. 그러므로 χ^2통계값 64.98은 기각값 3.84보다 크므로 영가설을 기각하게 된다.

연구자는 '유의수준 .05에서 출산장려정책에 대한 남녀집단의 찬성비율은 같지 않다'라고 결론내릴 수 있다.

SPSS 실행

〈표 21-1〉에 제시되어 있는 출산장려정책에 대한 남녀 간의 찬반 결과 자료를 입력하는데, 전체 사례 수는 총 1,100명으로 직접 입력이 어려우므로 SPSS의 '가중케이스' 기능을 사용하여 자료 파일을 생성한다. 가중케이스 기능을 사용하는 절차는 다음과 같다.

새 데이터 파일을 열어 성별, 찬반, 빈도 변수를 생성하고, 성별과 찬반에 해당하는 각 빈도수를 입력한다. 〈표 21-1〉에 의하면 남성이면서 찬성인 경우는 230명, 남성이면서 반대인 경우는 270명, 여성이면서 찬성인 경우는 420명, 여성이면서 반대인 경우는 180명이었으므로 차례대로 입력한다.

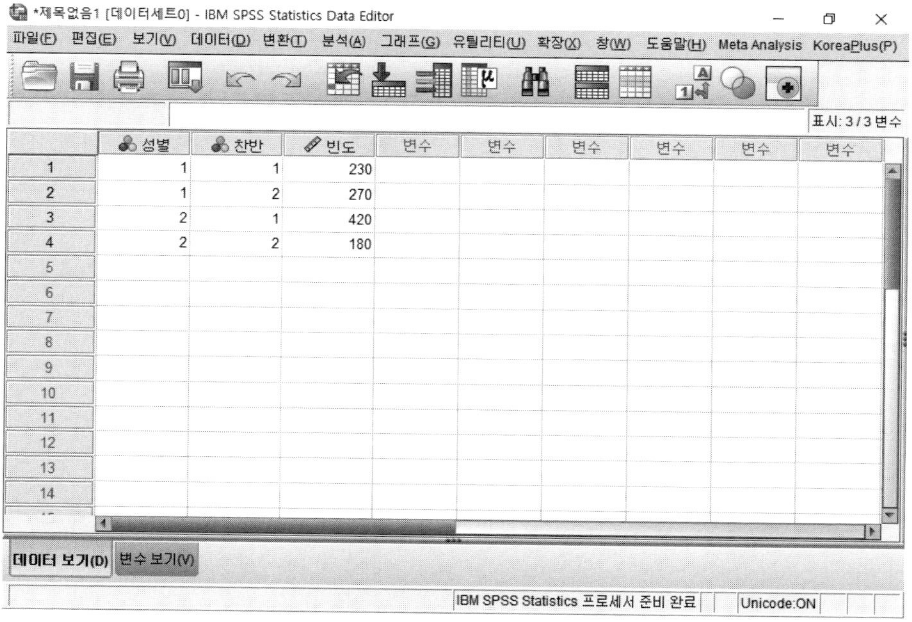

위와 같이 데이터 파일을 입력한 뒤, 메뉴에서 [데이터(D)] 의 [가중 케이스(W)] 를 눌러 가중 케이스 대화상자를 연다. 오른쪽의 [가중 케이스 지정(W)] 을 클릭한 뒤, 빈도에 해당하는 변수를 [빈도변수(F)] 에 입력하고 [확인] 을 누르면 된다. 가중케이스를 설정하면 1,100명의 자료를 직접 입력한 것과 같은 자료파일을 얻는다.

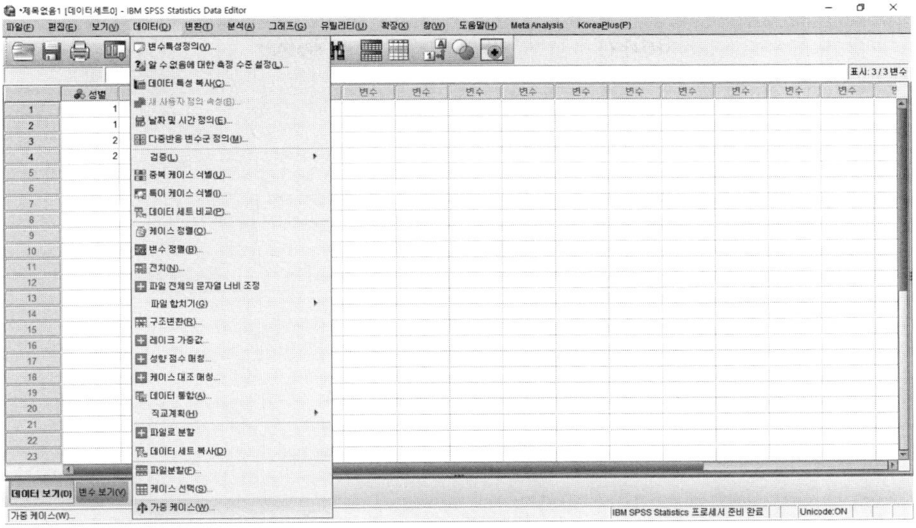

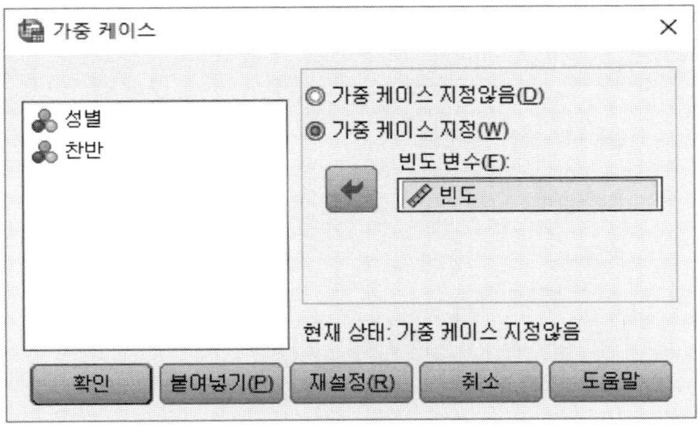

〈표 21-1〉에 제시되어 있는 출산장려정책에 대한 남녀 간의 찬반 결과 자료에 대한 두 집단의 동질성 연구를 위한 가설은 교재 제21장 3절과 같으며, 이를 위하여 메뉴에서 분석 ⇨ 기술통계량 ⇨ 교차분석 을 눌러 교차분석 대화상자를 연다. 여기서 행에 찬반, 열에 성별을 지정한 다음, 통계량(S)... 을 눌러 통계량 대화상자를 연 다음 카이제곱을 설정하고, 계속 을 눌러 교차분석 대화상자로 돌아와 확인 을 누르면 된다. 다집단에 대한 동질성 분석을 실행할 때도 두 집단 동질성 분석과 동일한 방법으로 하면 된다.

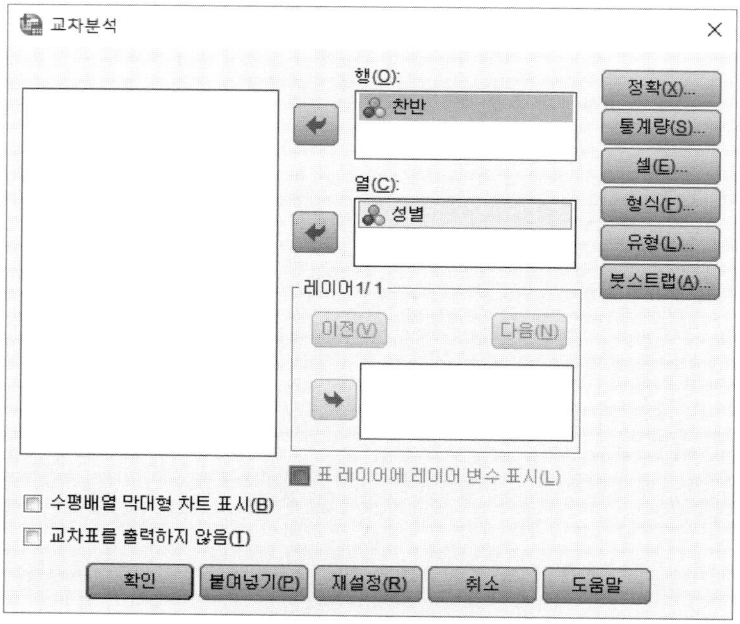

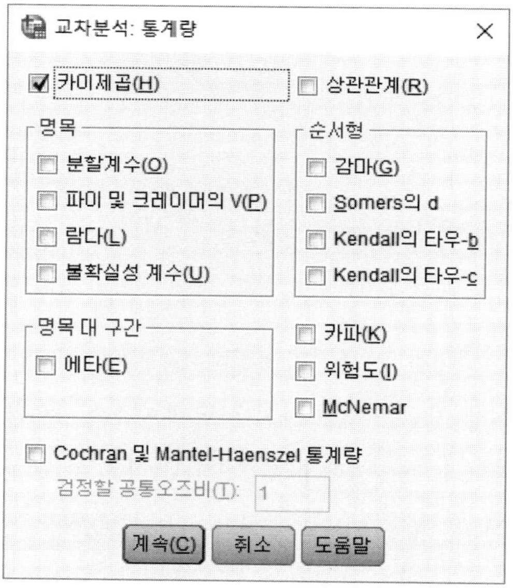

분할표에 성별에 따른 찬반의 비율을 나타내려면, [셀(E)...]을 누르고 퍼센트에서 열을 선택한다.

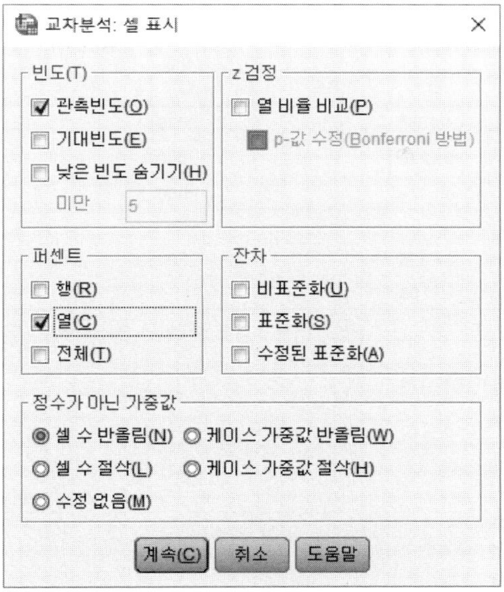

분석 결과

교차분석 프로시저가 수행된 결과는 다음과 같다. 찬반*성별 교차표는 〈표 21-1〉과 같은 형태이고, 카이제곱 검정에서 동질성 분석 결과를 보여 주는데 카이제곱값은 64.985로, 유의확률은 .000로 유의수준 .05에서 영가설이 기각되므로 출산장려정책에 대해 찬성하는 남녀의 비율이 다르다고 할 수 있다.

찬반 * 성별 교차표

			성별		
			남자	여자	전체
찬반	찬성	빈도	230	420	650
		성별 중 %	46.0%	70.0%	59.1%
	반대	빈도	270	180	450
		성별 중 %	54.0%	30.0%	40.9%
전체		빈도	500	600	1100
		성별 중 %	100.0%	100.0%	100.0%

카이제곱 검정

	값	자유도	근사 유의확률 (양측검정)	정확 유의확률 (양측검정)	정확 유의확률 (단측검정)
Pearson 카이제곱	64.985[a]	1	.000		
연속성 수정[b]	63.996	1	.000		
우도비	65.376	1	.000		
Fisher의 정확검정				.000	.000
선형 대 선형결합	64.926	1	.000		
유효 케이스 수	1100				

a. 0 셀 (0.0%)은(는) 5보다 작은 기대 빈도를 가지는 셀입니다. 최소 기대빈도는 204.55입니다.

b. 2x2 표에 대해서만 계산됨

jamovi 실행

SPSS에서 가중 케이스 설정 기능을 이용하여 사례수가 많은 자료를 간단하게 생성하여 χ^2분석을 실시한 것과 같이, jamovi에서도 유사한 분석이 가능하다. 분석을 위하여 SPSS 가중 케이스 예시와 같이 데이터를 생성, 입력한다.

χ^2검정을 실시하기 위하여 Analyses ⇨ Frequencies ⇨ Independent Samples χ^2test of association 을 선택한다.

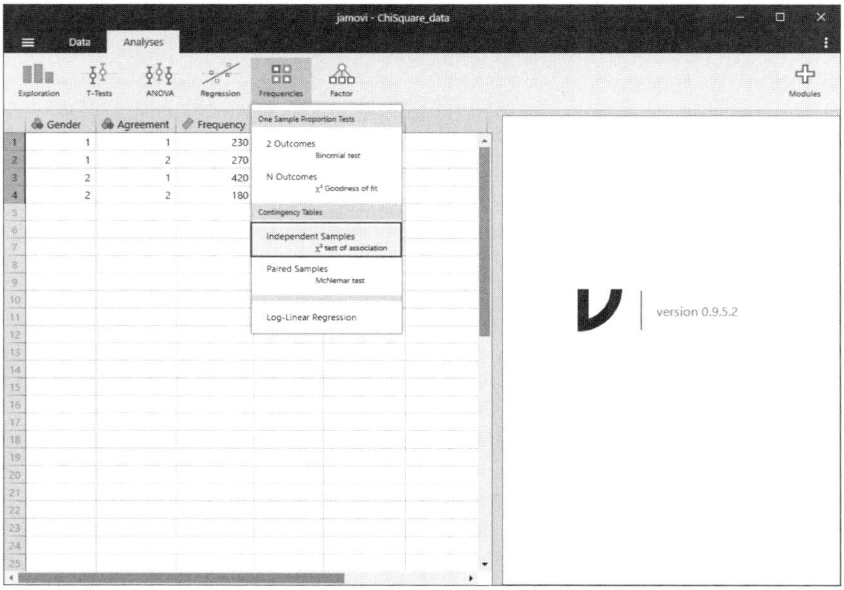

행에 배치할 변수를 'Rows'에, 열에 배치할 변수를 'Columns'에 옮긴다. 그리고 빈도수에 해당하는 변수를 'Counts(optional)'로 옮긴다. 만약 가중 케이스 설정이 필요 없는 데이터라면 'Counts'를 생략할 수 있다. 이때 성별에 따른 찬반의 비율을 알고자 할 경우 아래에 있는 'Cells' 메뉴를 눌러 'Percentages'의 'Column'에 체크하면 된다.

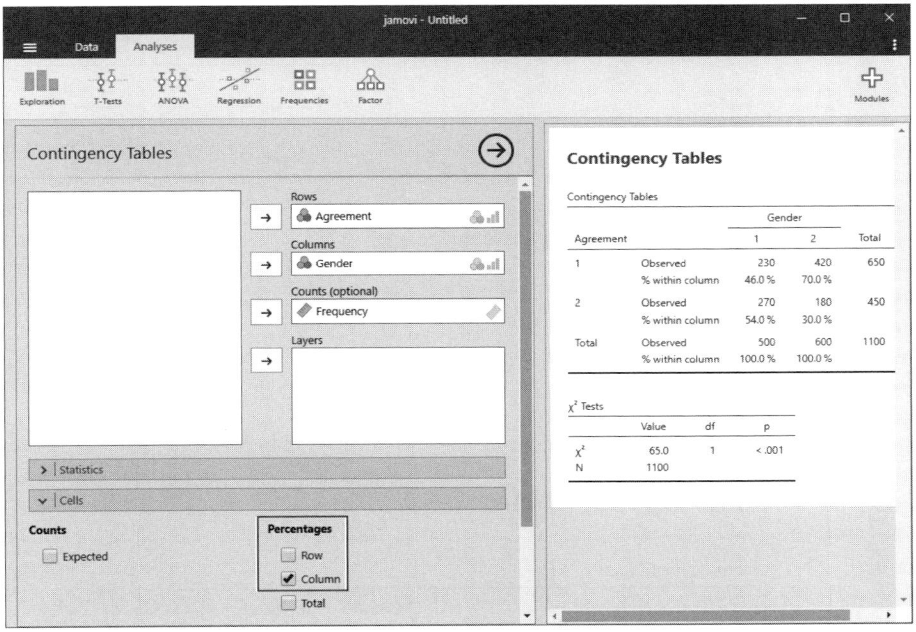

'Statistics' 메뉴를 누르면 χ^2검정을 위한 통계값 옵션이 있다. 'χ^2'은 Pearson's χ^2통계값을 의미하며, 'χ^2 continuity correction'은 연속수정, 'Likelihood ratio'는 우도비, 'Fisher's exact test'는 Fisher의 정확도 검정을 뜻한다. 네 가지 통계값을 자동으로 분석하는 SPSS와는 달리 jamovi에서는 이들의 분석 여부를 선택할 수 있다.

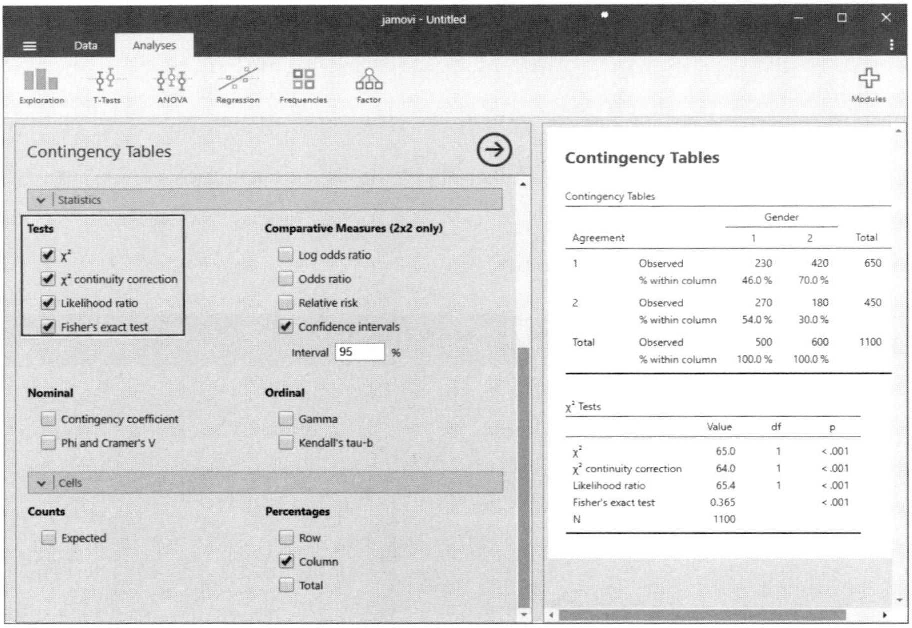

분석 결과는 오른쪽에 나타나며, 다음과 같다.

Contingency Tables

Contingency Tables

		Gender		
Agreement		1	2	Total
1	Observed	230	420	650
	% within column	46.0 %	70.0 %	
2	Observed	270	180	450
	% within column	54.0 %	30.0 %	
Total	Observed	500	600	1100
	% within column	100.0 %	100.0 %	

χ^2 Tests

	Value	df	p
χ^2	65.0	1	< .001
χ^2 continuity correction	64.0	1	< .001
Likelihood ratio	65.4	1	< .001
Fisher's exact test	0.365		< .001
N	1100		

다집단 동질성 연구

집단이 세 집단 이상이며, 응답범주 혹은 분류범주가 세 개 이상일 경우에 집단 간에 따른 **응답비율 차**의 검정을 실시할 수 있다. 일반적으로 이와 같은 검정을 위하여 $I \times J$의 분할표가 사용된다. 예를 들어, '전공에 따른 청소년범죄 해소방안 견해 차 연구'같은 경우이다. 전공이 다른 사회학도, 교육학도, 정치학도, 행정학도에게 청소년범죄 해소방안으로 처벌 규정 강화, 경찰 및 선도요원 증가, 청소년 교육프로그램 개발, 입시제도 개선 중에 하나를 고르라 하였을 때, 청소년범죄 해소방안에 대한 견해를 달리하는지 연구하게 될 것이다. 각 전공별로 대학생에게 청소년범죄의 해소방안에 대해 물을 때 나타난 결과를 기호로 표기하면 〈표 21-3〉과 같다.

〈표 21-3〉 전공에 따른 청소년범죄 해소방안 분석

		전공(J)				
		사회학	교육학	정치학	행정학	계 $f_{i\cdot}$
응답범주 (I)	처벌규정 강화	f_{11}	f_{12}		f_{14}	$f_{1\cdot}$
	경찰 및 선도요원 증가					
	청소년 교육프로그램 개발			f_{ij}		$f_{i\cdot}$
	입시제도 개선	f_{41}	f_{42}		f_{44}	$f_{4\cdot}$
	계 $f_{\cdot j}$	$f_{\cdot 1}$	$f_{\cdot 2}$	$f_{\cdot j}$	$f_{\cdot 4}$	$f_{\cdot\cdot} = n$

각기 다른 전공의 대학생 모집단에서 표본이 추출되어 청소년범죄 해소방안에 대한 응답을 분석하면 전공에 따른 청소년범죄 해소방안의 견해가 같은지를 검정할 수 있다. 이를 검정하기 위한 영가설과 대립가설은 다음과 같다.

$$H_0: \begin{pmatrix} P_{11} = P_{12} = P_{13} = \cdots\cdots = P_{1J} \\ P_{21} = P_{22} = P_{23} = \cdots\cdots = P_{2J} \\ \vdots \\ P_{I1} = P_{I2} = P_{I3} = \cdots\cdots = P_{IJ} \end{pmatrix}$$

H_A: H_0이 진이 아니다.

H_0을 서술할 때 범주가 두 개일 경우 하나에 대한 확률을 기록하면 다른 범주에 대한 기술이 자동적으로 서술되나 질적변수에 두 개 이상의 범주가 있을 때는 보기와 같이 영가설에 모든 확률을 써야 한다.

그다음 각 칸에 떨어지는 기대도수를 계산하는 절차와 Karl Pearson에 의한 χ^2 통계값 계산방법 그리고 기각값을 찾는 방법은 동일하다.

χ^2검정을 위한 절차를 간단히 요약하면 다음과 같다.

χ^2검정 절차

1 H_0, H_A, α, n을 설정한다.

2 각 칸에 해당하는 획득도수 f_{ij} 를 얻는다.

3 각 칸에 해당하는 기대도수 F_{ij} 를 계산한다.

$$F_{ij} = \frac{f_{i\cdot} \times f_{\cdot j}}{n}$$

4 Karl Pearson에 의한 χ^2통계값을 계산한다.

$$\chi^2 = \sum_{j=1}\sum_{i=1}\frac{(f_{ij} - F_{ij})^2}{F_{ij}}$$

5 χ^2분포에 의하여 유의수준과 자유도 $v = (I-1)(J-1)$에 의하여 기각값을 찾는다.

6 χ^2통계값이 χ^2기각값, 즉 $\chi^2_{v,\alpha}$ 보다 크면 H_0을 기각한다.

4 동질성 연구의 사후비교분석

집단 간의 동질성 연구를 한 결과 집단 간에 유사성이 존재하지 않을 때, 즉 χ^2검정에 의하여 영가설이 기각되었을 때 연구자들은 어느 집단과 어느 집단 간에 차이가 있는지를 분석하고자 할 것이다.

앞 절에서 본 χ^2검정을 위한 영가설은 모든 범주에 대한 집단 간의 비율이 같다는 거대한 가설로 이를 **전체 가설**(omnibus hypothesis)이라 한다. 이러한 전체 가설이 기각 혹은 부정된다는 것은 최소한 하나 이상의 집단 간의 비교가 같지 않기 때문인 것이다. 대비를 그리스 문자 ψ(psi)라 하며, 이 대비가 **두 집단 간의 짝비교**(pairwise comparison)이든 아니면 어떤 집단들을 합성하여 만든 **복합비교**(complex comparison)이든, 이 대비들 중에 하나라도 차이가 0이 아니면 전체 가설은 기각되는 것이다. 그러므로 앞 절에서 표현한 H_0과 H_A는 다음과 같은 형태로 서술될 수 있다.

H_0: 모든 대비 $\psi = 0$

H_A: 모든 대비 중 최소한 한 대비 $\psi \neq 0$

H_0이 기각되었다면 어디에 차이가 있는지에 대한 질문이 자연스럽게 나오게 된다. 이러한 태도가 연구자의 자세이다. 사족이지만 우리나라의 연구들을 보면 일반적으로 집단 간의 차이가 있다고 종결하는 연구가 흔하나 어느 집단과 어느 집단에 차이가 있는지를 연구하는 것은 필연적일 것이다. 이와 같은 질문에 해답을 구하지 못하다가 1953년에 가서 Scheffé에 의하여 해답의 실마리를 찾았으며, 1961년 Dunn이 Scheffé 방법을 발전시켰다. 그러나 Scheffé와 Dunn의 방법은 양적변수에 대한 문제해결 방법이었다. 질적변수에 의한 대비에 대한 분석이 아니라 양적변수에 대한 대비분석으로서 χ^2검정을 위한 대비분석은 해결하지 못하였다. 이어 1960년 중반 Goodman이 Scheffé와 Dunn의 방법을 발전시켜 종속변수가 질적변수일 때 대비에 대한 분석을 실시하였다. χ^2검정에 의하여 영가설이 기각되었을 때 어느 집단 간에 차이가 있는가를 찾는 방법은 사후비교분석(post-hoc comparison analysis) 혹은 사후분석(post-hoc analysis)이라 한다.

연구자가 연구대상인 사회학, 교육학, 정치학, 행정학 학생들에게 청소년범죄해소방안으로 처벌규정 강화, 경찰 및 선도요원 증가, 청소년 교육프로그램개발, 입시제도 개선 중에 선택하게 하여 얻은 결과는 〈표 21-4〉와 같다.

〈표 21-4〉 전공에 따른 청소년범죄 해소방안에 대한 응답

응답 \ 전공	사회학	교육학	정치학	행정학	계
처벌규정 강화	6	7	25	62	100
경찰 및 선도요원 증가	14	43	80	73	210
청소년 교육프로그램 개발	120	110	45	45	320
입시제도 개선	100	140	50	80	370
계	240	300	200	260	1000

χ^2검정을 위한 기대빈도와 χ^2계산절차는 〈표 21-5〉와 같고 χ^2통계값은 224.472이다. 자유도는 9이며 유의수준 .05로 하였을 때 기각값은 16.92로 χ^2통계값은 기각값보다 크므로 유의수준 .05에서 영가설을 기각한다. 그러므로 '유의수준 .05에서 전공에 따른 청소년범죄 해소방안에 대한 견해는 다르다.'라고 결론내릴 수 있다.

〈표 21-5〉 전공에 따른 청소년범죄 해소방안을 위한 χ^2검정

응답 \ 전공	사회학		교육학		정치학		행정학		계
처벌규정 강화	6	24	7	30	25	20	62	26	100
경찰 및 선도요원 증가	14	50.4	43	63	80	42	73	54.6	210
청소년 교육프로그램 개발	120	76.8	110	96	45	64	45	83.2	320
입시제도 개선	100	88.8	140	111	50	74	80	96.2	370
계	240		300		200		260		1000

$$
\begin{aligned}
\chi^2 &= \frac{(6-24)^2}{24} + \cdots\cdots + \frac{(62-26)^2}{26} \\
&\quad + \frac{(14-50.4)^2}{50.4} + \cdots\cdots + \frac{(73-54.6)^2}{54.6} \\
&\quad \vdots \\
&\quad + \frac{(100-88.8)^2}{88.8} + \cdots\cdots + \frac{(80-96.2)^2}{96.2} \\
&= 224.472
\end{aligned}
$$

전공에 따른 청소년범죄 해소방안에 대한 연구에서 H_0이 기각되었으므로 연구자는 어떤 응답범주에서 어느 집단과 어느 집단이 차이가 있는지를 분석하는 대비를 만들 수 있다. 예를 들어, 첫 번째 대비로 청소년 교육프로그램 개발이 청소년범죄를 해소하는 방법이라 생각하는 사회학을 전공하는 대학생의 비율과 행정학을 전공하는 대학생의 비율에 차이가 있는지를 밝히는 대비를 만들 수 있다. 또한 두 번째 대비로 청소년 프로그램 개발에 대한 사회학도와 교육학도를 합친 비율이 정치학을 전공하는 학생들의 비율과 같은가를 밝히는 대비를 만들 수 있으며, 더욱 복잡하게 세 번째 대비로 교육학도와 사회학도를 묶어 한 집단으로 보고 정치학도와 행정학도를 묶어 다른 집단으로 보는 두 임의적 집단의 비교도 가능할 것이다. 첫 번째 대비에서 볼 수 있듯이 한 집단을 다른 한 집단에 비교하는 **대비를 짝비교**(pairwise comparison)라 하며, 두 번째 그리고 세 번째 대비에서의 두 집단 이상을 합성하여 다른 집단과 비교하는 **대비를 복합비교**(complex comparison)라 한다.

대비가 짝비교이든 복합비교이든 대비를 검정하기 위해서는 비교집단의 응답 비율의 차이를 계산하고 그 대비에 대한 표준오차를 계산하여야 한다. 대비는 $\hat{\psi}$라 표기하고 대비에 대한 표준오차는 $SE_{\hat{\psi}}$로 표기한다. **$\hat{\psi}$와 $SE_{\hat{\psi}}$는 공식** (21.6)과 공식 (21.7)과 같이 계산한다.

$$\hat{\psi} = \Sigma c_j \hat{p}_j \tag{21.6}$$

$$SE_{\hat{\psi}} = \sqrt{\Sigma \frac{c_j^2 \hat{p}_j \hat{q}_j}{n_j}} \tag{21.7}$$

c_j: 대비계수(contrast coefficient)
$\hat{p}_j$: 해당 집단의 응답범주에 대한 비율
$\hat{q}_j$: $1 - \hat{p}_j$
n_j: 집단의 사례 수

χ^2검정에서 대비 $\hat{\psi}$와 표준오차 $SE_{\hat{\psi}}$를 계산하는 원리는 Scheffé의 방법으로, 분산분석에서 사후분석으로 집단 간 비교를 실시한 Scheffé의 방법과 개념적으로

동일하다. 참고로 분산분석에서 **사후분석을 위한 대비**와 표준오차는 다음과 같이 계산한다.

$$\hat{\psi} = \Sigma c_j \overline{Y}_j$$

$$SE_{\hat{\psi}} = \sqrt{MS_W \Sigma \frac{c_j^2}{n_j}}$$

그러나 질적변수에 대한 연구로 χ^2검정은 평균을 계산할 수 없으므로 어떤 집단의 해당 범주에 해당하는 확률 p_j를 사용하고, 이항분포에서 평균은 np이며, 분산은 npq이나 이항확률분포에서 평균은 p이고 분산은 pq/n이므로 대비에 대한 표준오차는 공식 (21.7)과 같이 계산한다.

분산 σ^2은 pq/n이므로 MS_W 대신에 $p_j q_j$가 대치된다. 제18장의 분산분석의 사후비교분석을 위한 Scheffé 방법을 공부하고 난 다음에 이 장의 이 절을 다시 학습하면 이해가 더욱 용이하고 기억에서 사라지지 않을 것이다.

첫 번째 대비와 두 번째 대비검정을 위한 각 집단의 청소년 교육프로그램 개발에 응답한 비율과 대비계수는 〈표 21-6〉과 같다.

〈표 21-6〉 교육프로그램 개발 응답비율과 대비계수

전 공		사회학	교육학	정치학	행정학
n_j		240	300	200	260
$\hat{p}_j$		120/240(.5)	110/300(.367)	45/200(.225)	45/260(.173)
$\hat{q}_j$		120/240(.5)	190/300(.633)	155/200(.775)	215/260(.827)
c_j	$\hat{\psi}_1$	1	0	0	−1
	$\hat{\psi}_2$	240/540	300/540	−1	0

대비계수를 계산할 때 두 번째 대비에서 만약 사회학도의 수와 교육학도의 수가 같다면 각각 1/2이 될 것이다. 복합대비를 위한 대비계수를 계산하는 방법이 복잡한 듯하나 기본 원리는 간단하다. 아무리 복잡한 대비라도 궁극적으로는 집

단을 합성하여 두 집단에 대해 비교하게 되므로 합성된 하나의 묶음에 포함된 집단들의 대비계수의 합은 1이 되고, 다른 묶음에 포함된 집단들의 대비계수의 합은 -1이 되어야 한다. 만약 세 집단이 합성된 묶음과 두 집단이 묶여 있는 비교를 한다면 첫 번째 묶음에서 각 세 집단의 사례 수가 같을 때는 1/3씩이 될 것이다. 그러나 각 세 집단의 사례 수가 다른 경우에는 각 세 집단 중 각 집단이 갖는 대비계수는 각 집단의 사례 수를 세 집단의 사례 수의 합으로 나눈 값이 된다. 이 원리에 의하여 세 번째 대비로서 교육학도와 사회학도를 묶어 한 집단으로 정치학도와 행정학도를 묶어 다른 집단으로 보아 비교한 대비의 대비계수를 계산하면 다음의 값이 된다.

$$\frac{240}{540},\ \frac{300}{540},\ -\frac{200}{460},\ -\frac{260}{460}$$

$\hat{\psi}$와 $SE_{\hat{\psi}}$를 계산하는 공식과 〈표 21-6〉에 의하여 각 값을 계산하면 다음과 같다.

$$\hat{\psi}_1 = (1)\left(\frac{120}{240}\right) + (-1)\left(\frac{45}{260}\right) = .327$$

$$\hat{\psi}_2 = \left(\frac{240}{540}\right)\left(\frac{120}{240}\right) + \left(\frac{300}{540}\right)\left(\frac{110}{300}\right) + (-1)\left(\frac{45}{200}\right) = .201$$

$$SE_{\hat{\psi}_1} = \sqrt{\frac{(1)^2\left(\frac{120}{240}\right)\left(\frac{120}{240}\right)}{240} + \frac{(-1)^2\left(\frac{45}{260}\right)\left(\frac{215}{260}\right)}{260}} = .040$$

$$SE_{\hat{\psi}_2} = \sqrt{\frac{\left(\frac{240}{540}\right)^2\left(\frac{120}{240}\right)\left(\frac{120}{240}\right)}{240} + \frac{\left(\frac{300}{540}\right)^2\left(\frac{110}{300}\right)\left(\frac{190}{300}\right)}{300} + \frac{(-1)^2\left(\frac{45}{200}\right)\left(\frac{155}{200}\right)}{200}}$$

$$= \sqrt{\frac{(120)(120)}{540^2 \cdot 240} + \frac{(110)(190)}{540^2 \cdot 300} + \frac{(45)(155)}{200^3}} = .036$$

$\hat{\psi}$와 $SE_{\hat{\psi}}$를 계산한 다음 대비에 대한 통계값을 구하게 된다. χ^2검정은 Z검정과 관계가 있으므로 Z검정에서 평균의 차이를 표준오차로 나누었으므로 χ^2검정의 사후비교분석도 두 독립표본 Z검정과 같은 원리를 따른다. χ^2검정의 사후

비교분석을 위한 Z통계값은 다음 공식 (21.8)에 의하여 계산된다.

$$Z_{\hat{\psi}} = \frac{\hat{\psi}}{SE_{\hat{\psi}}} \tag{21.8}$$

그러므로 첫 번째 대비와 두 번째 대비의 Z통계값은 다음과 같다.

$$Z_{\hat{\psi}_1} = \frac{.327}{.040} = 8.175$$

$$Z_{\hat{\psi}_2} = \frac{.201}{.036} = 5.58$$

유의도 검정을 위한 기각값을 찾아야 한다. 여기서 학생들은 유의수준에 의한 기각값을 찾는 기본 원리를 이해하여야 한다. 유의수준 .05에서 전체 가설이 기각되었다면 이는 일어날 수 있는 가능한 모든 대비 중에 하나라도 차이가 있어 영가설이 기각된다는 것은 이미 설명하였다. 그러므로 가능한 모든 대비 중에 하나의 대비가 가져야 할 유의수준은 α/(가능한 모든 대비 수)가 되어야 한다. 전공에 따른 청소년범죄 해소방안에 대한 연구에서 우선 짝비교만 보더라도 네 집단 중 단순한 집단 짝비교의 경우의 수만 $_4C_2$로 여섯 개의 대비를 만들 수 있으며, 두 집단 묶음과 한 집단에 의한 대비, 두 집단 묶음과 두 집단 묶음의 대비, 또 세 집단 묶음과 한 집단의 대비 등 상당히 많은 수의 대비를 만들 수 있다. 그러므로 각 대비에 의하여 계산된 통계값은 χ^2기각값과 비교하여서는 안 되며, 유의수준을 모든 대비 수로 나눈 유의수준에 해당하는 기각값과 비교하여야 한다.

이 이론적 원리에 의하여 Scheffé가 기각값을 찾는 방법을 제안하였다. Scheffé에 의한 사후비교분석을 위한 기각값을 S라 표기하며 기각값은 공식 (21.9)와 같다.

$$S = \pm\sqrt{\chi^2_{v,\alpha}} \tag{21.9}$$

대비를 위하여 계산된 Z통계값이 $+S$보다 크거나 $-S$보다 작으면 영가설을 기각한다.

그러므로 첫 번째 대비와 두 번째 대비를 위한 기각값 S는 $\pm\sqrt{\chi^2_{9,.05}}$가 된다. 이는 앞에서 기각값이 16.92이므로,

$$S = \pm\sqrt{16.92} = \pm 4.113$$

이다. 각 대비에 따른 Z통계값은 Scheffé 기각값 중 큰 값보다 크므로 영가설을 기각한다. 첫 번째 대비에 따른 결론으로 청소년범죄 해소를 위하여 청소년 교육 프로그램을 개발하여야 한다는 데 대하여 사회학도와 행정학도가 견해를 같이 하고 있지 않다고 말할 수 있다.

연구보고서를 작성할 때 사후비교분석을 실시하였다면 〈표 21-7〉과 같이 만들어 기록하는 것이 바람직하다.

〈표 21-7〉 전공에 따른 청소년범죄 해소방안에 대한 사후비교분석

집단 비교	$\hat{\psi}$	$SE_{\hat{\psi}}$	$Z_{\hat{\psi}}$
사회학 vs 행정학	.327	.038	8.605
(사회학+교육학) vs 정치학	.2011	.036	5.586

$S = \pm\sqrt{\chi^2_{9,.05}} = \pm 4.113$

χ^2검정을 통한 연구의 사후비교분석 절차를 요약하면 다음과 같다.

χ^2검정 사후비교분석 절차

1 χ^2검정에 의하여 χ^2통계값을 계산한다.

$$\chi^2 = \sum_j \sum_i \frac{(f_{ij} - F_{ij})^2}{F_{ij}}$$

2 H_0이 기각되면 관심있는 대비를 설정한다.

3 대비의 $\hat{\psi}$와 $SE_{\hat{\psi}}$를 계산한다.

$$\hat{\psi} = \Sigma c_j \hat{p}_j$$

$$SE_{\hat{\psi}} = \sqrt{\Sigma \frac{c_j^2 \hat{p}_j \hat{q}_j}{n_j}}$$

4 $Z_{\hat{\psi}}$을 계산한다.

$$Z_{\hat{\psi}} = \frac{\hat{\psi}}{SE_{\hat{\psi}}}$$

5 Scheffé 기각값을 찾는다.

$$S = \pm \sqrt{\chi^2_{v,\alpha}}$$

6 결론을 내린다.

SPSS 실행

470쪽의 하단에서 설명한 것 같이, 가중 케이스 지정 기능을 이용하여 1,000명의 자료파일을 다음과 같이 입력한다.

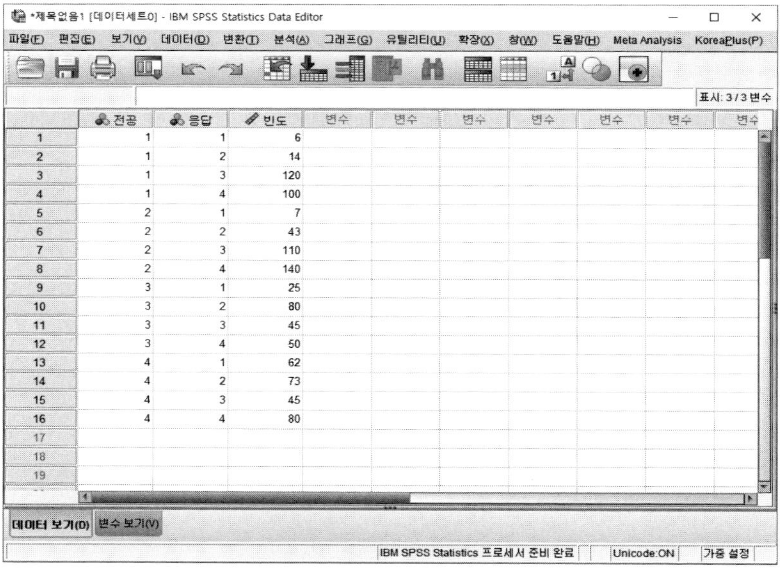

다집단의 동질성 연구를 위해 메뉴에서 분석 ⇨ 기술통계량 ⇨ 교차분석 을 눌러 교차분석 대화상자를 연다. 여기서 행에 응답, 열에 전공을 지정한 다음, 통계량 을 눌러 통계량 대화상자를 연 다음 카이제곱에 체크한다.

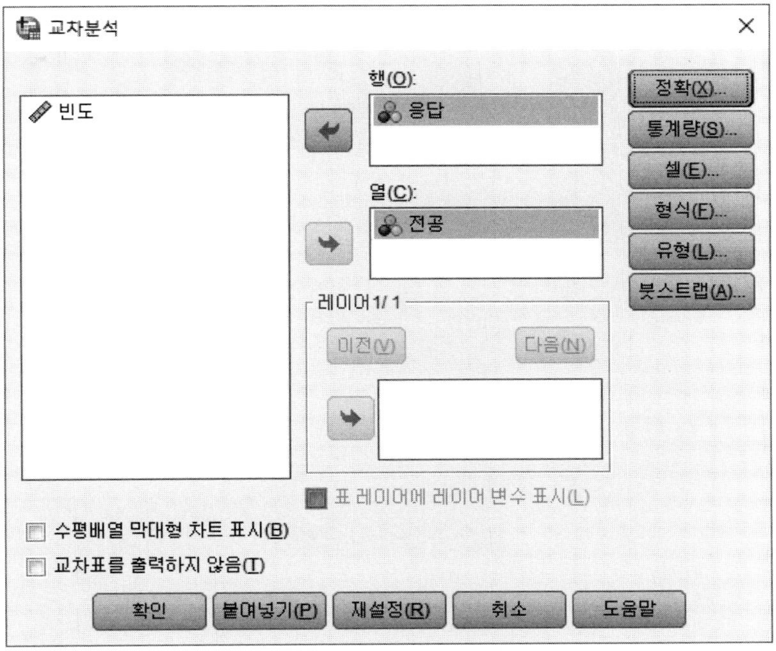

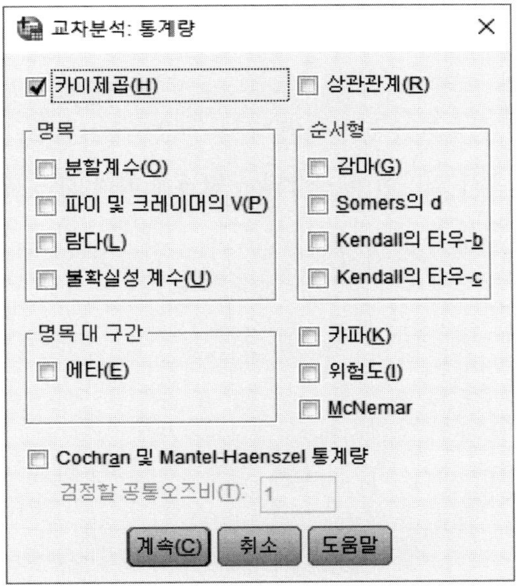

'셀'을 눌러 기대빈도를 체크하면 기대빈도를 구할 수 있으며, 퍼센트의 열을 체크하면 분할표에 전공에 따른 응답 비율을 나타낼 수 있다. [계속]을 눌러 교차분석 대화상자로 돌아와 [확인]을 누른다.

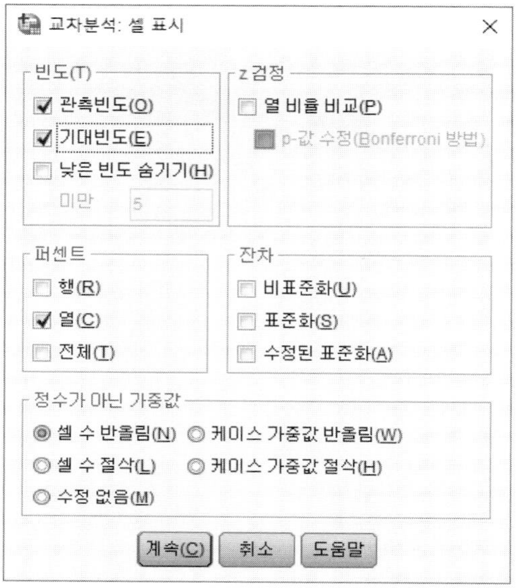

분석 결과

분석 결과는 〈표 21-4〉와 동일하며, χ^2통계값은 224.472, 유의확률은 .000으로서 유의수준 .05에서 영가설이 기각되어 전공에 따라 각 응답의 비율이 다르다고 결론 내린다.

응답 * 전공 교차표

			전공				
			사회학	교육학	정치학	행정학	전체
응답	처벌규정 강화	빈도	6	7	25	62	100
		기대빈도	24.0	30.0	20.0	26.0	100.0
		전공 중 %	2.5%	2.3%	12.5%	23.8%	10.0%
	경찰 및 선도요원 증가	빈도	14	43	80	73	210
		기대빈도	50.4	63.0	42.0	54.6	210.0
		전공 중 %	5.8%	14.3%	40.0%	28.1%	21.0%
	청소년 교육프로그램 개발	빈도	120	110	45	45	320
		기대빈도	76.8	96.0	64.0	83.2	320.0
		전공 중 %	50.0%	36.7%	22.5%	17.3%	32.0%
	입시제도 개선	빈도	100	140	50	80	370
		기대빈도	88.8	111.0	74.0	96.2	370.0
		전공 중 %	41.7%	46.7%	25.0%	30.8%	37.0%
전체		빈도	240	300	200	260	1000
		기대빈도	240.0	300.0	200.0	260.0	1000.0
		전공 중 %	100.0%	100.0%	100.0%	100.0%	100.0%

카이제곱 검정

	값	자유도	근사 유의확률 (양측검정)
Pearson 카이제곱	224.472[a]	9	.000
우도비	228.780	9	.000
선형 대 선형결합	111.137	1	.000
유효 케이스 수	1000		

a. 0 셀 (0.0%)은(는) 5보다 작은 기대 빈도를 가지는 셀입니다. 최소 기대빈도는 20.00입니다.

jamovi 실행

분석 데이터를 입력한 뒤, χ^2검정을 실시하기 위하여 [Analyses] ⇨ [Frequencies] ⇨ [Independent Samples χ^2test of association]을 선택한다.

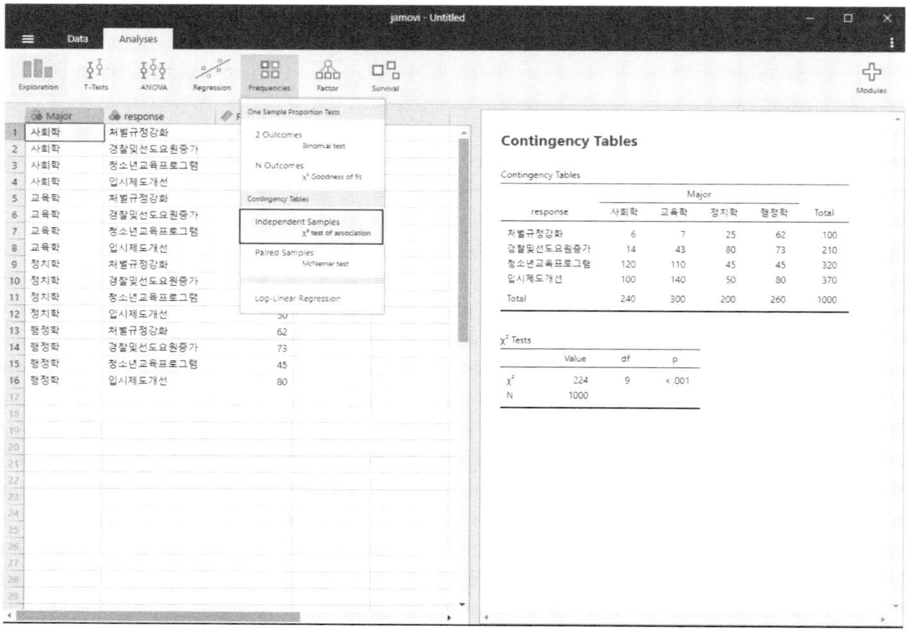

행에 배치할 변수를 'Rows'에, 열에 배치할 변수를 'Columns'에 옮긴다. 그리고 빈도수에 해당하는 변수를 'Counts(optional)'로 옮긴다.

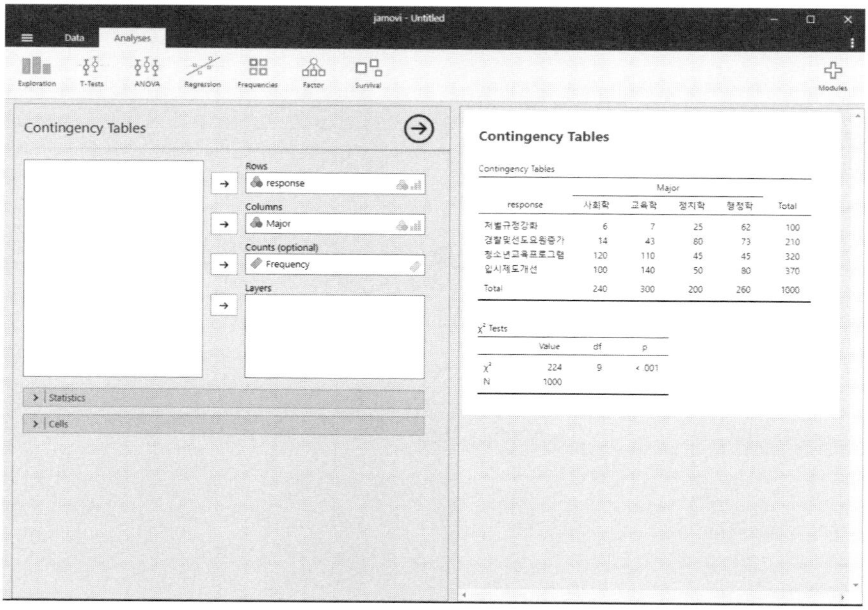

'Statistics' 메뉴를 누르면 χ^2검정을 위한 통계값 옵션이 있다. 다집단 동질성 연구에서는 디폴트 값 그대로를 사용하면 된다. 이때 전공에 따른 각 응답 비율을 알고자 할 경우 아래에 있는 'Cells' 메뉴를 눌러 'Percentages'의 'Column'에 체크하면 된다. 'Expected'에 체크하면 기대빈도 또한 산출한다.

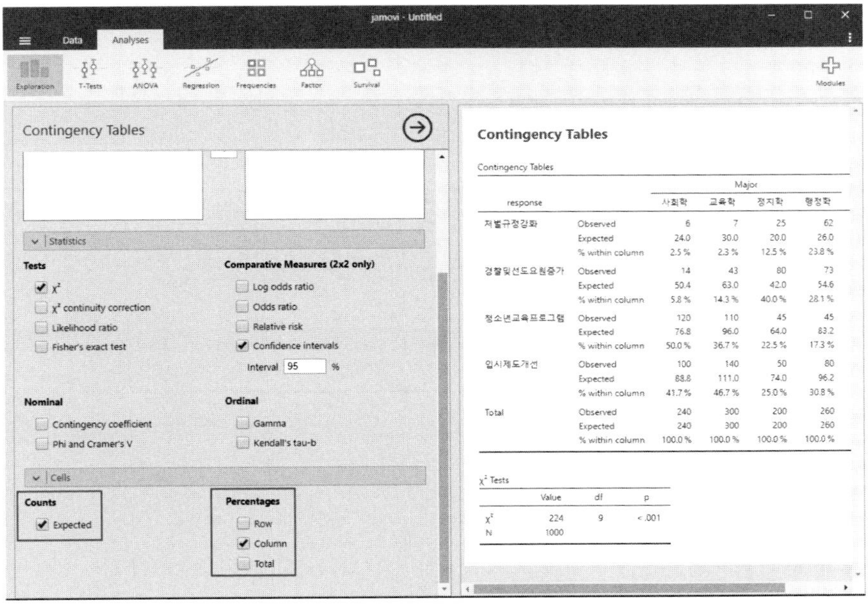

분석 결과는 오른쪽에 나타나며, 다음과 같다.

Contingency Tables

Contingency Tables

response		사회학	교육학	정치학	행정학	Total
		Major				
처벌규정강화	Observed	6	7	25	62	100
	Expected	24.0	30.0	20.0	26.0	
	% within column	2.5 %	2.3 %	12.5 %	23.8 %	
경찰및선도요원증가	Observed	14	43	80	73	210
	Expected	50.4	63.0	42.0	54.6	
	% within column	5.8 %	14.3 %	40.0 %	28.1 %	
청소년교육프로그램	Observed	120	110	45	45	320
	Expected	76.8	96.0	64.0	83.2	
	% within column	50.0 %	36.7 %	22.5 %	17.3 %	
입시제도개선	Observed	100	140	50	80	370
	Expected	88.8	111.0	74.0	96.2	
	% within column	41.7 %	46.7 %	25.0 %	30.8 %	
Total	Observed	240	300	200	260	1000
	Expected	240	300	200	260	
	% within column	100.0 %	100.0 %	100.0 %	100.0 %	

χ^2 Tests

	Value	df	p
χ^2	224	9	< .001
N	1000		

χ^2통계값은 224, 유의확률은 .001보다 작으므로 유의수준 .05에서 영가설이 기각된다. 따라서 전공에 따라 청소년범죄 해소방안의 견해에 차이가 있다고 결론내린다.

5 동질성 연구의 사전비교분석

앞 절에서 전체 가설을 검정하여 영가설이 기각되었을 때 어느 집단에 차이가 있는지를 밝히는 사후비교분석을 설명하였다. 그러나 때로는 연구의 목적상 전체 영가설에 대한 검정을 할 필요 없이 집단 간 비교에 관심이 우선할 경우가 있다. 물론 이런 경우는 연구자가 연구에 대한 많은 지식이 있어야 함은 물론이다. 연구자가 전체 가설에 대하여 관심이 없고 어떤 특정한 집단 간의 응답, 혹은 종속변수의 범주의 차이가 있는지 알아보고자 하는 연구를 **사전비교분석**(planned comparison analysis) 혹은 **사전분석**(planned analysis)이라 한다.

사전비교분석은 세 가지 점을 제외하고 사후비교분석과 동일하다. 다른 점은, 첫째 사후비교분석처럼 χ^2검정을 실시하여 영가설의 기각 여부를 확인할 필요가 없으므로 χ^2통계값을 계산할 필요가 없다. 둘째, 대비에 대한 표준오차를 계산할 때 해당 범주에 응답한 집단의 비율 $\hat{p}_j$와 $\hat{q}_j$를 사용하지 않고 $\hat{p}_j$ 대신에 그 범주에 응답한 모든 사람의 확률 $\bar{p}$를 사용한다. 물론 $\hat{q}_j$ 대신에 $\bar{q}$를 사용한다. $\bar{p}$와 $\bar{q}$를 계산하는 방법은 공식 (21.10)과 공식 (21.11)과 같다.

$$\bar{p} = \frac{\sum_{j=1}^{J} f_{ij}}{n} \qquad (21.10)$$

$$\bar{q} = 1 - \bar{p} \qquad (21.11)$$

셋째, 사후비교분석을 위한 기각값은 Scheffé가 제안한 Scheffé 기각값으로 $\pm\sqrt{\chi^2_{v,\alpha}}$를 사용하였다. Scheffé 기각값은 α/(가능한 모든 대비 수)에 해당되는 기각값이었으나 사전비교분석에서는 그럴 필요가 없다. 왜냐하면 관심있는 대비만 가지고 검정을 실시하게 되므로 유의수준은 연구에서 설정한 관심있는 대비 수로만 나눈, 부분적인 유의수준에 해당되는 기각값을 찾아야 한다.

이는 Dunn에 의하여 제안되었으며 자유도와 유의수준, 특히 대비 수에 의하여 기각값을 쉽게 찾을 수 있도록 t분포를 수정하여 Dunn수표인 [수표 6]을 만들었으며 자유도가 ∞인 부분에서 기각값을 찾는다.

연구자가 제21장 4절에 예로 든 전공에 따른 청소년범죄 해소방안 연구에서 사전비교분석을 실시한다고 하자. 연구에서는 관심있는 대비로 다음 세 종류의 대비만 만들었다.

ψ_1: 사회학 vs 행정학

ψ_2: (사회학+교육학) vs 정치학

ψ_3: (사회학+교육학) vs (정치학+행정학)

사전비교분석을 위한 $\hat{\psi}$와 $SE_{\hat{\psi}}$는 공식 (21.12)에 의하여 계산한다.

$$\hat{\psi} = \Sigma c_j \hat{p}_j$$
$$SE_{\hat{\psi}} = \sqrt{\Sigma \frac{c_j^2 \bar{p}\,\bar{q}}{n_j}} = \sqrt{\bar{p}\,\bar{q}\,\Sigma \frac{c_j^2}{n_j}} \quad (21.12)$$

이 공식에 의하여 사전비교분석을 위한 사례 수, 비율, 대비계수는 〈표 21-8〉과 같다.

〈표 21-8〉 사전비교분석을 위한 사례 수, 비율, 대비계수

	전공	사회학	교육학	정치학	행정학	
n_j		240	300	200	260	$\bar{p} = \frac{320}{1000}$
f_{ij}		120	110	45	45	$= .32$
c_j	ψ_1	1	0	0	−1	$\bar{q} = \frac{680}{1000}$
	ψ_2	240/540	300/540	−1	0	$= .68$
	ψ_3	240/540	300/540	−200/460	−260/460	

세 대비에 대한 $\hat{\psi}$와 $SE_{\hat{\psi}}$의 계산은 다음과 같다.

$$\hat{\psi}_1 = (1)\frac{120}{240} + (-1)\frac{45}{260} = .327$$
$$\hat{\psi}_2 = \left(\frac{240}{540}\right)\left(\frac{120}{240}\right) + \left(\frac{300}{540}\right)\left(\frac{110}{300}\right) + (-1)\left(\frac{45}{200}\right) = .2011$$
$$\hat{\psi}_3 = \left(\frac{240}{540}\right)\left(\frac{120}{240}\right) + \left(\frac{300}{540}\right)\left(\frac{110}{300}\right) + \left(\frac{-200}{460}\right)\left(\frac{45}{200}\right) + \left(\frac{-260}{460}\right)\left(\frac{45}{260}\right) = .230$$
$$SE_{\hat{\psi}_1} = \sqrt{\frac{320}{1000}\frac{680}{1000}\left(\frac{1^2}{240} + \frac{(-1)^2}{260}\right)} = .0417$$

$$SE_{\hat{\psi}_2} = \sqrt{\frac{320}{1000}\frac{680}{1000}\left(\frac{\left(\frac{240}{540}\right)^2}{240} + \frac{\left(\frac{300}{540}\right)^2}{300} + \frac{(-1)^2}{200}\right)} = .3899$$

$$SE_{\hat{\psi}_3} = \sqrt{\frac{320}{1000}\frac{680}{1000}\left(\frac{\left(\frac{240}{540}\right)^2}{240} + \frac{\left(\frac{300}{540}\right)^2}{300} + \frac{\left(-\frac{200}{460}\right)^2}{200} + \frac{\left(-\frac{260}{460}\right)^2}{260}\right)} = .0295$$

$\hat{\psi}$와 $SE_{\hat{\psi}}$를 가지고 대비를 위한 Z통계값을 계산하면 다음과 같다. Z통계는 두 집단 평균에 대한 비교로서 제15장에서 설명하였다.

$$Z_{\hat{\psi}_1} = \frac{.327}{.0417} = 7.842$$

$$Z_{\hat{\psi}_2} = \frac{.2011}{.3899} = 5.158$$

$$Z_{\hat{\psi}_3} = \frac{.230}{.0295} = 7.779$$

첫 번째 대비와 두 번째 대비의 통계값을 사후비교분석에 의한 통계값과 비교할 때 다소 상이함을 알 수 있다. 이는 $\hat{p}_j$, $\hat{q}_j$대신에 $\bar{p}$, $\bar{q}$가 사용되었기 때문이다.

이어 Dunn수표에 의한 기각값 $t_{c=3, df=\infty, \alpha=.05}$를 찾으면 ±2.39로, 세 개의 모든 대비의 통계값이 기각값을 초월하므로 집단 간에 차이가 있다고 결론을 내릴 수 있다.

사후비교분석에서 기각값이 ±4.113에 비하여 사전비교분석을 위한 기각값은 ±2.39로서 사전비교분석을 위한 기각값의 절댓값이 작다. 이는 유의수준을 한정된 대비 수로 나누어 그에 해당하는 통계값을 구하므로 당연한 결과이다. 사전, 사후비교분석을 비교할 때 사전비교분석의 기각값이 작으므로 연구의 대비에 대한 영가설을 기각하기가 더 용이함을 알 수 있다. 이와 같이 영가설을 보다 쉽게 기각할 수 있으므로 사전비교분석이 사후비교분석보다 강력하다고 할 수 있다. 그렇다고 연구자가 사후비교분석보다 항상 사전비교분석을 실시할 수 있는 것이 아니다. 이론적 · 경험적 연구 배경이 강하지 않다면 사후비교분석을 실시하는 것이

보다 바람직하다.

연구결과를 보고할 때 χ^2검정의 사전비교분석을 앞의 예와 같이 실시하였다면 〈표 21-9〉와 같이 기록할 수 있다.

〈표 21-9〉 사전비교분석 결과

집단 비교	$\hat{\psi}$	$SE_{\hat{\psi}}$	$Z_{\hat{\psi}}$
사회학 vs 정치학	.327	.0417	7.831
(사회학+교육학) vs 정치학	.2011	.03899	5.158
(사회학+교육학) vs (정치학+행정학)	.230	.0295	10.847

$t_{c=3,df=\infty,\alpha=.05}=\pm 2.39$

χ^2검정의 사전비교분석 절차를 요약하면 다음과 같다.

χ^2검정의 사전비교분석 절차

1 관심이 되는 대비를 설정한다.

2 $\bar{p}$와 $\bar{q}$를 계산한다.

$$\bar{p} = \frac{\sum_{j=1}^{J} f_{ij}}{n}$$

$$\bar{q} = 1 - \bar{p}$$

3 대비의 $\hat{\psi}$과 $SE_{\hat{\psi}}$을 계산한다.

$$\hat{\psi} = \Sigma c_j \hat{p}_j$$

$$SE_{\hat{\psi}} = \sqrt{\bar{p}\,\bar{q}\,\Sigma \frac{c_j^2}{n_j}}$$

4 $Z_{\hat{\psi}}$을 계산한다.

$$Z_{\hat{\psi}} = \frac{\hat{\psi}}{SE_{\hat{\psi}}}$$

5 Dunn수표를 보고 대비 수, 자유도$=\infty$, 유의수준에 따라 기각값을 찾는다.

6 결론을 내린다.

6 상관성 연구

χ^2검정의 목적으로 여러 집단을 비교하기 위하여 여러 모집단으로부터 여러 표본을 가지고 모집단의 동질성을 비교하는 연구와 한 모집단으로부터 추출된 표본의 두 변수에 대한 상관성 연구가 있다고 하였다. 이 절에서는 χ^2검정을 통한 상관성 연구를 설명하기로 한다. **상관성 연구**를 위한 기본적인 절차는 χ^2검정을 통한 동질성 연구를 위하여 χ^2통계값을 계산하는 절차와 기각값을 찾는 절차가 동일하다. 그러나 상관성 연구는 동질성 연구를 위한 영가설과 대립가설과는 달리 두 변수 간에 상관이 없다 또는 있다고 가설을 서술한다. 두 변수의 분할표의 형태에 따라 영가설과 대립가설이 다소 상이하므로 2×2 분할표에 의한 상관연구와 할표에 의한 상관연구를 분리하여 설명한다.

2×2 분할표에 의한 상관연구: ϕ계수 검정

ϕ(phi)계수는 제6장 6절에서 두 변수가 이분변수(dichotomous variable)일 때 두 변수 간의 상관관계를 나타내는 지수라고 설명하였다. 그러므로 χ^2검정에서도 한 변수가 두 범주를 가지며 다른 변수가 두 범주를 가지므로 이는 두 개의 이분변수를 가진 자료로 볼 수 있으며 2×2 분할표로 정의할 수 있다.

예를 들어, 동질성 연구에서 사용한 출산장려에 대한 남녀 찬반비율의 자료로 성별과 출산장려에 대한 찬반의 상관연구를 할 수 있다. 하나의 변수로 성별은 남과 여의 두 수준으로 나누어지며, 출산장려에 대한 견해도 찬성과 반대의 두 범주로 나누어진다. 상관성 연구를 위하여 꼭 지켜져야 할 전제조건은 응답한 1,100명이 남자 모집단에서 500명, 여자 모집단에서 600명이 각각 추출된 것이 아니라 성인의 모집단에서 1,100명의 하나의 표본이 추출되어 분석된 결과라는 사실을 명심하여야 한다. ϕ계수 검정은 한 모집단으로부터 추출된 표본의 각기 두 수준을 가지고 있는 두 질적변수의 상관관계를 검정하는 방법이다.

ϕ계수 검정을 위한 예로 서울시에 거주하는 30세 성인 집단에서 100명의 표본을 추출하여 토지공개념에 대한 찬성, 반대를 묻고 성별에 따라 분석한 결과는

〈표 21−10〉과 같았다.

〈표 21-10〉 성별에 따른 토지공개념에 대한 찬반

		성별: 남	성별: 여	
응답	찬성	40	38	78
	반대	12	10	22
		52	48	100

성별과 토지공개념에 대한 응답과의 상관연구를 위한 H_0, H_A의 서술적 가설은 다음과 같다.

H_0: 성별과 토지공개념에 대한 응답과는 관계가 없다.
H_A: 성별과 토지공개념에 대한 응답과는 관계가 있다.

통계적 가설로 표현하면 다음과 같다.

H_0: $\phi = 0$
H_A: $\phi \neq 0$

상관성 연구의 영가설과 대립가설을 보면 동질성 연구의 영가설과 대립가설과 같은 내용이나 서술방법이 다르다는 사실을 알 수 있다. 만약 동질성 연구라면 영가설은 집단간의 차이가 없다는 것을 의미한다. 즉, 이는 이 집단이나 저집단이나 같은 것으로 집단의 특색이 없다는 말을 의미하며, 이는 집단에 따른 경향성이 없다는 것을 말한다. 두 집단을 비교할 때 집단의 차이가 크다면, 어떤 집단은 어떤 성향을 갖는 데 반하여, 다른 집단은 다른 성향을 갖는다는 것을 말한다. 이는 집단과 다른 변수가 관계 있음을 의미한다. 〈표 21−10〉을 보았을 때 토지공개념에

대한 찬성의 남녀비율은 차이가 없음을 알 수 있다. 그러므로 직감적으로 남성이나 여성이 모두 토지공개념에 찬성하는 것을 알 수 있다.

상관성 연구를 위한 ϕ계수 검정을 위하여 ϕ계수를 계산하여야 한다. ϕ계수를 계산하는 절차는 **χ^2통계값**을 Karl Pearson의 공식에 의하여 계산한 후 다음 공식 (21.13)에 의한다.

$$\phi = \sqrt{\frac{\chi^2}{n}} \tag{21.13}$$

n: 총 사례 수

χ^2통계값 계산을 위한 기대도수와 χ^2통계값은 〈표 21-11〉과 같다.

〈표 21-11〉 성별에 따른 토지공개념 찬반 기대도수

		성별	
		남	여
응답	찬성	40.56	37.44
	반대	11.44	10.56

$$\chi^2 = \frac{(40-40.56)^2}{40.56} + \frac{(12-11.44)^2}{11.44} + \frac{(38-37.44)^2}{37.44} + \frac{(10-10.56)^2}{10.56}$$

$$= .073$$

ϕ계수를 계산하면 다음과 같다.

$$\phi = \sqrt{\frac{\chi^2}{n}} = \sqrt{\frac{.073}{100}} = .027$$

이는 성별과 토지공개념이 전혀 상관이 없음을 의미한다. ϕ에 대한 유의도 검정의 기각값은 χ^2검정의 동질성 연구를 위한 기각값을 찾는 방법과 동일하다. 그 이유는 ϕ계수가 χ^2값에 의하여 산출되기 때문이다. 그러므로 자유도는 1이고 유의수준을 .05라 할 때 기각값은 3.84이므로 영가설은 기각되지 않는다. 연구자는 '성별과 토지공개념에 대한 견해와는 관계가 없다.'라고 결론 내리게 된다.

제21장 3절에서 제시한 성별에 따른 출산장려에 찬성, 반대 비교의 자료도 상관성 연구를 할 수 있다. 다만, 기본 조건이 충족된다고 가정하면 χ^2통계값이 64.98이었으므로 ϕ계수는 다음과 같다.

$$\phi = \sqrt{\frac{64.98}{1100}} = .243$$

출산장려에 대한 찬반연구에서 χ^2통계값은 64.98로 χ^2 기각값 3.84보다 크므로, 결론은 '유의수준 .05에서 성별과 출산장려 찬반의 관계는 0이 아니다.'라고 내릴 수 있다.

ϕ계수 검정을 위한 절차를 요약하면 다음과 같다.

ϕ계수 검정 절차

1 H_0, H_A, α를 설정한다.

H_0: $\phi = 0$

H_A: $\phi \neq 0$

2 획득빈도와 기대빈도를 계산한다.

$$F_{ij} = \frac{f_{i\cdot} \times f_{\cdot j}}{n}$$

3 χ^2통계값을 계산한다.

$$\chi^2 = \sum_j \sum_i \frac{(f_{ij} - F_{ij})^2}{F_{ij}}$$

4 ϕ계수를 추정한다.

$$\hat{\phi} = \sqrt{\frac{\chi^2}{n}}$$

5 자유도와 유의수준에 따른 기각값을 찾는다.

6 χ^2통계값이 기각값보다 크면 H_0을 기각한다.

SPSS 실행

두 변수의 상관성을 분석하는 방법은 동질성 연구와 거의 동일하다. 즉, 메뉴에서 분석 ⇨ 기술통계량 ⇨ 교차분석 을 눌러 교차분석 대화상자를 열어서 행과 열에 각각 분석할 변수를 지정한 다음, 통계량(S)... 을 누른다. 통계량 대화상자가 열리면 카이제곱과 명목 중 파이 및 크레이머의 V를 설정하고 계속 을 눌러 교차분석 대화상자로 돌아온 다음 확인 을 누르면 된다. 다집단 상관성 분석을 할 때도 동일한 절차를 거치면 된다.

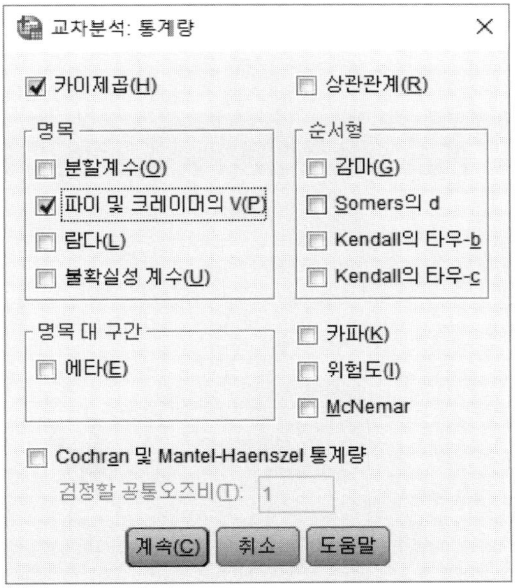

분석 결과

〈표 21－10〉에 제시되어 있는 토지공개념에 대한 남녀 간의 찬반 결과 자료를 이용하여 상관성 분석을 시행한 결과는 다음과 같다. 성별과 토지공개념에 대한 의견의 ϕ계수는 .027이었으며, 제21장 6절에 제시되어 있는 결과와 동일하다. 그러므로 '성별과 토재공개념에 대한 견해는 관계가 없다.'라고 결론 내릴 수 있다.

대칭적 측도

		값	근사 유의확률
명목척도 대 명목척도	파이	-.027	.787
	Cramer의 V	.027	.787
유효 케이스 수		100	

jamovi 실행

상관성 연구를 위한 χ^2검정 또한 'Independent Samples χ^2 test of association'에서 실행한다.

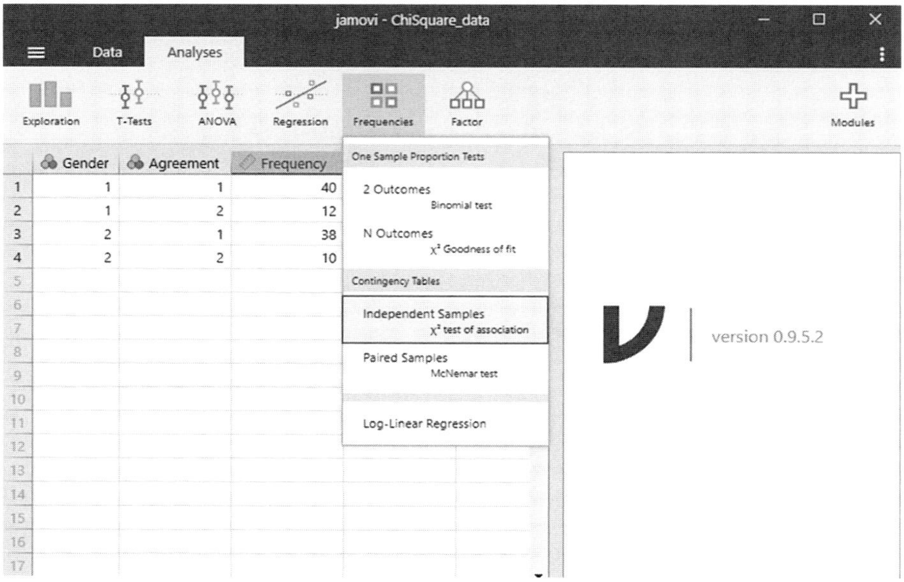

분석 창이 열리면 동질성 연구와 마찬가지로 'Rows'와 'Columns', 'Counts'에 각각의 변수를 옮기고 아래의 'Statistics' 메뉴를 열어 'Tests'에서 분석하고자 하는 통계값들에 체크한다. 그리고 'Nominal'의 'Phi and Cramer's V'에 체크하여 ϕ계수와 Cramer의 V를 분석할 수 있다.

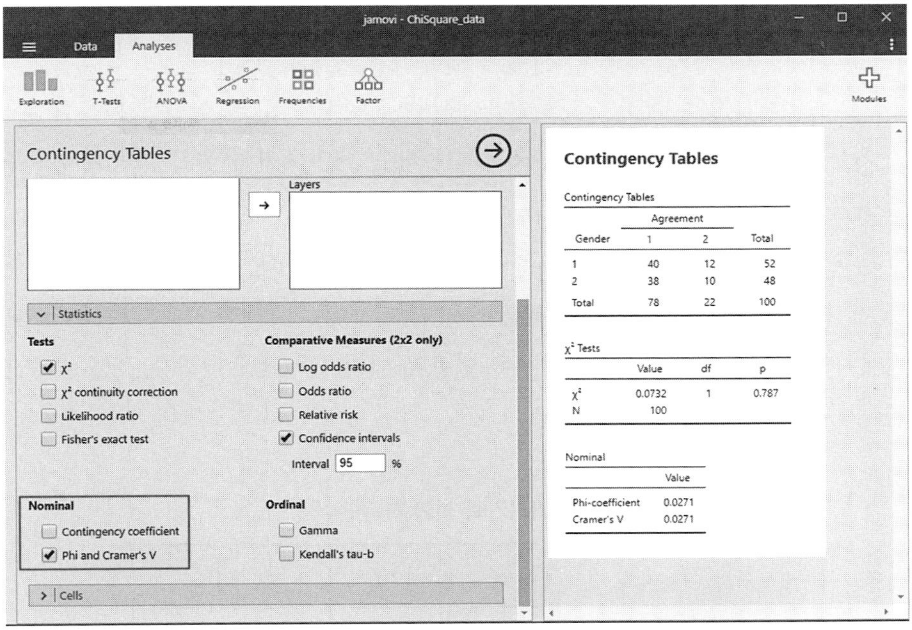

분석 결과는 오른쪽 창에 나타나며, 다음과 같다.

χ^2 Tests

	Value	df	p
χ^2	0.0732	1	0.787
N	100		

Nominal

	Value
Phi-coefficient	0.0271
Cramer's V	0.0271

$I \times J$분할표에 의한 상관연구: Cramer의 V

두 질적변수의 범주 혹은 수준이 2개 이상 되는 경우가 매우 많다. 한 모집단으로부터 추출된 연구대상을 질적변수의 각 수준에 의하여 분류할 때 한 변수라도 3개 이상의 수준이 있을 때 상관성에 대한 연구방법이 필요하다. 예를 들어, 인종과 머리카락 색의 관계가 있는지, 직업의 여러 종류와 지각상태가 관계가 있는지 등의 연구를 말한다.

2×2 이상의 분할표인 $I \times J$분할표에서 두 질적변수 간의 상관관계를 검정하기 위하여 Cramer가 상관 정도를 측정하는 계수 $\boldsymbol{V}$를 제안하였다. 그리하여 V를 Cramer의 **상관추정치** 혹은 mean square contingency coefficient라 부른다.

$I \times J$분할표에 의하여 계산한 상관연구 검정을 실시하는 예로 연구자가 인종과 머리카락 색이 관계가 있는지를 알아보기 위하여 국제대학에서 교양과목으로 세계지리를 수강하는 300명의 학생을 인종과 머리카락 색에 따라 분류한 결과가 〈표 21-12〉와 같다.

〈표 21-12〉 인종에 따른 머리카락 색의 획득도수

머리카락 색 \ 인종	황	백	흑	계
검정색	50	5	50	105
금색	17	65	5	87
검은 갈색	30	20	15	65
회색	3	30	10	43
계	100	120	80	300

만약 인종에 따라 각 머리카락 색의 비율이 같다면 인종과 머리카락 색의 관계는 없을 것이다. 이와 같은 상관연구를 위한 H_0과 H_A의 서술적 가설과 통계적 가설은 다음과 같다.

서술적 가설

H_0: 인종과 머리카락 색에는 관계가 없다.

H_A: 인종과 머리카락 색에는 관계가 있다.

통계적 가설

H_0: $V = 0$

H_A: $V \neq 0$

이를 검정하기 위하여 통계값을 계산하여야 한다. χ^2통계값 계산에 앞서 각 칸에 해당되는 기대도수를 계산하여야 함은 물론이다. 기대도수와 χ^2통계값은 〈표 21-13〉과 같다.

〈표 21-13〉 인종에 따른 머리카락 색의 기대도수

머리카락 색 \ 인종	황	백	흑
검정색	35	42	28
금색	29	34.8	23.2
검은 갈색	21.67	26	17.33
회색	14.33	17.2	11.47

$\chi^2 = 125.339$

χ^2통계값을 이용하여 Cramer가 제시한 상관성 정도를 나타내는 ***V***를 공식 (21.14)에 의하여 계산한다.

$$V = \sqrt{\frac{\chi^2}{mn}} \qquad \textbf{(21.14)}$$

n은 사례 수를 말하며, m은 $(I-1)$과 $(J-1)$의 자유도 중에서 작은 수를 말한다. 그러므로 앞의 예를 가지고 V를 계산하면 m은 2가 되며 V값은 다음과 같다.

$$V = \sqrt{\frac{125.339}{2(300)}} = .457$$

그러므로 인종과 머리카락 색에는 높지는 않지만 상관이 있음을 알 수 있다. 이와 같은 상관의 유의도 검정은 χ^2검정의 동질성 연구와 동일하다. ϕ계수 검정에서도 설명하였듯이, V계수 역시 χ^2통계값에 의하여 추정되기 때문이다. 그러므로 χ^2 기각값은 자유도가 $(I-1)(J-1)$로 6이고 유의수준은 .05로 한다면 기각값은 12.59로 χ^2통계값은 기각값을 초월하게 된다. 연구자는 '유의수준 .05에서 인종과 머리카락 색의 상관이 있다.'라는 결론을 내릴 수 있다.

$I \times J$분할표에 의한 상관연구 검정을 위한 절차는 다음과 같다.

$I \times J$분할표에 의한 상관연구 검정 절차

1 H_0, H_A, α를 설정한다.

H_0: $V = 0$

H_A: $V \neq 0$

2 획득빈도와 기대빈도를 계산한다.

$$F_{ij} = \frac{f_{i\cdot} \times f_{\cdot j}}{n}$$

3 χ^2통계값을 계산한다.

$$\chi^2 = \sum_j \sum_i \frac{(f_{ij} - F_{ij})^2}{F_{ij}}$$

4 Cramer의 V를 계산한다.

$$V = \sqrt{\frac{\chi^2}{mn}}$$

m: $(I-1)$과 $(J-1)$의 자유도 중 작은 수

5 기각값 χ^2을 찾는다.

6 결론을 내린다.

SPSS 실행

〈표 21-12〉의 300명의 자료파일을 다음과 같이 입력한다.

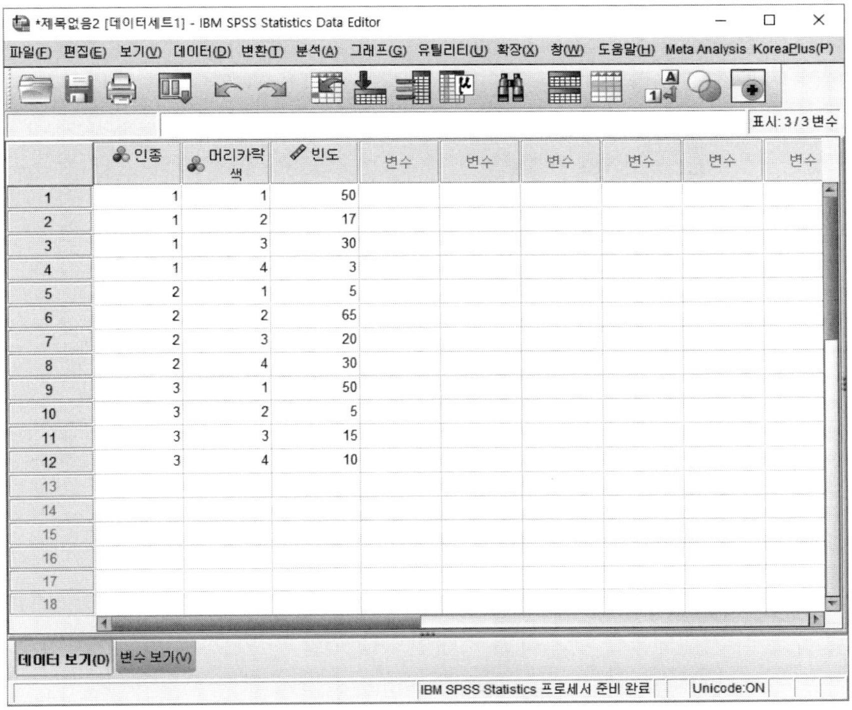

메뉴에서 분석 ⇨ 기술통계량 ⇨ 교차분석 을 눌러 교차분석 대화상자를 열고 행과 열에 각각 분석할 변수를 지정한 다음, 통계량 을 누른다. 통계량 대화상자가 열리면 카이제곱과 명목 중 파이 및 크레이머의 V를 설정하고 계속 을 누른다.

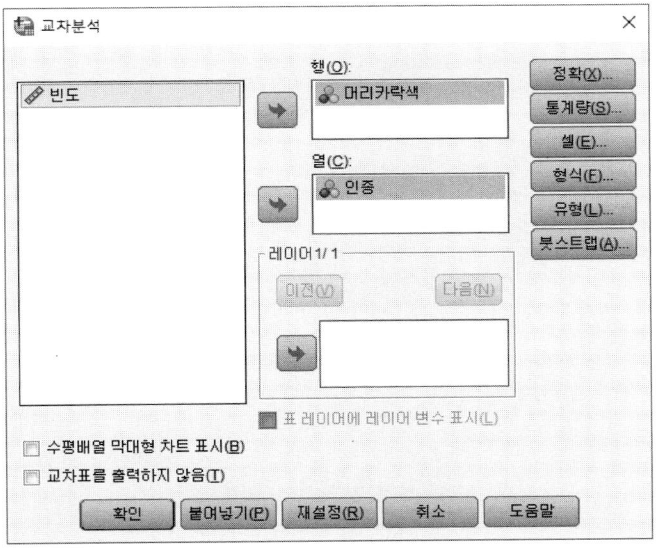

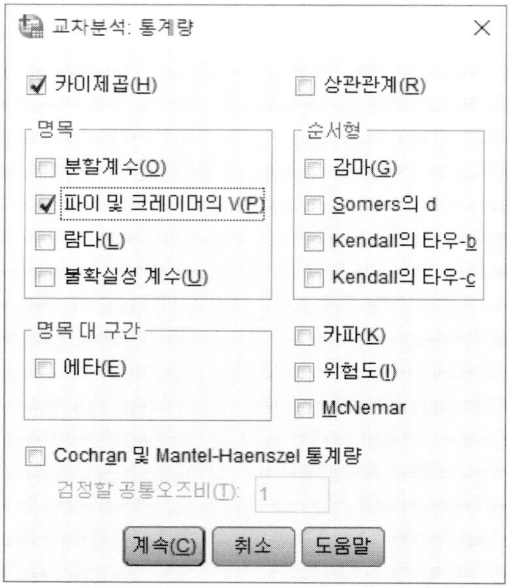

'셀'을 눌러 기대빈도를 체크하면 기대빈도를 구할 수 있으며, 퍼센트의 열을 체크하면 분할표에 인종에 따른 머리카락 색 비율을 나타낼 수 있다. [계속]을 눌러 교차분석 대화상자로 돌아와 '확인'을 누른다.

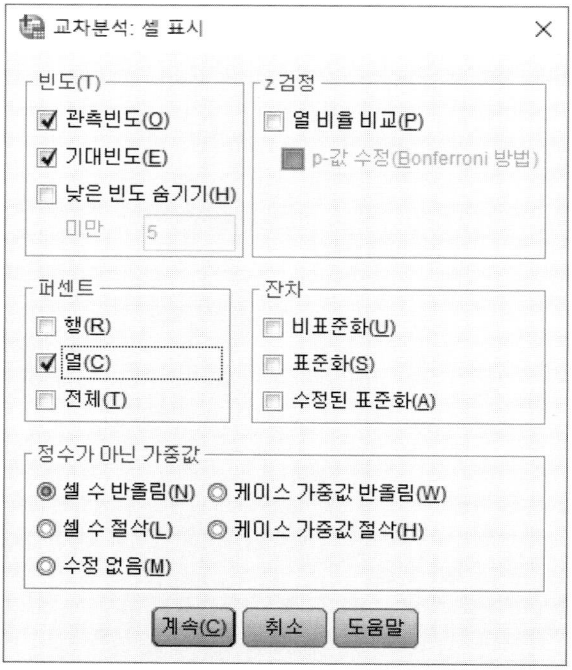

분석 결과는 다음과 같다. 인종과 머리카락 색에 대한 Cramer V값은 .457이었으며, 유의확률은 .000이므로 유의수준 .05에서 인종과 머리카락 색에는 관계가 있다고 결론 내린다.

머리카락색 * 인종 교차표

			인종			
			황인	백인	흑인	전체
머리카락색	검정색	빈도	50	5	50	105
		기대빈도	35.0	42.0	28.0	105.0
		인종 중 %	50.0%	4.2%	62.5%	35.0%
	금색	빈도	17	65	5	87
		기대빈도	29.0	34.8	23.2	87.0
		인종 중 %	17.0%	54.2%	6.3%	29.0%
	검은갈색	빈도	30	20	15	65
		기대빈도	21.7	26.0	17.3	65.0
		인종 중 %	30.0%	16.7%	18.8%	21.7%
	회색	빈도	3	30	10	43
		기대빈도	14.3	17.2	11.5	43.0
		인종 중 %	3.0%	25.0%	12.5%	14.3%
전체		빈도	100	120	80	300
		기대빈도	100.0	120.0	80.0	300.0
		인종 중 %	100.0%	100.0%	100.0%	100.0%

카이제곱 검정

	값	자유도	근사 유의확률 (양측검정)
Pearson 카이제곱	125.339[a]	6	.000
우도비	146.031	6	.000
선형 대 선형결합	.021	1	.884
유효 케이스 수	300		

a. 0 셀 (0.0%)은(는) 5보다 작은 기대 빈도를 가지는 셀입니다. 최소 기대빈도는 11.47입니다.

대칭적 측도

		값	근사 유의확률
명목척도 대 명목척도	파이	.646	.000
	Cramer의 V	.457	.000
유효 케이스 수		300	

jamovi 실행

다집단 상관성 연구를 위한 χ^2검정을 실시하기 위하여 데이터 입력 후 [Analyses] ⇨ [Frequencies] ⇨ [Independent Samples χ^2test of association]을 선택한다.

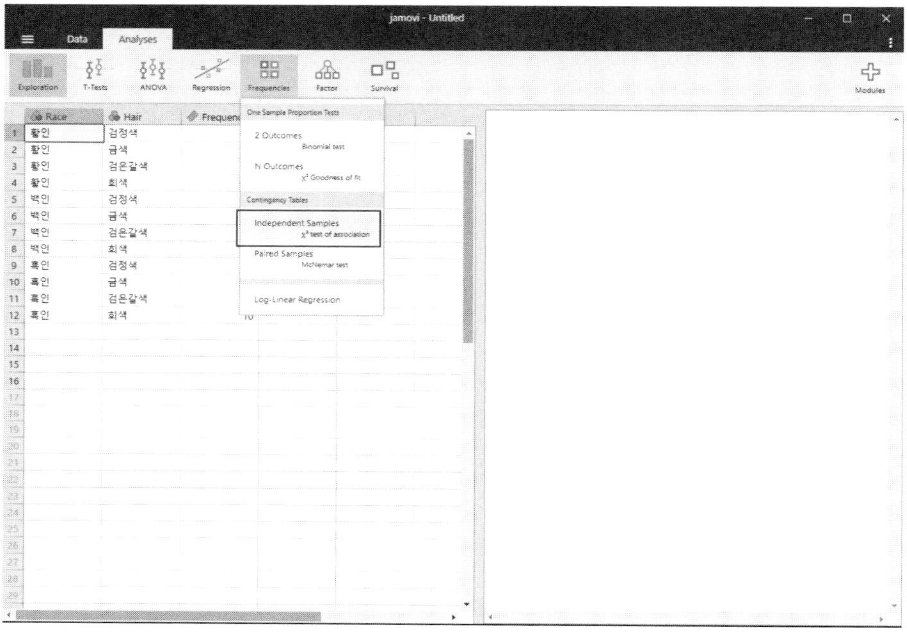

분석 창이 열리면 'Rows'에 'Hair', 'Columns'에 'Race', 'Counts'에 빈도변수인 'Frequency'를 각각 옮긴다.

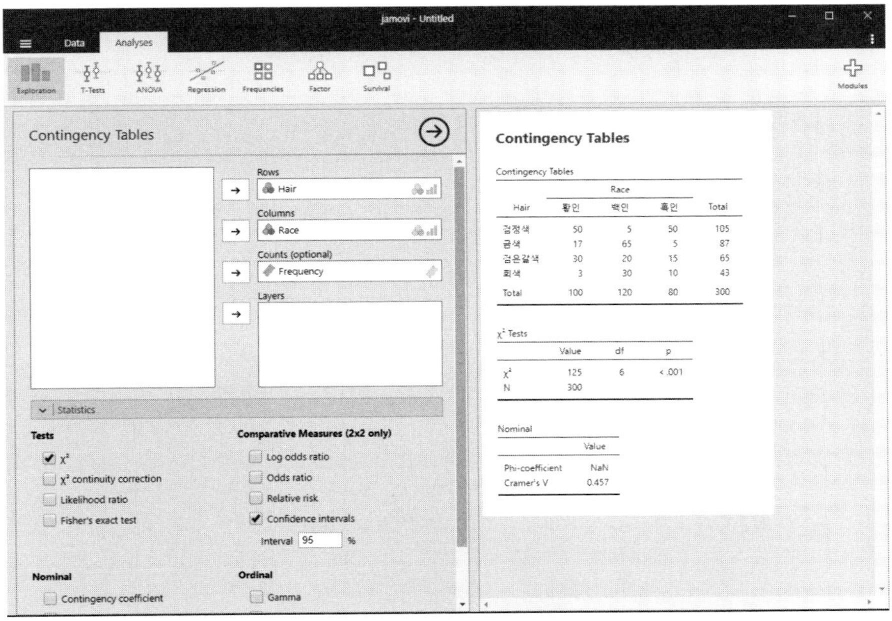

아래의 'Statistics' 메뉴를 열어 'Nominal'의 'Phi and Cramer's V'에 체크하여 Cramer V값을 분석할 수 있다. 이때 인종에 따른 머리카락 색 비율을 알고자 할 경우 아래에 있는 'Cells' 메뉴를 눌러 'Percentages'의 'Column'에 체크하면 된다. 'Expected'에 체크하면 기대빈도를 보여 준다.

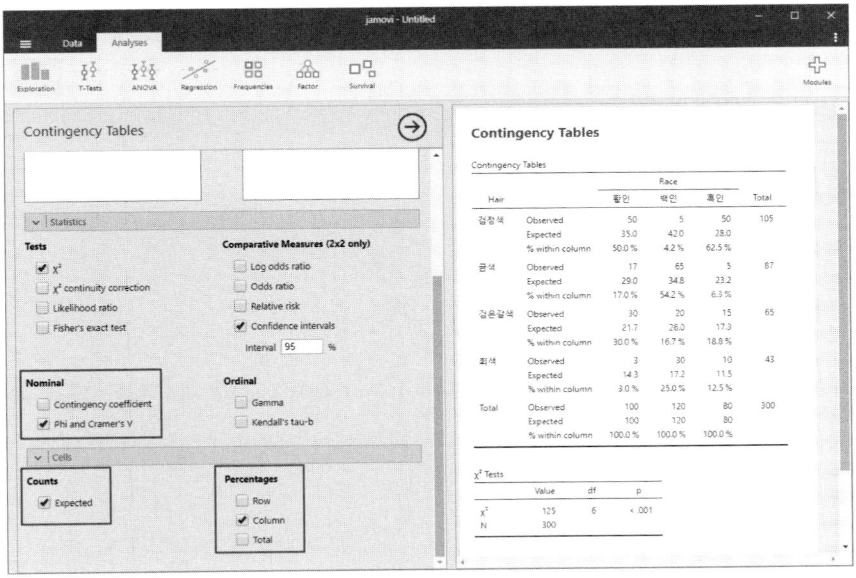

분석 결과는 오른쪽 창에 나타나며, 다음과 같다.

Contingency Tables

Contingency Tables

Hair		Race 황인	백인	흑인	Total
검정색	Observed	50	5	50	105
	Expected	35.0	42.0	28.0	
	% within column	50.0 %	4.2 %	62.5 %	
금색	Observed	17	65	5	87
	Expected	29.0	34.8	23.2	
	% within column	17.0 %	54.2 %	6.3 %	
검은갈색	Observed	30	20	15	65
	Expected	21.7	26.0	17.3	
	% within column	30.0 %	16.7 %	18.8 %	
회색	Observed	3	30	10	43
	Expected	14.3	17.2	11.5	
	% within column	3.0 %	25.0 %	12.5 %	
Total	Observed	100	120	80	300
	Expected	100	120	80	
	% within column	100.0 %	100.0 %	100.0 %	

χ^2 Tests

	Value	df	p
χ^2	125	6	< .001
N	300		

Nominal

	Value
Phi-coefficient	NaN
Cramer's V	0.457

다집단 상관성 연구이므로 ϕ계수가 아닌 Cramer's V값만 계산됨을 볼 수 있으며 분석 결과, 유의수준 .05에서 영가설을 기각하여 인종과 머리카락 색에는 유의한 관계가 있다고 결론 내린다.

7 χ^2검정 시 주의점

제21장 2절에서 **χ^2검정**을 위한 **기본 가정**과 **목적**을 설명하였다. 그러나 χ^2검정을 하는 데 많은 오해가 있어 다시 한 번 강조하고자 한다. 분할표(contingency table)에 떨어진 도수는 각각 독립적이어야 한다는 가정은 χ^2검정을 위한 필수 전제조건인데도 불구하고 이를 무시한 상태에서 χ^2검정을 실시하는 경우가 너무 흔함을 볼 수 있다.

예를 들면, 관찰에 의하여 유아들의 행동을 각 범주로 구분하여 반응형태의 차이를 본다든지 동일 대상을 반복하여 어떤 기준에 의하여 분류하는 등의 연구가 있다. 첫 번째 예로 여러 집단에 속해 있는 유아들의 반응을 분류하여 집단 간의 차이를 연구한다고 할 때 유아의 행위를 반복하여 반응 유목에 따라 분류하는 경우가 있다. 반복행위가 각 칸에 분류되었다면 이는 독립적이 아님을 알 수 있다.

다른 심각한 문제로 각 칸(cell)의 사례 수를 보았을 때 획득빈도가 0 혹은 1로 되어 있는 칸의 수가 많음에도 χ^2검정을 실시한다는 것이다. 획득빈도가 0과 1이 있는 칸이 많다는 것은 질문에서 필요 없는 범주를 만들어 놓았다는 것으로 분석될 수 있으며 이는 연구의 이론적 배경이 약하다는 것을 암시하는 것이다. 어떤 범주에 0과 1이 있는 칸은 가능한 한 없어야 좋다.

또한 기대도수를 계산하였을 때 5보다 작은 칸의 수가 전체 칸 수의 20%를 넘지 않아야 χ^2검정의 기본 가정을 벗어나지 않는다. 다른 책에서는 기대도수가 5보다 작은 칸이 있어서는 절대 안 된다고 주장하고 있으나 앞의 기준은 실제 연구에서 기본 규칙을 엄격히 적용할 수 없어 최대한의 관용을 베푼 기준이라 할 수 있다.

χ^2검정을 위하여 각 칸에 있는 자료는 상호 독립적이어야 한다고 하였다. 그러나 실제 상황에서 각 자료, 즉 질적변수의 자료들이 관계가 있을 때 동질성을 비교하는 통계적 방법들이 제안되었다. 그 예로 McNemar **검정**, Bowker **검정**, Stuart **검정**을 들 수 있다. 이와 같은 통계는 다른 책이나 원서를 참고하기 바란다.

연습문제

1 다음 용어의 정의와 개념을 설명하라.

a. 동질성 연구　b. 상관성 연구　c. ϕ계수
d. Cramer V　e. χ^2분포　f. 획득도수(획득빈도)
g. 기대도수(기대빈도)

2 대통령 후보로 출마한 5명의 후보자에 대한 서울시 유권자 남녀집단의 선호도 차이를 검정하기 위하여 남자 100명, 여자 100명을 각 모집단으로부터 무선표집하여 전화로 면접한 결과가 다음과 같았다.

후보자 \ 성별	남	여	투표자
C	30	20	50
D	20	15	35
J	25	20	45
P	15	20	35
Y	10	25	35
계	100	100	200

남녀집단에서 선호하는 대통령 후보자가 다른지 유의수준 .05에서 검정하라.

3 심장질환 여부와 흡연에 대하여 연구하기 위해서 50세 이상의 남성들을 무선표집하여 조사하였더니 다음과 같았다.

심장질환 \ 흡 연	흡연자	비흡연자
있음	271	36
없음	2641	1605
계	2912	1641

a. 흡연자와 비흡연자 중 심장질환을 앓는 비율이 같은지를 유의수준 .05에서 가설검정 절차에 따라 검정하고 결론을 유도하라.
b. 흡연 여부와 심장질환이 관계가 있는지 유의수준 .05에서 가설 검정 절차에 따라 검정하고 결론을 유도하라.
c. a와 b의 결론의 같은 점과 다른 점을 논하라.

4 학교에 대한 만족도 분석을 위하여 학부 학생들과 대학원 석사, 박사과정의 학생들을 단순무선추출하여 질문을 한 결과 다음과 같은 결과를 얻었다.

	1학년	2학년	3학년	4학년	석사	박사
만족	60	35	35	40	10	10
보통	40	30	15	30	10	5
불만	20	40	60	30	40	35
계	120	105	110	100	60	50

a. 집단 간에 만족도의 차이가 있는지 유의수준 .01에서 검정하라.
b. 사후검정을 실시하여 학교만족도에 유의한 차이를 나타내는 대비를 밝혀라.
c. 학부생과 대학원생 간의 만족도 비교를 위한 복합대비(complex contrast)에 대한 사후비교분석을 실시하라.
d. 사전비교분석에 의하여 유의수준 .01에서 다음 5개의 대비만을 검정하라.

1학년: 2학년 1학년: 3학년
1학년: 4학년 석사: 박사
학부: 대학원

5 고등학교 3학년 학생들에게 인생의 최고 목표가 무엇인가를 묻는 가치관 조사를 실시하였더니 다음과 같았다.

	인문계	자연계	실업계	계
명예	100	100	50	250
권력	80	50	10	140
부	50	150	70	270
기타	60	50	30	140
무응답	10	50	40	100
계	300	400	200	900

a. 고등학생들의 계열에 따라 가치관의 차이가 있는지 유의수준 .05에서 검정하라.
b. 사후검정을 실시하여 가치관에 유의한 차이가 있는 집단 간 대비를 2개 이상 밝혀라.
c. 관심있는 대비를 만들고 유의수준 .05에서 사전검사를 실시하라.

연습문제 해답

제2장 통계의 기본 개념과 법칙

2

	독립변수	종속변수
a.	학습동기	학업성취
b.	상황적 읽기 교수전략	유아의 읽기능력
c.	성역할 인식	직업포부 수준
d.	지각된 직무특성, 성역할 갈등	직무만족
e.	교수법	문법 습득

3

a. 질적, 비서열
b. 양적, 연속
c. 양적, 연속
d. 질적, 서열
e. 양적, 비연속
f. 양적, 비연속
g. 양적, 연속
h. 양적, 연속
i. 양적, 비연속

4

a. 명명
b. 비율
c. 비율
d. 서열
e. 서열
f. 비율
g. 등간
h. 비율
i. 절대

5

a. 초등학교 3학년 학생
b. 새로운 교수법을 실시한 특정 초등학교 3학년과 종전의 교수법을 실시한 특정 초등학교 3학년 학생
c. 추리통계
d. 매개변수 통제여부에 대한 설명이 없으므로 내재적 타당성은 없고, 표집방법이 모집단의 대표성 여부를 설명하고 있지 않으므로 외현적 타당성도 갖지 않는다.

6

a. 표본
b. 유권자 집단
c. 무선 추출
d. 무선 추출에 의한 표집이므로 외현적 타당성을 갖는다.

제3장 도수 분포와 그래프

1

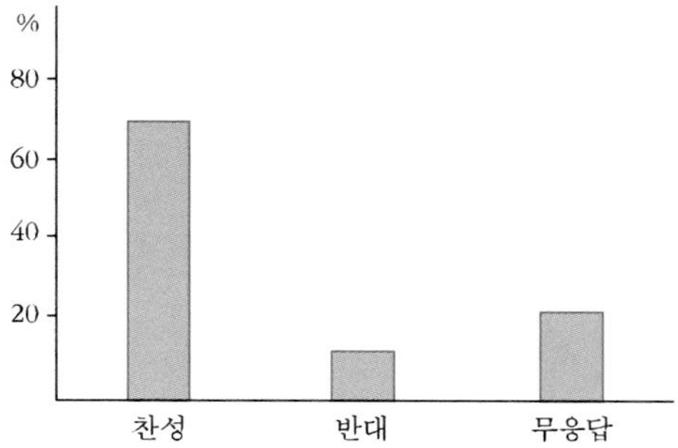

[전국 성인 남녀의 토지공개념에 대한 응답]

2

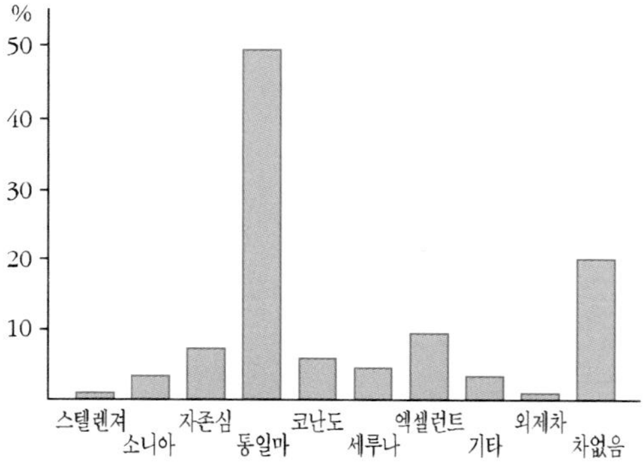

[서울거주 40대 가장들이 소유한 자동차 종류]

3 a. .5

b. 68

c.

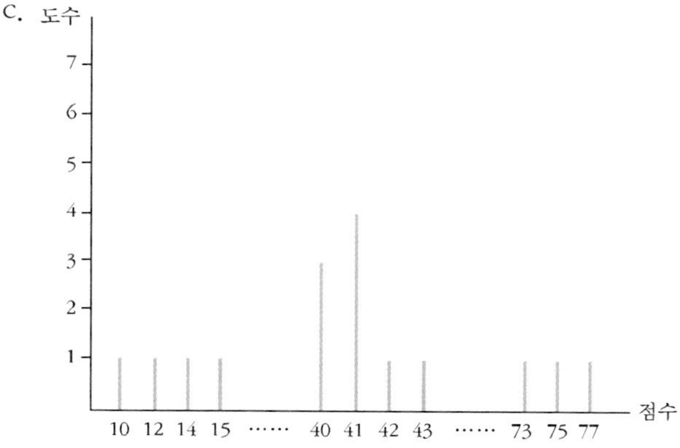

[신입사원 지원자의 직업적성 검사 점수]

d. 〈신입사원 지원자의 직업적성 검사 점수〉

급 간	도 수(f)	백분율(%)
8.5~15.5	4	6.67
15.5~22.5	3	5.00
22.5~29.5	8	13.33
29.5~36.5	11	18.33
36.5~43.5	12	20.00
43.5~50.5	6	10.00
50.5~57.5	5	8.33
57.5~64.5	4	6.67
64.5~71.5	4	6.67
71.5~78.5	3	5.00
계	60	100

e.

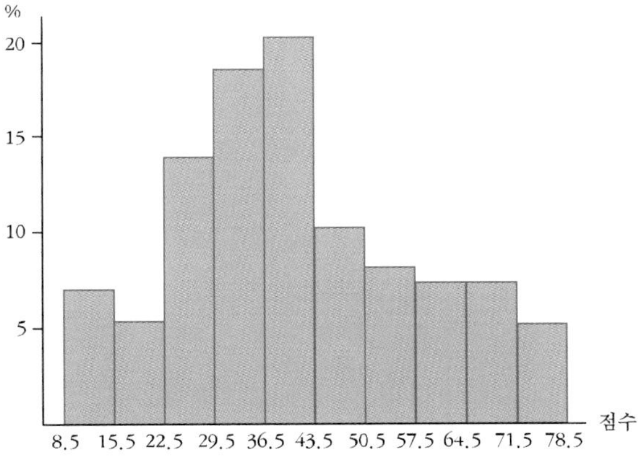

[신입사원 지원자의 직업적성 검사점수]

f.

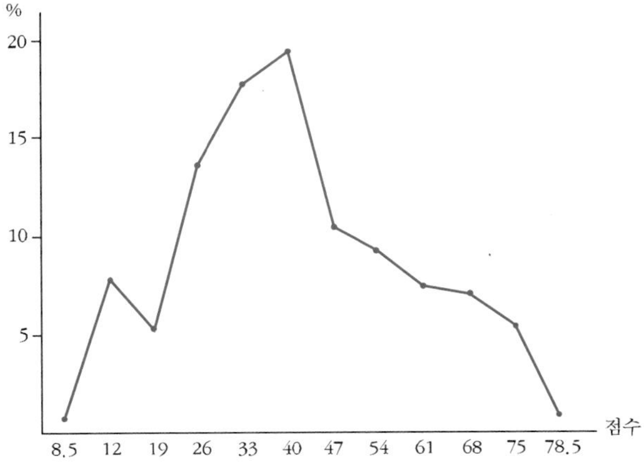

[신입사원 지원자의 직업적성 검사점수]

g.

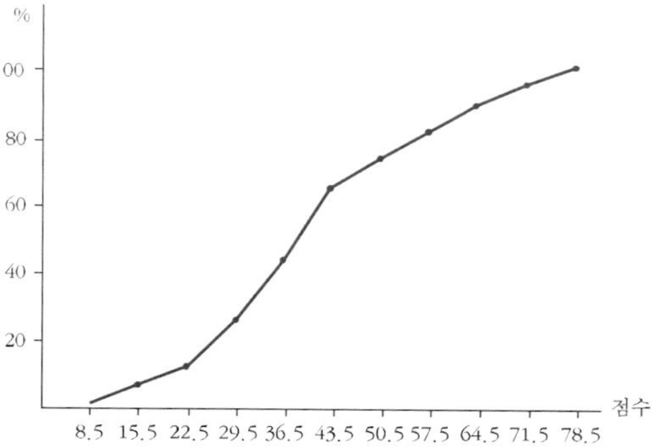

[신입사원 지원자 직업적성 검사 점수]

h. 65.47

j. 38.83

4 a. 〈학업적성시험 점수의 묶음도수표〉

급 간	도 수(f)	백분율(%)
65.5~72.5	3	3.00
72.5~79.5	7	7.00
79.5~86.5	16	16.00
86.5~93.5	20	20.00
93.5~100.5	11	11.00
100.5~107.5	18	18.00
107.5~114.5	14	14.00
114.5~121.5	8	8.00
121.5~128.5	2	2.00
128.5~135.5	1	1.00
계	100	100

b.

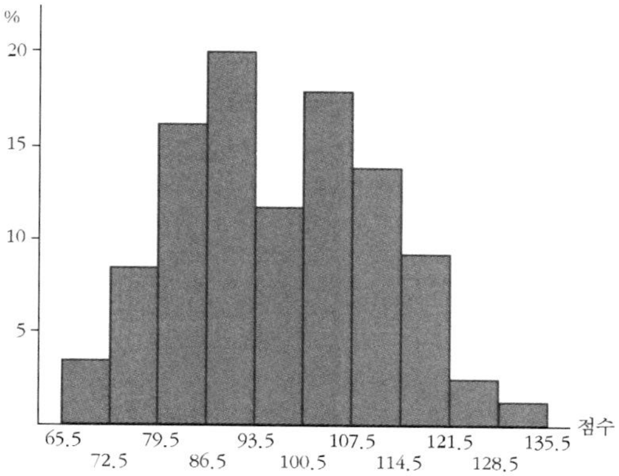

[학업적성 시험 점수]

c.

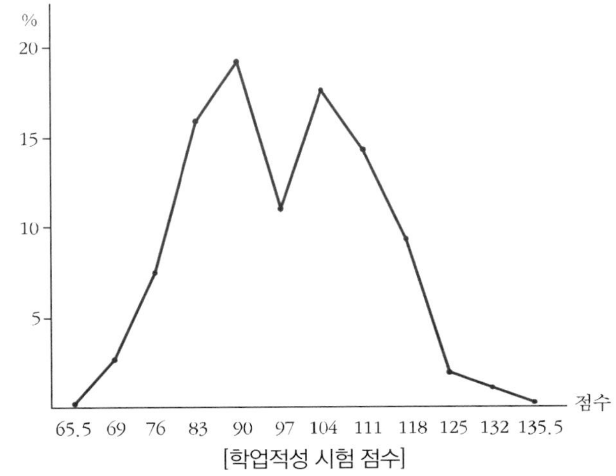

d.

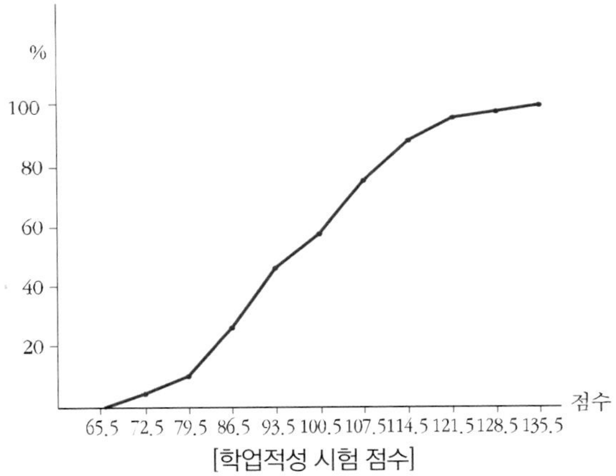

e. 83.88

f. 제1사분위: 86.06
제2사분위: 96.05
제3사분위: 107.50
제4사분위: 135.50

g. 76%

h. 이봉분포

제4장 중심경향값

2

	평균	중앙값
a.	17.8	16
b.	41.83	18.5
c.	18.83	18.5

d. 평균에는 많은 변화가 있으나, 중앙값에는 변화가 없었다.

3 a. 7

b. 14

c. 14, 19

d. 존재하지 않는다.

4 a. 81.15

b. 83

c. 83

5 a. 평균, 중앙값, 최빈값 동일

b. 최빈값, 중앙값, 평균

c. 평균, 중앙값, 최빈값

6 a. 40.87

b. 40

c. 43.5

d. 41

e. 이봉분포

제5장 분산도

2

범위	표준편차	분산
a. 7	2.29	5.25
b. 87	29.40	864.22
c. 21	5.79	33.56
d. 61	17.83	317.73

3
a. 42.96
b. 9.96
c. 46
d. −.30
e. 47
f. 52.92세
g. 82.22%(37명)

4
a. 68
b. 11.21
c. 16.61
d. 275.88
e. −.895
f. 18.67%

제6장 상 관

1
b. $\overline{X} = 3$ $s_X = 1.58$
c. $\overline{Y} = 6.25$ $s_Y = 2.05$
d. $s_{XY} = 3$
e. $r = .93$
f. 상관계수를 사용할 때 확인해야 할 기본 가정은 선형성, 등분산성, 이상점의 존재 유무, 자료의 절단 여부 등이다.
g. 두 변수 사이의 상관이 매우 높다. 즉, 연습문제 풀이 횟수가 많을수록 퀴즈에서 얻은 점수가 매우 높다.

2 b. $\overline{X}=13.2$ $s_X=6.79$

c. $\overline{Y}=2.95$ $s_Y=.51$

d. $s_{XY}=2.26$

e. $r=.66$

g. 두 변수 사이의 상관이 높다. 즉, 주당 학습시간이 많을수록 학점이 높다.

3 a. $\overline{X}=6.4$ $s_X=2.42$

b. $\overline{Y}=6.8$ $s_Y=2.48$

c. $r=.95$

d. 두 변수 사이의 상관이 매우 높다. 즉, 사전검사 점수가 높은 학생은 사후검사 점수도 높다. 두 변수의 상관이 높은 것으로 보아 새로 제작한 창의성 검사의 재검사 신뢰도는 매우 높다고 할 수 있다.

4 a. 등위상관계수

b. $r=.72$

c. 두 변수 사이의 상관이 높다. 즉, 첫 번째 심사자가 높은 등위를 부여한 그림에 대하여 두 번째 심사자도 높은 등위를 부여하였다.

d. 10편의 그림에 대한 심사자들의 평가가 서로 상관이 높은 것을 보면 채점자 간 신뢰도가 높다는 것을 알 수 있다.

5 a. $r=.90$

b. $r_s=.91$

c. 단순적률상관계수와 등위상관계수는 같지 않다. 왜냐하면 원자료를 어떤 방법으로든 자료 변환을 하였을 때 두 변수의 상관은 변하기 때문이다.

6 a. 양류상관계수

b. $r=.20$

c. 두 변수 사이에는 상관이 거의 없다. 즉, 성별과 지능 사이에는 관계가 거의 없다.

7 a. $\phi=.082$

b. $r=.082$

c. ϕ계수와 단순적률상관계수는 같다.

d. 두 변수 사이에는 상관이 거의 없다. 즉, 직업과 뇌사 인정 여부에 관한 찬반의 관계는 거의 없다.

제7장 단순회귀분석

1 a. $\widehat{Y} = 2.65 + 1.2X$

b. 7.45, 1.75, 1.20, .55

c. 8.65, 1.75, 2.40, −.65

d. $SS_T = 16.75$, $SS_E = 14.40$, $SS_U = 2.35$

e. $R^2 = .86$

결정계수가 .86이라는 것은 $Y(X)$변수의 총변화량의 86%를 $X(Y)$변수가 설명해 준다는 것을 의미한다. 즉, 연습문제 풀이 횟수가 기초통계학 점수 총 변화량의 86%를 설명해 준다.

f. 결정계수(R^2)는 상관계수(r)의 제곱과 같다.

g.

분산원	제곱합	자유도	제곱평균	F	R^2
설명된 변화량	14.40	1	14.40	12.26	.86
설명되지 않은 변화량	2.35	2	1.175		
총변화량	16.75	3			

2 a. $\widehat{Y} = 2.31 + .05X$

b. 3.36

c. $SS_T = 3.84$, $SS_E = 1.66$, $SS_U = 2.18$

d.

분산원	제곱합	자유도	제곱평균	F	R^2
설명된 변화량	1.66	1	1.66	9.76	.43
설명되지 않은 변화량	2.18	13	.17		
총변화량	3.84	14			

e. $R^2 = .43$

결정계수가 .43이라는 것은 $Y(X)$변수의 총변화량의 43%를 $X(Y)$변수가 설명해 준다는 것을 의미한다. 주당 학습시간이 학점 총변화량의 43%를 설명한다.

3 a. $\widehat{Y} = 152.76 + .71X$

b. 543.26

c. −72.67, 10.59, −83.26

d. $SS_T = 110093.33$, $SS_E = 53129.74$, $SS_U = 56963.59$

e.

분산원	제곱합	자유도	제곱평균	F	R^2
설명된 변화량	53129.74	1	53129.74	12.13	.48
설명되지 않은 변화량	56963.59	13	4381.81		
총변화량	110093.33	14			

f. $R^2 = .48$

결정계수가 .48이라는 것은 $Y(X)$변수의 총변화량의 48%를 $X(Y)$변수가 설명해 준다는 것을 의미한다. GRE Quantitative 점수가 Verbal 점수 총변화량의 48%를 설명해 준다.

4 a. $\widehat{Y} = 173.32 + .68X$

c. 513.32점

d. -26, -22.68, -3.32

e. $SS_T = 105760.00$, $SS_E = 51038.53$, $SS_U = 54721.47$

f.

분산원	제곱합	자유도	제곱평균	F	R^2
설명된 변화량	51038.53	1	51038.53	12.13	.48
설명되지 않은 변화량	54721.47	13	4209.34		
총변화량	105760.00	14			

g. $R^2 = .48$

Quantitative 점수를 X로, Verbal 점수를 Y로 놓았을 때의 결정계수와 Verbal 점수를 X로, Quantitative 점수를 Y로 놓았을 때의 결정계수는 서로 같다.

제8장 확률과 이항분포

1 a. 1/2 b. 1/5 c. 1/6 d. 1/2 e. 1/4

2 a. 9/1000 b. 1/95 c. 5/20 d. 4/190

3

앞면수	확률
0	.03125
1	.15625
2	.3125

3	.3125
4	.15625
5	.03125

4 $_5C_2(1/4)^2(3/4)^3 = .26367$

5

평균	1.667
분산	1.389
표준편차	1.1785

제9장 정규분포

2 .3989

3
a. .5
b. .025
c. .025
d. .05
e. .076
f. .2743
g. .114
h. .1598
i. .1296
j. .7081

4
a. 68.5
b. 4.97
c. −.7
d. 24.2%

5 Z 점수: 1.645 원점수: 126.32

6 a. −1.86
b. .031
c. 1.67
d. .9525
e. .49
f. .688
g. 3.6 이상

제10장 모집단분포, 표본분포, 표집분포

2 a. $E(Y)=5/9$
b. $E(Y)=3.1$

3 a. 17
b. $E(Y)/10+2$
c. $-15E(Y)+10$
d. $E(2XY)$

4

	$\overline{T}$	s_T^2
a.	22	15
b.	22/3	15/9
c.	−16	110
d.	78	205

5 a. 264
b. 68.8
c. 267
d. 68.8
e. $E(Y)=2640$ $Var(Y)=6880$

6 a. 10
b. 1.6
c. 12, 평균은 $\alpha + 2$
d. 1.6, b와 동일

제11장 중심극한정리

2

μ_X	$\sigma_{\overline{X}}$
a. 27	.16
b. 83	.99
c. 12	.44
d. 193	11.82

3

μ_X	$\sigma_{\overline{X}}$
a. 100	3.2
b. 100	2
c. 100	1.6

d. 표본의 크기가 증가하면 표준오차는 작아진다.
표본의 크기가 커지므로 표집으로 인한 오차는 감소하게 된다.

4 100명을 추출한 경우, 표본의 크기를 크게 할수록 표집에 따른 표준오차가 작기 때문이다.

제12장 분산, 표준편차의 편파추정치와 불편파추정치, 자유도

2 a. $s^2 = 4.36$
b. $\mathscr{s}^2 = 4.84$
c. 분산의 편파추정치가 불편파추정치보다 작다.
d. $df = 9$

3 a. $s^2 = 264.61$

b. $\hat{s}^2 = 294.01$

c. 분산의 편파추정치가 불편파추정치보다 작다.

d. $df = 9$

4 a. $\hat{s}^2 = 73.3$

b. $df = 4$

제13장 가설검정

2 a. ① 식품이 유해하지 않은데 유해하다고 판정

② 식품이 유해한데 유해하지 않다고 판정

b. 식품이 유해한데 유해하지 않다고 판정

c. 식품이 유해하다.

d. 식품이 유해하지 않다.

e. 식품이 유해하지 않다.

f. 연구자의 이론적 배경, 경험적 배경과 연구에서 오판의 심각성 정도

3 a. ① 암에 걸리지 않았는데 암에 걸렸다고 판정

② 암에 걸렸는데 암에 걸리지 않았다고 판정

b. 암에 걸렸는데 암에 걸리지 않았다고 판정

c. 암에 걸렸다.

d. 암에 걸리지 않았다.

e. 오판의 심각성 정도가 크므로 유의수준을 매우 낮추어야 한다, .00001

4 a. ① 대중매체를 사용한 교수법이 컴퓨터만 사용한 교수법보다 학습에 영향을 주는데 주지 않는다고 판정

② 대중매체를 사용한 교수법이 컴퓨터만 사용한 교수법보다 학습에 영향을 주지 않는데 영향을 준다고 판정

b. 대중매체를 사용한 교수법이 컴퓨터만 사용한 교수법보다 학습에 영향을 주지 않는데 영향을 준다고 판정

c. H_0: $\mu_M = \mu_C$

H_A: $\mu_M \neq \mu_C$

d. H_0: $\mu_M = \mu_C$

H_A: $\mu_M \neq \mu_C$

e. H_0: $\mu_M \leq \mu_C$

H_A: $\mu_M > \mu_C$

f. 일반적으로 .05, .01로 한다.

제14장 실제 분포에 의한 가설검정

2 a. H_0: $P(H) = 1/2$

H_A: $P(H) \neq 1/2$

b. 기각역 = {10, 0}

채택역 = {9, 8, 7, 6, 5, 4, 3, 2, 1}

c. 기각역 = {10, 9, 1, 0}

채택역 = {8, 7, 6, 5, 4, 3, 2}

d. 기각역 = {15, 14, 13, 2, 1, 0}

채택역 = {12, 11, 10, 9, 8, 7, 6, 5, 4, 3}

e. 기각역 = {15, 14, 13, 12, 3, 2, 1, 0}

채택역 = {11, 10, 9, 8, 7, 6, 5, 4}

f. 유의수준이 커짐에 따라 기각역은 커지고 채택역은 작아진다.

3 a. H_0: $P(H) \leq 1/2$

H_A: $P(H) > 1/2$

b. 기각역 = {10}

채택역 = {9, 8, 7, 6, 5, 4, 3, 2, 1, 0}

c. 기각역 = {10, 9}

채택역 = {8, 7, 6, 5, 4, 3, 2, 1, 0}

d. 일방적 검정을 실시할 때의 기각역이 양방적 검정을 실시할 때의 기각역보다 커진다.

4 a. 서술적 가설

H_0: 앞면이 나올 확률은 .7보다 작거나 같다.

H_A: 앞면이 나올 확률은 .7보다 크다.

통계적 가설

H_0: $P(H) \leq .7$

H_A: $P(H) > .7$

b. 오른쪽

c. 기각역 = {10}

채택역 = {9, 8, 7, 6, 5, 4, 3, 2, 1, 0}

5 ① H_0: 남녀 출생비율은 같다.

H_A: 남녀 출생비율은 같지 않다.

혹은

H_0: $P(+) = P(-) = 1/2$

H_A: $P(+) \neq P(-) \neq 1/2$

② + 기호 → 6

0 → 1

− 기호 → 3

③ 기각역 = {10, 0}

채택역 = {9, 8, 7, 6, 5, 4, 3, 2, 1}

④ 결론: 서울시내 남녀 출생비율은 같다.

6 ① H_0: 호르몬과 효소가 증가시키는 혈소판 수치는 같다.

H_A: 호르몬과 효소가 증가시키는 혈소판 수치는 같지 않다.

혹은

H_0: $P(+) = P(-) = 1/2$

H_A: $P(+) \neq P(-) \neq 1/2$

② + 기호 → 6

− 기호 → 1

③ 기각역 = {7, 0}

채택역 = {6, 5, 4, 3, 2, 1}

④ 결론: 유의수준 .05에서 호르몬과 효소가 증가시키는 혈소판 수치는 같다.

7 ① H_0: $\Delta = 0$

H_A: $\Delta \neq 0$

② 기각역 =(선호하는 교사의 수) = $\{0, 1, 2, 3, 4, 14, 15, 16, 17, 18, 19, 20\}$

채택역 =(선호하는 교사의 수) = $\{5, 6, 7, 8, 9, 10, 11, 12, 13\}$

③ 결론: 입시제도 선호도에 대한 교사와 학생집단 간의 차이가 없다.

제15장 Z분포에 의한 검정

2 a. ± 2.58

b. ± 2.33

c. ± 1.96

d. ± 1.645

e. ± 1.28

3 ① H_0: $\mu = 75$

H_A: $\mu \neq 75$

$\alpha = .05$

$\sigma = 15$

$n = 100$

② $\overline{X} = 70$

③ $\sigma_{\overline{X}} = 1.5$

④ $Z = -3.33$

⑤ 유의수준 .05에서 양방적 검정이므로 기각값은 ± 1.96이 된다. Z통계값 -3.33은 기각역에 포함되므로 영가설을 기각한다.

⑥ 그러므로 '유의수준 .05에서 부임한 고등학교 2학년 학생들의 영어점수는 75점이 아니다.'라고 결론을 내릴 수 있다.

4 ① H_0: $\mu \leq 170$

H_A: $\mu > 170$

$\alpha = .01$

$\sigma = 10$

$n = 25$

② $\overline{X} = 190$

③ $\sigma_{\overline{X}} = 2$

④ $Z = 10$

⑤ 유의수준 .01에서 일방적 검정이므로 기각값은 ± 2.33이 된다. Z통계값 10은 기각역에 포함되므로 영가설을 기각한다(기각역은 오른쪽에 생긴다).

⑥ 그러므로 '유의수준 .01에서 농구선수들의 키는 170보다 크다.'라고 결론을 내릴 수 있다.

5 ① H_0: $\mu \geq 52$

H_A: $\mu < 52$

$\alpha = .05$

$\sigma = 12$

$n = 30$

② $\overline{X} = 45.5$

③ $\sigma_{\overline{X}} = 2.19$

④ $Z = -2.97$

⑤ 유의수준 .05에서 일방적 검정이므로 기각값은 -1.645가 된다. Z통계값 -2.97은 기각역에 포함되므로 영가설을 기각한다.

⑥ 그러므로 '유의수준 .05에서 상담자가 고안한 치료방법을 학생들에게 처치하였을 때 학생들의 검사불안 점수는 52점보다 작다.'라고 결론을 내릴 수 있다.

6 ① H_0: $\mu_1 = \mu_2$

H_A: $\mu_1 \neq \mu_2$

$\alpha = .05$

$n_1 = 400$ $\sigma_1 = 10$

$n_2 = 324$ $\sigma_2 = 9$

② $\overline{X}_1 = 102$

$\overline{X}_2 = 100$

③ $\sigma_{(\overline{X}_1 - \overline{X}_2)} = .71$

④ $Z = 2.82$

⑤ 유의수준 .05에서 양방적 검정이므로 기각값은 ± 1.96이 된다. Z통계값 2.82는 기각역에 포함되므로 영가설을 기각한다.

⑥ 그러므로 '유의수준 .05에서 평화대학에 재학중인 남녀 학생들의 기능에는 차이가

있다.'라고 결론을 내릴 수 있다.

⑦ 통계적 유의성은 통계적 가설 검정을 위해 설정한 유의수준에 입각한 것을 말하며, 실제적 유의성은 연구결과가 실질적으로 영향력이 있는가, 없는가를 보는 것이다. 이 문제에서 남녀 대학생들 지능의 평균 차이는 설정한 유의수준 .05에서 영가설이 기각되므로 통계적으로 유의하다고 할 수 있다. 그러나 실제적으로 지능의 평균 차이는 2점으로 극히 작아 실제적으로는 유의하다고 할 수 없다. 이와 같이 통계적 유의수준은 반드시 실제적인 유의성의 수준을 말하는 것은 아니다. 통계적으로 유의한 차이란 통계치의 차이가 표집오차의 결과만은 아니라는 것이지, 반드시 실제적인 의미에서 유의하다라는 말은 아니다.

7 ① H_0: $\mu \leq 12$

H_A: $\mu > 12$

$\alpha = .05$

$\sigma = 1.5$

$n = 25$

② $\overline{X} = 14$

③ $\sigma_{\overline{X}} = .3$

④ $Z = 6.67$

⑤ 유의수준 .05에서 일방적 검정이므로 기각값은 ± 1.645가 된다. Z통계값 6.67은 기각역에 포함되므로 영가설을 기각한다(기각역은 오른쪽에 생긴다).

⑥ 그러므로 '유의수준 .05에서 새로운 생산라인에 의하여 생산된 꽃병 수는 12개보다 많다.'라고 결론을 내릴 수 있다.

8 a. ① H_0: $\rho = 0$

H_A: $\rho \neq 0$

$\alpha = .05$

$n = 200$

$r = .34$

② $Z_r = .354$

③ $Z = 4.969$

④ 기각값 $Z = \pm 1.96$

⑤ 유의수준 .05에서 고등학교 내신점수와 대학수학능력시험 점수와의 상관은 0이 아니다.

b. ① H_0: $\rho \leq 0$

H_A: $\rho > 0$

$\alpha = .05$

$n = 200$

$r = .34$

② $Z_r = .354$

③ $Z = 4.969$

④ 기각값 $Z = \pm 1.645$

⑤ 유의수준 .05에서 고등학교 내신점수와 대학수학능력시험 점수와의 상관은 0보다 크다.

c. 영가설, 대립가설 서술과 기각값 설정에 차이가 있다. 또한 결론을 유도할 때 양방적 검정에서는 상관이 0이 이다, 아니다를 말하지만 일방적 검정에서는 0보다 크다 또는 작다를 말한다.

9 ① H_0: $\rho = 0$

H_A: $\rho \neq 0$

$\alpha = .01$

$n = 100$

$r = .20$

② $Z_r = .203$

③ $Z = 1.999$

④ 기각값 $Z = \pm 2.58$

⑤ 지능과 내적귀인과의 상관은 0이다.

10 a. ① H_0: $\rho_1 = \rho_2$ (1: 남학생, 2: 여학생)

H_A: $\rho_1 \neq \rho_2$

$\alpha = .01$

$n_1 = 200$

$n_2 = 200$

② $r_1 = .3$

$r_2 = .37$

③ $Z_{r_1} = .31$

$Z_{r_2} = .389$

④ $Z = -.784$

⑤ 기각값 $Z = \pm 2.58$

⑥ 고등학교 내신성적과 대학수학능력시험 점수의 상관에 대한 남녀 집단의 차이는 없다.

b. ① H_0: $\rho_1 \geq \rho_2$ (1: 남학생, 2: 여학생)

H_A: $\rho_1 < \rho_2$

$\alpha = .01$

$n_1 = 200$

$n_2 = 200$

② $r_1 = .3$

$r_2 = .37$

③ $Z_{r_1} = .31$

$Z_{r_2} = .389$

④ $Z = -.784$

⑤ 기각값 $Z = \pm 2.330$

⑥ 고등학교 내신성적과 대학수학능력시험 점수의 상관에서 여학생은 남학생보다 높지 않다.

12 a. ① H_0: $P = .5$

H_A: $P \neq .5$

$\alpha = .05$

$n = 100$

② $\hat{p} = .8$

③ $Z = 6$

④ 기각값 $Z = \pm 1.96$

⑤ 유의수준 .05에서 농민들이 농산물의 수입개방에 반대하는 비율은 .5가 아니다.

b. ① H_0: $P = .5$

H_A: $P \neq .5$

$\alpha = .05$

$n = 150$

② $\hat{p} = .4667$

③ $Z = -.816$

④ 기각값 $Z = \pm 1.96$

⑤ 상인들이 농산물의 수입개방에 반대하는 비율은 .5이다.

c. ① H_0: $P_1 = P_2$ (1: 농민, 2: 상인)

H_A: $P_1 \neq P_2$

$\alpha = .05$

$n_1 = 100$

$n_2 = 150$

② $\hat{p}_1 = .8$ $\hat{p}_2 = .4667$

③ $\bar{p} = .6$

④ $Z = 5.29$

⑤ 기각값 $Z = \pm 1.96$

⑥ 유의수준 .05에서 농산물 수입 반대비율은 농민집단과 상인집단이 같지 않다.

d. ① H_0: $P_1 \leq P_2$ (1: 농민, 2: 상인)

H_A: $P_1 > P_2$

$\alpha = .05$

$n_1 = 100$

$n_2 = 150$

② $\hat{p}_1 = .8$ $\hat{p}_2 = .4667$

③ $\bar{p} = .6$

④ $Z = 5.29$

⑤ 기각값 $Z = \pm 1.645$

⑥ 유의수준 .05에서 농산물 수입 반대비율은 농민집단이 상인집단보다 높다.

제16장 t분포에 의한 검정

2 a. ① ± 2.571

② ± 2.086

③ ± 2.021

④ ± 2.000

⑤ ± 1.960

⑥ 자유도가 증가함에 따라 기각역의 절대값이 작아지며, 자유도가 무한대일 경우 t분포의 기각값은 Z분포의 기각값과 같아진다.

b. ± 2.750

c. $+2.457$, -2.457

3 ① $H_0: \mu = 70$

$H_A: \mu \neq 70$

$\alpha = .01$

$n = 50$

② $\overline{Y} = 75$ $s = 3$

③ $\sigma_{\overline{Y}} = .42$

④ $t = 11.90$

⑤ 자유도가 49, 유의수준이 .01일 때 양방적 검정이므로 기각값은 ± 2.68이 된다. t통계값 11.90은 기각역에 포함되므로 영가설을 기각한다.

⑥ 그러므로 '유의수준 .01에서 대중매체를 이용한 교수법을 실시한 후 측정한 공간에 대한 이해력은 70점이 아니다.'라고 결론을 내릴 수 있다.

4 ① $H_0: \mu_1 = \mu_2$

$H_A: \mu_1 \neq \mu_2$

$\alpha = .05$

$n_1 = 100$

$n_2 = 100$

② $\overline{Y}_1 = 500$ $s_1^2 = 625$

$\overline{Y}_2 = 505$ $s_2^2 = 676$

③ $s_p^2 = 650.5$

④ $\sigma_{(\overline{Y}_1 - \overline{Y}_2)} = 3.61$

⑤ $t = -1.39$

⑥ 자유도가 198, 유의수준이 .05일 때 양방적 검정이므로 기각값은 ± 1.960이 된다. t통계값 -1.39는 채택역에 포함되므로 영가설을 기각하지 못한다.

⑦ 그러므로 '횃불표 전구와 번쩍표 전구의 평균 수명 시간은 같다.'라고 결론을 내릴 수 있다.

5 ① $H_0: \mu_1 = \mu_2$

$H_A: \mu_1 \neq \mu_2$

$\alpha = .05$

$n_1 = 20$

$n_2 = 15$

② $\overline{Y}_1 = 750000$ $s_1^2 = 400000000$

$\overline{Y}_2 = 680000$ $s_2^2 = 361000000$

③ $s_p^2 = 383454545.5$

④ $\sigma_{(\overline{Y}_1 - \overline{Y}_2)} = 6688.52$

⑤ $t = 10.47$

⑥ 자유도가 33, 유의수준이 .05일 때 양방적 검정이므로 기각값은 ±2.035가 된다. t통계값 10.47은 기각역에 포함되므로 영가설을 기각한다.

⑦ 그러므로 '유의수준 .05에서 남녀 신입사원의 봉급에는 차이가 있다.'라고 결론을 내릴 수 있다.

6 a. ① H_0: $\mu = 22$

H_A: $\mu \neq 22$

$\alpha = .05$

$n = 9$

② $\overline{Y} = 21.89$ $s = 4.20$

③ $\sigma_{\overline{Y}} = 1.40$

④ $t = -.08$

⑤ 자유도가 8, 유의수준이 .05일 때 양방적 검정이므로 기각값은 ±2.306이 된다. t통계값 −.08은 기각역에 포함되지 않으므로 영가설을 기각하지 못한다.

⑥ 그러므로 '올해 여자 노인들의 청각도는 22이다.'라고 결론을 내릴 수 있다.

b. ① H_0: $\mu_1 = \mu_2$

H_A: $\mu_1 \neq \mu_2$

$\alpha = .05$

$n_1 = 9$

$n_2 = 9$

② $\overline{Y}_1 = 17.67$ $s_1^2 = 13$

$\overline{Y}_2 = 21.89$ $s_2^2 = 17.61$

③ $s_p^2 = 15.31$

④ $\sigma_{(\overline{Y}_1 - \overline{Y}_2)} = 1.84$

⑤ $t = -2.29$

⑥ 자유도가 16, 유의수준이 .05일 때 양방적 검정이므로 기각값은 ±2.120이 된다. t통계값 −2.29는 기각역에 포함되므로 영가설을 기각한다.

⑦ 그러므로 '유의수준 .05에서 남녀 노인들의 청각에는 차이가 있다.'라고 결론을 내릴 수 있다.

c. ① H_0: $\mu_d = 0$

H_A: $\mu_d \neq 0$

$\alpha = .05$

$n = 9$

② d: 9, 7, 8, 8, −4, 3, 1, 10, −4

③ $\bar{d} = 4.22$ $s_d = 5.47$

④ $\sigma_{\bar{d}} = 1.82$

⑤ $t = 2.32$

⑥ 자유도가 8, 유의수준이 .05일 때 양방적 검정이므로 기각값은 ±2.306이 된다. t통계값 2.32는 기각역에 포함되므로 영가설을 기각한다.

⑦ 그러므로 '유의수준 .05에서 부부인 남녀 노인들의 청각에 차이가 있다.'라고 결론을 내릴 수 있다.

d. $r = .497$

$$t = \pm\sqrt{\frac{r^2 \mathrm{df}}{1-r^2}}$$

±2.29 (두 독립표본 t검정의 t통계값과 같다.)

7 ① H_0: $\mu_d \geq 0$

H_A: $\mu_d < 0$

$\alpha = .01$

$n = 10$

② d: −1, −2, −3, −4.5, −2, 0, −2.5, −1.5, −3, −3

③ $\bar{d} = -2.25$ $s_d = 1.25$

④ $\sigma_{\bar{d}} = .40$

⑤ $t = -5.63$

⑥ 자유도가 9, 유의수준이 .01일 때 일방적 검정이므로 기각값은 −2.821이 된다. t통계값 −5.63은 기각역에 포함되므로 영가설을 기각한다.

⑦ 그러므로 '유의수준 .01에서 해열제 투약 후 체온은 투약 전 체온보다 낮다.'라고 결론을 내릴 수 있다.

제17장 F분포에 의한 검정: 일원분산분석

2 H_0: $\mu_j = \mu_{j'}$

H_A: $\mu_j \neq \mu_{j'}$

$\alpha = .01$

〈학습시간에 따른 회화능력의 분산분석표〉

분산원	제곱합	자유도	제곱평균	F	η^2
집단간	244.25	3	81.4167	63.03	.94
집단내	15.5	12	1.2917		
총	259.75	15			

$F_{3,12,\alpha=.01} = 5.95$

유의수준 .01에서 학습시간에 따라 회화능력에 유의한 차이가 있다. 학습시간은 회화능력의 총변화량의 94%를 설명하여 준다.

3 H_0: $\mu_j = \mu_{j'}$

H_A: $\mu_j \neq \mu_{j'}$

$\alpha = .05$

〈학습방법에 따른 통계학 점수의 분산분석표〉

분산원	제곱합	자유도	제곱평균	F
집단간	793.08	3	264.36	3.59
집단내	1474.25	20	73.71	
총	2267.33	23		

$F_{3,20,\alpha=.05} = 3.10$

유의수준 .05에서 학습방법에 따라 통계학 점수의 유의한 차이가 있다.

4 H_0: $\mu_j = \mu_{j'}$

H_A: $\mu_j \neq \mu_{j'}$

$\alpha = .01$

〈송환시기에 따른 학업성취도 점수의 분산분석표〉

분산원	제곱합	자유도	제곱평균	F
집단간	361.3	2	180.7	9.88
집단내	384.0	21	18.3	
총	745.3	23		

$F_{1,21,\alpha=.01} = 5.79$

유의수준 .01에서 송환시기에 따라 학업성취도 점수의 유의한 차이가 있다.

제18장 일원분산분석의 사후, 사전비교분석

2 a. 제17장 연습문제 2번 해답 참조

b. 가능한 모든 대비인 25개 대비에 대한 분석 결과는 다음과 같다.

	$\hat{\psi}$	$SE_{\hat{\psi}}$	$t_{\hat{\psi}}$
ψ_1: 15분 vs 30분	−1	.804	−1.244
ψ_2: 15분 vs 1시간	−5.75	.804	−7.152
ψ_3: 15분 vs 2시간	−9.75	.804	−12.127
ψ_4: 30분 vs 1시간	−4.75	.804	−5.908
ψ_5: 30분 vs 2시간	−8.75	.804	−10.883
ψ_6: 1시간 vs 2시간	−4	.804	−4.975
ψ_7: (15분+30분) vs 1시간	−5.25	.696	−7.543
ψ_8: (15분+30분) vs 2시간	−9.25	.696	−13.29
ψ_9: (15분+1시간) vs 30분	1.875	.696	2.694
ψ_{10}: (15분+1시간) vs 2시간	−6.875	.696	−9.878
ψ_{11}: (15분+2시간) vs 30분	3.875	.696	5.568
ψ_{12}: (15분+2시간) vs 1시간	−.875	.696	−1.257
ψ_{13}: (30분+1시간) vs 15분	3.375	.696	4.849
ψ_{14}: (30분+1시간) vs 2시간	−6.375	.696	−9.159
ψ_{15}: (30분+2시간) vs 15분	5.375	.696	7.723
ψ_{16}: (30분+2시간) vs 1시간	−.375	.696	−.539
ψ_{17}: (1시간+2시간) vs 15분	7.75	.696	11.135
ψ_{18}: (1시간+2시간) vs 30분	6.75	.696	9.698
ψ_{19}: (15분+30분) vs (1시간+2시간)	−7.25	.568	−12.764
ψ_{20}: (15분+1시간) vs (30분+2시간)	−5	.568	−8.803
ψ_{21}: (15분+2시간) vs (30분+1시간)	3	.568	5.282
ψ_{22}: (15분+30분+1시간) vs 2시간	−7.5	.656	−11.433
ψ_{23}: (15분+1시간+2시간) vs 30분	4.167	.656	6.352
ψ_{24}: (30분+1시간+2시간) vs 15분	5.5	.656	8.384
ψ_{25}: (15분+30분+2시간) vs 1시간	−2.167	.656	−3.303

$S = \pm\sqrt{3(F_{3,\ 12,\ \alpha=.01})} = \pm 4.22$

분산분석 결과 유의수준 .01에서 학습시간에 따라 회화능력에 유의한 차이가 있었다. 가능한 모든 대비 25개 중에서 20개의 대비가 통계적으로 유의하였다.

3 a. 사후검정을 위한 대비수: 25개

짝비교
- 개인 : DYAD
- 개인 : group
- 개인 : tutor
- DYAD : group
- DYAD : tutor
- group : tutor

복합비교
- 개인+DYAD : group
- 개인+DYAD : tutor
- 개인+group : DYAD
- 개인+group : tutor
- 개인+tutor : group
- 개인+tutor : DYAD
- DYAD+group : tutor
- DYAD+group : 개인
- DYAD+tutor : 개인
- DYAD+tutor : group
- tutor+group : 개인
- tutor+group : DYAD
- 개인+DYAD : group+tutor
- 개인+group : DYAD+tutor
- 개인+tutor : DYAD+group
- 개인+DYAD+group : tutor
- 개인+group+tutor : DYAD
- DYAD+group+tutor : 개인
- DYAD+tutor+개인 : group

사후검정을 위한 25개의 대비들 가운데 개인 : DYAD, 개인 : group, 개인+tutor : DYAD, 개인+tutor : group, DYAD+group : 개인, tutor+group : 개인, 개인+tutor : DYAD+group, DYAD+group+tutor+개인 8개의 대비에 유의수준 .01에서 학습방법에 따라 점수에 유의한 차이가 있다.

b.

	개인	DYAD	group	tutor
$\overline{Y}$	88.714	75.4	77.125	86.25
n_j	7	5	8	4

$\hat{\psi}_1$: DYAD vs group

$\hat{\psi}_2$: group vs tutor

$\hat{\psi}_3$: (개인+tutor) vs (DYAD+group)

① $\hat{\psi}_1 = -1.725$

$\hat{\psi}_2 = -9.125$

$\hat{\psi}_3 = 11.356$

② $SE_{\hat{\psi}_1} = \sqrt{73.71\left[\frac{1^2}{5} + \frac{(-1)^2}{8}\right]} = 4.894$

$SE_{\hat{\psi}_2} = \sqrt{73.71\left[\frac{1^2}{8} + \frac{(-1)^2}{4}\right]} = 5.257$

$SE_{\hat{\psi}_3} = \sqrt{73.71\left[\frac{(7/11)^2}{7} + \frac{(4/11)^2}{4} + \frac{(-5/13)^2}{5} + \frac{(-8/13)^2}{8}\right]}$

$= 3.517$

③ $t_{\hat{\psi}_1} = -.352$

$t_{\hat{\psi}_2} = -1.736$

$t_{\hat{\psi}_3} = 3.229$

④ 기각값 $F_{c=3, df=20, \alpha=.01} = \pm 3.33$

⑤ 모든 대비에 유의한 차이가 없다.

4 a. H_0: $\mu_1 = \mu_2$

H_A: $\mu_1 \neq \mu_2$

$\alpha = .05$

〈퍼즐 형태에 의한 학습에 따른 문제해결시간의 분산분석표〉

분산원	제곱합	자유도	제곱평균	F
집단간	10.501	1	10.501	3.77
집단내	47.289	17	2.782	
총	57.789	18		

$F_{1,7,.05} = 4.45$

퍼즐의 형태에 따라 지각적 과제해결능력의 차이는 없다.

b. 두 독립표본 t검정을 실시하면

H_0: $\mu_1 = \mu_2$

H_A: $\mu_1 \neq \mu_2$

$\alpha = .05$로 t검정을 실시

$\overline{Y}_1 = 46.6$ $\overline{Y}_2 = 45.1$

$s_1^2 = 1.577^2$ $s_2^2 = 1.76^2$

$t = 1.94$, 기각값 $t(\alpha = .05, \text{df} = 17) = \pm 2.110$이므로 영가설이 기각되지 않는다.

c. $t^2 = F$값 : $(1.94)^2 = 3.77$

d. $r_{pb} = -.4263$

e. $t^2 = F$

$t^2 = \dfrac{r^2\text{df}}{1-r^2}$ $3.77 = \dfrac{(-.4263)^2 \cdot 17}{1-(-.4263)^2}$ 이므로

$\therefore\ F = \dfrac{r^2\text{df}}{1-r^2}$ 가 성립한다.

5 a. ψ_1: 즉시 vs 하루–기각되지 않는다.

ψ_2: 하루 vs 일주일–기각되지 않는다.

	즉 시	하 루	일주일
$\overline{Y}$	46.5	42	37
n_j	8	8	8

ψ_1: 즉시 vs 하루

ψ_2: 하루 vs 일주일

① $\psi_1 = 4.5$

$\psi_2 = 5$

② $SE_{\hat{\psi}_1} = \sqrt{18.3\left[\dfrac{1^2}{8} + \dfrac{(-1)^2}{8}\right]} = 2.139$

$SE_{\hat{\psi}_2} = \sqrt{18.3\left[\dfrac{1^2}{8} + \dfrac{(-1)^2}{8}\right]} = 2.139$

③ $t_{\hat{\psi}_1} = 2.104$

$t_{\hat{\psi}_2} = 2.338$

④ 기각값 $t_{c=2, df=21, \alpha=.01} = \pm 3.1425$

⑤ 사전비교분석의 각 대비값은 0이다. 즉, 즉시 송환과 하루 후 송환에 따른 학업성취도의 차이는 없다. 하루 후 송환과 일주일 후 송환에 따른 학업성취도의 차이는 없다.

b. 사전검정은 이론적 배경이 강할 때 사용하는 검정으로, 기각값을 찾을 때에도 관심 있는 대비로 유의수준을 나누어 주기 때문에 기각이 용이하다(사전검정에서 사용하

는 유의수준: α/관심있는 대비 수). 반면에 사후검정은 가능한 모든 대비로 유의수준을 나누기 때문에 영가설 기각이 용이하지 않다(사후검정에서 사용하는 유의수준: α/가능한 모든 대비 수).

제17장 연습문제 4번 해답 참조.

기각값 $S = \pm\sqrt{2\ F_{2,21,.01}} = \pm\sqrt{2(5.79)} = \pm 3.403$

제19장 이원분산분석: 교차설계, 내재설계

1 a. ① $H_0: \mu_j = \mu_{j'}\ ;\ \alpha_j = 0$

$H_A: \mu_j \neq \mu_{j'}\ ;\ \alpha_j \neq 0$

$H_0: \mu_k = \mu_{k'}\ ;\ \beta_k = 0$

$H_A: \mu_k \neq \mu_{k'}\ ;\ \beta_k \neq 0$

$H_0: \mu_{jk} - \mu_{jk'} = \mu_{j'k} - \mu_{j'k'}\ ;\ \gamma_{jk} = 0$

$H_A: \mu_{jk} - \mu_{jk'} \neq \mu_{j'k} - \mu_{j'k'}\ ;\ \gamma_{jk} \neq 0$

$\alpha = .05$

② 분산분석표

분산원	제곱합	자유도	제곱평균	F	η^2
송환시기	81.555	3	27.185	69.884	.529
학급규모	60.389	2	30.195	77.622	.392
송환시기×학급규모	2.945	6	.490	1.260	.019
집단내	9.333	24	.389		
총	154.222	35			

③ 기각값

$F_{3,24,.05} = 3.01$, $F_{2,24,.05} = 3.40$, $F_{6,24,.05} = 2.51$

④ 결론

* 유의수준 .05에서 송환시기에 따라 학업성취도에 차이가 있다.
* 유의수준 .05에서 학급규모에 따라 학업성취도에 차이가 있다.
* 송환시기와 학급규모의 상호작용은 학업성취도에 영향을 주지 않는다.

b. ① $H_0: \mu_k = \mu_{k'}\ ;\ \beta_k = 0$

$H_A: \mu_k \neq \mu_{k'}\ ;\ \beta_k \neq 0$

H_0: $\mu_{j(B_1)} = \mu_{j'(B_1)}$

H_A: $\mu_{j(B_1)} \neq \mu_{j'(B_1)}$

H_0: $\mu_{j(B_2)} = \mu_{j'(B_2)}$

H_A: $\mu_{j(B_2)} \neq \mu_{j'(B_2)}$

H_0: $\mu_{j(B_3)} = \mu_{j'(B_3)}$

H_A: $\mu_{j(B_3)} \neq \mu_{j'(B_3)}$

$\alpha = .05$

② 분산분석표

분산원	제곱합	자유도	제곱평균	F	η^2
학급규모	60.389	2	30.195	77.622	.392
송환시기 in 학급규모	84.5	9			
송환시기 in 20명	36.250	3	12.083	31.062	.235
송환시기 in 40명	25.333	3	8.444	21.707	.164
송환시기 in 60명	22.917	3	7.639	19.638	.149
집단내	9.333	24	.389		
총	154.222	35			

③ 기각값

$F_{2,24,.05} = 3.40$, $F_{3,24,.10/3} = 3.4982$

④ 결론

* 유의수준 .05에서 학급규모에 따라 학업성취도에 차이가 있다.
* 유의수준 .033($\alpha = .10/3$)에서 20명 학급규모에서 송환시기에 따라 학업성취도의 차이가 있다.
* 유의수준 .033($\alpha = .10/3$)에서 40명 학급규모에서 송환시기에 따라 학업성취도의 차이가 있다.
* 유의수준 .033($\alpha = .10/3$)에서 60명 학급규모에서 송환시기에 따라 학업성취도의 차이가 있다.

c. ① H_0: $\mu_j = \mu_{j'}$; $\alpha_j = 0$

H_A: $\mu_j \neq \mu_{j'}$; $\alpha_j \neq 0$

H_0: $\mu_{k(A_1)} = \mu_{k'(A_1)}$

H_A: $\mu_{k(A_1)} \neq \mu_{k'(A_1)}$

H_0: $\mu_{k(A_2)} = \mu_{k'(A_2)}$

H_A: $\mu_{k(A_2)} \neq \mu_{k'(A_2)}$

H_0: $\mu_{k(A_3)} = \mu_{k'(A_3)}$

H_A: $\mu_{k(A_3)} \neq \mu_{k'(A_3)}$

H_0: $\mu_{k(A_4)} = \mu_{k'(A_4)}$

H_A: $\mu_{k(A_4)} \neq \mu_{k'(A_4)}$

$\alpha = .05$

② 분산분석표

분산원	제곱합	자유도	제곱평균	F	η^2
송환시기	81.555	3	27.185	69.884	.529
학급규모 in 송환시기	63.335	8			
학급규모 in 즉시	16.667	2	8.3355	21.423	.108
학급규모 in 1주	16.889	2	8.4445	21.708	.110
학급규모 in 2주	21.556	2	10.778	27.707	.140
학급규모 in 1달	8.223	2	4.1115	10.569	.053
집단내	9.333	24	.389		
총	154.222	35			

③ 기각값

$F_{3,24,.05} = 3.01$, $F_{2,24,.10/4} = 4.32$

④ 결론

* 유의수준 .05에서 송환시기에 따라 학업성취도의 차이가 있다.
* 유의수준 .025($\alpha = .10/4$)에서 즉시 송환시기에서 학급규모에 따른 학업성취도의 차이가 있다.
* 유의수준 .025($\alpha = .10/4$)에서 1주 송환시기에서 학급규모에 따른 학업성취도의 차이가 있다.
* 유의수준 .025($\alpha = .10/4$)에서 2주 송환시기에서 학급규모에 따른 학업성취도의 차이가 있다.
* 유의수준 .025($\alpha = .10/4$)에서 1달 송환시기에서 학급규모에 따른 학업성취도의 차이가 있다.

2 a. ① H_0: $\mu_j = \mu_{j'}$; $\alpha_j = 0$

H_A: $\mu_j \neq \mu_{j'}$; $\alpha_j \neq 0$

H_0: $\mu_k = \mu_{k'}$; $\beta_k = 0$

H_A: $\mu_k \neq \mu_{k'}$; $\beta_k \neq 0$

H_0: $\mu_{jk} - \mu_{jk'} = \mu_{j'k} - \mu_{j'k'}$; $r_{jk} = 0$

H_A: $\mu_{jk} - \mu_{jk'} \neq \mu_{j'k} - \mu_{j'k'}$; $r_{jk} \neq 0$

$\alpha = .01$

② 분산분석표

분산원	제곱합	자유도	제곱평균	F	η^2
엔진크기	227.267	2	113.633	18.857	.630
브레이크 종류	16.667	1	16.667	2.766	.046
엔진크기×브레이크 종류	8.100	2	4.050	.672	.022
집단내	108.467	18	6.026		
총	360.500	23			

③ 기각값

$F_{2,18,.01} = 6.01$, $F_{1,18,.01} = 8.29$

④ 결론

* 유의수준 .01에서 자동차 엔진크기에 따른 제동거리에는 차이가 있다.
* 브레이크가 종류에 따라 제동거리에는 차이가 없다.
* 자동차 엔진크기와 브레이크 종류의 상호작용은 제동거리에 영향을 주지 않는다.

b. ① H_0: $\mu_k = \mu_{k'}$; $\beta_k = 0$

H_A: $\mu_k \neq \mu_{k'}$; $\beta_k \neq 0$

H_0: $\mu_{j(B_1)} = \mu_{j'(B_1)}$

H_A: $\mu_{j(B_1)} \neq \mu_{j'(B_1)}$

H_0: $\mu_{j(B_2)} = \mu_{j'(B_2)}$

H_A: $\mu_{j(B_2)} \neq \mu_{j'(B_2)}$

$\alpha = .01$

② 분산분석표

분산원	제곱합	자유도	제곱평균	F	η^2
브레이크 종류	16.667	1	16.667	2.766	.046
엔진크기 in 브레이크 종류	235.367	4			
엔진크기 in 일반	83.450	2	41.725	6.924	.231
엔진크기 in ABC	151.917	2	5.9585	12.605	.421
집단내	108.467	18	6.026		
총	360.500	23			

③ 기각값

$F_{1,18,.01} = 8.29$, $F_{2,18,.02/2} = 6.01$

④ 결론

* 브레이크 종류에 따라 제동거리에는 차이가 없다.
* 유의수준 .01($\alpha = .02/2$)에서 일반 브레이크의 경우 자동차 엔진크기에 따른 제동거리에는 차이가 있다.
* 유의수준 .01($\alpha = .02/2$)에서 ABS 브레이크의 경우 자동차 엔진크기에 따른 제동거리에는 차이가 있다.

제20장 이원분산분석의 사후, 사전비교분석

1 각각 유의수준 .05에서 송환시기와 학급규모에 따라 학업성취도에 차이가 있었으나 송환시기와 학급규모의 상호작용은 없었다. 그러므로 송환시기와 학급규모에 따른 모든 사후비교분석이 가능하다. 학급규모와 송환시기에 따른 모든 대비는 다음과 같다.

- 학급규모

  ψ_1: 20명 vs 40명

  ψ_2: 20명 vs 60명

  ψ_3: 40명 vs 60명

- 송환시기

  ψ_1: 즉시 vs 1주

  ψ_2: 즉시 vs 2주

  ψ_3: 즉시 vs 1달

  ψ_4: 1주 vs 2주

  ψ_5: 1주 vs 1달

ψ_6: 2주 vs 1달

예를 들어, 즉시 송환과 일주일 후 송환의 대비검정은 다음과 같다.

① $\hat{\psi}_1 = 1.111$

② $SE_{\hat{\psi}_1} = \sqrt{.389\left[\frac{1^2}{9} + \frac{(-1)^2}{9}\right]} = .294$

③ $t_{\hat{\psi}_1} = 3.779$

④ 기각값 $S = \pm\sqrt{3\,F_{3,24,.04}} = \pm\sqrt{3(3.01)} = \pm 3.005$

⑤ 즉시 송환과 일주일 후 송환 간의 학업성취도에 유의한 차이가 있다.

2 송환시기

① $\hat{\psi}_1 = 1.111$

$\hat{\psi}_2 = .778$

$\hat{\psi}_3 = 3$

② $SE_{\hat{\psi}_1} = .294$

$SE_{\hat{\psi}_2} = .294$

$SE_{\hat{\psi}_3} = .294$

③ $t_{\hat{\psi}_1} = 3.779$

$t_{\hat{\psi}_2} = 2.646$

$t_{\hat{\psi}_3} = 10.204$

④ 기각값 $t_{c=3,df=24,\alpha=.05} = \pm 2.58$

⑤ ψ_1, ψ_2, ψ_3 모두가 통계적으로 유의한 차이를 나타낸다. 만약 사후비교분석을 실시하면 ψ_2는 통계적으로 유의한 차이를 나타내지 않는다. 이는 사후비교분석을 실시할 때 사전비교분석보다 기각값의 절댓값이 커지기 때문이다.

학급규모

① $\hat{\psi}_1 = 1.417$

$\hat{\psi}_2 = 1.75$

② $SE_{\hat{\psi}_1} = \sqrt{.389\left[\frac{1^2}{12} + \frac{(-1)^2}{12}\right]} = .255$

$SE_{\hat{\psi}_2} = \sqrt{.389\left[\frac{1^2}{12} + \frac{(-1)^2}{12}\right]} = .255$

③ $t_{\hat{\psi}_1} = 5.557$

$t_{\hat{\psi}_2} = 6.863$

④ 기각값 $t_{c=2, df=24, \alpha=.05} = \pm 2.39$

⑤ ψ_1과 ψ_2가 유의수준 .05에서 통계적으로 유의하다.

3 학급규모에 내재된 송환시기에 대한 사후비교검정으로 각 학급규모에서 송환시기에 따라 통계적으로 유의한 차이가 있음을 제19장 연습문제 1번의 해답을 보고 알 수 있다. 그러므로 각 학급규모에서 대비를 만들어 사후검정을 하는 것이 가능하다.

학급규모 20명에서의 송환시기에 따른 6개의 대비, 40명에서의 송환시기에 따른 6개의 대비 그리고 60명에서의 송환시기에 따른 6개의 대비가 가능하다.

예를 들어, 20명의 학급규모에서 즉시와 2주 후 송환시기에 의한 학업성취도 대비를 검정하면 다음과 같다.

① $\hat{\psi} = 2$

② $SE_{\hat{\psi}} = \sqrt{.389\left[\frac{1^2}{3} + \frac{(-1)^2}{3}\right]} = .509$

③ $t_{\hat{\psi}} = 3.929$

④ 기각값 $S = \pm\sqrt{3\,F_{3,24,.10/3}} = \pm\sqrt{3(3.4982)} = \pm 3.240$

⑤ 즉시와 2주 후 송환에 따른 학업성취도에 유의한 차이가 있다.

4 내재설계의 사전비교분석으로 $\hat{\psi}$, $SE_{\hat{\psi}}$, $t_{\hat{\psi}}$의 계산은 내재설계의 사후비교분석과 동일하나 기각값이 다르다.

① $\hat{\psi}_1 = 1$

$\hat{\psi}_2 = 2$

② $SE_{\hat{\psi}_1} = \sqrt{.389\left[\frac{1^2}{3} + \frac{(-1)^2}{3}\right]} = .509$

$SE_{\hat{\psi}_2} = \sqrt{.389\left[\frac{1^2}{3} + \frac{(-1)^2}{3}\right]} = .509$

③ $t_{\hat{\psi}_1} = 1.965$

$t_{\hat{\psi}_2} = 3.929$

④ 기각값 $t_{c=2, df=24, \alpha=.10/3} = \pm 2.6875$

⑤ 학급규모가 20명일 때 즉시 송환과 2주 후 송환 사이에 학업성취도의 유의한 차이가 있다.

제21장 χ^2분포에 의한 검정

2 ① H_0: $P_{ij} = P'_{ij}$

H_A: $P_{ij} \neq P'_{ij}$

$\alpha = .05$

$n = 200$

②+③ 획득빈도와 기대빈도(괄호 안은 기대빈도)

후보자	남	녀	계
C	30(25)	20(25)	50
D	20(17.5)	15(17.5)	35
J	25(22.5)	20(22.5)	45
P	15(17.5)	20(17.5)	35
Y	10(17.5)	25(17.5)	35
계	100	100	200

④ $\chi^2 = 10.4$

⑤ $\chi^2_{df=4, \alpha=.05} = 9.49$, χ^2통계값 10.4는 기각역에 포함되므로 영가설을 기각한다.

⑥ 그러므로 '유의수준 .05에서 5명의 대통령 후보자들에 대한 서울시 남녀집단의 선호도 비율은 같지 않다.'라고 결론을 내릴 수 있다.

3 a. ① H_0: $P_{ij} = P'$

H_A: $P_{ij} \neq P'$

$\alpha = .05$

$n = 4553$

②+③ 획득빈도와 기대빈도(괄호 안은 기대빈도)

경험/흡연	흡연	비흡연	계
있음	271(196.35)	361(110.65)	307
없음	2641(2715.65)	1605(1530.36)	4246
계	2912	1641	4553

④ $\chi^2 = 34.44$

⑤ $\chi^2_{df=1, \alpha=.05} = 3.84$, χ^2통계값 34.44는 기각역에 포함되므로 영가설을 기각한다.

⑥ 그러므로 '유의수준 .05에서 흡연자와 비흡연자가 심장질환을 앓는 비율은 같지 않다.'라고 결론을 내릴 수 있다.

b. ① H_0: $\phi = 0$

H_A: $\phi \neq 0$

$\alpha = .05$

$n = 4553$

② a번의 획득빈도와 기대빈도 참조

③ $\chi^2 = 34.44$

④ $\phi = .09$

⑤ $\chi^2_{df=1, \alpha=.05} = 3.84$, χ^2통계값 34.44은 기각역에 포함되므로 영가설을 기각한다.

⑥ 그러므로 '유의수준 .05에서 흡연 여부와 심장질환과는 관계가 있다.'라고 결론을 내릴 수 있다.

4 a. ① H_0: $\begin{pmatrix} P_{11} = P_{12} = P_{13} = P_{14} = P_{1MS} = P_{1Ph.D} \\ P_{21} = P_{22} = P_{23} = P_{24} = P_{2MS} = P_{2Ph.D} \\ P_{31} = P_{32} = P_{33} = P_{34} = P_{3MS} = P_{3Ph.D} \end{pmatrix}$

H_A: H_0이 진이 아니다.

$\alpha = .01$

$n = 545$

②+③ 획득빈도와 기대빈도(괄호 안은 기대빈도)

	1학년	2학년	3학년	4학년	석사	박사	계
만족	60 (41.83)	35 (36.61)	35 (38.35)	40 (34.86)	10 (20.92)	10 (17.43)	190
보통	40 (28.62)	30 (25.05)	15 (26.24)	30 (23.85)	10 (14.31)	5 (11.93)	130
불만	20 (49.54)	40 (43.35)	60 (45.41)	30 (41.28)	40 (24.77)	35 (20.64)	225
계	120	105	110	100	60	50	545

④ $\chi^2 = 80.088$

⑤ $\chi^2_{df=10, \alpha=.01} = 23.21$

⑥ 유의수준 .01에서 학년별, 석사별, 박사별로 학교만족도에 대한 비율이 같지 않다.

b. 학교만족도에 대한 집단 간 사후비교분석

ψ_1 = 1학년 vs 석사

ψ_2 = 1학년 vs 박사

ψ_3 =4학년 vs 석사

① $\hat{\psi}_1 = .333$

$\hat{\psi}_2 = .3$

$\hat{\psi}_3 = .233$

② $SE_{\hat{\psi}_1} = .0663$

$SE_{\hat{\psi}_2} = .0727$

$SE_{\hat{\psi}_3} = .0687$

③ $Z_{\hat{\psi}_1} = 5.026$

$Z_{\hat{\psi}_2} = 4.127$

$Z_{\hat{\psi}_3} = 3.398$

④ 기각값 $S = \pm\sqrt{23.21} = \pm 4.8177$

⑤ 유의한 차이를 나타내는 대비는 ψ_1 이다.

c. ① $\hat{\psi} = \left[\frac{120}{435}\left(\frac{60}{120}\right) + \frac{105}{435}\left(\frac{35}{105}\right) + \frac{110}{435}\left(\frac{35}{110}\right) + \frac{100}{435}\left(\frac{40}{100}\right)\right]$

$= \left[\left(\frac{-60}{110}\right)\left(\frac{10}{60}\right) + \left(\frac{-50}{110}\right)\left(\frac{10}{50}\right)\right] = .209$

②
$$SE_{\hat{\psi}} = \sqrt{\left(\frac{120}{435}\right)^2\left(\frac{60}{120}\right)\left(\frac{60}{120}\right) + \left(\frac{105}{435}\right)^2\left(\frac{35}{105}\right)\left(\frac{70}{105}\right) + \left(\frac{110}{435}\right)^2\left(\frac{35}{110}\right)\left(\frac{75}{110}\right) +}$$
$$\sqrt{\left(\frac{100}{435}\right)^2\left(\frac{40}{100}\right)\left(\frac{60}{120}\right) + \left(\frac{-60}{110}\right)^2\left(\frac{10}{60}\right)\left(\frac{50}{60}\right) + \left(\frac{-50}{110}\right)^2\left(\frac{10}{50}\right)\left(\frac{40}{50}\right)}$$
$$= \sqrt{.0842} = .290$$

③ $Z_{\hat{\psi}} = .720$

④ 기각값 $S = \pm\sqrt{23.21} = \pm 4.8177$

⑤ 대학생과 대학원생 간의 학교에 대한 만족도에 유의한 차이가 없다.

d. 학교만족도에 대한 집단 간 사전비교분석

① $\hat{\psi}_1 = .1667$

$\hat{\psi}_2 = .1818$

$\hat{\psi}_3 = .1$

$\hat{\psi}_4 = -.0333$

$\hat{\psi}_5 = .209$

② $SE_{\hat{\psi}_1} = \sqrt{\frac{190}{545}\frac{355}{545}\left[\frac{1^2}{120} + \frac{(-1)^2}{105}\right]} = .0637$

$SE_{\hat{\psi}_2} = \sqrt{\frac{190}{545}\frac{355}{545}\left[\frac{1^2}{120} + \frac{(-1)^2}{110}\right]} = .0629$

$SE_{\hat{\psi}_3} = \sqrt{\frac{190}{545}\frac{355}{545}\left[\frac{1^2}{120} + \frac{(-1)^2}{100}\right]} = .0645$

$SE_{\hat{\psi}_4} = \sqrt{\frac{190}{545}\frac{355}{545}\left[\frac{1^2}{60} + \frac{(-1)^2}{50}\right]} = .0912$

$$SE_{\hat{\psi}_5} = \sqrt{\frac{190}{545}\frac{355}{545}\left[\frac{\left(\frac{120}{435}\right)^2}{120} + \frac{\left(\frac{105}{435}\right)^2}{105} + \frac{\left(\frac{110}{435}\right)^2}{110} + \frac{\left(\frac{100}{435}\right)^2}{100} + \frac{\left(\frac{-60}{110}\right)^2}{60} + \frac{\left(\frac{-50}{110}\right)^2}{50}\right]} = .0509$$

③ $Z_{\hat{\psi}_1} = 2.617$

$Z_{\hat{\psi}_2} = 2.890$

$Z_{\hat{\psi}_3} = 1.550$

$Z_{\hat{\psi}_4} = -.365$

$Z_{\hat{\psi}_5} = 4.109$

④ $t_{c=5, df=\infty, \alpha=.01} = \pm 3.09$

⑤ 5개의 대비 중 마지막 대비를 제외하고는 집단 간에서 학교만족도에 대한 비율의 유의한 차이가 없다. 이같은 결론이 유도된 것은 사전검사에서 많은 대비를 만들어서 기각값이 커졌기 때문이다.

5 a. ① H_0: $\begin{pmatrix} P_{11} = P_{12} = P_{13} \\ P_{21} = P_{22} = P_{23} \\ P_{51} = P_{52} = P_{53} \end{pmatrix}$

H_A: H_0이 진이 아니다.

②+③ 획득빈도와 기대빈도(괄호 안은 기대빈도)

	인문계	자연계	실업계	계
명예	100(83.33)	100(111.11)	50(55.56)	250
권력	80(46.67)	50(62.22)	10(31.11)	140
부	50(90.00)	150(120.00)	70(60.00)	270
기타	60(46.67)	50(62.22)	30(31.11)	140
무응답	10(33.33)	50(44.44)	40(22.22)	100
계	300	400	200	900

④ $\chi^2 = 109.980$

⑤ $\chi^2_{df=8, \alpha=.05} = 15.51$

⑥ 유의수준 .05에서 고등학생들의 계열에 따른 인생의 최고 목표는 같지 않다.

b. 가치관(부)에 대한 집단 간 사후비교분석

ψ_1 =인문계 vs 자연계

ψ_2 =인문계 vs 실업계

ψ_3 =자연계 vs 실업계

① $\hat{\psi}_1 = -.208$

$\hat{\psi}_2 = -.183$

$\hat{\psi}_3 = .025$

② $SE_{\hat{\psi}_1} = .0324$

$SE_{\hat{\psi}_2} = .0400$

$SE_{\hat{\psi}_3} = .0415$

③ $Z_{\hat{\psi}_1} = -6.433$

$Z_{\hat{\psi}_2} = -4.583$

$Z_{\hat{\psi}_3} = .602$

④ 기각값 $S = \pm\sqrt{15.51} = \pm 3.9383$

⑤ 유의한 차이를 나타내는 대비는 ψ_1과 ψ_2이다.

c. 가치관(부)에 대한 집단 간 사전비교분석

ψ_1 =(인문계+실업계) vs 자연계

ψ_2 =인문계 vs (자연계+실업계)

① $\hat{\psi}_1 = \left(\frac{30}{500}\right)\left(\frac{50}{300}\right) + \left(\frac{200}{500}\right)\left(\frac{70}{200}\right) + (-1)\left(\frac{150}{400}\right) = -.135$

$$\hat{\psi}_2 = \left(\frac{50}{300}\right) + \left(\frac{-400}{600}\right)\left(\frac{150}{400}\right) + \left(\frac{-200}{600}\right)\left(\frac{70}{200}\right) = -.2$$

② $$SE_{\hat{\psi}_1} = \sqrt{\left(\frac{270}{900}\right)\left(\frac{630}{900}\right)\left[\frac{\left(\frac{300}{500}\right)^2}{300} + \frac{\left(\frac{200}{500}\right)^2}{200} + \frac{(-1)^2}{400}\right]} = .0307$$

$$SE_{\hat{\psi}_2} = \sqrt{\left(\frac{270}{900}\right)\left(\frac{630}{900}\right)\left[\frac{(-1)^2}{300} + \frac{\left(\frac{-400}{600}\right)^2}{400} + \frac{\left(\frac{-200}{600}\right)^2}{400}\right]} = .0324$$

③ $Z_{\hat{\psi}_1} = -4.392$

$Z_{\hat{\psi}_2} = -6.172$

④ $t_{c=2, df=\infty, \alpha=.05} = \pm 2.24$

⑤ 2개의 대비가 모두 기각되므로 고등학생들의 계열에 따른 가치관(부)의 차이가 있다고 결론 내릴 수 있다.

부록 1

[수표 1] 난수표

10 09 73 25 33	76 52 01 35 86	34 67 35 48 76	80 95 90 91 17	39 29 27 49 45
37 54 20 48 05	64 89 47 42 96	24 80 52 40 37	20 63 61 04 02	00 82 29 16 65
08 42 26 89 53	19 64 50 93 03	23 20 90 25 60	15 95 33 47 64	35 08 03 36 06
99 01 90 25 29	09 37 67 07 15	38 31 13 11 65	88 67 67 43 97	04 43 62 76 59
12 80 79 99 70	80 15 73 61 47	64 03 23 66 53	98 95 11 68 77	12 17 17 68 33
66 06 57 47 17	34 07 27 68 50	36 69 73 61 70	65 81 33 98 85	11 19 92 91 70
31 06 01 08 05	45 57 18 24 06	35 30 34 26 14	86 79 90 74 39	23 40 30 97 32
85 26 97 76 02	02 05 16 56 92	68 66 57 48 18	73 05 38 52 47	18 62 38 85 79
63 57 33 21 35	05 32 54 70 48	90 55 35 75 48	28 46 82 87 09	83 49 12 56 24
73 79 64 57 53	03 52 96 47 78	35 80 83 42 82	60 93 52 03 44	35 27 38 84 35
98 52 01 77 67	14 90 56 86 07	22 10 94 05 58	60 97 09 34 33	50 50 07 39 98
11 80 50 54 31	39 80 82 77 32	50 72 56 82 48	29 40 52 42 01	52 77 56 78 51
83 45 29 96 34	06 28 89 80 83	13 74 67 00 78	18 47 54 06 10	68 71 17 78 17
88 68 54 02 00	86 50 75 84 01	36 76 66 79 51	90 36 47 64 93	29 60 91 10 62
99 59 46 73 48	87 51 76 49 69	91 82 60 89 28	93 78 56 13 68	23 47 83 41 13
65 48 11 76 74	17 46 85 09 50	58 04 77 69 74	73 03 95 71 86	40 21 81 65 44
80 12 43 56 35	17 72 70 80 15	45 31 82 23 74	21 11 57 82 53	14 38 55 37 63
74 35 09 98 17	77 40 27 72 14	43 23 60 02 10	45 52 16 42 37	96 28 60 26 55
69 91 62 68 03	66 25 22 91 48	36 93 68 72 03	76 62 11 39 90	94 40 05 64 18
09 89 32 05 05	14 22 56 85 14	46 42 75 67 88	96 29 77 88 22	54 38 21 45 98
91 49 91 45 23	68 47 92 76 68	46 16 28 35 54	94 75 08 99 23	37 08 92 00 48
80 33 69 45 98	26 94 03 68 58	70 29 73 41 35	53 14 03 33 40	42 05 08 23 41
44 10 48 19 49	85 15 74 79 54	32 97 92 65 75	57 60 04 08 81	22 22 20 64 13
12 55 07 37 42	11 10 00 20 40	12 86 07 46 97	96 64 48 94 39	28 70 72 58 15
63 60 64 93 29	16 50 53 44 84	40 21 95 25 63	43 65 17 70 82	07 20 73 17 90
61 19 69 04 46	26 45 74 77 74	51 92 43 37 29	65 39 45 95 93	42 58 26 05 27
15 47 44 52 66	95 27 07 99 53	59 36 78 38 48	82 39 61 01 18	33 21 15 94 66
94 55 72 85 73	67 89 75 43 87	54 62 24 44 31	91 19 04 25 92	92 92 74 59 73
42 48 11 62 13	97 34 40 87 21	16 86 84 87 67	03 07 11 20 59	25 70 14 66 70
23 52 37 83 17	73 20 88 98 37	68 93 59 14 16	26 25 22 96 63	05 52 28 25 62
04 49 35 24 94	75 24 63 38 24	45 86 25 10 25	61 96 27 93 35	65 33 71 24 72
00 54 99 76 54	64 05 18 81 59	96 11 96 38 96	54 69 28 23 91	23 28 72 95 29
35 96 31 53 07	26 89 80 93 54	33 35 13 54 62	77 97 45 00 24	90 10 33 93 33
59 80 80 83 91	45 42 72 68 42	83 60 94 97 00	13 02 12 48 92	78 56 52 01 06
46 05 88 52 36	01 39 09 22 86	77 28 14 40 77	93 91 08 36 47	70 61 74 29 41
32 17 90 05 97	87 37 92 52 41	05 56 70 70 07	86 74 31 71 57	85 39 41 18 38
69 23 46 14 06	20 11 74 52 04	15 95 66 00 00	18 74 39 24 23	97 11 89 63 38
19 56 54 14 30	01 75 87 53 79	40 41 92 15 85	66 67 43 68 06	84 96 28 52 07
45 15 51 49 38	19 47 60 72 46	43 66 79 45 43	59 04 79 00 33	20 82 66 95 41
94 86 43 19 94	36 16 81 08 51	34 88 88 15 53	01 54 03 54 56	05 01 45 11 76
98 08 62 48 26	45 24 02 84 04	44 99 90 88 96	39 09 47 34 07	35 44 13 18 80
33 18 51 62 32	41 94 15 09 49	89 43 54 85 81	88 69 54 19 94	37 54 87 30 43
80 95 10 04 06	96 38 27 07 74	20 15 12 33 87	25 01 62 52 98	94 62 46 11 71
79 75 24 91 40	71 96 12 82 96	69 86 10 25 91	74 85 22 05 39	00 38 75 95 79
18 63 33 25 37	98 14 50 65 71	31 01 02 46 74	05 45 56 14 27	77 93 89 19 36
74 02 94 39 02	77 55 73 22 70	97 79 01 71 19	52 52 75 80 21	80 81 45 17 48
54 17 84 56 11	80 99 33 71 43	05 33 51 29 69	56 12 71 92 55	36 04 09 03 24
11 66 44 98 83	52 07 98 48 27	59 38 17 15 39	09 97 33 34 40	88 46 12 33 56
48 32 47 79 28	31 24 96 47 10	02 29 53 68 70	32 30 75 75 46	15 02 00 99 94
69 07 49 41 38	87 63 79 19 76	35 58 40 44 01	10 51 82 16 15	01 84 87 69 38

[수표 2] 표준정규분포표

z	$P(z)$	z	$P(z)$ $\alpha=1-P(z)$	z	$P(z)$ $\alpha=1-P(z)$	z	$P(z)$ $\alpha=1-P(z)$
.00	.5000000	.47	.6808225	.94	.8263912	1.41	.9207302
.01	.5039894	.48	.6843863	.95	.8289439	1.42	.9221962
.02	.5079783	.49	.6879331	.96	.8314724	1.43	.9236415
.03	.5119665	.50	.6914625	.97	.8339768	1.44	.9250663
.04	.5159534	.51	.6949743	.98	.8364569	1.45	.9264707
.05	.5199388	.52	.6984682	.99	.8389129	1.46	.9278550
.06	.5239222	.53	.7019440	1.00	.8413447	1.47	.9292191
.07	.5279032	.54	.7054015	1.01	.8437524	1.48	.9305634
.08	.5318814	.55	.7088403	1.02	.8461358	1.49	.9318879
.09	.5358564	.56	.7122603	1.03	.8484950	1.50	.9331928
.10	.5398278	.57	.7156612	1.04	.8508300	1.51	.9344783
.11	.5437953	.58	.7190427	1.05	.8531409	1.52	.9357445
.12	.5477584	.59	.7224047	1.06	.8554277	1.53	.9369916
.13	.5517168	.60	.7257469	1.07	.8576903	1.54	.9382198
.14	.5556700	.61	.7290691	1.08	.8599289	1.55	.9394292
.15	.5596177	.62	.7323711	1.09	.8621434	1.56	.9406201
.16	.5635595	.63	.7356527	1.10	.8643339	1.57	.9417924
.17	.5674949	.64	.7389137	1.11	.8665005	1.58	.9429466
.18	.5714237	.65	.7421539	1.12	.8686431	1.59	.9440826
.19	.5753454	.66	.7453731	1.13	.8707619	1.60	.9452007
.20	.5792597	.67	.7485711	1.14	.8728568	1.61	.9463011
.21	.5831662	.68	.7517478	1.15	.8749281	1.62	.9473839
.22	.5870604	.69	.7549029	1.16	.8769756	1.63	.9484493
.23	.5909541	.70	.7580363	1.17	.8789995	1.64	.9494974
.24	.5948349	.71	.7611479	1.18	.8809999	1.65	.9505285
.25	.5987063	.72	.7642375	1.19	.8829768	1.66	.9515428
.26	.6025681	.73	.7673049	1.20	.8849303	1.67	.9525403
.27	.6064199	.74	.7703500	1.21	.8868606	1.68	.9535213
.28	.6102612	.75	.7733726	1.22	.8887676	1.69	.9544860
.29	.6140919	.76	.7763727	1.23	.8906514	1.70	.9554345
.30	.6179114	.77	.7793501	1.24	.8925123	1.71	.9563671
.31	.6217195	.78	.7823046	1.25	.8943502	1.72	.9572838
.32	.6255158	.79	.7852361	1.26	.8961653	1.73	.9581849
.33	.6293000	.80	.7881446	1.27	.8979577	1.74	.9590705
.34	.6330717	.81	.7910299	1.28	.8997274	1.75	.9599408
.35	.6368307	.82	.7938919	1.29	.9014747	1.76	.9607961
.36	.6405764	.83	.7967306	1.30	.9031995	1.77	.9616364
.37	.6443088	.84	.7995458	1.31	.9049021	1.78	.9624620
.38	.6480273	.85	.8023375	1.32	.9065825	1.79	.9632730
.39	.6517317	.86	.8051055	1.33	.9082409	1.80	.9640697
.40	.6554217	.87	.8078498	1.34	.9098773	1.81	.9648521
.41	.6590970	.88	.8105703	1.35	.9114920	1.82	.9656205
.42	.6627573	.89	.8132671	1.36	.9130850	1.83	.9663750
.43	.6664022	.90	.8159399	1.37	.9146565	1.84	.9671159
.44	.6700314	.91	.8185887	1.38	.9162067	1.85	.9678432
.45	.6736448	.92	.8212136	1.39	.9177356	1.86	.9685572
.46	.6772419	.93	.8238145	1.40	.9192433	1.87	.9692581

z	$P(z)$	z	$P(z)$ $\alpha=1-P(z)$	z	$P(z)$ $\alpha=1-P(z)$	z	$P(z)$ $\alpha=1-P(z)$
1.88	.9699460	2.09	.9816911	2.30	.9892759	2.51	.9939634
1.89	.9706210	2.10	.9821356	2.31	.9895559	2.52	.9941323
1.90	.9712834	2.11	.9825708	2.32	.9898296	2.53	.9942969
1.91	.9719334	2.12	.9829970	2.33	.9900969	2.54	.9944574
1.92	.9725711	2.13	.9834142	2.34	.9903581	2.55	.9946139
1.93	.9731966	2.14	.9838226	2.35	.9906133	2.56	.9947664
1.94	.9738102	2.15	.9842224	2.36	.9908625	2.57	.9949151
1.95	.9744119	2.16	.9846137	2.37	.9911060	2.58	.9950600
1.96	.9750021	2.17	.9849966	2.38	.9913437	2.59	.9952012
1.97	.9755808	2.18	.9853713	2.39	.9915758	2.60	.9953388
1.98	.9761482	2.19	.9857379	2.40	.9918025	2.70	.9965330
1.99	.9767045	2.20	.9860966	2.41	.9920237	2.80	.9974449
2.00	.9772499	2.21	.9864474	2.42	.9922397	2.90	.9981342
2.01	.9777844	2.22	.9867906	2.43	.9924506	3.00	.9986501
2.02	.9783083	2.23	.9871263	2.44	.9926564	3.20	.9993129
2.03	.9788217	2.24	.9874545	2.45	.9928572	3.40	.9996631
2.04	.9793248	2.25	.9877755	2.46	.9930531	3.60	.9998409
2.05	.9798178	2.26	.9880894	2.47	.9932443	3.80	.9999277
2.06	.9803007	2.27	.9883962	2.48	.9934309	4.00	.9999683
2.07	.9807738	2.28	.9886962	2.49	.9936128	4.50	.9999966
2.08	.9812372	2.29	.9889893	2.50	.9937903	5.00	.9999997
						5.50	.9999999

[수표 3] Fisher Z수표

r	Zr	r	Zr
.01	0.010	.50	0.549
.02	0.020	.51	0.563
.03	0.030	.52	0.577
.04	0.040	.53	0.590
.05	0.050	.54	0.604
.06	0.060	.55	0.618
.07	0.070	.56	0.633
.08	0.080	.57	0.648
.09	0.090	.58	0.663
.10	0.100	.59	0.678
.11	0.110	.60	0.693
.12	0.121	.61	0.709
.13	0.131	.62	0.725
.14	0.141	.63	0.741
.15	0.151	.64	0.758
.16	0.161	.65	0.775
.17	0.172	.66	0.793
.18	0.182	.67	0.811
.19	0.192	.68	0.829
.20	0.203	.69	0.848
.21	0.213	.70	0.867
.22	0.224	.71	0.887
.23	0.234	.72	0.908
.24	0.245	.73	0.929
.25	0.255	.74	0.950
.26	0.266	.75	0.973
.27	0.277	.76	0.996
.28	0.288	.77	1.020
.29	0.299	.78	1.045
.30	0.310	.79	1.071
.31	0.321	.80	1.099
.32	0.332	.81	1.127
.33	0.343	.82	1.157
.34	0.354	.83	1.188
.35	0.365	.84	1.221
.36	0.377	.85	1.256
.37	0.389	.86	1.293
.38	0.400	.87	1.333
.39	0.412	.88	1.376
.40	0.424	.89	1.422
.41	0.436	.90	1.472
.42	0.448	.91	1.528
.43	0.460	.92	1.589
.44	0.472	.93	1.658
.45	0.485	.94	1.738
.46	0.497	.95	1.832
.47	0.510	.96	1.946
.48	0.523	.97	2.092
.49	0.536	.98	2.298
		.99	2.647

[수표 4] t분포표

df \ P	.005	.01	.025	.05	.10	.90	.95	.975	.99	.995
α						.10	.05	.025	.01	.005
1	−63.657	−31.821	−12.706	−6.314	−3.078	3.078	6.314	12.706	31.821	63.657
2	−9.925	−6.965	−4.303	−2.920	−1.886	1.886	2.920	4.303	6.965	9.925
3	−5.841	−4.541	−3.182	−2.353	−1.638	1.638	2.353	3.182	4.541	5.841
4	−4.604	−3.747	−2.776	−2.132	−1.533	1.533	2.132	2.776	3.747	4.604
5	−4.032	−3.365	−2.571	−2.015	−1.476	1.476	2.015	2.571	3.365	4.032
6	−3.707	−3.343	−2.447	−1.943	−1.440	1.440	1.943	2.447	3.143	3.707
7	−3.499	−2.998	−2.365	−1.895	−1.415	1.415	1.895	2.365	2.998	3.499
8	−3.355	−2.896	−2.306	−1.860	−1.397	1.397	1.860	2.306	2.896	3.355
9	−3.250	−2.821	−2.262	−1.833	−1.383	1.383	1.833	2.262	2.821	3.250
10	−3.169	−2.764	−2.228	−1.812	−1.372	1.372	1.812	2.228	2.764	3.169
11	−3.106	−2.718	−2.201	−1.796	−1.363	1.363	1.796	2.201	2.718	3.106
12	−3.055	−2.681	−2.179	−1.782	−1.356	1.356	1.782	2.179	2.681	3.055
13	−3.012	−2.650	−2.160	−1.771	−1.350	1.350	1.771	2.160	2.650	3.012
14	−2.977	−2.624	−2.145	−1.761	−1.345	1.345	1.761	2.145	2.624	2.977
15	−2.947	−2.602	−2.131	−1.753	−1.341	1.341	1.753	2.131	2.602	2.947
16	−2.921	−2.583	−2.120	−1.746	−1.337	1.337	1.746	2.120	2.583	2.921
17	−2.898	−2.567	−2.110	−1.740	−1.333	1.333	1.740	2.110	2.567	2.898
18	−2.878	−2.552	−2.101	−1.734	−1.330	1.330	1.734	2.101	2.552	2.878
19	−2.861	−2.539	−2.093	−1.729	−1.328	1.328	1.729	2.093	2.539	2.861
20	−2.845	−2.528	−2.086	−1.725	−1.325	1.325	1.725	2.086	2.528	2.845
21	−2.831	−2.518	−2.080	−1.721	−1.323	1.323	1.721	2.080	2.518	2.831
22	−2.819	−2.508	−2.074	−1.717	−1.321	1.321	1.717	2.074	2.508	2.819
23	−2.807	−2.500	−2.069	−1.714	−1.319	1.319	1.714	2.069	2.500	2.807
24	−2.797	−2.492	−2.064	−1.711	−1.318	1.318	1.711	2.064	2.492	2.797
25	−2.787	−2.485	−2.060	−1.708	−1.316	1.316	1.708	2.060	2.485	2.787
26	−2.779	−2.479	−2.056	−1.706	−1.315	1.315	1.706	2.056	2.479	2.779
27	−2.771	−2.473	−2.052	−1.703	−1.314	1.314	1.703	2.052	2.473	2.771
28	−2.763	−2.467	−2.048	−1.701	−1.313	1.313	1.701	2.048	2.467	2.763
29	−2.756	−2.462	−2.045	−1.699	−1.311	1.311	1.699	2.045	2.462	2.756
30	−2.750	−2.457	−2.042	−1.697	−1.310	1.310	1.697	2.042	2.457	2.750
40	−2.704	−2.423	−2.021	−1.684	−1.303	1.303	1.684	2.021	2.423	2.704
60	−2.660	−2.390	−2.000	−1.671	−1.296	1.296	1.671	2.000	2.390	2.660
120	−2.617	−2.358	−1.980	−1.658	−1.289	1.289	1.658	1.980	2.358	2.617
∞	−2.576	−2.326	−1.960	−1.645	−1.282	1.282	1.645	1.960	2.326	2.576

[수표 5] F분포표

	p	α	v_1, Degrees of freedom for numerator: 1	2	3	4	5	6	7	8	9	10	11	12	15	20	24	30	40	60	120	∞	Cum. prop.
1	.005		$.0^{4}62$	$.0^{2}51$	.018	.032	.044	.054	.062	.068	.073	.078	.082	.085	.093	.101	.105	.109	.113	.118	.122	.127	.005
	.010		$.0^{3}25$	.010	.029	.047	.062	.073	.082	.089	.095	.100	.104	.107	.115	.124	.128	.132	.137	.141	.146	.151	.01
	.025		$.0^{2}15$	.026	.057	.082	.100	.113	.124	.132	.139	.144	.149	.153	.161	.170	.175	.180	.184	.189	.194	.199	.025
	.050		$.0^{2}62$	.054	.099	.130	.151	.167	.179	.188	.195	.201	.207	.211	.220	.230	.235	.240	.215	.250	.255	.261	.05
	.950	.050	161	200	216	225	230	234	237	239	241	242	243	244	246	248	249	250	251	252	253	254	.95
	.975	.025	648	800	864	900	922	937	948	957	963	969	973	977	985	993	997	100^{1}	101^{1}	101^{1}	101^{1}	102^{1}	.975
	.990	.010	405^{1}	500^{1}	540^{1}	562^{1}	576^{1}	586^{1}	593^{1}	598^{1}	602^{1}	606^{1}	608^{1}	611^{1}	616^{1}	621^{1}	623^{1}	626^{1}	629^{1}	631^{1}	634^{1}	637^{1}	.99
	.995	.005	162^{2}	200^{2}	216^{2}	225^{2}	231^{2}	234^{2}	237^{2}	239^{2}	241^{2}	242^{2}	243^{2}	244^{2}	246^{2}	248^{2}	249^{2}	250^{2}	251^{2}	253^{2}	254^{2}	255^{2}	.995
2	.005		$.0^{4}50$	$.0^{2}50$	.020	.038	.055	.069	.081	.091	.099	.106	.112	.118	.130	.143	.150	.157	.165	.173	.181	.189	.005
	.010		$.0^{3}20$	.010	.032	.056	.075	.092	.105	.116	.125	.132	.139	.144	.157	.171	.178	.186	.193	.201	.209	.217	.01
	.025		$.0^{2}13$	.026	.062	.094	.119	.138	.153	.165	.175	.183	.190	.196	.210	.224	.232	.239	.247	.255	.263	.271	.025
	.050		$.0^{2}50$	.053	.105	.144	.173	.194	.211	.224	.235	.244	.251	.257	.272	.286	.294	.302	.309	.317	.326	.334	.05
	.950	.050	18.5	19.0	19.2	19.2	19.3	19.3	19.4	19.4	19.4	19.4	19.4	19.4	19.4	19.4	19.5	19.5	19.5	19.5	19.5	19.5	.95
	.975	.025	38.5	39.0	39.2	39.2	39.3	39.3	39.4	39.4	39.4	39.4	39.4	39.4	39.4	39.4	39.5	39.5	39.5	39.5	39.5	39.5	.975
	.990	.010	98.5	99.0	99.2	99.2	99.3	99.3	99.4	99.4	99.4	99.4	99.4	99.4	99.4	99.4	99.5	99.5	99.5	99.5	99.5	99.5	.99
	.995	.005	198	199	199	199	199	199	199	199	199	199	199	199	199	199	199	199	199	199	199	200	.995
3	.005		$.0^{4}46$	.0250	.021	.041	.060	.077	.092	.104	.115	.124	.132	.138	.154	.172	.181	.191	.201	.211	.222	.234	.005
	.010		$.0^{3}19$	.010	.034	.060	.083	.102	.118	.132	.143	.153	.161	.168	.185	.203	.212	.222	.232	.242	.253	.264	.01
	.025		$.0^{2}12$	.026	.065	.100	.129	.152	.170	.185	.197	.207	.216	.224	.241	.259	.269	.279	.289	.299	.310	.321	.025
	.050		$.0^{2}46$	.052	.108	.152	.185	.210	.230	.246	.259	.270	.279	.287	.304	.323	.332	.342	.352	.363	.373	.384	.05
	.950	.050	10.1	9.55	9.28	9.12	9.01	8.94	8.89	8.85	8.81	8.79	8.76	8.74	8.70	8.66	8.63	8.62	8.59	8.57	8.55	8.53	.95
	.975	.025	17.4	16.0	15.4	15.1	14.9	14.7	14.6	14.5	14.5	14.4	14.4	14.3	14.3	14.2	14.1	14.1	14.0	14.0	13.9	13.9	.975
	.990	.010	34.1	30.8	29.5	28.7	28.2	27.9	27.7	27.5	27.3	27.2	27.1	27.1	26.9	26.7	26.6	26.5	26.4	26.3	26.2	26.1	.99
	.995	.005	55.6	49.8	47.5	46.2	45.4	44.8	44.4	44.1	43.9	43.7	43.5	43.4	43.1	42.8	42.6	42.5	42.3	42.1	42.0	41.8	.995
4	.005		$.0^{4}44$	$.0^{2}50$	.022	.043	.064	.083	.100	.114	.126	.137	.145	.153	.172	.193	.204	.216	.229	.242	.255	.269	.005
	.010		$.0^{3}18$	.010	.035	.063	.088	.109	.127	.143	.156	.167	.176	.185	.204	.226	.237	.249	.261	.274	.287	.301	.01
	.025		$.0^{2}11$	.026	.066	.104	.135	.161	.181	.198	.212	.224	.234	.243	.263	.284	.296	.308	.320	.332	.346	.359	.025
	.050		$.0^{2}44$	.052	.110	.157	.193	.221	.243	.261	.275	.288	.298	.307	.327	.349	.360	.372	.384	.396	.409	.422	.05
	.950	.050	7.71	6.94	6.59	6.39	6.26	6.16	6.09	6.04	6.00	5.96	5.94	5.91	5.86	5.80	5.77	5.75	5.72	5.69	5.66	5.63	.95
	.975	.025	12.2	10.6	9.98	9.60	9.36	9.20	9.07	8.98	8.90	8.84	8.79	8.75	8.66	8.56	8.51	8.46	8.41	8.36	8.31	8.26	.975
	.990	.010	21.2	18.0	16.7	16.0	15.5	15.2	15.0	14.8	14.7	14.5	14.4	14.4	14.2	14.0	13.9	13.8	13.7	13.7	13.6	13.5	.99
	.995	.005	31.3	26.3	24.3	23.2	22.5	22.0	21.6	21.4	21.1	21.0	20.8	20.7	20.4	20.2	20.0	19.9	19.8	19.6	19.5	19.3	.995
5	.005		$.0^{4}43$	$.0^{2}50$	.022	.045	.067	.087	.105	.120	.134	.146	.156	.165	.186	.210	.223	.237	.251	.266	.282	.299	.005
	.010		$.0^{3}17$	.010	.035	.064	.091	.114	.134	.151	.165	.177	.188	.197	.219	.244	.257	.270	.285	.299	.315	.332	.01
	.025		$.0^{2}11$	.025	.067	.107	.140	.167	.189	.208	.223	.236	.248	.257	.280	.304	.317	.330	.344	.359	.374	.390	.025
	.050		$.0^{2}43$	.052	.111	.160	.198	.228	.252	.271	.287	.301	.313	.322	.345	.369	.382	.395	.408	.422	.437	.452	.05
	.950	.050	6.61	5.79	5.41	5.19	5.05	4.95	4.88	4.82	4.77	4.74	4.71	4.68	4.62	4.56	4.53	4.50	4.46	4.43	4.40	4.36	.95
	.975	.025	10.0	8.43	7.76	7.39	7.15	6.98	6.85	6.76	6.68	6.62	6.57	6.52	6.43	6.33	6.28	6.23	6.18	6.12	6.07	6.02	.975
	.990	.010	16.3	13.3	12.1	11.4	11.0	10.7	10.5	10.3	10.2	10.1	9.96	9.87	9.72	9.55	9.47	9.38	9.29	9.20	9.11	9.02	.99
	.995	.005	22.8	18.3	16.5	15.6	14.9	14.5	14.2	14.0	13.8	13.6	13.5	13.4	13.1	12.9	12.8	12.7	12.5	12.4	12.3	12.1	.995

$.0^{3}56 = .00056$, $200^{1} = 2{,}000$, $162^{4} = 1{,}620{,}000$

	p	α	1	2	3	4	5	6	7	8	9	10	11	12	15	20	24	30	40	60	120	∞	Cum. prop.
			v_1, Degrees of freedom for numerator																				
6	.005		$.0^{4}43$	$.0^{2}50$	.022	.045	.069	.090	.109	.126	.140	.153	.164	.174	.197	.224	.238	.253	.269	.286	.304	.324	.005
	.010		$.0^{3}17$	.010	.036	.066	.094	.118	.139	.157	.172	.186	.197	.207	.232	.258	.273	.288	.304	.326	.338	.357	.01
	.025		$.0^{2}11$	.025	.068	.109	.143	.172	.195	.215	.231	.246	.258	.268	.293	.320	.334	.349	.364	.381	.398	.415	.025
	.050		$.0^{2}43$	.052	.112	.162	.202	.233	.259	.279	.296	.311	.324	.334	.358	.385	.399	.413	.428	.444	.460	.476	.05
	.950	.050	5.99	5.14	4.76	4.53	4.39	4.28	4.21	4.15	4.10	4.06	4.03	4.00	3.94	3.87	3.84	3.81	3.77	3.74	3.70	3.67	.95
	.975	.025	8.81	7.26	6.60	6.23	5.99	5.82	5.70	5.60	5.52	5.46	5.41	5.37	5.27	5.17	5.12	5.07	5.01	4.96	4.90	4.85	.975
	.990	.010	13.7	10.9	9.78	9.15	8.75	8.47	8.26	8.10	7.98	7.87	7.79	7.72	7.56	7.40	7.31	7.23	7.14	7.06	6.97	6.88	.99
	.995	.005	18.6	14.5	12.9	12.0	11.5	11.1	10.8	10.6	10.4	10.2	10.1	10.0	9.81	9.59	9.47	9.36	9.24	9.12	9.00	8.88	.995
7	.005		$.0^{4}42$	.0250	.023	.046	.070	.093	.113	.130	.145	.159	.171	.181	.206	.235	.251	.267	.285	.304	.324	.345	.005
	.010		$.0^{3}17$	.010	.036	.067	.096	.121	.143	.162	.178	.192	.205	.216	.241	.270	.286	.303	.320	.339	.458	.379	.01
	.025		$.0^{2}10$	.025	.068	.110	.146	.176	.200	.221	.238	.253	.266	.277	.304	.333	.348	.364	.381	.399	.418	.437	.025
	.050		$.0^{2}42$	.052	.113	.164	.205	.238	.264	.286	.304	.319	.332	.343	.369	.398	.413	.428	.445	.461	.479	.498	.05
	.950	.050	5.59	4.74	4.35	4.12	3.97	3.87	3.79	3.73	3.68	3.64	3.60	3.57	3.51	3.44	3.41	3.38	3.34	3.30	3.27	3.23	.95
	.975	.025	8.07	6.54	5.89	5.52	5.29	5.12	4.99	4.90	4.82	4.76	4.71	4.67	4.57	4.47	4.42	4.36	4.31	4.25	4.20	4.14	.975
	.990	.010	12.2	9.55	8.45	7.85	7.46	7.19	6.99	6.84	6.72	6.62	6.54	6.47	6.31	6.16	6.07	5.99	5.91	5.82	5.74	5.65	.99
	.995	.005	16.2	12.4	10.9	10.0	9.52	9.16	8.89	8.68	8.51	8.38	8.27	8.18	7.97	7.75	7.65	7.53	7.42	7.31	7.19	7.08	.995
8	.005		$.0^{4}42$	.0250	.023	.047	.072	.095	.115	.133	.149	.164	.176	.187	.214	.224	.261	.279	.299	.319	.341	.364	.005
	.010		$.0^{3}17$	.010	.036	.068	.097	.123	.146	.166	.183	.198	.211	.222	.250	.281	.297	.315	.334	.354	.376	.398	.01
	.025		$.0^{2}10$	.025	.069	.111	.148	.179	.204	.226	.244	.259	.273	.285	.313	.343	.360	.377	.395	.415	.435	.456	.025
	.050		$.0^{2}42$	.052	.113	.166	.208	.241	.268	.291	.310	.326	.339	.351	.379	.409	.425	.441	.459	.477	.496	.516	.05
	.950	.050	5.32	4.46	4.07	3.84	3.69	3.58	3.50	3.44	3.39	3.35	3.31	3.28	3.22	3.15	3.12	3.08	3.04	3.01	2.97	2.93	.95
	.975	.025	7.57	6.06	5.42	5.05	4.82	4.65	4.53	4.43	4.36	4.30	4.24	4.20	4.10	4.00	3.95	3.89	3.84	3.78	3.73	3.67	.975
	.990	.010	11.3	8.65	7.59	7.01	6.63	6.37	6.18	6.03	5.91	5.81	5.73	5.67	5.52	5.36	5.28	5.20	5.12	5.03	4.95	4.86	.99
	.995	.005	14.7	11.0	9.60	8.81	8.30	7.95	7.69	7.50	7.34	7.21	7.10	7.01	6.81	6.61	6.50	6.40	6.29	6.18	6.06	5.95	.995
9	.005		$.0^{4}42$	$.0^{2}50$	.023	.047	.073	.096	.117	.136	.153	.168	.181	.192	.220	.253	.271	.290	.310	.332	.356	.382	.005
	.010		$.0^{3}17$	.010	.037	.068	.098	.125	.149	.169	.187	.202	.216	.228	.257	.289	.307	.326	.346	.368	.391	.415	.01
	.025		$.0^{2}10$	.025	.069	.112	.150	.181	.207	.230	.248	.265	.279	.291	.320	.352	.370	.388	.408	.428	.450	.473	.025
	.050		$.0^{2}42$	.052	.113	.167	.210	.244	.272	.296	.315	.331	.345	.358	.386	.418	.435	.452	.471	.490	.510	.532	.05
	.950	.050	5.12	4.26	3.86	3.63	3.48	3.37	3.29	3.23	3.18	3.14	3.10	3.07	3.01	2.94	2.90	2.86	2.83	2.79	2.75	2.71	.95
	.975	.025	7.21	5.71	5.08	4.72	4.48	4.32	4.20	4.10	4.03	3.96	3.91	3.87	3.77	3.67	3.61	3.56	3.51	3.45	3.39	3.33	.975
	.990	.010	10.6	8.02	6.99	6.42	6.06	5.80	5.61	5.47	5.35	5.26	5.18	5.11	4.96	4.81	4.73	4.65	4.57	4.48	4.40	4.31	.99
	.995	.005	13.6	10.1	8.72	7.96	7.47	7.13	6.88	6.69	6.54	6.42	6.31	6.23	6.03	5.83	5.73	5.62	5.52	5.41	5.30	5.19	.995
10	.005		$.0^{4}41$	$.0^{2}50$	.023	.048	.073	.098	.119	.139	.156	.171	.185	.197	.226	.260	.279	.299	.421	.344	.370	.397	.005
	.010		$.0^{3}17$	.010	.037	.069	.100	.127	.151	.172	.190	.206	.220	.233	.263	.297	.316	.336	.357	.380	.405	.431	.01
	.025		$.0^{2}10$	.025	.069	.113	.151	.183	.210	.233	.252	.269	.283	.296	.327	.360	.379	.398	.419	.441	.464	.488	.025
	.050		$.0^{2}41$	.052	.114	.168	.211	.246	.275	.299	.319	.336	.351	.363	.393	.426	.444	.462	.481	.502	.523	.546	.05
	.950	.050	4.96	4.10	3.71	3.48	3.33	3.22	3.14	3.07	3.02	2.98	2.94	2.91	2.85	2.77	2.74	2.70	2.66	2.62	2.58	2.54	.95
	.975	.025	6.94	5.46	4.83	4.47	4.24	4.07	3.95	3.85	3.78	3.72	3.66	3.62	3.52	3.42	3.37	3.31	3.26	3.20	3.14	3.08	.975
	.990	.010	10.0	7.56	6.55	5.99	5.64	5.39	5.20	5.06	4.94	4.85	4.77	4.71	4.56	4.41	4.33	4.25	4.17	4.08	4.00	3.91	.99
	.995	.005	12.8	9.43	8.08	7.34	6.87	6.54	6.30	6.12	5.97	5.85	5.75	5.66	5.47	5.27	5.17	5.07	4.97	4.86	4.75	4.64	.995

$.0^{3}56 = .00056$, $200^{1} = 2{,}000$, $162^{4} = 1{,}620{,}000$

ν_2	p	α	ν_1, Degrees of freedom for numerator 1	2	3	4	5	6	7	8	9	10	11	12	15	20	24	30	40	60	120	∞	Cum. prop.
11	.005		$.0^{4}40$	$.0^{2}50$	.023	.048	.074	.099	.121	.141	.158	.174	.188	.200	.231	.266	.286	.308	.330	.355	.382	.412	.005
	.010		$.0^{3}16$	.010	.037	.069	.100	.128	.153	.175	.193	.210	.224	.237	.268	.304	.324	.344	.366	.391	.417	.444	.01
	.025		$.0^{2}10$	.025	.069	.114	.152	.185	.212	.236	.256	.273	.288	.301	.332	.368	.386	.407	.429	.450	.476	.503	.025
	.050		$.0^{2}41$	.052	.114	.168	.212	.248	.278	.302	.323	.340	.355	.368	.398	.433	.452	.469	.490	.513	.535	.559	.05
	.950	.050	4.84	3.98	3.59	3.36	3.20	3.09	3.01	2.95	2.90	2.85	2.82	2.79	2.72	2.65	2.61	2.57	2.53	2.49	2.45	2.40	.95
	.975	.025	6.72	5.26	4.63	4.28	4.04	3.88	3.76	3.66	3.59	3.53	3.47	3.43	3.33	3.23	3.17	3.12	3.06	3.00	2.94	2.88	.975
	.990	.010	9.65	7.21	6.22	5.67	5.32	5.07	4.89	4.74	4.63	4.54	4.46	4.40	4.25	4.10	4.02	3.94	3.86	3.78	3.69	3.60	.99
	.995	.005	12.2	8.91	7.60	6.88	6.42	6.10	5.86	5.68	5.54	5.42	5.32	5.24	5.05	4.86	4.76	4.65	4.55	4.45	4.34	4.23	.995
12	.005		$.0^{4}41$	$.0^{2}50$	.023	.048	.075	.100	.122	.143	.161	.177	.191	.204	.235	.272	.292	.315	.339	.365	.393	.424	.005
	.010		$.0^{3}16$	.010	.037	.070	.101	.130	.155	.176	.196	.212	.227	.241	.273	.310	.330	.352	.375	.401	.428	.458	.01
	.025		$.0^{2}10$	.025	.070	.114	.153	.186	.214	.238	.259	.276	.292	.305	.337	.374	.394	.416	.437	.461	.487	.514	.025
	.050		$.0^{2}41$	.052	.114	.169	.214	.250	.280	.305	.325	.343	.358	.372	.404	.439	.458	.478	.499	.522	.545	.571	.05
	.950	.050	4.75	3.89	3.49	3.26	3.11	3.00	2.91	2.85	2.80	2.75	2.72	2.69	2.62	2.54	2.51	2.47	2.43	2.38	2.34	2.30	.95
	.975	.025	6.55	5.10	4.47	4.12	3.89	3.73	3.61	3.51	3.44	3.37	3.32	3.28	3.18	3.07	3.02	2.96	2.91	2.85	2.79	2.72	.975
	.990	.010	9.33	6.93	5.95	5.41	5.06	4.82	4.64	4.50	4.39	4.30	4.22	4.16	4.01	3.86	3.78	3.70	3.62	3.54	3.45	3.36	.99
	.995	.005	11.8	8.51	7.23	6.52	6.07	5.76	5.52	5.35	5.20	5.09	4.99	4.91	4.72	4.53	4.43	4.33	4.23	4.12	4.01	3.90	.995
15	.005		$.0^{4}41$	$.0^{2}50$	.023	.049	.076	.102	.125	.147	.166	.183	.198	.212	.246	.286	.308	.333	.360	.389	.422	.457	.005
	.010		$.0^{3}16$	.010	.037	.070	.103	.132	.158	.181	.202	.219	.235	.249	.284	.324	.346	.370	.397	.425	.456	.490	.01
	.025		$.0^{2}10$	.025	.070	.116	.156	.190	.219	.244	.265	.284	.300	.315	.349	.389	.410	.433	.458	.485	.514	.546	.025
	.050		$.0^{2}40$	.051	.115	.170	.216	.254	.285	.311	.333	.351	.368	.382	.416	.454	.474	.496	.519	.545	.571	.600	.05
	.950	.050	4.54	3.68	3.29	3.06	2.90	2.79	2.71	2.64	2.59	2.54	2.51	2.48	2.40	2.33	2.29	2.25	2.20	2.16	2.11	2.07	.95
	.975	.025	6.20	4.76	4.15	3.80	3.58	3.41	3.29	3.20	3.12	3.06	3.01	2.96	2.86	2.76	2.70	2.64	2.59	2.52	2.46	2.40	.975
	.990	.010	8.68	6.36	5.42	4.89	4.56	4.32	4.14	4.00	3.89	3.80	3.73	3.67	3.52	3.37	3.29	3.21	3.13	3.05	2.96	2.87	.99
	.995	.005	10.8	7.70	6.48	5.80	5.37	5.07	4.85	4.67	4.54	4.42	4.33	4.25	4.07	3.88	3.79	3.69	3.59	3.48	3.37	3.26	.995
20	.005		$.0^{4}39$	$.0^{2}50$	.023	.050	.077	.104	.129	.151	.171	.190	.206	.221	.258	.301	.327	.354	.385	.419	.457	.500	.005
	.010		$.0^{3}16$	.010	.037	.071	.105	.135	.162	.187	.208	.227	.244	.259	.297	.340	.365	.392	.422	.455	.491	.532	.01
	.025		$.0^{2}10$	.025	.071	.117	.158	.193	.224	.250	.273	.292	.310	.325	.363	.406	.430	.456	.484	.514	.548	.585	.025
	.050		$.0^{2}40$	.051	.115	.172	.219	.258	.290	.318	.340	.360	.377	.393	.430	.471	.493	.518	.544	.572	.603	.637	.05
	.950	.050	4.35	3.49	3.10	2.87	2.71	2.60	2.51	2.45	2.39	2.35	2.31	2.28	2.20	2.12	2.08	2.04	1.99	1.95	1.90	1.84	.95
	.975	.025	5.87	4.46	3.86	3.51	3.29	3.13	3.01	2.91	2.84	2.77	2.72	2.68	2.57	2.46	2.41	2.35	2.29	2.22	2.16	2.09	.975
	.990	.010	8.10	5.85	4.49	4.43	4.10	3.70	3.70	3.56	3.46	3.37	3.29	3.23	3.09	2.94	2.86	2.78	2.69	2.61	2.52	2.42	.99
	.995	.005	9.94	6.99	5.82	5.17	4.76	4.26	4.26	4.09	3.96	3.85	3.76	3.68	3.50	3.32	3.22	3.12	3.02	2.92	2.81	2.69	.995
24	.005		$.0^{4}40$	$.0^{2}50$	.023	.050	.078	.106	.131	.154	.175	.193	.210	.226	.264	.310	.337	.337	.400	.437	.479	.527	.005
	.010		$.0^{3}16$	.010	.038	.072	.106	.137	.165	.189	.211	.231	.249	.264	.304	.350	.350	.405	.437	.473	.513	.558	.01
	.025		$.0^{2}10$	.025	.071	.117	.159	.195	.227	.253	.277	.297	.315	.331	.370	.415	.415	.468	.498	.498	.568	.610	.025
	.050		$.0^{2}40$	.051	.116	.173	.221	.260	.293	.321	.345	.365	.383	.399	.437	.480	.480	.530	.558	.588	.622	.659	.05
	.950	.050	4.26	3.40	3.01	2.78	2.62	2.51	2.42	2.36	2.30	2.25	2.21	2.18	2.11	2.03	1.98	1.94	1.89	1.84	1.79	1.73	.95
	.975	.025	5.72	4.32	3.72	3.38	3.15	2.99	2.87	2.78	2.70	2.64	2.59	2.54	2.44	2.33	2.27	2.21	2.15	2.08	2.01	1.94	.975
	.990	.010	7.82	5.61	4.72	4.22	3.90	3.67	3.50	3.36	3.26	3.17	3.09	3.03	2.89	2.74	2.66	2.58	2.49	2.40	2.31	2.21	.99
	.995	.005	.955	6.66	5.52	4.89	4.49	4.20	3.99	3.83	3.69	3.59	3.50	3.42	3.25	3.06	2.97	2.87	2.77	2.66	2.55	2.43	.995

$.0^{3}56 = .00056$, $200^{1} = 2{,}000$, $162^{4} = 1{,}620{,}000$

ν_2	p	α	ν_1, Degrees of freedom for numerator 1	2	3	4	5	6	7	8	9	10	11	12	15	20	24	30	40	60	120	∞	Cum. prop.
30	.005		$.0^{4}40$	$.0^{2}50$	.024	.050	.079	.107	.133	.156	.178	.197	.215	.231	.271	.320	.349	.381	.416	.457	.504	.559	.005
	.010		$.0^{3}16$	.010	.038	.072	.107	.138	.167	.192	.215	.235	.254	.270	.311	.360	.388	.419	.454	.493	.538	.590	.01
	.025		$.0^{2}10$	.025	.071	.118	.161	.197	.229	.257	.281	.302	.321	.337	.378	.426	.453	.482	.515	.551	.592	.639	.025
	.050		$.0^{2}40$	.051	.116	.174	.222	.263	.296	.325	.349	.370	.389	.406	.445	.490	.516	.543	.573	.606	.644	.685	.05
	.950	.050	4.17	3.32	2.92	2.69	2.53	2.42	2.33	2.27	2.21	2.16	2.13	2.09	2.01	1.93	1.89	1.84	1.79	1.74	1.68	1.62	.95
	.975	.025	5.57	4.18	3.59	3.25	3.03	2.87	2.75	2.65	2.57	2.51	2.46	2.41	2.31	2.20	2.14	2.07	2.01	1.94	1.87	1.79	.975
	.990	.010	7.56	5.39	4.51	4.02	3.70	3.47	3.30	3.17	3.07	2.98	2.91	2.84	2.70	2.55	2.47	2.39	2.30	2.21	2.11	2.01	.99
	.995	.005	9.18	3.65	5.24	4.62	4.23	3.95	3.74	3.58	3.45	3.34	3.25	3.18	3.01	2.82	2.73	2.63	2.52	2.42	2.30	2.18	.995
40	.005		$.0^{4}40$	$.0^{2}50$	.024	.051	.080	.108	.135	.159	.181	.201	.220	.237	.279	.331	.362	.396	.436	.481	.534	.599	.005
	.010		$.0^{3}16$	.010	.038	.073	.108	.140	.169	.195	.219	.240	.259	.276	.319	.371	.401	.435	.473	.516	.567	.628	.01
	.025		$.0^{3}99$	.025	.071	.119	.162	.199	.232	.260	.285	.307	.327	.344	.387	.437	.466	.498	.533	.573	.620	.674	.025
	.050		$.0^{2}40$	.051	.116	.175	.224	.265	.299	.329	.354	.376	.395	.412	.454	.502	.529	.558	.591	.627	.669	.717	.05
	.950	.050	4.08	3.23	2.84	2.61	2.45	2.34	2.25	2.18	2.12	2.08	2.04	2.00	1.92	1.84	1.79	1.74	1.69	1.64	1.58	1.51	.95
	.975	.025	5.42	4.05	3.46	3.13	2.90	2.74	2.62	2.53	2.45	2.39	2.33	2.29	2.18	2.07	2.01	1.94	1.88	1.80	1.72	1.64	.975
	.990	.010	7.31	5.18	4.31	3.83	3.51	3.29	3.12	2.99	2.89	2.80	2.73	2.66	2.52	2.37	2.29	2.20	2.11	2.02	1.92	1.80	.99
	.995	.005	8.83	6.07	4.98	4.37	3.99	3.71	3.51	3.35	3.22	3.12	3.03	2.95	2.78	2.60	2.50	2.40	2.30	2.18	2.06	1.93	.995
60	.005		$.0^{4}40$	$.0^{2}50$	.024	.051	.081	.110	.137	.162	.185	.206	.225	.243	.287	.343	.376	.414	.458	.510	.572	.652	.005
	.010		$.0^{3}16$	.010	.038	.073	.109	.142	.172	.199	.223	.245	.265	.283	.328	.383	.416	.453	.495	.545	.604	.679	.01
	.025		$.0^{2}99$	.025	.071	.120	.163	.202	.235	.264	.290	.313	.333	.351	.396	.450	.481	.515	.555	.600	.654	.720	.025
	.050		$.0^{2}40$	.051	.116	.176	.226	.267	.303	.333	.359	.382	.402	.419	.463	.514	.543	.575	.611	.652	.700	.759	.05
	.950	.050	4.00	3.15	2.76	2.53	2.37	2.25	2.17	2.10	2.04	1.99	1.95	1.92	1.84	1.75	1.70	1.65	1.59	1.53	1.47	1.39	.95
	.975	.025	5.29	3.93	3.34	3.01	2.79	2.63	2.51	2.41	2.33	2.27	2.22	2.17	2.06	1.94	1.88	1.82	1.74	1.67	1.58	1.48	.975
	.990	.010	7.08	4.98	4.13	3.65	3.34	3.12	2.95	2.82	2.72	2.63	2.56	2.50	2.35	2.20	2.12	2.03	1.94	1.84	1.73	1.60	.99
	.995	.005	8.49	5.80	4.73	4.14	3.76	3.49	3.29	3.13	3.01	2.90	2.82	2.74	2.57	2.39	2.29	2.19	2.08	1.96	1.83	1.69	.995
120	.005		$.0^{4}39$	$.0^{2}50$	.024	.051	.081	.111	.139	.165	.189	.211	.230	.249	.297	.356	.393	.434	.484	.545	.623	.733	.005
	.010		$.0^{3}16$	.010	.038	.074	.110	.143	.174	.202	.227	.250	.271	.290	.338	.397	.433	.474	.522	.579	.652	.755	.01
	.025		$.0^{3}99$	.025	.072	.120	.165	.204	.238	.268	.295	.318	.340	.359	.406	.464	.498	.536	.580	.633	.698	.789	.025
	.050		$.0^{2}39$	.051	.117	.177	.227	.270	.306	.337	.364	.388	.408	.427	.473	.527	.559	.594	.634	.682	.740	.819	.05
	.950	.050	3.92	3.07	2.68	2.45	2.29	2.18	2.09	2.02	1.96	1.91	1.87	1.83	1.75	1.66	1.61	1.55	1.50	1.43	1.35	1.25	.95
	.975	.025	5.15	3.80	3.23	2.89	2.67	2.52	2.39	2.30	2.22	2.16	2.10	2.05	1.95	1.82	1.76	1.69	1.61	1.53	1.43	1.31	.975
	.990	.010	6.85	4.79	3.95	3.48	3.17	2.96	2.79	2.66	2.56	2.47	2.40	2.34	2.19	2.03	1.95	1.86	1.76	1.66	1.53	1.38	.99
	.995	.005	8.18	5.54	4.50	3.92	3.55	3.28	3.09	2.93	2.81	2.71	2.62	2.54	2.37	2.19	2.09	1.98	1.87	1.75	1.61	1.43	.995
∞	.005		$.0^{4}39$	$.0^{2}50$	.024	.052	.082	.113	.141	.168	.193	.216	.236	.256	.307	.372	.412	.460	.518	.592	.699	1.00	.005
	.010		$.0^{3}16$	.010	.038	.074	.111	.145	.177	.206	.232	.256	.278	.298	.349	.413	.452	.499	.554	.625	.724	1.00	.01
	.025		$.0^{3}98$	.025	.072	.121	.166	.206	.241	.272	.300	.325	.347	.367	.418	.480	.517	.560	.611	.675	.763	1.00	.025
	.050		$.0^{2}39$	.051	.117	.178	.229	.273	.310	.342	.369	.394	.417	.436	.484	.543	.577	.617	.663	.720	.797	1.00	.05
	.950	.050	3.84	3.00	2.60	2.37	2.21	2.10	2.01	1.94	1.88	1.83	1.79	1.75	1.67	1.57	1.52	1.46	1.39	1.32	1.22	1.00	.95
	.975	.025	5.02	3.69	3.12	2.79	2.57	2.41	2.29	2.19	2.11	2.05	1.99	1.94	1.83	1.71	1.64	1.57	1.48	1.39	1.27	1.00	.975
	.990	.010	6.63	4.61	3.78	3.32	3.02	2.80	2.64	2.51	2.41	2.32	2.25	2.18	2.04	1.88	1.79	1.70	1.59	1.47	1.32	1.00	.99
	.995	.005	7.88	5.30	4.28	3.72	3.35	3.09	2.90	2.74	2.62	2.52	2.43	2.36	2.19	2.00	1.90	1.79	1.67	1.53	1.36	1.00	.995

$.0^{3}56 = .00056$, $200^{1} = 2,000$, $162^{4} = 1,620,000$

[수표 6] Dunn수표

대비수	α	df 5	7	10	12	15	20	24	30	40	60	120	∞
2	.05	3.17	2.84	2.64	2.56	2.49	2.42	2.39	2.36	2.33	2.30	2.27	2.24
	.01	4.78	4.03	3.58	3.43	3.29	3.16	3.09	3.03	2.97	2.92	2.86	2.81
3	.05	3.54	3.13	2.87	2.78	2.69	2.61	2.58	2.54	2.50	2.47	2.43	2.39
	.01	5.25	4.36	3.83	3.65	3.48	3.33	3.26	3.19	3.12	3.06	2.99	2.94
4	.05	3.81	3.34	3.04	2.94	2.84	2.75	2.70	2.66	2.62	2.58	2.54	2.50
	.01	5.60	4.59	4.01	3.80	3.62	3.46	3.38	3.30	3.23	3.16	3.09	3.02
5	.05	4.04	3.50	3.17	3.06	2.95	2.85	2.80	2.75	2.71	2.66	2.62	2.58
	.01	5.89	4.78	4.15	3.93	3.74	3.55	3.47	3.39	3.31	3.24	3.16	3.09
6	.05	4.22	3.64	3.28	3.15	3.04	2.93	2.88	2.83	2.78	2.73	2.68	2.64
	.01	6.15	4.95	4.27	4.04	3.82	3.63	3.54	3.46	3.38	3.30	3.22	3.15
7	.05	4.38	3.76	3.37	3.24	3.11	3.00	2.94	2.89	2.84	2.79	2.74	2.69
	.01	6.36	5.09	4.37	4.13	3.90	3.70	3.61	3.52	3.43	3.34	3.27	3.19
8	.05	4.53	3.86	3.45	3.31	3.18	3.06	3.00	2.94	2.89	2.84	2.79	2.74
	.01	6.56	5.21	4.45	4.20	3.97	3.76	3.66	3.57	3.48	3.39	3.31	3.23
9	.05	4.66	3.95	3.52	3.37	3.24	3.11	3.05	2.99	2.93	2.88	2.83	2.77
	.01	6.70	5.31	4.53	4.26	4.02	3.80	3.70	3.61	3.51	3.42	3.34	3.26
10	.05	4.78	4.03	3.58	3.43	3.29	3.16	3.09	3.03	2.97	2.92	2.86	2.81
	.01	6.86	5.40	4.59	4.32	4.07	3.85	3.74	3.65	3.55	3.46	3.37	3.29
15	.05	5.25	4.36	3.83	3.65	3.48	3.33	3.26	3.19	3.12	3.06	2.99	2.94
	.01	7.51	5.79	4.86	4.56	4.29	4.03	3.91	3.80	3.70	3.59	3.50	3.40
20	.05	5.60	4.59	4.01	3.80	3.62	3.46	3.38	3.30	3.23	3.16	3.09	3.02
	.01	8.00	6.08	5.06	4.73	4.42	4.15	4.04	3.90	3.79	3.69	3.58	3.48
25	.05	5.89	4.78	4.15	3.93	3.74	3.55	3.47	3.39	3.31	3.24	3.16	3.09
	.01	8.37	6.30	5.20	4.86	4.53	4.25	4.1*	3.98	3.88	3.76	3.64	3.54
30	.05	6.15	4.95	4.27	4.04	3.82	3.63	3.54	3.46	3.38	3.30	3.22	3.15
	.01	8.68	6.49	5.33	4.95	4.61	4.33	4.2*	4.13	3.93	3.81	3.69	3.59
35	.05	6.36	5.09	4.37	4.13	3.90	3.70	3.61	3.52	3.43	3.34	3.27	3.19
	.01	8.95	6.67	5.44	5.04	4.71	4.39	4.3*	4.26	3.97	3.84	3.73	3.63
40	.05	6.56	5.21	4.45	4.20	3.97	3.76	3.66	3.57	3.48	3.39	3.31	3.23
	.01	9.19	6.83	5.52	5.12	4.78	4.46	4.3*	4.1*	4.01	3.89	3.77	3.66
45	.05	6.70	5.31	4.53	4.26	4.02	3.80	3.70	3.61	3.51	3.42	3.34	3.26
	.01	9.41	6.93	5.60	5.20	4.84	4.52	4.3*	4.2*	4.1*	3.93	3.80	3.69
50	.05	6.86	5.40	4.59	4.32	4.07	3.85	3.74	3.65	3.55	3.46	3.37	3.29
	.01	9.68	7.06	5.70	5.27	4.90	4.56	4.4*	4.2*	4.1*	3.97	3.83	3.72
100	.05	8.00	6.08	5.06	4.73	4.42	4.15	4.04	3.90	3.79	3.69	3.58	3.48
	.01	11.04	7.80	6.20	5.70	5.20	4.80	4.7*	4.4*	4.5*		4.00	3.89
250	.05	9.68	7.06	5.70	5.27	4.90	4.56	4.4*	4.2*	4.1*	3.97	3.83	3.72
	.01	13.26	8.83	6.9*	6.3*	5.8*	5.2*	5.0*	4.9*	4.8*			4.11

※ *Journal of the American Statistical Association, 56*(1961), 52~64.

[수표 7] χ^2분포표

df	P	.005	.001	.025	.05	.10	.90	.95	.975	.99	.995
	α						.10	.05	.025	.01	.005
	1	0.000039	0.00016	0.00098	0.0039	0.0158	2.17	3.84	5.02	6.63	7.88
	2	0.0100	0.0201	0.0506	0.1026	0.2107	4.61	5.99	7.38	9.21	10.60
	3	0.0717	0.115	0.216	0.352	0.584	6.25	7.81	9.35	11.34	12.84
	4	0.207	0.297	0.484	0.711	1.064	7.78	9.49	11.14	13.28	14.86
	5	0.412	0.554	0.831	1.15	1.61	9.24	11.07	12.83	15.09	16.75
	6	0.676	0.872	1.24	1.64	2.20	10.64	12.59	14.45	16.81	18.55
	7	0.989	1.24	1.69	2.17	2.83	12.02	14.07	16.01	18.48	20.28
	8	1.34	1.65	2.18	2.73	3.49	13.36	15.51	17.53	20.09	21.95
	9	1.73	2.09	2.70	3.33	4.17	14.68	16.92	19.02	21.67	23.59
	10	2.16	2.56	3.25	3.94	4.87	15.99	18.31	20.48	23.21	25.19
	11	2.60	3.05	3.82	4.57	5.58	17.28	19.68	21.92	24.72	26.76
	12	3.07	3.57	4.40	5.23	6.30	18.55	21.03	23.34	26.22	28.30
	13	3.57	4.11	5.01	5.89	7.04	19.81	22.36	24.74	27.69	29.82
	14	4.07	4.66	5.63	6.57	7.79	21.06	23.68	26.12	29.14	31.32
	15	4.60	5.23	6.26	7.26	8.55	22.31	25.00	27.49	30.58	32.80
	16	5.14	5.81	6.91	7.96	9.31	23.54	26.30	28.85	32.00	34.27
	18	6.26	7.01	8.23	9.39	10.86	25.99	28.87	31.53	34.81	37.16
	20	7.43	8.26	9.59	10.85	12.44	28.41	31.41	34.17	37.57	40.00
	24	9.89	10.86	12.40	13.85	15.66	33.20	36.42	39.36	42.98	45.56
	30	13.79	14.95	16.79	18.49	20.60	40.26	43.77	46.98	50.89	53.67
	40	20.71	22.16	24.43	26.51	29.05	51.81	55.76	59.34	63.69	66.77
	60	35.53	37.48	40.48	43.19	46.46	74.40	79.08	83.30	88.38	91.95
	120	83.85	86.92	91.57	95.70	100.62	140.23	146.57	152.21	158.95	163.65

부록 2
SPSS

1 프로그램 입문

2 한글 IBM SPSS Statistics 25 프로그램의 기초

3 자료파일의 작성

1 SPSS 프로그램 입문

자료를 분석하기 위하여 사용되는 통계 프로그램은 다양하다. 사회과학, 자연과학, 그리고 생명과학에서 흔히 사용되는 통계는 연구의 목적상 다소 상이하나 다음과 같은 통계 프로그램이 있다.

BMDP(Bio-Medical Development Program)

MINITAB

SAS(Statistical Analysis System)

SPSS(Statistical Package for Social Science)

BMDP는 생명과학 분야에서 주로 쓰이는 통계 프로그램으로 1990년대 이후에 개인용 컴퓨터(Personal Computer)를 위한 프로그램이 개발되었다.

MINITAB은 Pennsylvania 대학에서 개발된 통계 프로그램으로 기초 통계 분석을 위하여 쉽게 사용할 수 있도록 개발되었다. MINITAB 프로그램의 특징은 통계 프로그램의 통계분석을 위한 명령어가 통계에서 사용하는 용어와 일치하게 제작되어 통계를 통하여 얻은 지식을 컴퓨터로 즉시 전환하여 자료를 분석할 수 있는 장점이 있다.

SAS는 통계분석뿐 아니라 간단한 용어를 사용하여 프로그램을 제작하여 자료 분석을 할 수 있는 프로그램으로 흔히 사용되고 있다.

SPSS는 사회과학 분야의 자료를 분석하기 위한 통계프로그램으로 한글 IBM SPSS Statistics 25.0 버전이 출시되어 본 교재의 자료를 분석하였다.

SPSS 프로그램은 크게 두 부분으로 나뉜다. 첫째 부분은 자료를 규명하는 부분이고, 두 번째 부분은 자료분석을 위하여 사용될 통계방법을 선택하여 분석을 실행하는 부분이다. [부록 2] 2절에서는 한글 IBM SPSS Statistics 25 프로그램의 기초 개념을 소개하고, 자료파일 작성, 자료입력의 입력 형태, 자료파일 열기 등을 설명한다.

2 한글 IBM SPSS Statistics 25 프로그램의 기초

1) 한글 IBM SPSS Statistics 25 열기

윈도즈 작업표시줄의 [시작]을 누른 다음 [모든 프로그램] ⇨ [IBM SPSS Statistics] ⇨ [IBM SPSS Statistics]를 누르거나, 바탕화면의 단축아이콘을 두 번 누르면(더블 클릭) 프로그램이 열린다.

2) 한글 IBM SPSS Statistics 25를 이용한 분석 과정

한글 IBM SPSS Statistics 25를 이용한 분석 과정은 일반적으로 다음과 같은 4단계를 통해 이루어진다.

• 1단계: SPSS로 자료 가져오기

이미 만들어 놓은 SPSS 자료 파일을 열거나 스프레드시트, dBASE, 텍스트 파일 등을 읽어와 SPSS 자료 파일로 변환하거나 데이터 편집기에서 직접 자료를 입력한다.

• 2단계: 메뉴에서 프로시저 선택

메뉴에서 해당 프로시저를 선택하여 통계량을 계산하거나 도표를 작성한다.

• 3단계: 분석하기 위한 변수 선택

분석할 변수를 선택하면 자료파일의 변수가 해당 프로시저에 대한 대화상자에 나타난다.

• 4단계: 결과 검토

프로시저를 실행하고 출력결과 뷰어에 나타난 결과를 검토한다.

3) 한글 IBM SPSS Statistics 25의 창 종류

(1) 데이터 편집기

SPSS 프로그램을 기동하면 자동으로 열리는 데이터 편집기에는 작업 자료파일(*.SAV)의 내용이 표시된다. 여기서 새로운 자료파일을 작성할 수 있을 뿐만 아니라 기존의 자료파일을 읽어서 자료를 삭제, 수정, 추가할 수 있다. SPSS 14.0 버전부터는 2개 이상의 데이터 편집기를 동시에 열 수 있다.

• 데이터 보기

자료파일의 내용이 표시되는 창으로 작성된 자료파일을 불러오거나 직접 자료를 입력할 수 있다.

• 변수 보기

기존의 변수 정의 대화상자를 대신하는 창으로 변수의 이름 및 유형, 설명, 결측값, 열 형식 등을 지정할 수 있다.

(2) 명령문 편집기

SPSS 명령문을 작성, 편집하고 수행하기 위한 창으로, 명령문 창에서 직접 명령문을 입력하거나 프로시저 대화상자에서 [붙여넣기(P)] 단추를 누르면(SPSS 14.0 이전 버전에서는 [명령문(P)]을 누르면) 해당 명령문이 자동으로 명령문 편집기에 작성된다. SPSS 명령어 구문에 친숙한 사용자라면 여기서 직접 명령어를 편집하여 각종 분석을 실시할 수 있다(*.SPS).

(3) 출력결과 뷰어

분석을 수행하는 명령을 실행하면 출력결과 뷰어에 통계분석 결과와 도표가 표시되고, 저장된다(*.SPV).

• 피벗표 편집기

출력결과 뷰어의 특정한 피벗표를 두 번 누르면 편집, 수정할 수 있는 창이 열린다.

• 도표 편집기

출력결과 뷰어에서 특정한 도표를 두 번 누르면 열리는 창으로, 여기서 도표의 양식을 수정할 수 있다.

• 텍스트 출력물 편집기

피벗표로 나타낼 수 없는 출력물은 텍스트물 편집기에 출력된다.

3 자료파일의 작성

한글 IBM SPSS Statistics 25에서는 새로 자료를 입력하거나 별도의 다른 파일에 저장된 자료를 읽어올 수도 있다. 여기서는 다음 그림과 같이 데이터 편집기에서 새로 자료를 입력하는 경우에 대해서 설명한다. 데이터 편집기에서 각 행은 한 케이스를 나타내고, 각 열은 단일변수에 해당한다.

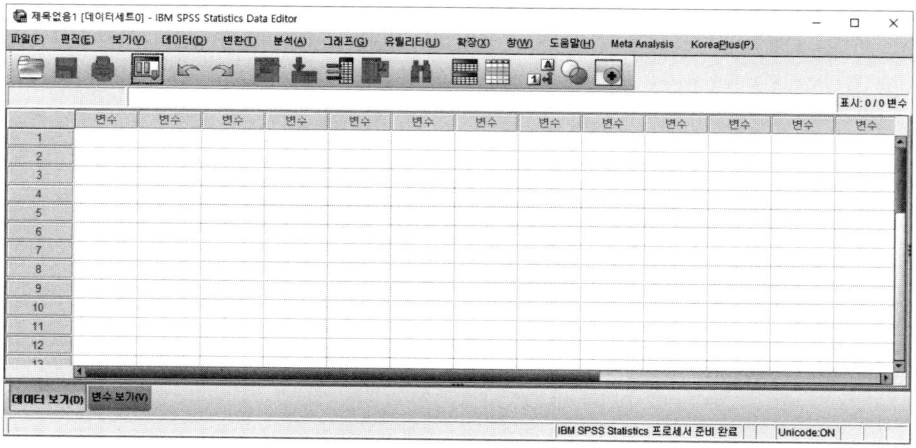

1) 자료입력

(1) 변수 정의

데이터 편집기 창의 하단에 있는 변수 보기 창에서 변수를 정의할 수 있다.

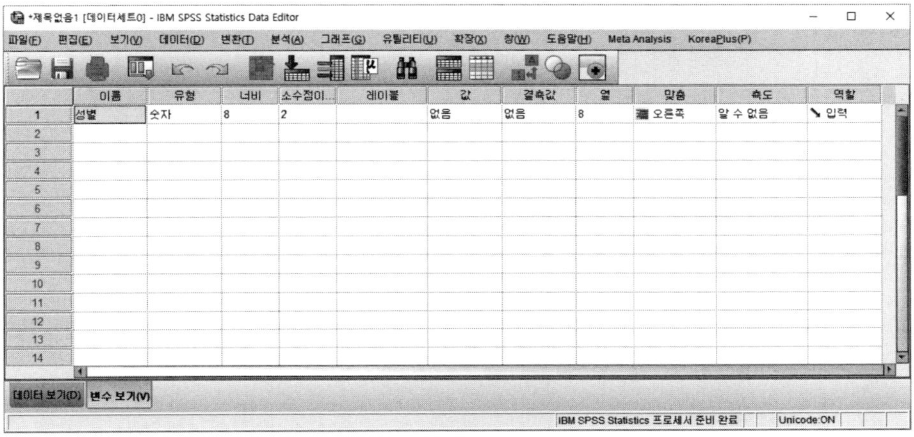

변수의 유형(숫자변수, 문자변수 등), 변수 설명, 변수값 설명, 결측값 등을 규명할 수 있다.

(2) 실제 자료입력 및 저장

데이터 보기에서 원하는 셀을 선택(셀의 경계선에 굵은 선이 그어짐)하고 수치를 입력하면 자료값이 셀에 나타나는데 그 값을 기록하려면 [Enter]를 누르면 된다.

자료파일을 저장하려면 메뉴에서 [파일(F)] ⇨ [저장(S)] 또는 도구모음에서 💾을 누르거나 또는 메뉴에서 [파일(F)] ⇨ [다른 이름으로 저장(A)]을 누른다. 다음과 같은 대화상자에서 파일 이름 부분에 저장할 파일 이름을 입력한 후 [저장(S)]을 누른다.

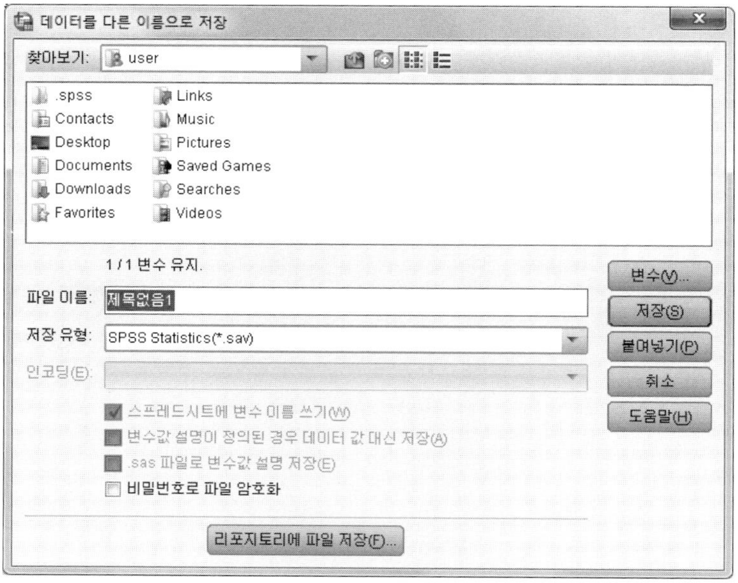

2) 자료파일 열기

이미 만들어 놓은 SPSS 자료파일(*.SAV)을 열려면 메뉴에서 [파일(F)] ⇨ [열기(O)] 를 누르면 된다. 앞의 파일저장 대화상자와 거의 같은 모양(제목만 다름)의 파일 열기 대화상자에서 파일 이름을 선택하고 [열기] 를 누르면 데이터 편집기에 자료파일이 열린다. 데이터 편집기에 분석할 자료파일이 열린 상태에서 원하는 통계 처리를 하면 그 결과가 '분석 결과 뷰어'에 나타나게 된다. SPSS 프로그램을 이용한 자료분석은 본문에 수록된 예들을 통하여 알 수 있다.

부록 3
jamovi

1 프로그램 입문

1) 소개

jamovi(jamovi project, 2018)는 Jonathon Love, Damian Dropmann, Ravi Selker 세 명의 창립자에 의해 개발된 무료공개 프로그램이며 R을 기반으로 하는 GUI (Graphic User Interface) 프로그램이다. 기존의 R 프로그램의 복잡한 명령문을 사용하는 데에 익숙하지 않은 사용자들이 쉽게 R의 분석 기능을 이용할 수 있다. jamovi는 사용자가 필요로 하는 R 패키지 모듈만을 적용하므로 자주 사용하지 않는 분석도구까지 모두 다운로드 되지 않는다. 따라서 SPSS나 SAS와 같은 분석 프로그램과 달리 상대적으로 컴퓨터 사용 용량에 있어 부담되지 않는다.

jamovi는 특히 SPSS나 SAS 사용자들이 쉽게 조작할 수 있도록 고안된 프로그램이다. 간단한 조작으로 통계분석을 쉽게 실행할 수 있으면서도 R에서 제공하는 높은 수준의 그래픽을 제공받을 수 있다. 다만, SPSS와 같은 상용 프로그램이 제공하는 자세한 수준의 분석은 지원되지 않는다는 단점이 있다. 예를 들어, 막대그래프나 히스토그램의 급간조정, 분산분석에서 사후대비검정의 대비계수 직접입력, 이원분산분석의 내재설계 등의 세부적인 분석 기능은 아직 지원되지 않는다.

jamovi의 큰 특징으로 자료 분석을 위한 통계방법 아래에 자료와 분석 결과를 화면에서 동시에 볼 수 있다는 장점이 있다. 화면의 왼쪽 창의 데이터를 분석하면 오른쪽 창에 분석 결과를 바로 볼 수 있어 편리하다. jamovi는 앞으로 advanced statistics까지 추가될 것이며 무료 공개 프로그램이기에 많은 사용자에게 도움을 줄 것을 기대한다.

2) 프로그램 설치 및 다운로드

jamovi의 설치는 http://www.jamovi.org에 접속하여 상단의 download 메뉴에서 다운로드 가능하다. jamovi 설치가 가능한 운영체제는 Windows, MacOS, Linux이며 Windows의 경우 64비트 운영체제, 계정이 영문으로 되어 있어야 설치가 가능하다. jamovi는 R과 마찬가지로 버전의 업데이트가 자주 이루어지므로 최초 설치 시 최신버전으로 다운받는 것이 좋다. 이 책에 수록된 jamovi 실행과정과 분석 결과가 최신버전의 실행과정과 분석 결과와 다소 다를 수 있다. 또한 jamovi는 GUI를 기반으로 하는 프로그램이므로 다소 높은 그래픽 사양을 요구하며, 낮은 그래픽 사양에서는 인터페이스에 오류가 발생하는 경우가 있다.

3) jamovi 창의 구성

jamovi를 실행하면 다음과 같은 초기 화면이 나타난다. 창이 두 영역으로 분할되어 있음을 볼 수 있는데, 왼쪽은 데이터 창, 오른쪽은 분석 결과 창이다. 분석을 실시하면 별도의 결과 화면을 출력하는 SPSS와 달리, jamovi에서는 분석 버튼을 누르자마자 오른쪽 창에 분석 결과가 바로 출력된다.

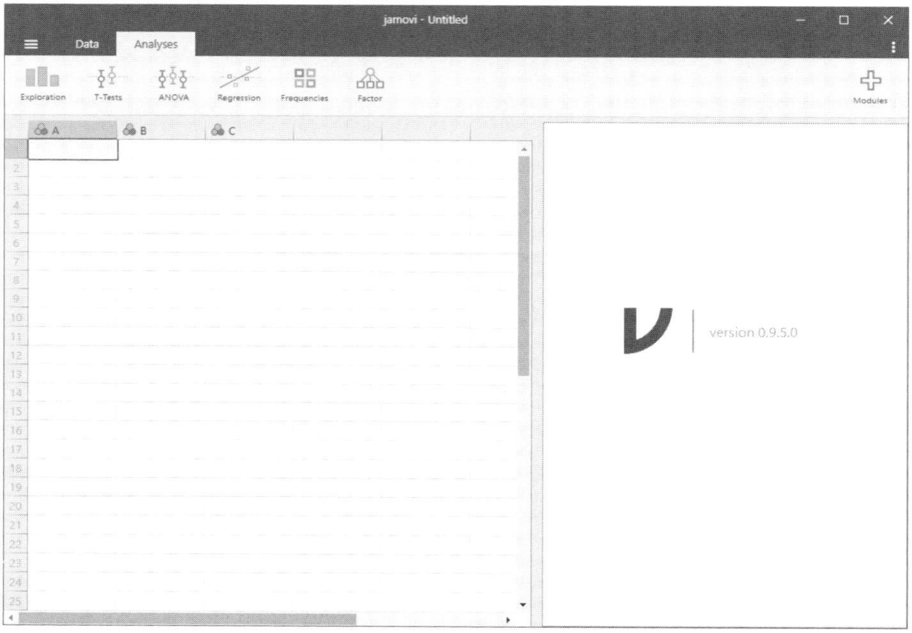

분석 메뉴를 누르면 다음과 같이 분석 창이 열린다. 분석 창은 변수의 목록, 종속변수 및 독립변수 등을 지정하는 칸이 있으며 그 아래로 세부적인 분석 옵션을 선택할 수 있다.

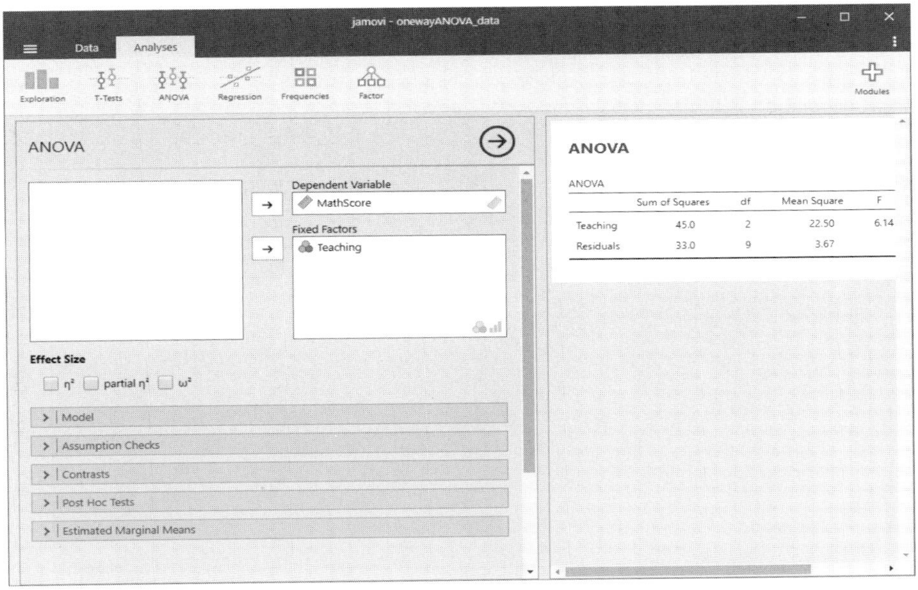

또한 오른쪽 상단의 를 클릭하고 'Syntax mode'를 체크하면 R 패키지 명령문 확인이 가능하다. 다시 체크를 해제하면 Normal mode로 돌아온다.

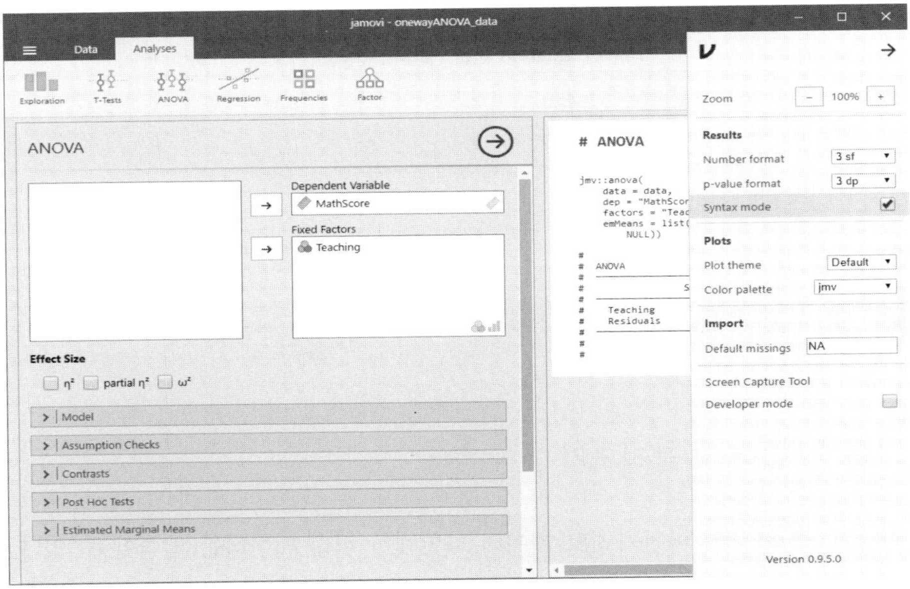

jamovi 분석 결과 창에 나타나는 모든 결과표는 마우스 우클릭 후 'Copy'를 눌러 복사할 수 있다.

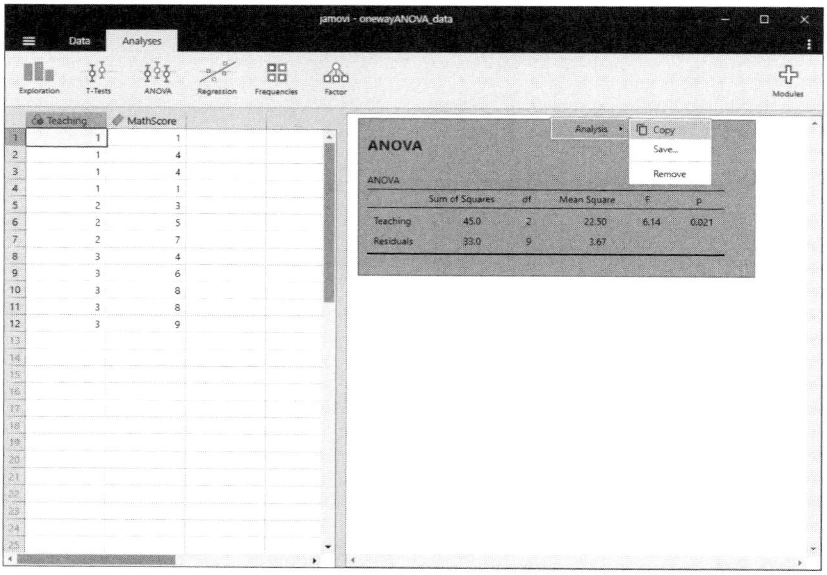

다음은 복사한 결과를 워드에 붙여넣기 한 예시이다.

ANOVA

ANOVA

	Sum of Squares	df	Mean Square	F	p
Teaching	45.0	2	22.50	6.14	0.021
Residuals	33.0	9	3.67		

2 자료파일의 작성

1) 자료입력 및 불러오기

jamovi는 SPSS와 마찬가지로 데이터 화면에서 직접 데이터를 입력할 수 있다. jamovi 프로그램 상에서 작성한 데이터는 *.omv 파일로 저장되며 jamovi 프로그램이 설치되어 있는 상태에서만 열람이 가능하다.

jamovi에서 열기(Open) 또는 불러오기(Import) 가능한 외부 프로그램 작성데이터 확장자는 쉼표로 구분된 값 '*.csv', 일반 텍스트 파일 '*.txt', SPSS의 '*.sav, *.zsav, *.por', SAS의 이분형 파일들 '*.sas7bdat, *.xpt', Stata의 '*.dta', JASP '*.jasp' 등이다. 이 중 Excel프로그램으로 작업 후 쉼표로 구분된 값 *.csv 파일로 저장해 사용하는 방법이 가장 선호된다. 그 외 jamovi는 Excel파일에서처럼 실제의 '날짜/시간' 변수를 지원하고 있지 않으므로 변수가 '2019-12-01'과 같이 'YYYY-MM-DD'와 같은 배치로 정수 표현이 되어 있어야 한다.

엑셀로 작성된 데이터를 불러올 때는 첫 번째 행을 변수명으로 인식하여 불러들이므로, 첫 행이 변수명이 아닌 자료는 첫 행을 변수명으로 수정한 뒤에 열어야 한다. jamovi는 한글 인터페이스를 지원하지 않지만 변수명은 한글로 입력 가능하고, 한글로 된 변수명을 그대로 읽어 들이는 것 또한 가능하다.

데이터를 불러올 때는 화면 왼쪽 상단의 ☰를 누르고, Open ⇨ This PC 를 선택한다. 'Documents' 창의 오른쪽 상단에 있는 'Browse'를 누르면 자료파일을 불러올 수 있다.

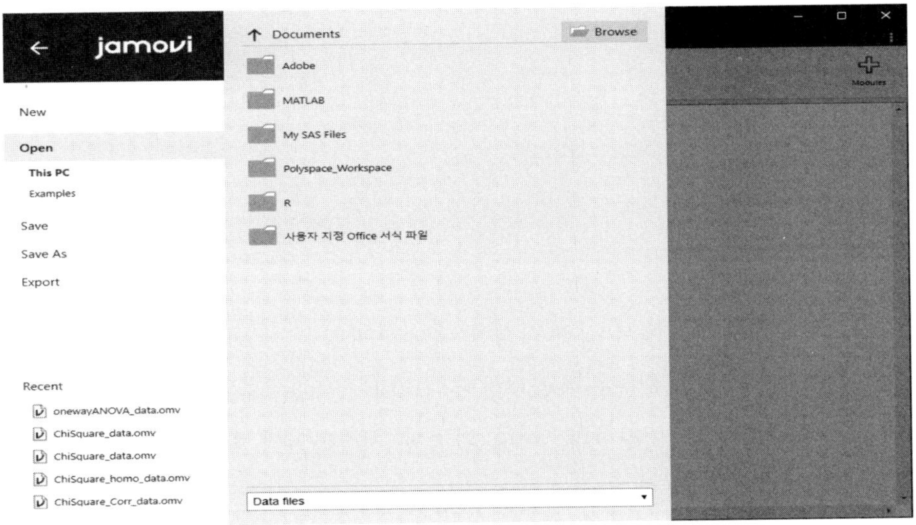

2) 변수 정의

SPSS의 변수보기 탭과 유사한 기능으로서 jamovi에서도 각 변수들의 변수명 지정, 종류 변경, 설명 입력 등이 가능하다. 상단 메뉴의 'DATA'에서 'Setup'을 클릭하거나 데이터 세트에서 변수명을 더블클릭하면 Setup 창이 열린다. 여기서 변수들의 이름을 지정하거나 변수의 종류(연속변수, 서열변수, 명명변수, 일련번호)를 변경할 수 있고 'Levels'에서는 각 변수값에 대한 설명을 입력할 수 있다. 'Data type'은 입력된 자료가 숫자인지, 문자인지를 지정하는 옵션이다.

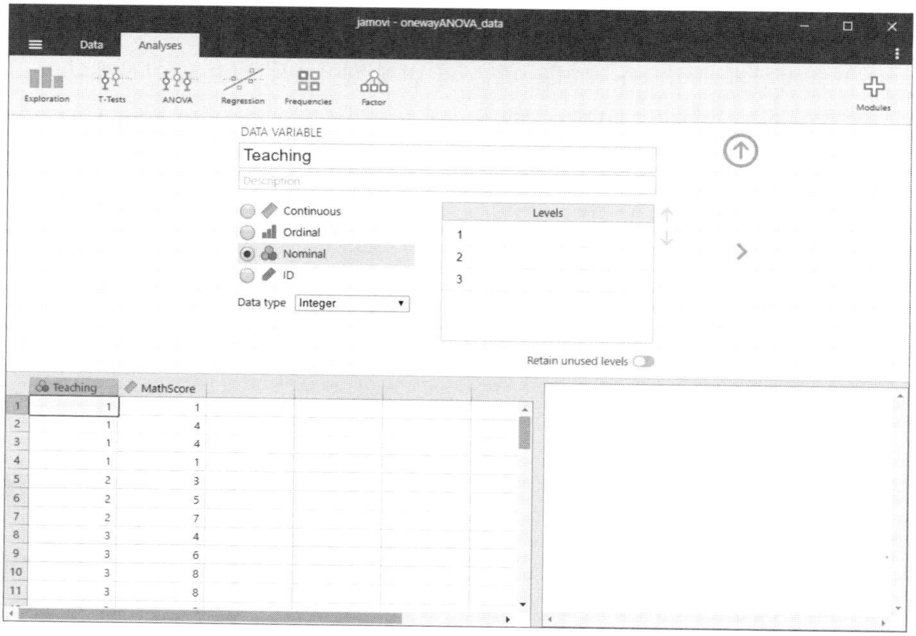

3) 자료 저장

jamovi 데이터 시트에서 직접 작성한 데이터 파일은 '*.omv'로 저장되며, 분석결과의 저장은 분석한 제목을 우클릭하면 나타나는 'Save As'를 선택하여 'Browse'에서 원하는 위치에 저장한다. 이때 가능한 저장파일의 확장자는 PDF파일의 '*.pdf'와 웹파일 HTML의 '*.html, *.htm'이다.

4) 자료 내보내기

jamovi에서 작업 후 데이터 파일을 내보내기(Export)할 때는 불러오기에서와 마찬가지로 왼쪽 상단의 ☰를 눌러 'Export'를 누르고 'Browse'에서 원하는 위치에 파일을 내보내기 한다. 이때 가능한 자료의 확장자는 다음과 같다. 쉼표로 구분된 값 '*.csv', PDF파일의 '*.pdf', HTML의 '*.html, *.htm', R object의 '*.rds, *.RData', SAS의 '*.sas7bdat, *.xpt', SPSS의 '*.sav' Stata의 '*.dta', jamovi templete의 '*.omt' 등이다.

3 자료 분석

1) 변수 계산

Data ⇨ Computer ⇨ New Computed Variable 을 클릭하면 변수를 계산할 수 있는 창이 열린다.

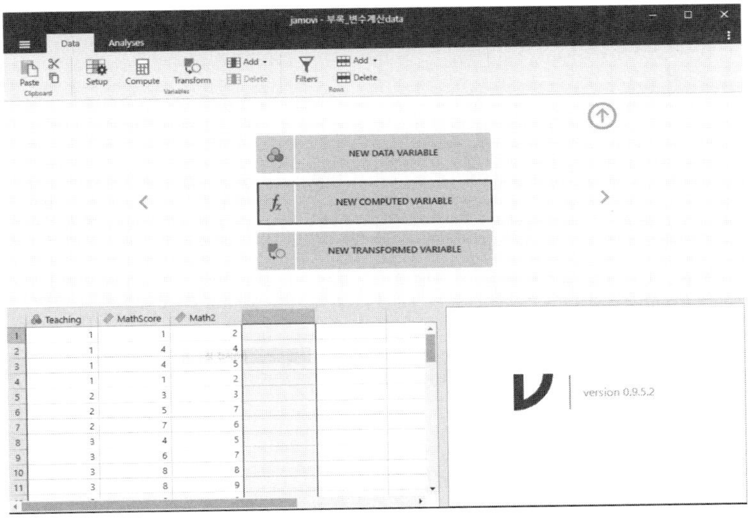

이 창에서 변수 간 합산, 평균, 분산, 표준편차 등의 통계값 계산 등이 가능하다. 계산 수식을 입력하는 줄에 직접 수식을 입력할 수 있지만 왼쪽의 f_x 아이콘을 클릭하면 자주 사용하는 수식 모음을 불러올 수 있다.

두 개의 수학검사 점수의 총점을 구하기 위한 과정은 다음과 같다. 변수 계산을 통해 새롭게 생성할 변수명을 'MathTotal'로 지정한 후, 수식 모음에서 'SUM'을 더블클릭하여 선택하고 'MathScore'와 'Math2'를 더블클릭하여 입력하면 된다. 마지막으로 엔터를 누르면 총점 변수가 생성된다.

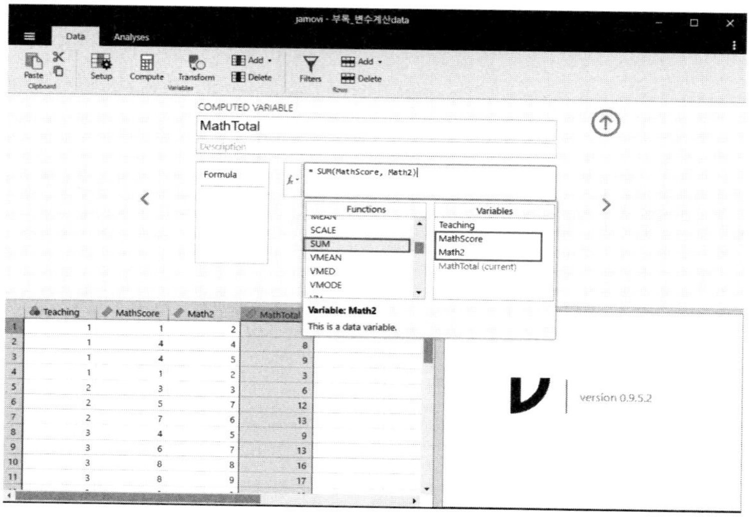

2) 그래프 그리기

jamovi에서는 4가지 형태의 그래프가 지원되며 디폴트는 흰 배경의 그래프이며 아래 그림과 같다. 오른쪽 옵션 창의 'Plots'에서 I♥spss를 선택하면 SPSS의 분석 결과와 같은 형태의 그래프를 지원한다. 그래프의 종류는 히스토그램, 박스 그래프, 막대 그래프로 나누어지며 각 그래프 종류 내에서 세부적인 그래프 옵션을 선택할 수 있다.

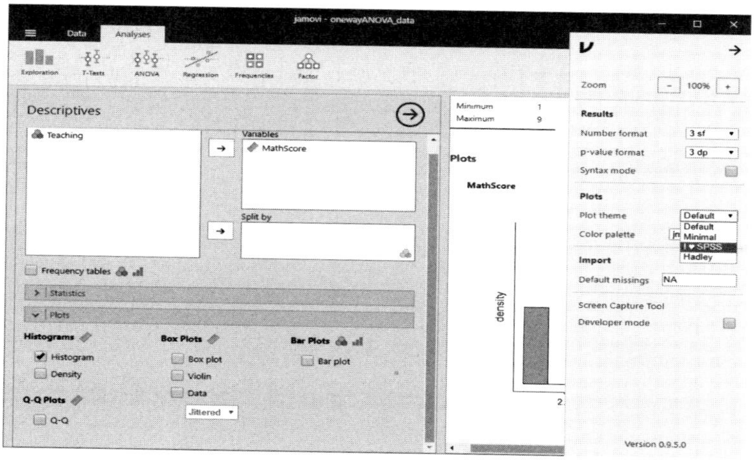

다음은 히스토그램을 그린 것이다.

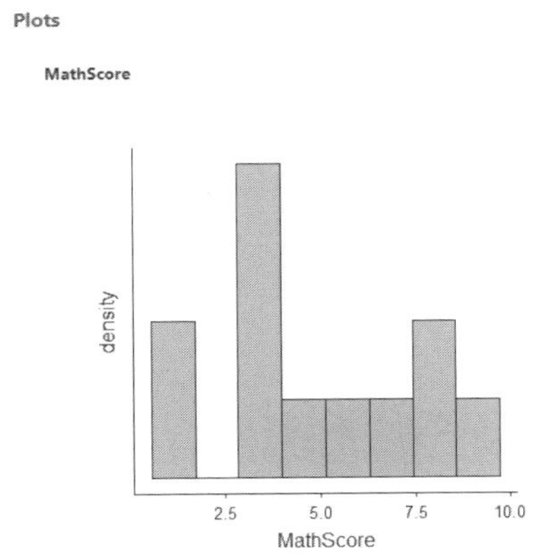

3) 분석

jamovi에서의 분석은 상단 메뉴의 Analyses에서 실행 가능하다. 'Analyses'를 클릭하면 기술통계, t검정, F검정, 상관분석, 회귀분석, 신뢰도분석, 요인분석, χ^2검정 등의 분석이 가능하다.

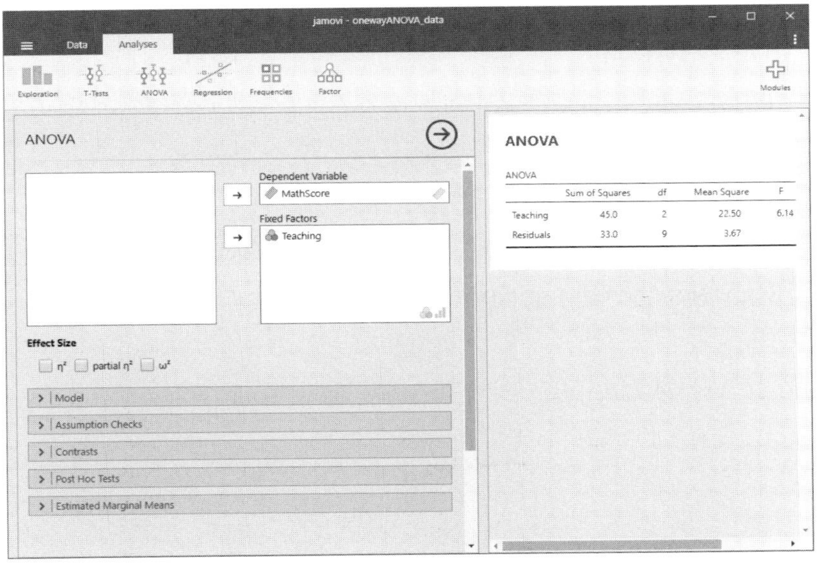

분석 창에서 옵션을 선택함과 동시에 오른쪽 결과창에 분석 결과가 나타나며, 데이터 창의 값을 바꾸어도 분석 결과가 곧바로 변경되어 나타난다. 분석 결과는 워드나 한글 등 문서 작성 프로그램에 바로 복사-붙여넣기 하여 편집과 수정이 가능하다.

참고문헌

한국통계학회(1987). 통계용어사전. 서울: 자유아카데미.

Borg, W. R. & Gall, M. D. (1989). *Educational Research*. New York: Longman.

Dunn, O. J. (1961). Multiple comparisons among means. *Journal of the American Statistical Association, 56,* 52–64.

Fisher, R. A. (1924). *International Mathematical Conference*. Toronto.

Good, C. V. (1959). *Dictionary of education*. New York: McGraw–Hill Inc.

Gosette, W. W. (1908). The probable of error of the mean. *Biometrika, 6,* 1–25.

IBM Corp. (2017). *IBM SPSS Statistics for Windows, Version 25.0*. Armork, NY: IBM Corp.

jamovi project (2018). *jamovi (version 0.9) [computer software]*. http://www.jamovi.org.

Kirk, R. E. (1982). *Experimental Design*. CA: Brooks/Cole Company, 26.

Pearson, K. (1896). Mathematical contribution to the theory of evolution: III Regression, heredity and panmixa, *Philosophical Transactions, 187,* 253–318.

Scheffé, H. (1959). *The analysis of variance*. New York: Wiley.

찾아보기

저자 소개

■ **성태제**(Seong Taeje)

고려대학교 사범대학 교육학과
Univ. of Wisconsin-Madison 대학원 M.S.
Univ. of Wisconsin-Madison 대학원 Ph.D.
Univ. of Wisconsin-Madison Lab of Experimental Design: Consultant
이화여자대학교 교육학과 교수
이화여자대학교 사범대학 교육학과장
대학수학능력시험 평가부위원장
이화여자대학교 입학처장
입학처장협의회 회장
이화여자대학교 교무처장
한국교육평가학회 회장
정부업무평가위원
경제 · 인문사회연구회 기획평가위원장/연구기관 평가단장
MARQUIS 『Who's who』 세계인명사전 등재(2008~현재)
홍조근정 훈장 수훈
한국대학교육협의회 사무총장
한국교육과정평가원장
경제 · 인문사회연구회 우수기관장상 수상
육군사관학교 자문위원

E-mail: tjseong@ewha.ac.kr
Homepage: http://home.ewha.ac.kr/~tjseong

• 저서 및 역서

문항반응이론 입문(양서원, 1991; 학지사, 2019)
현대 기초통계학의 이해와 적용
(양서원, 1995; 교육과학사, 2001, 2007; 학지사, 2011, 2014, 2019)
타당도와 신뢰도(학지사, 1995, 2002)
문항제작의 이론과 실제(학지사, 1996, 2004)
교육연구방법의 이해(학지사, 1998, 2005, 2015, 2016, 2020)
문항반응이론의 이해와 적용(교육과학사, 2001, 2016)
현대교육평가(학지사, 2002, 2005, 2010, 2014, 2019)
수행평가의 이론과 실제(이대출판부, 2003, 공저)
연구방법론(학지사, 2006, 2014, 2020, 공저)
알기 쉬운 통계분석(학지사, 2007, 2014, 2019)
최신교육학개론(학지사, 2007, 2012, 2018, 공저)
교육평가의 기초(학지사, 2009, 2012, 2019)
한국교육, 어디로 가야 하나?(푸른역사, 2010, 공저)
준거설정(학지사, 2011, 번역)
2020 한국초 · 중등교육의 향방과 과제(학지사, 2013, 공저)
교육단상(학지사, 2015)
교수 · 학습과 하나 되는 형성평가(학지사, 2015, 공저)
실험설계분석(학지사, 2018)

현대기초통계학–이해와 적용 (8판)

Fundamental Statistics

1995년 1월 15일 1판 1쇄 발행
2000년 8월 10일 2판 6쇄 발행
2001년 2월 25일 3판 1쇄 발행
2006년 8월 25일 4판 12쇄 발행
2010년 2월 25일 5판 7쇄 발행
2011년 2월 10일 6판 1쇄 발행
2013년 5월 20일 6판 5쇄 발행
2014년 3월 10일 7판 1쇄 발행
2018년 2월 20일 7판 8쇄 발행
2019년 2월 20일 8판 1쇄 발행
2023년 1월 20일 8판 6쇄 발행

지은이 • 성태제
펴낸이 • 김진환
펴낸곳 • (주) 학지사
121-838 서울특별시 마포구 양화로 15길 20 마인드월드빌딩
대표전화 • 02)330-5114 팩스 • 02)324-2345
등록번호 • 제313-2006-000265호

홈페이지 • http://www.hakjisa.co.kr
페이스북 • https://www.facebook.com/hakjisa

ISBN 978-89-997-1924-0 93310

정가 25,000원

이 도서의 국립중앙도서관 출판시도서목록(CIP)은 서지정보유통지원시스템 홈페이지(http://seoji.nl.go.kr)와 국가자료공동목록시스템(http://www.nl.go.kr/kolisnet)에서 이용하실 수 있습니다.
(CIP제어번호: CIP2019002441)